일식복(써기

일식복어조리기능사
필기시험 끝장내기

2020. 5. 19. 초 판 1쇄 발행
2021. 1. 19. 개정 1판 1쇄 발행

저자와의
협의하에
검인생략

지은이 │ 박종희, 한은주
펴낸이 │ 이종춘
펴낸곳 │ **BM** (주)도서출판 **성안당**

주소 │ 04032 서울시 마포구 양화로 127 첨단빌딩 3층(출판기획 R&D 센터)
     │ 10881 경기도 파주시 문발로 112 파주 출판 문화도시(제작 및 물류)

전화 │ 02) 3142-0036
     │ 031) 950-6300
팩스 │ 031) 955-0510
등록 │ 1973. 2. 1. 제406-2005-000046호
출판사 홈페이지 │ **www.cyber.co.kr**
ISBN │ 978-89-315-8088-4 (13590)
정가 │ 23,000원

이 책을 만든 사람들
책임 │ 최옥현
기획·진행 │ 박남균
교정·교열 │ 디엔터
본문·표지 디자인 │ 디엔터, 박원석
홍보 │ 김계향, 유미나
국제부 │ 이선민, 조혜란, 김혜숙
마케팅 │ 구본철, 차정욱, 나진호, 이동후, 강호묵
마케팅 지원 │ 장상범, 박지연
제작 │ 김유석

■ **도서 A/S 안내**

성안당에서 발행하는 모든 도서는 저자와 출판사, 그리고 독자가 함께 만들어 나갑니다.
좋은 책을 펴내기 위해 많은 노력을 기울이고 있습니다. 혹시라도 내용상의 오류나 오탈자 등이
발견되면 **"좋은 책은 나라의 보배"**로서 우리 모두가 함께 만들어 간다는 마음으로 연락주시기
바랍니다. 수정 보완하여 더 나은 책이 되도록 최선을 다하겠습니다.
성안당은 늘 독자 여러분들의 소중한 의견을 기다리고 있습니다. 좋은 의견을 보내주시는 분께는
성안당 쇼핑몰의 포인트(3,000포인트)를 적립해 드립니다.

잘못 만들어진 책이나 부록 등이 파손된 경우에는 교환해 드립니다.

味

味친 적중률
味친 합격률
味친 만족도

최고의 국가자격시험 수험서를 제대로
만들고 싶어하는 성안당의 마음입니다

새 출제기준 · NCS 교육 과정 **완벽 반영**

일식복어
조리기능사 **필기시험**
끝장내기

박종희 · 한은주 지음
조리교육과정연구회 감수

BM (주)도서출판 성안당

저자 약력

박 종 희

학력 및 경력

現) 경민대학교 호텔외식조리과 교수 / 현) 서울, 경기지역 조리기능사. 기사. 기능장 실기위원 (일식조리, 복어조리) 감독위원 / 현) 일식, 복어조리 기능사, 기사, 기능장 검토위원 및 출제위원 / 현) 일식, 복어 국가직무능력 표준(NCS) 현장 전문가 위원 / 현) 일식, 복어 국가직무능력 표준(NCS) 집필위원 / 현) 대한민국 국제요리경연대회 심사위원 / 현) 원드푸드챔피언십 심사위원 / 현) 한국관광고사 호텔등업심사 평가위원 / 현) 학교안전 전문 강사 / 현) 조리명장 심사 평가위원 / 현) 일본요리연구회 한국지부 부회장 / 세종대학교 조리외식경영학과 석. 박사(조리학 박사) / 대한민국 일식 조리명인 / Imperial Palace Hotel, Ritz Carlton Hotel, Intercontinental Hotel / Lotte Hotel, Park Hotel, JW Marriott Hotel 일식당 책임조리장 역임 / 일본 게이오 프라자호텔 연수 / 일본 교요리노다다키(미슐랭2) 연수 / 삼정 복어요리전문점 연수 / 세종대학교 평생교육원, 신한대학교, 연성대학교, 혜전대학교, 수원여자대학교, 동우대학교, 대전보건대학교 외래교수 / 삼성웰스토리 사장단 및 임원진 일식조리 특강 / 삼성웰스토리 요리대회 심사위원 / 대한민국 조리기능장

수상 경력

홍콩국제요리대회 Black Box 부문 은메달 수상 / 대한민국 국제요리경연대회 금메달 수상 / 알래스카 요리경연대회 입상

출연 경력

SBS 생활의 달인(일식 新 4대 문파) 출연 / KBS 세상의 아침 출연 / KBS2 생생정보 출연 / MBC 화제집중, 정보토크 팔방미인 출연 / 인천방송 TV요리천국 출연

한 은 주

학력 및 경력

세종대학교 대학원 조리외식경영학과 박사 졸업(조리학박사)
현) 한국폴리텍대학 강서캠퍼스 외식조리과 교수
한국산업인력공단 국가기술 자격검정 문제 출제 및 검토위원
조리기능사, 조리산업기사, 조리기능장 실기 채점위원
호원대학교 식품외식조리학부 겸임교수
원광디지털대학교 한방건강학과 초빙교수
광주대학교 식품영양학과 외래교수
우송대학교 외식조리학과 외래교수

자격 사항

국가공인 조리기능장(2010) / 식품기술사 취득(2012) / 영양사 취득(1985) / 미위생사 NRA 자격 취득 / 한식, 양식, 중식, 일식, 복어, 제과, 제빵, 떡제조, 조리산업기사(한식), 아동요리 지도사, 바리스타 등 자격 취득

수상 경력

2014 대한민국 국제요리경연대회 은상 수상
2020 와일드푸드축제 요리경연대회 농림축산식품부장관상 수상

학회

동아시아식생활학회 정회원 / 한국조리학회 정회원

협회

대한영양사협회 회원 / 대한민국 조리기능장협회 회원 / 식품기술사협회 회원 / 식품 & 외식산업연구소 이사 / 전북음식연구회 이사 / 세계푸드코디네이터 협회 이사

저서

한식조리기능사 실기 외 다수

조리교육과정 연구회

감수위원

김호석	가톨릭관동대학교 조리외식경영학전공 학과장
박종희	경민대학교 호텔외식조리과 교수
장명하	대림대학교 호텔조리과 전임교수
한은주	한국폴리텍대학 강서캠퍼스 외식조리과 교수

　최근 경제성장과 소득수준의 향상은 조리, 외식분야의 눈부신 변화와 발전을 가져와 식생활에서 양보다는 질과 가치를 중시하는 구조로 바뀌었습니다. 따라서 급변하는 식생활의 변화에 대처하고 적극적인 변화를 이끌어 나갈 수 있는 조리사의 필요는 절대적이라 할 수 있으며, 음식에 대한 관능적 만족과 올바른 음식문화 정착을 위한 전문 조리인의 양성이 요구되고 있는 실정입니다.

　이에 저자는 조리기능사를 취득하고자 하는 수험생들의 필요를 채워주고, 수험생들이 자격증을 좀 더 손쉽게 취득할 수 있도록 그 동안의 교육경험은 물론, 다양한 경험을 토대로 한국산업인력공단의 최신 출제기준에 맞추어 출제빈도가 높은 내용을 담아 적중도 높은 책을 펼치려고 노력했습니다.

　본서의 본문은 조리기능사를 준비하는 모든 수험생들이 알아야 할 내용을 수록하였고, 또한 각 단원별로 이론과 함께 자주 출제되는 기출문제들을 '빈출 Check'로 제시하여 이론과 문제 유형을 한눈에 확인할 수 있도록 구성하였습니다. 또한 기출문제와 CBT(컴퓨터 기반 시험)를 대비한 CBT 상시시험 적중문제, CBT 실전모의고사도 정확하고 자세한 해설과 함께 수록하였습니다.

　본서를 통해 요리에 입문하고자 하는 모든 분들을 조리기능사 필기시험 합격의 길로 인도하는 적중도 높은 필기시험 이론서가 되도록 끊임없이 독자의 편에 서서 문제를 출제하고 눈높이에 맞는 해설로 다가갈 것을 약속드리며, 조리기능사 시험을 준비하는 모든 수험생들에게 합격의 영광이 함께 하시기를 바랍니다.

　끝으로 이 책이 나오기까지 애써 주신 성안당 출판사 이종춘 회장님 이하 임직원들, 편집부 직원들께 진심으로 감사를 드립니다.

저자　박종희 · 한은주

일식복어 조리기능사 필기시험 끝장내기

국가직무능력표준(NCS)이란?

국가직무능력표준(NCS, National Competency Standards)은 산업현장에서 직무를 행하기 위해 요구되는 지식·기술·태도 등의 내용을 국가가 산업 부문별, 수준별로 체계화한 것으로, 산업현장의 직무를 성공적으로 수행하기 위해 필요한 능력을 국가적 차원에서 표준화한 것을 의미한다.

NCS 학습모듈이란?

NCS가 현장의 '직무 요구서'라고 한다면, NCS 학습모듈은 NCS의 능력단위를 교육훈련에서 학습할 수 있도록 구성한 '교수·학습 자료'이다. NCS 학습모듈은 구체적 직무를 학습할 수 있도록 이론 및 실습과 관련된 내용을 상세하게 제시하고 있다. NCS 학습모듈은 산업계에서 요구하는 직무능력을 교육훈련 현장에 활용할 수 있도록 성취목표와 학습의 방향을 명확히 제시하는 가이드라인의 역할을 하며, 특성화고, 마이스터고, 전문대학, 4년제 대학교의 교육기관 및 훈련기관, 직장교육기관 등에서 표준교재로 활용할 수 있으며 교육과정 개편 시에도 유용하게 참고할 수 있다.

NCS 기반 조리분야 분류

대분류		중분류		소분류		세분류
음식서비스	→	식음료조리·서비스	→	음식조리	→	01. 한식조리 02. 일식·복어조리 03. 중식조리 04. 일식·복어조리

세분류 직무정의

- 한식조리 : 조리사가 메뉴를 계획하고, 식재료를 구매, 관리, 손질하여 정해진 조리법에 의해 조리하며 식품위생과 조리기구, 조리 시설을 관리하는 일이다.
- 일식·복어조리 : 서일식·복어 음식을 조리사가 메뉴를 계획하고, 식재료를 구매, 관리, 손질하여 정해진 조리법에 의해 조리하며 식품위생과 조리기구, 조리 시설을 관리하는 일이다.
- 중식조리 : 중국음식을 제공하기 위하여 메뉴를 계획하고, 식재료를 구매, 관리, 손질하여 정해진 조리법에 의해 조리하며 식품위생과 조리기구, 조리 시설을 관리하는 일이다.
- 일식·복어조리 : 다양한 식재료와 식용 가능한 복어를 선별하여 안전하게 제독 처리하고 손질한 후 재료 본연의 맛과 계절감을 살려 위생적이고, 다양한 조리법으로 조리하는 일이다.

개요

일식·복어조리의 메뉴 계획에 따라 식재료를 선정, 구매, 검수, 보관 및 저장하며 맛과 영양을 고려하여 안전하고 위생적으로 조리 업무를 수행하며 조리기구와 시설을 위생적으로 관리·유지하여 음식을 조리·제공하는 전문인력을 양성하기 위하여 자격제도 제정

수행직무

일식·복어메뉴 계획에 따라 식재료를 선정, 구매, 검수, 보관 및 저장하며 맛과 영양을 고려하여 안전하고 위생적으로 음식을 조리하고 조리기구와 시설관리를 수행하는 직무

취득방법

① 시행처 : 한국산업인력공단(http://q-net.co.kr)
② 필기 : 객관식 4지 택일형, 60문항(60분)
③ 실기 : 작업형(70분 정도)
④ 합격기준 : 100점 만점에 60점 이상

진로 및 전망

식품접객업 및 집단 급식소 등에서 조리사로 근무하거나 운영이 가능함. 업체간, 지역간의 이동이 많은 편이고 고용과 임금에 있어서 안정적이지는 못한 편이지만, 조리에 대한 전문가로 인정받게 되면 높은 수익과 직업적 안정성을 보장받게 된다.

• 식품위생법상 대통령령이 정하는 식품접객영업자(복어조리,판매영업 등)와 집단급식소의 운영자는 조리사 자격을 취득하고, 시장·군수·구청장의 면허를 받은 조리사를 두어야 한다.

※ 관련법 : 식품위생법 제34조, 제36조, 같은법 시행령 제18조, 같은법 시행규칙 제46조

과정평가형 자격 취득정보

위 자격증은 과정평가형으로도 취득할 수 있습니다(단, 해당종목을 운영하는 교육훈련기관이 있을시에만).

① 교육·훈련 과정 목표 : 서일식·복어 음식을 조리사가 메뉴를 계획하고, 식재료를 구매, 관리, 손질하여 정해진 조리법에 의해 조리하며 식품위생과 조리기구, 조리 시설을 관리하는 직무수행을 할 수 있는 인력을 양성

② 교육·훈련시간

구분	능력단위 총 시간	교육·훈련 기준시간
직업기초능력	30	30 이상
필수능력단위	315	315 이상
선택능력단위	330	55 이상

조리기능사 필기시험 출제기준

🍳 **일식조리기능사**

필기검정방법	객관식	문제수	60	시험시간	1시간

주요항목	세부항목	세세항목	
1. 일식 위생관리	1. 개인 위생관리	1. 위생관리기준	2. 식품위생에 관련된 질병
	2. 식품 위생관리	1. 미생물의 종류와 특성 3. 살균 및 소독의 종류와 방법 5. 식품첨가물과 유해물질	2. 식품과 기생충병 4. 식품의 위생적 취급기준
	3. 주방 위생관리	1. 주방위생 위해요소 3. 작업장 교차오염발생요소	2. 식품안전관리인증기준(HACCP)
	4. 식중독 관리	1. 세균성 식중독 3. 화학적 식중독	2. 자연독 식중독 4. 곰팡이 독소
	5. 식품위생 관계 법규	1. 식품위생법 및 관계법규	2. 제조물책임법
	6. 공중 보건	1. 공중보건의 개념 3. 역학 및 감염병 관리	2. 환경위생 및 환경오염 관리
2. 일식 안전관리	1. 개인안전 관리	1. 개인 안전사고 예방 및 사후 조치 2. 작업 안전관리	
	2. 장비·도구 안전작업	1. 조리장비·도구 안전관리 지침	
	3. 작업환경 안전관리	1. 작업장 환경관리 3. 화재예방 및 조치방법	2. 작업장 안전관리
3. 일식 재료관리	1. 식품재료의 성분	1. 수분　　　2. 탄수화물　　　3. 지질 4. 단백질　　5. 무기질　　　　6. 비타민 7. 식품의 색　8. 식품의 갈변　　9. 식품의 맛과 냄새 10. 식품의 물성　11. 식품의 유독성분	
	2. 효소	1. 식품과 효소	
	3. 식품과 영양	1. 영양소의 기능 및 영양소 섭취기준	

주요항목	세부항목	세세항목		
4. 일식 구매관리	1. 시장조사 및 구매관리	1. 시장 조사	2. 식품구매관리	3. 식품재고관리
	2. 검수 관리	1. 식재료의 품질 확인 및 선별 2. 조리기구 및 설비 특성과 품질 확인 3. 검수를 위한 설비 및 장비 활용 방법		
	3. 원가	1. 원가의 의의 및 종류	2. 원가분석 및 계산	
5. 일식 기초 조리실무	1. 조리 준비	1. 조리의 정의 및 기본 조리조작 2. 기본조리법 및 대량조리기술 3. 기본 칼 기술 습득 4. 조리기구의 종류와 용도 5. 식재료 계량방법 6 조리장의 시설 및 설비 관리		
	2. 식품의 조리원리	1. 농산물의 조리 및 가공 · 저장 2. 축산물의 조리 및 가공 · 저장 3. 수산물의 조리 및 가공 · 저장 4. 유지 및 유지 가공품 5. 냉동식품의 조리 6. 조미료와 향신료		
6. 일식 무침조리	1. 무침조리	1. 무침재료 준비	2. 무침조리	3. 무침담기
7. 일식 국물조리	1. 국물조리	1. 국물재료 준비	2. 국물우려내기	3. 국물요리 조리
8. 일식 조림조리	1. 조림조리	1. 조림재료 준비	2. 조림하기	3. 조림담기
9. 일식 면류조리	1. 면류조리	1. 면 재료 준비	2. 면 조리	3. 면 담기
10. 일식 밥류 조리	1. 밥류조리	1. 밥 짓기 4. 죽 류 조리	2. 녹차 밥 조리	3. 덮밥 류 조리
11. 일식 초회조리	1. 초회조리	1. 초회재료 준비	2. 초회조리	3. 초회담기
12. 일식 찜조리	1. 찜조리	1. 찜재료 준비	2. 찜조리	3. 찜담기
13. 일식 롤 초밥조리	1. 롤 초밥조리	1. 롤 초밥재료 준비 4. 롤 초밥 담기	2. 롤 양념초 조리	3. 롤 초밥 조리
14. 일식 구이조리	1. 구이조리	1. 구이재료 준비	2. 구이조리	3. 구이담기

복어조리기능사

필기검정방법	객관식	문제수	60	시험시간	1시간

주요항목	세부항목	세세항목	
1. 복어 위생관리	1. 개인 위생관리	1. 위생관리기준	2. 식품위생에 관련된 질병
	2. 식품 위생관리	1. 미생물의 종류와 특성 3. 살균 및 소독의 종류와 방법 5. 식품첨가물과 유해물질	2. 식품과 기생충병 4. 식품의 위생적 취급기준
	3. 주방 위생관리	1. 주방위생 위해요소 3. 작업장 교차오염발생요소	2. 식품안전관리인증기준(HACCP)
	4. 식중독 관리	1. 세균성 식중독 3. 화학적 식중독	2. 자연독 식중독 4. 곰팡이 독소
	5. 식품위생 관계 법규	1. 식품위생법 및 관계법규	2. 제조물책임법
	6. 공중 보건	1. 공중보건의 개념 3. 역학 및 감염병 관리	2. 환경위생 및 환경오염 관리
2. 복어 안전관리	1. 개인안전 관리	1. 개인 안전사고 예방 및 사후 조치	2. 작업 안전관리
	2. 장비 · 도구 안전작업	1. 조리장비 · 도구 안전관리 지침	
	3. 작업환경 안전관리	1. 작업장 환경관리 3. 화재예방 및 조치방법	2. 작업장 안전관리
3. 복어 재료관리	1. 식품재료의 성분	1. 수분　　　　2. 탄수화물　　　　3. 지질 4. 단백질　　　5. 무기질　　　　6. 비타민 7. 식품의 색　 8. 식품의 갈변　 9. 식품의 맛과 냄새 10. 식품의 물성　11. 식품의 유독성분	
	2. 효소	1. 식품과 효소	
	3. 식품과 영양	1. 영양소의 기능 및 영양소 섭취기준	

주요항목	세부항목	세세항목		
4. 복어 구매관리	1. 시장조사 및 구매관리	1. 시장 조사	2. 식품구매관리	3. 식품재고관리
	2. 검수 관리	1. 식재료의 품질 확인 및 선별 2. 조리기구 및 설비 특성과 품질 확인 3. 검수를 위한 설비 및 장비 활용 방법		
	3. 원가	1. 원가의 의의 및 종류	2. 원가분석 및 계산	
5. 복어 기초 조리실무	1. 조리 준비	1. 조리의 정의 및 기본 조리조작 3. 기본 칼 기술 습득 5. 식재료 계량방법	2. 기본조리법 및 대량조리기술 4. 조리기구의 종류와 용도 6 조리장의 시설 및 설비 관리	
	2. 식품의 조리원리	1. 농산물의 조리 및 가공 · 저장 3. 수산물의 조리 및 가공 · 저장 5. 냉동식품의 조리	2. 축산물의 조리 및 가공 · 저장 4. 유지 및 유지 가공품 6. 조미료와 향신료	
6. 복어 부재료손질	1. 복어와 부재료손질	1. 복어 종류와 품질 판정법 3. 복떡 굽기	2. 채소 손질	
7. 복어 양념장 준비	1. 복어 양념장 준비	1. 초간장 만들기 3. 조리별 양념장 만들기	2. 양념 만들기	
8. 복어 껍질초회조리	1. 복어 껍질초회조리	1. 복어껍질 준비 3. 복어껍질 무치기	2. 복어초회 양념 만들기	
9. 복어 죽 조리	1. 복어 죽 조리	1. 복어 맛국물 준비 3. 복어 죽 끓여서 완성	2. 복어 죽재료 준비	
10. 복어 튀김조리	1. 복어 튀김조리	1. 복어 튀김재료 준비 3. 복어 튀김조리 완성	2. 복어 튀김옷 준비	
11. 복어 회 국화모양조리	1. 국화모양조리	1. 복어 살 전처리 작업 3. 복어 회 국화모양 접시에 담기	2. 복어 회뜨기	

Part 01

일식·복어
위생관리

일식·복어 조리기능사 필기시험 끝장내기

Chapter 01

개인 위생관리

빈 출 Check

01 손의 소독에 가장 적합한 것은?

① 1~2% 크레졸 수용액
② 70% 에틸알코올
③ 0.1% 승홍수용액
④ 3~5% 석탄산 수용액

💬 **70% 에틸알코올**
손, 피부, 기구소독에 사용

* **위생관리의 의의**

음료수 처리, 쓰레기, 분뇨, 하수와 폐기물 처리, 공중위생, 접객업소와 공중이용시설 및 위생용품의 위생관리, 조리, 식품 및 식품첨가물과 이에 관련된 기구 용기 및 포장의 제조와 가공에 관한 위생 관련 업무를 말한다.

Section 1 위생관리 기준

1 종업원이 조리에 참여하지 않아야 할 경우

(1) 식품위생법 제26조 부적격자, 복통, 구토, 황달 증상, 발진현상, 감기, 기침 환자, 화농성 질환자, 건강상태가 좋지 않은 자
(2) 식품위생법 시행규칙 제50조에 의거 피부병과 화농성 질환을 가진 사람은 작업을 하면 안 된다.

2 개인위생 관리하기

(1) **위생 복장**
    ① 위생모와 위생복은 항상 청결하게 세탁하여 착용한다.
    ② 앞치마의 끈은 바르게 묶고 안전화를 착용한다.
    ③ 지나친 화장과 장신구는 착용하지 않는다.
    ④ 긴 머리카락이 흘러내리지 않도록 머리 망으로 감싸서 단정하게 한다.
    ⑤ 입과 턱수염을 감싸는 마스크를 코부분부터 착용한다.

(2) **감염 예방**
    ① 손세정액을 사용하여 자주 씻는다.
    ② 손톱은 짧고 정결하게 관리하며 손에 상처를 입히지 않도록 한다.
    ③ 정기적으로 건강검진과 예방접종을 받는다.
    ④ 전염병 환자와 피부병, 화농성 질환을 가진 사람의 작업을 중지한다.
    ⑤ 물은 끓여서 마시고 조리 도중 머리와 얼굴 등은 만지지 않는다.
    ⑥ 화장실을 이용할 때는 앞치마와 모자를 착용하지 않는다.
    ⑦ 작업대, 도마, 칼, 행주 등은 소독을 철저히 한다.

⬆ 정답_01 ②

3 손 위생관리

(1) 음식을 조리할 때 손의 역할이 가장 중요하기 때문에 음식을 조리하기 전이나 용변 후에는 반드시 손을 씻어야 한다. 물이 손에 닿을 정도에서 비누나 역성비누를 사용하여 손을 씻을 경우 대장균은 거의 손에 남게 되며, 이와 반대로 비누만을 사용하여 정성껏 씻으면 거의 모든 균은 제거된다. 비누는 균을 살균하는 것이 아니고 씻어 흘려 없애는 것이고, 또한 더러운 먼지 같은 것을 제거하는 작용을 하는 것이다. 그러므로 이때 다시 역성비누를 사용하는 것이 좋다. 이는 냄새도 없애고 독성도 적으므로 식품 종사자의 소독 방법에는 가정 적합한 방법이다.

(2) 그러나 역성비누는 더러운 것을 떨어뜨리는 세척력은 약한 것이기 때문에 많이 더러운 손을 씻고자 할 때에는 비누와 함께 병용하는 것이 바람직하다. 손은 항상 이같이 청결하게 유지되어야 하고, 특히 용변 후, 조리 전, 식품 취급 전에는 반드시 올바른 손 씻는 방법에 따라 손을 씻어야 한다.

(3) **올바른 손 세척 방법 6단계**

① 손바닥과 손바닥을 문지른다.

② 손가락을 마주 잡고 문지른다.

③ 손바닥과 손등을 마주 보고 문지른다.

④ 엄지손가락을 다른 쪽 손바닥으로 돌려주면서 문질러 준다.

⑤ 손바닥을 마주 대고 손 깍지를 끼고 문지른다.

⑥ 손가락 끝을 반대편 손바닥에 놓고 문질러 손톱 밑을 깨끗하게 한다.

Section 2 식품위생에 관련된 질병

1 경구 감염병

(1) **경구 감염병의 감염 경로**

① 환자, 보균자 손, 배설물, 침구, 의류 등이 병원균에 오염되는 경우(직접 감염)

② 환자, 보균자의 배설물 처리가 철저하지 못한 경우 : 병원균이 하천이나 우물물에 침입하여 물을 음용 시 수인성 전염병 발생(간접 감염)

(2) **감염병의 생성 과정**

① **병원체** : 병원체를 직접 인간에게 전달하는 모든 것을 전염원이라 한다.

  (박테리아, 바이러스, 리케차, 기생충)

② **병원소** : 병원체가 생활하고 증식하여 질병이 전파될 수 있는 장소로 사람, 동

빈출 Check

02 다음 중 경구 감염병에 대한 설명으로 바른 것은?

① 잠복기가 짧다.

② 2차 감염이 거의 없다.

③ 대량의 균으로 발병한다.

④ 면역성이 있다.

경구감염병의 특징
2차 감염이 발생, 잠복기가 길다. 면역이 형성된다. 소량의 균으로 발병한다.

03 다음 중 공중보건상 감염병 관리가 가장 어려운 것은?

① 동물 병원소

② 환자

③ 건강 보균자

④ 토양 및 물

건강 보균자란 균을 내포하고 있으나 증상이 나타나지 않아 본인 또는 주변 사람들이 보균자로 인식하지 못하므로 감염병 관리상 가장 어려운 보균자이다.

04 식당에서 조리 작업자 및 배식자의 손 소독에 가장 적당한 것은?

① 생석회 ② 연성세제

③ 역성비누 ④ 승홍수

조리자의 손 소독에 사용하는 것은 역성비누이다.

정답 _ 02 ④ 03 ③ 04 ③

빈출 Check

물, 토양이 될 수 있다.

③ 병원소로부터 병원체의 탈출 : 호흡기계, 소화기계로 탈출 등

④ 병원체의 전파 : 직접전파, 간접전파

⑤ 병원체의 침입 : 호흡기계, 소화기계 침입, 피부 점막 침입

⑥ 숙주의 감수성 : 숙주가 병원체에 대한 저항성이나 면역성이 없을 것

05 사람과 동물이 같은 병원체에 의하여 발생하는 인수공통 감염병은?
① 성홍열 ② 콜레라
③ 결핵   ④ 디프테리아

　　결핵은 같은 병원체에 의해 소와 사람에게 발생하는 인수공통 감염병이다.

> **TIP** 보균자
> • 건강보균자 : 병균은 있으나 증상이 없다.
> • 병후보균자, 잠복기 보균자 : 증상과 병균이 있다.
> • 건강 보균자가 가장 위험하다.

② 인수공통 감염병

(1) 인수공통 감염병의 특징 및 예방 대책

① 사람과 동물이 같은 병원체에 의해 감염되는 병

(결핵 : 소 / 탄저·비저 : 양·말 / 살모넬라증, 돈단독, 선모충 : 돼지 / 페스트 : 쥐 / 개 : 광견병)

06 사람과 동물이 같은 병원체에 의하여 발생하는 질병을 무엇이라 하는가?
① 인수공통감염병
② 법정 감염병
③ 세균성 식중독
④ 기생충성 질병

　　인수공통감염병이란 사람과 동물이 같은 병원체에 의해 감염되는 병이다.

(2) 예방 대책

① 병원체(감염원)의 격리 및 예방 : 환자의 조기 발견, 격리 및 치료, 법정 감염병 환자 신고, 건강 보균자의 조사

② 환경(감염경로)의 개선 : 소독, 살균, 해충구제, 상하수도의 위생관리를 철저히 하고 식품의 생산, 저장, 유통 시 냉장, 냉동 상태를 유지

③ 숙주(감수성 숙주)의 관리 : 예방 접종 실시 철저히 할 것

③ 식품과 위생동물

(1) 위생동물의 종류

① 파리, 바퀴벌레, 쥐, 진드기, 벼룩, 모기 등

(2) 위생동물의 예방 대책

① 발생원 및 서식처를 제거하여 환경을 철저히 할 것

② 발생 초기에 구충, 구서하여 개체의 확산을 방지할 것

③ 위생동물과 해충의 서식 습성에 따라 동시에 광범위하게 구제법을 실시할 것

Chapter 02 식품 위생관리

Section 1 **식품과 미생물**

빈출 Check

1 미생물의 종류와 특성

(1) 식품 중의 미생물

식품은 미생물이 활동하기에 매우 좋은 장소이며 유기 영양 미생물의 유용한 영양원이 된다.

① **병원성 미생물** : 식품 중에 가장 문제가 되는 미생물로 오염된 식품을 섭취하면 식중독 및 급성감염병과 같은 질병을 일으킨다.

② **비병원성 미생물** : 식품의 부패나 변패의 원인이 되는 유해한 것으로 발효, 양조 등 유익하게 이용되는 미생물이다(유산균, 효모, 곰팡이류).

③ **식품 중의 주요 미생물** : 인간이 있는 모든 환경에는 어디든지 미생물이 존재한다. 세균, 바이러스, 효모균, 사상균, 원충류 등의 미생물 가운데 식품과 직접 관계되는 것은 적으나 비교적 많이 나타나는 식품 미생물은 다음과 같다.

 식품 미생물

미생물의 종류		오염되기 쉬운 식품
세균류	바실루스(bacillus)속	전분질 식품과 단백질 식품
	클로스트리디움(clostridium)속	수육 및 가공품, 패류
	마이크로코커스(micrococcus)속	수산연제품, 어패류 등의 단백질 식품의 부패균
	슈도모나스(pseudomonas)속	어패류, 육류, 우유, 달걀 및 저온 저장 식품
	에스케리히아(escherichia)속	식품이나 물의 분변 오염 지표
	프로테우스(proteus)속	육류, 어패류, 연제품, 두부
	세라티아(serratia)속	연제품 식품을 적변시키는 부패 세균
	비브리오(vibrio)속	육상 동물의 장내 세균
곰팡이	뮤코아(mucor)속	전분의 당화, 치즈 숙성
	리조퍼스(rhizopus)속	빵류, 딸기, 밀감, 채소의 부패 원인균
	아스퍼질러스(aspergillus)속	염장품, 당장품
	페니실리움(penicillium)속	치즈, 버터, 산성 통조림, 과실, 채소
효모	토룰라(torula)속	양조류, 장류, 빵류, 꿀의 변패
	캔디나(candida)속	맥주, 간장, 포도주의 유해균

④ **미생물 발육에 필요한 조건**

㉠ **영양소** : 미생물의 발육·증식에는 탄소원, 질소원, 무기질, 생육소 등이 필요하다.

07 병원 미생물을 큰 것부터 나열한 순서가 옳은 것은?

① 세균 – 바이러스 – 스피로헤타 – 리케차
② 바이러스 – 리케차 – 세균 – 스피로헤타
③ 리케차 – 스피로헤타 – 바이러스 – 세균
④ 스피로헤타 – 세균 – 리케차 – 바이러스

미생물의 크기
진균류 〉 스피로헤타 〉 세균 〉 리케차 〉 바이러스

08 다음 미생물 중 곰팡이가 아닌 것은?

① 아스퍼질러스(aspergillus)속
② 페니실리움(penicillium)속
③ 리조푸스(rhizopus)속
④ 클로스트리디움(clostridium)속

클리스트리움속은 세균류에 속한다.

정답 _ 07 ④ 08 ④

ⓒ 수분 : 미생물이 발육·증식하는데 필요로 하는 수분의 양은 종류에 따라 다르나 보통 40% 이상이어야 하고 그 이하가 되면 장기간 생명을 연장할 수는 있으나 발육·증식할 수는 없다. 생육에 필요한 수분량은 세균(0.96) > 효모(0.88) > 곰팡이(0.8) 순이다.

ⓒ 온도 : 일반적으로 0℃ 이하와 80℃ 이상에서는 잘 발육하지 못한다.

- 저온성균 : 발육온도가 0~25℃이고 최적온도가 15~20℃인 균으로 저온에 보존하는 식품에 부패를 일으키는 세균이다.
- 중온성균 : 발육온도가 15~55℃이고 최적온도가 25~37℃인 균으로 병원균을 비롯한 대부분의 세균이다.
- 고온성균 : 발육온도가 40~70℃이고 최적온도가 50~60℃인 균으로 온천수 등에 사는 세균이다.

ⓔ pH(수소이온농도) : 미생물이 발육 증식하기에 적합한 pH는 5.0~8.5 정도이며, 미생물은 중성이나 약알칼리성(pH 6.5~7.5)에서 잘 자란다. 곰팡이와 효모는 산성인 pH 4.0~6.0에서 잘 자란다.

ⓜ 산소 : 미생물은 산소를 필요로 하는 것과 그렇지 않은 것으로 분류할 수 있다.

- 호기성균 : 산소를 필요로 하는 세균(곰팡이, 효모, 식초산균)
- 혐기성균 : 산소를 필요로 하지 않는 세균
- 통성혐기성균 : 산소 유무에 상관없이 발육하는 세균
- 편성혐기성균 : 산소를 절대적으로 기피하는 균

2 미생물에 의한 식품의 변질

식품을 그대로 내버려두면 식품의 구성 성분이 미생물에 의해서 분해되어 결국에는 식품으로 섭취할 수 없게 된다. 곰팡이는 녹말 식품, 효모는 당질 식품, 세균은 주로 단백질 식품에 잘 번식하며, 식품 자체의 효소 작용에 기인하기도 한다. 식품의 변질은 수분, 산소, 광선, 금속 등의 영향을 받는다.

식품변질과 원인

종류	원인
변패	탄수화물 식품의 고유 성분이 변화되어 품질이 저하되는 것
부패	단백질 식품이 미생물에 의해 분해되어 악취를 나타내는 현상 (cf. 후란 : 단백질 식품이 호기성 미생물의 작용을 받아 부패된 것으로 악취가 없음)
산패	지방질 식품이 공기 중 산소에 의해 산화되어 맛이나 색, 냄새가 변화되는 현상
발효	당질 식품이 미생물에 의해 유기산 등 유용한 물질을 나타내는 현상

TIP
- 미생물 증식의 3대 요건 : 영양소, 수분, 온도
- 미생물 생육에 필요한 최저 수분 활성도(Aw) : 세균(0.90~0.95) 〉 효모(0.88) 〉 곰팡이(0.65~0.80)

3 미생물에 의한 감염과 면역

음식물의 오염 여부와 그 정도를 알아보기 위하여 일상 검사에서 개개의 병원균을 검사하기 곤란하고 화학적으로 검사하기도 불편하므로 비교적 간단하고 효율적으로 검출되는 균을 오염 지표로 삼아 검사한다. 따라서 소화기계 병원균인 시겔라(shigella), 살모넬라(salmonella) 등과 출처가 같고 검사법이 비교적 간단한 장관 유래의 일부 세균을 오염의 지표로 삼아 검사한다. 오염 지표로는 예전부터 대장균군이 이용되었으나 최근에는 장구균도 이용되고 있다.

(1) 대장균군

① 대장균군은 유당을 분해하여 산과 가스를 생산하는 모든 호기성 또는 통성혐기성균을 말하며 세균학에서의 대장균과는 다르다. 대장균군은 인축의 장관 내에 상주하지만, 반드시 분변에서만 유래되었다고 볼 수는 없으며 토양이나 식품 등에서 유래되기도 한다.

② 식품위생면에서 대장균군은 식품이 대변 때문에 오염되었는지의 유무를 판정하는 지표로서 최근에는 대장균을 분변성 대장균으로 중시하여 이 균의 유무와 양을 식용 가부의 판정 척도로 사용하는 경향이 있다.

(2) 장구균

장구균은 인축의 장관 내에 상존하는 균으로 대장균과 같이 분변 오염의 지표로 삼는다. 일반적으로 분변 중의 장구균의 수는 대장균의 수보다 적고 오염원이 일치하지는 않지만, 장구균은 냉동식품 중에서도 동결에 대한 저항성이 강하여 냉동식품의 오염 지표로 이용된다.

- 초기 부패의 생균 수 : 식품 1g당 일반세균수가 10^7~10^8마리 정도
- 생균 수 검사의 목적 : 식품의 신선도(초기 부패) 측정용도
- 대장균 검사의 목적 : 음식물과 물의 병원성 미생물 오염 여부 판정

Section 2 식품과 기생충병

1 기생충의 종류

(1) 선충류

채소를 매개로 하며, 중간숙주가 없다. 종류로는 회충, 요충, 편충, 구충, 동양모양선충 등이 있다.

빈출 Check

12 식품의 초기 부패를 판정할 때 식품의 생균 수가 몇 마리 이상일 때를 기준으로 하는가?

① 10^2 ② 10^5
③ 10^8 ④ 10^4

식품 1g당 생균 수가 10^7~10^8 마리일 때 초기부패로 판정한다.

13 식품에 대한 분변 오염의 지표로 특히 냉동식품의 오염지표 균은?

① 대장균
② 장구균
③ 포도상구균
④ 일반세균

장구균은 대장균과 함께 분변에서 발견되는 균으로 냉동에서 오래 견딘다.

정답 _ 12 ③ 13 ②

빈출 Check

14 간디스토마와 폐디스토마의
제1중간숙주를 순서대로 짝지어
놓은 것은?
① 우렁이 – 다슬기
② 잉어 – 가재
③ 사람 – 가재
④ 붕어 – 참게

• 간흡충(간디스토마): 왜우
렁이(제1중간숙주) → 붕어, 잉어
(제2중간숙주)
• 폐흡충(폐디스토마) : 다슬기(제
1중간숙주) → 가재, 게(제2중간
숙주)

15 집단감염이 잘되며 항문 주
위에서 산란하는 기생충은?
① 요충   ② 편충
③ 구충   ④ 회충

요충은 항문 주위에 기생하
여 가렵게 하는 특징이 있다.

16 다음 중 채소를 통하여 매개
하는 기생충과 거리가 가장 먼
것은?
① 편충
② 구충
③ 동양모양선충
④ 선모충

선모충은 돼지고기를 매개로
기생하는 기생충이다.

17 바다에서 잡히는 어류를 먹
고 기생충증에 걸렸다면 다음 중
가장 관계가 깊은 것은?
① 선모충   ② 아니사키스충
③ 유구조충 ④ 동양모양선충

아니사키스충은 포유류인 고
래, 돌고래 등에 기생하는 기생충
으로 본충에 감염된 어류를 섭취
시 감염된다.

 정답 _ 14 ① 15 ① 16 ④ 17 ②

(2) 흡충류(중간숙주 두 개)

종류	제1중간숙주	제2중간숙주
간흡충(간디스토마)	왜우렁이	붕어, 잉어
폐흡충(폐디스토마)	다슬기	게, 가재
횡천(요꼬가와)흡충	다슬기	송어, 은어
아나사키스충	갑각류	바다생선(고래)
광절열두조충	물벼룩	연어, 송어

(3) 조충류(중간숙주 한 개)

① 무구조충(민촌충) : 소

② 유구조충(갈고리촌충) : 돼지

③ 만소니열두조충 : 닭

TIP
• 경피 감염 기생충 : 십이지장충, 말라리아 원충
• 요충 : 집단 감염, 항문 소양증
• 동양모양선충 : 내염성이 강함
• 유구조충(유구낭충증) : 주로 낭충(알) 감염이 잘 됨

(4) 원충류

이질 아메바 원충, 말라리아 원충

Section 3 살균 및 소독의 종류와 방법

1 살균 및 소독의 정의

① 소독 : 병원성 미생물을 사멸하거나 병원성을 약화시켜서 감염력을 없애는 것이다.

② 살균, 멸균 : 병원균, 아포, 병원 미생물 등 모든 미생물을 사멸하는 것이다.

③ 방부 : 미생물의 성장·증식을 억제하여 균의 증식을 억제하는 것이다.

TIP
미생물에 작용하는 강도의 순서
살균, 멸균 〉 소독 〉 방부

2 살균·소독의 종류 및 방법

(1) 물리적 소독 방법

① 비가열법 : 자외선 조사, 방사선 조사, 세균여과법

② 가열법

종류	방법
화염멸균법	불에 타지 않는 물건에 사용, 불꽃에서 20초 이상 가열
건열멸균법	150℃에서 30분간 건열 가열
유통증기멸균법	100℃ 증기에서 30~60분간 가열
고압증기멸균법	통조림 등에 사용, 15~20분간 121℃에서 살균
자비소독(열탕소독)	식기, 행주 등에 사용, 100℃에서 30분간 가열
저온소독법	우유 살균에 사용, 61~65℃에서 30분간 가열
고온단시간소독법	우유 살균에 사용, 70~75℃에서 15~20초간 가열
초고온순간살균법	우유 살균에 사용, 130~140℃에서 2초간 가열
간헐멸균법	100℃의 유통증기에서 24시간마다 15~20분씩 3회 반복하는 방법

(2) 화학적 소독 방법

① 소독약의 구비조건

ㄱ 살균력이 강할 것 　　ㄴ 금속 부식성이 없을 것

ㄷ 표백성이 없을 것 　　ㄹ 용해성이 높은 것

ㅁ 사용하기 간편하고 저렴할 것 　　ㅂ 침투력이 강할 것

ㅅ 인축에 대한 독성이 없을 것

Section 4 식품의 위생적 취급기준

② 소독약의 종류 및 용도

ㄱ 염소, 차아염소산나트륨 : 수돗물(0.2ppm), 과일, 야채, 식기(50~100ppm) 소독에 사용한다.

ㄴ 클로로칼키(표백분) : 우물, 수영장, 야채, 식기 소독에 사용한다.

ㄷ 역성비누 : 과일, 야채, 식기(0.01%~0.1%), 손(10%) 소독에 사용한다. 중성세제는 식기 소독에 0.1~0.2% 정도의 농도를 사용한다.

ㄹ 석탄산(3%) : 화장실, 하수도, 진개 등의 오물을 소독하는데 사용한다.

  • 장점 : 살균력이 안정적이다.

  • 단점 : 냄새가 독하고 독성이 강하다. 피부 점막에 대한 강한 자극성과 금속 부식성이 있다.

 소독의 지표(석탄산계수법)

• 석탄산은 살균력이 안정하여 다른 소독약의 살균력 비교 시에 사용한다.

• 석탄산계수 = $\dfrac{다른 소독약의 희석배수}{석탄산의 희석배수}$

21 손의 소독에 가장 적합한 것은?

① 1~2% 크레졸 수용액
② 70% 에틸알코올
③ 0.1% 승홍수용액
④ 3~5% 석탄산 수용액

💬 **70% 에틸알코올**
손, 피부, 기구소독에 사용

22 식품, 식품첨가물, 기구 또는 용기, 포장의 위생적 취급에 관한 기준을 정하는 것은?

① 국무총리령
② 고용노동부령
③ 환경부령
④ 농림축산식품부령

💬 식품, 식품첨가물, 기구 또는 용기, 포장의 위생적 취급에 관한 기준은 국무총리령으로 한다.

23 식품위생법상 식품을 제조·가공·조리 또는 보존하는 과정에서 감미, 착색, 표백 또는 산화방지 등을 목적으로 식품에 사용되는 물질(기구·용기·포장을 살균·소독하는 데에 사용되어 간접적으로 식품으로 옮아갈 수 있는 물질을 포함)은 무엇에 대한 정의인가?

① 식품
② 식품첨가물
③ 화학적 합성품
④ 기구

💬 식품첨가물은 식품을 제조·가공·조리 또는 보존하는 과정에서 감미, 착색, 표백 또는 산화방지 등을 목적으로 식품에 사용되는 물질을 말한다. 이 경우 기구·용기·포장을 살균·소독하는 데에 사용되어 간접적으로 식품으로 옮아갈 수 있는 물질을 포함한다.

ⓜ 크레졸(3%) : 화장실, 하수도, 진개 등 오물 소독과 손 소독에 사용한다.

ⓗ 과산화수소(3%) : 피부, 상처 소독에 사용한다.

ⓢ 포름알데히드 : 병원, 도서관, 거실 등의 소독에 사용한다.

ⓞ 포르말린 : 화장실, 하수도, 진개 등의 오물 소독에 사용한다.

ⓩ 생석회 : 화장실, 하수도, 진개 등에 가장 우선적으로 실시한다.

ⓒ 승홍수(0.1%) : 비금속 기구 소독에 사용한다.

ⓚ 에틸알코올(70%) : 금속 기구, 손 소독에 사용한다.

Section 5 식품첨가물과 유해물질

[식품첨가물의 개요]

1 식품첨가물의 정의

세계식량기구(FAO)와 세계보건기구(WHO)는 식품첨가물을 "식품의 외관, 향미, 조직 또는 저장성을 향상시키기 위한 목적으로 식품에 첨가되는 비영양물질"로 정의한다.

2 식품첨가물의 구비조건

① 인체에 무해할 것
② 미량으로 효과가 나타날 것
③ 독성이 없을 것
④ 식품에 영향을 미치지 않을 것

3 식품첨가물의 지정

화학적 합성품을 식품첨가물로 사용하려면 보건복지부장관이 국민보건상 필요하다고 인정할 때 판매를 목적으로 하는 식품 또는 식품첨가물의 성분에 관한 규격을 정하여 고시하여야 한다.

[식품첨가물의 종류와 용도]

1 식품의 변질·변패를 방지하는 식품첨가물

(1) **보존료**

식품 저장 중 미생물의 증식에 의해 일어나는 부패나 변질을 방지하고 부패 미생물에 대한 정균 작용 중 효소의 발효 억제 작용을 하며 부패 미생물의 증식 억제 효과가 크고 식품에 나쁜 영향을 주지 않고 독성이 없거나 낮아야 하고 사용법이 간편하고 값이 싸야 한다.

━╉ 허용 보존료 및 사용 기준

보존료명	사용 기준
데히드로초산(DHA) 데히드로초산나트륨(DHA-S)	데히드로초산으로서 • 치즈, 버터, 마가린 0.5g/kg
소르빈산 소르빈산칼륨	소르빈산으로서 • 치즈 3g/kg 이하 • 식육제품, 어육연제품, 젓갈류 2g/kg 이하 • 장류 및 각종 절임식품 1g/kg 이하 • 잼, 케첩 및 식초절임 0.5g/kg 이하 • 유산균 음료 0.05g/kg 이하 • 과실주 0.2g/kg 이하
안식향산 안식향산나트륨	안식향산으로서 • 청량음료, 간장, 인삼음료 0.6g/kg 이하 • 알로에즙 0.5g/kg 이하
프로피온산나트륨 프로피온산칼슘	프로피온산으로서 • 빵, 생과자 2.5g/kg 이하 • 치즈 3g/kg 이하
파라옥시안식향산 에스테르류	파라옥시안식향산으로서 • 간장 0.25g/ℓ 이하 • 식초 0.51g/ℓ 이하 • 청량음료 0.1g/kg 이하 • 과일소스 0.2g/kg 이하 • 과일 및 과채의 표피 0.012g/kg 이하
파라옥시안식향산부틸	파라옥시안식향신부틸로서 • 과실주, 약주, 탁주 0.05g/ℓ

(2) 살균제

살균제는 부패 미생물 및 병원균을 사멸시키기 위해 사용되는 첨가물로서 살균 작용이 주가 된다. 음료수, 식기, 손 소독에 사용되며 살균 효과가 강하고 발암성, 유전자 파괴, 돌연변이성이 없어야 한다.

━╉ 허용 살균제와 사용 기준

살균제명	사용 기준
표백분 고도표백분	사용 기준 없음
이염화이소시아눌산나트륨 차아염소산나트륨	참깨에 사용 불가
메틸렌옥사이드	잔존량 50ppm 이하

(3) 산화방지제

유지의 산패 및 식품의 변색이나 퇴색을 방지하기 위하여 사용되는 첨가물로 항산화제라고도 한다.

━╉ 허용 산화방지제 및 사용 기준

산화방지제명	사용 기준
디부틸히드록시톨루엔(BHT) 부틸히드록시아니솔(BHA) 티셔리부틸히드로퀴논(TBHQ)	• 유지, 버터, 어패건제품, 어패염장품 0.2g/kg 이하 • 어패냉동품 1g/kg 이하 • 껌 0.75g/kg 이하
몰식자산프로필	유지, 버터 0.1g/kg 이하
에리소르빈산 에르소르빈산나트륨	산화 방지 이외의 목적에 사용 금지
EDTA 칼슘 2 나트륨 EDTA 2 나트륨	EDTA 2 나트륨으로서 • 마요네즈, 샐러드드레싱 0.075g/kg 이하 • 병용 시 합계량이 0.075g/kg 이하

26 다음 중 인공감미료에 속하지 않는 것은?
① 구연산
② D-솔비톨
③ 글리실리친산나트륨
④ 사카린나트륨

🔖 **인공감미료**
사카린나트륨, 글리실리친산나트륨, D-솔비톨

2 관능을 만족시키는 첨가물

(1) 조미료

식품의 본래의 맛을 돋우거나 기호에 맞게 조절하여 풍미를 좋게 하기 위하여 사용한다.

① **핵산계 조미료** : 이노신산나트륨, 구아닐산나트륨(MSG), 리보뉴클레오티드나트륨, 리보뉴클레오티드칼슘 등이 있다.

② **아미노산계 조미료** : 글루타민산나트륨, 알라닌, 글리신 등이 있다.

③ **유기산계 조미료** : 주석산나트륨, 구연산나트륨, 사과산나트륨, 호박산나트륨, 젖산나트륨, 호박산 등이 있다.

27 식품의 신맛을 부여하기 위하여 사용되는 첨가물은?
① 산미료   ② 향미료
③ 조미료   ④ 강화제

🔖 신맛의 종류로는 식초산, 구연산, 주석산 등이 있다.

(2) 산미료

식품을 가공·조리할 때 식품에 적합한 산미를 부여하고 미각에 청량감과 상쾌한 자극을 주기 위하여 사용된다. 사과산, 구연산, 주석산, 푸말산, 젖산, 후발산, 이산화탄소, 이디피산 등이 있다.

(3) 감미료

식품에 감미를 주고 식욕을 돋우기 위하여 사용되는 당질 이외의 화학적 합성품으로서 영양가가 없으며 용량에 따라서 인체에 해로운 것도 있어 사용 기준이 정해져 있다.

➤ 허용 감미료 및 사용 기준

감미료명	사용 기준
사카린나트륨	식빵, 이유식, 백설탕, 포도당, 물엿, 벌꿀 및 알사탕류에는 사용 금지
글리실리친산2나트륨 글리실리친산3나트륨	된장 및 간장 이외의 식품에 사용 금지
D-소르비톨	설탕의 0.7배(충치 예방에 적당), 과일 통조림, 냉동품의 변성방지제
아스파탐	가열 조리를 요하지 않는 식사대용, 곡류 가공품, 껌, 분말 청량음료, 인스턴트커피, 식탁용 감미료 이외의 식품에 사용금지

(4) 발색제

발색제 자체는 색이 없으나 식품 중의 색소 단백질과 반응하여 식품의 색을 안정시키고 선명하게 한다.

종류	발색제명
육류 발색제	아질산나트륨, 질산나트륨, 질산칼륨
식물 발색제	황산제1철, 황산제2철, 소명반

(5) 표백제

식품의 제조 과정 중 식품 중의 색소가 퇴색 또는 변색되어 외관이 나쁠 경우나 그 식품이 완성되었을 때 색을 아름답게 하기 위하여 사용되는 첨가물을 말한다.

허용 표백제 및 사용 기준

종류	표백제명	사용 기준
환원 표백제	메타중아황산칼륨 무수아황산 아황산나트륨 산성아황산나트륨 치아황산나트륨	아황산으로서 잔존량 • 박고지 5.0g/kg 이하 • 당밀, 물엿 0.3g/kg 이하 • 엿 0.4g/kg 이하 • 과실주 0.35g/kg 이하 • 천연과즙 0.15g/kg 이하 • 건조과실류 2g/kg 이하 • 곤약분 0.9g/kg 이하 • 새우살 20.1g/kg 이하
산화 표백제	과산화수소	최종 식품의 완성 전에 분해 또는 제거할 것

③ 식품의 품질 개량, 품질 유지에 사용되는 식품첨가물

(1) 밀가루 개량제

제분 직후의 밀가루는 카로티노이드계 색소 및 단백질 분해 효소 등을 함유하고 있어 색, 맛, 냄새 등이 부적당하다. 따라서 종전에는 밀가루를 저장하여 공기 중의 산소에 의해 표백과 숙성을 시켰으나 장기간 저장한다는 것은 품질이나 경제적 측면에서 실용적이지 못하므로 밀가루의 표백과 숙성 시간을 단축시키고 제빵 효과의 저해 물질을 파괴시켜 분질을 개량할 목적으로 첨가되는 것이 밀가루 개량제이다. 밀가루 개량제의 효과는 산화 작용에 근거한 표백 작용과 숙성 작용이지만 표백 작용은 없고 숙성 작용만 갖는 것도 있다. 과산화벤조일, 염소 및 이산화염소는 표백 작용을 주로 하는 것이고, 과황산암모늄이나 브롬산칼륨은 표백 작용은 약하지만 제빵 효과를 좋게 하는 것이며, 과황산암모늄이나 브롬산칼륨은 표백 작용은 없으나 전분의 호화 및 빵생지를 개량하고 노화를 방지하는 효과가 있다.

빈출 Check

28 다음 중 유해 보존료에 속하지 않는 것은?
① 붕산
② 소르빈산
③ 불소화합물
④ 포름알데히드

🗨 소르빈산은 육제품, 절임 식품에 사용되는 허용 보존료이다.

29 밀가루의 표백과 숙성을 위하여 사용하는 첨가물은?
① 유화제 ② 개량제
③ 팽창제 ④ 점착제

🗨 밀가루의 표백과 숙성 기간을 단축하고 가공성을 개량할 목적으로 사용되는 소맥분 개량제로는 과산화벤조일, 과황산암모늄, 과봉산나트륨, 이산화염소, 브롬산칼륨 등이 있다.

━€ 허용 밀가루 개량제 및 사용 기준

밀가루 개량제명	사용 기준
과산화벤조일	• 밀가루 0.3g/kg 이하
과황산암모늄	• 밀가루 0.3g/kg 이하
브롬산칼륨	• 빵 조제용 밀가루, 브롬산으로서 0.03g/kg 이하
아조디카르본아미드	• 밀가루 45mg/kg 이하
염소	• 케이크 및 카스텔라 제조용 밀가루 1.25g/kg 이하
이산화염소	• 케이크 및 카스텔라 제조용 밀가루 30mg/kg 이하
스테아릴젖산칼슘	• 빵, 비낙농크림 이외는 사용 금지
스테아일젖산나트륨	• 빵, 면류, 비낙농크림 이외는 사용 금지

(2) 품질 개량제

식품, 특히 햄, 소시지 등의 식육연제품에 사용하여 결착성을 향상시키고 식품의 탄력성, 보수성 및 팽창성을 증대시켜 조직을 개량함으로써 맛의 조화와 풍미를 향상시키고 변질 및 변색을 방지하기 위하여 첨가하는 것으로 결착제라고도 한다. 품질 개량제는 주로 인산염, 중합인산염 또는 축합인산염 등이 이용되고 있으며 여러 종류를 혼합하여 사용하는 것이 상승 효과를 나타내어 좋은 결과를 얻을 수 있으며 이들은 사용 제한이 없다.

(3) 호료

호료는 식품에 대해 점착성 증가, 유화 안정성 향상, 가열이나 보존 중 선도 유지, 형체 보존 및 미각에 대해 점활성을 주어 촉감을 좋게 하기 위하여 첨가하는 물질이다. 한편 호료는 식품에 사용하면 증점제로서의 역할뿐만 아니라 분산 안정제, 결착 보수제, 피복제 등으로도 널리 이용되고 있다. 호료는 마요네즈, 유산균 음료, 아이스크림의 분산 안정제로, 햄이나 소시지의 결착 보수제로 사용된다.

━€ 허용 호료 및 사용 기준

호료명	사용 대상	사용량
폴리아크릴산나트륨	일반식품	0.2[%] 이하
아르진산프로필렌글리콜	일반식품	1[%] 이하
메틸셀룰로오스 카르복시메틸셀룰로오스나트륨 카르복시메틸셀룰로오스칼슘 카르복시메틸스타아치나트륨	일반식품	2[%] 이하
아르진산나트륨 카제인 카제인나트륨		

(4) 유화제

서로 잘 혼합되지 않는 두 종류의 액체를 혼합할 때 유화 상태를 오래 지속시키기 위하여 사용하는 물질이다. 빵, 케이크, 면류, 시리얼 등의 곡류가공품, 아이스크림, 커피 크림 등의 유제품 및 기타 가공식품에 사용되고 대두인지질, 글리세린, 지방산에스테르, 자당지방산에스테르, 프로필렌글리콜, 소르비탄지방산에스테르 등이 사용되며, 사용량에 제한이 없으나 대개 0.1~0.5[%] 이하로 첨가한다.

(5) 이형제

빵 제조 시 반죽이 달라붙지 않게 하고 모양을 그대로 유지하기 위하여 사용하는 것으로 유동파라핀만 허용된다.

(6) 용제

식품에 천연물의 첨가물을 균일하게 혼합되도록 하기 위해서는 용제에 녹여 첨가하는 것이 효과적인데, 이러한 목적으로 사용되는 첨가물이다.

4 식품 제조 및 가공에 필요한 첨가물

(1) 팽창제

빵이나 과자 등을 부풀게 하여 적당한 형체를 갖추게 하기 위하여 사용되는 첨가물이다(탄산염과 암모늄염 등).

(2) 껌 기초제

껌에 적당한 점성과 탄력성을 주어 풍미에 중요한 역할을 하는 것으로 원래 천연수지인 치클이 사용되었으나, 현재는 합성수지가 많이 사용되고 있다(에스테르검, 초산비닐수지, 폴리부텐, 폴리이소부틸렌 등).

(3) 소포제

거품을 없애기 위하여 사용되는 첨가물로 규소수지(0.05g/kg 이하)만이 허용된다.

(4) 추출제

유지 추출을 용이하게 하기 위해 사용되는 물질로 최종 제품 완성 전에 제거해야 한다(n-핵산).

[중금속 유해물질]

1 비소 간장 사건

글루텐을 염산으로 가수분해하고 단백질 분해물을 탄산나트륨으로 중화한 아미노산 간장에 다량의 비소가 함유되어 구토, 설사, 복통, 안면 부종, 관절과 근육통 등의 중독 증상을 나타낸 사건이다.

2 비소 우유 사건

영아가 비소가 함유된 분유에 의해 식욕 부진, 빈혈, 피부 발진, 색소 침착, 설사 등의 증상을 나타낸 식중독 사건이다.

3 유증(미강유) 사건

미강유 제조 중 탈취 공정에서 열매체로 사용된 PCB가 유출된 미강유를 사용하여 조리된 식품에서 발생한 대규모 식중독 사건이다.

빈출 Check

31 식품첨가물의 사용 목적이 아닌 것은?
① 식품의 기호성 증대
② 식품의 유해성 입증
③ 식품의 부패와 변질을 방지
④ 식품의 제조 및 품질 개량

💬 식품첨가물의 사용 목적은 식품의 부패와 변질을 방지하고 식품 제조 및 품질 개량을 통해 기호성을 증대시키기 위함이다.

32 다음 내용이 설명하는 물질의 명칭으로 옳은 것은?

> 유독물질, 허가물질, 제한 물질 또는 금지 물질, 사고대비물질, 그밖에 유해성 또는 위해성이 있거나 그러할 우려가 있는 물질을 말한다.

① 독성물질
② 식품첨가물
③ 유해위험물질
④ 화학적 합성품

💬 **유해위험물질이란**
유독물질, 허가물질, 제한 물질 또는 금지 물질, 사고대비물질, 그밖에 유해성 또는 위해성이 있거나 그러할 우려가 있는 물질을 말한다.

정답 _ 31 ② 32 ③

④ 기구·용기·포장재 등에 기인되는 유해 독성 물질

제조, 포장 과정에서 유해 금속류에 우발적으로 오염되어 이들 중금속염들이 체내에 잔류 축적되면서 일으키는 중독 현상이다.

기구 · 용기 · 포장재 등에 기인되는 유해 독성 물질

유해 독성 물질	특징	증상
구리(Cu)	조리용기구 부식	구토, 설사, 위통
아연(Zn)	용기나 도금에 사용된 아연	구토, 설사, 복통
카드뮴(Cd)	식기의 도금	구토, 설사, 복통
안티몬(Sb)	식기의 재료	구토, 설사, 경련
납(Pb)	납땜, 상수도 파이프	구토, 인사불성
수은(Hg)	상온에서 액체로 존재	구토, 설사, 복통

[조리] 및 가공에서 기인하는 유해 물질]

최근 식품 공업이 발달하고 식품이 대량 생산됨에 따라 식품의 품질 개량 및 유지, 보존성 향상 또는 영양적, 상품적 가치를 향상시킬 목적으로 여러 화학약품이 식품첨가물로 사용되고 있다. 그러나 이들 식품첨가물이 불순하거나 유해할 경우 이를 함유하는 식품이나 기구, 용기, 포장 등에서 식품 중으로 용출·이행되어 식중독을 일으킬 수 있다. 또는 어떤 유해한 화학약품이 고의 또는 잘못으로 식품에 혼입되거나 기구, 용기 등이 조악하여 식품 중에 독성물질로 혼입되어 식중독을 일으키는 경우가 있다.

① 고의 또는 과실 사용에 의한 중독

(1) 유해 착색제에 의한 중독

식품의 기호성을 높이기 위한 목적으로 타르색소를 많이 사용한다. 원래 타르색소는 의료품의 염색이 목적이었고 제조 도중 불순물이 함유될 가능성이 많아 대부분 인체에 유해하다. 특히, 인공 타르색소 중 염기성 타르색소는 독성이 강하며 이러한 유해성 착색료는 값이 싸고 선명하며 사용하기가 간편하므로 부정, 불량식품 등에 사용될 위험이 있다.

유해성 착색제의 종류

종류	특징	증상
아우라민 (auramine)	• 염기성, 황색 색소 • 과자, 팥 앙금류, 단무지, 카레 등에 사용	두통, 구토, 흑자색 반점
로다민B (rhodamine B)	• 염기성, 주황색 색소 • 과자, 생선묵, 케첩 등에 사용	전신이 착색, 색소 뇨
파라니트로아닐린 (P-nitroaniline)	• 황색의 결정성 분말 • 과자류에 사용	두통, 맥박 감퇴, 황색뇨 배설

빈출 Check

33 다음 중 허가된 착색제는?
① 파라니트로아닐린
② 인디고카민
③ 오라민
④ 로다민 B

정답 파라니트로아닐린, 오라민, 로다민 B는 인체에 독성이 강하여 사용이 허가되지 않은 착색제이며, 인디고카민은 식용색소 청색 2호로 사용이 허용된 착색제이다.

정답 _ 33 ②

(2) 유해성 감미료에 의한 중독

인공감미료는 대부분 사용이 금지되었으나 설탕보다 몇 배의 감미도를 갖고 있기 때문에 사용하는 경우가 있어 이로 인한 중독 사고가 많이 발생하였다.

📌 유해성 감미료의 종류

종류	특징	증상
둘신	설탕 감미의 약 250배	특유한 불쾌미, 간에 종양
사이클라메이트	설탕 감미 40~50배	발암성 물질
메타니트로아닐린	설탕의 200배, 살인당	식욕부진, 권태

(3) 유해성 표백제에 의한 중독

색깔이 좋지 않은 식품을 표백하여 색을 좋게 하기 위해 사용하는 것이 표백제이며 산화 작용을 이용한 과산화수소와 환원 작용을 이용한 아황산계통의 표백제가 식품첨가물로 지정되어 있으나 착색된 식품을 표백하기 위해 유해성 표백제를 사용하는 경우 식중독을 일으키게 된다.

📌 유해성 표백제의 종류

종류	사용 목적	특징 및 증상
롱가릿	물엿, 연근 등 표백	신장을 자극
형광표백제	압맥, 국수, 생선물 표백	독성이 강하여 사용 금지
니트로겐트리글로라이드	밀가루 표백	사용 금지

(4) 유해성 보존료에 의한 중독

식품보존이나 살균의 목적으로 사용하며 허가된 보존료는 독성이 비교적 약하지만 완전히 무해한 것이 아니므로 사용 기준을 엄수해야 한다.

📌 유해성 보존료에 의한 중독

종류	사용 목적	특징 및 증상
붕산	햄, 어묵, 마가린 등의 방부나 광택을 위해 사용	사용 금지
포름알데히드	주류, 육제품, 간장 등의 살균, 방부를 위해 사용	• 독성이 매우 강함 • 호흡 곤란, 현기증
불소화합물	육류, 우유, 알코올, 음료의 방부, 살균억제제로 사용	사용 금지
증량제	설탕, 전분, 향신료 등의 증량제	소화불량, 위장염 증세

② 공해로부터 일어나는 병

수질오염	• 미나마타병 : 수은(Hg) 중독 • 이타이이타이병 : 카드뮴(Cd) 중독
대기오염	만성 기관지염, 폐암, 만성 폐섬유화 및 폐수종, 납 중독(연 중독)

빈 출 Check

34 다음 중 유해 보존료에 속하지 않는 것은?
① 붕산
② 소르빈산
③ 불소화합물
④ 포름알데히드

소르빈산은 육제품, 절임 식품에 사용되는 허용 보존료이다.

35 미나마타병의 원인이 되는 금속은?
① 카드뮴   ② 비소
③ 수은   ④ 구리

미나마타병은 수은 중독, 이타이이타이병은 카드뮴 중독에 의한 질병이다.

정답 _ 34 ② 35 ③

주방 위생관리

Section **1** **주방위생 위해요소**

1 주방위생의 기본조건

(1) 조리장의 3원칙

① 위생 : 식품의 오염을 방지할 수 있고 채광, 환기, 통풍 등이 잘 되고 배수와 청소가 용이해야 한다.

② 능률 : 적당한 공간이 있어 식품의 구입, 검수, 저장, 식당 등과의 연결이 쉽고 기구, 기기 등의 배치가 능률적이어야 한다.

③ 경제 : 내구성이 있고 구입이 쉬우며 경제적이어야 한다.

(2) 조리장의 구조 및 위치

① 통풍, 채광 및 급·배수가 용이하고 소음, 악취, 가스, 분진, 공해 등이 없는 곳이어야 한다.

② 화장실, 쓰레기통 등에서 오염될 염려가 없을 정도의 거리에 떨어져 있는 곳이어야 한다.

③ 물건의 구입 및 반출이 용이하고 종업원의 출입이 편리한 곳이어야 한다.

④ 음식을 배선하고 운반하기 쉬운 곳이어야 한다.

⑤ 손님에게 피해가 가지 않는 위치여야 한다.

⑥ 비상시 출입문과 통로에 방해되지 않는 장소여야 한다.

2 조리장의 설비 및 관리

(1) 조리장 건물

① 충분한 내구력이 있는 구조일 것

② 객실과 객실과는 구획이 분명할 것

③ 바닥으로부터 1m까지의 내벽은 타일 등 내수성 자재를 사용한 구조일 것

④ 배수 및 청소가 쉬운 구조일 것

(2) 급수 시설

급수는 수돗물이나 공공 시험 기관에서 음용에 적합하다고 인정하는 것만 사용, 우물일 경우에는 화장실로부터 20m, 하수관에서 3m 떨어진 곳의 물을 사용한다.

---

36 주방 청결을 유지하기 위한 방역 방법으로 바른 것은?

① 물리적 방법은 천적생물을 이용하는 방법으로 해충의 서식지를 제거하는 것이다.

② 화학적 방법은 해충이 발생하지 못하도록 시설 및 환경개선을 하는 것이다.

③ 화학적 방법은 약제를 살포하여 해충을 구제하는 것이다.

④ 물리적 방법은 약제를 살포하여 해충을 구제하는 것이다.

🗨 화학적 방법은 약제를 살포하여 해충을 구제하는 것이다.

(3) 작업대

작업대의 높이는 신장의 52% 가량이며, 55~60cm 넓이가 효율적이고, 작업대와 뒤 선반과의 간격은 150cm 이상 떨어져야 한다.

① ㄷ자형 : 면적이 같을 경우 가장 동선이 짧으며 넓은 조리장에 사용한다.

② L자형 : 동선이 짧으며 조리장이 좁은 경우에 사용한다.

③ 병렬형 : 180°의 회전을 요하므로 피로가 쉽게 온다.

④ 일렬형 : 작업 동선이 길어 비능률적이지만 조리장이 좁은 경우에 사용한다.

(4) 냉장·냉동고

냉장고는 5℃ 내외의 온도를 유지하는 것이 표준이고 보존 기간은 2~3일 정도가 적당하며, 냉동고는 0℃ 이하를 유지하고 장기 저장에는 −40~−20℃를 유지하는 것이 좋다.

(5) 환기 시설

창에 팬을 설치하는 방법과 후드(hood)를 설치하는 방법이 있다.

(6) 조명 시설

식품위생법상의 기준 조명은 객석 30Lux, 단란주점은 30Lux, 조리실은 50Lux 이상이어야 한다.

(7) 방충·방서 시설

창문, 조리장, 출입구, 화장실, 배수구에는 쥐 또는 해충의 침입을 방지할 수 있는 설비를 해야 하며 조리장의 방충망은 30mesh(가로, 세로 1인치 안의 구멍수) 이상이어야 한다.

(8) 화장실

남녀용으로 구분되어 사용하는데 불편이 없는 구조여야 하며 내수성 자재로 하고 손 씻는 시설을 갖춰야 한다.

(9) 조리장의 관리

① 조리장의 내부 및 전체 시설은 1일 1회 청소하여 청결하고 건조한 상태를 유지한다.

② 조리기구의 사용 시마다 잘 씻고 2~4시간 마다 소독한다.

③ 음식물 및 음식물 재료는 상온에서 2시간 이상 보관하지 않고 냉장 보관한다.

④ 잔여 식품과 주방 쓰레기는 위생적으로 처리 또는 폐기한다.

⑤ 매주 1회 이상 대청소를 하고 소독을 실시한다.

⑥ 가스기기의 경우 조립 부분은 모두 분리해서 세제로 깨끗이 씻고 화구가 막혔을 경우에는 철사로 구멍을 뚫는다.

빈출 Check

37 식당에서 조리 작업자 및 배식자의 손 소독에 가장 적당한 것은?

① 생석회 ② 연성세제
③ 역성비누 ④ 승홍수

💬 조리자의 손 소독에 사용하는 것은 역성비누이다.

38 위생적인 식품 보관 방법으로 틀린 것은?

① 냉동식품은 냉동보관이 원칙이고 녹인 것은 다시 얼리지 않는다.
② 채소류는 칼이 닿는 경우 쉽게 상하므로 관리를 철저히 해야 한다.
③ 채소류는 후입선출이 기본으로 가장 최근에 들어온 싱싱한 것부터 사용한다.
④ 바나나는 상온에 보관하고 수박이나 멜론 등은 랩을 사용하여 표면이 마르지 않도록 한다.

💬 채소류는 선입선출이 기본으로 가장 먼저 들어온 것부터 사용한다.

정답 _ 37 ③ 38 ③

⑦ 조리기계류의 경우는 기계의 전원이 꺼진 것을 확인하고 손질한다.

⑧ 스테인리스 용기 및 기구는 중성세제를 이용하여 세척하며 열탕 소독, 약품 소독을 사용 전후에 하는 것이 좋다.

⑨ 칼, 도마, 행주는 중성세제, 약알칼리성 세제를 사용하여 세척하며 바람이 잘 통하고 햇볕이 잘 드는 곳에서 1일 1회 이상 소독한다.

Section 2 식품안전관리인증기준(HACCP)

(1) HACCP(식품안전관리인증기준, Hazard Analysis and Critical Control Point)은 해썹이라고 부르며, HA와 CCP의 결합어로 위해요소분석(HA, Hazard Analysis)과 중요관리점(CCP, Critical Control Point)으로 구성된다. HA는 위해 가능성이 있는 요소를 전체적인 공정 과정의 흐름에 따라 분석·평가하는 것이며, CCP는 확인된 위해한 요소 중에서 중점적으로 다루어야 하는 위해요소를 뜻한다. 식품안전관리인증기준의 목적은 사전에 위해한 요소들을 예방하며 식품의 안전성을 확보하는 것이다.

(2) 우리나라는 식품의 제조, 생산, 유통, 소비에 이르기까지 전 과정에서 식품 관리의 사전 예방 차원에서 식품의 안전성을 확보함은 물론 식품 업체의 자율적인 위생관리체계를 정착화할 목적으로 식품위생법에 HACCP제도를 1995년에 도입하였다.

Section 3 작업장 교차오염 발생요소

1 교차오염의 정의

식재료, 기구, 용수 등에 오염되어 있던 미생물이 오염되어 있지 않은 식재료, 기구, 종사자와의 직, 간접 접촉 또는 작업과정에 혼입됨으로 미생물의 전이가 일어나는 것

2 교차오염 발생 경우

(1) 맨손으로 식품을 취급시

(2) 손 씻기 방법이 부적절한 경우

(3) 식품 쪽에서 기침을 한 경우

(4) 칼, 도마 등을 혼용한 경우

---

39 다음의 정의에 해당하는 것은?

식품의 원료 관리, 제조, 가공, 조리, 유통의 모든 과정에서 위해한 물질이 식품에 섞이거나 식품이 오염되는 것을 방지하기 위하여 각 과정을 중점적으로 관리하는 기준

① 식품안전관리인증기준 (HACCP)
② 식품 Recall 제도
③ 식품 CODEX 제도
④ ISO 인증 제도

💭 식품안전관리인증기준 (HACCP)은 식품의 원료 관리, 제조, 가공, 조리, 유통의 모든 과정에서 위해한 물질이 식품에 섞이거나 식품이 오염되는 것을 방지하기 위하여 각 과정을 중점적으로 관리하는 기준을 말한다.

40 HACCP 인증 집단급식소(집단급식소, 식품접객업소, 도시락류 포함)에서 조리한 식품은 소독된 보존식 전용용기 또는 멸균 비닐봉지에 매회 1인분 분량을 담아 몇 ℃ 이하에서 얼마 이상의 시간 동안 보관하여야 하는가?

① 4℃ 이하, 48시간 이상
② 0℃ 이하, 100시간 이상
③ -10℃ 이하, 200시간 이상
④ -18℃ 이하, 144시간 이상

💭 HACCP 인증 집단급식소의 보존식은 -18℃ 이하에서 144시간 이상 보관한다.

3 교차오염 방지요령

작업장에서의 작업은 물론 구매한 물품을 검수하는 일에서 시작하여 전처리, 소독, 조리, 배식, 세정, 정리정돈에 이르기까지 다양한 작업이 수작업에 의하여 이루어짐. 이 과정에서 발생할 수 있는 부주의에 의한 교차오염이 식중독 발생의 주요 원인이 되므로 작업과정의 위생관리가 보다 체계적으로 철저하게 관리되어야 함.

4 교차오염 방지요령

(1) 일반 구역과 청결 구역으로 구획을 설정하여 전처리, 조리, 기구세척 등을 별도의 구역에서 한다.

(2) 칼, 도마 등의 기구나 용기는 용도별로 구분하여 각각 전용으로 준비하여 사용한다.

(3) 세척 용기는 어, 육류로 구분 사용하고 사용 전, 후에 충분히 세척, 소독한 후 사용한다.

(4) 식품 취급 등의 작업은 바닥으로부터 60cm 이상에서 실시하여 바닥의 오염물이 들어가지 않도록 한다.

(5) 식품취급 작업은 반드시 손을 세척, 소독한 후에 하며, 고무장갑을 착용하고 작업을 하는 경우는 장갑을 손에 준하여 관리한다.

(6) 전처리하지 않은 식품과 전처리 식품을 구분하여 보관한다.

(7) 전처리 사용용수는 반드시 먹는 물을 사용한다.

일반 구역
제품의 제조 가공에 있어 위생 및 안전에 직접적인 영향을 주지 않는 장소로서 정기적인 청소가 필요한 구역
청결 구역
오염에 극히 민감하여 제품의 위생 및 안전에 직접적인 영향을 미치는 장소로 미생물 관리가 필요한 구역을 말한다.

Chapter 04

식중독 관리

빈출Check

Section 1 식중독의 개요

식중독(食中毒)은 급성 위장 장애 현상으로 일반적으로 병원 미생물이나 유독·유해 물질이 음식물에 혼입되어 경구적으로 섭취함으로써 생리적 이상을 일으키는 것을 말하며, 6~9월 사이에 주로 발생한다.

> **TIP** 식중독 발생 시 보고 순서
> (한)의사 → 시장, 군수, 구청장 → 시·도지사 → 식품의약품안전처장

Section 2 세균성 식중독

세균성 식중독은 여름에 발생 빈도가 가장 높고, 식중독 중 발생률이 가장 높다.

(1) 감염형 식중독

식품 내에 세균이 증식하여 세균을 대량으로 식품과 함께 섭취함으로써 발병한다.

구분	특징	오염원	예방
살모넬라 식중독	• 그람음성간균, 통성혐기성균, 급격한 발열	쥐, 파리, 바퀴벌레, 가축, 가금의 오염	60℃에서 30분 가열 처리
장염비브리오 식중독	• 호염성균	어패류의 생식	60℃에서 5분 가열 처리, 조리기구, 행주 등 소독
병원성 대장균 식중독	• 그람음성간균	동물의 배설물, 우유	용변 후 손 세척 등 위생적 처리
웰치균 식중독	• 그람음성간균, 편성혐기성균	식육류, 어패류 및 가공품	분변 오염 방지, 10℃ 이하, 60℃ 이상 보존

(2) 독소형 식중독

식품에서 세균이 증식할 때 생기는 특유의 독소에 의해 발병한다.

구분	특징	오염원	예방
포도상구균 식중독	• 화농성 질환의 대표적인 식품균 • 독소 : 엔테로톡신	조리사의 손가락 등의 화농성 질환, 우유, 버터, 쌀, 떡	식품 및 기구를 멸균하여 식품 오염 방지, 조리사 손 청결 유지

41 웰치균에 대한 설명으로 바른 것은?
① 아포는 60℃에서 10분간 가열하면 사멸한다.
② 혐기성균이다.
③ 냉장 온도에서 잘 발육한다.
④ 당분이 많은 식품에서 주로 발생한다.

해설 웰치균 식중독은 열에 강한 균으로 가열해도 잘 사멸되지 않는 편성혐기성균이다. 냉장 보관하면 예방이 가능하며 원인 식품은 육류를 사용한 가열 식품이다.

42 장염비브리오균에 의한 식중독 발생과 가장 관계가 깊은 것은?
① 유제품 ② 어패류
③ 난가공품 ④ 돼지고기

해설 장염비브리오 식중독의 원인 식품 : 어패류

| 보툴리누스균 식중독 | • 통조림, 소시지 등 혐기성 조건하에서 발육, 치명률이 높음
• 독소 : 뉴로톡신
• 그람양성간균, 아포 생성, 편성혐기성균 | 햄, 소시지, 식육 제품 | 토양에 의한 오염 방지, 가열 섭취 |

(3) 기타 식중독

구분	특징	오염원	예방
장구균에 의한 식중독	• 원인균 : 스트렙토코커스 • 최적온도 : 10~45℃	소시지, 햄, 두부	60℃에서 30분 가열
바실루스 세레우스 식중독	• 자연계에 널리 분포	• 구토형 : 쌀밥, 볶은 밥 • 설사형 : 수프, 푸딩	10℃ 이하로 냉각시켜 저온 보존
알레르기성 식중독	• 히스타민의 원인 • 프로테우스 모르가니균	꽁치, 정어리, 고등어	붉은 살 생선
비브리오 설사증	• 복통, 발열, 설사	저호염균	어패류 생식 금지

TIP 세균성 식중독과 소화기계 감염병의 차이

세균성 식중독	소화기계 감염병(경구 감염병)
• 식중독균에 오염된 식품을 섭취하여 발생 • 대량의 균 또는 독소에 의해 발생 • 살모넬라 외에 2차 감염이 없음 • 잠복기가 짧음 • 면역이 되지 않음	• 감염병균에 오염된 식품의 섭취로 감염 • 적은 양으로도 발병 • 2차 감염이 됨 • 잠복기가 긺 • 면역이 됨

Section 3 자연독 식중독

동·식물체 중에서 자연적으로 생산되는 독성 성분을 함유하고 있는데 이러한 독성 성분은 사람에게 영양 장애 및 급성 중독을 일으킬 뿐 아니라 돌연변이나 발암의 원인이 되기도 한다.

(1) 동물성 자연독에 의한 식중독

구분	특징	오염원	예방
복어독	• 지각 마비, 구토, 의식혼미, 호흡정지, 사망 • 치사율 : 50~60%　• 독성분 : 테트로도톡신	주로 복어의 난소, 간장, 간, 피부	유독 부분 폐기
마비성 패중독	• 입술, 혀, 말초신경 마비 • 치사율 10%　• 독성분 : 삭시톡신	섭조개, 검은조개	위세척 등 독소 제거
모시조개 중독	• 혈변, 혼수상태 • 치사율 44~50%　• 독성분 : 베네루핀	모시조개	내열성 강함
고동 중독	• 구토, 설사, 복통　• 독성분 : 테트라민	고동	
시큐어테라 중독	• 먹이 연쇄에 의한 축적	아열대지방 독어 섭취	

빈출 Check

43 식품에 대한 분변 오염의 지표로 특히 냉동식품의 오염지표균은?
① 대장균
② 장구균
③ 포도상구균
④ 일반세균

장구균은 대장균과 함께 분변에서 발견되는 균으로 냉동에서 오래 견딘다.

44 엔테로톡신(enterotoxin)이 원인이 되는 식중독은?
① 살모넬라 식중독
② 장염비브리오 식중독
③ 병원성대장균 식중독
④ 황색포도상구균 식중독

황색포도상구균 식중독은 엔테로톡신에 의한 독소형 식중독이다.

정답 _ 43 ② 44 ④

빈출 Check

45 복어의 테트로톡신 독성분은 복어의 어느 부위에 가장 많은가?
① 근육 ② 피부
③ 난소 ④ 껍질

🗨 복어 독성분의 정도는 난소 〉간 〉내장 〉피부 순이다.

46 다음 중 독버섯의 유독 성분은?
① 솔라닌(solanine)
② 무스카린(muscarine)
③ 아미그달린(amygdalin)
④ 테트로도톡신(tetrodotoxin)

🗨 ① 솔라닌(감자), ③ 아미그달린(청매), ④ 테트로도톡신(복어)

47 버섯의 중독 증상 중 콜레라형 증상을 일으키는 버섯류는?
① 화경버섯, 외대버섯
② 알광대버섯, 독우산버섯
③ 광대버섯, 파리버섯
④ 마귀곰보버섯, 미치광이 버섯

🗨 독버섯 증상
• 위장형 중독 : 무당버섯, 화경버섯
• 콜레라형 중독 : 알광대버섯, 독우산버섯, 마귀곰보버섯
• 신경계 장애형 중독 : 파리버섯, 광대버섯, 미치광이 버섯

(2) 식물성 자연독에 의한 식중독

① 버섯에 의한 식중독 : 가족적 발생이 특징이며, 버섯의 발생 시기인 9~10월경에 자주 발생한다.

— 버섯 식중독의 증상 및 분류

증상	종류	증상
위장형 중독	무당버섯, 붉은버섯, 화경버섯	구토, 복통, 설사
콜레라형 중독	알광대버섯, 독우산버섯, 달걀광대버섯	혼수, 경련, 중추신경 장애
신경계 장애형 중독	파리버섯, 광대버섯, 미치광이버섯, 환각버섯	광란, 환각, 혼수

TIP 독버섯의 감별법
• 줄기가 세로로 찢어지지 않고 부서지는 것
• 색깔이 선명하고 아름다운 것
• 줄기에 마디가 있는 것
• 버섯을 찢었을 때 액즙이 분비되는 것
• 악취가 나는 것
• 쓴맛, 신맛이 나는 것
• 은수저 등으로 문질렀을 때 검게 변하는 것
• 표면에 점액이 있는 것

② 감자에 의한 식중독 : 감자는 솔라닌이라는 독성 물질을 함유하고 있는데 감자가 발아하거나 햇볕에 노출된 경우 솔라닌 함량이 증가되어 0.2~0.4g/kg 이상이 되면 중독을 일으킨다.

	유독 성분	증상	예방
감자 중독	• 솔라닌 : 감자의 싹튼 부분, 껍질의 녹색 부분 • 셉신 : 썩은 부분	중추신경 장애, 용혈 작용, 구토, 복통 장애	싹튼 부분 제거, 서늘한 곳에 보관

③ 기타 식물성 식중독

종류	유독 성분	증상
고사리	티큐로사이드(praquiloside)	고사리가 가축에게 장관의 출혈을 발생시킴
독미나리	시큐톡신(cicutoxine)	암을 유발
목화씨	고시풀(gossypol)	심한 위통, 구토, 현기증
오두	아코니틴(aconitine)	위장 장애, 식욕 감퇴
오색두	파세오루나틴(phaselunatin)	입, 안면마비, 안면 창백, 언어 장애
은행종자	청산	소화기계 증상, 호흡곤란
매실	아미그달린(amgdaline)	중추신경 자극, 어지러움
피마자	리신(ricin)	적혈구 응집, 복통, 구토, 설사

Section 4 화학적 식중독

화학적 식중독

종류	특징	예방법
메틸알코올	• 과실주의 알코올 발효 시 생성 • 두통, 현기증, 설사, 시신경 마비로 실명	• 수확 전 15일 이내 농약 살포 금지 • 농약 살포 시 흡입 주의, 마스크 착용 • 과채류의 산성액 세척 • 농약의 위생적 보관 및 사용법 준수 • 조리 시 직접 굽기보다는 찜 등의 조리 방법 이용 권장
벤조알파피렌	• 석유, 석탄, 식품을 태울 때 불완전 연소 시 생성 • 발암성 강함	
PCB 중독	• PCB가 생체에 혼입 시 지방 조직에 중독 증상 발생 • 피부병, 간질환, 신경 장애	

 TIP 알레르기성 식중독
• 원인균 : 프로테우스모르가니균   • 원인독소 : 히스타민
• 원인 식품 : 고등어 같은 등 푸른 생선 및 그 가공품
• 증상 : 두드러기, 피부 발진, 염증

Section 5 곰팡이독소(마이코톡신, mycotoxin)

마이코톡신은 진균독 또는 곰팡이독이라 하며 곰팡이가 생산하는 유독성 대사산물로 식품과 함께 경구 섭취되어 식중독을 일으키는데, 이를 진균 중독증이라 한다. 계절과 관계가 깊고 탄수화물이 풍부한 곡류에 많이 발생하며, 동물 또는 사람 사이에는 전파되지 않는다.

마이코톡신에 의한 식중독과 예방법

종류	유독 성분	증상	예방법
아플라톡신 (aflatoxin)	• 아스퍼질러스속 곰팡이 대사산물 • 쌀, 보리, 옥수수	간 출혈, 신장 출혈, 발암물질	• 습한 곳에 보관하지 말 것 • 마른 용기에 밀봉 보관할 것 • 저온 보존할 것
맥각독	• 에르고타민 • 에르고톡신 • 밀, 보리, 호밀	신경 장애	
황변미 중독	• penicillium, 쌀의 곰팡이	간 경련, 신경 장애	

빈출 Check

48 화학성 식중독의 가장 현저한 증상이 아닌 것은?
① 설사 ② 복통 ③ 구토 ④ 고열
화학성 식중독의 일반적인 증상은 복통, 설사, 구토, 두통이다.

49 황변미 중독이란 쌀에 무엇이 기생하여 문제를 일으키는 것인가?
① 세균 ② 곰팡이 ③ 리케차 ④ 바이러스
황변미 중독
쌀에 푸른곰팡이가 번식하여 시트리닌, 시크리오비리딘과 같은 독소를 생성한다.

50 다음 미생물 중 곰팡이가 아닌 것은?
① 아스퍼질러스(aspergillus)속
② 페니실리움(penicillium)속
③ 리조푸스(rhizopus)속
④ 클로스트리디움(clostridium)속
클리스트리움속은 세균류에 속한다.

Chapter 05

식품위생 관계 법규

빈출 Check

Section 1 식품위생법 및 관계 법규

[식품위생의 의의]

1 식품위생의 정의

(1) 세계보건기구(WHO)의 정의

식품위생이란 '식품원료의 재배, 생산, 제조에서 유통과정을 거쳐 최종적으로 사람에게 섭취되기까지의 모든 단계에 걸친 식품의 안전성, 보존성의 악화 방지를 위해 취해지는 모든 수단'을 말한다.

(2) 우리나라의 정의

식품위생이란 '식품, 식품첨가물, 기구 또는 용기·포장을 대상으로 하는 음식에 관한 모든 위생'을 말한다.

2 식품위생의 목적

식품으로 인한 위생상의 위해를 방지하고 식품영양의 질적 향상을 도모하며 식품에 관한 올바른 정보를 제공함으로써 국민보건의 증진에 이바지함을 목적으로 한다.

3 식품위생의 대상

식품위생은 식품, 식품첨가물, 기구 또는 용기·포장 등 음식에 관한 전반적인 것을 대상으로 한다.

4 식품위생 행정기구

(1) 중앙기구

식품위생 행정은 보건행정의 일부분으로 식품위생법에 그 기초를 두고 식품의약품안전처에서 지휘·감독한다.

(2) 지방기구

특별시, 광역시, 도마다 식품위생 행정기구가 있고 군청, 구청의 위생과에서는 식품위생 감시원을 배치하여 일선 업무를 담당하게 하고 있으며, 각 보건소에서는 건강진단 및 역학 조사들을 담당하고 있다.

51 식품위생법상 식품위생의 대상이 되지 않는 것은?
① 식품 및 식품첨가물
② 의약품
③ 식품 및 기구
④ 식품, 용기 및 포장

식품위생의 정의
식품, 식품첨가물, 기구, 용기, 포장을 대상으로 하는 음식에 관한 위생을 말한다.

52 식품위생 행정을 담당하는 기관 중에서 중앙기구에 속하지 않는 것은?
① 질병관리본부
② 시·군·구청 위생과
③ 식품의약품안전처
④ 식품위생 심의위원회

식품위생 시, 군, 구청의 위생과는 지방기구에 속한다.

정답 _ 51 ② 52 ②

[총칙]

① 식품위생법 총칙

(1) 목적

이 법은 식품으로 인하여 생기는 위생상의 위해(危害)를 방지하고 식품영양의 질적 향상을 도모하며 식품에 관한 올바른 정보를 제공하여 국민보건의 증진에 이바지함을 목적으로 한다.

(2) 용어의 정의

① **식품** : 모든 음식물(의약으로 섭취하는 것은 제외한다)을 말한다.

② **식품첨가물** : 식품을 제조·가공·조리 또는 보존하는 과정에서 감미, 착색, 표백 또는 산화방지 등을 목적으로 식품에 사용되는 물질을 말한다. 이 경우 기구·용기·포장을 살균·소독하는 데에 사용되어 간접적으로 식품으로 옮아갈 수 있는 물질을 포함한다.

③ **화학적 합성품** : 화학적 수단으로 원소 또는 화합물에 분해 반응 외의 화학 반응을 일으켜서 얻은 물질을 말한다.

④ **기구** : 식품 또는 식품첨가물에 직접 닿는 기계·기구나 그 밖의 물건(농업과 수산업에서 식품을 채취하는 데에 쓰는 기계·기구나 그 밖의 물건은 제외)을 말한다.
　㉠ 음식을 먹을 때 사용하거나 담는 것
　㉡ 식품 또는 식품첨가물을 채취, 제조, 가공, 조리, 저장, 소분(완제품을 나누어 유통을 목적으로 재포장하는 것), 운반, 진열할 때 사용하는 것

⑤ **용기 · 포장** : 식품 또는 식품첨가물을 넣거나 싸는 것으로서 식품 또는 식품첨가물을 주고받을 때 함께 건네는 물품을 말한다.

⑥ **위해** : 식품, 식품첨가물, 기구 또는 용기·포장에 존재하는 위험요소로서 인체의 건강을 해치거나 해칠 우려가 있는 것을 말한다.

⑦ **표시** : 식품, 식품첨가물, 기구 또는 용기·포장에 적는 문자, 숫자 또는 도형을 말한다.

⑧ **영양표시** : 식품에 들어있는 영양소의 양 등 영양에 관한 정보를 표시하는 것을 말한다.

⑨ **영업** : 식품 또는 식품첨가물을 채취, 제조, 가공, 조리, 저장, 소분, 운반 또는 판매하거나 기구 또는 용기·포장을 제조, 운반, 판매하는 업(농업과 수산업에 속하는 식품채취업은 제외한다)을 말한다.

⑩ **영업자** : 영업허가를 받은 자나 영업신고를 한 자 또는 영업등록을 한 자를 말한다.

⑪ **식품위생** : 식품, 식품첨가물, 기구 또는 용기·포장을 대상으로 하는 음식에 관

빈출 Check

53 식품위생행정의 목적이 아닌 것은?
① 식품위생의 위해 방지
② 국민보건의 증진에 이바지
③ 식품영양의 질적 향상 도모
④ 식품산업의 발전도모

　식품으로 인한 위생상의 위해 방지, 식품영양의 질적 향상 도모, 식품에 관한 올바른 정보를 제공함으로써 국민보건증진에 이바지함을 목적으로 한다.

54 식품위생법상 식품위생의 대상이 되지 않는 것은?
① 식품
② 의약품
③ 식품첨가물
④ 기구 또는 용기·포장

　식품위생이란 식품, 식품첨가물, 기구 또는 용기·포장을 대상으로 하는 음식에 관한 위생을 말한다.

　정답 _ 53 ④ 54 ②

55 다음 중 식품위생법상 판매가 금지된 식품이 아닌 것은?
① 병원미생물에 의하여 오염되어 인체의 건강을 해할 우려가 있는 식품
② 영업신고 또는 허가를 받지 않은 자가 제조한 식품
③ 안전성 평가를 받아 식용으로 적합한 유전자 재조합 식품
④ 썩었거나 상하였거나 설익은 것으로 인체의 건강을 해할 우려가 있는 식품

🐷 식품위생법상 안전성 평가를 받아 식용으로 적합한 유전자 재조합 식품은 판매가 가능하다.

56 식품위생법상 식품을 제조·가공·조리 또는 보존하는 과정에서 감미, 착색, 표백 또는 산화방지 등을 목적으로 식품에 사용되는 물질(기구·용기·포장을 살균·소독하는 데에 사용되어 간접적으로 식품으로 옮아갈 수 있는 물질을 포함)은 무엇에 대한 정의인가?
① 식품
② 식품첨가물
③ 화학적 합성품
④ 기구

🐷 식품첨가물은 식품을 제조·가공·조리 또는 보존하는 과정에서 감미, 착색, 표백 또는 산화방지 등을 목적으로 식품에 사용되는 물질을 말한다. 이 경우 기구·용기·포장을 살균·소독하는 데에 사용되어 간접적으로 식품으로 옮아갈 수 있는 물질을 포함한다.

한 위생을 말한다.

⑫ **집단급식소** : 영리를 목적으로 하지 아니하면서 특정 다수인에게 계속하여 음식물을 공급하는 기숙사, 학교, 병원, 사회복지시설, 산업체, 국가, 지방자치단체 및 공공기관, 그 밖의 후생기관 등의 급식시설로서 1회 50명 이상에게 식사를 제공하는 급식소를 말한다.

⑬ **식품이력추적관리** : 식품을 제조·가공단계부터 판매단계까지 각 단계별로 정보를 기록·관리하여 그 식품의 안전성 등에 문제가 발생할 경우 그 식품을 추적하여 원인을 규명하고 필요한 조치를 할 수 있도록 관리하는 것을 말한다.

⑭ **식중독** : 식품 섭취로 인하여 인체에 유해한 미생물 또는 유독물질에 의하여 발생하였거나 발생한 것으로 판단되는 감염성 질환 또는 독소형 질환을 말한다.

⑮ **집단급식소에서의 식단** : 급식대상 집단의 영양섭취기준에 따라 음식명, 식재료, 영양성분, 조리방법, 조리인력 등을 고려하여 작성한 급식계획서를 말한다.

[식품 및 식품첨가물]

1️⃣ 위해식품 등의 판매 금지

식품 등을 판매하거나 판매할 목적으로 채취, 제조, 수입, 가공, 사용, 조리, 저장, 소분, 운반 또는 진열해서는 안 된다.

① 썩거나 상하거나 설익어서 인체의 건강을 해칠 우려가 있는 것
② 유독·유해물질이 들어 있거나 묻어 있는 것 또는 그러할 염려가 있는 것. 다만, 식품의약품안전처장이 인체의 건강을 해칠 우려가 없다고 인정하는 것은 제외한다.
③ 병을 일으키는 미생물에 오염되었거나 그러할 염려가 있어 인체의 건강을 해칠 우려가 있는 것
④ 불결하거나 다른 물질이 섞이거나 첨가된 것 또는 그 밖의 사유로 인체의 건강을 해칠 우려가 있는 것
⑤ 안전성 심사 대상인 농·축·수산물 등 가운데 안전성 심사를 받지 아니하였거나 안전성 심사에서 식용으로 부적합하다고 인정된 것
⑥ 수입이 금지된 것, 또는 수입신고를 하여야 하는 경우 신고하지 아니하고 수입한 것
⑦ 영업허가를 받지 아니한 자가 제조, 가공, 소분한 것

2️⃣ 병든 동물 고기 등의 판매 금지

누구든지 질병에 걸렸거나 걸렸을 염려가 있는 동물이나 그 질병에 걸려 죽은 동물의 고기, 뼈, 젖, 장기 또는 혈액을 식품으로 판매하거나 판매할 목적으로 채취, 수입, 가공, 사용, 조리, 저장, 소분 또는 운반하거나 진열하여서는 아니 된다.

3 기준·규격이 정하여지지 아니한 화학적 합성품

누구든지 다음의 어느 하나에 해당하는 행위를 하여서는 아니 된다. 다만, 식품의약품안전처장이 식품위생심의위원회(이하 심의위원회)의 심의를 거쳐 인체의 건강을 해칠 우려가 없다고 인정하는 경우에는 그러하지 아니하다.

① 기준·규격이 정하여지지 아니한 화학적 합성품인 첨가물과 이를 함유한 물질을 식품첨가물로 사용하는 행위

② 식품첨가물이 함유된 식품을 판매하거나 판매할 목적으로 제조, 수입, 가공, 사용, 조리, 저장, 소분, 운반 또는 진열하는 행위

 기준과 규격
- 기준 : 식품, 식품첨가물의 제조, 가공, 사용, 조리 및 보존의 방법 등
- 규격 : 식품 또는 식품첨가물의 성분에 관한 것

4 식품 또는 식품첨가물에 관한 기준 및 규격

① 식품의약품안전처장은 국민보건을 위하여 필요하면 판매를 목적으로 하는 식품 또는 식품첨가물에 관한 제조, 가공, 사용, 조리, 보존방법에 관한 기준과 성분에 관한 규격의 사항을 정하여 고시할 수 있다.

② 식품의약품안전처장은 기준과 규격이 고시되지 아니한 식품 또는 식품첨가물의 기준과 규격을 인정받으려는 자에게 제조, 가공, 사용, 조리, 보존방법에 관한 기준과 성분에 관한 규격의 사항을 제출하게 하여 지정된 식품위생 검사기관의 검토를 거쳐 기준과 규격이 고시될 때까지 그 식품 또는 식품첨가물의 기준과 규격으로 인정할 수 있다.

③ 수출할 식품 또는 식품첨가물의 기준과 규격은 ① 및 ②에도 불구하고 수입자가 요구하는 기준과 규격을 따를 수 있다.

5 권장규격 예시 등

① 식품의약품안전처장은 판매를 목적으로 하는 식품 또는 식품첨가물, 기구 및 용기·포장에 관한 기준 및 규격이 설정되지 아니한 식품 등이 국민보건상 위해 우려가 있어 예방조치가 필요하다고 인정하는 경우에는 그 기준 및 규격이 설정될 때까지 위해 우려가 있는 성분 등의 안전관리를 권장하기 위한 규격을 예시할 수 있다.

② 식품의약품안전처장은 권장규격을 예시할 때에는 국제식품규격위원회 및 외국의 규격 또는 다른 식품 등에 이미 규격이 신설되어 있는 유사한 성분 등을 고려하여야 하고 심의위원회의 심의를 거쳐야 한다.

③ 식품의약품안전처장은 영업자가 권장규격을 준수하도록 요청할 수 있으며 이행하지 아니한 경우 그 사실을 공개할 수 있다.

빈출 Check

57 식품, 식품첨가물, 기구 또는 용기, 포장의 위생적 취급에 관한 기준을 정하는 것은?

① 국무총리령
② 고용노동부령
③ 환경부령
④ 농림축산식품부령

해설 식품, 식품첨가물, 기구 또는 용기, 포장의 위생적 취급에 관한 기준은 국무총리령으로 한다.

58 식품 등의 표시기준에 명시된 표시사항이 아닌 것은?

① 업소명
② 성분명 및 함량
③ 유통기한
④ 판매자 성명

해설 제품명, 식품의 유형, 제조 연월일, 유통기한 또는 품질유지기한, 내용량 및 내용량에 해당하는 열량, 원재료명, 업소명 및 소재지, 성분명 및 함량, 영양성분 등은 식품 등의 표시사항이다.

정답 _ 57 ① 58 ④

빈출 Check

59 허위표시, 과대광고의 범위에 해당되지 않는 것은?

① 제조방법에 관하여 연구 또는 발견한 사실로서 식품학, 영양학 등의 분야에서 공인된 사항의 표시·광고
② 외국어의 사용 등으로 외국제품으로 혼동할 우려가 있는 표시·광고
③ 질병의 치료에 효능이 있다는 내용 또는 의약품으로 혼동할 우려가 있는 내용의 표시·광고
④ 다른 업체의 제품을 비방하거나 비방하는 것으로 의심되는 광고

학문적 근거를 두고 표시·광고하는 경우는 허위표시, 과대광고에 해당하지 않는다.

60 수출을 목적으로 하는 식품 또는 식품첨가물의 기준과 규격은?

① 산업통상자원부장관의 별도 허가를 획득한 기준과 규격
② F.D.A의 기준과 규격
③ 국립검역소장이 정하여 고시한 기준과 규격
④ 수입자가 요구하는 기준과 규격

수출을 목적으로 하는 식품 또는 식품첨가물의 기준과 규격을 수입자가 요구하는 기준과 규격에 맞춘다.

정답 _ **59** ① **60** ④

[기구와 용기·포장]

1 유독기구 등의 판매·사용 금지

유독·유해물질이 들어 있거나 묻어 있어 인체의 건강을 해할 우려가 있는 기구 및 용기·포장과 식품 또는 식품첨가물에 직접 닿으면 해로운 영향을 끼쳐 인체의 건강을 해칠 우려가 있는 기구 및 용기·포장을 판매하거나 판매할 목적으로 제조, 수입, 저장, 운반, 진열하거나 영업에 사용하여서는 안 된다.

2 기구 및 용기·포장의 기준과 규격

식품의약품안전처장은 국민보건을 위하여 필요한 경우에는 판매하거나 영업에 사용하는 기구 및 용기·포장에 관하여 제조방법에 관한 기준, 기구 및 용기·포장과 그 원재료에 관한 규격을 정하여 고시한다.

[표시]

1 표시기준

식품의약품안전처장은 국민보건을 위해 표시에 관한 기준을 다음과 같이 정하여 고시할 수 있다.

① 판매를 목적으로 하는 식품 또는 식품첨가물의 표시
② 기준과 규격이 정해진 기구 및 용기·포장의 표시
③ ①에 따라 표시에 관한 기준이 정하여진 식품 등은 그 기준에 맞는 표시가 없으면 판매하거나 판매할 목적으로 수입, 진열, 운반하거나 영업에 사용하여서는 안 된다.

2 식품의 영양표시

① 식품의약품안전처장은 식품의 영양표시에 관하여 필요한 기준을 정하여 고시할 수 있다. 식품을 제조, 가공, 소분 또는 수입하는 영업자가 식품을 판매하거나 판매할 목적으로 수입, 진열, 운반하거나 영업에 사용하는 경우 정해진 영양표시기준을 지켜야 한다.
② 식품의약품안전처장은 국민들이 영양표시를 식생활에서 활용할 수 있도록 교육, 홍보를 하여야 한다.

3 유전자변형식품 등의 표시

① 다음 각 호의 어느 하나에 해당하는 생명공학기술을 활용하여 재배·육성된 농산물·축산물·수산물 등을 원재료로 하여 제조·가공한 식품 또는 식품첨가물은 유전자변형식품임을 표시하여야 한다. 다만, 제조·가공 후에 유전자변형 디엔에이

(DNA, Deoxyribonucleic acid) 또는 유전자변형 단백질이 남아 있는 유전자변형식품 등에 한정한다.

② 유전자변형식품 등은 표시가 없으면 판매하거나 판매할 목적으로 수입, 진열, 운반하거나 영업에 사용하여서는 아니 된다.

③ 표시의무자, 표시대상 및 표시방법 등에 필요한 사항은 식품의약품안전처장이 정한다.

4 표시·광고의 심의

① 영유아식, 체중조절용 조제식품 등 대통령령으로 정하는 식품에 대하여 표시·광고를 하려는 자는 식품의약품안전처장이 정한 식품 표시·광고 심의기준, 방법 및 절차에 따라 심의를 받아야 한다.

② 식품의약품안전처장은 식품의 표시·광고 사전심의에 관한 업무를 대통령령으로 정하는 기관 및 단체 등에 위탁할 수 있다.

5 허위표시 등의 금지

① 누구든지 식품 등의 명칭, 제조방법, 품질, 영양표시, 유전자변형식품 등 및 식품이력추적관리 표시에 관하여는 다음에 해당하는 허위, 과대, 비방의 표시·광고를 하여서는 안 되고, 포장에 있어서는 과대포장을 하지 못한다. 식품 또는 식품첨가물의 영양가, 원재료, 성분, 용도에 관하여도 또한 같다.

　㉠ 질병의 예방 및 치료에 효능, 효과가 있거나 의약품 또는 건강기능식품으로 오인, 혼동할 우려가 있는 내용의 표시·광고

　㉡ 사실과 다르거나 과장된 표시·광고

　㉢ 소비자를 기만하거나 오인·혼동시킬 우려가 있는 표시·광고

　㉣ 다른 업체 또는 그 제품을 비방하는 광고

　㉤ 영유아식 또는 체중조절용 조제식품 등 대통령령으로 정하는 식품에 대하여 표시·광고를 하려는 자가 식품의약품안전처장이 정한 식품 표시·광고 심의기준, 방법 및 절차에 따라 심의를 받지 아니하거나 심의 받은 내용과 다른 내용의 표시·광고

② 허위표시·과대광고, 비방광고 및 과대포장의 범위와 그 밖에 필요한 사항은 총리령으로 정한다.

[식품 등의 공전(公典)]

1 식품첨가물 공전

식품의약품안전처장은 다음의 내용을 수록한 식품 등의 공전을 작성·보급하여야 한다.

빈출 Check

61 식품첨가물 공전은 누가 작성하는가?

① 시장, 군수, 구청장
② 국무총리
③ 시·도지사
④ 식품의약품안전처장

　식품의약품안전처장은 식품, 식품첨가물, 기구 및 용기·포장의 기준과 규격 및 표시기준을 실은 식품 등의 공전을 작성·보급하여야 한다.

정답 _ 61 ④

① 식품 또는 식품첨가물의 기준과 규격
② 기구 및 용기·포장의 기준과 규격
③ 식품 등의 표시기준

[검사 등]

1 위해평가

① 식품의약품안전처장은 국내외에서 유해물질이 함유된 것으로 알려지는 등 위해의 우려가 제기되는 식품 등이 위해식품 판매 등 금지식품 등에 해당한다고 의심되는 경우에는 그 식품 등의 위해요소를 신속히 평가하여 그것이 위해식품인지를 결정하여야 한다.

② 식품의약품안전처장은 위해평가가 끝나기 전까지 국민건강을 위하여 예방조치가 필요한 식품 등에 대하여는 판매하거나 판매할 목적으로 채취, 제조, 수입, 가공, 사용, 조리, 저장, 소분, 운반 또는 진열하는 것을 일시적으로 금지할 수 있다. 다만 국민건강에 급박한 위해가 발생하였거나 발생할 우려가 있다고 식품의약품안전처장이 인정하는 경우에는 그 금지조치를 하여야 한다.

③ 식품의약품안전처장은 일시적 금지조치를 하려면 미리 심의위원회의 심의·의결을 거쳐야 한다. 다만 국민건강을 급박하게 위해할 우려가 있어서 신속히 금지조치를 하여야 할 필요가 있는 경우에는 먼저 일시적 금지조치를 한 뒤 지체 없이 심의위원회의 심의·의결을 거칠 수 있다.

④ 심의위원회는 ③의 본문 및 단서에 따라 심의하는 경우 대통령령으로 정하는 이해관계인의 의견을 들어야 한다.

⑤ 식품의약품안전처장은 ①에 따른 위해평가나 ③의 단서에 따른 사후 심의위원회의 심의·의결에서 위해가 없다고 인정된 식품 등에 대하여는 지체 없이 일시적 금지조치를 해제하여야 한다.

⑥ 위해평가의 대상, 방법 및 절차, 그 밖에 필요한 사항은 대통령령으로 정한다.

2 식품위생감시원

① 관계 공무원의 직무와 그 밖에 식품위생에 관한 지도 등을 하기 위하여 식품의약품안전처, 특별시, 광역시, 특별자치시, 도, 특별자치도 또는 시·군·구에 식품위생감시원을 둔다.

② **식품위생감시원의 직무**
㉠ 식품 등의 위생적 취급기준의 이행지도
㉡ 수입, 판매 또는 사용 등이 금지된 식품 등의 취급 여부에 관한 단속

ⓒ 표시기준 또는 과대광고 금지의 위반 여부에 관한 단속

ⓔ 출입, 검사에 필요한 식품 등의 수거

ⓜ 시설기준의 적합 여부의 확인, 검사

ⓗ 영업자 및 종업원의 건강진단 및 위생교육의 이행 여부의 확인, 지도

ⓢ 조리사, 영양사의 법령 준수사항 이행 여부 확인, 지도

ⓞ 행정처분의 이행 여부 확인

ⓩ 식품 등의 압류, 폐기 등

ⓣ 영업소의 폐쇄를 위한 간판제거 등의 조치

ⓚ 기타 영업자의 법령 이행 여부에 관한 확인, 지도

[영업]

 ## 시설기준

다음의 영업을 하려는 자는 총리령으로 정하는 시설기준에 적합한 시설을 갖추어야 한다.

① 식품·식품첨가물의 제조업, 가공업, 운반업, 판매업 및 보존업

② 기구 또는 용기·포장의 제조업

③ 식품접객업(휴게음식점영업, 일반음식점영업, 단란주점영업, 유흥주점영업, 위탁급식영업, 제과점영업)

> **TIP 식품접객업의 유형**
> • 휴게음식점 : 음식류를 조리, 판매하는 영업으로서 음주행위가 허용되지 않음(다방, 과자점, 떡, 과자, 아이스크림 제조판매업)
> • 일반음식점 : 음식류를 조리, 판매하는 영업으로 식사와 음주행위가 허용
> • 단란주점 : 주로 주류를 조리, 판매하는 영업으로 손님이 노래를 부르는 행위가 허용
> • 유흥주점 : 주류를 조리, 판매하는 영업으로서 유흥종사자를 두거나 유흥시설을 설치할 수 있고, 손님이 노래를 부르거나 춤을 추는 행위를 허용

> **TIP 유흥종사자의 범위**
> • 유흥접객원 : 손님과 함께 술을 마시며 노래, 춤으로 손님의 유흥을 돋우는 부녀자

 ## 허가를 받아야 하는 영업과 허가 관청

(1) 식품조사처리업 : 식품의약품안전처장의 허가

(2) 단란주점영업, 유흥주점영업 : 특별자치시장, 특별자치도지사 또는 시장, 군수, 구청장의 허가

빈출 Check

63 영업허가를 받아야 할 업종이 아닌 것은?
① 단란주점영업
② 유흥주점영업
③ 식품조사처리업
④ 일반음식점영업

식품조사처리업은 식품의약품안전처장에게, 단란주점, 유흥주점영업은 특별자치시장, 특별자치도지사 또는 시장, 군수, 구청장에게 허가를 받아야 한다.

정답 _ 63 ④

3 영업신고를 해야 하는 업종

즉석판매제조·가공업, 식품운반업, 식품소분·판매업, 식품냉동·냉장업, 용기·포장류제조업, 휴게음식점영업, 일반음식점영업, 위탁급식영업 및 제과점영업은 식품의약품안전처장 또는 특별자치시장, 특별자치도지사 또는 시장, 군수, 구청장에게 신고하여야 한다.

4 영업등록을 해야 하는 업종

식품제조·가공업, 식품첨가물제조업은 식품의약품안전처장 또는 특별자치시장·특별자치도지사·시장, 군수, 구청장에게 등록하여야 한다(주류 제조업의 경우 식품의약품안전처장에게).

5 건강진단

① 식품 또는 식품 첨가물을 채취, 제조, 가공, 조리, 저장, 운반 또는 판매하는 일에 직접 종사하는 영업자 및 그 종업원(완전 포장된 식품 또는 식품첨가물을 운반 또는 판매하는데 종사하는 자를 제외)은 영업 시작 전 또는 영업에 종사하기 전에 미리 건강진단을 받아야 한다.

② 영업에 종사하지 못하는 질병의 종류

　㉠ 제1군 감염병 : 콜레라, 장티푸스, 파라티푸스, 세균성이질, 장출혈성대장균
　　감염증, A형간염

　㉡ 결핵(비감염성인 경우 제외)

　㉢ 피부병 또는 화농성 질환

　㉣ 후천성면역결핍증(성병에 관한 건강진단을 받아야하는 영업에 종사하는 자에 한함)

6 식품위생교육

① 영업자 및 유흥종사자를 둘 수 있는 식품접객업의 종업원은 매년 식품위생에 관한 교육을 받아야 한다.

② 영업을 하려는 자는 미리 식품위생교육을 받아야 한다. 다만, 부득이한 사유로 미리 식품위생교육을 받을 수 없는 경우에는 영업을 시작한 뒤에 식품의약품안전처장이 정한 바에 따라 교육을 받을 수 있다.

③ 교육을 받아야 하는 자가 영업에 직접 종사하지 아니하거나 두 곳 이상의 장소에서 영업을 하는 경우에는 종업원 중 식품위생에 관한 책임자를 지정하여 영업자 대신 교육을 받게 할 수 있다. 다만, 집단급식소에 종사하는 조리사 및 영양사가 식품위생에 관한 책임자로 지정되어 교육을 받은 경우에는 해당 연도의 식품위생교육을 받은 것으로 본다.

④ 조리사, 영양사 또는 위생사 면허를 받은 자가 식품접객업을 하려는 경우에는 식품위생교육을 받지 않아도 된다.

⑤ 영업자는 특별한 사유가 없는 한 식품위생교육을 받지 아니한 자를 그 영업에 종사하게 하여서는 안 된다.

⑥ 식품위생에 관한 교육내용, 교육비 및 교육 실시 기관 등은 총리령으로 정한다.

7 위생교육시간

① **영업자와 종업원이 받아야 하는 식품위생교육시간**

　㉠ 식품제조·가공업, 즉석판매제조·가공업, 식품첨가물제조업, 식품운반업, 식품소분·판매업, 식품보존업, 용기·포장류제조업, 식품접객업(식용얼음판매업자와 식품자동판매기영업자는 제외) : 3시간

　㉡ 유흥주점영업의 유흥종사자 : 2시간

　㉢ 집단급식소를 설치·운영하는 자 : 3시간

② **영업을 하려는 자가 받아야 하는 식품위생교육시간**

　㉠ 식품제조·가공업, 즉석판매제조·가공업, 식품첨가물제조업 : 8시간

　㉡ 식품운반업, 식품소분·판매업, 식품보존업, 용기·포장류제조업 : 4시간

　㉢ 식품접객업 : 6시간

　㉣ 집단 급식소를 설치·운영하려는 자 : 6시간

8 우수업소 및 모범업소의 지정

① **식품제조·가공업 및 식품첨가물제조업** : 우수업소와 일반업소로 구분한다.

② **집단급식소 및 일반음식점영업** : 모범업소와 일반업소로 구분한다.

③ **우수업소 및 모범업소의 지정권자**

　㉠ 우수업소의 지정 : 식품의약품안전처장 또는 특별자치시장, 특별자치도지사, 시장, 군수, 구청장

　㉡ 모범업소의 지정 : 특별자치시장, 특별자치도지사, 시장, 군수, 구청장

[조리사 및 영양사]

1 조리사

① 집단급식소 운영자와 대통령령으로 정하는 식품접객업자(복어를 조리·판매하는 영업을 하는 자)는 조리사를 두어야 한다.

② 조리사를 두지 않아도 되는 경우

　㉠ 집단급식소 운영자 또는 식품접객영업자 자신이 조리사로서 직접 음식물을

---

67 사람과 동물이 같은 병원체에 의하여 발생하는 질병을 무엇이라 하는가?

① 인수공통감염병
② 법정 감염병
③ 세균성 식중독
④ 기생충성 질병

💬 인수공통감염병이란 사람과 동물이 같은 병원체에 의해 감염되는 병이다.

68 식품위생법령상의 조리사를 두어야 하는 영업자 및 운영자가 아닌 것은?

① 국가 및 지방자치단체의 집단급식소 운영자
② 면적 100m² 이상의 일반음식점 영업자
③ 학교, 병원 및 사회복지시설의 집단급식소 운영자
④ 복어를 조리·판매하는 영업자

💬 조리사를 두어야 하는 경우로는 집단급식소 운영자와 복어를 조리·판매하는 식품접객업자가 해당되며 일반음식점은 해당되지 않는다.

69 다음 중 식품위생교육시간이 바르게 연결되지 않은 것은?

① 유흥주점 종사자 – 2시간
② 집단급식설치·운영자 – 3시간
③ 식품 제조·즉석판매, 식품 첨가물 제조업 – 6시간
④ 식품접객영업을 하려는 자 – 6시간

💬 식품 제조, 즉석판매, 식품 첨가물 제조업의 위생교육시간은 8시간이다.

정답 _ 67 ① 68 ② 69 ③

조리하는 경우

    © 1회 급식인원 100명 미만의 산업체인 경우

    © 영양사가 조리사의 면허를 받은 경우

③ 조리사의 직무

    ㉠ 집단급식소에서의 식단에 따른 조리업무(식재료의 전처리에서부터 조리, 배식 등의 전 과정)

    ㉡ 구매식품의 검수 지원

    ㉢ 급식설비 및 기구의 위생·안전 실무

    ㉣ 그 밖에 조리실무에 관한 사항

④ **조리사의 면허** : 특별자치시장, 특별자치도지사, 시장, 군수, 구청장의 면허를 받아야 한다.

⑤ **조리사 결격사유**

    ㉠ 정신질환자

    ㉡ 감염병의 예방 및 관리에 관한 법률에 따른 감염병 환자(B형 간염 환자 제외)

    ㉢ 마약이나 그 밖의 약물 중독자

    ㉣ 조리사 면허의 취소처분을 받고 그 취소된 날부터 1년이 지나지 않은 자

⑥ **조리사의 면허취소 사유**

    ㉠ 결격사유에 해당하게 된 경우

    ㉡ 교육을 받지 않은 경우

    ㉢ 식중독이나 그 밖에 위생과 관련한 중대한 사고 발생에 직무상의 책임이 있는 경우

    ㉣ 면허를 타인에게 대여하여 사용하게 한 경우

    ㉤ 업무정지기간 중에 조리사의 업무를 하는 경우

2 영양사

① 집단급식소 운영자는 영양사를 두어야 한다.

② **영양사를 두지 않아도 되는 경우**

    ㉠ 집단급식소 운영자 자신이 영양사로서 직접 영양 지도를 하는 경우

    ㉡ 1회 급식인원 100명 미만의 산업체인 경우

    ㉢ 조리사가 영양사의 면허를 받은 경우

③ **영양사의 직무**

    ㉠ 집단급식소에서의 식단작성, 검식 및 배식관리

    ㉡ 구매식품의 검수 및 관리

    ㉢ 급식시설의 위생적 관리

    ㉣ 집단급식소의 운영일지 작성

70 식품위생법령상의 조리사를 두어야 하는 영업자 및 운영자가 아닌 것은?

① 국가 및 지방자치단체의 집단급식소 운영자
② 면적 100m² 이상의 일반음식점 영업자
③ 학교, 병원 및 사회복지시설의 집단급식소 운영자
④ 복어를 조리·판매하는 영업자

   조리사를 두어야 하는 경우로는 집단급식소 운영자와 복어를 조리·판매하는 식품접객업자가 해당되며 일반음식점은 해당되지 않는다.

71 다음 중 조리사 또는 영양사의 면허를 발급받을 수 있는 자는?

① 정신질환자
② 감염병 환자
③ 마약 중독자
④ 파산 선고자

   조리사 또는 영양사의 면허를 발급받을 수 없는 자는 정신질환자(전문의가 적합하다고 인정하는 자는 제외), 감염병 환자(B형 간염 환자는 제외), 마약이나 그 밖의 약물 중독자, 면허취소 처분을 받고 그 취소된 날로부터 1년이 경과하지 아니한 자이다.

ⓜ 종업원에 대한 영양 지도 및 식품위생교육

④ **영양사의 면허** : 보건복지부장관의 면허를 받아야 한다.

⑤ **영양사 결격사유**

ⓐ 정신질환자

ⓑ 감염병의 예방 및 관리에 관한 법률에 따른 감염병 환자(B형 간염 환자 제외)

ⓒ 마약·대마 또는 향정신성의약품 중독자

ⓓ 영양사 면허의 취소처분을 받고 그 취소된 날부터 1년이 지나지 않은 자

⑥ **영양사의 면허취소 사유**

ⓐ 결격사유에 해당하게 된 경우

ⓑ 면허정지처분 기간 중에 영양사의 업무를 하는 경우

ⓒ 3회 이상 면허정지처분을 받은 경우

[시정명령·허가취소 등 행정제재]

1 시정명령

① 식품의약품안전처장과 시·도지사 또는 시장, 군수, 구청장은 식품 등의 위생적 취급에 관한 기준에 맞지 아니하게 영업하는 자와 이 법을 지키지 아니하는 자에게는 필요한 시정을 명하여야 한다.

② 식품의약품안전처장과 시·도지사 또는 시장, 군수, 구청장은 시정명령을 한 경우에는 영업을 관할하는 관서의 장에게 그 내용을 통보하여 시정명령이 이행되도록 협조를 요청할 수 있다.

③ 협조를 요청을 받은 관계기관의 장은 정당한 사유가 없으면 이에 응해야 하며 그 조치결과를 지체 없이 요청한 기관의 장에게 통보하여야 한다.

2 허가취소 등

식품의약품안전처장 또는 특별자치시장, 특별자치도지사, 시장, 군수, 구청장은 영업자가 다음의 어느 하나에 해당하는 경우에는 대통령령으로 정하는 바에 따라 영업허가 또는 등록을 취소하거나 6개월 이내의 기간을 정하여 그 영업의 전부 또는 일부를 정지하거나 영업소 폐쇄를 명할 수 있다.

① 식품과 식품첨가물 판매 등 금지 규정, 정해진 기준·규격에 맞지 않는 식품 및 식품첨가물의 판매 등 금지 규정, 유독기구 등 판매금지 규정, 정해진 규격에 맞지 않는 기구 및 용기·포장의 판매 등 사용금지 규정, 식품의 영양표시, 나트륨함량 비교 표시, 유전자변형식품 등의 표시 규정 등을 위반한 경우

② 허위표시 등의 금지 규정을 위반한 경우

③ 위해식품 등의 제조·판매금지 규정을 위반한 경우

④ 자가품질검사 의무 규정을 위반한 경우

⑤ 영업장 등 시설기준을 위반한 경우

⑥ 영업의 허가·신고의무, 허가·신고 받은 사항 또는 경미한 사항의 변경 시 허가· 신고의무 등을 위반한 경우

⑦ 피성년후견인이거나 파산선고를 받고 복원되지 아니한 자에 해당하는 경우

⑧ 건강진단을 받지 아니한 자나 타인에게 위해를 끼칠 우려가 있는 질병이 있는 자를 영업에 종사시킨 경우

⑨ 식품위생교육을 받지 아니한 자를 영업에 종사하게 한 경우

⑩ 영업 제한을 위반한 경우

⑪ 영업자 등의 준수사항을 위반한 경우

⑫ 위해식품 등의 회수 조치를 하지 아니한 경우

⑬ 위해식품 등의 회수 계획을 보고하지 아니하거나 거짓으로 보고한 경우

⑭ 식품안전관리인증기준을 지키지 아니한 경우

⑮ 식품이력추적관리를 등록하지 아니한 경우

⑯ 집단급식소 운영자나 대통령령으로 정하는 식품접객업자(복어를 조리·판매하는 영업을 하는 자)가 조리사를 두지 않은 경우

⑰ 시정명령, 폐기처분, 위해식품 등의 공표, 시설 개수명령 등을 위반한 경우

⑱ 성매매알선 등 행위의 처벌에 관한 법률에 따른 금지행위를 한 경우

3 조리사의 면허취소 등의 행정처분 기준

위반 사항	1차 위반	2차 위반	3차 위반
결격사유 중 하나에 해당하게 된 경우	면허취소		
교육을 받지 아니한 경우	시정명령	업무정지 15일	업무정지 1개월
식중독이나 그 밖에 위생과 관련한 중대한 사고 발생에 직무상의 책임이 있는 경우	업무정지 1개월	업무정지 2개월	면허취소
면허를 타인에게 대여하여 사용하게 한 경우	업무정지 2개월	업무정지 3개월	면허취소
업무정지기간 중에 조리사의 업무를 한 경우	면허취소		

[보칙]

1 식중독에 관한 조사보고

① 다음의 어느 하나에 해당하는 자는 지체 없이 관할 시장, 군수, 구청장에게 보고하여

빈출 Check

73 영업에 종사하지 못하는 질병의 종류로 맞지 않는 것은?

① 제1군 전염병
② 후천성 면역 결핍증
③ 피부병 기타 화농성 질환
④ 제3군전염병 v중 결핵(비전염성의 경우 포함)

💬 제3군 전염병 중 결핵(비전염성인 경우는 제외)

정답 _ 73 ④

54 친 합격률·적중률·만족도

야 한다. 이 경우 의사나 한의사는 대통령으로 정하는 바에 따라 식중독 환자나 식중독이 의심되는 자의 혈액 또는 배설물을 보관하는 데에 필요한 조치를 하여야 한다.

   ㉠ 식중독 환자나 식중독이 의심되는 자를 진단하였거나 그 사체를 검안한 의사 또는 한의사

   ㉡ 집단급식소에서 제공한 식품 등으로 인하여 식중독 환자나 식중독으로 의심되는 증세를 보이는 자를 발견한 집단급식소의 설치·운영자

② 시장, 군수, 구청장은 보고를 받은 때에는 지체 없이 그 사실을 식품의약품안전처장 및 시·도지사에게 보고하고, 대통령령으로 정하는 바에 따라 원인을 조사하여 그 결과를 보고하여야 한다.

③ 식품의약품안전처장은 보고의 내용이 국민보건상 중대하다고 인정하는 경우에는 해당 시·도지사 또는 시장, 군수, 구청장과 합동으로 원인을 조사할 수 있다.

④ 식품의약품안전처장은 식중독 발생의 원인을 규명하기 위하여 식중독 의심환자가 발생한 원인시설 등에 대한 조사절차와 시험, 검사 등에 필요한 사항을 정할 수 있다.

2 집단급식소

① 집단급식소를 설치·운영하려는 자는 총리령으로 정하는 바에 따라 특별자치시장, 특별자치도지사, 시장, 군수, 구청장에게 신고하여야 한다.

② 집단급식소를 설치·운영하는 자는 집단급식소 시설의 유지·관리 등 급식을 위생적으로 관리하기 위하여 다음의 사항을 지켜야 한다.

   ㉠ 식중독 환자가 발생하지 아니하도록 위생관리를 철저히 할 것

   ㉡ 조리·제공한 식품의 매회 1인분 분량을 총리령으로 정하는 바에 따라 144시간 이상 보관할 것

   ㉢ 영양사를 두고 있는 경우 그 업무를 방해하지 않을 것

   ㉣ 영양사를 두고 있는 경우 영양사가 집단급식소의 위생관리를 위하여 요청하는 사항에 대하여 정당한 사유가 없으면 그대로 따를 것

   ㉤ 그 밖에 식품 등의 위생적 관리를 위하여 필요하다고 총리령으로 정하는 사항을 지킬 것

[벌칙]

1 3년 이상 징역, 1년 이상의 징역

① 소해면상뇌증(광우병), 탄저병, 가금 인플루엔자에 걸린 동물을 사용하여 판매할 목적으로 식품 또는 식품첨가물을 제조, 가공, 수입 또는 조리한 자는 3년 이상의 징역에 처한다.

빈출 Check

74 식품위생법상 집단급식소는 상시 1회 몇 인에게 식사를 제공하는 급식소인가?

① 20명 이상
② 50명 이상
③ 100명 이상
④ 200명 이상

🔑 집단급식소란 비영리를 목적으로 특정 여러 사람을 상대로 50인 이상에게 음식을 제공하는 기숙사, 학교, 병원 등의 급식시설을 말한다.

75 HACCP 인증 집단급식소(집단급식소, 식품접객업소, 도시락류 포함)에서 조리한 식품은 소독된 보존식 전용용기 또는 멸균 비닐봉지에 매회 1인분 분량을 담아 몇 ℃ 이하에서 얼마 이상의 시간 동안 보관하여야 하는가?

① 4℃ 이하, 48시간 이상
② 0℃ 이하, 100시간 이상
③ -10℃ 이하, 200시간 이상
④ -18℃ 이하, 144시간 이상

🔑 HACCP 인증 집단급식소의 보존식은 -18℃ 이하에서 144시간 이상 보관한다.

② 마황, 부자, 천오, 초오, 백부자, 섬수, 백선피, 사리풀에 해당하는 원료 또는 성분 등을 사용하여 판매할 목적으로 식품 또는 식품첨가물을 제조, 가공, 수입 또는 조리한 자는 1년 이상의 징역에 처한다.

③ ①과 ②의 경우 제조, 가공, 수입, 조리한 식품 또는 식품첨가물을 판매하였을 때에는 그 소매가격의 2배 이상 5배 이하에 해당하는 벌금을 병과한다.

④ ①과 ②의 죄로 형을 선고받고 그 형이 확정된 후 5년 이내에 다시 동일한 죄를 범한 자가 그 식품 또는 식품첨가물을 판매하였을 때는 ③에서 정한 형의 2배까지 가중한다.

2 10년 이상의 징역 또는 1억 원 이하의 벌금이나 병과

① 위해 식품, 병든 동물 고기, 기준·규격이 정하여지지 아니한 화학적 합성품 등의 판매 등 금지를 위반한 자

② 유독기구 등의 판매·사용 금지 규정을 위반한 자

③ 허위표시 등의 금지 규정을 위반한 자

④ 영업허가의 규정을 위반한 자

3 5년 이하의 징역 또는 5천만 원 이하의 벌금이나 병과

① 기준과 규격에 맞지 아니하는 식품 또는 식품첨가물을 판매하거나 판매할 목적으로 제조, 수입, 가공, 사용, 조리, 저장, 소분, 운반, 보존 또는 진열한 자

② 기준과 규격에 맞지 아니한 기구 및 용기·포장을 판매하거나 판매할 목적으로 제조, 수입, 저장, 운반, 진열하거나 영업에 사용한 자

③ 허위표시 등의 금지 규정을 위반한 자

④ 영업등록의 규정을 위반한 자

⑤ 폐기처분 등에 대한 명령 또는 위해식품 등의 공표에 따른 명령을 위반한 자

⑥ 영업정지 명령을 위반하고 영업을 계속한 자

⑦ 위해식품 등의 회수 규정 위반한 자

⑧ 영업 제한 위반한 자

4 3년 이하의 징역 또는 3천만 원 이하의 벌금이나 병과

① 조리사를 두지 않은 식품접객영업자와 집단급식소의 운영자

② 영양사를 두지 않은 집단급식소의 운영자

5 3년 이하의 징역 또는 3천만 원 이하의 벌금

① 표시기준, 유전자변형식품 등의 표시, 위해 식품 등에 대한 긴급대응, 자가품질 검사 의무, 영업신고, 영업 승계, 식품안전관리인증기준, 식품이력추적관리 등록

기준, 명칭 사용 금지에 대한 규정을 위반한 자

② 검사, 출입, 수거, 압류, 폐기를 거부·방해 또는 기피한 자

③ 시설기준을 갖추지 못한 영업자

④ 영업허가에 따른 조건을 갖추지 못한 영업자

⑤ 영업자가 지켜야 할 사항을 지키지 아니한 자(총리령으로 정하는 경미한 사항을 위반한 자는 제외)

⑥ 영업정지 명령을 위반하여 계속 영업한 자 또는 영업소 폐쇄명령을 위반하여 영업을 계속한 자

⑦ 제조정지 명령을 위반한 자

⑧ 관계 공무원이 부착한 봉인 또는 게시문 등을 함부로 제거하거나 손상시킨 자

⑥ 1년 이하의 징역 또는 1천만 원 이하의 벌금

① 손님과 함께 술을 마시거나 노래 또는 춤으로 손님의 유흥을 돋우는 접객행위를 하거나 다른 사람에게 그 행위를 알선한 자(유흥종사자를 둘 수 있는 영업장소 제외)

② 소비자로부터 이물 발견의 신고를 접수하고 이를 거짓으로 보고한 자

③ 이물의 발견을 거짓으로 신고한 자

④ 위해식품 등의 회수계획을 보고하지 아니하거나 거짓으로 보고한 자

⑦ 1천만 원 이하의 과태료

① 영양표시 기준을 준수하지 아니한 자

② 나트륨 함량 비교 표시를 하지 아니하거나 비교 표시 기준 및 방법을 지키지 아니한 자

⑧ 500만 원 이하의 과태료

① 식품 등의 위생적인 취급, 건강진단, 식품위생교육, 식중독에 관한 조사 보고를 위반한 자

② 검사기한 내에 검사를 받지 아니하거나 자료 등을 제출하지 아니한 영업자

③ 식품 및 식품첨가물을 제조·가공하는 경우와 중요한 사항을 변경하는 경우의 보고를 하지 아니하거나 허위의 보고를 한 자

④ 실적보고를 하지 아니하거나 허위의 보고를 한 자

⑤ 식품안전관리인증기준 적용업소가 아닌 업소에서 식품안전관리인증기준 적용업소라는 명칭을 사용한 영업자

⑥ 식품의약품안전처장에게 교육 명령을 받고 교육을 받지 않은 조리사 또는 영양사

⑦ 시설 개수명령에 위반한 자

⑧ 집단급식소의 설치·운영에 대한 신고를 하지 아니하거나 허위의 신고를 한 자

⑨ 집단급식소를 설치·운영하는 자가 지켜야 할 사항을 위반한 자

9 300만 원 이하의 과태료

① 영업자가 지켜야 할 사항 중 총리령으로 정하는 경미한 사항을 지키지 아니한 자

② 소비자로부터 이물 발견신고를 받고 보고하지 아니한 자

③ 식품이력추적관리 등록사항이 변경된 경우 변경사유가 발생한 날부터 1개월 이내에 신고하지 아니한 자

④ 식품이력추적관리정보를 목적 외에 사용한 자

10 양벌규정

법인의 대표자나 법인 또는 개인의 대리인·사용인, 기타의 종업원이 그 법인 또는 개인의 업무에 관하여 위반 행위를 한 때에는 그 행위자를 벌하는 외에 그 법인이나 개인에 대하여도 해당 각 조의 벌금형을 과한다.

식품의 기준 및 규격(식품공전)
- 온도의 표시는 셀시우스법(℃)을 쓴다.
- 표준온도는 20℃, 상온은 15~25℃, 실온은 1~35℃, 미온은 30~40℃로 한다.
- 찬물은 15℃ 이하, 온탕 60~70℃, 열탕은 100℃
- 냉암소라 함은 따로 규정이 없는 한 0~15℃의 빛이 차단된 장소를 말한다.
- 감압은 따로 규정이 없는 한 15mmHg 이하로 한다.
- 무게를 '정밀히 단다'라 함은 최소 단위를 고려하여 0.1mg, 0.01mg, 0.001mg까지 다는 것을 말한다.
- 검체를 취하는 양에 "약"이라함은 90~110%의 범위 내에서 취하는 것을 말한다.

용어의 풀이
- 유통기한 : 소비자에게 판매가 가능한 기간
- 규격 : 최종 제품에 대한 규격
- 냉동, 냉장식품은 공전에서 정하여진 것을 제외하고는 냉동은 −18℃ 이하, 냉장은 0~10℃를 말한다.
- 심해 : 태양광선이 도달하지 않는 수심이 200m 이상인 바다를 말한다.
- 이매패류 : 두 장의 껍데기를 가진 조개류로 대합, 굴, 진주담치, 가리비, 홍합, 피조개, 키조개, 새조개, 개량조개, 동죽, 맛조개, 재첩류, 바지락, 개조개 등을 말한다.

식품 원재료 분류
*식물성 과일류
- 인과류 : 사과, 배, 모과, 감, 석류 등
- 감귤류 : 감귤, 오렌지, 자몽, 레몬, 유자, 라임, 금귤, 탱자, 시트론 등
- 핵과류 : 복숭아, 대추, 살구, 자두, 매실, 체리, 앵두, 산수유, 오미자 등
- 장과류 : 포도, 딸기, 무화과, 오디, 월귤, 커런트, 베리, 구기자, 머루 등
*동물성
- 극피 또는 척색류 : 성게, 해삼, 멍게, 미더덕 등

Section 2 제조물 책임법

PL(Product Liability: 제조물 책임)

제조물 책임은 제품의 안전성이 결여되어 소비자가 피해를 입을 경우 제조자가 부담해야 할 손해 배상 책임을 말한다. 제조물 책임은 제품의 결함으로 인해 발생한 인적·물적·정신적 피해까지 공급자가 부담하는 한 차원 높은 손해배상제도로 우리나라는 제조물의 결함으로 인해 발생하는 손해로부터 소비자를 보호하기 위하여 2000년 1월 12일 제정하고 2018년 4월 19일 시행되었다.

1 목적

이 법은 제조물의 결함으로 발생한 손해에 대한 제조업자 등의 손해배상책임을 규정함으로써 피해자 보호를 도모하고 국민생활의 안전 향상과 국민경제의 건전한 발전에 이바지함을 목적으로 한다.

2 정의

제조물이라함은 제조되거나 가공된 동산(다른 동산이나 부동산의 일부를 구성하는 경우를 포함한다)을 말한다.

(1) **결함이란**

① "제조상의 결함"이란 제조업자가 제조물에 대하여 제조상·가공상의 주의의무를 이행하였는지에 관계없이 제조물이 원래 의도한 설계와 다르게 제조·가공됨으로써 안전하지 못하게 된 경우를 말한다.

② "설계상의 결함"이란 제조업자가 합리적인 대체설계를 채용하였더라면 피해나 위험을 줄이거나 피할 수 있었음에도 대체설계를 채용하지 아니하여 해당 제조물이 안전하지 못하게 된 경우를 말한다.

③ "표시상의 결함"이란 제조업자가 합리적인 설명·지시·경고 또는 그 밖의 표시를 하였더라면 해당 제조물에 의하여 발생할 수 있는 피해나 위험을 줄이거나 피할 수 있었음에도 이를 하지 아니한 경우를 말한다.

(2) **"제조업자"란**

① 제조물의 제조·가공 또는 수입을 업으로 하는 자

② 제조물에 성명·상호·상표 또는 그 밖에 식별가능한 기호 등을 사용하여 자신을 가목의 자로 표시한 자 또는 가목의 자로 오인하게 할 수 있는 표시를 한 자

3 제조물 책임

① 제조업자는 제조물의 결함으로 생명·신체 또는 재산에 손해(그 제조물에 대하여

76 식품공전상 표준 온도라 함은 몇 ℃인가?

① 5℃ ② 10℃
③ 15℃ ④ 20℃

💬 식품공전상 표준 온도는 20℃, 상온은 15~25℃, 실온은 1~35℃, 미온은 30~40℃이다.

77 다음의 정의에 해당하는 것은?

> 제품의 결함으로 인해 발생한 인적·물적·정신적 피해까지 공급자가 부담하는 한 차원 높은 손해배상제도로 제조물의 결함으로 인해 발생하는 손해로부터 소비자를 보호하는 제도

① 위해요소중점관리기준(HACCP)
② 식품 Recal 제도
③ 식품 CODEX 제도
④ PL(제조물 책임) 제도

💬 제조물의 결함으로 발생한 손해에 대한 제조업자 등의 손해배상책임을 규정함으로써 피해자 보호를 도모하고 국민생활의 안전 향상과 국민경제의 건전한 발전에 이바지함을 목적으로 시행

👉 정답 _ 76 ④ 77 ④

Part 01 일식·복어 위생관리

만 발생한 손해는 제외한다)를 입은 자에게 그 손해를 배상하여야 한다.

② 제1항에도 불구하고 제조업자가 제조물의 결함을 알면서도 그 결함에 대하여 필요한 조치를 취하지 아니한 결과로 생명 또는 신체에 중대한 손해를 입은 자가 있는 경우에는 그 자에게 발생한 손해의 3배를 넘지 아니하는 범위에서 배상책임을 진다. 이 경우 법원은 배상액을 정할 때 다음 각 호의 사항을 고려하여야 한다. <신설 2017. 4. 18.>

　㉠ 고의성의 정도

　㉡ 해당 제조물의 결함으로 인하여 발생한 손해의 정도

　㉢ 해당 제조물의 공급으로 인하여 제조업자가 취득한 경제적 이익

　㉣ 해당 제조물의 결함으로 인하여 제조업자가 형사처벌 또는 행정처분을 받은 경우 그 형사처벌 또는 행정처분의 정도

　㉤ 해당 제조물의 공급이 지속된 기간 및 공급 규모

　㉥ 제조업자의 재산상태

　㉦ 제조업자가 피해구제를 위하여 노력한 정도

③ 피해자가 제조물의 제조업자를 알 수 없는 경우에 그 제조물을 영리 목적으로 판매·대여 등의 방법으로 공급한 자는 제1항에 따른 손해를 배상하여야 한다. 다만, 피해자 또는 법정대리인의 요청을 받고 상당한 기간 내에 그 제조업자 또는 공급한 자를 그 피해자 또는 법정대리인에게 고지한 때에는 그러하지 아니하다.

4 면책사유

① 제3조에 따라 손해배상책임을 지는 자가 다음 각 호의 어느 하나에 해당하는 사실을 입증한 경우에는 이 법에 따른 손해배상책임을 면한다.

　㉠ 제조업자가 해당 제조물을 공급하지 아니하였다는 사실

　㉡ 제조업자가 해당 제조물을 공급한 당시의 과학·기술 수준으로는 결함의 존재를 발견할 수 없었다는 사실

　㉢ 제조물의 결함이 제조업자가 해당 제조물을 공급한 당시의 법령에서 정하는 기준을 준수함으로써 발생하였다는 사실

　㉣ 원재료나 부품의 경우에는 그 원재료나 부품을 사용한 제조물 제조업자의 설계 또는 제작에 관한 지시로 인하여 결함이 발생하였다는 사실

② 제3조에 따라 손해배상책임을 지는 자가 제조물을 공급한 후에 그 제조물에 결함이 존재한다는 사실을 알거나 알 수 있었음에도 그 결함으로 인한 손해의 발생을 방지하기 위한 적절한 조치를 하지 아니한 경우에는 제1항 제2호부터 제4호까지의 규정에 따른 면책을 주장할 수 없다.

Chapter 06 공중보건

Section 1 공중보건의 개념

1 공중보건의 정의

(1) 세계보건기구(WHO, World Health Organization)의 정의

질병을 예방하고 건강을 유지·증진시킴으로써 육체적, 정신적인 능력을 발휘할 수 있게 하기 위한 과학적 지식을 사회의 조직적 노력으로 사람들에게 적용하는 기술이다.

(2) 공중보건에 대한 윈슬로우(C.E.A Winslow)의 정의

조직적인 지역사회의 공동 노력을 통하여 질병을 예방하고 생명을 연장시키며 신체적, 정신적 효율을 증진시키는 기술이고 과학이다.

2 건강의 정의

WHO는 건강이란 "단순한 질병이나 허약의 부재 상태만을 의미하는 것이 아니고 육체적, 정신적, 사회적으로 모두 완전한 상태이다"라고 정의하고 있다.

> **TIP** 세계보건기구(WHO)
> • 창설 : 1948년 4월
> • 우리나라 가입 : 1949년 6월
> • 본부 : 스위스 제네바
> • 기능 : 국제적인 보건 지휘 및 조정, 회원국에 대한 기술 지원 및 자료 공급, 전문가 파견에 의한 기술 자문 활동

3 공중보건의 대상

국민 전체, 지역사회의 전 주민을 대상으로 한다.

4 보건수준의 평가 지표

① 보건지표 : 영아사망률(대표적), 조사망률, 질병이환률

② 건강지표 : 평균수명, 조사망률, 비례사망자수

> **TIP**
> • 영아의 정의 : 생후 12개월 미만의 아이
> • 신생아의 정의 : 생후 28일 미만의 아이

78 세계보건기구(WHO)의 기능과 관계없는 사항은?
① 회원국의 기술 지원
② 후진국의 경제 보조
③ 회원국의 자료 공급
④ 국제적 보건 사업의 지휘·조정

세계보건기구는 UN의 산하기관으로 각 회원국의 보건관계자료 공급, 기술 지원 및 자문, 국제적 보건 사업의 지휘 및 조정을 담당한다.

79 WHO가 규정한 건강의 정의로 가장 맞는 것은?
① 질병이 없고 육체적으로 완전한 상태
② 육체적, 정신적으로 완전한 상태
③ 육체적 완전과 사회적 안녕이 유지되는 상태
④ 육체적, 정신적, 사회적 안녕의 완전한 상태

건강이란 단순한 질병이나 허약의 부재 상태만을 의미하는 것이 아니고 육체적, 정신적, 사회적으로 모두 완전한 상태를 말한다.

| Section | 2 | 환경위생 및 환경오염관리 |

[환경위생]

1 환경요소의 종류

(1) 자연환경

　기온, 기습, 기류, 일광, 기압, 공기, 물 등

(2) 인위적 환경

　채광, 조명, 환기, 냉방, 상하수도, 오물 처리, 공해 등

　① **채광, 조명**

　　㉠ 채광 : 유리창 면적은 바닥 면적의 1/5~1/7이 적당하며, 창이 높을수록 밝고 천
　　　장에 있는 창의 경우 보통 창보다 3배가 밝다.

　　㉡ 인공조명

　　　• 직접조명 : 조명 효율이 크고 경제적이지만 눈이 피로하다.

　　　• 간접조명 : 조명 효율이 나쁘고 비경제적이나 눈이 피로하지 않고 안정하다.

　　　• 반간접조명(절충식) : 부엌 조리장에 사용한다(50~100lux).

　② **환기**

　　㉠ 자연환기 : 실외의 온도차, 풍력, 기체의 확산 등을 이용한 환기로, 중성대는
　　　천장 가까이가 좋다.

　　㉡ 인공환기 : 환풍기, 후드(사방형이 좋다) 등을 사용한 환기를 말한다.

　③ **냉 · 난방**

　　㉠ 냉방 : 실내온도가 26℃ 이상일 때 필요하며, 실내와 실외의 온도차는 5~8℃
　　　를 유지한다.

　　㉡ 난방 : 실내온도가 10℃ 이하일 때 필요하다.

　　㉢ 중앙난방식과 국소(부분)난방식으로 분류한다.

(3) 사회적 환경

　정치, 경제, 종교 등

[일광]

1 일광의 종류

(1) 자외선

① 장점

  ㉠ 자외선은 일광의 3분류 중 파장이 가장 짧으며, 범위는 2,500~2,800Å(가장 살균력이 강함)이다.

  ㉡ 피부에서 비타민 D를 생성한다(구루병 예방).

  ㉢ 식품, 물, 공기, 의복, 식기 등을 자연 소독·살균한다.

  ㉣ 결핵균, 디프테리아, 기생충 등을 사멸시킨다.

  ㉤ 관절염 치료 작용을 한다.

  ㉥ 신진대사, 적혈구 생성을 촉진한다.

② 단점

  ㉠ 결막이나 각막을 손상시킨다.

  ㉡ 피부암을 유발한다.

(2) 가시광선

파장의 범위는 4,000~7,000Å이며, 사람에게 색채를 부여하고 밝기나 명암을 구분한다.

(3) 적외선

파장의 범위는 7,800Å 이상으로 파장이 가장 길며, 피부에 닿으면 열이 생겨 열사병, 백내장, 홍반을 유발할 수 있다.

2 온열인자

(1) 감각온도(체감온도)의 변화 인자

① 쾌적 기온(온도) : 18±2℃

② 쾌적 기습(습도) : 40~70%(60~65%)

③ 쾌적 기류(공기의 흐름, 바람) : 1m/sec로 이동할 때가 건강에 좋다.

> **TIP** 불감기류
> 공기의 흐름이 0.2~0.5m/sec로 약하게 이동됨

(2) 온열 조건

기온, 습도, 기류, 복사열 등이 있다.

(3) 실외의 기온 측정

지면의 1.5m 위에서 건구온도계로 측정한다.

① 최고 온도 : 오후 2시에 측정한다.

② 최저 온도 : 일출 전에 측정한다.

81 일광 중 가장 강한 살균력을 가지고 있는 자외선 파장은?

① 1000~1800Å
② 1800~2300Å
③ 2300~2600Å
④ 2600~2800Å

 자외선은 2,600~2800Å(260nm)일 때 살균력이 가장 강하다.

82 공기의 자정 작용에 속하지 않는 것은?

① 산소, 오존 및 과산화수소에 의한 산화 작용
② 세정 작용
③ 여과 작용
④ 공기 자체의 희석 작용

공기는 산소, 오존, 과산화수소에 의한 산화 작용, 공기 자체의 희석 작용, 세정 작용, 자외선에 의한 살균 작용, CO_2와 O_2의 교환 작용 등에 의하여 자체 정화한다.

정답 _ 81 ④ 82 ③

(4) 불쾌지수(D.I)

D.I 가 70이면 10%의 주민이 불쾌감을 느끼고, 80이면 거의 모든 사람이 불쾌감을 느낀다.

TIP 기온 측정
- 건구온도계 : 실외 기온 측정
- 습구온도계 : 실내 기온 측정
- 카타온도계 : 기류 측정

TIP 기압
물 표면은 1기압, 10m씩 내려가면 1기압씩 상승한다. 즉, 수심 40m에서는 5기압의 압력을 받는다.

[공기와 대기오염]

① 공기

(1) 공기의 조성

질소(78%), 산소(21%), 이산화탄소(0.03~0.04%)로 이루어진다.

(2) 이산화탄소(CO_2)

공기 중의 이산화탄소는 실내 공기오염의 지표이며, 이산화탄소의 서한도(위생학적 허용단계)는 0.1%(1000ppm)이다.

(3) 일산화탄소(CO)

① 무색, 무취, 무미, 무자극성 기체이다.
② 헤모글로빈과의 친화력이 산소(O_2)에 비해 250~300배 강하다.
③ 조직 내의 산소 결핍을 초래한다.
④ 연탄이 타기 시작할 때와 꺼질 때 발생한다(불완전 연소 시 발생).
⑤ 서한도(위생학적 허용 한계) : 8시간 기준으로 0.01%(100ppm), 4시간 기준으로 0.04%(400ppm)이다.

(4) 아황산가스(SO_2)

① 중유의 연소 과정에서 다량 발생한다(자동차 배기가스).
② 냄새가 강하다.
③ 금속을 부식시킨다.
④ 식물의 고사(농작물 피해)를 유발한다.
⑤ 실외 공기오염의 지표가 된다.

(5) 군집독

영화관과 같은 밀폐된 곳에 다수인이 밀집되었을 경우 두통, 구토, 현기증 등을 일으키는 것으로, 실내 공기오염의 일종이다.

 TIP 공기의 자정 작용
공기의 희석 작용, 강우·강설에 의한 세정 작용, 산소와 오존에 의한 산화 작용, 자외선에 의한 살균 작용

2 대기오염

(1) 원인

공장의 배기가스, 자동차 배기가스, 가정용 굴뚝 연기, 공사장 분진 등

(2) 대기오염 물질

아황산가스, 일산화탄소, 질소화합물, 옥시탄트 등

(3) 피해

호흡기계 질병, 식물의 고사, 금속의 부식 등

[상하수도, 오물처리 및 수질오염]

1 물

(1) 인체에서의 물

① 인체 내 물의 필요량 : 인체의 2/3, 즉 60~70%를 차지하며 1일 필요량은 2~3L이다.

② 인체 내 물의 10%를 상실할 경우 신체 기능의 이상이 생긴다.

③ 인체 내 물의 20%를 상실할 경우 생명의 위험을 초래한다.

(2) 물의 종류

경수(우물물, 센물)	연수(수돗물, 단물)
칼슘염과 마그네슘염을 함유	칼슘염과 마그네슘염이 거의 없음
거품이 잘 일어나지 않음	거품이 잘 생김
끈끈함	미끄러움

(3) 음료수의 수원

① 천수, 지하수, 지표수, 복류수로 구분한다.

② 지하수 오염 방지를 위해서 화장실과 최소한 20m 이상 떨어져 있어야 하며, 우물 내벽의 3m까지 방수 처리한다.

빈 출 Check

85 수인성 감염병의 특징과 거리가 먼 것은?
① 환자 발생이 폭발적이다.
② 잠복기가 길고 치명률이 높다.
③ 성과 나이에 무관하게 발병한다.
④ 급수 지역과 발생 지역이 거의 일치한다.

수인성 감염병은 환자 발생이 폭발적이며, 음료수의 사용 지역과 일치하고 계절과 관계가 없으며, 성별, 연령, 직업, 생활수준에 따른 발생 빈도의 차이가 없다.

빈출 Check

86 상수를 정수하는 일반적인 순서는?

① 침전 → 여과 → 소독
② 예비 처리 → 본 처리 → 오니 처리
③ 예비 처리 → 여과 처리 → 소독
④ 예비 처리 → 침전 → 여과 → 소독

💬 상수의 정수는 '침전 → 여과 → 소독'의 순서로 진행되며 '예비 처리 → 본 처리 → 오니 처리'는 하수도의 정수법이다.

87 일반적으로 생물학적 산소요구량(BOD)과 용존산소량(DO)은 어떤 관계가 있는가?

① BOD가 높으면 DO가 높다.
② BOD가 높으면 DO는 낮다.
③ BOD와 DO는 항상 같다.
④ BOD와 DO는 무관하다.

💬 하수의 위생 검사 지표로 BOD는 20ppm 이하여야 하고 DO는 5ppm 이상이어야 한다. BOD의 수치가 클수록 물이 많이 오염된 것이므로 DO는 낮아지게 된다.

88 하천수에 용존산소가 적다는 것은 무엇을 의미하는가?

① 유기물 등이 잔류하여 오염도가 높다.
② 물이 비교적 깨끗하다.
③ 오염과 무관하다.
④ 호기성 미생물과 어패류의 생존에 좋은 환경이다.

💬 DO(용존산소량)가 많을 경우 깨끗한 물, 적을 경우 오염된 물이다.

정답 _ 86 ① 87 ② 88 ①

(4) 물에 의한 질병

① 수인성 감염병

　㉠ 장티푸스, 파라티푸스, 세균성 이질, 콜레라, 아메바성 이질 등

　㉡ 환자 발생이 폭발적이다.

　㉢ 음료수 사용 지역과 유행 지역이 일치한다.

　㉣ 치명률이 낮고 2차 감염 환자의 발생이 거의 없다.

　㉤ 계절에 관계없다.

　㉥ 성, 연령, 직업, 생활수준에 따른 발생 빈도에 차이가 없다.

 수인성 감염병 발생지, 수영장, 공업용 제빙용수는 잔류 염소 0.4ppm을 유지해야 한다.

② **우치, 충치** : 불소가 없거나 적은 물을 장기 음용 시 발생한다.

③ **반상치** : 불소가 과다하게 함유된 물을 장기 음용 시 발생한다.

④ **청색아** : 질산염이 많은 물을 장기 음용 시 소아가 청색증에 걸려 사망할 수 있다.

⑤ **설사** : 황산마그네슘이 많이 함유된 물을 음용하면 설사가 발생할 수 있다.

(5) 물의 정수

① **정수법** : 침사, 침전, 여과, 소독으로 이루어지며, 반드시 실시해야 한다.

② **정수 작용** : 희석 작용, 침전 작용, 살균 작용, 자정 작용

③ **소독** : 염소 소독(잔류량 0.2ppm), 열처리법, 자외선 소독법, 오존 소독법, 표백분 소독

(6) 음용수의 수질 기준

① **일반세균** : 1ml 중 100을 넘지 아니할 것

② **대장균**

　㉠ 50ml에서 검출되지 아니할 것

　㉡ 수질, 분변 오염의 지표, 위생 지표 세균

　㉢ 다른 세균의 오염을 간접적으로 알 수 있음

(7) 음용수의 판정 기준

① 물은 무색투명하고 색도는 5도, 탁도는 2도 이하일 것

② 소독으로 인한 냄새와 맛 이외의 냄새와 맛이 없을 것

③ 수소이온농도 : pH 5.5~8.5일 것

④ 시안 : 0.01ml/L를 넘지 않을 것

⑤ 암모니아성질소 : 0.5ml/L를 넘지 않을 것

⑥ 질산성질소 : 10ml/L를 넘지 않을 것

⑦ 과망간산칼륨 소비량 : 10ml/L를 넘지 않을 것

⑧ 수은 : 0.001ml/L를 넘지 않을 것

⑨ 염소 이온 : 250ml/L를 넘지 않을 것

⑩ 증발잔류물 : 500ml/L를 넘지 않을 것

⑪ 불소 : 1.5ml/L를 넘지 않을 것

⑫ 비소 : 0.05ml/L를 넘지 않을 것

⑬ 카드뮴 : 0.01ml/L를 넘지 않을 것

⑭ 세제(음이온 계면활성제) : 0.5ml/L를 넘지 않을 것

2 상하수도

(1) 상수도

① 상수를 운반하는 시설을 말한다.

② 정수 과정 : 침사 → 침전 → 여과 → 소독

(2) 하수도

① 하수 처리 과정 : 예비 처리 → 본 처리 → 오니 처리

② 종류

　㉠ 합류식 : 생활하수와 천수(눈, 비)를 같이 처리한다(시설비가 적고, 하수관이 자연 청소, 수리·청소가 용이).

　㉡ 분류식 : 생활하수와 천수를 분리하여 처리한다.

　㉢ 혼합식 : 생활하수와 천수의 일부를 함께 처리한다.

③ 하수 처리의 위생검사

　㉠ BOD(생화학적 산소요구량) : BOD는 하수의 오염도를 나타내며, BOD가 높다는 것은 하수 오염도가 높다는 의미로 BOD는 20ppm 이하여야 한다(BOD는 20℃에서 5일간 측정한다).

　㉡ DO(용존산소량) : DO는 수중에 용해된 산소량으로 DO의 수치가 낮으면 오염도가 높음을 의미하며, DO는 4~5ppm 이상이어야 한다.

3 오물 처리

(1) 분뇨의 처리

완전 부숙 기간은 여름 1개월, 겨울 3개월이다.

(2) 진개의 처리

① 매립법 : 쓰레기를 땅속에 묻고 덮는 방법으로 진개의 두께는 2m, 복토는 0.6~1m가 적당하다.

89 수질의 분변 오염 지표로 사용되는 균은?

① 장염비브리오균
② 대장균
③ 살모넬라균
④ 웰치균

대장균은 사람이나 동물의 장 속에 서식하는 균으로 수질의 분변 오염 지표로 활용된다.

② **소각법** : 가장 위생적인 방법이지만 처리비용이 비싸고 대기오염의 원인이 된다.

③ **비료화법** : 음식물 처리에 가장 효과적이다.

수질오염

① **원인** : 농업, 공업, 광업, 도시하수 등

② **물질** : 카드뮴, 수은, 시안, 농약 등

③ **피해** : 식물의 고사, 상수원 오염, 어류의 사멸

> **TIP**
> **수질오염에 의한 질병**
> • 수은(Hg) 중독 : 미나마타병(지각 마비)
> • 카드뮴(Cd) 중독 : 이타이이타이병(골연화증)

[소음 및 진동]

1 소음

① 소음은 듣기 싫은 소리를 말하며 음압은 데시벨(dB)로 측정한다.

② 소음에 의한 장애 : 청력 장애, 신경과민, 불면, 작업 방해, 소화불량, 두통 등의 장애가 발생한다.

2 진동

일정한 점을 중심으로 하여 양쪽으로 흔들려 움직이는 운동을 말하며 진동에 의한 질병으로 레이노병이 대표적이다.

[구충구서]

구충구서의 일반적 원칙

① 광범위하게 실시하며, 생태 습성에 따라 행한다.

② 발생의 근원을 제거(가장 근본적인 방법)한다.

③ 발생 초기에 행한다.

> **TIP**
> 바퀴벌레 중 우리나라에 가장 많은 것은 독일 바퀴벌레이며, 바퀴벌레는 잡식성, 야간 활동성, 군서성(집단 서식) 등의 습성을 지닌다.

빈출 Check

90 다음 중 진개의 처리방법이 아닌 것은?
① 소각법
② 위생 매립법
③ 비료화법(퇴비법)
④ 활성오니법

💬 활성오니법은 하수처리방법 중 하나이다.

91 우리나라에서 식중독 사고가 가장 많이 발생하는 계절은?
① 봄　　② 여름
③ 가을　④ 겨울

💬 식중독은 6~9월까지 고온다습한 여름철에 발생빈도가 높다.

🔖 정답 _ 90 ④ 91 ②

Section 3 역학 및 감염병 관리

[역학 및 감염병 관리]

1 역학의 정의

역학이란 인간 집단에서 발생하는 모든 질병을 집단현상으로 규정하여 연구하는 학문이며, 의학적 생태학으로서 보건학적 진단학을 의미한다.

2 역학의 시간적 특성

종류	내용
추세 변화	• 일정한 주기로 반복하면서 유행하는 현상 • 이질과 장티푸스(20~30년), 디프테리아(10~24년), 성홍열(10년 전후), 유행성독감(30년)
순환 변화	• 단기간 순환적으로 반복하면서 유행하는 주기 변화 • 백일해와 홍역(2~4년), 유행성뇌염(3~4년)
계절 변화	• 1년을 주기로 계절적으로 반복 유행하는 현상 • 소화기계 감염병(여름), 호흡기계 감염병(겨울)
불규칙 변화	• 외래 감염병이 국내에 발생할 때, 돌발적인 유행 • 콜레라

[급·만성 감염병 관리]

1 감염병 발생의 요인과 대책

(1) 감염원

병원체를 인간에게 가져오는 감염병의 원인

① **병원체** : 세균, 바이러스, 리케차 등   ② **병원소** : 인간, 동물, 토양

③ **감염원에 대한 대책** : 환자, 보균자 격리 조치

(2) 감염경로

병원체가 새로운 숙주에게 전파하는 과정이 있어야만 질병이 성립되므로 음식물, 공기, 접촉, 매개, 개달물 등으로 인해 질병이 전파된다.

(3) 감염병 대책

① 질병에 대한 감수성 및 면역력을 증진시킨다.

② 예방접종을 실시한다.

TIP 감수성 지수
두창, 홍역(95%) > 백일해(60~80%) > 성홍열(40%) > 디프테리아(10%) > 소아마비(0.1%)

92 수혈을 통하여 감염되기 쉬우며 감염률이 높은 것은?
① 홍역   ② 두창
③ 백일해   ④ 유행성 간염

수혈을 통하여 감염이 쉬운 것은 유행성 간염이다.

정답_ 92 ④

2 질병의 원인별 분류

(1) 양친에게서 감염되거나 유전되는 질병

① 감염성 질환 : 매독, 두창, 풍진 등

② 비감염성 질환 : 혈우병, 당뇨병, 알레르기, 색맹 등

(2) 잘못된 식습관으로 인해 일어나는 질병

비만증, 관상동맥, 고혈압, 위암, 간암, 식도암, 각기병, 구루병 등

3 병원체에 대한 면역력 증강

(1) 선천적 면역

종속 면역, 인종 면역, 개인차 특이성

(2) 후천적 면역

① 능동 면역

㉠ 자연 능동 면역 : 질병 감염 후 획득되는 면역 예 홍역, 수두, 유행성 이하선염, 백일해

㉡ 인공 능동 면역 : 예방접종으로 획득되는 면역 예 일본뇌염, 파상풍, 콜레라, 결핵

② 수동 면역

㉠ 자연 수동 면역 : 모체로부터 얻은 면역 예 수유

㉡ 인공 수동 면역 : 혈청제제 접종으로 획득되는 면역 예 수혈

4 감염병의 분류

(1) 병원체에 따른 분류

① 바이러스 : 뇌염, 홍역, 인플루엔자, 천연두, 급성회백수염(소아마비, 폴리오), 전염성 간염, 트라콤, 전염성 설사병, 풍진, 광견병(공수병), 유행성 이하선염 등

② 리케차 : 발진티푸스, 발진열, 양충병 등

③ 세균 : 콜레라, 이질, 파라티푸스, 성홍열, 디프테리아, 백일해, 페스트, 유행성 뇌척수막염, 장티푸스, 파상풍, 결핵, 폐렴, 나병, 수막구균성 수막염 등

④ 스피로헤타 : 와일씨병, 매독, 서교증, 재귀열 등

⑤ 원충 : 말라리아, 아메바성 이질, 트리파노조마(수면병) 등

(2) 인체 침입구에 따른 분류

① 호흡기계 감염병

㉠ 원인 : 경구 감염병의 감염원과 비슷하다.

ⓛ 종류 : 디프테리아, 백일해, 홍역, 천연두, 유행성 이하선염, 풍진, 성홍열, 결핵, 폐렴, 수막구균성 수막염, 인플루엔자, 두창

② 경구 감염병(소화기계 감염병)

　㉠ 원인 : 병원균이 음식물과 함께 체내에 들어가 소화기관의 점막에 부착하여 번식하고 조직에 염증을 일으킴으로써 발병한다.

　ⓛ 종류 : 장티푸스, 파라티푸스, 이질(세균성, 아메바성), 콜레라, 병원성 대장균, 급성 회백수염(소아마비), 폴리오, 유행성 간염

③ 경피침입 감염병

　㉠ 원인 : 병원체의 피부 접촉에 의해 그 자신의 힘으로 숙주의 체내에 침입한다.

　ⓛ 종류 : 파상풍, 매독, 한센병, 탄저 등

(3) 예방접종을 하는 감염병의 종류

연령	예방접종의 종류
4주 이내	BCG
2개월	경구용 소아마비, DPT
4개월	경구용 소아마비, DPT
6개월	경구용 소아마비, DPT
15개월	홍역, 볼거리, 풍진(13~15세 여아만 접종해도 됨)
3~15세	일본 뇌염

TIP DPT
디프테리아(D), 백일해(P), 파상풍(T)에 대한 예방접종이다.

(4) 잠복기에 따른 감염병의 분류

① 잠복 기간이 긴 것 : 나병, 매독, AIDS

② 잠복 기간이 짧은 것 : 콜레라, 이질, 성홍열, 파라티푸스, 디프테리아

(5) 감염 경로에 따른 감염병의 분류

① 직접 접촉 : 매독, 임질

② 간접 접촉 : 기침이나 재채기에 의해서 감염되는 것(비말 감염) 예 디프테리아, 인플루엔자, 성홍열

③ 개달물 감염 : 의복, 수건에 의한 감염 예 결핵, 트라코마(눈병), 천연두

④ 수인성 감염 : 이질, 콜레라, 파라티푸스, 소아마비, 유행성 간염

⑤ 음식물 감염 : 이질, 콜레라, 파라티푸스, 장티푸스, 소아마비, 유행성 간염

⑥ 절족동물 감염

　㉠ 이 : 발진티푸스, 재귀열

빈출 Check

96 병원체가 바이러스인 감염병은?
① 결핵　② 회충증
③ 일본뇌염 ④ 발진티푸스

① 결핵은 세균, ② 회충증은 기생충, ④ 발진티푸스는 리케차에 의한 감염병이다.

97 다음 중 소화기계 감염병에 속하지 않는 것은?
① 장티푸스 ② 세균성 이질
③ 결핵　④ 발진티푸스

인체 침입에 따른 감염병
•소화기계 감염병 : 장티푸스, 파라티푸스, 세균성 이질, 콜레라, 소아마비 등
•호흡기계 감염병 : 디프테리아, 백일해, 결핵, 홍역, 천연두 등

98 다음 중 제1군 감염병에 속하는 것은?
① 홍역　② 일본뇌염
③ 장티푸스 ④ 백일해

제1군 감염병
콜레라, 장티푸스, 파라티푸스, 세균성 이질, 장출혈성 대장균 감염증, A형 간염

빈출 Check

99 우리나라 검역 감염병이 아
닌 것은?
① 장티푸스 ② 황열
③ 콜레라   ④ 페스트

우리나라 검역 감염병의 종
류로는 콜레라(120시간), 페스트
(144시간), 황열(144시간), 중증급
성호흡기증후군, 조류인플루엔자
인체감염증, 신종인플루엔자감염
증, 중동호흡기증후군이 있다.

ⓛ 모기 : 말라리아, 일본뇌염, 황열(말레이), 사상충증, 뎅기열

ⓒ 벼룩 : 발진열, 페스트, 재귀열

ⓔ 바퀴 : 이질, 콜레라, 장티푸스, 소아마비

ⓜ 파리 : 장티푸스, 파라티프스, 이질, 콜레라, 결핵, 디프테리아

ⓗ 쥐 : 페스트, 서교증, 재귀열, 발진열, 와일씨병, 유행성 출혈열

⑦ 토양 감염 : 파상풍

(6) 우리나라 법정 감염병의 종류

① 제1군 감염병 : 콜레라, 장티푸스, 파라티푸스, 세균성 이질, 장출혈성 대장균 감염증, A형 간염

② 제2군 감염병 : 디프테리아, 백일해, 파상풍, 홍역, 유행성 이하선염, 풍진, 폴리오, B형 간염, 일본뇌염, 수두, 폐렴구균

③ 제3군 감염병 : 말라리아, 결핵, 한센병, 성홍열, 수막구균성 수막염, 레지오넬라증, 비브리오 패혈증, 발진티푸스, 발진열, 쯔쯔가무시증, 렙토스피라증, 브루셀라증, 탄저, 공수병, 신증후군 출혈열, 인플루엔자, 후천성면역결핍증(AIDS), 매독, 크로이츠펠트–야콥병(CJD) 및 변종크로이츠펠트–야콥병(vCJD)

④ 제4군 감염병 : 페스트, 황열, 뎅기열, 바이러스성 출혈열, 두창, 보툴리눔독소증, 중증 급성호흡기 증후군(SARS), 동물인플루엔자 인체감염증, 신종인플루엔자, 야토병, 큐열, 웨스트나일열, 신종감염병증후군, 라임병, 진드기매개뇌염, 유비저, 치쿤구니야열, 중증열성혈소판감소증후군(SFTS), 중동 호흡기 증후군(MERS)

⑤ 제5군 감염병 : 회충증, 편충증, 요충증, 간흡충증, 폐흡충증, 장흡충증

검역법(국내외로 감염병이 번지는 것을 방지하는 것을 목적으로 함)에 지정된 검역 감염병과 그에 대한 검역기간은 다음과 같다.
• 콜레라 : 5일(120시간)
• 페스트 : 6일(144시간)
• 황열 : 6일(144시간)
• 중증급성호흡기증후군 : 10일(240시간)
• 조류인플루엔자 인체감염증 : 10일(240시간)
• 신종인플루엔자감염증, 중동호흡기증후군(MERS) 및 그 외 감염병 : 그 최대 잠복기

(7) 감염병의 전파 예방 대책

① 감염병의 보고 : 의사 또는 한의사 → 의료기관의 장 → 관할 보건소장 또는 보건복지부장관

② 보균자의 검색

③ 역학 조사

01 실전예상문제

01 식품위생법상 식품위생의 대상이 되지 않는 것은?

① 식품 및 식품첨가물　② 의약품

③ 식품 및 기구　　　　④ 식품, 용기 및 포장

> **식품위생의 정의**
> 식품, 식품첨가물, 기구, 용기, 포장을 대상으로 하는 음식에 관한 위생을 말한다.

02 식품위생행정의 목적이 아닌 것은?

① 식품위생의 위해 방지

② 국민보건의 증진에 이바지

③ 식품영양의 질적 향상 도모

④ 식품산업의 발전 도모

> 식품으로 인한 위생상의 위해방지, 식품영양의 질적 향상 도모, 식품에 관한 올바른 정보를 제공함으로써 국민보건증진에 이바지함을 목적으로 한다.

03 식품위생행정을 담당하는 기관 중에서 중앙기구에 속하지 않는 것은?

① 질병관리본부

② 시·군·구청 위생과

③ 식품의약품안전처

④ 식품위생 심의위원회

> 시, 군, 구청의 위생과는 지방기구에 속한다.

04 식품의 변질 중 부패 과정에서 생성되지 않는 물질은?

① 인돌　　　　　　② 암모니아

③ 포르말린　　　　④ 황화수소

> 부패란 단백질 식품이 혐기성 세균에 의해서 분해되어 인체에 해를 끼치는 현상으로 악취뿐 아니라 암모니아, 인돌, 황화수소 등이 생성된다.

05 미생물의 생육에 필요한 온도 중 고온성균의 최적 온도는?

① 15~20℃　　　　② 25~37℃

③ 40~70℃　　　　④ 50~60℃

> 미생물의 생육에 필요한 최적 온도는 저온성균 15~20℃, 중온성균 25~37℃, 고온성균 50~60℃ 이다.

06 다음 중 건조식품, 곡류 등에 주로 번식하는 미생물은?

① 바이러스　　　　② 세균

③ 효모　　　　　　④ 곰팡이

> 곰팡이는 수분 함량이 적은 곡류 등에 잘 번식한다.

07 미생물의 발육에 필요한 조건 중 가장 거리가 먼 것은?

① 수분　　　　　　② 온도

③ 산　　　　　　　④ 산소

> 산은 식품 속 각종 균의 번식을 억제하는 역할을 하므로 부패를 방지해주며 이런 성질을 이용한 식품 가공법 중 산 저장법이 있다.

08 식품의 변질 현상에 대한 설명 중 틀린 것은?

① 산패 : 지방질 식품이 산소에 의해 산화되는 것

② 발효 : 당질 식품이 미생물에 의해 해로운 물질로 변화되는 것

③ 변패 : 탄수화물 식품의 고유 성분이 변화되는 것

④ 부패 : 단백질 식품이 미생물에 의해 변화되는 것

> 발효는 미생물에 의해 유기산 등 유용한 물질을 나타내는 현상이다.

09 식품의 초기 부패를 판정할 때 식품의 생균 수가 몇 마리 이상일 때를 기준으로 하는가?

① 10^2　　　　② 10^5

③ 10^8　　　　④ 10^4

 식품 1g당 생균 수가 10^7~10^8 마리일 때 초기 부패로 판정한다.

10 병원 미생물을 큰 것부터 나열한 순서가 옳은 것은?

① 세균 – 바이러스 – 스피로헤타 – 리케차
② 바이러스 – 리케차 – 세균 – 스피로헤타
③ 리케차 – 스피로헤타 – 바이러스 – 세균
④ 스피로헤타 – 세균 – 리케차 – 바이러스

미생물의 크기
진균류 〉 스피로헤타 〉 세균 〉 리케차 〉 바이러스

11 식품에 대한 분변 오염의 지표로 특히 냉동식품의 오염지표균은?

① 대장균　　　　② 장구균
③ 포도상구균　　④ 일반세균

장구균은 대장균과 함께 분변에서 발견되는 균으로 냉동에서 오래 견딘다.

12 식중독 중 가장 많이 발생하는 식중독은?

① 화학성 식중독　　② 세균성 식중독
③ 자연독 식중독　　④ 알레르기성 식중독

세균성 식중독의 발생 빈도가 가장 높다.

13 간디스토마와 폐디스토마의 제1중간숙주를 순서대로 짝지어 놓은 것은?

① 우렁이 – 다슬기　② 잉어 – 가재
③ 사람 – 가재　　　④ 붕어 – 참게

- 간흡충(간디스토마) : 왜우렁이(제1중간숙주) → 붕어, 잉어(제2중간숙주)
- 폐흡충(폐디스토마) : 다슬기(제1중간숙주) → 가재, 게(제2중간숙주)

14 광절열두조충의 제1, 2중간숙주와 인체 감염 부위로 맞게 짝지어진 것은?

① 다슬기 – 가재 – 폐
② 물벼룩 – 연어 – 소장
③ 왜우렁이 – 붕어 – 간
④ 다슬기 – 은어 – 소장

광절열두조충(긴촌충)의 제1중간숙주는 물벼룩, 제2중간숙주는 연어, 송어이며, 인체 내의 소장에 기생한다.

15 다음 중 음료수 소독에 가장 적합한 것은?

① 생석회　　　　② 알코올
③ 염소　　　　　④ 승홍수

염소는 잔류 효과가 크고 광범위한 시설의 소독에 적합하며 살균소독력이 강해 음료수 소독에 가장 적합하다.

16 우유의 초고온순간살균법에 가장 적합한 가열온도와 시간은?

① 180℃에서 2초간　② 165℃에서 5초간
③ 155℃에서 5초간　④ 132℃에서 2초간

초고온순간살균법(HTST)은 130~140℃의 온도에서 1~2초간 살균 후 냉각하는 것이다.

17 우리나라에서 7~9월 중 해수 세균에 의해 집중적으로 발생하는 식중독은?

① 장염비브리오 식중독

② 살모넬라 식중독

③ 포도상구균 식중독

④ 클로스트리디움 보튤리늄 식중독

해설 장염비브리오 식중독은 호염성 식중독으로 특히 여름철에 집중적으로 발생한다.

18 다음 중 세균성 식중독에 i해당하는 것은?

① 감염형 식중독   ② 자연독 식중독

③ 화학적 식중독   ④ 곰팡이독 식중독

해설 식중독은 크게 세균성, 자연독, 화학적, 곰팡이 식중독으로 구분하는데 세균성 식중독은 다시 감염형과 독소형으로 구분한다.

19 다음 중 감염형식중독에 해당하지 않는 식중독은?

① 살모넬라 식중독

② 병원성 대장균 식중독

③ 포도상구균 식중

④ 알레르기성 식중독

해설 포도상구균 식중독은 독소형 식중독이다.

20 여름철에 음식물을 실온에 방치하였다가 먹었더니 4시간 후에 식중독이 발병했다. 어느 균에 의한 것인가?

① 포도상구균

② 살모넬라균

③ 비브리오균

④ 클로스트리디움 보튤리늄균

해설 식중독 중 잠복기가 가장 짧은 식중독은 포도상구균 식중독으로 3~4시간 후에 발병한다.

21 살모넬라 식중독은 어느 식중독에 속하는가?

① 화학성 식중독   ② 독소형 식중독

③ 자연독 식중독   ④ 감염형 식중독

해설 살모넬라 식중독은 세균성 식중독 중 감염형에 속한다.

22 식중독 증상 중 가장 심한 발열을 수반하는 식중독은?

① 포도상구균 식중독

② 살모넬라 식중독

③ 복어 식중독

④ 클로스트리디움 보튤리늄 식중독

해설 살모넬라 식중독은 급성위염과 급격한 발열을 일으킨다.

23 다음 중 장염비브리오의 특징으로 옳은 것은?

① 열에 강하다.

② 독소를 생성한다.

③ 아포를 형성한다.

④ 염분이 있는 곳에서 잘 자란다.

해설 비브리오는 해수 세균으로 3~4%의 소금 농도에서 잘 자란다.

24 다음 중 화농성 질환을 가진 조리사로 인해 발생하기 쉬운 식중독은?

① 살모넬라 식중독

② 웰치균 식중독

③ 포도상구균 식중독

④ 클로스트리디움 보튤리늄 식중독

해설 화농성 질환을 가진 조리사의 손을 통해 포도상구균 식중독이 발생할 수 있다.

25 원인 식품이 크림빵, 도시락 등이며 주로 소풍 철인 봄, 가을에 많이 발생하는 식중독은?

① 장염비브리오 식중독

② 포도상구균 식중독

③ 살모넬라 식중독

④ 클로스트리디움 보툴리늄 식중독

> 포도상구균 식중독의 원인 식품은 빵, 도시락, 떡 등이다.

26 다음 중 산소가 없어야 잘 자라는 균은?

① 대장균

② 클로스트리디움 보툴리늄

③ 포도상구균

④ 살모넬라균

> 밀봉 처리한 통조림 가공품이 원인 식품인 클로스트리디움 보툴리늄균은 혐기성 세균이다.

27 다음 중 병원성 대장균 식중독의 원인 식품은?

① 어패류 ② 육류 및 그 가공품

③ 우유 및 달걀 ④ 통조림

> **식중독의 원인 식품**
> • 장염비브리오 : 어패류
> • 살모넬라 : 육류 및 그 가공품
> • 병원성 대장균 : 우유 및 달걀
> • 클로스트리디움 보툴리늄 : 통조림

28 다음 미생물 중 알레르기성 식중독의 원인이 되는 히스타민과 관계 깊은 것은?

① 포도상구균

② 바실러스균

③ 프로테우스 모르가니균

④ 장염비브리오균

> **알레르기성 식중독**
> • 원인 식품 : 꽁치나 고등어 같은 등 푸른 생선
> • 증상 : 두드러기와 발열
> • 원인물질 : 프로테우스 모르가니균이 형성한 히스타민
> • 항히스타민제를 복용하면 회복이 빠르다.

29 다음 중 경구 감염병에 대한 설명으로 바른 것은?

① 잠복기가 짧다.

② 2차 감염이 거의 없다.

③ 대량의 균으로 발병한다.

④ 면역성이 있다.

> **경구감염병의 특징**
> 2차 감염이 발생, 잠복기가 길다. 면역이 형성된다. 소량의 균으로 발병한다.

30 알레르기성 식중독의 원인물질은?

① 고등어 ② 닭고기

③ 돼지고기 ④ 쇠고기

> 알레르기성 식중독의 원인물질은 꽁치, 고등어와 같은 등푸른 생선이다.

31 엔테로톡신이 원인이 되는 식중독은?

① 살모넬라 식중독

② 병원성 대장균 식중독

③ 포도상구균 식중독

④ 장염비브리오 식중독

> **독소형 식중독의 독소**
> • 포도상구균 식중독 : 엔테로톡신
> • 클로스트리디움 보툴리늄 식중독 : 뉴로톡신

정답 25 ② 26 ② 27 ③ 28 ③ 29 ④ 30 ① 31 ③

32 클로스트리디움 보툴리늄균이 생산하는 독소와 관계되는 식중독은?

① 엔테로톡신   ② 뉴로톡신

③ 에르고톡신   ④ 삭시톡신

> 독소형 식중독의 독소
> • 포도상구균 식중독의 독소 : 엔테로톡신
> • 클로스트리디움 보툴리늄 식중독의 독소 : 뉴로톡신
> * 자연독 : 식중독의 독소
> • 복어 : 테트로 톡신
> • 섭조개 : 삭시톡신
> • 바지락 : 베네루핀
> • 곰팡이 : 에르고톡신

33 클로스트리디움 보툴리늄균 중 식중독의 원인이 되는 형은?

① C형   ② D형

③ E형   ④ G형

> 클로스트리디움 보툴리늄 식중독은 A, B, E형에 의해 발생한다.

34 세균성 식중독 중 감염형이 아닌 것은?

① 살모넬라 식중독

② 포도상구균 식중독

③ 장염비브리오 식중독

④ 병원성 대장균 식중독

> 포도상구균 식중독은 독소형 식중독이다.

35 살모넬라 식중독의 발병은?

① 인축 모두에게 발병한다.

② 동물에만 발병한다.

③ 인체에만 발병한다.

④ 어른들에게만 발병한다.

 살모넬라는 급격한 발열 증상을 나타내며, 인축 모두에게 발병하는 인수공통감염병이다.

36 60℃에서 30분이면 사멸되고 소, 돼지 등은 물론 달걀 등의 동물성 식품으로 인한 감염원으로 식중독을 일으키는 것은?

① 살모넬라균   ② 장염비브리오균

③ 웰치균   ④ 세리우스균

> 살모넬라균은 60℃에서 30분이면 사멸되며 원인식품은 육류 및 그 가공품, 어패류 및 그 가공품, 우유, 알 등이다.

37 집단감염이 잘되며 항문주위에서 산란하는 기생충은?

① 요충   ② 편충

③ 구충   ④ 회충

> 요충은 항문주위에 기생하여 가렵게 하는 특징이 있다.

38 사람과 동물이 같은 병원체에 의하여 발생하는 인수공통감염병은?

① 성홍열   ② 콜레라

③ 결핵   ④ 디프테리아

> 결핵은 같은 병원체에 의해 소와 사람에게 발생하는 인수공통감염병이다.

39 돼지고기를 가열하지 않고 섭취하면 감염될 수 있는 기생충은?

① 간흡충   ② 광절열두조충

③ 유구조충   ④ 무구조충

> 유구조충은 돼지고기에 기생하는 기생충이다.

40 다음 중 채소를 통하여 매개하는 기생충과 거리가 가장 먼 것은?

① 편충   ② 구충

③ 동양모양선충   ④ 선모충

> 🗨️ 선모충은 돼지고기를 매개로 기생하는 기생충이다.

41 사람과 동물이 같은 병원체에 의하여 발생하는 질병을 무엇이라 하는가?

① 인수공통감염병   ② 법정 감염병

③ 세균성 식중독   ④ 기생충성 질병

> 🗨️ 인수공통감염병이란 사람과 동물이 같은 병원체에 의해 감염되는 병이다.

42 회충, 편충과 같은 기생충 예방을 위해 가장 우선적으로 해야 할 일은?

① 청정채소를 재배해야 한다.

② 음식물은 반드시 끓여 먹어야 한다.

③ 구충제는 연 2회 복용한다.

④ 채소는 흐르는 물에 5회 이상 씻은 후 먹는다.

> 🗨️ 청정채소는 충란으로 감염되는 회충이나 편충을 예방할 수 있다.

43 바다에서 잡히는 어류를 먹고 기생충증에 걸렸다면 다음 중 가장 관계가 깊은 것은?

① 선모충   ② 아니사키스충

③ 유구조충   ④ 동양모양선충

> 🗨️ 아니사키스충은 포유류인 고래, 돌고래 등에 기생하는 기생충으로 본충에 감염된 어류를 섭취 시 감염된다.

44 민물고기를 생식한 일이 없는데도 간디스토마에 감염될 수 있는 경우는?

① 오염된 채소를 생식했을 때

② 가재, 게의 생식을 통해서

③ 민물고기를 요리한 도마를 통해서

④ 해삼, 멍게를 생식했을 때

> 🗨️ 민물고기를 조리한 조리기구를 위생적으로 취급하지 않았을 때 2차 오염에 의해 감염된다.

45 기생충란을 제거하기 위하여 야채를 세척하는 방법은?

① 물을 그릇에 받아 2회 세척한다.

② 수돗물에 씻는다.

③ 소금물에 1회 씻는다.

④ 흐르는 수돗물에 5회 이상 씻는다.

> 🗨️ 기생충란을 제거하기 위해서는 흐르는 물에 5회 이상 세척한다.

46 다음 기생충 중 경피 감염되는 기생충은?

① 회충   ② 요충

③ 편충   ④ 십이지장충

> 🗨️ 십이지장충은 피낭유충으로 오염된 식품 및 물을 섭취했을 때 피부를 뚫고 경피 감염이 된다.

47 채소를 통해서 감염될 수 없는 기생충은?

① 동양모양선충   ② 요충

③ 무구조충   ④ 회충

> 🗨️ 무구조충(민촌충)의 중간숙주는 소고기로 소고기의 생식을 금해야 예방이 가능하다.

정답   40 ④   41 ①   42 ①   43 ②   44 ③   45 ④   46 ④   47 ③

48 다음 중 미생물에 작용하는 강도의 순으로 표시한 것 중 옳은 것은?

① 멸균 〉 소독 〉 방부

② 방부 〉 멸균 〉 소독

③ 소독 〉 멸균 〉 방부

④ 소독 〉 방부 〉 멸균

 • 멸균 : 병원균을 포함한 모든 균을 사멸
• 소독 : 병원균을 사멸
• 방부 : 균의 성장을 억제

49 물리적 소독방법 중 1일 100℃에서 30분씩 연 3일간 계속하는 멸균법은 다음 중 어느 것인가?

① 화염멸균법　　② 유통증기소독법

③ 고압증기멸균법　④ 간헐멸균법

 간헐멸균법은 100℃의 유통 증기 중에서 1일 30분씩 3회 계속하는 방법으로 아포를 형성하는 균을 사멸시키는 멸균법이다.

50 우유에 사용하는 살균방법이 아닌 것은?

① 고온 단시간 살균법

② 저온 살균법

③ 고온 장시간 소독법

④ 초고온순간 살균법

 고온 장시간 살균법은 95~ 120℃에서 30~60분간 가열하는 방법으로 통조림 살균에 사용하는 살균법이다.

51 소독약의 구비 조건이 아닌 것은?

① 표백성이 있을 것

② 침투력이 강할 것

③ 금속 부식성이 없을 것

④ 살균력이 강할 것

 소독약의 구비 조건
• 살균력이 강할 것
• 사용이 간편하고 가격이 저렴할 것
• 금속 부식성과 표백성이 없을 것
• 용해성이 높으며 안전성이 있을 것
• 침투력이 강할 것
• 인축에 대한 독성이 적을 것

52 석탄산의 90배 희석액과 어느 소독약의 180배 희석액이 동일 조건에서 같은 소독 효과가 있었다면 이 소독약의 석탄산계수는 얼마인가?

① 5.0　　　　　② 2.0

③ 0.2　　　　　④ 0.5

 석탄산계수

$$\frac{\text{다른 소독약의 희석배수}}{\text{석탄산의 희석배수}} = \frac{180}{90} = 2$$

53 다음 중 과일이나 채소의 소독에 사용할 수 있는 약제는?

① 클로르칼키　　② 석탄산

③ 포르말린　　　④ 크레졸비누

 클로르칼키
과일, 채소, 식기 소독에 사용한다.

54 승홍수를 사용할 때 적당하지 않은 용기는?

① 나무　　　　　② 유리

③ 금속　　　　　④ 사기

 승홍은 살균력이 강한 반면에 금속을 부식시키는 성질이 있어 금속에는 사용을 금한다.

55 음료수의 소독에 사용되지 않는 방법은?

① 염소 소독　　② 표백분 소독

③ 자외선 소독　④ 역성비누 소독

 음료수 소독에는 염소, 표백분, 차아염소산나트륨, 자외선, 자비소독이 사용된다.

56 중간숙주와 관계없이 감염이 가능한 기생충은?

① 아니사키스충　② 회충

③ 간흡충　④ 폐흡충

 중간숙주가 없는 기생충
회충, 구충, 편충, 요충

57 손의 소독에 가장 적합한 것은?

① 1~2% 크레졸 수용액

② 70% 에틸알코올

③ 0.1% 승홍수용액

④ 3~5% 석탄산 수용액

 70% 에틸알코올 : 손, 피부, 기구소독에 사용

58 감자의 싹과 녹색 부분에서 생성되는 독성 물질은?

① 리신(ricin)

② 시큐톡신(cicutoxin)

③ 솔라닌(solanine)

④ 아미그달린(amygdalin)

① 리신(피마자), ② 시큐톡신(독미나리), ④ 아미그달린(청매)

59 사시, 동공 확대, 언어 장애 등의 특유의 신경마비 증상을 나타내며 비교적 높은 치사율을 보이는 식중독 원인균은?

① 포도상구균

② 병원성 대장균

③ 셀레우스균

④ 클로스트리디움 보툴리늄

클로스트리디움 보툴리눔균은 소시지나 햄, 통조림에 증식하여 독소를 형성하며 섭취 시 호흡 곤란, 언어 장애 등을 수반하고 치사율은 70%이다.

60 복어의 테트로톡신 독성분은 복어의 어느 부위에 가장 많은가?

① 근육　② 피부

③ 난소　④ 껍질

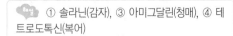 복어 독성분의 정도는 난소 〉간 〉내장 〉피부 순이다.

61 다음 중 독버섯의 유독 성분은?

① 솔라닌(solanine)

② 무스카린(muscarine)

③ 아미그달린(amygdalin)

④ 테트로도톡신(tetrodotoxin)

① 솔라닌(감자), ③ 아미그달린(청매), ④ 테트로도톡신(복어)

62 목화씨로 조제한 면실유를 식용한 후 식중독이 발생했다면 그 원인 물질은?

① 리신(ricin)

② 솔라닌(solanine)

③ 아미그달린(amygdalin)

④ 고시폴(gossypol)

① 리신(피마자), ② 솔라닌(감자), ③ 아미그달린(청매)

63 식품과 해당 독성분의 연결이 잘못된 것은?

① 복어 – 테트로톡신

② 목화씨 – 고시폴

③ 감자 – 솔라닌

④ 독버섯 – 베네루핀

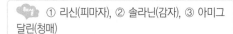 베네루핀은 모시조개, 굴, 바지락 등의 독성분이다.

정답　56 ②　57 ②　58 ③　59 ④　60 ③　61 ②　62 ④　63 ④

64 섭조개 속에 들어 있으며 특히 신경계통의 마비 증상을 일으키는 독성분은?

① 무스카린
② 시큐톡신
③ 삭시톡신
④ 베네루핀

💬 설 ① 무스카린(독버섯), ② 시큐톡신(독미나리), ④ 베네루핀(모시조개)

65 버섯의 중독 증상 중 콜레라형 증상을 일으키는 버섯류는?

① 화경버섯, 외대버섯
② 알광대버섯, 독우산버섯
③ 광대버섯, 파리버섯
④ 마귀곰보버섯, 미치광이 버섯

💬 **독버섯 증상**
• 위장형 중독 : 무당버섯, 화경버섯
• 콜레라형 중독 : 알광대버섯, 독우산버섯, 마귀곰보버섯
• 신경계 장애형 중독 : 파리버섯, 광대버섯, 미치광이 버섯

66 버섯 식용 후 식중독이 발생했을 때 관련 없는 물질은?

① 무스카린
② 뉴린
③ 콜린
④ 테무린

💬 • 버섯의 독소 : 무스카린, 무스카리딘, 팔린, 아마니타톡신, 콜린, 뉴린 등
• 독보리의 독소 : 테무린

67 화학성 식중독의 가장 현저한 증상이 아닌 것은?

① 설사
② 복통
③ 구토
④ 고열

💬 화학성 식중독의 일반적인 증상은 복통, 설사, 구토, 두통이다.

68 다음 중 유해 보존료에 속하지 않는 것은?

① 붕산
② 소르빈산
③ 불소화합물
④ 포름알데히드

💬 소르빈산은 육제품, 절임 식품에 사용되는 허용 보존료이다.

69 통조림 식품의 통조림관에서 용출되는 식중독 물질은?

① 카드뮴
② 구리, 아연
③ 수은
④ 납, 주석

💬 **유해 물질의 종류**
• 도자기류 : 납, 카드뮴
• 통조림 : 납, 주석
• 플라스틱 제품 : 포르말린

70 황변미 중독이란 쌀에 무엇이 기생하여 문제를 일으키는 것인가?

① 세균
② 곰팡이
③ 리케차
④ 바이러스

💬 **황변미 중독**
쌀에 푸른곰팡이가 번식하여 시트리닌, 시크리오비리딘과 같은 독소를 생성한다.

71 복어독이 가장 높은 시기는?

① 산란기 직후
② 산란기 직전
③ 겨울 동면 시
④ 해빙한 봄

💬 복어의 테트로톡신에 의한 사망률은 50% 이상으로, 복어독이 가장 높은 시기는 산란기 직전이다.

72 곰팡이 독으로서 간장에 해를 끼치는 것은?

① 시트리닌
② 파튤린
③ 아플라톡신
④ 솔라닌

정답 64 ③ 65 ② 66 ④ 67 ④ 68 ② 69 ④ 70 ② 71 ② 72 ③

> 해설 ① 시트리닌(신장독), ② 파툴린(신경독),
> ④ 솔라닌(감자독)

73 다음 미생물 중 곰팡이가 아닌 것은?

① 아스퍼질러스(aspergillus)속

② 페니실리움(penicillium)속

③ 리조푸스(rhizopus)속

④ 클로스트리디움(clostridium)속

> 해설 클리스트리움속은 세균류에 속한다.

74 다음 중 허가된 착색제는?

① 파라니트로아닐린 　② 인디고카민

③ 오라민 　④ 로다민 B

> 해설 파라니트로아닐린, 오라민, 로다민 B는 인체
> 에 독성이 강하여 사용이 허가되지 않은 착색제이
> 며, 인디고카민은 식용색소 청색 2호로 사용이 허용
> 된 착색제이다.

75 다음 중 인공감미료에 속하지 않는 것은?

① 구연산 　② D-솔비톨

③ 글리실리친산나트륨 　④ 사카린나트륨

> 해설 인공감미료
> 사카린나트륨, 글리실리친산나트륨, D-솔비톨

76 유지나 버터가 공기 중의 산소와 작용하면 산패가
일어나는데 이를 방지하기 위한 산화방지제는?

① 데히드로초산 　② 아질산나트륨

③ 부틸히드록시아니졸 　④ 안식향산

> 해설 • 아질산나트륨 : 육류발색제
> • 데히드로초산 : 치즈, 버터, 마가린
> • 안식향산 : 청량음료 및 간장
> • 부틸히드록시아니졸(BHA) : 지용성 항산화제

77 히스티딘 식중독을 유발하는 원인 물질은?

① 발린 　② 히스타민

③ 알리신 　④ 트립토판

> 해설 등 푸른 생선에 함유된 히스티딘은 히스타민
> 으로 변하여 알레르기성 식중독을 일으킨다.

78 복어독 중독의 치료법으로 적합하지 않은 것은?

① 호흡 촉진제 투여 　② 진통제 투여

③ 위세척 　④ 최토제 투여

> 해설 복어 중독을 치료할 때는 구토제(최토제), 위
> 세척, 설사제를 사용한다. 마비성 중독이므로 진통제
> 는 투여하지 않는다.

79 화학물질에 의한 식중독으로 일반 중독 증상과
시신경의 염증으로 실명의 원인이 되는 물질은?

① 아연 　② 메틸알코올

③ 수은 　④ 납

> 해설 메틸알코올은 두통, 현기증, 복통, 설사 등의 증상
> 이 나타나며 심하면 시신경의 염증으로 실명에 이른다.

80 식품첨가물의 사용 목적이 아닌 것은?

① 식품의 기호성 증대

② 식품의 유해성 입증

③ 식품의 부패와 변질을 방지

④ 식품의 제조 및 품질 개량

> 해설 식품첨가물의 사용 목적은 식품의 부패와 변
> 질을 방지하고 식품 제조 및 품질 개량을 통해 기호
> 성을 증대시키기 위함이다.

정답 **73** ④ **74** ② **75** ① **76** ③ **77** ② **78** ② **79** ② **80** ②

81 식품의 신맛을 부여하기 위하여 사용되는 첨가물은?

① 산미료　　　　② 향미료

③ 조미료　　　　④ 강화제

 신맛의 종류로는 식초산, 구연산, 주석산 등이 있다.

82 밀가루의 표백과 숙성을 위하여 사용하는 첨가물은?

① 유화제　　　　② 개량제

③ 팽창제　　　　④ 점착제

 밀가루의 표백과 숙성 기간을 단축하고 가공성을 개량할 목적으로 사용되는 소맥분 개량제로는 과산화벤조일, 과황산암모늄, 과붕산나트륨, 이산화염소, 브롬산칼륨 등이 있다.

83 식품의 점착성을 증가시키고 유화 안정성을 좋게 하는 것은?

① 호료　　　　② 소포제

③ 강화제　　　　④ 발색제

 호료는 식품에 소량 첨가함으로써 점성을 좋게 하여 식감을 개선하는 첨가물로 대표적인 것이 알긴산이다.

84 식품 중 멜라민에 대한 설명으로 틀린 것은?

① 잔류 허용 기준상 모든 식품 및 식품첨가물에서 불검출되어야 한다.

② 생체 내 반감기는 약 3시간으로 대부분 신장을 통해 소변으로 배출된다.

③ 반수치사량(LD50)은 3.2kg 이상으로 독성이 낮다.

④ 많은 양의 멜라민을 오랫동안 섭취할 경우 방광 결석 및 신장 결석 등을 유발한다.

 식품 및 식품첨가물에서 잔류 허용 기준을 넘지 말아야 한다.

85 어패류의 신선도 판정 시 초기 부패의 기준이 되는 것은?

① 삭시톡신(saxitoxin)

② 베네루핀(venerupin)

③ 트리메틸아민(trimethylamine)

④ 아플라톡신(aflatoxin)

 생선의 비린내는 트리메틸아민(TMA)에 의한 것이다.

86 웰치균에 대한 설명으로 바른 것은?

① 아포는 60℃에서 10분간 가열하면 사멸한다.

② 혐기성균이다.

③ 냉장 온도에서 잘 발육한다.

④ 당분이 많은 식품에서 주로 발생한다.

 웰치균 식중독은 열에 강한 균으로 가열해도 잘 사멸되지 않는 편성혐기성균이다. 냉장 보관하면 예방이 가능하며 원인 식품은 육류를 사용한 가열 식품이다.

87 살균이 불충분한 저산성 통조림 식품에 의해 발생하는 세균성 식중독의 원인균은?

① 포도상구균　　② 젖산균

③ 병원성대장균　　④ 클로스트리디움 보툴리눔

 클로스트리디움 보툴리눔균은 소시지나 햄, 통조림에 증식하여 독소를 형성하며 섭취하면 호흡 곤란, 언어 장애 등을 일으킨다.

88 부적절하게 조리된 햄버거 등을 섭취하여 식중독을 일으키는 O157:H7균은 다음 중 무엇에 속하는가?

① 살모넬라균　　　② 대장균

③ 리스테리아균　　④ 비브리오균

 O157:H7은 대장균의 일종으로 감염 시 출혈이 동반된 설사 증세를 보인다.

89 엔테로톡신(enterotoxin)이 원인이 되는 식중독은?

① 살모넬라 식중독

② 장염비브리오 식중독

③ 병원성대장균 식중독

④ 황색포도상구균 식중독

> 황색포도상구균 식중독은 엔테로톡신에 의한 독소형 식중독이다.

90 다음 보존료와 식품과의 연결이 식품위생법상 허용되어 있지 않은 것은?

① 데히드로초산 – 청량음료

② 소르빈산 – 육류가공품

③ 안식향산 – 간장

④ 프로피온산 나트륨 – 식빵

> 데히드로초산은 버터, 마가린에 사용하는 첨가물이다.

91 다음 중 당 알코올로 충치 예방에 가장 적합한 것은?

① 맥아당 ② 글리코겐

③ 펙틴 ④ 소르비톨

> 소르비톨은 당 알코올의 종류로 충치 예방에 효과가 있다.

92 식품의 부패 과정에서 생성되는 불쾌한 냄새 물질과 거리가 먼 것은?

① 암모니아 ② 인돌

③ 황화수소 ④ 포르말린

> 포르말린은 포름알데히드라는 기체를 물에 녹인 물질이다.

93 납중독에 대한 설명으로 틀린 것은?

① 대부분 만성중독이다.

② 뼈에 축적되거나 골수에 대해 독성을 나타내므로 혈액장애를 일으킬 수 있다.

③ 손과 발의 각화증 등을 일으킨다.

④ 잇몸의 가장자리가 흑자색으로 착색된다.

> 납중독은 만성중독으로 잇몸이 흑자색으로 변하거나 복통 등의 증상이 생긴다.

94 중독될 경우 소변에서 코프로포르피린(corproporphyrin)이 검출될 수 있는 중금속은?

① 철(Fe) ② 크롬(Cr)

③ 수은(Ag) ④ 납(Pb)

> 납중독은 연중독이라고도 하며 소변 중 코프로포르피린이 검출된다.

95 식품위생법에서 말하는 식품이란?

① 모든 음식물

② 의약품을 제외한 모든 음식물

③ 담배 등의 기호품과 모든 음식물

④ 포장·용기와 모든 음식물

> 식품위생법상 식품이란 '모든 음식물'을 말한다. 다만 의약품으로 섭취되는 것은 제외한다.

96 다음의 정의에 해당하는 것은?

> 식품의 원료 관리, 제조, 가공, 조리, 유통의 모든 과정에서 위해한 물질이 식품에 섞이거나 식품이 오염되는 것을 방지하기 위하여 각 과정을 중점적으로 관리하는 기준

① 식품안전관리인증기준(HACCP)

② 식품 Recall 제도

③ 식품 CODEX 제도

④ ISO 인증 제도

말풍선 식품안전관리인증기준(HACCP)은 식품의 원료 관리, 제조, 가공, 조리, 유통의 모든 과정에서 위해한 물질이 식품에 섞이거나 식품이 오염되는 것을 방지하기 위하여 각 과정을 중점적으로 관리하는 기준을 말한다.

97 식품위생법상 집단급식소는 상시 1회 몇 인에게 식사를 제공하는 급식소인가?

① 20명 이상　　② 50명 이상

③ 100명 이상　　④ 200명 이상

말풍선 집단급식소란 비영리를 목적으로 특정 여러 사람을 상대로 50인 이상에게 음식을 제공하는 기숙사, 학교, 병원 등의 급식시설을 말한다.

98 식품, 식품첨가물, 기구 또는 용기. 포장의 위생적 취급에 관한 기준을 정하는 것은?

① 국무총리령　　② 고용노동부령

③ 환경부령　　　④ 농림축산식품부령

말풍선 식품, 식품첨가물, 기구 또는 용기. 포장의 위생적 취급에 관한 기준은 국무총리령으로 한다.

99 식품공전상 표준 온도라 함은 몇 ℃인가?

① 5℃　　　　　② 10℃

③ 15℃　　　　　④ 20℃

말풍선 식품공전상 표준 온도는 20℃, 상온은 15~25℃, 실온은 1~35℃, 미온은 30~40℃이다.

100 영업허가를 받아야 할 업종이 아닌 것은?

① 단란주점영업　　② 유흥주점영업

③ 식품조사처리업　④ 일반음식점영업

말풍선 식품조사처리업은 식품의약품안전처장에게, 단란주점, 유흥주점영업은 특별자치시장, 특별자치도지사 또는 시장, 군수, 구청장에게 허가를 받아야 한다.

101 식품위생법령상의 조리사를 두어야 하는 영업자 및 운영자가 아닌 것은?

① 국가 및 지방자치단체의 집단급식소 운영자

② 면적 100㎡ 이상의 일반음식점 영업자

③ 학교, 병원 및 사회복지시설의 집단급식소 운영자

④ 복어를 조리·판매하는 영업자

말풍선 조리사를 두어야 하는 경우로는 집단급식소 운영자와 복어를 조리·판매하는 식품접객업자가 해당되며 일반음식점은 해당되지 않는다.

102 식품위생법상 식품위생의 대상이 되지 않는 것은?

① 식품　　　　　② 의약품

③ 식품첨가물　　④ 기구 또는 용기·포장

말풍선 식품위생이란 식품, 식품첨가물, 기구 또는 용기·포장을 대상으로 하는 음식에 관한 위생을 말한다.

103 다음 중 식품위생법상 판매가 금지된 식품이 아닌 것은?

① 병원미생물에 의하여 오염되어 인체의 건강을 해할 우려가 있는 식품

② 영업신고 또는 허가를 받지 않은 자가 제조한 식품

③ 안전성 평가를 받아 식용으로 적합한 유전자 재조합 식품

④ 썩었거나 상하였거나 설익은 것으로 인체의 건강을 해할 우려가 있는 식품

말풍선 식품위생법상 안전성 평가를 받아 식용으로 적합한 유전자 재조합 식품은 판매가 가능하다.

정답　**97** ②　**98** ①　**99** ④　**100** ④　**101** ②　**102** ②　**103** ③

104 식품위생법상 식품을 제조·가공·조리 또는 보존하는 과정에서 감미, 착색, 표백 또는 산화방지 등을 목적으로 식품에 사용되는 물질(기구·용기·포장을 살균·소독하는 데에 사용되어 간접적으로 식품으로 옮아갈 수 있는 물질을 포함)은 무엇에 대한 정의인가?

① 식품 ② 식품첨가물
③ 화학적 합성품 ④ 기구

> 식품첨가물은 식품을 제조·가공·조리 또는 보존하는 과정에서 감미, 착색, 표백 또는 산화방지 등을 목적으로 식품에 사용되는 물질을 말한다. 이 경우 기구·용기·포장을 살균·소독하는 데에 사용되어 간접적으로 식품으로 옮아갈 수 있는 물질을 포함한다.

105 식품 등의 표시기준에 명시된 표시사항이 아닌 것은?

① 업소명 ② 성분명 및 함량
③ 유통기한 ④ 판매자 성명

> 제품명, 식품의 유형, 제조연월일, 유통기한 또는 품질유지기한, 내용량 및 내용량에 해당하는 열량, 원재료명, 업소명 및 소재지, 성분명 및 함량, 영양성분 등은 식품 등의 표시사항이다.

106 허위표시, 과대광고의 범위에 해당되지 않는 것은?

① 제조방법에 관하여 연구 또는 발견한 사실로서 식품학, 영양학 등의 분야에서 공인된 사항의 표시·광고
② 외국어의 사용 등으로 외국제품으로 혼동할 우려가 있는 표시·광고
③ 질병의 치료에 효능이 있다는 내용 또는 의약품으로 혼동할 우려가 있는 내용의 표시·광고
④ 다른 업체의 제품을 비방하거나 비방하는 것으로 의심되는 광고

> 학문적 근거를 두고 표시·광고하는 경우는 허위표시, 과대광고에 해당하지 않는다.

107 식품위생법규상 무상 수거 대상 식품은?

① 도소매 업소에서 판매하는 식품 등을 시험검사용으로 수거할 때
② 식품 등의 기준 및 규격 제정을 위한 참고용으로 수거할 때
③ 식품 등을 검사할 목적으로 수거할 때
④ 식품 등의 기준 및 규격 개정을 위한 참고용으로 수거할 때

> 국민의 보건위생을 위하여 필요하다고 판단되는 경우로 검사에 필요한 식품 등을 무상 수거할 수 있다.

108 식품위생법령상에 명시된 식품위생감시원의 직무가 아닌 것은?

① 표시기준 또는 과대광고 금지의 위반여부에 관한 단속
② 조리사, 영양사의 법령준수사항 이행 여부 확인·지도
③ 생산 및 품질관리일지의 작성 및 비치
④ 시설기준의 적합 여부의 확인·검사

> 생산 및 품질관리일지의 작성 및 비치는 식품위생관리인의 직무이다.
> **식품위생감시원의 직무**
> • 식품 등의 위생적인 취급에 관한 기준의 이행 지도
> • 수입·판매 또는 사용 등이 금지된 식품 등의 취급 여부에 관한 단속
> • 표시기준 또는 과대광고 금지의 위반 여부에 관한 단속
> • 출입·검사 및 검사에 필요한 식품 등의 수거
> • 시설기준의 적합 여부의 확인·검사
> • 영업자 및 종업원의 건강진단 및 위생교육의 이행 여부의 확인·지도
> • 조리사 및 영양사의 법령 준수사항 이행 여부의 확인·지도
> • 행정처분의 이행 여부 확인
> • 식품 등의 압류·폐기 등
> • 영업소의 폐쇄를 위한 간판 제거 등의 조치
> • 그 밖에 영업자의 법령 이행 여부에 관한 확인·지도

정답 **104** ② **105** ④ **106** ① **107** ③ **108** ③

109 식품접객업 중 음주행위가 허용되지 않는 영업은?

① 일반음식점영업　　② 단란주점영업

③ 휴게음식점영업　　④ 유흥주점영업

> 휴게음식점은 음식물을 조리·판매하는 영업으로서 음주 행위가 허용되지 않는다.

110 일반음식점의 영업신고는 누구에게 하는가?

① 동사무소장　　② 시장, 군수, 구청장

③ 식품의약품안전처장　　④ 보건소장

> 일반음식점의 영업신고는 관할시장·군수·구청장에게 하여야 한다.

111 조리사 또는 영양사 면허의 취소 처분을 받고 그 취소된 날부터 얼마의 기간이 경과되어야 면허를 받을 자격이 있는가?

① 1개월　　② 3개월

③ 6개월　　④ 1년

> 조리사 또는 영양사 면허의 취소 처분을 받고 그 취소된 날 부터 1년이 지나야 조리사 또는 영양사 면허를 받을 수 있다.

112 HACCP 인증 집단급식소(집단급식소, 식품접객업소, 도시락류 포함)에서 조리한 식품은 소독된 보존식 전용용기 또는 멸균 비닐봉지에 매회 1인분 분량을 담아 몇 ℃ 이하에서 얼마 이상의 시간 동안 보관하여야 하는가?

① 4℃ 이하, 48시간 이상

② 0℃ 이하, 100시간 이상

③ -10℃ 이하, 200시간 이상

④ -18℃ 이하, 144시간 이상

> HACCP 인증 집단급식소의 보존식은 -18℃ 이하에서 144시간 이상 보관한다.

113 다음 중 식품위생법에서 다루고 있는 내용은?

① 먹는 물 수질 관리

② 감염병 예방 시설의 설치

③ 식중독에 관한 조사·보고

④ 공중위생감시원의 자격사항

> 식품위생법 제86조에는 식중독에 관한 조사·보고에 대한 내용을 다루고 있다. 식중독에 관한 보고는 (한)의사 또는 집단급식소의 설치·운영자 → 시장, 군수, 구청장 → 식품의약품안전처장 및 시·도지사 순으로 이루어진다.

114 다음 중 조리사 또는 영양사의 면허를 발급받을 수 있는 자는?

① 정신질환자　　② 감염병 환자

③ 마약 중독자　　④ 파산 선고자

> 조리사 또는 영양사의 면허를 발급받을 수 없는 자는 정신질환자(전문의가 적합하다고 인정하는 자는 제외), 감염병 환자(B형 간염 환자는 제외), 마약이나 그 밖의 약물 중독자, 면허취소 처분을 받고 그 취소된 날로부터 1년이 경과하지 아니한 자이다.

115 식품 또는 식품첨가물의 완제품을 나누어 유통할 목적으로 재포장·판매하는 영업은?

① 식품제조·가공업　② 식품 운반업

③ 식품 소분업　　④ 즉석 판매제조·가공업

> 식품 또는 식품첨가물의 완제품을 나누어 유통을 목적으로 재포장·판매하는 영업을 식품 소분업이라고 한다.

116 다음 중 모든 식품에 꼭 표시해야 할 내용과 거리가 먼 것은?

① 제조업소명　　② 영양성분

③ 제품명　　④ 실중량

> 영양성분은 건강보조식품, 특수영일식·복어품에만 반드시 표시해야 한다.

117 다음 영업 중 제조 월일시를 표시하여야 하는 영업은?

① 청량음료제조업　② 인스턴트식품제조업

③ 도시락제조업　　④ 식품첨가물제조업

> 💬해설 도시락제조업에서는 연월일시까지 표시하여야 한다.

118 식품위생법상의 식품이 아닌 것은?

① 유산균 음료　　② 채종유

③ 비타민 C의 약제　④ 식용얼음

> 💬해설 식품이라 함은 모든 음식물을 말한다. 다만, 의약품은 제외한다.

119 영업소에서 조리에 종사하는 자가 정기 건강진단을 받아야 하는 법정 기간은?

① 3개월마다　　② 6개월마다

③ 매년 1회　　　④ 2년에 1회

> 💬해설 건강 진단
> • 정기 건강진단 : 매년 1회 실시
> • 수시 건강진단 : 감염병이 발생하였거나 발생할 우려가 있는 경우

120 건강진단을 받지 않아도 되는 사람은?

① 식품 및 식품첨가물의 채취자

② 식품첨가물의 제조자

③ 식품을 가공하는 자

④ 완전 포장 제품의 판매자

> 💬해설 건강진단을 받아야 하는 사람은 식품 또는 식품첨가물(화학적 합성품 또는 기구 등의 살균·소독제는 제외)을 채취·제조·가공·조리·저장·운반 또는 판매하는 일에 직접 종사하는 영업자 및 종업원으로 한다. 다만, 완전 포장된 식품 또는 식품첨가물을 운반하거나 판매하는 일에 종사하는 사람은 제외한다.

121 식품첨가물 공전은 누가 작성하는가?

① 시장, 군수, 구청장　② 국무총리

③ 시·도지사　　　　④ 식품의약품안전처장

> 💬해설 식품의약품안전처장은 식품, 식품첨가물, 기구 및 용기·포장의 기준과 규격 및 표시기준을 실은 식품 등의 공전을 작성·보급하여야 한다.

122 수출을 목적으로 하는 식품 또는 식품첨가물의 기준과 규격은?

① 산업통상자원부장관의 별도 허가를 획득한 기준과 규격

② F.D.A의 기준과 규격

③ 국립검역소장이 정하여 고시한 기준과 규격

④ 수입자가 요구하는 기준과 규격

> 💬해설 수출을 목적으로 하는 식품 또는 식품첨가물의 기준과 규격을 수입자가 요구하는 기준과 규격에 맞춘다.

123 식품공전에 따른 우유의 세균수에 관한 규격은?

① 1㎖ 당 10,000 이하이어야 한다.

② 1㎖ 당 20,000 이하이어야 한다.

③ 1㎖ 당 100,000 이하이어야 한다.

④ 1㎖ 당 1,000 이하이어야 한다.

> 💬해설 식품공전에 따른
> • 우유의 세균수 : 1㎖ 당 20,000 이하
> • 대장균군 : 1㎖ 당 2 이하

124 식품위생법의 규정상 판매가 가능한 식품은?

① 영양분이 없는 식품

② 수입이 금지된 식품

③ 무허가 제조식품

④ 썩었거나 상한 식품

> 💬해설 영양분이 없는 식품은 식품위생법상 판매 금지식품은 아니다.

정답　**117** ③　**118** ③　**119** ③　**120** ④　**121** ④　**122** ④　**123** ②　**124** ①

125 영업에 종사하지 못하는 질병의 종류로 맞지 않는 것은?

① 제1군 전염병
② 후천성 면역 결핍증
③ 피부병 기타 화농성 질환
④ 제3군전염병 중 결핵(비전염성의 경우 포함)

 제3군 전염병 중 결핵(비전염성인 경우는 제외)

126 다음 중 식품위생교육시간이 바르게 연결되지 않은 것은?

① 유흥주점 종사자 – 2시간
② 집단급식설치·운영자 – 3시간
③ 식품 제조·즉석판매, 식품 첨가물 제조업 – 6시간
④ 식품접객영업을 하려는 자 – 6시간

식품 제조, 즉석판매, 식품 첨가물 제조업의 위생교육시간은 8시간이다.

127 다음 식품위생관리 제도의 설명으로 맞지 않은 것은?

① 자진회수제도는 식품의 사후관리 방안의 일환으로 위해식품으로 판정 시 생산자 등이 자발적으로 즉시 회수·폐기하는 사전보호제도이다.
② 제조물 책임인PL은 제품의 안전성이 결여되어 소비자에게 피해를 준 경우 제조자가 부담해야 할 손해배상책임을 말한다.
③ HACCP은 위해요소분석과 중요관리점으로 구성되어 있으며 식품의 사후예방차원에서 안전성을 확보하는데 의미가 있다.
④ HACCP은 식품의 제조, 생산, 유통에 이르기까지 전 과정에서 식품 관리의 사전 예방차원에서 식품의 안전성을 확보하는 제도이다.

HACCP은 식품의 사전 예방차원의 안전성을 확보하는 데 목적이 있다.

128 세계보건기구(WHO)의 기능과 관계없는 사항은?

① 회원국의 기술 지원
② 후진국의 경제 보조
③ 회원국의 자료 공급
④ 국제적 보건 사업의 지휘·조정

세계보건기구는 UN의 산하기관으로 각 회원국의 보건관계자료 공급, 기술 지원 및 자문, 국제적 보건 사업의 지휘 및 조정을 담당한다.

129 공기의 자정 작용에 속하지 않는 것은?

① 산소, 오존 및 과산화수소에 의한 산화 작용
② 세정 작용
③ 여과 작용
④ 공기 자체의 희석 작용

공기는 산소, 오존, 과산화수소에 의한 산화 작용, 공기자체의 희석 작용, 세정 작용, 자외선에 의한 살균 작용, CO_2와 O_2의 교환 작용 등에 의하여 자체 정화한다.

130 실내 공기의 오염지표인 이산화탄소(CO_2)의 실내(8시간 기준) 위생학적 허용 한계는?

① 0.001%   ② 0.01%
③ 0.1%   ④ 1%

이산화탄소의 위생학적 허용 한계는 0.1%, 일산화탄소의 허용 한계는 0.01%이다.

131 상수를 정수하는 일반적인 순서는?

① 침전 → 여과 → 소독
② 예비 처리 → 본 처리 → 오니 처리
③ 예비 처리 → 여과 처리 → 소독
④ 예비 처리 → 침전 → 여과 → 소독

상수의 정수는 '침전 → 여과 → 소독'의 순서로 진행되며 '예비 처리 → 본 처리 → 오니 처리'는 하수도의 정수법이다.

132 일반적으로 생물학적 산소요구량(BOD)과 용존산소량(DO)은 어떤 관계가 있는가?

① BOD가 높으면 DO가 높다.

② BOD가 높으면 DO는 낮다.

③ BOD와 DO는 항상 같다.

④ BOD와 DO는 무관하다.

> 하수의 위생 검사 지표로 BOD는 20ppm 이하여야 하고 DO는 5ppm 이상이어야 한다. BOD의 수치가 클수록 물이 많이 오염된 것이므로 DO는 낮아지게 된다.

133 비말 감염이 가장 잘 이루어질 수 있는 조건은?

① 군집   ② 피로

③ 영양 결핍   ④ 매개 곤충의 서식

> 비말 감염이란 기침이나 재채기, 대화 등을 통해 감염되는 경우로 사람이 많이 모여 있는 군집상태에서 잘 이루어진다.

134 다음 중 실내공기의 오염지표로 사용되는 것은?

① 이산화탄소(CO_2)   ② 산소(O_2)

③ 질소(N_2)   ④ 아르곤(Ar)

> 이산화탄소는 실내공기 오염도를 화학적으로 측정하는 지표로 사용되며 위생학적 허용한계는 0.1%(1,000ppm)이다.

135 일광 중 가장 강한 살균력을 가지고 있는 자외선 파장은?

① 1000~1800Å   ② 1800~2300Å

③ 2300~2600Å   ④ 2600~2800Å

> 자외선은 2,600~2800Å(260nm)일 때 살균력이 가장 강하다.

136 WHO가 규정한 건강의 정의로 가장 맞는 것은?

① 질병이 없고 육체적으로 완전한 상태

② 육체적, 정신적으로 완전한 상태

③ 육체적 완전과 사회적 안녕이 유지되는 상태

④ 육체적, 정신적, 사회적 안녕의 완전한 상태

> 건강이란 단순한 질병이나 허약의 부재 상태만을 의미하는 것이 아니고 육체적, 정신적, 사회적으로 모두 완전한 상태를 말한다.

137 다음 중 눈 보호를 위해 가장 좋은 인공조명 방식은?

① 직접 조명   ② 간접 조명

③ 반간접 조명   ④ 전반확산 조명

> 눈의 피로도에 가장 적게 영향을 미치는 조명은 간접 조명이다.

138 BOD(생화학적 산소요구량) 측정 시 온도와 측정 기간은?

① 10℃에서 7일간   ② 20℃에서 7일간

③ 10℃에서 5일간   ④ 20℃에서 5일간

> BOD는 호기성 미생물이 물속에 있는 유기물을 분해할 때 사용하는 산소의 양을 말하며 물의 오염 정도를 표시하는 지표로 사용되며 20℃에서 5일간 측정한다.

139 식품 공업 폐수의 오염 지표와 관련이 없는 것은?

① 용존산소(DO)

② 생화학적 산소요구량(BOD)

③ 대장균

④ 화학적 산소요구량(COD)

> 대장균은 분변 오염의 지표로 쓰이며 공업 폐수와는 관련이 없다.

140 수질의 분변 오염 지표로 사용되는 균은?

① 장염비브리오균 ② 대장균
③ 살모넬라균 ④ 웰치균

 대장균은 사람이나 동물의 장 속에 서식하는 균으로 수질의 분변 오염 지표로 활용된다.

141 하천수에 용존산소가 적다는 것은 무엇을 의미하는가?

① 유기물 등이 잔류하여 오염도가 높다.
② 물이 비교적 깨끗하다.
③ 오염과 무관하다.
④ 호기성 미생물과 어패류의 생존에 좋은환경이다.

 DO(용존산소량)가 많을 경우 깨끗한 물, 적을 경우 오염된 물이다.

142 다음 중 진개의 처리방법이 아닌 것은?

① 소각법 ② 위생 매립법
③ 비료화법(퇴비법)④ 활성오니법

 활성오니법은 하수처리방법중 하나이다.

143 수인성 감염병의 특징과 거리가 먼 것은?

① 환자 발생이 폭발적이다.
② 잠복기가 길고 치명률이 높다.
③ 성과 나이에 무관하게 발병한다.
④ 급수 지역과 발생 지역이 거의 일치한다.

 수인성 감염병은 환자 발생이 폭발적이며, 음료수의 사용 지역과 일치하고 계절과 관계가 없으며, 성별, 연령, 직업, 생활수준에 따른 발생 빈도의 차이가 없다.

144 우리나라의 4대 보험에 해당되지 않는 것은?

① 생명보험 ② 국민연금
③ 고용보험 ④ 산재보험

 우리나라의 4대 보험에는 국민연금, 고용보험, 건강보험, 산재보험이 있다.

145 다음 중 공중보건사업과 거리가 먼 것은?

① 보건교육 ② 인구보건
③ 질병치료 ④ 보건행정

 공중보건사업에 속하는 내용은 치료보다는 예방이 목적이다.

146 기온 역전 현상의 발생 조건은?

① 상부 기온이 하부 기온보다 낮을 때
② 상부 기온이 하부 기온보다 높을 때
③ 상부 기온과 하부 기온이 같을 때
④ 안개와 매연이 심할 때

 대기층의 온도는 100m 상승할 때마다 1℃씩 낮아진다. 기온 역전 현상은 고도가 상승함에 따라 기온도 상승하여 상부 기온이 하부 기온보다 높을 때를 말하며 대기오염의 심각을 일으킨다.

147 물의 자정 작용에 해당되지 않는 것은?

① 희석 작용 ② 침전 작용
③ 소독 작용 ④ 산화 작용

 물의 자정 작용
희석 작용, 침전 작용, 자외선에 의한 살균 작용, 산화 작용, 수중 생물에 의한 식균 작용

148 하수 처리 방법으로 혐기성 처리 방법은?

① 살수여과법 ② 활성오니법
③ 산화지법 ④ 임호프탱크법

정답 **140** ② **141** ① **142** ④ **143** ② **144** ① **145** ③ **146** ② **147** ③ **148** ④

하수 처리 방법
- 호기성 처리법 : 살수여과법, 활성오니법, 산화지법
- 혐기성 처리법 : 임호프탱크법, 부패조처리법

149 다음 중 분변 오염의 지표균은?

① 일반세균 　　　② 대장균

③ 웰치균 　　　　④ 살모넬라균

> 분변 오염의 지표균은 대장균이다.

150 다음 감염병 중 바이러스가 병원체인 것은?

① 세균성 이질 　　② 폴리오

③ 파라티푸스 　　④ 장티푸스

> 병원체에 따른 감염병의 분류
> - 세균 : 세균성 이질, 파라티푸스, 장티푸스, 콜레라
> - 바이러스 : 폴리오

151 다음 중 공중보건상 감염병 관리가 가장 어려운 것은?

① 동물 병원소 　　② 환자

③ 건강 보균자 　　④ 토양 및 물

> 건강 보균자란 균을 내포하고 있으나 증상이 나타나지 않아 본인 또는 주변 사람들이 보균자로 인식하지 못하므로 감염병 관리상 가장 어려운 보균자이다.

152 만성 감염병과 비교할 때 급성 감염병의 역학적 특성은?

① 발생률은 낮고 유병률은 높다.

② 발생률은 높고 유병률은 낮다.

③ 발생률과 유병률이 모두 높다.

④ 발생률과 유병률이 모두 낮다.

> 만성 감염병은 발생률이 낮고 유병률이 높으나, 급성 감염병은 발생률이 높고 유병률이 낮다.

153 채소류 및 과일류에 적당한 소독법은?

① 승홍수 　　　　② 알코올 소독

③ 클로로칼키 소독 ④ 열탕 소독

> 채소, 과일류의 소독에는 클로로칼키(표백분), 염소 등이 사용된다.

154 다음 중 분변 소독에 가장 적합한 것은?

① 생석회 　　　　② 약용비누

③ 과산화수소 　　④ 표백분

> 분변 소독에는 석탄산, 크레졸, 생석회 등이 사용되며 이 중 생석회가 가장 우선적으로 사용된다.

155 쓰레기 소각처리 시 위생적으로 가장 문제가 되는 것은?

① 높은 열의 발생

② 사후 폐기물 발생

③ 대기오염과 다이옥신

④ 화재 발생

> 소각법은 가장 확실한 쓰레기 처리법이지만 소각 과정에서 발생되는 다이옥신 등의 물질로 대기오염을 유발할 수 있다.

156 조리사 및 배식자의 손 소독에 가장 적합한 것은?

① 역성비누 　　　② 생석회

③ 경성세제 　　　④ 승홍수

> 역성비누는 무색, 무취, 무자극이며, 독성이 없어 손 소독이나 과일, 야채, 식기 등의 세척에 사용된다.

정답 149 ② 150 ② 151 ③ 152 ② 153 ③ 154 ① 155 ③ 156 ①

157 다음 물질 중 소독의 효과가 가장 낮은 것은?

① 석탄산　　　　② 중성세제

③ 크레졸　　　　④ 알코올

 석탄산은 살균력의 지표로 이용되고, 크레졸은 석탄산보다 소독력이 2배 강하며 알코올은 소독력이 강해 손소독용으로 사용된다.

158 장염비브리오균에 의한 식중독 발생과 가장 관계가 깊은 것은?

① 유제품　　　　② 어패류

③ 난가공품　　　④ 돼지고기

 장염비브리오 식중독의 원인 식품 : 어패류

159 다음 중 벼룩이 매개하는 감염병은?

① 쯔쯔가무시병　② 유행성 출혈열

③ 발진티푸스　　④ 발진열

 벼룩이 매개하는 감염병은 발진열이다.

160 다음 감염병 중에서 병원체가 세균인 것은?

① 유행성 간염　　② 백일해

③ 급성회백수염　④ 홍역

 병원체가 세균인 감염병에는 장티푸스, 파라티푸스, 세균성 이질, 콜레라, 결핵, 백일해, 페스트, 파상풍 등이 있다.

161 다음 중 소화기계 감염병이 아닌 것은?

① 유행성 이하선염　② 장티푸스

③ 파라티푸스　　　④ 이질

 소화기계 감염병으로는 장티푸스, 파라티푸스, 콜레라, 세균성 이질, 아메바성 이질, 급성회백수염, 유행성 간염이 있다.

162 미나마타병의 원인이 되는 금속은?

① 카드뮴　　　　② 비소

③ 수은　　　　　④ 구리

 미나마타병은 수은 중독, 이타이이타이병은 카드뮴 중독에 의한 질병이다.

163 감염병의 감수성 대책에 속하는 것은?

① 소독을 실시한다.

② 매개곤충을 구제한다.

③ 예방접종을 실시한다.

④ 환자를 격리시킨다.

 감염병의 감수성 대책으로 예방접종을 실시한다.

164 이질을 앓은 후 얻는 면역은?

① 면역성이 없음　② 영구 면역

③ 수동 면역　　　④ 능동 면역

 이질은 면역성이 없다.

165 다음 전염병 중 감염경로가 토양인 것은?

① 파상풍　　　　② 디프테리아

③ 천연두　　　　④ 콜레라

 파상풍은 경피감염으로 토양에 존재하던 파상풍균이 피부 상처를 통해 감염된다.

166 다음 질병 중 양친에게서 감염되는 병이 아닌 것은?

① 색맹　　　　　② 혈우병

③ 당뇨병　　　　④ 결핵

 양친에게서 감염되는 질병
매독, 두창, 풍진, 중풍, 진성 간질, 정신분열증, 색맹, 당뇨병, 혈우병 등이 있다.

167 이가 옮기는 감염병은?

① 장티푸스　　② 콜레라

③ 발진열　　　④ 발진티푸스

 이가 매개하는 감염병은 발진티푸스, 재귀열 등이다.

168 파리가 매개하는 질병이 아닌 것은?

① 일본뇌염　　② 디프테리아

③ 장티푸스　　④ 이질

 파리가 매개하는 질병
장티푸스, 디프테리아, 이질, 콜레라 등이다.

169 소독약의 살균 지표가 되는 소독제는?

① 생석회　　　② 알코올

③ 크레졸　　　④ 석탄산

 석탄산은 살균력이 안정하여 살균력 비교 시 이용되며, 하수, 화장실 등의 소독에 사용한다.

170 식당에서 조리 작업자 및 배식자의 손 소독에 가장 적당한 것은?

① 생석회　　　② 연성세제

③ 역성비누　　④ 승홍수

 조리자의 손소독에 사용하는 것은 역성비누이다.

171 감염병을 예방할 수 있는 3대 요소가 아닌 것은?

① 물리적 요인　② 환경

③ 숙주　　　　④ 병원소

 감염병 발생의 3대 요인은 감염원(병원소), 감염경로(환경), 감수성 숙주이다.

172 다음 중 소화기계 감염병에 속하지 않는 것은?

① 장티푸스　　② 세균성 이질

③ 결핵　　　　④ 파라티푸스

 인체 침입에 따른 감염병
• 소화기계 감염병 : 장티푸스, 파라티푸스, 세균성 이질, 콜레라, 소아마비 등
• 호흡기계 감염병 : 디프테리아, 백일해, 결핵, 홍역, 천연두 등

173 우리나라 검역 감염병이 아닌 것은?

① 장티푸스　　② 황열

③ 콜레라　　　④ 페스트

 우리나라 검역 감염병의 종류로는 콜레라(120시간), 페스트(144시간), 황열(144시간), 중증급성호흡기증후군, 조류인플루엔자 인체감염증, 신종인플루엔자감염증, 중동호흡기증후군이 있다.

174 정기 예방 접종을 받아야 하는 질병은?

① 말라리아　　② 파라티푸스

③ 백일해　　　④ 세균성 이질

 정기 예방 접종을 받아야 하는 질병에는 백일해, 결핵, 파상풍, 디프테리아, 홍역, 소아마비 등

175 다음 중 개달물로 전파가 되지 않는 질병은?

① 결핵　　　　② 트라코마

③ 황열　　　　④ 천연두

 개달물 감염은 의복, 침구, 서적 등 비생체 접촉 감염으로 결핵, 트라코마, 천연두 등이 있으며 황열은 절족동물 매개 감염병으로 모기에 의해 전파된다.

176 병원체가 리케차인 것은?

① 장티푸스　　② 결핵

③ 백일해　　　④ 발진티푸스

리케차성 전염병에는 발진열, 발진티푸스, 양충병이 있다. 장티푸스, 백일해, 결핵은 세균성 감염병이다.

177 리케차에 의해서 발생되는 전염병은?

① 세균성 이질　② 파라티푸스
③ 디프테리아　④ 발진티푸스

 세균성 이질, 파라티푸스, 디프테리아는 세균에 의해 발생되는 감염병이다.

178 DPT 예방접종과 관계없는 감염병은?

① 파상풍　② 백일해
③ 디프테리아　④ 페스트

 D : 디프테리아, P : 백일해, T : 파상풍

179 다음 중 제1군 감염병에 속하는 것은?

① 홍역　② 일본뇌염
③ 장티푸스　④ 백일해

제1군 감염병
콜레라, 장티푸스, 파라티푸스, 세균성 이질, 장출혈성 대장균 감염증, A형 간염

180 병원체가 바이러스인 감염병은?

① 결핵　② 회충증
③ 일본뇌염　④ 발진티푸스

 ① 결핵은 세균, ② 회충증은 기생충, ④ 발진티푸스는 리케차에 의한 감염병이다.

181 생균백신을 예방접종하는 질병은?

① 콜레라　② 결핵
③ 장티푸스　④ 일본뇌염

결핵은 BCG 생균백신을 접종하여 예방한다.

182 수혈을 통하여 감염되기 쉬우며 감염률이 높은 것은?

① 홍역　② 두창
③ 백일해　④ 유행성 간염

 수혈을 통하여 감염이 쉬운 것은 유행성 간염이다.

183 다음 중 접촉감염지수가 가장 높은 질병은?

① 소아마비　② 홍역
③ 성홍열　④ 디프테리아

접촉감염지수
홍역(95%) 〉 성홍열(40%) 〉 디프테리아(10%) 〉 폴리오, 소아마비(0.1%)

184 다음 감염병 중 생후 가장 먼저 접종을 실시하는 것은?

① 홍역　② 백일해
③ 결핵　④ 파상풍

예방 접종 시기
• 생후 4주이내 : 결핵(BCG)
• 생후 2, 4, 6개월 : DPT(디프테리아, 백일해, 파상풍)
• 생후 12~15개월 : MMR(홍역, 볼거리, 풍진)
• ~15세 : 일본뇌염

185 모체로부터 태반이나 수유를 통해 얻어지는 면역은?

① 자연 능동 면역　② 인공 능동 면역
③ 자연 수동 면역　④ 인공 수동 면역

 후천적 면역
• 자연 능동 면역 : 질병 감염 후 획득
• 인공 능동 면역 : 예방접종으로 획득
• 자연 수동 면역 : 모체로부터 얻는 면역
• 인공 수동 면역 : 혈청제제의 접종으로 획득

186 인공능동면역의 방법에 해당되지 않는 것은?

① 생균백신 접종   ② 글루불린 접종

③ 사균백신 접종   ④ 순화독소 접종

> 면역글로불린은 특정질환에 대한 수동면역을 필요로 하는 환자와 선천성 면역 글로불린 결핍증 환자에게 사용된다.

187 감수성지수(접촉감염지수)가 가장 높은 감염병은?

① 폴리오   ② 디프테리아

③ 홍역   ④ 백일해

> 감수성지수란 미감염자에게 병원체가 침입했을 때 발병하는 비율을 의미하는 것으로 감수성이 높으면 면역성이 낮으므로 질병이 발병하기 쉽다. 감수성지수는 천연두·홍역 95%, 백일해 60~80%, 성홍열 40%, 디프테리아 10%, 폴리오 0.1%이다.

188 잠복기가 가장 긴 감염병은?

① 파라티푸스   ② 콜레라

③ 결핵   ④ 디프테리아

> 잠복기간이 긴 감염병으로는 한센병, 결핵 등이 있다.

189 인공 능동 면역에 의하여 면역력이 강하게 형성되는 감염병은?

① 이질   ② 말라리아

③ 폴리오   ④ 폐렴

> 인공 능동 면역이란 예방접종으로 획득한 면역으로 생균백신의 접종을 통해 장기간 면역이 지속된다. 폴리오, 홍역, 결핵, 황열, 탄저, 두창, 광견병 등이 있다.

190 식중독 사고 발생 시 가장 먼저 취해야 할 행정조치로 옳은 것은?

① 역학조사   ② 연막소독

③ 식중독의 발생신고   ④ 원인 식품 폐기처리

> 식중독 발생시 식중독을 발견한 의사는 지체없이 보건소장에게 신고해야 한다.

191 우리나라에서 식중독 사고가 가장 많이 발생하는 계절은?

① 봄   ② 여름

③ 가을   ④ 겨울

> 식중독은 6~9월까지 고온다습한 여름철에 발생빈도가 높다.

192 급속여과법에 대한 설명으로 옳은 것은?

① 보통 침전법으로 한다.

② 사면대치를 한다.

③ 역류세척을 한다.

④ 넓은 면적이 필요하다.

> 급속여과법은 약품 침전시 좁은 면적에 사용하며 역류세척을 한다.

193 주방 청결을 유지하기 위한 방역 방법으로 바른 것은?

① 물리적 방법은 천적생물을 이용하는 방법으로 해충의 서식지를 제거하는 것이다.

② 화학적 방법은 해충이 발생하지 못하도록 시설 및 환경개선을 하는 것이다.

③ 화학적 방법은 약제를 살포하여 해충을 구제하는 것이다.

④ 물리적 방법은 약제를 살포하여 해충을 구제하는 것이다.

> 화학적 방법은 약제를 살포하여 해충을 구제하는 것이다.

194 위생적인 식품 보관 방법으로 틀린 것은?

① 냉동식품은 냉동보관이 원칙이고 녹인 것은 다시 얼리지 않는다.

② 채소류는 칼이 닿는 경우 쉽게 상하므로 관리를 철저히 해야 한다.

③ 채소류는 후입선출이 기본으로 가장 최근에 들어온 싱싱한 것부터 사용한다.

④ 바나나는 상온에 보관하고 수박이나 멜론 등은 랩을 사용하여 표면이 마르지 않도록 한다.

> 채소류는 선입선출이 기본으로 가장 먼저 들어온 것부터 사용한다.

195 다음 내용이 설명하는 물질의 명칭으로 옳은 것은?

> 유독물질, 허가물질, 제한 물질 또는 금지 물질, 사고대비물질, 그밖에 유해성 또는 위해성이 있거나 그러할 우려가 있는 물질을 말한다.

① 독성물질 ② 식품첨가물
③ 유해위험물질 ④ 화학적 합성품

> **유해위험물질이란**
> 유독물질, 허가물질, 제한 물질 또는 금지 물질, 사고대비물질, 그밖에 유해성 또는 위해성이 있거나 그러할 우려가 있는 물질을 말한다.

196 다음의 정의에 해당하는 것은?

> 제품의 결함으로 인해 발생한 인적·물적·정신적 피해까지 공급자가 부담하는 한 차원 높은 손해배상제도로 제조물의 결함으로 인해 발생하는 손해로부터 소비자를 보호하는 제도

① 위해요소중점관리기준(HACCP)

② 식품 Recal 제도

③ 식품 CODEX 제도

④ PL(제조물 책임) 제도

> 제조물의 결함으로 발생한 손해에 대한 제조업자 등의 손해배상책임을 규정함으로써 피해자 보호를 도모하고 국민생활의 안전 향상과 국민경제의 건전한 발전에 이바지함을 목적으로 시행

Part 02

일식·복어
안전관리

일식·복어 조리기능사 필기시험 끝장내기

개인안전 관리

빈출 Check

01 재난의 원인 요소인 "4M"에 해당하지 않는 것은?
① 인간(Man)
② 분위기(Mood)
③ 매체(Media)
④ 관리(Management)

💬 재난원인요소 4M
사람(Man), 환경(Media), 기계(Machine), 관리(Management)이다.

02 산업체에 재해관리를 전담하는 자로 옳은 것은?
① 공장장
② 업체 대표
③ 생산관리자
④ 안전관리자

💬 산업체 재해 발생 책임자
안전관리자

재해 발생의 원인 재해는 근로자가 물체나 사람과의 접촉으로 혹은 몸담고 있는 환경의 갖가지 물체나 작업조건에 작업자의 동작으로 말미암아 자신이나 타인에게 상해를 입히는 것이지만 이를 방지하기 위해서 재해사고의 결과상태만을 놓고 봐서는 그 원인을 예측하기 힘들다.

이러한 재해사고는 시간적 경로 상에서 나타나게 되는 것이기 때문에 시간적인 과정에서 본다면 구성요소의 연쇄반응현상이라고도 말할 수 있다.

Section 1 개인 안전사고 예방 및 사후 조치

재해 발생의 문제점 재해 발생으로 인한 경제적 손실은 매년 증가하는 추세인데, 우리나라의 재해 발생 비율은 선진국의 재해 발생 비율에 비해 월등히 높은 수준이다. 이러한 재해 발생 비율을 줄이기 위한 노력으로 재해관리를 전담할 수 있는 안전관리자를 선임하는 것이 중요하다.

안전관리자로부터 실시 되어지는 안전교육은 교육이라는 수단을 통하여 일상생활에서 개인 및 집단의 안전에 필요한 지식, 기능, 태도 등을 이해시키고 자신과 타인의 생명을 존중하며, 안전한 생활을 영위할 수 있는 습관을 형성시키는 것이다.

인간의 행동에는 목적이 수반되어 일어나지만 때로는 의도하는 목적과 상반되는 행동의 결과가 나타나기도 한다. 바람직하지 못한 행동의 결과는 불가항력적인 현상에 의한 것보다는 인위적 요인에 의한 경우가 많으며, 그 요인은 지속적인 교육에 의해 개선될 수 있다.

응급조치의 목적 응급조치라 함은 다친 사람이나 급성 질환자에게 사고현장에서 즉시 취하는 조치로 119신고부터 부상이나 질병을 의학적 처치 없이도 회복될 수 있도록 도와주는 행위까지 포함한다.

응급조치는 생명과 건강을 심각하게 위협받고 있는 환자에게 전문적인 의료가 실시되기에 앞서 긴급히 실시되는 처치로서 환자의 상태를 정상으로 회복시키기 위해서라기보다는 생명을 유지시키고, 더 이상의 상태악화를 방지 또는 지연시키는 것을 목적으로 하고 있다.

1 구성요소의 연쇄반응

(1) 사회적 환경과 유전적 요소

(2) 개인적인 성격의 결함

(3) 불안전한 행위와 불안전한 환경 및 조건

(4) 산업재해의 발생

2 재해 발생의 원인

(1) 부적합한 지식

(2) 부적절한 태도의 습관

(3) 불안전한 행동

(4) 불충분한 기술

(5) 위험한 환경

3 직업병 관리

(1) 산업보건

*국제 노동기구(ILO)와 세계보건기구(WHO)

모든 직업에서 일하는 근로자들의 육체적, 정신적 그리고 사회적 건강을 고도로 유지. 증진시키며, 작업조건으로 인하여 발생하는 질병을 예방하고 근로자를 생리적으로나 심리적으로 적합한 작업환경에 배치하여 일하도록 하는 것이다.

(2) 직업병 관리

직업성 질환은 근로자들이 그 직업에 종사함으로써 발생하는 특정질환을 말한다.

(3) 직업병의 종류

직업병은 고온장애, 저온장애, 작업장의 분진에 의한 장애, 공업중독에 의한 장애 등으로 나눌 수 있다.

🍴 고온장애의 종류 및 원인과 증상

종류	원인	증상
열경련	탈수로 인한 수분 부족과 NaCl의 감소 고온 환경에서 심한 육체 노동	경련, 발작, 현기증, 두통, 호흡곤란
열사병	체온의 부조화, 중추신경장애	체온 상승, 고온 환경
열허탈	고온 환경, 심한 육체운동	탈수증, 염분 부족증
열쇠약	고온 작업 시 비타민 B_1의 결핍으로 발생	전신 피로감

빈출 Check

03 재해 발생의 원인에 해당하지 않는 것은?

① 부적합한 지식
② 불안전한 행동
③ 위험한 환경
④ 적절한 태도의 습관

🎯 **재해 발생의 원인**
• 부적합한 지식
• 부적절한 태도의 습관
• 불안전한 행동
• 불충분한 기술
• 위험한 환경

04 작업장의 위생관리 방법으로 적절하지 않은 것은?

① 식품 등의 원료 및 제품 중 부패, 변질이 되기 쉬운 것은 모두 냉동시설에 보관·관리하여야 한다.
② 작업장 바닥은 콘크리트 등으로 내수 처리를 하여야 하며 배수가 잘되도록 하여야 한다.
③ 작업장은 폐기물, 폐수처리 시설과 격리된 장소에 설치하여야 한다.
④ 외부로부터 개방된 흡·배기구 등에는 여과망이나 방충망 등을 부착하여야 한다.

🎯 식품별로 식품 특성에 따라 보관 방법에 유의한다.

05 규폐증과 관계가 먼 것은?

① 유리규산
② 골연화증
③ 폐조직의 섬유화
④ 암석가공업

규폐증의 원인은 분진으로 유리규산의 미립자가 섞여 있는 공기를 오랫동안 마심으로써 발생하는 만성질환이며 폐조직의 섬유화가 일어난다.

06 소음의 측정단위인 데시벨 (db)은?

① 음의 강도
② 음의 질
③ 음의 파장
④ 음의 전파

데시벨은 소리의 상대적 크기를 나타내는 단위이며 일반적으로 음의 강도의 단위로 사용된다.

07 소음에 의하여 나타나는 피해로 적절하지 않은 것은?

① 불쾌감   ② 대화방해
③ 중이염   ④ 소음성 난청

중이염은 미생물의 감염으로 발생하는 질병이다.

저온장애의 종류 및 원인과 증상

종류	원인 및 증상
참호족	동결상태에 이르지 않더라도 한랭에 계속해서 노출되고 지속적으로 습기나 물에 잠기게 되면 발생
동상	피부조직이 동결되어 세포구조에 문제가 생김 • 1도 동상 : 발적, 동창 • 2도 동상 : 수포 형성에 의한 염증 상태 • 3도 동상 : 국소조직의 괴사상태

작업장에 따른 원인별 질병 증상

종류	원인 및 증상
진폐증	산업장에서 분진을 흡입함으로 발생, 탄폐, 규폐, 석면폐
규폐증	유리 규산의 분진 흡입으로 폐에 만성 섬유증식 발생, 도자기 공업, 요업, 금속광업, 석공업, 토건업
석면폐증	석면 흡입으로 발생, 섬유화 현상, 절연제, 내화 직물제조

공업중독의 종류 및 증상

종류	원인	증상
납(Pb)중독	페인트, 안료, 장난감, 화장품공장	빈혈, 안맥창백증, 적혈구 감소
수은(Hg)중독	수은광산, 수은정련, 수은봉입법	미나마타병, 중추신경마비, 구내염
크롬(Cr)중독	안료, 내화제, 인쇄잉크, 착색제	신장장애, 코, 폐, 위장점막에 병변
카드뮴(Cd)중독	정련가공도금, 합성수자, 도료, 안료, 비료제조업	이타이이타이병, 구토, 설사, 골연화증, 폐기종, 단백뇨, 신장장애

직업병의 종류
• 고열환경 : 열중증
• 저온환경 : 동상, 동창, 참호족염
• 저압환경 : 고산병, 항공병
• 고압환경 : 잠함병
• 분진 : 진폐증, 규폐증, 석면폐증, 활석폐증

Section 2 작업 안전관리

1 작업 안전관리 지침

(1) 조리 장비, 도구의 주방에서 사용하고 있는 장비나 도구는 시대적인 흐름과 음식 문화의 변화와 함께 눈부시게 발전을 거듭하여 오늘날에 이르렀다. 그 결과 조리작업 과정이 조직화 및 기계화되어가고 있으며 이러한 과정을 통하여 조리제품의 대

량생산과 표준화 시대로 접어들게 되었다. 따라서 이러한 장비와 도구들은 조리사들이 공동으로 사용하며, 주방공간을 차지하는 점유율이 높기 때문에 기능, 색상, 크기, 사용의 간편함을 고려하여 구입 과정에서부터 사용관리에 철저해야 한다.

(2) 주방시설과 장비, 도구에 대하여 조직적이고 체계적으로 관리하고 사용방법을 숙지하는 것은 오직 주방종사자들의 책임만이 아니라는 것을 인식해야 한다.

(3) 주방 관련 모든 종사자에게 책임과 의무감을 철저하게 주지시켜 관리절차에 따라 주방의 업장별 장비와 도구 등을 관리하는 것이 매우 적절한 방법이다.

(4) 주방 장비 및 도구들의 관리 목적을 달성하기 위한 것으로는 먼저 시설물에 대한 사전지식이 필요하다. 사용방법과 용도, 사용 연한 및 생산지 등을 파악하여 적절한 기법을 적용시켜야 한다.

① 모든 조리 장비와 도구는 사용방법과 기능을 충분히 숙지하고 전문가의 지시에 따라 정확히 사용해야 한다.

② 장비의 사용용도 이외 사용을 금해야 한다.

③ 장비나 도구에 무리가 가지 않도록 유의해야 한다.

④ 장비나 도구에 이상이 있을 경우엔 즉시 사용을 중지하고 적절한 조치를 취해야 한다.

⑤ 전기를 사용하는 장비나 도구의 경우 전기사용량과 사용법을 확인한 다음 사용해야 하며, 특히 수분의 접촉 여부에 신경을 써야 한다.

⑥ 사용 도중 모터에 물이나 이물질 등이 들어가지 않도록 항상 주의하고 청결하게 유지해야 한다.

빈출 Check

08 다음 중 작업 안전관리 지침에 해당하지 않는 것은?

① 장비의 사용용도 이외 사용을 금해야 한다.
② 장비나 도구에 무리가 가지 않도록 유의해야 한다.
③ 사용 도중 모터에 물이나 이물질 등이 들어가면 한 번에 모아 두었다가 청소해야 한다.
④ 모든 조리 장비와 도구는 사용방법과 기능을 충분히 숙지하고 전문가의 지시에 따라 정확히 사용해야 한다.

09 작업환경 측정의 의의에 대해 바르게 설명한 것은?

① 주방 관련 모든 종사자에게 책임과 의무감을 철저하게 주지시켜야 한다.
② 근로자의 건강에 장해를 줄 수 있는 물리, 화학, 생물학적 및 인간공학적인 유해인자들을 알아내고, 측정, 분석, 평가하는 과정
③ 조리 장비, 도구에 대하여 조직적이고 체계적으로 관리하고 사용방법을 숙지하여야 한다.
④ 생명을 유지하고 건강상태 악화를 방지 또는 지연시키는 것을 목적으로 해야 한다.

10 주방의 바닥조건으로 맞는 것은?

① 산이나 알칼리에 약하고 습기, 열에 강해야 한다.
② 바닥 전체의 물매는 20분의 1이 적당하다.
③ 조리작업을 드라이 시스템화 할 경우의 물매는 100분의 1 정도가 적당하다.
④ 고무타일, 합성수지타일 등이 잘 미끄러지지지 않으므로 적합하다.

🔔 **주방의 바닥조건**
산, 알칼리, 습기, 열에 강해야 한다.
물매는 100분의 1 정도가 적당하다.
고무 타일, 합성수지타일 등 잘 미끄러지지 않는 소재를 사용해야 한다.

정답 _ 08 ③ 09 ② 10 ④

Chapter 02 장비·도구 안전작업

빈출 Check

11 개인위생에 대한 설명으로 적절하지 않은 것은?

① 손톱은 짧고 깨끗하게 하여 매니큐어는 손톱보호를 위해 발라도 된다.
② 조리를 위해 깨끗한 조리복과 위생모자, 앞치마를 착용한다.
③ 긴 머리카락이 흘러내리지 않도록 머리망을 이용해 머리를 단정하게 한다.
④ 조리 중에는 손목시계, 팔찌 등의 장신구는 착용하지 않는다.

👉 조리 중에는 매니큐어도 바르지 않는다.

12 기계 및 설비 위생관리 방법으로 적절하지 않은 것은?

① 기계·설비는 깨지거나 금이 가거나 하는 등 파손된 상태가 없어야 한다.
② 도구·용기는 바닥에서 30cm만 떨어뜨려 사용한다.
③ 세척·소독한 기계, 설비에 남아 있는 물기를 완전히 제거한다.
④ 수분이나 미생물이 내부로 침투하기 쉬운 목재는 가급적 사용하지 않는다.

👉 도구 및 용기는 바닥에서 60cm 이상 떨어뜨려야 한다.

1 조리 장비·도구 안전관리 지침

(1) 장비가 정해진 작업을 위한 것인가, 질을 개선시킬 수 있는 것인가, 작업 비용을 감소시킬 수 있는가 등을 파악하여 평가하여야 한다.

(2) 장비의 필수적 또는 기본적 기능과 활용성, 사용 가능성 등을 고려하여 조리작업에 적절한 장비를 계획하여 배치할 수 있도록 하고 미래에 예상되는 성장 혹은 변화에 따라 필요 장비를 고려하여 사전에 관리할 수 있어야 한다.

2 성능

(1) 주방 장비는 요구되는 기능과 특수한 기능을 달성시킬 수 있어야 한다.

(2) 장비의 비교는 주어지는 만족의 정도, 그리고 주어진 성능을 얼마나 오랫동안 유지하느냐에 중점을 두어야 하며, 조작의 용이성, 분해, 조립, 청소의 용이성, 간편성, 사용기간에 부합되는 비용인가를 고려하여 성능을 평가한다.

3 요구에 따른 만족도

(1) 투자에 따른 장비의 성능이 효율적이지 못하다면 차후 장비 구입 시 여러 가지 어려움이 따른다. 그러므로 필요조건에 대한 상세한 분석이 필수적이다.

(2) 특정 작업에 요구되는 장비의 기능이 미비하거나 지나친 것은 사전계획의 오류에서 발생한다.

(3) 이러한 경험은 차후 장비 선택 시 시행착오로 인한 개선의 정보를 제공할 수 있으나 이것도 특정한 요구조건의 견지에서 평가되어야 한다.

4 안전성과 위생

조리 장비를 계획하거나 선택할 때는 안전성과 위생에 대한 위험성, 그리고 오염으로부터 보호할 수 있는 정도를 고려해야 한다.

작업환경 안전관리

Section 1 작업장 환경관리

1 작업환경 측정의 의의

(1) 근로자의 건강에 장해를 줄 수 있는 물리, 화학, 생물학적 및 인간공학적인 유해인자들을 알아내고, 측정, 분석, 평가하는 과정이다.

(2) 특히 화학적 유해인자의 노출 평가를 하기 위해서는 예비조사, 측정전략 수립, 측정기구의 보정, 시료 채취, 시료의 운반 및 보관, 분석, 자료처리 등의 복잡한 과정을 거치게 되고, 전문성이 요구된다. 따라서 평가결과의 정확성은 실험실에서 이루어지는 시료 분석만으로 달성할 수 없으며 예비조사부터 자료처리까지 전 과정에 걸쳐서 세심한 주의를 기울여야 한다.

2 작업환경 측정의 목적

작업 시 발생하는 소음, 분진, 유해화학물질 등의 유해인자에 근로자가 얼마나 노출되는지를 측정, 평가한 후 시설과 설비 등의 적절한 개선을 통하여 깨끗한 작업환경을 조성함으로써 근로자의 건강보호 및 생산성 향상에 기여하는 데 있다.

(1) 작업환경의 개념

작업환경이란 작업공학에서 비롯된 용어로 작업공학이란 인간이 일하고 생활하는 환경이라든가 기기들이 사용하는 제품이나 기구, 작업자가 수행하는 작업 방법 내지 작업 수단들을 인간의 신체 심리 특성, 환경 등과 연결시켜 효율인 시스템을 만들어 운영하려는 부분이다.

(2) 작업공학의 목표

작업의 안전과 속도 그리고 정확성을 높여서 일의 성과를 높이며 교육훈련을 줄이고, 인간의 오류로 인한 안전사고를 감소시키고, 작업자가 안락하고 편리하도록 작업에 임하게 하는 것이다.

(3) 작업환경에 대한 정의

① 작업을 수행하는 환경요인으로 설명하여지는데, 인간이 작업을 수행할 때 사용하는 물리 수단을 작업수단이라 하고, 인간이 작업을 수행하는 환경을 작업환경이라 정의한다. 즉, 작업환경이란 작업에 미치는 재료의 품질이나 기계의 성능

빈출 Check

13 재난의 원인 요소인 "4M"에 해당하지 않는 것은?
① 인간(Man)
② 분위기(Mood)
③ 매체(Media)
④ 관리(Management)

재난원인요소 4M
사람(Man), 환경(Media), 기계(Machine), 관리(Management)이다.

14 조리 장비, 도구 안전관리 지침에 해당하지 않는 것은?
① 요구에 따른 만족도
② 안전성과 위생
③ 장비의 성능
④ 특정한 장비의 구입

조리 장비·안전관리 지침
안전성과 위생, 요구에 따른 만족도, 장비의 성능을 고려하여야 함

정답 _ 13 ② 14 ④

빈출 Check

15 작업환경의 개념에 속하지 않는 것은?
① 환경 　② 기구, 제품
③ 교육훈련 ④ 작업방법

🗨 작업환경이란 환경, 제품, 기구, 작업방법 등

등의 작업조건이 아니라, 작업가에게 영향을 주는 작업장의 온도, 환기, 소음 등을 의미한다.

② 주방의 작업환경 주방환경이란 "조리사를 둘러싸고 있는 것과 일정하게 접촉을 유지하면서 형태와 인체에 영향을 미치는 모든 외계조건, 즉 조리사를 둘러싸고 있는 물리적 공간인 주방에서 조리사의 반응을 야기시키는 작업장"이라고 할 수 있다.

③ 또한, 생활환경을 주방환경에 비추어 볼 때, 열·온도·습도·광선·소음 등의 작업환경 요인은 작업자의 피로, 건강 및 작업태도 등에 영향을 주어 제품과 서비스의 품질과 생산성을 떨어뜨릴 수 있다.

(4) 주방의 조리환경

① 주방 내에서 자체적으로 관리와 통제가 가능한 요소로 주방근무자인 조리사들에게 직접적으로 관계가 있으며, 업무 수행에 있어서 능률이 저하될 수도 있다.

② 주방환경은 조리작업을 위한 공간이며, 주방 내의 조리 종사원에게 직·간접적으로 영향을 미치는 환경적 요인으로서 조리 종사원의 근무의욕과 건강 등에 영향을 미친다. 즉, 물리적 환경이란 주방의 제한된 공간에서 음식물을 생산하는 데 영향을 미치는 물리적 요소라고 할 수 있다.

(5) 조리작업장 환경요소

온도와 습도의 조절, 조명시설, 주방 내부의 색깔, 주방의 소음, 환기(통풍장치) 등이 있다. 주방의 물리적 환경관리는 주방에서 종사하는 조리사의 건강관리(보건)와 연결된다. 따라서 물리적 환경의 합리적인 설계와 배치방법은 작업자의 피로와 스트레스를 적게 할 수 있고, 작업능률을 높일 수 있다.

16 진동이 심한 작업을 하는 사람에게 국소진동장애로 생길 수 있는 직업병은?
① 진폐증 　② 레이노병
③ 잠함병 ④ 군집독

🗨 레이노병은 진동에 의해 손가락의 말초혈관 운동 장해로 혈액순환의 장해가 발생하여 창백해지는 현상이다.

Section 2 　작업장 안전관리

작업장의 안전관리는 기관이 운영되는 날로부터 항상 동일한 수준에서 유지되어야 하고, 더 나아가 지속적인 품질향상을 위하여 노력하여야 한다. 안전관리 인증을 통과한 시설들이 인증시설로서 바람직한 운영수준을 지속적으로 유지하고 있는지에 대한 관리는 매우 중요하다. 이는 안전관리 인증의 궁극적 목적이 서비스의 품질향상에 있으며, 시설물에 대한 사후 유지관리를 통해 안전관리가 무엇보다 중요하기 때문이다.

🔖 정답 _ 15 ③ 16 ②

1 작업장의 안전 및 유지 관리 기본방향 설정

(1) 작업장 안전 및 유지 관리기준의 정립

안전점검 및 객관적인 시설물 상태에 대한 평가기준 마련 등의 시설물 안전 및 유지 관리 기준이 필요하다.

(2) 작업장 안전 및 유지 관리 체계의 개선

주방시설의 설계단계에서부터 안전 및 유지 관리를 위한 기준 마련 등 시설물 안전 및 유지 관리 체계의 개선이 필요하다.

(3) 작업장 안전 및 유지 관리 실행 기반의 조성

시설물 안전 및 유지 관리를 위해서는 시설물 안전 및 유지관리 관련 법령의 내용에 기초하여 시설물 안전 및 유지 관리 실행 기반을 마련하여야 한다.

(4) 원소·화학물 및 그에 인위적인 반응을 일으켜 얻어진 물질과 자연상태에서 존재하는 물질을 화학적으로 변형시키거나 추출 또는 정제한 것을 말한다. 그리고 유해화학물질이란 유독물질, 허가물질, 제한물질, 또는 금지물질, 사고대비물질, 그 밖에 유해성 또는 위해성이 있거나 그러할 우려가 있는 화학물질을 말한다.

(5) 안전교육의 필요성

우리 사회는 안전불감증, 안전에 대한 낮은 국민의식, 사업주의 안전경영과 근로자의 안전수칙 준수 미흡 등으로 인해 산업재해가 선진국에 비해 심각한 양상을 띠고 있다. 안전에 관한 가치관과 의식을 고양시키고, 안전을 생활화하기 위해서는 교육을 통한 가치관과 태도변화가 이루어져야 한다.

(6) 산업현장에서 안전교육이 필요한 이유

① 외부적인 위험으로부터 자신의 신체와 생명을 보호하려는 것은 인간의 본능이다. 안전은 인간의 본능이지만 이러한 의지에 상반되는 재해가 발생하는 이유는 그 본능에도 불구하고 그것을 행동화하는 기술을 알지 못하기 때문이다.

② 안전사고에는 물체에 대한 사람들의 비정상적인 접촉에 의한 것이 많은 부분을 차지 하고 있다.

③ 안전교육은 위험에 관한 인식을 넓히고, 직업병과 산업재해의 원인에 대한 지식을 확산시키며 효과적인 예방책을 증진하는 데 있다.

④ 과거의 재해경험으로 쌓은 지식을 활용함으로써 기계·기구·설비와 생산기술의 진보 및 변화는 이루어졌다. 그러나 인적 요인에 의한 안전문화는 교육을 통해서만 실현될 수 있다.

⑤ 작업장에 아무리 훌륭한 기계·설비를 완비하였다 하더라도 안전의 확보는 결국

빈출 Check

17 다음 중 작업장의 안전 및 유지관리의 기본 방향에 대한 설명이 바르지 않은 것은?
① 작업장 안전 및 유지 관리 체계의 개선
② 작업장 안전 및 유지 관리기준의 정립
③ 안전 인증을 통과한 시설들은 관리하지 않아도 된다.
④ 작업장 안전 및 유지 관리 실행 기반의 조성

인증을 통과한 시설들은 인증시설로서 바람직한 운영수준을 지속적으로 유지하는 것이 중요하다.

18 안전교육이 필요한 이유가 아닌 것은?
① 신체와 생명을 보호하려고
② 직업병과 산업재해의 원인에 대한 지식을 확산시키며 효과적인 예방책을 증진시키려고
③ 근로자의 판단과 행동 여하에 따라 안전이 확보되기 때문에
④ 사업장의 위험성 등에 대한 지식, 기술, 태도 등이 습관화 되면 안 되기 때문에

사업장의 위험성에 대한 모든 지식, 기술, 태도 등이 습관화 되도록 계속 반복해야 함

19 다음 중 위생복장 착용 시 주의해야 할 점은?
① 앞치마의 끈은 바르게 묶고 안전화를 착용한다.
② 위생모와 위생복은 항상 청결하게 세탁하여 착용한다.
③ 액세서리는 착용하지 않는다.
④ 화장실을 이용할 때 조리화를 신고 가는 것은 무방하다.

조리실 밖으로 나갈 때는 조리실의 오염을 피하기 위해서 조리화와 조리복을 벗는다.

정답 _ 17 ③ 18 ④ 19 ④

20 화재 예방 조치방법으로 틀린 것은?

① 소화기구의 화재안전기준에 따른 소화전함, 소화기 비치 및 관리, 소화전함 관리상태를 점검하지 않는다.
② 인화성 물질 적정보관 여부를 점검한다.
③ 출입구 및 복도, 통로 등에 적재물 비치 여부를 점검한다.
④ 자동 확산 소화용구 설치의 적합성 등에 대해 점검한다.

🍙 소화기구의 화재안전기준에 따른 소화전함, 소화기 비치 및 관리, 소화전함 관리상태를 점검한다.

21 개인 안전관리 예방 방법으로 적절하지 않은 것은?

① 원·부재료의 이동 시 바닥의 물기나 기름기를 제거하여 미끄럼을 방지한다.
② 원·부재료의 전처리 시 작업할 분량만큼 나누어서 작업한다.
③ 기계의 이상 작동 시 기계의 전원을 차단하지 않고 정지된 상태만 확인한 후 작업해도 된다.
④ 재료의 가열 시 가스 누출 검지기 및 경보기를 설치한다.

🍙 안전을 위해 전원을 차단하고 실시한다.

근로자의 판단과 행동 여하에 따라 좌우된다.

⑥ 사업장의 위험성이나 유해성에 관한 지식, 기능 및 태도는 이것이 확실하게 습관화되기까지 반복하여 교육훈련을 받지 않으면 이해, 납득, 습득, 이행이 되지 않는다.

Section 3 화재예방 및 조치방법

화재의 원인이 될 수 있는 곳을 점검하고 화재 진압기를 배치, 사용한다.

① 인화성 물질 적정보관 여부를 점검한다.
② 소화기구의 화재안전기준에 따른 소화전함, 소화기 비치 및 관리, 소화전함 관리상태를 점검한다.
③ 출입구 및 복도, 통로 등에 적재물 비치 여부를 점검한다.
④ 비상통로 확보 상태, 비상조명등 예비 전원 작동상태를 점검한다.
⑤ 자동 확산 소화 용구 설치의 적합성 등에 대해 점검한다.

02 실전예상문제

01 재난의 원인 요소인 "4M"에 해당하지 않는 것은?

① 인간(Man)　② 분위기(Mood)
③ 매체(Media)　④ 관리(Management)

 재난원인요소 4M
사람(Man), 환경(Media), 기계(Machine), 관리(Management)이다.

02 재해 발생의 원인에 해당하지 않는 것은?

① 부적합한 지식　② 불안전한 행동
③ 위험한 환경　④ 적절한 태도의 습관

재해 발생의 원인
• 부적합한 지식
• 부적절한 태도의 습관
• 불안전한 행동
• 불충분한 기술
• 위험한 환경

03 산업체에 재해관리를 전담하는 자로 옳은 것은?

① 공장장　② 업체 대표
③ 생산관리자　④ 안전관리자

 산업체 재해 발생 책임자
안전관리자

04 다음 중 작업 안전관리 지침에 해당하지 않는 것은?

① 장비의 사용용도 이외 사용을 금해야 한다.
② 장비나 도구에 무리가 가지 않도록 유의해야 한다.
③ 사용 도중 모터에 물이나 이물질 등이 들어가면 한 번에 모아 두었다가 청소해야 한다.
④ 모든 조리 장비와 도구는 사용방법과 기능을 충분히 숙지하고 전문가의 지시에 따라 정확히 사용해야 한다.

 사용 도중 모터에 물이나 이물질 등이 들어가지 않도록 항상 주의하고 청결하게 유지해야 한다.

05 조리 장비, 도구 안전관리 지침에 해당하지 않는 것은?

① 요구에 따른 만족도
② 안전성과 위생
③ 장비의 성능
④ 특정한 장비의 구입

 조리 장비·안전관리 지침
안전성과 위생, 요구에 따른 만족도, 장비의 성능을 고려하여야 함

06 작업환경 측정의 의의에 대해 바르게 설명한 것은?

① 주방 관련 모든 종사자에게 책임과 의무감을 철저하게 주지시켜야 한다.
② 근로자의 건강에 장해를 줄 수 있는 물리, 화학, 생물학적 및 인간공학적인 유해인자들을 알아내고, 측정, 분석, 평가하는 과정
③ 조리 장비, 도구에 대하여 조직적이고 체계적으로 관리하고 사용방법을 숙지하여야 한다.
④ 생명을 유지하고 건강상태악화를 방지 또는 지연시키는 것을 목적으로 해야 한다.

07 작업환경의 개념에 속하지 않는 것은?

① 환경　② 기구, 제품
③ 교육훈련　④ 작업방법

 작업환경이란 환경, 제품, 기구, 작업방법 등

08 개인위생에 대한 설명으로 적절하지 않은 것은?

① 손톱은 짧고 깨끗하게 하여 매니큐어는 손톱 보호를 위해 발라도 된다.

② 조리를 위해 깨끗한 조리복과 위생모자, 앞치마를 착용한다.

③ 긴 머리카락이 흘러내리지 않도록 머리망을 이용해 머리를 단정하게 한다.

④ 조리 중에는 손목시계, 팔찌 등의 장신구는 착용하지 않는다.

 조리 중에는 매니큐어도 바르지 않는다.

09 작업장의 위생관리 방법으로 적절하지 않은 것은?

① 식품 등의 원료 및 제품 중 부패, 변질이 되기 쉬운 것은 모두 냉동시설에 보관·관리하여야 한다.

② 작업장 바닥은 콘크리트 등으로 내수 처리를 하여야 하며 배수가 잘되도록 하여야 한다.

③ 작업장은 폐기물, 폐수처리 시설과 격리된 장소에 설치하여야 한다.

④ 외부로부터 개방된 흡·배기구 등에는 여과망이나 방충망 등을 부착하여야 한다.

해설 식품별로 식품 특성에 따라 보관 방법에 유의한다.

10 기계 및 설비 위생관리 방법으로 적절하지 않은 것은?

① 기계·설비는 깨지거나 금이 가거나 하는 등 파손된 상태가 없어야 한다.

② 도구·용기는 바닥에서 30cm만 떨어뜨려 사용한다.

③ 세척·소독한 기계, 설비에 남아 있는 물기를 완전히 제거한다.

④ 수분이나 미생물이 내부로 침투하기 쉬운 목재는 가급적 사용하지 않는다.

해설 도구 및 용기는 바닥에서 60cm 이상 떨어뜨려야 한다.

11 진동이 심한 작업을 하는 사람에게 국소진동 장애로 생길 수 있는 직업병은?

① 진폐증   ② 레이노병

③ 잠함병   ④ 군집독

해설 레이노병은 진동에 의해 손가락의 말초혈관 운동 장해로 혈액순환의 장해가 발생하여 창백해지는 현상이다.

12 국소진동으로 인한 질병 및 직업병의 예방대책이 아닌 것은?

① 보건교육   ② 작업시간 단축

③ 완충장치   ④ 방열복 착용

해설 레이노병은 진동에 의한 질병으로 예방을 위해서는 보건교육, 완충장치, 작업시간 단축 등이 필요하다.

13 규폐증과 관계가 먼 것은?

① 유리규산   ② 골연화증

③ 폐조직의 섬유화   ④ 암석가공업

해설 규폐증의 원인은 분진으로 유리규산의 미립자가 섞여 있는 공기를 오랫동안 마심으로써 발생하는 만성질환이며 폐조직의 섬유화가 일어난다.

14 소음의 측정단위인 데시벨(db)은?

① 음의 강도   ② 음의 질

③ 음의 파장   ④ 음의 전파

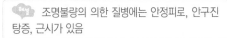

> 데시벨은 소리의 상대적 크기를 나타내는 단위이며 일반적으로 음의 강도의 단위로 사용된다.

> 조명불량의 의한 질병에는 안정피로, 안구진탕증, 근시가 있음

15 공기의 성분 중 잠함병과 관련이 있는 것은?

① 산소 　　　② 질소
③ 아르곤 　　④ 이산화탄소

> 잠함병은 고압환경(물속)에서 작업 시 급속 감압했을 때 몸속 질소가 체외로 배출되지 않고 혈액속으로 혼입되어 발생하는 질병으로 고압환경에서 일어나는 대표적인 직업병이다.

16 조명이 불충분할 때는 시력저하, 눈의 피로를 일으키고 지나치게 강렬할 때는 어두운 곳에서 암순응능력을 저하시키는 태양광선은?

① 전자파 　　② 자외선
③ 적외선 　　④ 가시광선

> 대기를 통해 지상에 가장 많이 도달하는 태양복사에너지로 눈의 망막을 자극하여 색채와 명암을 구분하게 함

17 직업병과 관련 원인의 연결이 틀린 것은?

① 미나마타병 – 수은
② 난청 – 소음
③ 진폐증 – 석면
④ 잠함병 – 자외선

> 잠함병은 고압환경이 원인이 되어 나타나는 직업병임

18 작업장의 조명 불량으로 발생될 수 있는 질병이 아닌 것은?

① 결막염 　　　② 안정피로
③ 안구진탕증 　④ 근시

19 고온작업환경에서 작업할 경우 말초혈관의 순환장애로 혈관신경의 부조절, 심박출량 감소가 생길 수 있는 열중증은?

① 열허탈증
② 열경련
③ 열쇠약증
④ 울열증

> 고온환경에 의한 질병 중 열허탈증은 말초혈관의 운동신경 조절장애와 심박출량의 부족으로 초래됨

20 고열 장애로 인한 직업병이 아닌 것은?

① 열경련
② 일사병
③ 열쇠약
④ 참호족

> 참호족은 저온환경에서 생기는 직업병이다.

21 직업과 직업병과의 연결이 옳지 않은 것은?

① 용접공 – 백내장
② 인쇄공 – 진폐증
③ 채석공 – 규폐증
④ 용광로공 – 열쇠약

> 인쇄공에게 많이 나타나는 직업병에는 납 중독이 있으며 진폐증은 광부나 채석공에게 많이 나타나는 직업병임

22 규폐증에 대한 설명으로 틀린 것은?

① 먼지 입자의 크기가 0.5~5.0㎛일 때 잘 발생한다.

② 대표적인 진폐증이다.

③ 납중독, 벤젠중독과 함께 3대 직업병이라 하기도 한다.

④ 위험요인에 노출된 근무경력이 1년 이후에 잘 발생한다.

규폐증은 유리규산의 분진을 흡입하여 폐에 만성의 섬유증식을 일으키는 질병으로 보통 근무 경력 3년 정도 후에 나타남

23 금속 중독과 그 증상의 연결이 틀린 것은?

① 납 중독 – 연연, 권태, 체중감소, 염기성 과립적혈구 수의 증가, 요독증 증세

② 수은 중독 – 피로감, 언어장애, 기억력 감퇴, 지각이상, 보행 곤란 증세

③ 크롬 중독 - 레이노드병

④ 카드뮴 중독 – 폐기종, 신장기능장애, 골연화, 단백뇨의 증세

크롬 중독의 증상으로는 비염, 인두염, 기관지염, 비중격천공 등이 있음

24 저기압환경에서 나타날 수 있는 질병은?

① 고산병   ② 잠수병

③ 피부암   ④ 동창

고산병은 저기압환경 즉 고산 지대에서 작업을 하거나 고공비행 시 대기압이 낮아서 발생하는 병이다.

25 다음 중 작업장의 안전 및 유지관리의 기본방향에 대한 설명이 바르지 않은 것은?

① 작업장 안전 및 유지 관리 체계의 개선

② 작업장 안전 및 유지 관리기준의 정립

③ 안전 인증을 통과한 시설들은 관리하지 않아도 된다.

④ 작업장 안전 및 유지 관리 실행 기반의 조성

인증을 통과한 시설들은 인증시설로서 바람직한 운영수준을 지속적으로 유지하는 것이 중요하다.

26 안전교육이 필요한 이유가 아닌 것은?

① 신체와 생명을 보호하려고

② 직업병과 산업재해의 원인에 대한 지식을 확산시키며 효과적인 예방책을 증진시키려고

③ 근로자의 판단과 행동 여하에 따라 안전이 확보되기 때문에

④ 사업장의 위험성 등에 대한 지식, 기술, 태도 등이 습관화되면 안 되기 때문에

사업장의 위험성에 대한 모든 지식, 기술, 태도 등이 습관화가 되도록 계속 반복해야 함

27 화재 예방 조치방법으로 틀린 것은?

① 소화기구의 화재안전기준에 따른 소화전함, 소화기 비치 및 관리, 소화전함 관리상태를 점검하지 않는다.

② 인화성 물질 적정보관 여부를 점검한다.

③ 출입구 및 복도, 통로 등에 적재물 비치 여부를 점검한다.

④ 자동 확산 소화용구 설치의 적합성 등에 대해 점검한다.

소화기구의 화재안전기준에 따른 소화전함, 소화기 비치 및 관리, 소화전함 관리상태를 점검한다.

28 개인 안전관리 예방 방법으로 적절하지 않은 것은?

① 원·부재료의 이동 시 바닥의 물기나 기름기를 제거하여 미끄럼을 방지한다.

② 원·부재료의 전처리 시 작업할 분량만큼 나누어서 작업한다.

③ 기계의 이상 작동 시 기계의 전원을 차단하지 않고 정지된 상태만 확인한 후 작업해도 된다.

④ 재료의 가열 시 가스 누출 검지기 및 경보기를 설치한다.

 안전을 위해 전원을 차단하고 실시한다.

29 작업장의 장비에 대한 안전관리 방법으로 바르지 않은 것은?

① 젖은 손으로 장비 스위치를 조작하지 않는다.

② 장비의 흔들림이 없도록 작업대 바닥면과 고정 상태를 확인하고 수평을 유지한다.

③ 장비의 정지시간이 짧을 경우에도 반드시 전원 스위치를 끈다.

④ 작업장은 충분한 조명(180룩스)을 유지한다.

 작업장의 조명은 220룩스 이상으로 해야 한다.

30 다음 중 위생복장 착용 시 주의해야 할 점은?

① 앞치마의 끈은 바르게 묶고 안전화를 착용한다.

② 위생모와 위생복은 항상 청결하게 세탁하여 착용한다.

③ 액세서리는 착용하지 않는다.

④ 화장실을 이용할 때 조리화를 신고 가는 것은 무방하다.

 조리실 밖으로 나갈 때는 조리실의 오염을 피하기 위해서 조리화와 조리복을 벗는다.

31 군집독의 가장 큰 원인은?

① 실내공기의 이화학적 조성의 변화 때문이다.

② 실내의 생물학적 변화 때문이다.

③ 실내공기 중 산소의 부족 때문이다.

④ 실내기온이 증가하여 너무 덥기 때문이다.

 다수의 사람이 밀폐된 공간에서 장시간 있을 경우 고온, 고습, 산소부족, 악취 발생 등으로 인하여 공기의 이화학적 조성변화가 나타나게 되는데 이로 인하여 불쾌감과 두통, 구토, 현기증, 권태감이 나타나게 된다.

32 주방의 바닥조건으로 맞는 것은?

① 산이나 알칼리에 약하고 습기, 열에 강해야 한다.

② 바닥 전체의 물매는 20분의 1이 적당하다.

③ 조리작업을 드라이 시스템화할 경우의 물매는 100분의 1 정도가 적당하다.

④ 고무타일, 합성수지타일 등이 잘 미끄러지지 않으므로 적합하다.

 주방의 바닥조건
산, 알칼리, 습기, 열에 강해야 한다.
물매는 100분의 1 정도가 적당하다.
고무 타일, 합성수지타일 등 잘 미끄러지지 않는 소재를 사용해야 한다.

33 소음에 의하여 나타나는 피해로 적절하지 않은 것은?

① 불쾌감　　② 대화방해

③ 중이염　　④ 소음성 난청

 중이염은 미생물의 감염으로 발생하는 질병이다.

34 다음 중 조리장에서 일할 때 잘못된 점은?

① 항상 깨끗하고 청결한 조리복과 안전화를 반드시 착용한다.

② 바닥을 수시로 닦아 낙상사고를 방지한다.

③ 액체가 담긴 그릇은 높은 곳에 놓아두지 않는다.

④ 뜨거운 용기를 이동할 때는 젖은 행주를 사용한다.

> 젖은 행주는 행주 내의 수분이 열을 이동함에 따라 화상을 입을 수 있으므로 마른 수건을 이용해야 한다.

35 단체급식시설의 작업장별 관리에 대한 설명으로 잘못된 것은?

① 개수대는 생선용과 채소용으로 구분하는 것이 식중독균의 교차오염을 방지하는 데 효과적이다.

② 가열, 조리하는 곳에는 환기장치가 필요하다.

③ 식품 보관 창고에 식품을 보관 시 바닥과 벽에 식품이 직접 닿지 않게 하여 오염을 방지한다.

④ 자외선 등은 모든 기구와 식품 내부의 완전살균에 매우 효과적이다.

> 자외선 소독은 소도구와 용기류 등에 이용하는 소독법이다.

36 조리실의 후드(hood)는 어떤 모양이 가장 배출효율이 적당한가?

① 1방형   ② 2방형

③ 3방형   ④ 4방형

> 조리실의 후드는 사방개방형이 가장 효율이 높다.

37 작업장의 부적당한 조명과 가장 관계가 적은 것은?

① 가성근시   ② 열경련

③ 안정피로   ④ 재해 발생의 원인

> 열경련은 고열환경에서 발생된다.

38 다음의 장소에서 조도가 가장 높아야 할 곳은?

① 조리장   ② 거실

③ 화장실   ④ 객실

> 조리장은 항상 청결과 작업의 능률성, 종업원의 피로예방을 위해 50Lux를 유지해야 한다.

39 다음은 식당 넓이에 대한 조리장의 일반적인 크기를 나타낸 것이다. 가장 적당한 것은?

① 1/2   ② 1/3

③ 1/4   ④ 1/5

> 일반적으로 조리장의 면적은 식당 넓이의 1/3이 적당하다.

40 조리작업장의 창문 넓이는 벽 면적을 기준으로 하였을 때 몇 %가 적당한가?

① 40%   ② 50%

③ 60%   ④ 70%

> 창의 면적은 벽 면적의 70%, 바닥면적의 20~30%가 가장 적당하다.

41 취식자 1인당 취식 면적을 1.0m², 식기회수 공간을 취사면적의 10%로 할 때 1회 200인을 수용하는 식당의 면적은 얼마나 되는가?

① 200m² ② 220m²

③ 400m² ④ 440m²

> 1인당 취사면적 1.0m², 1회 200인을 수용하므로 1.0□=200m², 식기회수공간 10%가 필요하므로 200□.1=20m², 그러므로 취식자 200인을 수용하는 식당면적은(식당면적=취사면적+식기회수공간) 200+20=220m²

42 가장 이상적인 작업대의 높이는?

① 60~65cm ② 70~75cm

③ 80~85cm ④ 90~95cm

> 작업대의 높이는 신장의 52%(80~85cm)가량이며, 55~60cm 넓이가 효율적이다.

43 다음은 어떤 설비 기기의 배치형태에 대한 설명인가?

> • 대규모 주방에 적합하다.
> • 가장 효율적이며 짜임새가 있다.
> • 동선의 방해를 받지 않는다.

① ㄷ자형 ② ㄴ자형

③ 병렬형 ④ 일렬형

> ㄷ자형은 같은 면적의 경우 작업 동선이 짧고 넓은 조리장에 사용한다.

44 다음 중 조리장의 구조로 바른 설명이 아닌 것은?

① 배수 및 청소가 쉬운 구조일 것

② 구조는 충분한 내구력이 있는 구조일 것

③ 바닥과 바닥으로부터 5m까지의 내벽은 타일, 콘크리트 등의 내수성자재의 구조일 것

④ 객실 및 객석과는 구획되어 구분이 분명할 것

> 바닥과 바닥으로부터 1m까지의 내벽은 타일, 콘크리트 등의 내수성 자재의 구조일 것

Part 03

일식·복어
재료관리

일식·복어 조리기능사 필기시험 끝장내기

식품재료의 성분

빈출 Check

Section 1 수분

우리 몸의 약 2/3를 차지하고 체내에서 영양소의 운반, 소화, 흡수를 돕는다.

01 자유수와 결합수에 대한 다음 설명 중 틀린 것은?

① 식품 내의 어떤 물질과 결합된 물을 결합수라 한다.
② 식품 내 여러 성분 물질을 녹이거나 분산시키는 물을 자유수라 한다.
③ 식품을 냉동시키면 자유수, 결합수 모두 동결된다.
④ 자유수는 식품 내의 총 수분량에서 결합수를 뺀 양이다.

1 수분의 작용

① 물질의 운반 작용(영양소 및 노폐물 운반과 배설)
② 체온 조절 작용과 체세포의 삼투압 조절 유지
③ 체액을 구성하여 윤활제로 작용한다(타액, 골격 윤활유, 신경자극 전달 원활).
④ 인체에서 수분 10% 상실은 신체 기능 이상을 유발하고, 20% 상실은 생명의 위험을 초래한다.
⑤ 1일 생리적 필요량 : 2~2.5L 필요(성인 1cc/kcal, 신생아 1.5cc/kcal)

자유수와 결합수

| 자유수 | • 수용성 물질을 녹일 수 있음
• 미생물 생육이 가능
• 건조로 쉽게 분리할 수 있음
• 0℃ 이하에서 동결 |
| 결합수 | • 물질을 녹일 수 있음
• 미생물 생육이 불가능
• 쉽게 건조되지 않음
• 0℃ 이하에서도 동결되지 않음 |

2 수분의 종류

① **자유수(유리수)** : 식품 중에 유리 상태로 존재하는 보통의 물
② **결합수** : 식품 중의 탄수화물이나 단백질 분자의 일부분을 형성하는 물

자유수와 결합수

결합수	유리수(자유수)
• 용질에 대하여 용매로 작용하지 않는다. • 0℃ 이하에서도 동결하지 않는다. • 건조되지 않는다. • 미생물이 이용하지 못한다. • 유리수에 비해 밀도가 크다.	• 전해질을 잘 녹인다. • 0℃ 이하에서 동결한다. • 쉽게 건조된다. • 미생물이 생육, 번식에 이용한다.

02 식품이 나타내는 수증기압이 0.75기압이고, 그 온도에서 순수한 물의 수증기압이 1.5기압일 때 식품의 수분 활성도(Aw)는?

① 0.5   ② 0.6
③ 0.7   ④ 0.8

Aw = $\dfrac{식품 속의 수증기압}{순수한 물의 수증기압}$

= $\dfrac{0.75}{1.5}$ = 0.5

3 수분 활성도

수분 활성도(Aw)란, 어떤 임의의 온도에서 식품이 나타내는 수증기압을 그 온도의 순수한 물의 최대 수증기압으로 나눈 것이다.

$$식품의\ 수분\ 활성도(Aw) = \frac{식품\ 속의\ 수증기압}{순수한\ 물의\ 수증기압}$$

① 순수한 물의 수증기압은 1이다(물의 Aw=1)
② 일반 식품의 수분 활성도는 항상 1보다 작다.

정답 _ 01 ③ 02 ①

③ 미생물은 수분 활성도가 낮으면 생육이 억제된다.

④ 곡류나 건조식품 등은 과일, 채소류보다 수분 활성도가 낮다.

　　㉠ 과일, 채소, 육류 : 0.98~0.99

　　㉡ 건조식품(곡류, 두류 등) : 0.60~0.64

⑤ 수분 활성도가 큰 미생물일수록 번식이 쉽다(세균 > 효모 > 곰팡이).

⑥ **수분 활성도를 낮춘 저장법**

　　㉠ 냉동법 : 수분을 얼려 식품 내 수분 활성도를 낮춘다.

　　㉡ 건조법 : 건조시켜 수분 함량을 낮춰 식품 내 수분 활성도를 낮춘다.

　　㉢ 당장법 : 설탕을 넣어 용질의 농도를 높여 식품 내 수분 활성도를 낮춘다.

　　㉣ 염장법 : 소금을 넣어 용질의 농도를 높여 식품 내 수분 활성도를 낮춘다.

빈출 Check

03 자유수와 결합수의 설명으로 옳은 것은?

① 결합수는 용매로서 작용한다.
② 자유수는 4℃에서 비중이 제일 크다.
③ 자유수는 표면장력과 점성이 작다.
④ 결합수는 자유수보다 밀도가 작다.

💬 결합수는 용매로서 작용할 수 없으며 미생물의 번식에도 이용 불가능하고 쉽게 분리되지 않는다.
• 자유수는 표면장력과 점성이 크고 결합수에 비해 밀도가 작다.

Section 2 탄수화물

1 탄수화물의 특성

(1) 당질(소화되는 탄수화물)과 섬유소(소화되지 않는 탄수화물)로 구분된다.

(2) 과잉 섭취하면 지방으로 저장되며, 비타민 B_1 부족이 우려된다.

(3) 탄수화물을 많이 먹으면 글리코겐으로 변하여 간이나 근육 속에 저장된다(간 > 근육).

구성요소	C, H, O가 1 : 2 : 1로 구성된다.
1g당 열량	4kcal
권장량	총 섭취 열량의 65%
소화율	98%
최종 분해산물	포도당
소화효소	프티알린, 말타아제, 아밀롭신, 사카라아제, 락타아제

2 탄수화물의 분류

(1) **단당류**

① 포도당(glucose)

　　㉠ 혈액(0.1%), 과즙, 포도(20%), 꿀에 함유되어 있다.

　　㉡ 탄수화물의 최종 분해 산물(소화 후 최후에 가장 작은 형태)이다.

　　㉢ 섬유소, 전분, 서당, 유당, 맥아당, 글리코겐의 구성 성분이다.

04 다음 중 단당류인 것은?

① 포도당　② 유당
③ 맥아당　④ 전분

💬 **탄수화물의 분류**
• 단당류 : 과당, 포도당, 갈락토오스
• 이당류 : 서당, 맥아당, 유당
• 다당류 : 섬유소, 펙틴, 글리코겐

빈출 Check

05 다음 당류 중 단맛이 가장 강한 당은?
① 과당   ② 설탕
③ 포도당 ④ 맥아당

🔖 당류의 감미도 순서
과당 〉전화당 〉자당 〉포도당 〉맥아당 〉갈락토오스 〉유당

② **과당(fructose)**

　㉠ 과일, 꽃, 벌꿀에 함유되어 있으며, 감미는 포도당의 2.3배이다.

　㉡ 당류 중 단맛이 가장 강하다.

　㉢ 용해도가 크고, 결정화되지 않으며 흡습성이 있다.

③ **갈락토오스(galactose)**

　㉠ 젖당의 구성 성분이다.

　㉡ 천연 식품 중에 유리된 상태로는 거의 존재하지 않는다.

　㉢ 뇌와 신경조직의 구성성분이다.

　㉣ 물에 녹지 않으며 동물체 내에서만 존재한다.

④ **만노오스(mannose)** : 곤약, 식물 줄기, 잎 등에 함유되어 있다.

(2) 이당류

단당류 2분자가 결합된 당이다.

① **자당(sucrose)**

　㉠ 설탕(포도당 + 과당), 단맛의 기준이 된다.

　㉡ 수크라아제나 산에 의해 분해되어 전화당(벌꿀에 많다)이 된다.

　㉢ 160℃ 이상에서 가열 시 갈색의 캐러멜이 생성된다.

06 동물의 저장 물질로서 간과 근육에 저장되는 당의 형태를 무엇이라고 하는가?
① 글리코겐 ② 포도당
③ 이눌린 ④ 올리고당

🔖 탄수화물의 과잉 섭취 시 포도당은 글리코겐의 형태로 간과 근육에 저장되며 보통 체내에서 저장되는 양은 300~350g이다.

② **젖당(lactose)**

　㉠ 유당, 유즙(포도당 + 갈락토오스)

　㉡ 포유동물의 유즙에만 존재한다.

　㉢ 당류 중 단맛이 가장 약하고 물에 잘 녹지 않는다.

　㉣ 정장 작용과 칼슘의 흡수를 돕는다.

　㉤ 우유보다 모유에 함량이 많다.

　㉥ 칼슘의 흡수를 돕는다.

③ **맥아당(maltose)**

　㉠ 전분의 구성단위이다.

　㉡ 엿기름, 발아 중의 곡류에 함유되어 있다.

　㉢ 포도당 2분자로 구성된다.

　㉣ 소화 흡수가 빠르다(식혜, 감주의 주성분).

 당질의 감미도
　과당 〉전화당 〉서당 〉포도당 〉맥아당 〉갈락토오스 〉유당

(3) 다당류

여러 종류의 단당류가 결합된 분자량이 큰 탄수화물로, 단맛이 없고 물에 녹지 않는다.

① 전분(starch)

　　㉠ 쌀, 빵, 국수 등의 곡류에 함유되어 있다.

　　㉡ 포도당 몇천 개가 결합되어 있다(즉, 전분의 최종 분해 산물은 포도당이다).

　　㉢ 아밀로오스와 아밀로펙틴으로 구성된다(찹쌀은 아밀로펙틴으로만 구성).

　　㉣ 식물계의 저장 탄수화물이다.

　　㉤ 요오드 반응 시 아밀로오스는 청색, 아밀로펙틴은 적자색을 나타낸다.

② 글리코겐(glycogen)

　　㉠ 동물성 전분이다.

　　㉡ 동물의 간, 근육에 저장된 물질로 포도당으로만 구성된다.

③ 섬유소(cellulose)

　　㉠ 결합 상태가 단단해 소화되지 않는다.

　　㉡ 식물체의 골격, 세포막 성분이다.

　　㉢ 곡류, 채소, 과일 등에 함유되어 있다.

　　㉣ 소화 효소가 없어 소화는 안 되고, 소화관을 자극하여 연동 운동을 촉진하여
　　　 대변 배설을 촉진시킨다.

　　㉤ 비만증, 고콜레스테롤혈증, 허혈성 심장 질환, 당뇨병 예방 효과가 있다.

④ 펙틴

　　㉠ 소화되지 않는 복합 다당류이다.

　　㉡ 과실류, 감귤 껍질, 세포막 사이의 엷은 층에 존재한다.

　　㉢ 잼의 구성 요소이다(펙틴 1%, 유기산 0.3~0.5%, 설탕 60%).

⑤ 이눌린 : 과당이 20~30개 결합된 것으로, 돼지감자, 다알리아, 우엉의 뿌리에
　　존재한다.

⑥ 갈락탄 : 한천(홍조류인 우뭇가사리에서 얻어짐)

> **TIP** 한천
> • 인체 내에서 소화되지 않지만 물을 흡수하여 팽창하므로 장을 자극하여 변비를 방
> 　지한다.
> • 겔화되는 성질이 있어 식품의 조리 가공에 이용된다.
> • 고온에서 잘 견디는 성질로 제과제빵의 안정제로 사용한다.

⑦ 키틴 : 갑각류의 껍데기에 함유되어 있다.

⑧ 덱스트린 : 뿌리나 채소즙에 많이 함유되어 있으며, 전분의 가수 분해 과정에서
　　얻어지는 중간 산물이다.

빈출 C h e c k

07 다음 중 5탄당은?
① 갈락토오스(galactose)
② 만노오스(mannose)
③ 크실로오스(xylose)
④ 프락토오스(fructose)

🔑 갈락토오스, 만노오스, 프락
토오스는 모두 6탄당이며 크실로
오스는 5탄당이다. ㅍ

08 핵산의 구성 성분이고 보효
소 성분으로 되어 있으며 생리상
중요한 당은?
① 글루코스
② 리보오스
③ 프락토스
④ 미오신

🔑 리보오스(Ribose)
핵산의 성분, 비타민 B₂의 구성 성
분으로 생리상 중요한 단당류의 5
탄당이다.

3 탄수화물의 체내 기능

① 4kcal/g의 에너지가 발생하며, 1일 권장량은 총 섭취 열량의 65%이다. 섭취량의 98%가 소화된다.

② 단백질 절약 작용을 한다.

③ 간장 보호 및 간의 해독 작용을 한다.

④ 혈당 성분을 0.1%의 농도로 유지시킨다.

⑤ 지방 완전 대사에 필수적이다.

⑥ 필수 영양소로서 10% 이상 섭취해야 한다(뇌의 에너지원).

⑦ **과잉증** : 비만증, 소화 불량, 지방과다증 등

⑧ **부족증** : 발육 불량, 체중 감소, 케토시스(체단백질의 소모, 케톤체가 혈액에 증가) 등

Section **3** **지질**

1 특징

① **결정 기본 구조** : 지방산 3분자 + 글리세롤 1분자(C, H, O로 구성)

② 탄소와 수소의 함량에 비해 산소의 양이 극히 제한된다.

③ 동물의 저장 지방으로 존재하고, 식물의 종자에 존재한다.

2 지방의 분류

(1) 구성 성분과 구조에 따른 분류

① 단순 지질

㉠ 지방산과 글리세롤의 에스테로 결합되어 있다.

㉡ 유지(중성 지방), 왁스(납) 등이 있다.

㉢ 실온에서 액체인 것은 기름, 고체인 것은 지방이라 한다.

② 복합 지질

㉠ 단순 지질에 다른 성분이 결합된 것을 말한다.

㉡ 인지질(난황의 레시틴), 당지질, 아미노지질, 유황 지질 등

③ 유도 지질

㉠ 단순 지질이나 복합 지질의 분해물 및 유도체이다.

㉡ 스테롤(콜레스테롤 D_3, 에르고스테롤 D_2), 담즙산

(2) 요오드가에 의한 분류

불포화지방산의 양을 측정하며, 이중 결합이 많을수록 요오드가가 증가한다.

① 건성유 : 공기 중에 쉽게 굳어지는 것(아마인유, 들기름, 마유, 호두유, 겨자유, 종실유, 동유 등)

② 반건성유 : 건성유와 불건성유의 중간적 성질을 갖는 것(콩기름, 면실유, 참기름, 미강유, 옥수수유, 해바라기유, 대두유 등)

③ 불건성유 : 공기 중에 두어도 굳어지지 않는 것(올리브유, 피마자유, 낙화생유)

11 다음 중 필수지방산의 함량이 많은 기름은?

① 유채기름 ② 동백기름
③ 대두유   ④ 참기름

필수지방산의 함량이 높은 기름은 불포화도가 높은 것으로 일반적으로 대두유나 옥수수기름에 다량 함유되어 있다.

(3) 지방산

지방의 성질은 지방산의 종류와 함량에 따라 크게 다르다.

① 포화지방산

ㄱ 분자 내에 이중 결합이 없는 것으로 융점이 높아 고체 상태이다.

ㄴ 탄소의 수가 증가할수록 상온에서 융점이 높아진다.

ㄷ 탄소의 수가 4~8개인 것은 저급 지방산이다.

ㄹ 소, 돼지, 버터 등은 상온에서 고체 상태로 한 분자 내 탄소의 수가 16~18개이다.

ㅁ 팔미트산, 스테아린산

② 불포화지방산

ㄱ 이중 결합을 갖는 지방산(저급 지방산)이다.

ㄴ 융점이 낮고, 연한 기름으로 액체유이거나 반고체유다.

ㄷ 이중 결합의 수가 많을수록 낮은 온도에서 액체 상태이다.

ㄹ 혈관 벽의 콜레스테롤을 제거하는 작용을 한다.

ㅁ 올레산, 리놀레산, 리놀렌산, 아라키돈산

③ 필수지방산

ㄱ 정상적인 건강을 유지하기 위해서 반드시 필요한 지방산이다.

ㄴ 체내에서 합성되지 않으므로 반드시 음식물로 섭취해야 한다.

ㄷ 식물성유에 많다.

ㄹ 부족하면 성장 장애와 피부의 각질화가 일어난다.

ㅁ 리놀레산, 리놀렌산, 아라키돈산

12 중성 지방의 구성 성분은?

① 탄소와 질소
② 아미노산
③ 지방산과 글리세롤
④ 포도당과 지방산

중성 지방은 1분자의 글리세롤과 3분자의 지방산 에스테르의 결합이다.

TIP
• 수중 유적형 유화 식품 : 아이스크림, 우유, 마요네즈
• 유중 수적형 유화 식품 : 버터, 마가린, 쇼트닝
• 대두인지질 : 유화제로 사용

(4) 지방의 물리, 화학적 성질

① 비중 : 0.92~0.94로 물보다 가볍다. 저급 지방산일수록, 불포화지방산일수록 비중이 크다.

② 융점 : 포화지방산이나 탄소수가 많은 유지의 융점이 높다.

③ 검화 : 수산화칼륨, 수산화나트륨 등의 알칼리에 의해 가수 분해되어 비누가 생성(비누화)되며, 검화가가 높을수록 저급 지방산이 많은 유지이다.

④ 산가 : 유지 1g 중에 함유된 유리지방산을 중화하는데 소요되는 수산화칼륨의 mg 수를 말하며, 유지의 산패도를 측정하는 수치이다.

⑤ 유화 : 다른 물질과 기름이 잘 섞이게 하는 작용으로, 수중 유적형(O/W), 유중 수적형(W/O)이 있다.

⑥ 가수소화(경화) : 액체 상태의 기름에 수소를 첨가하고 니켈(Ni)이나 백금(Pt)을 촉매제로 하여 고체형의 기름으로 만드는 것이다(마가린, 쇼트닝).

⑦ 연화 작용 : 밀가루 반죽에 유지를 첨가하면 반죽 내에서 지방을 형성하여 전분과 글루텐과의 결합을 방해하여 반죽을 연화시킨다.

⑧ 가소성 : 외부 조건에 의하여 유지의 상태가 변했다가 외부 조건을 원상태로 복구해도 유지의 변형 상태로 그대로 유지되는 성질을 의미한다.

(5) 지질의 기능

① 농축된 에너지원으로 9kcal/g의 에너지가 발생하며, 1일 권장량은 총 섭취 열량의 20%이며, 소화율은 95%이다.

② 필수지방산과 지용성 비타민의 운반 및 흡수를 돕는다.

③ 주요 장기 보호 및 체온을 조절한다.

④ 비타민 B_1의 절약 작용을 한다.

⑤ 세포의 구성 성분으로 인지질, 당지질, 콜레스테롤 등은 세포 중 특히 뇌, 신경계통에 많이 함유되어 주요한 기능을 한다.

⑥ 향미 성분을 공급하고 식감을 증식시키는 효과가 있다.

⑦ 소화 시간이 오래 걸리므로 오랫동안 만복감이 들도록 해준다.

(6) 권장량

총 섭취 열량의 20%를 지질에서 얻도록 한다.

① 과잉증 : 비만증, 동맥경화증, 간질환, 심장병

② 결핍증 : 체중 감소, 성장 부진, 신체 쇠약

TIP 기초대사량

- 호흡, 심장박동, 혈액 운반, 소화 등의 무의식적 활동에 필요한 열량을 말한다.
- 평상시보다 수면 시에는 10% 정도 감소된다.
- 성인남자 1,400~1,800kcal, 성인여자 1,200~1,400kcal

기초대사량에 영향을 주는 인자

- 체표면적이 클수록 소요 열량이 크다.
- 남자가 여자보다 소요 열량이 크다.
- 근육질인 사람이 지방질인 사람에 비해 소요 열량이 크다.
- 발열이 있는 사람은 소요 열량이 크다.
- 기온이 낮으면 소요 열량이 커진다.
- 키가 크고 마른 사람이 키가 작고 뚱뚱한 사람보다 크다.

빈출 C h e c k

15 단백질의 질소 함유량은 몇 %인가?

① 8%   ② 12%
③ 16%   ④ 20%

단백질은 전체의 16% 정도가 질소로 이루어져 있다.

Section 4 단백질

1 특징

① 달걀과 고기의 주성분이다.

② 효소, 항체, 유전자, 호르몬 등의 구성성분이다.

③ C, H, O, N 등으로 구성된다.

④ 단백질 중의 질소 함량은 16%이며 이는 단백질 정량에 사용된다.

TIP 질소 계수

- 질소량 = 단백질량 $\times \dfrac{16}{100}$

- 단백질량 = 질소량 $\times \dfrac{100}{16}$ = 질소량 $\times$ 6.25(질소 계수)

⑤ **글루텐** : 밀가루의 단백질

⑥ **미오신** : 생선의 단백질

⑦ **단백질 변성과 관련 있는 것** : 가열, 동결, 알칼리

⑧ **구상 단백질(연한 부분)** : 글로불린(globulin), 알부민, 글루텔린 등

⑨ **구성 단백질(섬유상 단백질)** : 케라틴(모발), 엘라스틴, 콜라겐

⑩ **결합 조직** : collagen(피부), elastin(혈관)

⑪ **염용 효과** : 단백질들이 묽은 중성 염류 용액에 잘 녹는 현상을 말한다.

16 기초대사량에 대한 설명으로 옳은 것은?

① 단위 체표면적에 비례한다.
② 정상 시보다 영양상태가 불량할 때 더 크다.
③ 근육조직의 비율이 낮을수록 더 크다.
④ 여자가 남자보다 대사량이 더 크다.

기초대사량은 단위 체표면적이 클수록 크고, 남자가 여자보다 크고, 근육질인 사람이 지방질인 사람보다 크며, 발열이 있는 사람이나 기온이 낮으면 소요열량이 커진다.

빈출 Check

2 단백질의 분류

(1) 화학적 분류

① **단순 단백질** : 아미노산만으로 이루어진 것이다.

   ㉠ 알부민(난백, 혈청, 우유)

   ㉡ 글루테닌(밀)

   ㉢ 알부미노이드(동물 결체 조직의 주성분)

② **복합 단백질** : 아미노산 외에 인, 당, 지, 핵, 색소, 금속 등이 결합된 것을 의미한다.

   ㉠ 인단백질 : 카제인(우유), 비테린(난황)

   ㉡ 당단백질 : 오보뮤코이드(난백)

   ㉢ 색소 단백질 : 헤모글로빈(혈액), 미오글로빈(근육), 헤모시아닌

③ **유도 단백질** : 산, 알칼리, 효소 등에 의해서 변성된 단백질을 말하며, 변성된 정도에 따라서 1차, 2차로 나눈다.

   ㉠ 1차 유도 단백질 : 물리적 변화가 생긴 것으로 젤라틴(예 콜라겐을 물로 끓임) 등이 있다.

   ㉡ 2차 유도 단백질 : 단백질이 아미노산이 되기까지의 중간 산물로 프로테오스, 펩톤 등이 있다.

젤라틴
동물의 가죽, 뼈에 다량 존재하는 콜라겐이 가수 분해된 것으로 아이스크림, 머시멜로우, 족편 등에 사용된다.

(2) 영양학적 분류

① **완전 단백질**

   ㉠ 양질의 단백질로 생명 유지, 성장 발육에 필요한 단백질을 의미한다.

   ㉡ 필수아미노산을 골고루 함유한다.

   ㉢ 동물성 단백질(카세인, 알부민, 미오신, 미오겐, 글리시닌 등)

② **부분적 불완전 단백질**

   ㉠ 생명 유지에 필요한 단백질만 포함된 것을 의미한다.

   ㉡ 대부분의 곡류 단백질(글리아딘, 호르데인, 오리제닌 등)이 이에 해당된다.

   ㉢ 곡물에 부족한 리신을 보강하는 '빵 + 우유', '밥 + 육류'의 식단이 필요하다 (보충 효과).

③ **불완전 단백질** : 생명 유지, 성장 발육의 기능이 없는 단백질로 제인(옥수수), 젤라틴(육류) 등이 있다.

17 완전단백질이란 무엇인가?

① 발견된 모든 아미노산을 골고루 함유하고 있는 단백질
② 필수아미노산을 필요한 비율로 골고루 함유하고 있는 단백질
③ 어느 아미노산이나 한 가지를 많이 함유하고 있는 단백질
④ 필수아미노산 중 몇 가지만 다량으로 함유하고 있는 단백질

완전단백질이란 동물의 생명 유지와 성장에 필요한 모든 필수아미노산이 필요한 양만큼 충분히 들어 있는 단백질을 말한다.

18 단백질의 구성단위는?

① 아미노산 ② 지방산
③ 포도당 ④ 맥아당

단백질은 20여종의 아미노산이 결합된 고분자 화합물이다.

정답 _ 17 ② 18 ①

(3) 필수아미노산

반드시 음식으로부터 공급받아야 하는 아미노산을 말한다.

① 성인(8종) : 메티오닌, 트레오닌, 트립토판, 이소루신, 루신, 리신, 발린, 페닐알라닌

② 성장기 어린이(10종) : 성인 필수아미노산(8종) + 아르기닌, 히스티딘

(4) 단백질의 영양 평가

① 생물가 : 섭취된 단백질의 질소 중 체내에 흡수된 질소와 체내에 보유된 질소의 비를 말한다.

$$생물가 = \frac{체내\ 보유된\ 질소량}{흡수된\ 질소량} \times 100$$

② 단백가 : 달걀의 단백질을 표준 단백질의 기준으로 비교하여 평가하는 것으로 대표적인 식품의 단백가는 달걀 100, 쇠고기 83, 닭고기 87, 백미 72, 밀가루 47 등이다.

(5) 단백질의 기능

① 성장 및 체조직 구성 : 혈액, 효소, 호르몬 등을 구성한다.

② 에너지 공급 : 4kcal/g의 에너지가 발생하며, 1일 권장량은 총 섭취 열량의 15%이며, 소화율은 92%이다.

③ 생리 조절 : 체내 함량 조절, 체액 유지

④ 혈청단백, 면역체 역할

(6) 단백질의 권장량

총 열량 중 15%를 단백질에서 얻는 것이 가장 효율적 섭취이다.

① 과잉증 : 체온, 혈압 상승, 불면증, 피로 증가(여분의 단백질은 지방으로 체내에 저장된다)

② 결핍증 : 카시오카, 마라스머스(당질과 함께 부족한 상태), 발육 장애, 체중 감소, 면역력 약화, 피하지방 감소, 근육 쇠약, 피부 변색, 머리카락 변색, 부종 등

Section **5** **무기질**

식품을 태우면 재가 되어 남는 것으로 회분이라고도 한다.

빈출 Check

19 필수아미노산으로만 짝지어진 것은?

① 트립토판, 메티오닌
② 트립토판, 글리신
③ 라이신, 글루탐산
④ 류신, 알라닌

• 성인에게 필요한 필수아미노산(8가지) : 이소류신, 류신, 리신, 트립토판, 트레오닌, 발린, 페닐알라닌, 메티오닌
• 어린이에게 필요한 필수아미노산 : 성인 8가지+ 알기닌, 히스티딘

20 어떤 식품 100g에 질소가 6g 함유되어 있다면 이 식품의 단백질 함량은 얼마인가?

① 25.5g ② 37.5g
③ 60g ④ 600g

6.25(단백질의 질소계수) × 6 = 37.5

빈 출 Check

21 다음 중 무기질만으로 짝지어진 것은?

① 칼슘, 인, 철
② 지방, 나트륨, 비타민 B
③ 단백질, 염소, 비타민 A
④ 단백질, 지방, 나트륨

🐽 무기질은 회분이라고도 하며 인체의 약 4%를 차지하는데 영양상 필수적인 것으로 칼슘, 인, 칼륨, 황, 나트륨, 염소, 마그네슘, 철, 아연, 요오드, 불소 등이 있다.

22 요오드(I)는 어떤 호르몬과 관계가 있는가?

① 신장 호르몬
② 성 호르몬
③ 부신 피질 호르몬
④ 갑상선 호르몬

🐽 요오드(I)
• 갑상선 호르몬의 구성성분
• 기초대사를 조절
• 급원 식품 : 해조류(미역, 다시마)

1 특징

(1) 우리 몸을 구성하는 중요한 구성성분이다.

(2) 생체 내에서 pH 및 삼투압을 조절하여 생체 내의 물리·화학적 작용이 정상으로 유지되도록 한다.

(3) 인체의 4%를 차지한다.

(4) 인체의 무기질 : $Ca > P > K$

2 무기질의 종류

(1) 칼슘(Ca)

　① 생리 작용 : 99%는 골격이나 치아를 구성한다. 비타민 K와 함께 혈액 응고에 관여한다.

　② 특징 : 인체 내에서 칼슘 흡수를 촉진시키려면 비타민 D를 공급해야 한다.

　　㉠ 칼슘의 흡수를 방해하는 것 : 수산, 피틴산, 지방

　　㉡ 칼슘의 흡수를 도와주는 것 : 비타민 D, 단백질, 젖당

　③ 결핍증 : 골연화증, 골다공증, 구루병

　④ 급원 식품 : 우유 및 유제품, 멸치, 뼈째 먹는 생선

(2) 인(P)

　① 칼슘과 함께 뼈의 구성 성분이다.

　② 생리 작용 : 인지질과 핵단백질의 구성 성분으로, 골격과 치아를 구성한다.

　③ 칼슘(Ca)과 인(P)의 섭취 비율은 성인 1 : 1, 어린이 2 : 1 정도이다.

　④ 결핍증 : 골격과 치아의 발육 불량

(3) 철(Fe)

　① 생리 작용 : 헤모글로빈(=혈색소) 구성 성분, 적혈구 생성에 필수적, 산소 운반 작용

　② 결핍증 : 철분 결핍성(영양 결핍성) 빈혈 등

　③ 급원 식품 : 간, 난황, 육류, 녹황색 채소류 등

(4) 구리(Cu)

　적혈구의 성숙 과정에 필요하며, 철분의 흡수에 관계된다. 부족 시 빈혈을 유발한다.

(5) 코발트(Co)

　악성빈혈 예방 인자로, 비타민 B_{12}의 구성 요소이다.

(6) 불소(F)

음용수의 불소 농도는 0.8~1.0ppm이 적당하다. 불소는 골격과 치아를 단단하게 하며, 불소가 적게 함유된 물을 장기간 마시면 우치(충치)가, 많이 함유된 물을 장기간 마시면 반상치(점박이)가 유발된다.

> **TIP** 어린이가 질산염이 함유된 물을 장기간 마시면 청색증이 유발된다.

(7) 요오드(I)

① 갑상선 호르몬의 구성 성분으로 부족 시 갑상선종, 유즙 분비가 촉진된다.

② 해조류 특히 다시마, 미역, 톳(갈조류)에 다량 함유되어 있다.

Section 6 비타민

1 비타민의 성질

지용성 비타민	수용성 비타민
• 기름과 유지 용매에 용해된다.	• 물에 용해된다.
• 섭취량이 필요량 이상이 되면 체내에 저장된다.	• 필요량만 체내에 보유한다.
• 배설되지 않는다.	• 여분은 소변으로 배출된다.
• 결핍 증세가 서서히 나타난다.	• 결핍 증세가 빨리 나타난다.
• 매일 식사에서 공급할 필요는 없다.	• 매일 식사에서 공급되어야 한다.

2 비타민의 기능과 특성

① 유기 물질로 되어 있다.

② 필수 물질이지만 소량이 필요하다.

③ 에너지나 신체 구성 물질로 사용되지 않는다.

④ 대사 작용 조절 물질, 즉 보조 효소의 역할을 한다.

⑤ 여러 가지 결핍증을 예방 또는 방지한다.

⑥ 체내에서 합성되지 않으므로 음식물을 통해서 공급되어야 한다.

3 비타민의 종류

(1) 지용성 비타민

① 비타민 A(레티놀, retinol)

　㉠ 결핍증 : 야맹증

빈출 Check

23 다음 중 물에 녹는 비타민은?

① 레티놀
② 토코페롤
③ 리보플라빈
④ 칼시페롤

🔍 지용성 비타민 A, D, E, F, K를 제외한 것을 수용성 비타민이라 하는데 리보플라빈은 비타민 B_2이다. ① 레티놀 : 비타민 A, ② 토코페롤 : 비타민 E, ④ 칼시페롤 : 비타민 D

24 일반적으로 프로비타민 A를 많이 함유하고 있는 식품은?

① 효모　　② 감자
③ 콩나물　④ 녹황색 채소

🔍 녹황색 채소는 프로비타민 A를 많이 함유하고 있으며, 프로비타민 A는 섭취 후 인체 내에서 비타민 A로 전환된다.

빈 출 C h e c k

25 카로틴이란 어떤 비타민의 효능을 가진 것인가?

① 비타민 A ② 비타민 C
③ 비타민 D ④ 비타민 B

💬 카로틴은 녹색 채소류에 다량 포함되어 있고 인체 내에 들어왔을 때 비타민 A로서의 효력을 갖게 된다. 카로틴의 비타민 A로서의 효력은 1/3 정도이다.

26 비타민 D의 결핍증은 무엇인가?

① 야맹증　② 구루병
③ 각기병　④ 괴혈병

💬 비타민의 결핍증
• 비타민 A : 야맹증
• 비타민 B₁ : 각기병
• 비타민 B₂ : 구각염
• 비타민 C : 괴혈병
• 비타민 D : 구루병
• 비타민 E : 노화촉진
• 나이아신 : 펠라그라병

　　ⓛ 카로틴(프로비타민 A) : 비타민 A의 전구체로 체내에 들어오면 비타민 A가 된다.

　　ⓒ 급원 식품 : 카로틴은 녹황색 채소에 많이 들어있고, 비타민 A는 동물의 간에 많다.

② 비타민 D(칼시페롤, calciferol)

　　㉠ 결핍증 : 구루병, 골연화증

　　ⓛ 급원 식품 : 햇빛에 말린 건조식품

　　ⓒ 에르고스테린(프로비타민 D) : 비타민 D의 전구체로, 자외선에 의해 피부에서 비타민 D가 된다.

　　ⓔ 칼슘의 이용률을 높여 뼈의 성장과 석회화를 촉진한다.

③ 비타민 E(토코페롤, tocopherol) : 천연 항산화제

　　㉠ 결핍증 : 불임(동물), 노화(인간)

　　ⓛ 급원 식품 : 식물성 기름, 배아, 견과류, 강화유지

　　ⓒ 산, 열에 가장 안정한 비타민이다.

④ 비타민 F(= 필수지방산)

　　㉠ 결핍증 : 피부병

　　ⓛ 급원 식품 : 식물성 기름

⑤ 비타민 K

　　㉠ 혈액 응고 작용(프로트롬빈 형성)을 한다.

　　ⓛ 결핍증 : 혈우병(체내 합성으로 거의 발생하지 않는다.)

　　ⓒ 급원 식품 : 양배추, 시금치, 달걀, 콩, 간

(2) **수용성 비타민**

① 비타민 B₁(티아민, thiamin)

　　㉠ 결핍증 : 각기병, 식욕 부진, 다발성 신경염

　　ⓛ 급원 식품 : 감자, 땅콩, 돼지고기

　　ⓒ 당질 섭취량과 정비례하게 섭취해야 한다.

② 비타민 B₂(리보플라빈, riboflavin) : 성장 촉진 비타민

　　㉠ 결핍증 : 구각염, 설염

　　ⓛ 급원 식품 : 우유, 달걀, 유제품 등의 동물성 식품

③ 비타민 B₆(피리독신, pyridoxine)

　　㉠ 결핍증 : 피부병

　　ⓛ 급원 식품 : 계란, 우유, 쌀의 배아

🏠 정답 _ 25 ① 26 ②

④ 나이아신(니코틴산, nicotinic acid)

　　㉠ 펠라그라병 : 나이아신 결핍증으로 피부병, 구각염, 설사, 뇌신경계 이상, 소화

　　　장애 등의 증세를 보이며, 옥수수를 주식으로 하는 민족에게 많이 발생한다.

　　㉡ 트립토판으로부터 합성된다.

⑤ 엽산(folic acid) : 비타민 B_9 또는 비타민 M이라 불리며, 결핍 시 거대적아구성

　　빈혈을 초래한다.

⑥ 비타민 B_{12}(코발라민, cobalamine) : 악성빈혈을 예방하고, 코발트를 함유하

　　고 있다.

⑦ 비타민 C(아스코르빈산, ascorbic acid)

　　㉠ 결핍증 : 괴혈병 , 저항력 저하, 피부 색소 침착 등

　　㉡ 표준 성인 남녀 필요량 : 70mg

　　㉢ 공기, 빛, 금속(구리), 물, 열에 쉽게 파괴된다.

열과 비타민
- 열에 강한 비타민 : 비타민 E 〉 비타민 D 〉 비타민 A
- 열에 가장 약한 비타민 : 비타민 C

비타민의 이모저모
- 당질을 많이 섭취하는 한국인의 식생활에 꼭 필요한 비타민은 당질의 소화흡수를 도와주는 비타민 B_1이고, 이 비타민의 흡수를 도와주는 것은 마늘의 매운맛 성분인 알리신이다.
- 당근 속에는 비타민 C 파괴 효소인 아스코비나아제가 많이 들어있기 때문에 무와 같이 혼합하지 않도록 한다.
- 나이아신은 동물과 미생물에서 필수아미노산인 트립토판이 60:1로 만들어주기 때문에 육류를 즐겨 먹는 민족에게는 부족증이 없으나 옥수수를 주식으로 하는 민족에게는 펠라그라병이 생길 수 있다. 옥수수 단백질인 제인(Zein)은 트립토판이 없으므로 나이아신 합성이 기대되지 않는다.
- 비타민 A 전구체 : α-카로틴, β-카로틴, γ-카로틴, 크립토크산틴

　빈 출 C h e c k

27 나이아신의 전구체인 필수 아미노산은?
① 트립토판 ② 리신
③ 히스티딘 ④ 페닐알라닌

필수아미노산인 트립토판은 60mg으로 나이아신 1mg을 만들기 때문에 육류를 즐겨먹는 민족에게는 부족증이 없다. 그러나 옥수수의 제인에는 트립토판이 없으므로 옥수수를 주식으로 하는 민족에게는 나이아신 부족증인 펠라그라가 많이 나타난다.

28 비타민 C가 결핍되었을 때 나타나는 결핍증은?
① 각기병 　② 구루병
③ 펠라그라 ④ 괴혈병

① 각기병 : 비타민 B_1
② 구루병 : 비타민 D
③ 펠라그라 : 나이아신
④ 괴혈병 : 비타민 C

정답 _ **27** ① **28** ④

Section 7 식품의 색

식품의 색과 냄새 등의 향미는 식품의 미관, 신선도를 높여주고, 식욕을 돋운다.

1 식품의 색

(1) 색소

① 식물성 식품의 색소

종류		특징
지용성	카로티노이드	• 식물계에 널리 분포되어 있으며 동물성 식품에도 일부 분포하고 있다. • 황색, 오렌지색, 적색의 색소로 당근, 토마토, 수박(라이코펜), 고추, 감 등에 함유되어 있다. • 비타민 A 전구체가 많다. • 산이나 알칼리에 변화에 따른 영향을 받지 않으나 광선에 민감하다.
	클로로필	• 식품의 녹색 색소로서 마그네슘(Mg)을 함유하고 있다. • 푸른 잎 채소류에 함유되어 있다. • 산성(식초)에서는 녹갈색을 나타내고, 알칼리성(소금, 식소다 첨가물)에서는 진한 녹색을 띤다.
수용성	플라보노이드	• 엷은 채소의 색소로서 옥수수, 밀가루, 양파 등에 함유되어 있다. • 산성에서는 흰색, 알칼리성에서는 진한 황색(누런색)으로 변한다. • 연근이나 우엉을 식초 물에 삶아서 조리하면 하얗게 되고, 밀가루 반죽에 소다를 넣고 빵을 만들 때 빵의 색깔이 진한 황색을 띠는 이유는 플라보노이드 색소 때문이다.
	안토시아닌	• 꽃, 과일의 적색, 자색 등의 색소이다. • 산성에서는 선명한 적색, 중성에서는 보라색, 알칼리성에서는 청색을 띤다. • 안토시아닌 색소를 포함하는 생강은 산성에서는 분홍색으로 변한다.

② 동물성 식품의 색소

종류	특징
미오글로빈(육색소)	육류의 근육 속에 함유된 적자색 색소
헤모글로빈(혈색소)	• 육류의 혈액 속에 함유된 적색 색소(철 함유) • 산화되면 옥시헤모글로빈(선홍색)을 거쳐 메트헤모글로빈(암갈색)이 된다. • 발색제로 질산칼륨, 아질산칼륨을 넣으면 니트로헤모글로빈(nitroso-hemoglobin)이 형성된다.
헤모시아닌	구리(Cu)를 함유하고 있는 문어, 오징어 등의 연체류에 포함된 색소로 가열하여 익히면 적자색으로 색깔이 변화한다.
아스타잔틴(카로티노이드계)	새우, 게, 가재 등에 포함된 색소

Section 8 **식품의 갈변**

갈변이란 식품을 조리하거나 가공, 저장하는 동안 갈색으로 변색하거나 식품의 본색이 짙어지는 현상을 말한다.

① **효소적 갈변** : 과실, 채소류의 페놀화합물이 갈색 색소인 멜라닌으로 전환된다.

종류	특징
폴리페놀옥시다아제 (polyphenol oxidase)	• 구리, 철에 의해 활성화, 염소 이온으로 억제된다. • 사과, 배, 살구, 바나나, 밤 등이 공기에 방치됐을 때 나타난다.
티로시나제(tyrosinase)	• 티로신과 같은 페놀화합물로, 수용성이다. • 감자는 껍질 제거 후 물에 침수시키면 갈변 방지 효과가 있다.

TIP 효소적 갈변 방지법

• 열처리법 : 데치기(불활성화)와 같이 고온에서 식품을 열처리하여 효소를 불활성화한다.
• 산 이용 : 수소이온농도(pH)를 3 이하로 낮추어 산의 효소 작용을 억제한다.
• 당 또는 염류 첨가 : 껍질을 벗긴 배나 사과를 설탕이나 소금물에 담근다.
• 산소의 제거 : 밀폐용기에 식품을 넣은 다음 공기를 제거하거나, 공기 대신 이산화탄소나 질소가스를 주입한다.
• 효소 작용 억제 : 영하 10℃ 이하로 낮춘다.
• 구리(Cu) 또는 철(Fe)로 된 용기나 기구의 사용을 피한다.

② **비효소적 갈변** : 효소에 관계없이 식품 중의 화학적 성분의 반응에 의해 일어난다.

종류	특징
아미노-카르보닐 (amino-carbonyl) 반응	• 당과 단백질이 공존 시 일어난다. • 가공, 저장 중에 일어나기 쉽다. • 자연적으로 일어나서 식품의 색깔과 맛, 냄새에 큰 영향을 미친다. 예 식빵, 된장, 간장의 갈변
캐러멜화(caramel) 반응	• 당류를 180~200℃의 고온으로 가열시켰을 때 중합 또는 축합으로 생성된다. • 색, 냄새의 효과를 위해 가공식품에 이용된다.
아스코르빈산 (ascorbic acid) 산화반응	• 감귤류의 가공품인 오렌지 주스나 분말 등에서 나타나는 갈변 현상이다. • 저장 시 비타민 C를 항산화제로 사용할 때 갈변되는 경우가 있다. • pH가 낮을수록 갈변 현상이 크다.

빈출 Check

31 녹색 채소를 데칠 때 소다를 넣을 경우 나타나는 현상이 아닌 것은?

① 채소의 질감이 유지된다.
② 채소의 색을 푸르게 고정시킨다.
③ 비타민 C가 파괴된다.
④ 채소의 섬유질을 연화시킨다.

해설 녹색 채소를 데칠 때 소다를 첨가하면 녹색은 선명하게 유지되지만 비타민 C가 파괴되고, 질감이 물러진다.

32 간장, 된장, 다시마의 주된 정미 성분은?

① 글리신　② 알라닌
③ 히스티딘　④ 글루타민산

해설 간장, 된장, 다시마의 정미 성분은 글루타민산이다.

33 다음 색소 중 산에 의하여 녹황색으로 변하고 알칼리에 의해 선명한 녹색으로 변하는 성질을 가진 것은?

① 안토시안
② 플라본
③ 카로티노이드
④ 클로로필

해설 클로로필 색소
• 식물의 녹색채소의 색을 나타낸다.
• 마그네슘을 함유한다.
• 산성 : 녹갈색으로 변함
• 알칼리 : 진한 녹색으로 변함

34 식품의 갈변현상 중 성질이 다른 것은?

① 감자의 절단면의 갈색
② 홍차의 적색
③ 된장의 갈색
④ 다진 양송이의 갈색

해설 감자, 홍차, 양송이의 갈변은 효소적 갈변이고 된장의 갈변은 비효소적 갈변이다.

정답 _ 31 ① 32 ④ 33 ④ 34 ③

Section **9** 식품의 맛과 냄새

식품의 맛은 적미 성분의 상승 작용, 억제 작용, 맛의 대비, 식품의 온도 등의 여러 가지 조건에 따라 결정된다.

1 기본적인 맛(4원미)

식품의 기본적인 맛은 단맛, 짠맛, 신맛, 쓴맛으로, 단맛과 짠맛은 생리적으로 요구하는 맛이고 신맛, 쓴맛은 기호적인 맛이다.

(1) 단맛

① 포도당, 과당, 맥아당 등의 단당류, 이당류

② 만니트 : 해조류

③ 설탕의 10% 용액의 단맛을 당도의 기준인 100으로 한다.

(2) 짠맛

① 염화나트륨(소금) 등

② 소금의 농도가 1%일 때 가장 기분 좋은 짠맛이 난다.

③ 신맛이 섞이면 짠맛이 강화되고 단맛이 더해지면 약해진다.

(3) 신맛

① 식초산, 구연산(감귤류, 살구 등), 주석산(포도)

② 단맛은 신맛을 감소시키고, 쓴맛은 신맛의 풍미를 더해준다.

(4) 쓴맛

① 다른 맛 성분과 조화를 이루면 기호성을 높여준다.

② 카페인(커피, 초콜렛), 데오브로민(코코아), 테인(차류), 니코틴(담배), 호프(맥주), 헤스페리딘(귤껍질), 큐커비타신(오이껍질)

2 기타 맛

(1) 맛난맛(감칠맛)

① 이노신산 : 가다랭이 말린 것, 멸치, 소고기

② 글루타민산 : 다시마, 된장, 간장

③ 시스테인, 리신 : 육류, 어류

④ 호박산 : 조개류

⑤ 타우린 : 새우, 오징어, 문어

(2) 매운맛

매운맛은 미각 신경을 강하게 자극할 때 형성되는 맛으로, 미각이라기보다는 통각에 가깝다.

① **후추** : 피페린, 채비신

② **고추** : 캡사이신

③ **마늘** : 알리신

④ **겨자** : 시니그린

⑤ **생강** : 쇼가올, 진저론

⑥ **와사비** : 아릴이소티오시아네이트

(3) 떫은맛

① 미각의 마비에 의한 수렴성의 불쾌한 맛을 말한다.

② 감, 밤 : 탄닌산(단백질 응고로 인한 변비 초래)

(4) 아린맛

① 쓴맛과 떫은맛이 혼합된 맛으로 불쾌감을 준다.

② 죽순, 고사리, 가지, 우엉, 토란 등

(5) 금속맛

수저나 포크 등에서 나는 철, 은, 주석 등의 금속 이온의 맛이다.

3 맛의 현상

① **대비 현상(강화 현상)** : 서로 다른 두 가지 맛이 작용하여 주된 맛 성분이 강해지는 현상이다.

  예 설탕용액에 약간의 소금을 첨가하면 단맛이 증가한다.

  단팥죽의 단맛을 강하게 하려고 하면 약간의 소금을 첨가하면 단맛이 증가한다.

② **변조 현상** : 한 가지 맛을 느낀 직후 다른 맛을 보면 원래 식품의 맛이 다르게 느껴지는 현상이다.

  예 쓴 약을 먹고 난 후 물을 마시면 물맛이 달게 느껴진다.

  오징어를 먹은 후 밀감을 먹으면 쓰게 느껴진다.

③ **미맹 현상** : PTC(Phenyl Thiocarbamide)라는 화합물에 대하여 그 쓴맛을 느끼지 못하는 현상이다.

④ **상쇄 현상** : 대비(강화) 현상과는 반대로 두 종류의 정미 성분이 혼재해 있을 경우 각각의 맛을 느낄 수 없고 조화된 맛을 느끼는 현상이다.

  예 김치의 짠맛과 신맛이 어우러져 상큼한 맛을 느끼게 한다.

빈출 Check

37 설탕 용액에 미량의 소금 (0.1%)을 가하면 단맛이 증가된다. 이러한 맛의 현상을 무엇이라 하는가?
① 맛의 변조
② 맛의 대비
③ 맛의 상쇄
④ 맛의 미맹

① 맛의 변조 : 한 가지 맛을 느낀 후 다른 식품의 맛이 다르게 느껴지는 현상
② 맛의 대비 : 주된 맛을 내는 물질에 다른 맛을 혼합할 때 원래 맛이 강해지는 현상
③ 맛의 상쇄 : 두 종류의 정미 성분이 혼합되었을 때 각각의 맛을 느낄 수 없는 현상
④ 맛의 미맹 : PTC 화합물에 대한 쓴맛을 못 느끼는 경우

38 떫은맛과 관계 깊은 현상은?
① 지방 응고
② 단백질 응고
③ 당질 응고
④ 배당체 응고

떫은맛은 혀 표면에 있는 점성 단백질이 일시적으로 응고되고 미각 신경이 마비되어 일어나는 감각이다.

정답 _ 37 ② 38 ②

간장의 짠맛과 발효된 감칠맛의 조화

청량음료의 단맛과 신맛의 조화

⑤ **상승 현상** : 같은 종류의 맛을 가지는 두 종류의 맛 성분을 서로 혼합하면 각각이 가지고 있는 본래의 맛보다 훨씬 강한 맛을 느끼는 현상이다.

⑥ **억제 현상** : 서로 다른 정미 성분이 혼합되었을 때 주된 정미 성분의 맛이 약화되는 현상이다.

예 커피의 쓴맛이 설탕을 넣음으로써 억제된다.

4 미각의 역치

① 맛을 느끼는 물질의 최저 농도를 말한다.

② 쓴맛이 가장 낮고, 단맛이 가장 높다.

5 맛의 온도

일반적으로 혀의 미각은 30℃ 전후에서 가장 예민하며, 온도의 상승에 따라 매운맛은 증가하고 온도 저하에 따라 쓴맛이 감소한다.

TIP 맛을 느끼는 온도

종류	온도(℃)
쓴맛	40~50
짠맛	30~50
매운맛	50~60
단맛	20~50
신맛	5~25

6 식품의 냄새

식품의 냄새는 음식의 기호에 영향을 주는데, 쾌감을 주는 것을 향(香)이라 하고, 불쾌감을 주는 것을 취(臭)라 한다.

(1) 식물성 식품의 냄새

종류		특징
식물성 식품	알코올 및 알데하이드류	주류, 감자, 복숭아, 오이, 계피 등
	테르펜류	녹차, 차잎, 레몬, 오렌지 등
	에스테르류	주로 과일류
	황화합물	마늘, 양파, 파, 무, 고추, 부추, 냉이 등

동물성 식품	아민류(트리메틸아민) 및 암모니아류	육류, 어류 등
	카르보닐화합물 및 지방산류	치즈, 버터 등의 유제품

 TIP 기타 특수 성분
① 생선 비린내 성분 : 트리메틸아민(동물성 냄새)
② 참기름성 분 : 세사몰
③ 고추의 매운맛 : 캡사이신
④ 후추의 매운맛 : 채비신, 피페린
⑤ 와사비의 매운맛 : 아릴이소티오시아네이트
⑥ 마늘의 매운맛 : 알리신
⑦ 생강의 매운맛 : 진저론, 쇼가올
⑧ 겨자의 매운맛 : 시니그린

Section 10 식품의 물성

1 식품의 물성

식품은 식품이 내포하는 영양소 성분에 의한 맛 이외에 혀에서 느끼는 촉감이나 입안에서의 씹히는 감각에 따라 각기 그 느낌이 다른데 식품의 조직 구조를 일반적으로 텍스쳐(texture) 즉 물성이라 한다.

(1) 유화(emulsion)

한 분자 내에 극성기와 비극성기를 같이 가지고 있어 액체의 표면장력을 감소시켜 유화액을 안정시키는 것. (천연 유화제 : lecithin, sterol류, 담즙산, gum질)

(2) 거품(foam)

거품은 먹을 때의 촉감과 관계가 있으며, 액체의 표면장력과도 관계가 있다. 액체의 표면장력이 큰 것은 거품이 생기기 어려우나 한번 생긴 거품은 없어지기 어렵다. 거품은 온도와 관계가 있어 차게 한 맥주의 거품은 오래 지속되나 더운 맥주는 거품이 생겨도 금방 없어진다. 거품이 없어진 맥주가 쓴 것은 쓴맛을 부드럽게 하는 거품의 작용이 없어졌기 때문이다. 거품을 이용한 식품으로는 머랭게(meringues), 아이스크림, 맥주, 젤라틴, 젤리 등이 있다.

(3) 점성

액체 내부의 분자 밀도가 커지면 분자는 운동할 때 충돌하여 마찰을 일으키는 것이다. 액체 상태인 식품에는 점성이 있고 점성이 클수록 액체는 끈끈해지며, 온도가 낮아지면 점성은 높아진다. 화이트소스(White sauce)를 만들 때 뜨거울 때에는 점성이 낮으나 식어감에 따라 점성이 높아지게 되므로 밀가루의 사용량을 잘 조절해

빈출 Check

44 발연점을 고려했을 때 튀김용으로 가장 적합한 기름은?
① 쇼트닝   ② 참기름
③ 대두유   ④ 피마자유

발연점이 높은 기름은 대두유이다.

야 하며, 달걀흰자, 젤라틴, 설탕액, 전분액 등은 점성도가 높다.

(4) 탄력성(elasticity)

탄력성이란 탄성체가 밖으로부터 힘을 받아서 모양이 변화될 때, 원래의 형태로 되돌아가려는 응력이 그 내부에 생기는데, 이 응력에 의해서 탄성체가 다른 물체에 주는 힘을 말한다. 탄성은 식품의 조성에 따라 다르며, 생선묵과 같이 쫄깃쫄깃한 식품은 탄성이 많다고 볼 수 있다.

(5) 표면장력(surface tension)

액체 내의 분자들이 서로 끌어 주는 힘으로 그의 표면을 될 수 있는 한 작게 하려는 힘이다. 기체에 접하는 액체의 표면에는 항상 표면장력이 작용하므로 액체를 공기 중에 떨어뜨리면 그 표면은 구상에 가깝게 되고 물을 왁스, 종이 등의 표면에 떨어뜨렸을 경우에는 동그란 물방울이 된다. 표면장력은 온도의 상승에 따라 감소된다. 이것은 표면에 있는 분자의 열운동 때문이며, 표면장력을 증가시키는 물질은 설탕이며, 감소시키는 물질은 지방, 알콜, 탄닌, 사포닌, 단백질 등 많은 유기화합물이 있다.

(6) 콜로이드(colloid, 교질)

0.1~0.001㎛ 정도의 미립자가 어떤 물질에 분산되어 있는 상태를 말한다. 식품 중에서 젤리, 버터는 모두 콜로이드 일종이며, 생선 식품의 세포 내에 함유되어 있는 액은 전부 콜로이드상태이다. 액채상태(sol)에는 우유, 된장, 잣죽, 마요네즈 등이 있고 고체상태(gel)에는 물, 소스, 푸딩, 카스타드, 알찜, 양갱, 두부, 족편 등이 있다.

45 식물성유를 경화 처리한 고체 기름을 무엇이라 하는가?
① 버터   ② 라드
③ 쇼트닝   ④ 마요네즈

경화유란 불포화지방이 많은 액체 유지에 니켈을 촉매로 수소를 첨가하여 고체화한 것을 말하며, 종류로는 마가린과 쇼트닝이 있다.

(7) pH(수소이온농도)

식품과 조리에 있어서 pH 작용에 의해서 여러 가지 성질이 달라지는데 pH가 산성(pH<7)일 때는 맛이 있고, 알카리성(pH>7)일 때는 맛이 없게 느껴진다. 일반적인 조리는 pH7 부근에서 이루어지는데 때로는 중조($NaHCO_3$)를 사용하든가 식초를 사용하여 pH를 변화시켜 조리하는 경우도 있고 pH2에서 9까지는 적당히 응용할 수 있다.

(8) 용해도(solubility)

용액 속에 녹아 있는 용질의 농도를 말한다. 용해속도는 온도의 상승과 함께 증가하고 용질의 상태, 결정의 크기, 교반, 삼투에 의해서도 영향을 받는다.

(9) 산화(oxidation)

본래의 의미는 어떤 물질이 산소와 화합하여 산화물이 되는 반응 등을 말한다. 산화 작용은 식품을 조리할 때에 요리의 맛이나 외관 등을 나쁘게 하고, 나아가서는 영양가를 손실시키는 경우가 많다. 그중에서도 산화되기 쉬운 것이 유지(油脂)류인

데 공기 중에서 가열하면 즉시 산화되고 산화된 것끼리 다시 중합을 일으켜 부패의 원인이 된다. 또 유지류를 오랫동안 공기에 접촉시켜두면, 산화가 일어나 맛이 나쁘게 되며 비타민A나 C도 산화되기 쉽다. 식품 중에는 여러 가지 색소가 함유되어 있으나 산소에 의해서 산화되어 나쁘게 변색되는 경우가 많다. 육류의 미오글로빈(myglobin) 색소는 산화되면 메트 미오글로빈(metmyglobin)으로 변해 갈색화되고 식물 색소인 카로틴(carotene) 등도 산화에 의해서 퇴색된다.

⑽ 삼투압(osmosis)

삼투압은 서로 농도가 다른 용액을 반투막 사이에 두면 용매는 반투막을 통해서 고농도의 용액 쪽으로 옮겨 가는 데 이때 필요한 압력이다. (수분이 빠져나오는 힘) 조리에서 삼투압의 작용은 채소와 물고기를 소금에 절이거나 김치 등에 이용한다. 조미료를 사용할 때 분자량에 따라 침투 속도는 다르므로 분자량이 적은 것이 빨리 침투한다. 분자량은 물이 18.0, 소금이 58.5, 설탕이 342.2이므로 소금과 설탕을 동시에 조미하면 소금 맛이 더 강해지므로 설탕을 먼저 넣은 뒤에 소금을 넣는 것이 좋다.

⑾ 팽윤(swelling)

쌀, 콩과 같은 곡물이나 표고, 다시마와 같이 건조된 것을 물에 넣으면 몇 배로 불게 되는 것을 말한다.

⑿ 용출(extraction)

재료 중의 성분이 용매(물) 속에 녹아 나오는 현상을 말하고, 목적한 물질을 녹여 내는 것을 추출이라고 한다. 용액 속에 용출되어 나오는 물질의 농도는 낮을수록 용출이 빠르므로, 떫은맛을 빼는 경우 물을 자주 갈아 주는 것이 좋다. 온도가 높은 쪽이 용출이 좋기 때문에 스프를 맛있게 하기 위하여 끓기 직전의 온도에서 성분을 용출시킨다.

② 식품의 리올리지의 성질

성질	특징
바이센베르그 효과	젓가락을 세워서 회전시키면 연유가 젓가락을 따라 올라오는 성질
예사성	난백이나 청국장을 숟가락으로 떠올리면 실처럼 딸 올라오는 성질
신전성	국수나 밀가루 반죽이 늘어나는 성질
항복치	탄성에서 소성으로 변하는 힘

빈출 Check

46 다음 중 육류의 연화작용과 관계가 없는 것은?
① 레닌　　② 파파야
③ 무화과　④ 파인애플

💬 **육류의 연화를 돕는 과일**
• 파파야 : 파파인
• 무화과 : 휘신
• 파인애플 : 브로멜린
• 레닌은 단백질을 응고시키는 효소이다.

47 불포화지방산을 포화지방산으로 변화시키는 경화유에는 어떤 물질이 첨가되는가?
① 산소　　② 수소
③ 칼슘　　④ 질소

💬 경화유는 불포화지방산에 수소를 첨가하고 니켈을 촉매로 사용하여 포화지방산의 형태로 변화시킨 것으로 마가린, 쇼트닝이 있다.

정답 _ 46 ① 47 ②

식품 중의 유독 성분이라 함은 식품 본래의 기능에 어긋나고 우리가 섭취함으로써 건강에 장해를 일으키는 식품과 관련된 성분을 말한다. 종류에는 자연식품 자체가 함유한 내인성 유독물질과 오염된 미생물이 분비하는 독성물질, 제조과정 중 혼입되는 유독물질, 인위적으로 첨가하는 외인성 유독물질 등이 있다.

1 식물성 식품의 유독물질

배당체	신살구, 복숭아씨 – 아미그달린 / 수수류 – 두린 / 시금치, 콩 – 사포닌 / 감자 – 솔라닌
알칼로이드	솔라닌의 가수분해산물 – 솔라니딘 / 꽃무릇구근 – 리코린 / 토마토의 토마티닌
펩티드	독버섯 – 팔로이딘 / 아마니틴, 피마자 – 리신 / 콩 – 소진(sojin)
유기염기	독버섯 – 뉴린 / 무스카린, 커피 – 카페인 / 차 – 데오브로민 / 면실 – 고시풀

2 동물성 식품의 유독물질

주로 어패류에 함유되어 있으며 독성물질이 체내에서 직접 합성되는 것이 아니라 독성을 함유하는 플랑크톤 등을 어패류가 섭취함으로써 독성을 지니는 것으로 알려짐

복어	테트로도톡신(난소, 간장)
조개류	모시조개, 굴 – 베네루핀
담치	미티로톡신

3 미생물 유독 대사물질

식품을 저장 또는 가공하는 과정에서 오염되거나 식품 자체에 기생하는 미생물에 의해 독성물질을 생성, 주로 곰팡이 독이라고 함

곰팡이명	식품명 / 독소명 / 증상
아플라톡신	간장, 된장 등의 곰팡이 / 간장장애
맥각중독	맥각균 – 보리, 호밀, 밀 등에 기생 / 에르고타민, 에르고톡신균 / 근육수축, 괴저
황변미중독	페니실룸 시트리닌, 시트레오비리딘, 아일란디톡신 / 간장장애, 신경장애
퓨사륨	오크라톡신, 파툴린 / 옥수수, 밀 / 각종 생리장애

Chapter 02 효소

Section 1 식품과 효소

1 효소의 이용

(1) 효소의 이용에 따른 분류

① 식품 중에 함유된 효소의 이용 : 육류, 치즈, 된장의 숙성 등에 이용된다.

② 효소 작용을 억제하는 경우 : 신선도를 위한 변화 방지의 목적으로 효소 작용을 억제한다.

③ 효소를 식품에 첨가하는 경우 : 펙틴 분해 효소를 첨가해 과즙이나 포도주의 혼탁을 예방하거나, 육류의 연화를 위해 프로테아제를 첨가한다.

④ 효소를 사용하여 식품을 제조하는 경우 : 전분으로부터 포도당을 제조하거나, 효소 반응을 이용해 글루타민산과 아스파틱산을 제조한다.

2 소화기계

위장관이라고 불리는 소화기계는 구강에서 시작하여 항문에서 끝나는 연속적인 근육막의 관상 구조로 되어 있다. 소화관 벽의 구조는 관 전체가 일정하다. 일반적으로 구강, 식도, 위, 십이지장 그리고 공장을 상부 위장관이라 하고, 회장, 대장(맹장, 결장, 직장) 및 항문은 하부 위장관이라 한다. 타액선, 간, 췌장 그리고 담낭은 부속기관이다.

(1) 소화기계의 기능

① 구강
　　㉠ 음식물을 작은 입자로 분해한다(저작 작용).
　　㉡ 음식물을 타액과 혼합하여 연하게 한다.
　　㉢ 음식물을 위로 내려 보낸다.

② 위
　　㉠ 음식물을 저장한다.
　　㉡ 수분, 알코올, 약물을 흡수한다.

③ 소장(십이지장, 공장, 회장)
　　㉠ 호르몬을 분비하여 췌장액, 담즙, 장 효소 분비를 자극한다.

ⓛ 십이지장 : Fe, Mg, Ca를 흡수한다.

④ 대장

    ㉠ 수분, 전해질, 비타민 K를 흡수한다.

    ㉡ 굳은 장의 노폐물을 제거한다.

    ㉢ 대장 세균은 비타민 K를 형성한다.

⑤ 간

    ㉠ 담즙을 생산한다.

    ㉡ 당질, 단백질, 지방 대사, 영양소 저장 등의 작용을 한다.

    ㉢ 혈중 약물과 노폐물을 해독한다.

⑥ 담낭

    ㉠ 담즙을 농축시키고 저장한다.

    ㉡ 담즙을 십이지장으로 이동시킨다.

⑦ 췌장

    ㉠ 내분비 : 인슐린을 분비한다.

    ㉡ 외분비 : 소화 효소를 생산·분비한다.

52 식품의 갈변 현상을 억제하기 위한 방법과 거리가 먼 것은?

① 효소의 활성화
② 염류 또는 당 첨가
③ 아황산 첨가
④ 열처리

식품의 갈변 현상은 효소적 갈변과 비효소적 갈변으로 나누어진다. 효소적 갈변은 사과, 배, 복숭아, 감자 등 많은 과일과 채소의 껍질을 벗기거나 자를 때 발생한다.

(2) **소화 효소**

소화기관	소화액	소화 효소	작용하는 물질	생성 물질
입	타액(침) (pH 6.4~7.0)	프티알린	전분	덱스트린
		말타아제	맥아당	포도당
위	위액 (pH 1.5~2.0)	리파아제	지방	지방산, 글리세롤
		펩신	단백질	프로테오스, 펩톤
		레닌	카제인	파라카제인
소장	췌장액 (pH 7.5~8.2)	트립신	단백질, 프로테오스	아미노산, 펩톤
		아밀롭신	전분, 글리코겐	맥아당, 포도당
		스테압신	지방	지방산, 글리세롤
	소장액 (pH 8.0)	락타아제	유당	포도당, 갈락토오스
		말타아제	맥아당	포도당
		수크라아제	서당	포도당, 과당
		에렙신	펩톤, 펩티드	아미노산
		리파아제	지방	지방산, 글리세롤
대장	소화 효소는 분비되지 않고, 장내 세균에 의해 소장에서 소화되지 않은 영양소가 일부 분해된다.			

Chapter 03 식품과 영양

Section 1 **영양소의 기능 및 영양소 성취기준**

[식품의 기초식품군]

식품이란 사람에게 필요한 영양소를 한 가지 또는 그 이상 함유하고, 유해한 물질을 함유하지 않는 천연물 또는 가공품을 말한다.

1 식품의 정의

(1) **식품** : 모든 음식물을 말한다. 다만, 의약품으로서 섭취하는 것을 제외한다(식품위생법의 정의).

(2) **영양** : 사람이 생명을 유지하고 생활현상을 위한 물리적인 현상을 말한다.

(3) **영양소** : 영양을 유지하기 위하여 외부로부터 섭취하여야 되는 물질을 말한다.

① 3대 영양소 : 단백질, 탄수화물, 지방

② 5대 영양소 : 단백질, 탄수화물, 지방, 무기질, 비타민

③ 6대 영양소 : 단백질, 탄수화물, 지방, 무기질, 비타민, 물

(4) **기호 식품** : 영양소를 거의 함유하고 있지 않으나 식품에 색깔, 냄새, 맛을 부여하거나, 우리가 직접 섭취하여 식욕을 증진시키는 물질을 말한다(청량음료, 다류, 조미료 등).

(5) **강화식품** : 손실됐거나, 원래 없었던 영양소를 식품에 보충하여 영양가를 높인 식품을 말한다(강화미, 강화밀, 강화된장 등).

2 식품구성자전거

(1) 식생활에서 균형 잡힌 식생활을 위하여 먹어야 하는 식품들을 구분하여 우리가 섭취하고 있는 식품들의 종류와 영양소 함량에 따라 기능이 비슷한 것끼리 묶어보면 곡류, 고기·생선·달걀·콩류, 채소류, 과일류, 우유·유제품류, 유지·당류의 6가지 식품군으로 구분된다.

(2) 식품구성자전거는 6가지 식품군 중 과잉 섭취를 주의해야 하는 유지·당류를 제외한 5가지 식품군을 매일 골고루 필요한 만큼 먹어 균형 잡힌 식사를 해야 한다는 의미를 전달하고 있다.

(3) 여기에 앞바퀴는 매일 충분한 양의 물을 섭취해야 하는 것을 표현하고 있으며 자전

빈출 Check

53 우리나라 기초식품군은 모두 몇 가지로 분류되는가?

① 3가지 ② 4가지
③ 5가지 ④ 6가지

우리나라는 영양소의 종류를 중심으로 5가지 기초식품군으로 나누고 있다.

54 한국인 표준 영양 권장량 (19~29세 성인 남자 1일 1인분)의 열량은 몇 kcal인가?

① 2,000 kcal
② 2,100 kcal
③ 2,300 kcal
④ 2,600 kcal

한국인 성인(19~29세) 남자 1일 필요 열량은 2,600kcal이고 성인 여자 1일 필요 열량은 2,100kcal이다.

정답 _ 53 ③ 54 ④

거에 앉은 사람의 모습은 매일 충분한 양의 신체활동을 해서 적절한 영양소 섭취기준과 함께 건강을 유지하고 비만을 예방할 수 있음을 의미한다.

(4) 식품구성자전거의 뒷바퀴를 보면 곡류는 매일 2~4회, 고기·생선·달걀·콩류는 매일 3~4회, 채소류는 매 끼니 2가지 이상, 과일류는 매일 1~2개, 우유·유제품은 매일 1~2잔을 섭취하는 것을 표현하고 있다.

(5) 유지·당류는 조리 시 조금씩 사용하는 것을 권장한다.

(6) 물론 각 개인에 하루 필요량에 따라 식품의 양과 종류를 조정할 수 있으며, 식사구성안(권장 식사 패턴)을 이용하면 편리하게 하루에 필요한 식품군의 섭취 횟수를 정할 수 있다.

식품구성자전거 / 자료출처 : 보건복지부, 2015 한국인 영양소 섭취기준

3 식품의 구비 조건

(1) **영양적 가치** : 식품을 섭취하는 목적은 영양을 공급하는데 있으므로, 식품은 영양소를 골고루 함유하고 있어야 한다.

(2) **위생적 가치** : 식품을 섭취함으로 인체에 위해가 되지 않도록 안전하게 공급되어야 한다.

(3) **기호적 가치** : 영양과 위생이 우수하고, 식욕을 증진시키는 소화율을 높일 수 있어야 한다.

(4) **경제적 가치** : 영양이 우수한 식품을 저렴하게 구입할 수 있어야 한다.

4 기호식품이란

영양소를 거의 또는 함유하고 있지 않으나 식품에 색깔, 냄새, 맛을 부여하거나, 우리가 직접 섭취하여 식욕을 증진시키는 물질을 말한다(예 : 청량음료, 다류, 조미료).

빈출 Check

55 식단 작성 시 고려해야 할 영양소 및 영양 섭취비율은 어느 것인가?
① 당질 55%, 지질 25%, 단백질 20%
② 당질 65%, 지질 25%, 단백질 10%
③ 당질 70%, 지질 15%, 단백질 15%
④ 당질 65%, 지질 20%, 단백질 15%

식단작성시 총 열량 권장량 중 당질 65%, 지방 20%, 단백질 15%의 비율로 한다.

56 하루 동안에 섭취한 음식 중에 단백질 70g, 지질 35g, 당질 400g이었다면 얻을 수 있는 총 열량은?
① 1,885kcal
② 2,195kcal
③ 2,295kcal
④ 2,095kcal

열량 영양소는 1g당 단백질 4kcal, 지질 9kcal, 당질 4kcal의 열량을 내므로
$(70 \times 4) + (35 \times 9) + (400 \times 4) = 2,195$kcal

정답 _ 55 ④ 56 ②

5 강화식품이란

손실된 영양소를 식품에 첨가하여 부활하던가 원래 없었던 성분을 보충하여 영양가를 높인 식품을 말한다(예 : 강화미, 강화밀, 강화 된장).

6 식품의 구성 성분

식품 성분	일반 성분	수분
		유기물– 단백질, 당질, 지질
		무기물
		비타민
	특수 성분	색 성분
		향 성분
		맛 성분

(1) 식품 중에 함유된 영양소 및 수분의 체내역할

① 몸의 활동에 필요한 에너지를 공급한다(열량소).

ㄱ 단백질, 당질, 지질

ㄴ 노동하는 힘과 체온을 낸다.

② 몸의 발육을 위하여 몸의 조직을 만드는 성분을 공급한다(구성소).

ㄱ 단백질, 무기질

ㄴ 근육, 혈액, 뼈, 모발, 피부, 장기 등 몸의 조직을 만든다.

③ 체내의 각 기관이 순조롭게 활동하고 섭취된 것이 몸에 유효하게 사용되기 위해 보조작용을 한다(조절소).

ㄱ 무기질, 비타민

ㄴ 몸의 생리기능을 조절하고 질병을 예방한다.

④ 인간의 체중의 약 2/3를 차지하고 체내에서 영양소의 운반, 소화, 흡수를 돕는 역할(수분)

(2) 식단 작성에 필요한 섭취 식품량은 한국인 영양권장량의 성인 남자 20~49세의 체중 64kg인 1일분에 따른 식품 구성량을 기준으로 한다.

① **구성식품(構成食品)** : 근육, 혈액, 뼈, 모발, 피부, 장기 등 몸의 조직을 만드는 영양소로 단백질, 무기질, 지방이 있다.

② **조절식품(調節食品)** : 소화액 분비, 대사작용 조절, 신경조직의 조절, 근육의 탄력 유지, 체액의 중성유지 등 몸의 생리기능을 조절하고 질병을 예방하는 영양소는 비타민, 단백질, 무기질이 있다.

빈출 Check

57 식품에 있는 영양소 중 생리 작용을 조절하는 것이 아닌 것은?

① 단백질 ② 비타민
③ 무기질 ④ 지방

조절소에 해당하는 영양소는 단백질, 무기질, 비타민이 있으며 지방은 열량소의 역할을 한다.

58 체온 유지 등을 위한 에너지 형성에 관계하는 영양소는?

① 탄수화물, 지방, 단백질
② 물, 비타민, 무기질
③ 무기질, 탄수화물, 물
④ 비타민, 지방, 단백질

에너지를 발생하는 열량 영양소에는 탄수화물, 단백질, 지방이 있다.

정답 _ 57 ④ 58 ①

③ **열량식품(熱量食品)** : 노동하는 힘과 열과 체온을 내는 영양소로 탄수화물, 지
방, 단백질이 있다.

[영양소 및 영양 섭취기준, 식단작성]

① 급식 구성원의 섭취 식품량 계산법

가족이나 많은 사람들의 섭취 식품 산출량 계산에는 연령별, 성별에 따라 영양 권장량
의 성인 환산치를 활용하고, 일수를 곱하여 산출한다. 이 산출량으로 식품 분배 계획을
세워 식단을 작성한다. 4인 가족에 필요한 1주일분의 섭취 식품량을 산출하면 4인 가
족의 환산치 합계는 3.00이다.

② 식단 작성의 의의와 목적

(1) 의의

인체에 필요한 영양을 균형적으로 보급하고 먹는 사람의 영양 필요량에 알맞은 음
식을 준비하며, 영양 지식을 기초로 하여 합리적인 식습관을 형성하는데 그 의의
가 있다.

(2) 목적

① 시간과 노력이 절약된다. ② 식품비를 조절하거나 절약할 수 있다.

③ 영양과 기호를 충족시킬 수 있다. ④ 좋은 식습관을 형성한다.

③ 식단 작성의 기초 지식

(1) 식품의 분류

① 식품 영양가표에서의 분류 체계를 중심

② 한국인의 대표적인 식사패턴

③ 식품들의 영양소 함량

④ 국민 영양 조사에서 특정 식품이 총영양소 섭취에 기여하는 정도

(2) 식단 작성의 기본 조건

① **영양** : 우리나라 식사 구성안의 식품군을 고루 이용하고 단백질, 칼슘의 섭취
가 충분하도록 성인 환산치를 이용한 영양 필요량에 알맞은 식품과 양을 택해
야 한다.

② **경제** : 신선하고 값이 싼 제철 식품을 이용하고 각 가정의 경제 사정을 참작한다.

③ **기호** : 편식을 피하기 위해 광범위한 식품 또는 요리를 선택하고 적당한 조미료
를 사용한다.

59 신체의 근육이나 혈액을 합
성하는 구성 영양소는?
① 단백질 ② 탄수화물
③ 물 ④ 비타민

영양소 역할에 따른 분류에
서 구성 영양소에는 단백질, 무기
질, 지방이 있다.

④ **지역** : 지역 실정에 맞추어 그 지역에서 생산되는 재료를 충분히 활용하고 식생활과 조화될 수 있는 식단을 연구한다.

⑤ **능률** : 음식의 종류와 조리법을 주방의 구조 및 설비, 조리기구 등을 고려해서 선택하고 인스턴트식품이나 가공식품을 효율적으로 이용한다.

(3) 식단 작성의 유의점

① 식단은 보통 1주일형으로 하여 작성한다(5일형).

② 식단 작성 시 한 끼의 식사를 충분히 검토하고 결정해야 한다.

③ 음식의 질, 맛의 배합과 조화를 잘 생각해야 한다.

④ 전분성 식품의 중복을 피하도록 해야 한다.

⑤ 조리자의 시간을 참작하여 조리 방법을 택한다.

⑥ 물가를 살펴 식생활비 범위 내에서 식단을 작성한다.

⑦ 새로운 식품과 조리법을 적용하여 편식하는 습관이 없도록 한다.

⑧ 식단을 작성할 때에는 전주, 전일, 전년의 식단을 참고하도록 한다.

⑨ 어린이나 노인층을 특별히 고려한다.

⑩ 조리 기기를 충분히 이용하여 시간을 절약한다.

(4) 표준 식단의 작성 순서

① **영양 기준량의 산출** : 한국인 영양 권장량을 적용하여 성, 연령, 노동 강도 등을 고려하여 산출한다.

② **섭취 식품량의 산출** : 한국인 영양 권장량에 따른 식량 구성량의 예를 사용하여 섭취 식품량을 군별, 식품별로 산출한다.

③ **3식의 배분 결정** : 하루에 필요한 섭취 영양량에 따른 식품량을 1일 단위로 계산, 3식의 단위식단 중 주식의 단위는 1 : 1 : 1, 부식의 단위는 1 : 1 : 2(또는 3 : 4 : 5)로 하여 요리 수 계획을 수립한다.

④ **음식 수 및 요리명 결정** : 식단에 사용할 음식 수를 정하고 섭취 식품량이 다 들어갈 수 있도록 고려하여 요리명을 결정한다.

⑤ **식단 작성 주기 결정** : 1개월분, 10일분, 1주일분, 5일분(학교급식) 등으로 식단 작성 주기를 결정하고 그 주기 내의 식사 횟수를 결정한다.

⑥ **식량 배분 계획** : 20~49세 성인남자 1인 1일분의 식량 구성량에다 평균 성인 환산치와 날짜를 곱한 식품량을 계산한다.

⑦ **식단표 작성** : 요리명, 식품명, 중량, 대치식품, 단가 등을 기재한 식단표를 작성한다.

빈출 Check

60 조절 영양소가 비교적 많이 함유된 식품으로 구성된 것은?

① 시금치, 미역, 귤
② 쇠고기, 달걀, 두부
③ 두부, 감자, 쇠고기
④ 쌀, 감자, 밀가루

🔑 조절 영양소에는 비타민, 무기질이 있다.

61 다음 중 열량소가 아닌 것으로 짝지어진 것은?

① 단백질, 당질
② 당질, 지질
③ 비타민, 무기질
④ 지질, 단백질

🔑 열량을 내는 영양소로는 당질, 단백질, 지질이 있다.

62 쇠고기를 돼지고기를 대체하고자 할 때 쇠고기 300g을 돼지고기 몇 g으로 대체해야 하는가? (단, 식품분석표상 단백질 함량은 쇠고기 20g, 돼지고기 15g이다.)

① 200g ② 360g
③ 400g ④ 460g

대치식품량

= 원래 식품의 양×원래 식품의 해당 성분 수치 / 대치하고자 하는 식품분석치

= $\frac{300\times20}{15}$ = $\frac{6,000}{15}$ = 400

쇠고기 300g은 돼지고기 400g으로 대체해서 사용하면 된다.

TIP 복수 식단과 대치 식품

• **복수 식단** : 동일한 영양을 섭취하면서도 식품과 조리법을 선택할 수 있도록 계획된 식단
• **대치 식품** : 대치 식품은 기본이 되는 식품에 대해 대치할 수 있는 것을 말한다. 식품에 공통으로 함유된 주된 영양소를 생각하여 대치하며, 식단 작성 시 필요하다. 버터와 마가린, 쇠고기와 돼지고기, 감자와 고구마 등이 있다.

$$대치 식품량 = \frac{원래 식품의 영양소 함량}{대치 식품의 영양소 함량} \times 원래 식품량$$

4 한국의 전통적인 상차림

(1) 반상(飯床)

밥과 반찬을 주로 하여 차리는 정식 상차림으로 신분에 따라 아랫사람에게는 밥상, 어른에게는 진지상, 임금에게는 수랏상이라 불렀으며 한 사람이 먹도록 차린 반상을 외상(독상), 두 사람이 먹도록 차린 반상을 겸상이라 한다. 그리고 외상으로 차려진 반상에는 3첩, 5첩, 7첩, 9첩, 12첩이 있는데, 첩이란 밥, 국, 김치, 조치, 찜, 전골, 종지(간장, 고추장, 초고추장)를 제외한 쟁첩(접시)에 담는 반찬수를 말한다.

① **기본 음식** : 밥, 국, 김치, 전골, 찜(선), 찌개(조치), 장류
② **찬품** : 숙채, 생채, 조림, 구이, 장아찌, 마른 찬, 회, 전, 편육

반상차림의 구성

상차림	첩수에 들어가지 않는 음식							첩수에 들어가는 음식									
	밥	탕	김치	장류	조치	찜(선)	전골	나물 생채 숙채	구이	조림	전	마른 반찬	장과	젓갈	회	편육	수란
3첩	1	1	1	1	×	×	×	택1	택1	×		택1			×	×	×
5첩	1	1	2	2	1	×	×	택1	1	1		택1			×	×	×
7첩	1	1	2	3	2	택1		1	1	1	1	택1			택1		×
9첩	1	1	3	3	2	1		1	1	1	1	1	1	1	택1		×
12첩	1	2	3	3	2	1	1	2	1	1	1	1	1	1	1	1	1

(2) 면상(麵床)

면을 주식으로 하여 차리는 상이며 점심으로 많이 이용한다. 겨울에는 온면, 떡국이나 만둣국, 여름에는 냉면이 주식으로 오르며, 부식으로 찜, 겨자채, 잡채, 편육, 전, 배추김치, 나박김치, 생채 등이 오른다. 떡이나 한과, 과일을 곁들이기도 하며, 이때는 식혜, 수정과, 화채 중의 한 가지를 놓는다. 술손님인 경우에는 주안상을 먼저 낸다.

(3) 주안상(酒案床)

술을 대접하기 위하여 차리는 상으로 보통 약주를 내는 주안상에는 육포, 어포, 건어, 어란 등의 마른안주와 전이나 편육, 찜, 신선로, 얼큰한 고추장찌개나 매운탕, 전골 등과 같이 더운 국물이 있는 음식, 그리고 생채류와 김치, 과일 등이 오르며, 떡과 한과류가 오르기도 한다.

(4) 교자상(交子床)

명절, 잔치 또는 회식 때 많은 사람을 초대하여 음식을 대접할 때, 대개 4~6명씩 한 상으로 차리는 것이다. 이때 주안상 형식이 가장 보편적인데 이를 건교자라 하며, 밥상 형식으로 차리는 것을 식교자라고 한다. 그리고 술과 안주로 차린 주안상의 경우는 술 접대가 끝나면, 전분 음식으로 국수, 만두, 떡국 등 한 가지를 대접하고 과일이나 화채로 끝을 맺는 것이 보통이다. 주안상에 있어서 밥상 형식으로 대접하는 경우도 있는데 이를 열교자라고 한다.

(5) 절식, 풍속 음식

① 설날의 세배상(음력 1월 1일) : 떡국 또는 만둣국, 전유어 또는 편육, 나박김치, 인절미, 약식, 강정류, 식혜, 수정과

② 정월대보름(음력 1월 15일) :오곡밥, 각색나물, 약식, 산적, 식혜, 수정과

③ 삼짇날(음력 3월 3일) : 진달래화채, 탕평채

④ 일식·복어(양력 4월 6일) : 과일, 포, 쑥절편, 쑥 송편

⑤ 단오날(음력 5월 5일) : 증편, 애호박, 준치국, 준치만두

⑥ 삼복(6월) : 개장국

⑦ 칠석(음력 7월 7일) : 육개장

⑧ 추석상(음력 8월 15일) : 송편, 토란탕, 화양적, 누름적, 닭찜

⑨ 동지(양력 12월 22일) : 팥죽, 동치미

⑩ 섣달그믐(음력 12월 30일) : 만둣국, 골동반

5 병원 급식

(1) 일반식이

식품의 종류, 분량에 제한받지 않고 특수한 치료식도 필요하지 않는 일반 환자식으로 다섯 가지 기초 식품군이 잘 배합되어야 한다.

(2) 이일식 · 복어이

환자의 질병이 회복됨에 따라 맑은 유동식 → 전유동식 → 연식 → 경식 → 일반식으로 형태를 바꾸어 섭취하는 것을 말한다.

① **경관급식(tube feeding)** : 혼수상태 환자에게 관을 통하여 높은 영양을 공급

한다.

② **맑은 유동식** : 환자가 위독하거나 수술 후 1~2일 동안 수분 공급을 주목적으로 하는 식사로, 차, 맑은 육즙, 체로 거른 과즙 등을 사용한다.

③ **전유동식** : 상온(20℃), 체온(37℃)에서 액체 상태로 된 모든 음식을 말하며, 소화 기관이 극히 약하거나 음식을 삼키기 어려운 환자, 수술 후의 환자에게 주는 것으로 필수 영양소가 결핍되어 있으므로 단기간만 공급한다.

④ **연식** : 소화기관이 좋지 않은 사람이나 수술 후 회복기 환자에게 사용되며 액체와 반고체 식품으로 한다. 죽이 주식이 되는 식사로 섬유소가 적은 채소나 힘줄이 없는 육류를 사용하고 자극성이 없는 양념을 한다.

⑤ **경식** : 연식에서 일반 식사로 옮기기 전 전환기 음식이기 때문에 소화하기 좋고 위장에 부담이 가지 않는 식품을 선택한다. 기름기가 적고 질기지 않은 닭고기, 생선 등을 사용한다.

(3) 특별치료식이

① **위궤양** : 위산 과다로 위벽이 헐고 위 점막이 저항력을 잃어 위액에 의해 발생하며 출혈성 궤양은 지혈 때까지 절식하며, 미음부터 시작하여 비출혈성 궤일식·복어으로 옮겨간다. 비출혈성 궤양은 위산의 중화, 위액 분비 억제, 위 운동의 억제를 위하여 단백질과 유화 지방을 섭취하여 자극성이 없고 소화가 잘 되는 식이로 한다.

② **당뇨병** : 인슐린 작용 부족으로 인한 탄수화물 대사 장애로, 당질, 열량을 제한하며, 고기, 생선, 달걀, 우유, 콩류 등의 단백질 식품과 비타민, 무기질 등을 공급해 줄 수 있는 채소류를 섭취하고 당분이 적은 과일 등이 좋다.

③ **신장병** : 단백질, 염분, 수분을 제한하고 자극성 있는 향신료나 술, 커피, 홍차 등을 금지한다.

④ **심장병** : 지방과 염분, 알콜을 제한하고, 충분한 영양을 공급한다.

⑤ **고혈압** : 동물성 지방, 열량, 염분 제한이 필요하다.

⑥ **간질환** : 담즙 분비에 이상이 생겨 담즙이 혈액 속에 퍼져 피부, 소변 색깔이 황색인 질병으로, 지방, 알코올, 향신료를 제한하고, 단백질을 섭취하도록 한다. 두부, 곡류, 야채, 레몬이 좋다.

⑦ **폐결핵** : 소모성 질환으로 미열이 나고 신진대사가 높아지고 몸이 나른해지는 질병으로 단백질, 지방, 칼슘과 철분, 비타민 A, B, C, D, 나이아신 등을 섭취한다. 특히 비타민 B_6를 충분히 섭취해야 소화액 분비, 증혈 및 항독 작용이 생긴다.

⑧ **비만증** : 탄수화물, 지방을 제한한다(열량 제한). 저열량 식품으로서 우유 대신 탈지유, 설탕 없는 음료를 섭취하도록 하고, 빵식에서도 버터를 금하고 주식을 감소시킨다.

Part 03 실전예상문제

01 다음 중 식품이 갖춰야 할 조건이 아닌 것은?

① 경제성　　② 영양성

③ 저장성　　④ 안전성

 식품의 구비 조건으로는 영양적 가치, 위생적 가치, 경제적 가치, 기호적 가치 등이 있다.

02 우리 몸에서 물은 체중의 몇 %를 차지하고 있는가?

① 30%　　② 40%

③ 50%　　④ 60%

 전체 체중의 60~65%의 수분을 포함하고 있다.

03 수분이 체내에서 하는 일이 아닌 것은?

① 인체에 열량을 공급한다.

② 영양소와 노폐물을 운반하는 작용을 한다.

③ 체온을 조절한다.

④ 내장의 장기를 보존하는 역할을 한다.

수분의 역할
• 영양소와 노폐물을 운반한다.
• 체온을 조절한다.
• 여러 생리 반응에 필수적이다.
• 장기를 보존한다.

04 자유수와 결합수에 대한 다음 설명 중 틀린 것은?

① 식품 내의 어떤 물질과 결합된 물을 결합수라 한다.

② 식품 내 여러 성분 물질을 녹이거나 분산시키는 물을 자유수라 한다.

③ 식품을 냉동시키면 자유수, 결합수 모두 동결된다.

④ 자유수는 식품 내의 총 수분량에서 결합수를 뺀 양이다.

 자유수와 결합수

자유수	• 수용성 물질을 녹일 수 있음 • 미생물 생육이 가능 • 건조로 쉽게 분리할 수 있음 • 0℃ 이하에서 동결
결합수	• 물질을 녹일 수 있음 • 미생물 생육이 불가능 • 쉽게 건조되지 않음 • 0℃ 이하에서도 동결되지 않음

05 식품이 나타내는 수증기압이 0.75기압이고, 그 온도에서 순수한 물의 수증기압이 1.5기압일 때 식품의 수분 활성도(Aw)는?

① 0.5　　② 0.6

③ 0.7　　④ 0.8

$$Aw = \frac{\text{식품 속의 수증기압}}{\text{순수한 물의 수증기압}} = \frac{0.75}{1.5} = 0.5$$

06 신선한 어패류의 Aw값은?

① 1.10~1.15　　② 0.98~0.99

③ 0.80~0.85　　④ 0.60~0.64

수분 활성도(Aw)
• 물의 Aw = 1
• 생선, 과일, 채소류의 Aw = 0.98~0.99
• 쌀, 콩류의 Aw = 0.60~0.64

07 식품이 나타내는 수증기압이 0.9기압이고, 그 온도에서 순수한 물의 수증기압이 1.5기압일 때 식품의 수분활성도는?

① 0.6   ② 0.65

③ 0.7   ④ 0.8

 수분활성도

$$= \frac{\text{식품이 나타내는 수증기압}}{\text{순수한 물의 최대 수증기압}} = 0.6$$

08 어떤 식품의 수분활성도(Aw)가 0.96이고 수증기압이 1.39일 때 상대습도는 몇 %인가?

① 0.69%   ② 1.45%

③ 139%   ④ 96%

 0.96×100=96% 이다.

09 식품의 수분 활성도에 대한 설명으로 틀린 것은?

① 식품이 나타내는 수증기압과 순수한 물의 수증기압의 비를 말한다.

② 일반적인 식품의 Aw값은 1보다 크다.

③ Aw의 값이 작을수록 미생물의 이용이 쉽지 않다.

④ 어패류의 Aw는 0.98~0.99 정도이다.

식품의 수분 활성도는 '식품 속의 수증기압/순수한 물의 수증기압'으로 물의 수분 활성도는 1이며, 일반식품의 수분 활성도는 항상 1보다 작다.

10 자유수와 결합수의 설명으로 옳은 것은?

① 결합수는 용매로서 작용한다.

② 자유수는 4℃에서 비중이 제일 크다.

③ 자유수는 표면장력과 점성이 작다.

④ 결합수는 자유수보다 밀도가 작다.

결합수는 용매로서 작용할 수 없으며 미생물의 번식에도 이용 불가능하고 쉽게 분리되지 않는다.
•자유수는 표면장력과 점성이 크고 결합수에 비해 밀도가 작다.

11 체내에서 피부 및 근육 형성에 필수적인 영양소는 무엇인가?

① 단백질   ② 무기질

③ 지방   ④ 탄수화물

체내에서의 영양소의 역할
•열량소 : 탄수화물, 단백질, 지방
•구성소 : 단백질, 무기질, 지방
•조절소 : 단백질, 비타민, 무기질

12 식품에 있는 영양소 중 생리작용을 조절하는 것이 아닌 것은?

① 단백질   ② 비타민

③ 무기질   ④ 지방

조절소에 해당하는 영양소는 단백질, 무기질, 비타민이 있으며 지방은 열량소의 역할을 한다.

13 체온 유지 등을 위한 에너지 형성에 관계하는 영양소는?

① 탄수화물, 지방, 단백질

② 물, 비타민, 무기질

③ 무기질, 탄수화물, 물

④ 비타민, 지방, 단백질

에너지를 발생하는 열량 영양소에는 탄수화물, 단백질, 지방이 있다.

14 신체의 근육이나 혈액을 합성하는 구성 영양소는?

① 단백질　　　　② 탄수화물
③ 물　　　　　　④ 비타민

> 영양소 역할에 따른 분류에서 구성 영양소에는 단백질, 무기질, 지방이 있다.

15 조절 영양소가 비교적 많이 함유된 식품으로 구성된 것은?

① 시금치, 미역, 굴
② 쇠고기, 달걀, 두부
③ 두부, 감자, 쇠고기
④ 쌀, 감자, 밀가루

> 조절 영양소에는 비타민, 무기질이 있다.

16 육류, 생선류, 알류 및 콩류에 함유된 주된 영양소는?

① 단백질　　　　② 무기질
③ 탄수화물　　　④ 지방

> 육류, 생선류, 어패류, 알류, 콩류는 단백질 급원 식품이다.

17 다음 중 5탄당은?

① 갈락토오스(galactose)
② 만노오스(mannose)
③ 크실로오스(xylose)
④ 프락토오스(fructose)

> 갈락토오스, 만노오스, 프락토오스는 모두 6탄당이며 크실로오스는 5탄당이다.

18 맥아당은 어떤 성분으로 구성되는가?

① 포도당과 전분이 결합된 것
② 과당 2분자가 결합된 것
③ 과당과 포도당 각 1분자가 결합된 것
④ 포도당 2분자가 결합된 것

> 맥아당은 포도당 2분자가 결합된 이당류로 엿기름에 많이 함유되어 있고 물엿의 주성분이다.

19 다음 중 단당류인 것은?

① 포도당　　　　② 유당
③ 맥아당　　　　④ 전분

> **탄수화물의 분류**
> • 단당류 : 과당, 포도당, 갈락토오스
> • 이당류 : 서당, 맥아당, 유당
> • 다당류 : 섬유소, 펙틴, 글리코겐

20 핵산의 구성 성분이고 보효소 성분으로 되어 있으며 생리상 중요한 당은?

① 글루코스　　　② 리보오스
③ 프락토스　　　④ 미오신

> **리보오스(Ribose)**
> 핵산의 성분, 비타민 B_2의 구성 성분으로 생리상 중요한 단당류의 5탄당이다.

21 다음의 당류 중 환원이 없는 당은?

① 맥아당　　　　② 설탕
③ 포도당　　　　④ 과당

> 환원당이란 염기성 용액에서 알데히드 또는 케톤을 형성하는 당의 일종으로 설탕을 제외한 단당류와 이당류는 모두 환원당이다.

Part 03
일식·복어 재료관리

22 다음 당류 중 단맛이 가장 강한 당은?

① 과당 　　　　② 설탕

③ 포도당 　　　④ 맥아당

> 🗨 **당류의 감미도 순서**
> 과당 〉 전화당 〉 자당 〉 포도당 〉 맥아당 〉 갈락토오스 〉 유당

23 식혜를 만들 때 당화 온도를 50~60℃로 하는 이유는?

① 엿기름을 호화시키기 위하여

② 프티알린의 작용을 활발하게 하기 위하여

③ 아밀라아제의 작용을 활발하게 하기 위하여

④ 밥알을 노화시키기 위하여

> 🗨 당화 효소인 β-아밀라아제의 최적 온도를 맞추어야 당화가 활발하게 일어나기 때문이다.

24 당류가공품 중 결정형 캔디는?

① 폰당 　　　　② 마시멜로

③ 캐러멜 　　　④ 젤리

> 🗨 폰당은 설탕에 물과 함께 일정한 온도까지 가열하여 식힌 후 저어서 결정이 생겼을 때 만들어지는 결정형 캔디이다.

25 다음 중 단당류가 아닌 것은?

① 서당(sucrose)

② 포도당(glucose)

③ 과당(fructose)

④ 갈락토오스(glactose)

> 🗨 **탄수화물의 분류**
> • 단당류 : 과당, 포도당, 갈락토오스
> • 이당류 : 서당, 맥아당, 유당
> • 다당류 : 섬유소, 펙틴, 글리코겐

26 동물의 저장 물질로서 간과 근육에 저장되는 당의 형태를 무엇이라고 하는가?

① 글리코겐 　　② 포도당

③ 이눌린 　　　④ 올리고당

> 🗨 탄수화물의 과잉 섭취 시 포도당은 글리코겐의 형태로 간과 근육에 저장되며 보통 체내에서 저장되는 양은 300~350g이다.

27 탄수화물의 가장 이상적인 섭취 비율은 몇 %인가?

① 50% 　　　　② 20%

③ 35% 　　　　④ 65%

> 🗨 열량원은 탄수화물이 65%, 단백질이 15%, 지방이 20%로 섭취하는 것이 가장 이상적이다.

28 1일 총 열량 2,000kcal 중 탄수화물 섭취비율을 65%로 한다면 하루 세 끼를 먹을 경우 한 끼 당 쌀 섭취량은 약 얼마인가? (단, 쌀 100g당 371kcal)

① 97g 　　　　② 107g

③ 117g 　　　④ 127g

29 우유 100g 중에 당질 5g, 단백질 3.5g, 지방 3.7g이 함유되어 있다면 이때 얻어지는 열량은?

① 47kcal 　　　② 67kcal

③ 87kcal 　　　④ 107kcal

> 🗨 당질, 단백질은 g당 4kcal, 지방은 g당 9kcal의 열량이 발생하므로
> $(5 \times 4) + (3.5 \times 4) + (3.7 \times 9) = 67kcal$

30 다음 중 열량소가 아닌 것으로 짝지어진 것은?

① 단백질, 당질 　　② 당질, 지질

③ 비타민, 무기질 　④ 지질, 단백질

정답　**22** ① 　**23** ③ 　**24** ① 　**25** ① 　**26** ① 　**27** ④ 　**28** ③ 　**29** ② 　**30** ③

열량을 내는 영양소로는 당질, 단백질, 지질이 있다.

31 알코올 1g당 열량은?

① 0kcal ② 3kcal

③ 7kcal ④ 9kcal

알코올은 g당 7kcal의 열량을 낸다.

32 다음 근채류 중 생식하는 것보다 기름에 볶는 조리법을 적용하는 것이 좋은 식품은?

① 당근 ② 토란

③ 고구마 ④ 무

당근 속에 함유된 카로틴은 지용성으로 기름에 볶을 때 흡수율이 높아진다.

33 해조류에서 추출한 성분으로 식품에 점성을 주고 안정제, 유화제로서 널리 이용되는 것은?

① 알긴산 ② 펙틴

③ 젤라틴 ④ 이눌린

알긴산은 갈조류의 세포막을 구성하고 있는 고분자 복합 다당류로 화장품이나 식품의 제조 시 유화제 및 안정제로 사용된다.

34 해조류에서 추출되는 천연 검질 물질로만 짝지어진 것은?

① 펙틴, 구아검 ② 한천, 알긴산염

③ 젤라틴, 키틴 ④ 가티검, 전분

한천과 알긴산염은 각각 우뭇가사리, 다시마 등의 해조류에서 추출된다.

35 홍조류에 속하며 무기질이 골고루 함유되어 있고 단백질도 많이 함유된 해조류는?

① 김 ② 미역

③ 다시마 ④ 우뭇가사리

해조류의 종류
• 홍조류 : 김, 우뭇가사리
• 녹조류 : 파래, 청각, 청태, 매생이
• 갈조류 : 미역, 다시마, 톳

36 다음 채소류 중 꽃 부분을 식용으로 하는 것과 거리가 먼 것은?

① 브로콜리 ② 컬리플라워

③ 비트 ④ 아티초크

비트는 뿌리를 식용하는 근채류에 속한다.

37 감자를 썰어 공기 중에 놓아두면 갈변되는데 이 현상과 가장 관계가 깊은 효소는?

① 아밀라아제(amylase)

② 티로시나아제(tyrosinase)

③ 말타아제(maltase)

④ 우레아제(urease)

감자의 갈변은 티로시나아제에 의해 발생한다.

38 효소적 갈변 반응에 의해 색을 나타내는 식품은?

① 간장 ② 홍차

③ 캐러멜 ④ 밀감 주스

비효소적 갈변에는 마이야르 반응(간장), 캐러멜화 반응(캐러멜), 아스코르빈산 산화 반응(밀감 주스)이 있다.

39 과일의 갈변을 방지하는 방법으로 바람직하지 않은 것은?

① 레몬즙, 오렌지즙에 담가둔다.

② 희석된 소금물에 담가둔다.

③ -10℃ 온도에서 동결시킨다.

④ 설탕물에 담가둔다.

> 과일의 갈변은 효소적 갈변으로 방지하는 방법에는 가열처리, 염장법, 당장법, 산저장법, 아황산침지 등이 있다.

40 마이야르(Maillard) 반응에 영향을 주는 인자가 아닌 것은?

① 수분   ② 온도

③ 효소   ④ 당의 종류

> 마이야르 반응은 비효소적 갈변이다.

41 지질의 화학적인 구성은?

① 탄소와 수소   ② 아미노산

③ 포도당과 지방산   ④ 지방산과 글리세롤

> 지질은 지방산과 글리세롤의 에스테르 결합으로 구성된다.

42 다음 중 필수지방산의 함량이 많은 기름은?

① 유채기름   ② 동백기름

③ 대두유   ④ 참기름

> 필수지방산의 함량이 높은 기름은 불포화도가 높은 것으로 일반적으로 대두유나 옥수수기름에 다량 함유되어 있다.

43 유지의 경화유에 대해 바르게 설명한 것은?

① 불포화지방산에 수소를 첨가하여 고체화한 가공유이다.

② 포화지방산에 니켈과 백금을 넣어 가공한 것이다.

③ 유지에서 수분을 제거한 것이다.

④ 포화지방산의 수증기 증류를 말한다.

> 경화유란 불포화지방산에 수소를 첨가하고 니켈과 백금을 촉매제로 하여 고체화시킨 가공유이다.

44 다음 중 필수지방산은?

① 리놀레산   ② 올레산

③ 스테아르산   ④ 팔미트산

> 필수지방산의 종류로는 리놀레산, 리놀렌산, 아라키돈산이 있다.

45 불건성유에 속하는 것은?

① 참기름   ② 땅콩기름

③ 콩기름   ④ 옥수수기름

> 불건성유 : 땅콩기름, 동백유, 올리브유 등

46 지방산의 불포화도에 의해 값이 달라지는 것으로 짝지어진 것은?

① 융점, 산가   ② 검화가, 요오드가

③ 산가, 유화성   ④ 융점, 요오드가

> •융점 : 불포화지방산은 이중 결합의 증가에 따라 융점이 달라진다.
> •요오드가 : 불포화지방산을 많이 함유하고 있는 유지의 요오드가가 높다. 요오드가에 따라 건성유, 반건성유, 불건성유로 구분한다.

47 지방 산패 촉진 인자가 아닌 것은?

① 빛　　　　　② 산소
③ 지방분해효소　④ 비타민 E

 지방의 산패 촉진 인자는 빛, 산소, 지방 분해 효소 등이며 비타민 E는 천연 항산화제이다.

48 중성 지방의 구성 성분은?

① 탄소와 질소　　　② 아미노산
③ 지방산과 글리세롤　④ 포도당과 지방산

 중성 지방은 1분자의 글리세롤과 3분자의 지방산 에스테르의 결합이다.

49 다음 중 유도 지질은?

① 왁스　　　② 인지질
③ 지방산　　④ 단백지질

 유도 지질에 해당하는 것은 지방산이다.

50 HLB값과 관계가 가장 깊은 것은?

① 에멀전화제　　② 시유 신선도
③ 맥주의 쓴맛　　④ 꿀의 단맛

 HLB란 계면활성제의 친수성, 친유성의 정도를 표현한 수치이다.

51 유화(emulsion)와 관련이 적은 식품은?

① 버터　　　② 생크림
③ 우유　　　④ 묵

 •수중유적형(O/W) : 물속에 기름이 분산되어 있는 상태로 우유, 마요네즈, 생크림, 아이스크림 등이 있다.
•유중수적형(W/O) : 기름속에 물이 분산되어 있는 상태로 버터, 마가린이 있다.

52 5g의 버터(지방 80%, 수분 20%)의 열량은?

① 36kcal　　② 45kcal
③ 130kcal　　④ 170kcal

 5g의 80%가 지방이므로 4g×9kcal=36kcal 이다.

53 인산을 함유하는 복합 지방질로서 유화제로 사용되는 것은?

① 레시틴　　② 글리세롤
③ 스테롤　　④ 지방산

 유화제의 역할은 하는 인지질은 레시틴이다.

54 천연 산화방지제가 아닌 것은?

① 세사몰(sesamol)
② 베타인(betaine)
③ 토코페롤(tocopherol)
④ 고시폴(gossypol)

 세사몰은 참기름, 토코페롤은 식물성유, 고시폴은 면실유에 함유된 천연 산화방지제이며, 베타인은 아미노산으로 식품의 감칠맛 성분이다.

55 아이코사펜타노익산(EPA, eicosapentanoic acid)과 같은 다가불포화지방산을 많이 함유하고 있는 생선은?

① 고등어　　② 갈치
③ 대구　　　④ 조기

 아이코사펜타노익산은 고등어, 꽁치 등의 등 푸른 생선에 많이 함유되어 있다.

56 다음 중 황 함유 아미노산에 해당되는 것은?

① 메티오닌　　② 글리신

③ 트레오닌　　④ 트립토판

 유황 아미노산은 메티오닌이다.

57 단백질의 질소 함유량은 몇 %인가?

① 8%　　② 12%

③ 16%　　④ 20%

단백질은 전체의 16% 정도가 질소로 이루어져 있다.

58 필수아미노산이 가장 적게 함유된 것은?

① 돼지고기　　② 닭고기

③ 고등어　　④ 쌀밥

필수아미노산이란 체내에서 필요한 만큼 충분히 합성되지 못해 음식으로 섭취해야만 하는 단백질로 생명 유지와 성장에 필요하며 동물성 식품에 많이 함유되어 있다.

59 다음 중 성인의 필수아미노산이 아닌 것은?

① 트립토판　　② 리신

③ 히스티딘　　④ 메티오닌

•성인에게 필요한 필수아미노산(8가지) : 루신, 리신, 페닐알라닌, 트립토판, 이소루신, 발린, 메티오닌, 트레오닌
•어린이에게 필요한 필수아미노산(10가지) : 성인 8가지+히스티딘, 아르기닌

60 기초대사량에 대한 설명으로 옳은 것은?

① 단위 체표면적에 비례한다.

② 정상 시보다 영양상태가 불량할 때 더 크다.

③ 근육조직의 비율이 낮을수록 더 크다.

④ 여자가 남자보다 대사량이 더 크다.

 기초대사량은 단위 체표면적이 클수록 크고, 남자가 여자보다 크고, 근육질인 사람이 지방질인 사람보다 크며, 발열이 있는 사람이나 기온이 낮으면 소요열량이 커진다.

61 필수아미노산을 반드시 음식에서 섭취해야 하는 이유는?

① 식품에 의해서만 얻을 수 있기 때문이다.

② 성장과 생명유지에 꼭 필요하기 때문이다.

③ 체조직을 구성하기 때문이다.

④ 병의 회복과 예방에 필요하기 때문이다.

필수아미노산
신체의 성장과 유지과정의 정상적인 기능을 수행함에 있어서 반드시 필요한 것으로 체내에서 합성되지 않으므로 식사에서 공급받아야 하는 아미노산을 말한다.

62 어린이에게만 필요한 필수아미노산은?

① 이소루신　　② 히스티딘

③ 히스타민　　④ 발린

필수아미노산
•성인에게 필요한 필수아미노산(8가지) : 루신, 리신, 페닐알라닌, 트립토판, 이소루신, 발린, 메티오닌, 트레오닌
•어린이에게 필요한 필수아미노산(10가지) : 성인 8가지 + 히스티딘, 아르기닌

63 완전단백질이란 무엇인가?

① 발견된 모든 아미노산을 골고루 함유하고 있는 단백질

② 필수아미노산을 필요한 비율로 골고루 함유하고 있는 단백질

③ 어느 아미노산이나 한 가지를 많이 함유하고 있는 단백질

④ 필수아미노산 중 몇 가지만 다량으로 함유하고 있는 단백질

> 완전단백질이란 동물의 생명 유지와 성장에 필요한 모든 필수아미노산이 필요한 양만큼 충분히 들어 있는 단백질을 말한다.

64 다음 중 단백가가 100으로 표준 단백질인 식품은?

① 두부　　　　　② 쇠고기
③ 달걀　　　　　④ 우유

> 달걀은 단백가 및 생물가가 100으로 가장 우수하여 단백질 평가의 기준이 되며 최고의 영양가치를 가진 식품이다.

65 대두에 가장 많은 단백질은?

① 글로불린　　　② 알부민
③ 프롤라민　　　④ 글루텔린

> 대두에 가장 많은 단백질은 글로불린이다.

66 필수아미노산으로만 짝지어진 것은?

① 트립토판, 메티오닌　② 트립토판, 글리신
③ 라이신, 글루탐산　　④ 류신, 알라닌

> •성인에게 필요한 필수아미노산(8가지) : 이소류신, 류신, 리신, 트립토판, 트레오닌, 발린, 페닐알라닌, 메티오닌
> •어린이 에게 필요한 필수아미노산 : 성인 8가지+ 알기닌, 히스티딘

67 동물이 도축된 후 화학 변화가 일어나 근육이 긴장되어 굳어지는 현상은?

① 자기소화　　　② 산화
③ 팽화　　　　　④ 사후강직

> **동물의 도축 후 변화**
> 사후강직 → 자가소화 → 부패 과정을 거친다. 이중 사후강직은 근육 중 젖산의 증가로 근육 수축이 발생하는 것이며 자체의 단백질 분해 효소에 의해 근육이 부드러워지는 것이다.

68 꽁치 160g의 단백질 양은?(단, 꽁치 100g당 단백질 양은 24.9g)

① 28.7g　　　　② 34.6g
③ 39.8g　　　　④ 43.2g

> $100 : 24.9 = 160 : x$
> $100x = 160 \times 24.9$
> $x = 39.84g$

69 육류의 근원섬유에 들어 있으며 근육의 수축·이완에 관여하는 단백질은?

① 미오겐(myogen)
② 미오신(myosin)
③ 미오글로빈(myoglobin)
④ 콜라겐(collagen)

> 근원섬유는 가느다란 단백질성 섬유가 모여 형성된 세포로 주로 액틴과 미오신으로 구성되며 그 중 미오신이 45%를 차지한다.

70 단백질의 구성단위는?

① 아미노산　　　② 지방산
③ 포도당　　　　④ 맥아당

> 단백질은 20여종의 아미노산이 결합된 고분자 화합물이다.

71 다음 중 무기질만으로 짝지어진 것은?

① 칼슘, 인, 철

② 지방, 나트륨, 비타민 B

③ 단백질, 염소, 비타민 A

④ 단백질, 지방, 나트륨

> 무기질은 회분이라고도 하며 인체의 약 4%를 차지하는데 영양상 필수적인 것으로 칼슘, 인, 칼륨, 황, 나트륨, 염소, 마그네슘, 철, 아연, 요오드, 불소 등이 있다.

72 칼슘의 흡수를 방해하는 요인은?

① 수산　　　　② 호박산

③ 초산　　　　④ 구연산

> • 칼슘 흡수를 방해하는 인자 : 수산
> • 칼슘 흡수를 촉진하는 인자 : 비타민 D

73 식품의 산성 및 알칼리성을 결정하는 기준은?

① 구성 무기질

② 필수아미노산 존재 여부

③ 구성 탄수화물

④ 구성 단백질

> 무기질의 종류에 따라 산성, 알칼리성 식품으로 구분된다.

74 어떤 식품 100g에 질소가 6g 함유되어 있다면 이 식품의 단백질 함량은 얼마인가?

① 25.5g　　　　② 37.5g

③ 60g　　　　④ 600g

> 6.25(단백질의 질소계수) × 6 = 37.5

75 헤모글로빈이라는 혈색소를 만드는 주성분으로 산소를 운반하는 역할을 하는 무기질은?

① 칼슘　　　　② 인

③ 철분　　　　④ 마그네슘

> 우리 몸에서 혈색소인 헤모글로빈은 각 조직세포에 산소를 운반하는 작용을 하며, 철분에 의해 합성된다.

76 요오드(I)는 어떤 호르몬과 관계가 있는가?

① 신장 호르몬　　　② 성 호르몬

③ 부신 피질 호르몬　④ 갑상선 호르몬

> **요오드(I)**
> • 갑상선 호르몬의 구성성분
> • 기초대사를 조절
> • 급원 식품 : 해조류(미역, 다시마)

77 성인의 1일 나트륨 권장량으로 맞는 것은?

① 5g　　　　② 10g

③ 15g　　　　④ 30g

> 성인 1일 소금 권장량은 8~10g이다.

78 다음 중 물에 녹는 비타민은?

① 레티놀　　　　② 토코페롤

③ 리보플라빈　　④ 칼시페롤

> 지용성 비타민 A, D, E, F, K를 제외한 것을 수용성 비타민이라 하는데 리보플라빈은 비타민 B₂이다. ① 레티놀 : 비타민 A, ② 토코페롤 : 비타민 E, ④ 칼시페롤 : 비타민 D

79 일반적으로 프로비타민 A를 많이 함유하고 있는 식품은?

① 효모　　　　② 감자

③ 콩나물　　　④ 녹황색 채소

> 녹황색 채소는 프로비타민 A를 많이 함유하고 있으며, 프로비타민 A는 섭취 후 인체 내에서 비타민 A로 전환된다.

80 햇볕에 말린 생선이나 버섯에 특히 많은 비타민은?

① 비타민 D ② 비타민 K
③ 비타민 C ④ 비타민 E

> 비타민 D의 급원 식품은 햇빛에 말린 표고버섯, 생선 등 건조된 식품이다.

81 과일의 조리에서 열에 의해 가장 영향을 많이 받는 비타민은?

① 비타민 B ② 비타민 A
③ 비타민 E ④ 비타민 C

> 비타민의 열에 대한 안정도
> E > D > A > B > C

82 카로틴이란 어떤 비타민의 효능을 가진 것인가?

① 비타민 A ② 비타민 C
③ 비타민 D ④ 비타민 B

> 카로틴은 녹색 채소류에 다량 포함되어 있고 인체 내에 들어왔을 때 비타민 A로서의 효력을 갖게 된다. 카로틴의 비타민 A로서의 효력은 1/3 정도이다.

83 에르고스테롤에 자외선을 쪼이면 무엇이 되는가?

① 비타민 D ② 비타민 A
③ 비타민 C ④ 비타민 E

> 식물성에 포함되어 있는 에르고스테롤에 자외선을 쪼여주면 비타민 D가 형성되고 동물성에서는 콜레스테롤이 비타민 D로 전환된다.

84 비타민 D의 결핍증은 무엇인가?

① 야맹증 ② 구루병
③ 각기병 ④ 괴혈병

> **비타민의 결핍증**
> • 비타민 A : 야맹증   • 비타민 B_1 : 각기병
> • 비타민 B_2 : 구각염   • 비타민 C : 괴혈병
> • 비타민 D : 구루병   • 비타민 E : 노화촉진
> • 나이아신 : 펠라그라병

85 비타민 A를 보호하고 기름의 산화 방지 역할을 하는 것은?

① 비타민 K ② 비타민 E
③ 비타민 P ④ 비타민 D

> 비타민 E는 인체 내에서 노화를 방지하고 식품 내에서는 산화를 방지하는 역할을 한다.

86 필수지방산은 다음 중 어느 비타민을 말하는가?

① 비타민 C ② 비타민 B_2
③ 비타민 F ④ 비타민 D

> **필수지방산(비타민 F)**
> • 신체의 성장과 유지 과정의 정상적인 기능을 수행함에 있어서 반드시 필요한 지방산으로 체내에서 합성되지 않기 때문에 식사를 통해 공급받아야 하는 지방산을 말한다.
> • 종류 : 리놀레산, 리놀렌산, 아라키돈산

87 혈액의 응고성과 관계되는 비타민은?

① 비타민 A ② 비타민 C
③ 비타민 D ④ 비타민 K

> 혈액 응고에 관여하는 영양소는 Ca, 비타민 K, 뼈 성장에 관여하는 영양소는 Ca, 비타민 D이다.

정답 80 ① 81 ④ 82 ① 83 ① 84 ② 85 ② 86 ③ 87 ④

88 식물성 유에 천연으로 포함되어 항산화작용을 하는 물질은?

① TBA   ② BHA

③ BHT   ④ 토코페롤

 토코페롤
- 기능 : 항산화제, 체내지방의 산화방지, 동물의 생식기능 도움, 동맥경화, 성인병 예방
- 급원식품 : 곡류의 배아, 식물성 기름

89 다음 육류 중 비타민 B_1의 함량이 가장 많은 것은?

① 쇠고기   ② 돼지고기

③ 양고기   ④ 토끼고기

 돼지고기의 비타민 B의 함량은 100g당 0.9mg이다.

90 악성 빈혈에 좋으며 빨간색을 나타내고 빈혈에 유효한 인과 코발트가 들어 있는 비타민은?

① 비타민 A   ② 비타민 B_2

③ 비타민 B_{12} ④ 비타민 C

비타민 B_{12}는 코발트가 들어 있는 비타민이라 하여 코발라민이라 불린다. 부족 시 악성 빈혈을 일으킨다.

91 나이아신의 전구체인 필수아미노산은?

① 트립토판   ② 리신

③ 히스티딘   ④ 페닐알라닌

필수아미노산인 트립토판은 60mg으로 나이아신 1mg을 만들기 때문에 육류를 즐겨먹는 민족에게는 부족증이 없다. 그러나 옥수수의 제인에는 트립토판이 없으므로 옥수수를 주식으로 하는 민족에게는 나이아신 부족증인 펠라그라가 많이 나타난다.

92 다음 중 비타민과 그 결핍증의 연결이 틀린 것은?

① 비타민 A–야맹증   ② 비타민 D–구루병

③ 비타민 E–노화   ④ 비타민 K–피부병

비타민 K의 결핍증은 혈우병이고, 피부병은 비타민 F의 결핍증이다.

93 비타민 C가 결핍되었을 때 나타나는 결핍증은?

① 각기병   ② 구루병

③ 펠라그라   ④ 괴혈병

① 각기병 : 비타민 B_1
② 구루병 : 비타민 D
③ 펠라그라 : 나이아신
④ 괴혈병 : 비타민 C

94 다음 중 비타민과 그 결핍증의 연결이 틀린 것은?

① 비타민 B_1 – 각기병

② 비타민 B_2 – 구각염

③ 비타민 C – 괴혈병

④ 나이아신 – 각막 건조증

나이아신 결핍증은 펠라그라이며, 각막 건조증은 비타민 A의 부족으로 생긴다.

95 발효식품인 김치는 어떤 영양소의 급원이 되는가?

① 비타민 C   ② 비타민 A

③ 철분   ④ 마그네슘

김치의 숙성과정에서 유기산과 알코올 등이 생성되며, 이때 비타민 C의 함량도 증가한다.

96 침 속에 들어 있으며 녹말을 분해하여 엿당을 만드는 효소는?

① 리파아제   ② 펩신

③ 프티알린   ④ 펩티다아제

소화 효소
- 당질 분해 효소 : 프티알린, 슈크라제, 말타아제
- 지방 분해 효소 : 리파아제, 스테압신
- 단백질 분해 효소 : 펩신, 트립신

97 혈액을 산성화시키는 무기질은?

① Ca   ② S

③ K   ④ Mg

98 식품의 4가지 기본 맛은?

① 단맛, 짠맛, 쓴맛, 매운맛

② 단맛, 짠맛, 신맛, 쓴맛

③ 쓴맛, 매운맛, 맛난 맛, 금속 맛

④ 신맛, 쓴맛, 매운맛, 짠맛

 음식의 4가지 기본 맛(4원미)은 단맛, 짠맛, 쓴맛, 신맛이다.

99 오이의 꼭지 부분에 함유된 쓴맛을 내는 성분은?

① 카페인(caffeine)

② 홉(hop)

③ 테오브로민(theobromine)

④ 쿠쿠르비타신(cucurbitacin)

 오이꼭지의 쓴맛 성분은 쿠쿠르비타신이다.

100 다음 중 난황에 함유되어 있는 색소는?

① 클로로필   ② 안토시아닌

③ 카로티노이드   ④ 플라보노이드

 클로로필 – 녹색, 안토시아닌 – 적색, 플라보노이드 – 백색

101 겨자를 갤 때 매운맛을 강하게 느낄 수 있는 온도는?

① 20~25℃   ② 30~35℃

③ 40~45℃   ④ 50~55℃

 겨자는 40~45℃의 따뜻한 물로 개어 발효해야 매운맛이 잘난다.

102 해리된 수소이온이 내는 맛과 가장 관계가 깊은 맛은?

① 신맛   ② 단맛

③ 매운맛   ④ 짠맛

 해리된 수소이온이 내는 맛은 신맛이다.

103 다음 미각 중 가장 높은 온도에서 느껴지는 맛은?

① 매운맛   ② 쓴맛

③ 신맛   ④ 단맛

맛을 느끼는 최적 온도
- 쓴맛 : 40~45℃   짠맛 : 30~40℃
- 매운맛 : 50~60℃   단맛 : 20~50℃
- 신맛 : 5~25℃

104 설탕 용액에 미량의 소금(0.1%)을 가하면 단맛이 증가된다. 이러한 맛의 현상을 무엇이라 하는가?

① 맛의 변조   ② 맛의 대비

③ 맛의 상쇄   ④ 맛의 미맹

① 맛의 변조 : 한 가지 맛을 느낀 후 다른 식품의 맛이 다르게 느껴지는 현상
② 맛의 대비 : 주된 맛을 내는 물질에 다른 맛을 혼합할 때 원래 맛이 강해지는 현상
③ 맛의 상쇄 : 두 종류의 정미 성분이 혼합되었을 때 각각의 맛을 느낄 수 없는 현상
④ 맛의 미맹 : PTC 화합물에 대한 쓴맛을 못 느끼는 경우

105 쓴 약을 먹은 후 물을 마시면 단맛이 나는 현상은?

① 맛의 변조　　② 맛의 상쇄

③ 맛의 대비　　④ 맛의 미맹

> **맛의 변조**
> 한 가지 맛을 느낀 후 다른 식품의 맛이 다르게 느껴지는 현상

106 맛을 느낄 수 있는 가장 예민한 온도는?

① 5℃　　　　② 20℃

③ 30℃　　　④ 40℃

> 일반적으로 혀의 미각은 30℃ 전후가 가장 예민하다.

107 다음 맛의 성분 중 혀의 앞부분에서 가장 강하게 느껴지는 것은?

① 신맛　　　　② 쓴맛

③ 매운맛　　　④ 단맛

> **맛을 느끼는 혀의 위치**
> • 단맛 : 혀의 앞부분　　• 신맛 : 혀의 옆 부분
> • 쓴맛 : 혀의 뒷부분　　• 짠맛 : 혀의 전체

108 다음 중 쓴맛 성분은?

① 구연산　　　② 구아닌산

③ 카페인　　　④ 만니트

> **맛 성분**
> • 단맛 : 포도당, 과당, 맥아당
> • 신맛 : 구연산, 주석산, 사과산
> • 쓴맛 : 카페인, 테인
> • 짠맛 : 염화나트륨

109 간장, 된장, 다시마의 주된 정미 성분은?

① 글리신　　　② 알라닌

③ 히스티딘　　④ 글루타민산

> 간장, 된장, 다시마의 정미 성분은 글루타민산이다.

110 떫은맛과 관계 깊은 현상은?

① 지방 응고　　② 단백질 응고

③ 당질 응고　　④ 배당체 응고

> 떫은맛은 혀 표면에 있는 점성 단백질이 일시적으로 응고되고 미각 신경이 마비되어 일어나는 감각이다.

111 다음 색소 중 산에 의하여 녹황색으로 변하고 알칼리에 의해 선명한 녹색으로 변하는 성질을 가진 것은?

① 안토시안　　② 플라본

③ 카로티노이드　　④ 클로로필

> **클로로필 색소**
> • 식물의 녹색채소의 색을 나타낸다.
> • 마그네슘을 함유한다.
> • 산성 : 녹갈색으로 변함
> • 알칼리 : 진한 녹색으로 변함

112 토마토의 붉은색은 주로 무엇에 의한 것인가?

① 안토시아나 색소　　② 마오글로빈

③ 엽록소　　　　　　④ 카로티노이드

> **카로티노이드**
> 당근, 늙은 호박, 토마토에 들어 있는 붉은 색소로 산이나 알칼리에 변화가 없음.

113 다음 중 식물성 색소가 아닌 것은?

① 클로로필 　② 안토시아닌

③ 헤모글로빈 　④ 플라보노이드

 • 식물성 색소 : 클로로필, 안토시아닌, 카로티노이드
• 동물성 색소 : 헤모글로빈, 미오글로빈

114 마늘에 함유된 황화물로 특유의 냄새를 가지는 성분은?

① 알리신 　② 시니그린

③ 캡사이신 　④ 황화알릴

마늘의 매운맛과 향은 알리신 때문이다.

115 금속을 함유하는 색소끼리 짝을 이룬 것은?

① 안토시아닌, 플라보노이드

② 클로로필, 안토시아닌

③ 미오글로빈, 클로로필

④ 카로티노이드, 미오글로빈

클로로필은 마그네슘(Mg), 미오글로빈은 철(Fe)을 함유한다.

116 생강을 식초에 절이면 적색으로 변하는 데 이 현상에 관계되는 물질은?

① 안토시아닌 　② 세사몰

③ 진저론 　④ 아밀라아제

안토시아닌 색소는 산성에서는 적색, 중성에서는 자색, 알칼리에서는 청색을 띤다.

117 혈색소로 철을 함유하는 것은?

① 카로티노이드 　② 헤모글로빈

③ 헤모시아닌 　④ 미오글로빈

철은 헤모글로빈의 구성 성분으로 적혈구를 형성하고 탄산가스나 산소를 운반한다. 결핍 시 빈혈이 생긴다.

118 다음 중 식품의 부패 원인은?

① 건조 　② 냉동

③ 미생물 　④ 냉장

부패, 산패, 발효 등은 곰팡이, 효모, 세균 등 미생물에 의해 발생한다.

119 식품의 부패란 무엇이 변질된 것인가?

① 무기질 　② 당질

③ 단백질 　④ 비타민

부패란 단백질 식품이 혐기성 미생물에 의해 분해되어 암모니아 등 유해성 물질을 생성시키는 변질 현상이다.

120 다음 중 인간에게 유익한 물질을 만드는 것은?

① 산패 　② 후란

③ 발효 　④ 변패

① 산패 : 유지 식품이 공기 중의 산소, 일광, 금속에 의해 산화되는 현상
② 후란 : 단백질이 호기성 미생물에 의해 분해되는 현상
③ 발효 : 탄수화물이 미생물의 작용으로 유기산, 알코올 등의 식용 가능한 물질을 만들어 내는 현상
④ 변패 : 단백질 이외의 물질이 미생물의 작용으로 변질되는 현상

121 생선 및 육류의 초기 부패를 확인하는 화학적 분석에 사용되지 않는 성분은?

① 아민(amine)

② 암모니아(ammonia)

③ 글리코겐(glycogen)

④ 트리메틸아민(trimethylamine)

 부패는 단백질 식품이 혐기성 미생물의 작용으로 변질되는 현상으로 암모니아, 인돌, 페놀, 황화수소, 히스타민, 트리메틸아민 등이 형성된다.

122 향신료의 매운맛 성분 연결이 틀린 것은?

① 고추 – 캡사이신　② 겨자 – 채비신

③ 울금 – 커큐민　④ 생강 – 진저롤

겨자의 매운맛 성분은 시니그린, 후추는 채비신이다.

123 육류나 어류의 구수한 맛을 내는 성분은?

① 이노신산　② 호박산

③ 알리신　④ 나린진

식품의 맛 성분
• 육류, 어류 : 이노신산(구수한 맛)
• 조개류 : 호박산(맛난 맛)
• 마늘 : 알리신(매운맛)
• 과일 : 나린진(쓴맛)

124 국이나 찌개. 전골 등에 국물 맛을 독특하게 내는 조개류의 성분은?

① 주석산　② 구연산

③ 호박산　④ 이노신산

조개의 시원한 맛은 타우린, 베타인, 아미노산, 핵산류와 호박산 등이 어우러진 맛이다.

125 다음 식품 중 이소티오시아네이트(isothiocyanates) 화합물에 의해 매운맛을 내는 것은?

① 양파　② 겨자

③ 마늘　④ 후추

겨자에 물을 넣고 섞으면 시니그린이라는 매운맛의 전구체가 효소인 미로시나아제와 결합하여 매운맛의 이소티오시아네이트로 변하게 된다.

126 다음 중 산미도가 가장 높은 것은?

① 주석산　② 사과산

③ 구연산　④ 아스코르브산

신맛의 강도
염산 〉 주석산 〉 사과산 〉 인산 〉 초산 〉 젖산 〉 구연산 〉 아스코르브산

127 쓴 약을 먹은 직후 물을 마시면 단맛이 나는 것처럼 느끼게 되는 현상은?

① 변조 현상　② 소실 현상

③ 대비 현상　④ 미맹 현상

한 가지 맛을 느낀 직후 다른 맛을 보면 원래 맛이 다르게 느껴지는 현상을 맛의 변조 현상이라 한다.

128 단팥죽에 설탕 외에 약간의 소금을 넣으면 단맛이 더 크게 느껴진다. 이에 대한 맛의 현상은?

① 대비현상　② 상쇄현상

③ 상승현상　④ 변조현상

맛의 대비는 주된 맛에 다른 맛이 소량 첨가될 때 주된 맛이 강화되는 현상이다.

129 식품의 성분을 일반 성분과 특수 성분으로 나눌 때 특수 성분에 해당하는 것은?

① 탄수화물　　　② 향기 성분

③ 단백질　　　　④ 무기질

> **식품의 성분**
> • 식품의 일반 성분 : 탄수화물, 단백질, 지방, 비타민, 무기질
> • 식품의 특수 성분 : 색, 맛, 냄새, 효소, 독성분

130 오징어 먹물 색소의 주 색소는?

① 클로로필　　　② 안토잔틴

③ 유멜라닌　　　④ 플라보노이드

> 유멜라닌은 오징어의 먹물 색소로 스파게티나 국수에 이용되기도 한다.

131 오이나 배추의 녹색이 김치를 담갔을 때 점차 갈색을 띠게 되는 것은 어떤 색소의 변화 때문인가?

① 카로티노이드　　② 클로로필

③ 안토시아닌　　　④ 안토잔틴

> 녹색 채소의 클로로필은 산성일 때 녹갈색으로 변화된다. 김치를 담근 후 색의 변화는 유기산의 증가가 클로로필에 작용했기 때문이다.

132 녹색 채소를 데칠 때 소다를 넣을 경우 나타나는 현상이 아닌 것은?

① 채소의 질감이 유지된다.

② 채소의 색을 푸르게 고정시킨다.

③ 비타민 C가 파괴된다.

④ 채소의 섬유질을 연화시킨다.

> 녹색 채소를 데칠 때 소다를 첨가하면 녹색은 선명하게 유지되나 비타민 C가 파괴되고, 질감이 물러지게 된다.

133 무화과에서 얻는 연화 효소는?

① 피신　　　　② 브로멜린

③ 레닌　　　　④ 파파인

> ② 브로멜린 : 파인애플
> ③ 레닌 : 단백질 응고 효소
> ④ 파파인 : 파파야

134 날콩에 함유된 단백질의 체내 이용을 저해하는 것은?

① 트립신　　　② 펩신

③ 글로불린　　④ 안티트립신

> 안티트립신은 단백질 분해 효소인 트립신의 활성을 저해하는 물질이며 가열하면 파괴된다.

135 푸른 채소를 데칠 때 색을 선명하게 유지시키며, 비타민 C의 산화도 억제해 주는 것은?

① 소금　　　② 설탕

③ 기름　　　④ 식초

> 푸른 채소를 데칠 때 약간의 소금(1%)을 넣으면 색을 선명하게 하고 비타민 C의 산화도 억제한다.

136 시금치의 녹색을 최대한 유지시키면서 데치려고 할 때 가장 좋은 방법은?

① 100℃의 많은 양의 물에 뚜껑을 열고 단시간에 데쳐 재빨리 헹군다.

② 100℃의 많은 양의 물에 뚜껑을 닫고 단시간에 데쳐 재빨리 헹군다.

③ 100℃의 적은 양의 물에 뚜껑을 열고 단시간에 데쳐 재빨리 헹군다.

④ 100℃의 적은 양의 물에 뚜껑을 열고 단시간에 데쳐 재빨리 헹군다.

녹색채소를 데칠 때에는 채소무게의 5배 정도의 끓는물에서 뚜껑을 열고 단시간에 데친 후 비타민의 파괴를 방지하기 위해 찬물에 재빨리 헹군다.

137 완두콩을 조리할 때 정량의 황산구리를 첨가하면 특히 어떤 효과가 있는가?

① 비타민이 보충된다.

② 무기질이 보충된다.

③ 특유의 냄새가 난다.

④ 녹색을 보존할 수 있다.

황산구리를 첨가하면 클로로필이 안정적인 구리 클로로필이 되어 녹색을 보존할 수 있다.

138 무나 양파를 오랫동안 익힐 때 색을 희게 하려면 다음 중 무엇을 첨가하는 것이 가장 좋은가?

① 소금   ② 소다

③ 생수   ④ 식초

흰색 채소에 들어 있는 플라보노이드 색소의 한 종류인 안토잔틴은 식초와 같은 산성에서 백색을 유지하고 알칼리성에서 황색으로 된다.

139 식품의 갈변현상 중 성질이 다른 것은?

① 감자의 절단면의 갈색

② 홍차의 적색

③ 된장의 갈색

④ 다진 양송이의 갈색

감자, 홍차, 양송이의 갈변은 효소적 갈변이고 된장의 갈변은 비효소적 갈변이다.

140 다음 중 효소적 갈변 반응이 나타나는 것은?

① 캐러멜소스   ② 간장

③ 장어구이   ④ 사과 주스

사과에는 폴리페놀옥시다제가 함유되어 있어 효소적 갈변 반응을 유발하고, 안토시아닌 색소는 산성에서는 적색, 중성에서는 자색, 알칼리에서는 청색을 나타낸다.

141 식품의 갈변 현상을 억제하기 위한 방법과 거리가 먼 것은?

① 효소의 활성화   ② 염류 또는 당 첨가

③ 아황산 첨가   ④ 열처리

식품의 갈변 현상은 효소적 갈변과 비효소적 갈변으로 나누어진다. 효소적 갈변은 사과, 배, 복숭아, 감자 등 많은 과일과 채소의 껍질을 벗기거나 자를 때 발생한다.

142 아미노카르보닐 반응, 캐러멜화 반응, 전분의 호정화가 발생하는 온도의 범위는?

① 20~50℃   ② 50~100℃

③ 100~200℃   ④ 200~300℃

아미노카르보닐 반응은 100~120℃에서 발생하기 시작하며 캐러멜화 반응과 전분의 호정화는 160~180℃에서 가열 시에 발생한다.

143 채소의 무기질, 비타민의 손실을 줄일 수 있는 조리 방법은?

① 끓이기   ② 데치기

③ 삶기   ④ 볶음

채소에 함유된 영양소는 수용성이므로 습열조리에 의해 영양소가 많이 파괴되므로 볶음 요리로 영양소의 손실을 줄일 수 있다.

144 다음 중 기름의 발연점이 낮아지는 경우는?

① 유리지방산 함량이 많을수록

② 기름을 사용한 횟수가 적을수록

③ 기름 속에 이물질의 유입이 적을수록

④ 튀김 용기의 표면적이 좁을수록

> 기름의 발연점은 유리지방산의 함량이 많을수록, 사용횟수가 많을수록, 이물질이 많을수록, 표면적이 넓을수록 낮아진다.

145 발연점을 고려했을 때 튀김용으로 가장 적합한 기름은?

① 쇼트닝　　② 참기름

③ 대두유　　④ 피마자유

> 발연점이 높은 기름은 대두유이다.

146 쇠고기의 부위별 용도가 알맞지 않은 것은?

① 전지 – 불고기, 육회, 구이

② 설도 – 스테이크, 샤브샤브

③ 목심 – 불고기, 국거리

④ 우둔 – 산적, 장조림, 육포

> 설도는 비교적 기름기가 적고 질긴 부위로 산적, 장조림, 육포로 이용된다.

147 다음 육류요리 중 영양분의 손실이 가장 적은 것은?

① 탕　　② 편육

③ 장조림　　④ 산적

> 탕, 편육, 장조림은 습열조리로 수용성 성분의 용출이 생기나 건열조리인 산적은 그에 비해 영양분의 손실이 적다.

148 육류 조리 과정 중 색소의 변화 단계가 옳게 연결된 것은?

① 미오글로빈 – 메트미오글로빈 – 옥시미오글로빈 – 헤마틴

② 메트미오글로빈 – 옥시미오글로빈 – 미오글로빈 – 헤마틴

③ 옥시미오글로빈 – 메트미오글로빈 – 미오글로빈 – 헤마틴

④ 미오글로빈 – 옥시미오글로빈 – 메트미오글로빈 – 헤마틴

> 육색소인 미오글로빈은 산소와 결합하여 선명한 적색의 옥시미오글로빈이 되고, 시간이 지나면 다시 산소와 결합하여 갈색의 메트미오글로빈이 되며, 가열을 하면 글로빈이 변성되고 분리되어 회색 또는 갈색의 헤마틴이 된다.

149 음식의 색을 고려하여 녹색 채소를 무칠 때 가장 나중에 넣어야 하는 조미료는?

① 설탕　　② 식초

③ 소금　　④ 고추장

> 식초는 녹색 채소의 엽록소를 갈색의 페오피틴으로 변화시키므로 조리 시 가장 나중에 첨가하는 것이 좋다.

150 난황에 들어 있으며 마요네즈 제조 시 유화제 역할을 하는 성분은?

① 레시틴　　② 오브알부민

③ 글로불린　　④ 갈락토오스

> 달걀노른자에 들어 있는 레시틴은 마요네즈 제조 시 유화제로 사용된다.

정답　144 ①　145 ③　146 ②　147 ④　148 ④　149 ②　150 ①

151 지질의 소화효소는?

① 레닌　　　　　② 펩신

③ 리파아제　　　④ 아밀라아제

> 레닌은 우유의 응유효소이며, 펩신은 단백질의 소화효소이며, 아밀라아제는 전분의 분해효소이다.

152 식물성 액체유를 경화처리한 고체 기름은?

① 버터　　　　　② 마요네즈

③ 쇼트닝　　　　④ 라드

> 쇼트닝과 마가린은 식물성 액체유를 경화처리한 경화유이다.

153 다음 중 요오드가에 의한 분류 중 건성유에 속하지 않는 것끼리 짝지어진 것은?

① 아마인유, 들기름　② 겨자유, 종실유

③ 콩기름, 면실유　　④ 마유, 호두유

> 요오드가에 따른 분류에서 건성유의 종류로는 아마인유, 들기름, 마유, 호두유, 겨자유, 종실유, 동유 등이 있다.

154 다음 중 불포화지방산끼리 짝지어진 것은?

① 팔미트산, 스테아린산

② 스테아린산, 올레산

③ 리놀렌산, 아라키돈산

④ 리놀레산, 팔미트산

> 이중 결합을 갖는 불포화지방산의 종류로는 올레산, 리놀레산, 리놀렌산, 아라키돈산이 있다.

155 브로멜린이 함유되어 있어 고기를 연화시키는데 이용되는 과일은?

① 사과　　　　　② 파인애플

③ 귤　　　　　　④ 복숭아

> 육류의 연화 작용에 쓰이는 과일은 파인애플(브로멜린), 무화과(휘신), 파파야(파파인) 등이다.

156 다음 중 천연 항산화제로 사용되며 식물성 기름이나 배아, 견과류 등에 많이 포함된 비타민의 종류로 맞는 것은?

① 비타민 A　　　② 비타민 E

③ 비타민 F　　　④ 비타민 D

> 비타민 E는 토코페롤이라고 불리며 천연 항산화제이다.

157 다음 수용성 비타민 중 부족하면 펠라그라라는 피부병을 유발하는 것은?

① 엽산　　　　　② 비타민 C

③ 비타민 B_1　④ 나이아신

> 나이아신이 부족한 경우 펠라그라라는 피부병을 유발하는데, 이는 옥수수를 주식으로 하는 민족에게 많이 발생한다.

158 채소 조리 시 가장 손실이 쉬운 성분은?

① 비타민 C　　　② 비타민 A

③ 비타민 B_6　④ 비타민 E

> 비타민 C는 불안정하여 조리하거나 공기 중에 방치하면 산화되어 파괴된다.

159 식물성유를 경화 처리한 고체 기름을 무엇이라 하는가?

① 버터　　　　　② 라드

③ 쇼트닝　　　　④ 마요네즈

> 경화유란 불포화지방이 많은 액체 유지에 니켈을 촉매로 수소를 첨가하여 고체화한 것을 말하며, 종류로는 마가린과 쇼트닝이 있다.

160 다음 중 체내의 칼슘 흡수를 도와주는 물질은?

① 수산   ② 피틴산

③ 지방   ④ 비타민 D

 칼슘의 흡수를 도와주는 물질은 비타민 D, 단백질, 젖당이 있다.

161 다음 중 맛 성분이 바르게 짝지어진 것은?

① 카페인 – 귤껍질

② 큐커비타신 – 오이껍질

③ 테인 – 맥주

④ 데오브로민 – 커피

    ① 카페인 : 커피
    ③ 테인 : 차류
    ④ 데오브로민 : 코코아

162 육류의 사후강직과 관련되는 원인 물질은?

① 젤라틴(gelatin)

② 액토미오신(actomyosin)

③ 엘라스틴(elastin)

④ 콜라겐(collagen)

    미오신이 액틴과 결합되어진 액토미오신이 사후강직의 원인물질이다.

163 대두에는 어떤 성분이 있어 소화액인 트립신의 분비를 저해하는가?

① 레닌   ② 안티트립신

③ 아비딘   ④ 사포닌

    날콩 속에는 단백질 소화액인 트립신의 분비를 억제하는 안티트립신이 들어 있어 섭취 시 소화가 더디게 되나, 가열하면 파괴된다.

164 사과, 감자 등의 절단면에서 일어나는 갈변 현상을 방지하기 위한 방법이 아닌 것은?

① 설탕물에 담가둔다.

② 레몬즙을 뿌려준다.

③ 희석된 소금물에 담가둔다.

④ 깨끗한 칼로 자른다.

    칼의 금속면이 닿으면 갈변 현상이 촉진된다.

165 미맹 현상은 식품의 무슨 맛을 못 느끼는 것인가?

① 단맛   ② 짠맛

③ 쓴맛   ④ 매운맛

    미맹현상은 PTC라는 화합물의 쓴맛을 느끼지 못하는 현상이다.

166 유지의 발연점에 영향을 미치는 요인이 아닌 것은?

① 유리지방산 함량

② 용해도

③ 노출된 기름의 면적

④ 외부에서 혼입된 이물질

    노출된 유지의 표면적이 넓을수록, 유리지방산의 함량이 많을수록, 외부에서 혼입된 이물질이 많을수록 발연점은 낮아진다.

167 기름을 높은 온도로 가열할 때 생기는 자극적인 냄새는?

① 유리지방산의 냄새

② 지방의 산패취

③ 아미노산의 산패취

④ 아크롤레인의 냄새

정답 **160** ④ **161** ② **162** ② **163** ② **164** ④ **165** ③ **166** ② **167** ④

Part 03 일식·복어 재료관리

해설 유지의 온도가 상승하여 지방이 분해되어 푸른 연기가 나기 시작하는 시점을 발연점이라 하며 글리세롤이 분해되어 검푸른 연기를 내는데 이것은 아크롤레인으로 점막을 해치고 식욕을 잃게 한다.

168 다음 중 육류의 연화작용과 관계가 없는 것은?

① 레닌   ② 파파야

③ 무화과   ④ 파인애플

> **해설** 육류의 연화를 돕는 과일
> • 파파야 : 파파인
> • 무화과 : 휘신
> • 파인애플 : 브로멜린
> • 레닌은 단백질을 응고시키는 효소이다.

169 어류 지방의 불포화지방산과 포화지방산에 대한 일반적인 비율로 바른 것은? (불포화지방산 : 포화지방산)

① 80 : 20   ② 60 : 40

③ 70 : 30   ④ 40 : 60

> **해설** 생선의 지방은 불포화지방산 약 80%와 포화지방산 20%로 구성된다.

170 새우, 게, 가재 같은 갑각류의 고유의 색이 변하는 시기는?

① 술 종류를 첨가하였을 때

② 도마 위에 놓을 때

③ 여러 향신채를 넣었을 때

④ 열을 가하여 익혔을 때

> **해설** 새우, 게, 가재 등을 가열하여 익혔을 때 단백질에서 유리된 아스타잔틴(astaxanthin)이 적색을 띠게 된다.

171 다음 중 생선의 비린내 성분은?

① 암모니아   ② 세사몰

③ 트리메틸아민   ④ 황화수소

> **해설** 생선의 비린내 성분은 트리메틸아민(TMA, trimethylamine)으로 표피에 많고 해수어보다 담수어가 냄새가 강하며 신선하지 않을수록 강도가 심하다.

172 조개류의 맛난 맛 성분은?

① 크레아틴   ② 글루타민산

③ 이노신산   ④ 호박산

> **해설** 조개류의 맛난 맛(감칠맛)은 호박산 때문이다.

173 다음 중 향신료에 함유된 성분으로 바르게 연결된 것은?

① 생강 – 알리신   ② 겨자 – 채비신

③ 마늘 – 진저론   ④ 고추 – 캡사이신

> **해설** ① 생강 : 진저론, 쇼가올
> ② 겨자 : 시니그린
> ③ 마늘 : 알리신

174 일반적으로 소금 1g에 해당하는 염미를 내려면 된장과 간장을 각각 몇 g씩 사용해야 하는가?

① 10g, 6g   ② 1g, 6g

③ 10g, 10g   ④ 1g, 1g

> **해설** 소금 1g의 맛을 내려면 된장은 10g, 간장은 6g을 사용해야 한다.

175 우리나라 기초식품군은 모두 몇 가지로 분류
되는가?

① 3가지　　　　② 4가지

③ 5가지　　　　④ 6가지

> 우리나라는 영양소의 종류를 중심으로 5가지
> 기초식품군으로 나누고 있다.

176 한국인 표준 영양 권장량(19~29세 성인 남자
1일 1인분)의 열량은 몇 kcal인가?

① 2,000 kcal　　② 2,100 kcal

③ 2,300 kcal　　④ 2,600 kcal

> 한국인 성인(19~29세) 남자 1일 필요 열량은
> 2,600kcal이고 성인 여자 1일 필요 열량은 2,100kcal
> 이다.

177 식단 작성 시 고려해야 할 영양소 및 영양 섭
취비율은 어느 것인가?

① 당질 55%, 지질 25%, 단백질 20%

② 당질 65%, 지질 25%, 단백질 10%

③ 당질 70%, 지질 15%, 단백질 15%

④ 당질 65%, 지질 20%, 단백질 15%

> 식단작성시 총 열량 권장량 중 당질 65%, 지
> 방 20%, 단백질 15%의 비율로 한다.

178 하루 동안에 섭취한 음식 중에 단백질 70g,
지질 35g, 당질 400g이었다면 얻을 수 있
는 총 열량은?

① 1,885kcal　　② 2,195kcal

③ 2,295kcal　　④ 2,095kcal

> 열량 영양소는 1g당 단백질 4kcal, 지질
> 9kcal, 당질 4kcal의 열량을 내므로
> (70×4)+(35×9)+(400×4)=2,195kcal

179 불포화지방산을 포화지방산으로 변화시키는
경화유에는 어떤 물질이 첨가되는가?

① 산소　　　　② 수소

③ 칼슘　　　　④ 질소

> 경화유는 불포화지방산에 수소를 첨가하고
> 니켈을 촉매로 사용하여 포화지방산의 형태로 변화
> 시킨 것으로 마가린, 쇼트닝이 있다.

180 간장의 맛난 맛 성분은?

① 포도당(glucose)

② 전분(starch)

③ 글루탐산(glutamic acid)

④ 아스코르빈산(ascorbic acid)

> 간장, 된장, 다시마의 맛난 맛 성분은 글루
> 탐산이다.

181 닭고기를 이용하여 요리를 할 때 살코기색이
분홍색을 나타내는 것은?

① 변질된 닭이므로 먹지 못한다.

② 병에 걸린 닭이므로 먹어서는 안 된다.

③ 근육 성분의 화학적 반응이므로 먹어도 무
방하다.

④ 닭의 크기가 클수록 분홍색 변화가 심하다.

> 근육 성분의 화학적인 반응이므로 어린 닭
> 일수록 핑크색 반응이 심하나 무해하며 맛에도 상
> 관 없다.

182 우유에 들어 있는 비타민 중에서 함유량이 적
어 강화우유에 사용되는 지용성 비타민은?

① 비타민 A　　　② 비타민 B_1

③ 비타민 C　　　④ 비타민 D

> 강화우유에는 주로 비타민 D가 사용된다.

Part 04

일식·복어
구매관리

일식·복어 조리기능사 필기시험 끝장내기

시장조사 및 구매관리

빈출 Check

01 다음 중 시장조사의 목적에 해당하지 않는 것은?
① 합리적인 식단 작성
② 식품명세서 작성
③ 식품재료비 예산 산출
④ 경제적인 식품 구매

식품명세서 작성은 식품 구매관리에 해당됨

02 다음 중 시장 조사원칙에 해당하지 않는 것은?
① 조사 탄력성의 원칙
② 조사 정확성의 원칙
③ 조사 고정성의 원칙
④ 조사 계획성의 원칙

시장조사의 원칙에는 적시성, 탄력성, 정확성, 계획성의 원칙이 있음

Section 1   시장 조사

1 시장조사의 의의

시장조사란 구매시장의 실태에 대한 근거자료를 수집하여 분석 후 신선하고 양질의 안전한 식품을 적정한 가격에 구입하는 것으로 시장가격은 일정 시간에 시장에서 실제로 상품이 거래되는 가격을 말하며 이 가격은 수요나 공급의 관계에 의존하게 된다. 따라서 구입하고자 하는 식품의 시장 출하 동향을 자세하게 조사하여야 한다,

2 시장조사의 내용

(1) 구매계획에 의거 발주, 검수, 조리 및 저장의 과정이 이루어지는 무엇보다 중요한 것은 구매계획수립에 앞서 철저한 시장조사가 이루어져야 한다.
(2) 품목, 품질, 수량, 가격, 공급시기, 공급업체, 기타 거래조건 등에 관한 조사가 이루어져야 한다.

3 시장조사의 목적

(1) **식품재료비 예산 산출**
현재 유통되고 있는 식품의 단가를 파악하여 식품재료비 산출시 기초 자료로 활용한다.

(2) **합리적인 식단 작성**
계절식품을 잘 파악할 수 있고 이를 활용하여 좀 더 합리적이고 경제적인 식단을 작성하는 데 필요하다.

(3) **경제적인 식품구매**
시장의 변동상황을 정확히 조사, 분석하여 동일 품목이라도 포장법, 생산지와 신선도에 따른 가격차이 등에서 식품 감별 안목을 향상시켜 검수 시 활용하도록 한다,

(4) **시장조사 방법**
• 구매담당자는 식단에 따라 시장조사 대상품목을 발췌하여 도매와 소매가격을 조사하되 상품을 기준으로 한다.
• 계절별 물품수급 동향을 파악하여 합리적인 식단작성에 반영할 수 있도록 여러

정답 _ 01 ② 02 ③

시장과 다양한 물가정보를 효과적으로 이용. 물품을 구매하는 데 차질이 없도록 한다.

4 시장조사의 원칙

(1) **비용경제성의 원칙** : 인력, 시간 등의 시장조사 비용이 최소가 되도록 하여 시장조사의 비용과 효용성 간에 상호조화가 이루어져야 한다.

(2) **조사적시성의 원칙** : 시장조사는 정해진 시기 안에 완료하여야 한다.

(3) **조사탄력성의 원칙** : 날씨나 식재료 수급상황, 경제적 상황을 고려하여야 한다.

(4) **조사정확성의 원칙** : 시장조사의 내용은 올바른 정보제공을 위해 정확하여야 한다.

(5) **조사계획성의 원칙** : 시장조사에 대한 구체적인 계획이 수립되어야 한다.

5 시장조사서 작성요령

(1) 매월 혹은 매주 1회 이상의 시장 조사를 실시하는 것을 원칙으로 하며 도·소매가를 고려한 식품 위주로 조사한다.

(2) 조사된 식품의 단위를 kg으로 환산하여 현재 시중 단가를 기재한다.

(3) 시장 조사 시점의 전·후에 포함된 납품가격을 공급받고 있는 단가와 함께 기재하여 가격비교를 할 수 있도록 하며, 공산품의 경우 단위가격을 기재하여 타제품과 비교, 구별할 수 있도록 한다.

Section 2 식품 구매

(1) **식품 구매의 절차**

품목의 종류 및 수량 결정 → 용도에 맞는 제품 선택 → 식품명세서 작성 → 공급자 선정 및 가격 결정 → 발주 → 납품 → 검수 → 대금 지불 및 물품 입고 → 보관

(2) **식품의 구매 기술 및 관리**

① 식품 구입 계획 시 특히 고려할 점 : 식품의 가격과 출회표

② 쇠고기 구입 시 유의사항 : 중량, 부위

③ 과일(사과, 배 등) 구입 시 유의사항 : 산지, 상자당 개수, 품종

④ 곡류, 건어물 등 부패성이 적은 식품은 1개월분을 한꺼번에 구입한다.

⑤ 생선, 과채류 등은 필요에 따라 수시로 구입한다.

⑥ 쇠고기는 냉장시설이 갖춰져 있으면 1주일분을 한꺼번에 구입한다.

빈출Check

03 다음 중 식품 구매관리 절차 순서로 바르게 설명한 것은?

① 품목 종류 결정 → 식품명세서 작성 → 용도에 맞는 제품 선택 → 발주 → 검수 → 납품

② 품목의 수량 결정 → 용도에 맞는 제품 선택 → 식품명세서 작성 → 공급업체 선정 → 가격결정 → 발주 → 납품 → 검수

③ 품목의 수량 결정 → 용도에 맞는 제품 선택 → 식품명세서 작성 → 공급업체 선정 → 가격결정 → 검수 → 납품 → 대금 지불

④ 품목의 종류 결정 → 용도에 맞는 제품 선택 → 식품명세서 작성 → 공급업체 선정 → 가격결정 → 보관 → 입고 → 검수

해설 품목의 종류 및 수량 결정 → 용도에 맞는 제품 선택 → 식품명세서 작성 → 공급자 선정 및 가격 결정 → 발주 → 납품 → 검수 → 대금 지불 및 물품 입고 → 보관

정답 _ 03 ②

빈출 Check

04 입고가 먼저 된 것부터 순차적으로 출고하여 출고단가를 결정하는 방법은?

① 선입선출법
② 후입선출법
③ 이동평균법
④ 총평균법

선입선출은 먼저 입고된 것부터 출고하여 사용한 것으로 기록하는 방법이다.

05 집단급식소에서 식수인원 500명의 풋고추조림을 할 때 풋고추의 총발주량은 약 얼마인가?(단, 풋고추 1인분 30g, 풋고추의 폐기율 6%)

① 15kg ② 16kg
③ 20kg ④ 25kg

총발주량=(정미중량×100)÷(100-폐기율)×인원수=(30×100)÷(100-6)×500= 약 16kg

> **TIP** 식품 구매 비용의 산출
>
> 가식율 = 100 − 폐기율
>
> $$총발주량 = \frac{정미중량 \times 100}{100 - 폐기율} \times 인원수$$
>
> $$필요\ 비용 = 식품\ 필요량 \times \frac{100}{가식부율} \times 1kg당\ 단가$$

Section 3 재고 관리

(1) **선입선출법** : 먼저 구입한 재료부터 사용

(2) **후입선출법** : 나중 구입한 재료부터 사용

(3) **당기소비량** = (전기이월량 + 당기구입량) − 기말재고량

검수 관리

Section **1** 식재료의 품질 확인 및 선별

1 식품의 발주와 검수

(1) 발주 : 재료는 식단표에 의하여 1주일 혹은 10일 단위로 거래처에 주문한다.

(2) 검수 : 납품된 식품의 품질, 양, 형태 등이 주문한 것과 일치하는지를 엄밀히 검수한다.

2 품질 확인 및 선별

(1) 쌀

① 건조가 잘 되어 있어야 한다.

② 광택이 있고 입자가 고르고 정리된 것이 좋다.

③ 형태는 타원형이 좋다.

④ 쌀 고유의 냄새 외의 이상한 냄새가 있는 것은 좋지 않다.

⑤ 이물질이 있는 것은 좋지 않고, 쌀을 깨물었을 때 딱 소리가 나는 것이 좋다.

(2) 밀가루

① 가루의 결정이 미세하고 뭉쳐있지 않는 것이 좋다.

② 색이 희고, 밀기울이 섞이지 않은 것이 좋다.

③ 건조가 잘 되어 있고, 냄새가 없는 것이 좋다.

(3) 어류

① 색이 선명하고 광택이 있으며 비늘이 고르게 밀착되어 있는 것이 좋다.

② 고기가 연하고 탄력성이 있어야 한다.

③ 생선의 눈은 투명하고 튀어나온 것이 신선하며, 아가미의 색이 선홍색인 것이 좋다.

④ 신선한 것은 물에 가라앉고, 부패된 것은 물 위로 뜬다.

⑤ 뼈에 살이 단단히 붙어 있고, 이상한 냄새가 나지 않는 것이 좋다.

(4) 어육연제품

① 절단면의 결이 고르고, 표면에 끈적이는 점액이 없어야 한다.

② 제품을 반으로 잘라 외면과 내면의 탄력성, 색 등을 비교·관찰하여야 한다.

06 생선의 신선도 감별법으로 옳지 않은 것은?

① 생선의 육질이 단단하고 탄력성이 있는 것이 신선하다.

② 눈알이 투명하지 않고 아가미색이 어두운 것은 신선하지 않다.

③ 생선의 표면이 광택이 나면 신선하다.

④ 트리메틸아민(TMA)이 많이 생성된 것이 신선하다.

🔎 트리메틸아민은 생선의 비린내 성분으로 오래된 생선일수록 많이 생성된다.

07 다음 중 신선한 생선의 감별법 중 옳지 않은 것은?

① 비늘이 잘 떨어지고 광택이 있는 것

② 손가락으로 누르면 탄력성이 있는 것

③ 아가미의 색깔이 선홍색인 것

④ 눈알이 밖으로 돌출된 것

🔎 **생선의 신선도 감별법**

• 눈이 투명하고 튀어나온 듯하며 아가미의 색깔이 선홍색일 것

• 비늘이 잘 붙어 있고 광택이 나는 것

• 생선살이 눌렀을 때 탄력성이 있는 것

08 식품감별 중 아가미 색깔이 선홍색인 생선은?

① 부패한 생선

② 초기부패의 생선

③ 점액이 많은 생선

④ 신선한 생선

🔎 신선한 생선의 아가미 색은 선홍색이다.

🔖 정답 _ 06 ④ 07 ① 08 ④

09 신선한 달걀에 대한 설명으로 옳은 것은?

① 깨뜨려 보았을 때 난황계수가 높은 것
② 흔들어 보았을 때 진동소리가 나는 것
③ 표면이 까칠까칠하고 광택이 없는 것
④ 수양난백의 비율이 높은 것

💬 오래된 달걀일수록 난황계수와 난백계수는 작아지고 기실은 커져서 흔들었을 때 소리가 나며 수양난백의 비율이 높다.

10 다음 중 소고기를 구입할 때 고려해야 할 사항은?

① 색깔, 부위
② 색깔, 부피
③ 중량, 부위
④ 중량, 부피

💬 소고기 구입 시 중량과 부위에 유의하여 구입한다.

(5) 육류

① 신선한 돼지고기는 담홍색, 쇠고기는 선홍색을 띠고 촉촉한 습기를 가지고 있다.
② 오래된 것은 암갈색을 띠고 탄력성이 없으며, 병육은 피를 많이 함유하여 냄새가 난다.
③ 고기를 얇게 잘라 빛에 비추어 봤을 때 얼룩 반점이 있는 것은 기생충에 감염된 것이다.

(6) 알류

① 껍질이 까칠까칠한 것이 신선한 것이다.
② 빛에 비추었을 때 밝게 보이는 것은 신선하고, 어둡게 보이는 것은 오래된 것이다.
③ 6%의 식염수에 넣었을 때 가라앉는 것은 신선한 것이고, 뜨는 것은 오래된 것이다.
④ 알을 깨뜨렸을 때 노른자의 높이가 높고, 흰자가 퍼지지 않는 것이 신선하다.
⑤ 흔들었을 때 소리가 나지 않아야 신선한 것이다.
⑥ 신선한 달걀의 비중은 1.08~1.09이다.
⑦ 신선한 달걀의 난황계수는 0.36~0.44이며, 오래된 것은 0.25 정도이다.

(7) 우유

① 이물질과 침전물이 있거나 점성이 있는 것은 좋지 않다.
② 가열했을 때 응고되는 것은 신선하지 않다.
③ 물에 우유를 떨어뜨렸을 때 구름같이 퍼지면 신선한 것이다.
④ 비중이 1.028 이하인 것이 좋다.
⑤ 신선한 우유의 산도는 0.18 이하, pH는 6.6이다.

(8) 통조림·병조림

① 외관이 정상이 아니고 녹슬었거나 움푹 들어간 것은 내용물이 변질되었을 가능성이 크다.
② 라벨의 내용물, 제조자명, 소재지, 제조연월일, 무게, 침전물의 유무를 확인하고, 개관했을 때 표시대로 식품의 형태, 색, 맛, 향기 등에 이상이 없어야 한다.
③ 통이 변형되었거나 가스가 새어나오는 것은 불량이다.

(9) 과일류

① 제철의 것으로 신선하고 청결한 것이 좋다.
② 반점이나 해충 등이 없고 과일의 색과 향이 있는 것이 좋다.
③ 상처가 없는 것으로 건조되지 않고 신선해야 한다.

Section 2 조리기구 및 설비 특성과 품질 확인

1 조리기구 특성

(1) 사입 기기

① **필러(박피기)** : 당근, 감자 등의 구근류나 야채의 껍질을 벗기는 데 사용한다. 그러나 100인분 이하는 손으로 벗기는 게 빠르다.

② **야채 절단기** : 여러 가지 종류가 있다. 주사위 모양으로 써는 것, 동그랗게 써는 것, 가늘게 써는 것, 기타 여러 가지 모양을 써는 조리기와 잘게 써는 것 등이 있다. 식품이 부드러워도 잘 썰리는 게 특징이다.

③ **고기 써는 기계** : 조그만 것은 수동형도 있으나 대형은 동력식이다. 이 기계는 칼날이 썰리는 데 중요한 역할을 한다. 잘 썰리지 않으면 고기가 변질하는 수가 있다.

④ **슬라이서** : 고기, 햄 등을 얇게 자르는 기계로서 물건을 먼저 놓는다.

⑤ **끓이는 솥** : 조리기기 중에 재래식으로 사용하는 것이 이것이다. 판판한 평솥, 증기의 증기솥 등이 있다. 또한, 조리하는 데 편리한 회전솥이 있다. 밀크나 즙을 끓이는 솥은 이중으로 되어 있다.

⑥ **굽는 기기** : 주로 가스나 전기가 열원이다. 위쪽은 적외선, 아래쪽은 버너로 되어 고정식과 연속 자동식이 있다.

⑦ **튀김기기** : 고정식은 1조, 2조식이고, 연속 전자동식에는 직진형, 반복형, 회전형의 구별이 있다.

⑧ **세정 소독기기** : 식기 세정은 싱크에서 하나 많은 경우에는 식기세정기를 사용한다. 세정한 식기는 열탕, 열기, 증기 등으로 소독한다.

(2) 설비 특성과 품질 확인

① **급수 설비**

㉠ 급수 방법에는 직접 급수법과 고가수도 급수법 등도 있다.

㉡ 수압은 일반적으로 0.35kg/cm³ 이상, 수압 세미기는 0.7kg/cm³, 그 외에 수압과 수량에 의해서 0.5kg/cm³ 이상이어야 한다.

㉢ 변소나 욕실은 0.7kg/cm³가 최저 수압이다.

㉣ 수도꼭지에서 방출하는 물이 물건에 맞아 튀기는 일이 없도록 포말 수정을 사용한다.

㉤ 급수관은 보통 아연도금 강관을 사용하며 수도관의 동파를 막기 위하여 충분한 보온시설이 필요하다.

② 급탕 설비

㉠ 급탕은 중앙급탕법이라 해서 일정한 장소에서 각 탕에 급탕하는 방법과 국소급탕법이라 해서 필요한 장소에 분탕기를 두고 급탕하는 순간 탕기의 급탕장치와 같은 방법이 있다.

㉡ 중앙급탕법은 대 조리장, 국소급탕법은 소 조리장에 적합하다.

㉢ 중앙급탕법일 경우 보일러에서 꼭지까지 2개의 파이프로 연결하는 이관식 급탕법과 한 개의 파이프로 연결하는 일관식 급탕법이 있는데 대부분 공사비 절약으로 일관식을 사용하나 불편하다.

㉣ 가스 순간 온탕기는 1ℓ의 물을 1분간에 25℃ 높이는 힘이 있는 것을 1호라 한다. 가스 온탕기에는 반드시 환풍 장치가 필요하다.

③ 작업대

㉠ 작업대는 일반적으로 평편한 것이 많으나 물이 흐르지 않게 하기 위해서 가장자리가 약간 올라간 것을 사용한다. 작업대의 길이, 폭, 높이의 표준은 싱크대와 같다.

㉡ 작업대와 싱크대의 중간형이 있는데 이것은 분류상 싱크에 속하나 실제로는 얕은 싱크 속에다 나무판을 놓고 어물의 조리에 사용되는 작업대다.

㉢ 매주 1회 이상 대청소 및 소독을 실시하여 깨끗한 환경을 유지해야 한다.

㉣ 작업대는 사용 목적에 의해서 고정된 것과 이동식이 있다. 그 외에 조립식으로 확장형이라고 해서 필요에 따라 표면을 크게 쓸 수 있다.

④ 냉장고, 냉동고, 창고

㉠ 냉장고는 5℃ 내외의 내부 온도를 유지하는 것이 표준이며, -50~-30℃의 온도가 필요할 경우도 있다.

㉡ 냉동식품을 오랫동안 보존하려면 -30℃로 한다.

㉢ 냉장고나 냉동고나 소형의 것은 각 메이커의 표준품을 사용

> TIP
> 일반급식소에서 급식수 1식당 주방 면적 : 0.1m² 정도
> 일반급식소에서 급수설비 용량 환산 시 1식당 사용물량 6.0~10.0ℓ

Section **3** 검수를 위한 설비 및 장비 활용 방법

1 검수의 개념

검수는 구매담당자가 발주한 물품이 주문내용과 일치하는가를 확인하는 과정으로 단순히 배달된 물품을 인수받고 날인하는 것에 그치는 것이 아니라 구매명세서와 발주서에 명시된 품질, 크기, 수량, 중량, 가격 등을 확인하고 냉장, 냉동품의 경우 온도를 확인하는 것을 포함한다. 일반적으로 검수절차는 배달된 물품의 인수 → 확인 → 서명으로 이루어진다.

2 검수 설비 및 장비 활용

(1) 검수 장소는 물품 공급업체의 배달원이나 검수담당자 모두에게 접근이 용이한 곳이어야 한다.

(2) 물품의 이동이 검수 장소 → 저장시설 혹은 전처리장 → 조리장으로 연결되도록 하여야 물품의 이동과 저장에 소요되는 시간 및 노력을 절감할 수 있을 뿐만 아니라 일반작업구역과 청결 작업구역이 구분되므로 위생관리 측면에서도 바람직하다.

(3) 물품을 검수할 때 필요한 도구로는 저울, 온도계, 통조림 따개, 칼, 가위 등이 있다.

(4) 검수에 사용하는 저울은 플랫폼형 저울과 전자저울 등이 있으며 검수장에서 저울을 이용하여 포장지를 제외한 물품의 실제 중량을 확인한다.

(5) 냉장이나 냉동상태로 배송된 식품은 온도계를 이용하여 온도를 확인한다.

빈 출 C h e c k

12 다음은 어떤 설비 기기의 배치형태에 대한 설명인가?

- 대규모 주방에 적합하다.
- 가장 효율적이며 짜임새가 있다.
- 동선의 방해를 받지 않는다.

① ㄷ자형 ② ㄴ자형
③ 병렬형 ④ 일렬형

☁ ㄷ자형은 같은 면적의 경우 작업 동선이 짧고 넓은 조리장에 사용한다.

13 다음 중 조리장의 구조로 바른 설명이 아닌 것은?

① 배수 및 청소가 쉬운 구조일 것
② 구조는 충분한 내구력이 있는 구조일 것
③ 바닥과 바닥으로부터 5m까지의 내벽은 타일, 콘크리트 등의 내수성자재의 구조일 것
④ 객실 및 객석과는 구획되어 구분이 분명할 것

☁ 바닥과 바닥으로부터 1m까지의 내벽은 타일, 콘크리트 등의 내수성 자재의 구조일 것

☁ 정답 _ **12**① **13**③

Chapter 03 원가

14 원가의 3요소는?
① 재료비, 노무비, 경비
② 임금, 급료, 경비
③ 재료비, 경비, 광열비
④ 광열비, 노무비, 전력비

🍳 원가란 제품이 완성되기까지 소요된 경제가치로서 재료비, 노무비, 경비이다.

Section 1 원가의 의의 및 종류

🍲 원가의 의의 및 종류

(1) 원가의 개념

원가란 기업이 바로 이들 제품을 생산하는 데 소비한 경제 가치를 말한다. 즉, 원가란 한마디로 표현하면 특정한 제품의 제조·판매·서비스 외 제공을 위하여(단체 급식시설에서는 만들어 제공하기 위하여) 소비된 경제 가치라고 규정할 수 있다.

(2) 원가계산의 목적

원가계산의 목적은 기업의 경제 실제를 계수적으로 파악하여 적정한 판매가격을 결정하고 동시에 경영 능률을 증진시키고자 하는 데 있다.

① 가격결정의 목적 : 제품의 판매가격은 보통 그 제품을 생산하는 데 실제로 소비된 원가가 얼마인가를 산출하여 여기에 일정한 이윤을 가산하여 결정하게 된다. 이와 같이 제품의 판매가격을 결정할 목적으로 원가를 계산한다.

② 원가관리의 목적 : 원가관리란 경영활동에 있어서 가능한 원가를 절감하도록 관리하는 기법이다. 원가계산은 원가관리의 기초 자료를 제공한다.

③ 예산 편성의 목적 : 예산을 편성하는 경우에는 이의 기초 자료로 이용하기 위하여 원가를 계산한다.

④ 재무제표의 작성 목적 : 기업은 일정기간 동안의 경영활동 결과를 재무제표로 작성하여 기업의 외부 이해관계자들에게 보고하여야 하는데 원가계산은 이 같은 재무제표를 작성하는데 기초 자료를 제공한다. 이와 같은 원가계산은 1개월에 한 번씩 실시하는 것을 원칙으로 하고 있으나 경우에 따라서는 3개월 또는 1년에 한 번씩 실시하기도 한다. 이러한 원가계산의 실시 기간을 특히 '원가계산 기간'이라고 한다.

(3) 원가의 종류

① 재료비 · 노무비 · 경비 : 원가를 발생하는 형태에 따라 분류한 것으로 원가의 3요소라고 한다.

　㉠ 재료비 : 제품의 제조를 위하여 소비되는 물품의 원가를 말한다. 단체급식 시설에 있어서의 재료비는 급식 재료비를 의미한다.

ⓛ **노무비** : 제품의 제조를 위하여 소비되는 노동의 가치를 말한다. 이것은 임금, 급료, 잡급 등으로 구분될 수 있다.

ⓒ **경비** : 제품의 제조를 위하여 소비되는 재료비, 노무비 이외의 가치를 말한다. 이것은 필요에 따라서 수도·광열비, 전력비, 보험료, 감가상각비 등 다수의 비용으로 구분된다.

② **직접원가 · 제조원가 · 총원가** : 각 원가요소가 어떠한 범위까지 원가계산에 집계되는가의 관점에서 분류한 것이다.

⊨ 판매원가(판매가격)

직접재료비	제조간접비	판매관리비	이익
직접노무비	직접원가	제조원가	총원가
직접경비			
직접원가	제조원가	총원가	판매원가(판매가격)

③ **직접비 · 간접비** : 원가요소를 제품에 배분하는 절차로 보아서 분류한 것이다.

ⓛ **직접비** : 특정 제품에 직접 부담시킬 수 있는 것으로써 직접원가라고도 한다. 직접재료비, 직접노무비, 직접경비로 구분된다.

ⓒ **간접비** : 여러 제품에 공통적으로 또는 간접적으로 또는 간접적으로 소비되는 것으로써 이것은 각 제품에 인위적으로 적절히 부담시킨다.

④ **실제원가 · 예정원가 · 표준원가** : 원가계산의 시점과 방법의 차이에서 분류한 것이다.

ⓛ **실제원가** : 제품이 제조된 후에 실제로 소비된 원가를 산출한 것이다. 이것은 사후 계산에 의하여 산출된 원가이므로 확정원가 또는 현실원가라고도 하며, 보통 원가라고 하면 이를 의미한다.

ⓒ **예정원가** : 제품의 제조 이전에 제품 제조에 소비될 것으로 예상되는 원가를 예상하여 산출한 사전 원가이며, 견적원가 또는 추정원가라고도 한다.

ⓒ **표준원가** : 기업이 이상적으로 제조 활동을 할 경우에 예상되는 원가, 즉 경영 능률을 최고로 올렸을 때의 최소원가의 예정을 말한다. 따라서 이것은 장래에 발생할 실제 원가에 대한 예정원가와는 차이가 있으며, 실제원가를 통제하는 기능을 가진다.

(4) 단체급식 시설의 원가요소

① **급식재료비** : 조리 식품, 반조리 식품, 급식 원재료 또는 조미료 등 급식에 소요

빈출 Check

16 다음 자료에 의해서 직접원가를 산출하면 얼마인가?

- 직접재료비 : 150,000
- 간접재료비 : 50,000
- 직접노무비 : 120,000
- 간접노무비 : 20,000
- 직접경비 : 5,000
- 간접경비 : 100,000

① 170,000원
② 275,000원
③ 320,000원
④ 370,000원

🗨 **직접원가**
= 직접재료비+직접노무비+직접경비
∴ 150,000+120,000+5,000=275,000원

17 실제원가란 (   )라고도 하며, 보통 원가라고 한다. 다음 중 빈칸에 알맞은 것은?
① 사전원가 ② 확정원가
③ 표준원가 ④ 견적원가

🗨 실제원가는 확정원가, 현실원가라고도 하며 제품을 제조한 후에 실제로 소비된 원가를 산출한 것이다.

되는 모든 재료에 대한 비용이다.

② **노무비** : 급식 업무에 종사하는 모든 사람들의 노동력의 대가로 지불되는 비용이다.

③ **시설 사용료** : 급식시설의 사용에 대하여 지불하는 비용이다.

④ **수도 · 광열비** : 전기료, 수도료, 연료비 등으로 구분된다.

⑤ **전화 사용료** : 업무수행 시 사용한 전화료이다.

⑥ **소모품비** : 급식 업무에 소요되는 각종 소모품비이며 식기, 집기 등의 내구성 소모품과 소독저, 세제 등의 완전 소모품으로 구분하기도 한다.

⑦ **기타 경비** : 위생비, 피복비, 세척비 등을 말하며, 기타 잡비로 총칭한다.

⑧ **관리비** : 단체급식 시설의 규모가 큰 경우 별도로 계상되는 간접경비이다.

Section 2 원가 분석 및 계산

1 원가 분석 및 계산

(1) 원가 분석

① **진실성의 원칙** : 제품의 제조에 소요된 원가를 정확하게 계산하여 진실하게 표현해야 된다는 원칙이다. 진실성이란 실제로 발생한 원가의 진실한 파악을 말한다.

② **발생 기준의 원칙** : 현금 기준과 대립되는 것으로 모든 비용과 수익의 계산은 그 발생 시점을 기준으로 하여야 한다는 원칙이다. 즉, 현금의 수지에 관계없이 원가 발생의 사실이 있으면 그것을 원가로 인정하는 것이다.

③ **계산 경제성의 원칙** : 중요성의 원칙이라고도 하며, 원가계산을 할 때에는 경제성을 고려해야 한다는 원칙이다. 예를 들어 원래는 직접비이나 그 금액과 소비량이 적은 경우는 간접비로 계산하는 경우를 말한다.

④ **확실성의 원칙** : 실행 가능한 여러 방법이 있을 경우에 가장 확실성이 높은 방법을 선택하는 것으로, 이론적으로 다소 결함이 있더라도 확실한 결과를 확보할 수 있는 방법을 선택해야 한다는 원칙이다.

⑤ **정상성의 원칙** : 정상적으로 발생한 원가만을 계산하고 비정상적으로 발생한 원가는 계산하지 않는다는 원칙이다.

⑥ **비교성의 원칙** : 다른 일정기간의 것과 또는 다른 부분의 것과 비교를 할 수 있도록 실행되어야 한다는 원칙이다. 유효한 경영 관리의 수단이 된다.

⑦ **상호 관리의 원칙** : 원가계산과 일반회계 간 그리고 각 요소별 계산, 부문별 계산, 제품별 계산 간에 서로 밀접하게 관련되어 하나의 유기적 관계를 구성함으로

써 상호 관리가 가능하도록 되어야 한다는 원칙이다.

(2) 원가계산의 단계

① **요소별 원가계산** : 제품원가는 재료비, 노무비, 경비 3가지 원가요소를 참조하여 계산한다.

➖ 제조원가요소

구분		요소
직접비	직접재료비	주요 재료비(단체급식 시설에서는 급식원 제출)
	직접노무비	임금 등
	직접경비	외주 가공비 등
간접비	간접재료비	보조 재료비(단체급식 시설에서는 조미료 등)
	간접노무비	급료, 잡급, 수당 등
	간접경비	감가상각비, 보험료, 수선비, 전력비, 가스비, 수도·광열비

② **부문별 원가계산** : 전 단계에서 파악된 원가요소를 부문별로 분류·집계하는 계산 절차이다. 원가 부문이란 좁은 의미로 원가가 발생한 장소이며, 넓은 의미로는 원가가 발생한 직능을 말한다.

③ **제품별 원가계산** : 요소별 원가계산에서 파악된 직접비는 제품별로 집계하고, 부문별 원가계산에서 파악된 부문비는 일정한 기준에 따라 제품별로 배분하여 최종적으로 각 제품의 제조원가를 계산하는 절차이다.

 음식의 원가계산 방법
- 음식의 원가 = 재료비 + 노무비 + 경비
- 재료비 = 소요 재료량 × 단위당 재료비

  $= 소요\ 재료량 \times \dfrac{구입\ 재료값}{구입\ 재료량}$

- 노무비 = 소요 시간 × 1시간당 임금

  $= 소요\ 시간 \times \dfrac{1일\ 임금}{8시간}$

  $= 소요\ 시간 \times \dfrac{1개월\ 임금}{240시간}$

 경비
- 수도료 = 소요 물량 × 수도의 단위당 요금
- 전기료 = 소요 전기량 × 전기의 단위당 요금
- 가스료 = 소요 가스량 × 가스의 단위당 요금
- 연탄값 = 소요 연탄 개수 × 연탄 1개의 값

빈출 Check

20 시금치나물을 무칠 때 1인당 80g이 필요하다면 식수인원 1,500명에게 적합한 시금치 발주량은?(단, 시금치 폐기율은 4%이다)

① 100kg ② 110kg
③ 125kg ④ 132kg

💬 총 발주량 =

$\dfrac{정미중량 \times 100}{100-폐기율} \times 인원수$

$= \dfrac{80 \times 100}{100-4} \times 1,500$

$= 125,000g = 125kg$

21 원가계산의 최종목표는?
① 제품 1단위당의 단가
② 부문별 원가
③ 요소별 원가
④ 비목별 원가

💬 한 제품을 생산하는데 들어간 비용을 계산하여 제품 1단위당의 원가를 계산하고 원가를 바탕으로 제품의 판매가격을 결정지을 수 있다.

(3) 재료비의 계산

① 재료비의 개념

ㄱ **재료** : 제품을 제조할 목적으로 외부로부터 구입, 조달한 물품

ㄴ **재료비** : 제품의 제조 과정에서 실제 소비되는 재료의 가치를 화폐 액수로 표시한 금액

> 재료비 = 재료의 실제 소비량 × 재료의 소비단가

② 재료 소비량의 계산

ㄱ **계속기록법** : 재료를 동일한 종류별로 분류하고, 수입, 불출 및 재고량을 식품수불부나 출납부 또는 카드에 기록한다.

ㄴ **재고조사법** : 일정시기에 재고량을 파악하여 소비량을 산출한다.

> 당기소비량 = (전기이월량 + 당기구입량) − 기말재고량

ㄷ **역계산법** : 일정 단위에 소요되는 표준소비량을 정하고 제품의 수량을 곱하여 전체 소비량을 산출한다.

> 재료소비량 = 제품 단위당 표준소비량 × 생산량

③ 재료 소비가격의 계산

ㄱ **개별법** : 구입단가별로 가격표를 붙여 보관하고, 출고 시 표시된 구입단가를 재료의 소비단가로 정한다.

ㄴ **선입선출법** : 재료 구입순서에 따라 구입일자가 빠른 재료의 구입단가를 소비가격으로 정한다.

ㄷ **후입선출법** : 선입선출법과 반대되는 개념으로 최근에 구입된 재료부터 사용된다는 가정 아래 소비가격을 산출한다.

ㄹ **단순평균법** : 일정 기간 동안 구입단가를 구입 횟수로 나눠 평균을 소비단가로 계산한다.

ㅁ **이동평균법** : 구입단가가 다른 재료를 구입할 때마다 재고량과의 가중평균가를 산출하여 소비 재료의 가격으로 계산한다.

④ 단체급식 시설에서의 적정 식품 재료비의 계산 시 고려할 사항

ㄱ 피급식자의 성별, 연령, 직종별에 영양 기준과 식단 구성 내용

ㄴ 식품의 폐기율

ㄷ 전년도에 사용한 식품의 품목, 수량 및 사용빈도

ㄹ 전년도에 사용한 식품별 평균 구입단가와 가격의 상승률

ㅁ 식사내용의 개선, 행사식 등

⑤ 식품 재료의 구입과 불출의 기장법

    ㉠ 선입선출법에 의한 기장 : 재고품 중 제일 먼저 들어온 식품부터 불출한 것
처럼 기록하며, 기말재고액은 최근에 구입한 식품의 단가가 남는다.

    ㉡ 후입선출법에 의한 기장 : 선입선출법과 반대로 최근에 구입한 식품부터
불출한 것으로 기록한다. 기말재고액은 가장 오래 전에 구입한 식품의 단가
가 남는다.

    ㉢ 이동평균법 : 식품을 구입할 때마다 재고량과 금액을 합계하여 평균값을 계
산하고 불출할 때에는 이 평균단가를 기입하는 방식이다.

    ㉣ 총평균법 : 일정 기간의 총구입액과 이월액을 그 기간의 총구입량과 이월량
으로 나누어 평균단가를 계산하고, 불출 시에는 이 단가를 기록하는 방식이
다. 평소에는 불출 수량만을 기록해두었다가 기말에 평균단가를 계산하여 기
록한다.

$$평균단가 = \frac{전기이월액 + 총구입액}{전기이월량 + 총구입량}$$

⑥ 표준원가계산

    ㉠ 원가관리의 개념 : 원가의 통제를 통하여 원가를 합리적으로 절감하려는 경
영기법으로, 표준원가계산 방법이 이용된다.

    ㉡ 표준원가계산 : 과학적 및 통계적 방법에 의하여 미리 표준이 되는 원가를 설
정하고 이를 실제 원가와 비교, 분석하기 위하여 실시하는 원가계산 방법이
다. 원가의 표준을 적절하게 설정하여야 한다.

⑦ 식품 재료의 구입 방법

    ㉠ 표준원가의 설정 : 원가 요소별로 직접재료비 표준, 직접노무비 표준, 제조
간접비 표준으로 구분하여 설정한다. 이 중에서 제조간접비의 표준설정은 변
동비와 고정비가 있어 매우 어렵다. 표준원가가 설정되면 실제원가와 비교하
여 표준과 실제의 차이를 분석할 수 있다.

    ㉡ 표준원가 차이 분석 : 표준원가 차이란 표준원가와 실제원가의 차액을 말
한다.

(4) 손익계산

손익분석은 보통 손익분기점 분석을 통해 이루어진다. 손익분기점이란 수익과 총
비용(고정비 + 변동비)이 일치하는 점을 말하며 수익이 그 이상으로 증대하면 이익
이 발생하고 이하로 감소되면 손실이 발생한다. 이 관계를 도표로 나타낸 것이 손
익분기도표이다.

빈출 Check

24 일정 기간 내에 기업의 경영
활동으로 발생한 경제가치의 소
비액을 의미하는 것은?

① 이익
② 비용
③ 감가상각비
④ 손익

> 비용이란 일정 기간 내에 기
업의 경영활동으로 발생한 경제가
치의 소비액을 의미한다.

25 입고가 먼저 된 것부터 순차
적으로 출고하여 출고단가를 결
정하는 방법은?

① 선입선출법
② 후입선출법
③ 이동평균법
④ 총평균법

> 선입선출은 먼저 입고된 것
부터 출고하여 사용한 것으로 기록
하는 방법이다.

정답 _ 24 ② 25 ①

빈출 Check

26 손익분기점에 대한 설명으로 틀린 것은?

① 총비용과 총수익이 일치하는 지점

② 손해액과 이익액이 일치하는 지점

③ 이익도 손실도 발생하지 않는 시점

④ 판매총액이 모든 원가와 비용만을 만족시킨 지점

손익 분기점이란 수익과 총비용이 일치하는 점으로 이익이나 손실이 발생하지 않는다.

손익분기도표

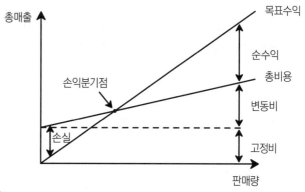

(5) 감가상각

① 개념 : 기업의 자산은 토지, 건물, 기계 등의 고정자산과 현금, 예금, 원재료 등의 유동자산으로 구분되며 고정자산은 시일의 경과에 따라 그 가치가 감소한다. 자산의 감가를 일정한 내용연수에 일정한 비율로 할당하여 비용으로 계산하는 절차를 말하며, 이때 감가된 비용을 감가상각비라 한다.

② 감가상각의 계산 요소(기초가격, 내용 연수, 잔존가격)

　㉠ 기초가격 : 취득원가(구입가격)에 의하는 것이 보통이다.

　㉡ 내용 연수 : 고정자산이 유효하게 사용될 수 있는 추산기간이다.

　㉢ 잔존가격 : 고정자산이 내용연수에 도달했을 때 매각하여 얻을 수 있는 추정 가격을 말하는 것으로 보통 구입가격의 10%를 잔존가격으로 계산한다.

③ 감가상각의 계산방법

　㉠ 정액법 : 고정자산의 감가총액을 내용 연수로 균등하게 할당하는 방법이다.

$$\text{매년의 감가상각액} = \frac{\text{기초가격} - \text{잔존가격}}{\text{내용 연수}}$$

　㉡ 정률법 : 기초가격에서 감가상각비 누계를 차감한 미상각액에 대하여 매년 일정률을 곱하여 산출한 금액을 상각하는 방법이다. 따라서 초년도의 상각액이 제일 크며 연수가 경과하면 상각액은 점점 줄어든다.

 TIP

음식의 원가계산 방법

• 음식의 원가 = 재료비 + 노무비 + 경비

• 재료비 = 소요 재료량 × 단위당 재료비

　　　　 = 소요 재료량 × $\dfrac{\text{구입 재료값}}{\text{구입 재료량}}$

• 노무비 = 소요 시간 × 1시간당 임금

　　　　 = 소요 시간 × $\dfrac{\text{1일 임금}}{\text{8시간}}$ = 소요 시간 × $\dfrac{\text{1개월 임금}}{\text{240시간}}$

01 다음 중 폐기율이 가장 높은 식품은?

① 계란　　　　　② 생선
③ 쇠고기　　　　④ 곡류

 폐기율이 높은 순서
생선 〉 곡류 〉 달걀 〉 육류

02 폐기율이 20%인 식품의 출고계수는 얼마인가?

① 0.5　　　　　② 1.0
③ 1.25　　　　　④ 2.0

 식품의 출고계수 = $\dfrac{\text{필요량 1개}}{\text{가식부율}}$

폐기율이 20%이면 가식부율은 80%이므로

$\dfrac{1}{0.8}$ = 1.25

03 급식인원이 1,000명인 단체급식소에서 점심 급식으로 닭조림을 하려고 한다. 닭조림에 들어가는 닭 1인 분량은 50g이며 닭의 폐기율이 15%일 때 발주량은 약 얼마인가?

① 50kg　　　　　② 60kg
③ 70kg　　　　　④ 80kg

 총발주량 = $\dfrac{\text{정미중량}}{100 - \text{폐기율}}$ × 인원

$\dfrac{50 \times 100}{100 - 15}$ × 1,000 = 58,000

04 김치의 1인 분량은 60g, 김치의 원재료인 포기배추의 폐기율은 10%, 예상 식수는 1,000식인 경우 포기김치의 발주량은?

① 60kg　　　　　② 65kg
③ 67kg　　　　　④ 70kg

05 급식인원이 1,000명인 단체급식소에서 1인당 60g의 풋고추조림을 주려고 한다. 발주할 풋고추의 양은?(단, 풋고추의 폐기율은 9%이다)

① 55kg　　　　　② 60kg
③ 66kg　　　　　④ 68kg

 총발주량 = $\dfrac{\text{정미중량}}{100 - \text{폐기율}}$ × 인원

$\dfrac{60 \times 100}{100 - 9}$ × 1,000 = 65,934g　　　약 66kg

06 삼치구이를 하려고 한다. 정미중량 60g을 조리하고자 할 때 1인당 발주량은 약 얼마인가?(단, 삼치의 폐기율은 34%)

① 43g　　　　　② 67g
③ 91g　　　　　④ 110g

 총발주량 = $\dfrac{\text{정미중량}}{100 - \text{폐기율}}$ × 인원

$\dfrac{60 \times 100}{100 - 34}$ × 1,000 = 90.9g　　　약 91kg

07 오징어 12kg을 45,000원에 구입하여 모두 손질한 후의 폐기율이 35%였다면 실사용량의 kg당 단가는 약 얼마인가?

① 1,667원　　　　② 3,206원
③ 5,769원　　　　④ 6,120원

 폐기율 = $\dfrac{\text{폐기량}}{\text{전체중량}}$ × 100

35g = $\dfrac{X}{12}$ × 100

폐기량 x = 4.2kg
그러므로 12kg-4.2kg= 7.8kg(실사용량)
kg당 단가는 45,000 ÷ 7.8= 5,769원이다.

08 김장용 배추김치 46kg을 담그려고 한다. 배추 구입에 필요한 비용은 얼마인가?(단, 배추 5통(13kg)의 값은 11,960원, 폐기율은 8%)

① 23,920원   ② 38,934원

③ 42,320원   ④ 46,000원

> 총 배추량(46)+폐기율(46+(46×8%))= 49.68
> (49.68 ÷13)×11,960 = 약 46,000원

09 다음 식품 중 폐기율이 가장 높은 것은?

① 게   ② 동태

③ 수박   ④ 미나리

> 폐기량이란 조리 시 버려지는 부분으로 게의 폐기율은 70~80%이며, 동태 20%, 수박 42%, 미나리는 26% 정도이다.

10 가식부율이 가장 높은 것은?

① 참외   ② 달걀

③ 밀감   ④ 콩나물

> 식품에 있어서 먹을 수 있는 부분을 가식부율이라 하는데 참외의 경우 75%, 달걀 86%, 밀감 75%, 콩나물 90%이다.

11 단체급식의 특징을 설명한 것 중 옳은 것은?

① 불특정 다수인을 대상으로 급식한다.
② 영리를 목적으로 하는 상업시설을 포함한다.
③ 특정 다수인에게 계속적으로 식사를 제공하는 것이다.
④ 대중음식점의 급식시설을 말한다.

> 단체급식이란 비영리를 목적으로 특정 다수인에게 음식을 공급하는 것으로 기숙사, 학교, 후생기관 등의 급식을 말한다.

12 다음 중 감가상각의 계산 요소가 아닌 것은?

① 기초가격   ② 내용 연수

③ 표준원가   ④ 잔존가격

> 감가상각의 계산요소는 기초가격, 내용 연수, 잔존가격이다

13 생선의 신선도 감별법으로 옳지 않은 것은?

① 생선의 육질이 단단하고 탄력성이 있는 것이 신선하다.
② 눈알이 투명하지 않고 아가미색이 어두운 것은 신선하지 않다.
③ 생선의 표면이 광택이 나면 신선하다.
④ 트리메틸아민(TMA)이 많이 생성된 것이 신선하다.

> 트리메틸아민은 생선의 비린내 성분으로 오래된 생선일수록 많이 생성된다.

14 신선한 달걀에 대한 설명으로 옳은 것은?

① 깨뜨려 보았을 때 난황계수가 높은 것
② 흔들어 보았을 때 진동소리가 나는 것
③ 표면이 까칠까칠하고 광택이 없는 것
④ 수양난백의 비율이 높은 것

> 오래된 달걀일수록 난황계수와 난백계수는 작아지고 기실은 커져서 흔들었을 때 소리가 나며 수양난백의 비율이 높다.

15 고객수가 900명, 좌석수 300석, 1좌석당 바닥면적 1.5m² 일 때 필요한 식당의 면적은?

① 300m²   ② 350m²

③ 400m²   ④ 450m²

> 좌석수(300명) × 바닥면적(1.5m²)=450m²

16 급식시설의 유형 중 1인 1식을 제공하는 데 사용하는 물의 양이 가장 많은 곳은?

① 학교 급식　　② 병원 급식

③ 사업체 급식　　④ 기숙사 급식

> 1인 1식당 급수량은 병원 급식 : 10~20L, 학교 급식 : 4~6L, 공장 급식 5~10L, 일반 급식 6~10L

17 전체 식수인원이 3,000명이고 식수 변동율은 1.1, 식기 파손율을 1.07로 하였을 때 식기의 필요량은?

① 3,521개　　② 3,531개

③ 3,541개　　④ 3,551개

> 식기필요량은 전체식수×식수변동율×식기파손율이므로 3,000×1.1×1.07= 3,531개

18 원가의 종류가 바르게 설명된 것은?

① 직접원가 : 직접재료비, 직접노무비, 직접경비, 일반관리비

② 제조원가 : 직접재료비, 제조간접비

③ 총원가 : 제조원가, 지급이자

④ 판매가격 : 총원가, 직접원가

19 다음 내용으로 총 원가를 산출하면 얼마인가?

직접재료비 : 170,000원	직접경비 : 5,000원
간접재료비 : 55,000원	간접경비 : 65,000원
직접노무비 : 80,000원	판매경비 : 5,500원
간접노무비 : 50,000원	일반관리비 : 10,000원

① 425,000원　　② 430,500원

③ 435,000원　　④ 440,500원

> •총원가 = 제조원가+판매관리비
> •제조원가 = 직접원가+제조간접비
> •직접원가 = 직접재료비+직접노무비+직접경비

20 총원가에 대한 설명으로 옳은 것은?

① 제조간접비와 직접원가의 합이다.

② 판매관리비와 제조원가의 합이다.

③ 직접재료비, 제조간접비, 이익의 합이다.

④ 직접재료비, 직접노무비, 직접경비, 직접원가, 판매관리비의 합이다.

> 총원가는 제조원가+판매관리비이며 여기에 이익이 더해지면 판매원가가 된다.

21 식품원가율을 40%로 정하고 햄버거의 1인당 식품 단가를 1,000원으로 할 때 햄버거의 판매가격은?

① 4,000원　　② 2,500원

③ 2,250원　　④ 1,250원

> 식품원가율 = $\dfrac{식품단가}{식단가격}$ × 100
>
> 식단가격 = $\dfrac{식품단가}{식품원가율}$ × 1,000
>
> = $\dfrac{1,000}{40}$ × 100 = 2,500원

22 일정 기간 내에 기업의 경영 활동으로 발생한 경제가치의 소비액을 의미하는 것은?

① 이익　　② 비용

③ 감가상각비　　④ 손익

> 비용이란 일정 기간 내에 기업의 경영활동으로 발생한 경제가치의 소비액을 의미한다.

23 일 매출액이 1,300,000원, 식재료비가 780,000원인 경우 식재료비의 비율은?

① 55%　　② 60%

③ 65%　　④ 70%

> $\dfrac{1,300,000}{780,000}$ ×100 = 60%

정답　**16** ②　**17** ②　**18** ①　**19** ④　**20** ②　**21** ②　**22** ②　**23** ②

24 다음 중 원가계산의 원칙이 아닌 것은?

① 진실성의 원칙　② 확실성의 원칙

③ 발생기준의 원칙　④ 비정상성의 원칙

 원가계산의 원칙
진실성의 원칙, 발생기준의 원칙, 계산 경제성의 원칙, 확실성의 원칙, 정상성의 원칙, 비교성의 원칙, 상호관리의 원칙

25 재료의 소비액을 산출하는 계산식은?

① 재료 구입량 × 재료 소비단가

② 재료 소비량 × 재료 구입단가

③ 재료 소비량 × 재료 소비단가

④ 재료 구입량 × 재료 구입단가

재료비 = 재료소비량×재료 소비단가

26 냉동식품에 대한 보관료 비용이 다음과 같을 때 당월 소비액은? (단 당월선급액과 전월미지급액은 고려하지 않는다.)

- 당월지급액 : 40,000원
- 전월지급액 : 10,000원
- 당월미지급액 : 30,000원

① 70,000원　　② 80,000원

③ 90,000원　　④ 100,000원

당원소비액 = 당월지급액+전월선급액+당월미지급액 = 40000+10000+30000=80,000원

27 미역국을 끓이는데 1인당 사용되는 재료와 필요량, 가격은 다음과 같다. 미역국 10인분을 끓이는 데 필요한 재료비는?

재료	필요량(g)	가격(원/100g당)
미역	20	150
쇠고기	60	850
총 조미료	–	70

① 610원　　② 6,100원

③ 870원　　④ 8,700원

미역 20g의 가격은 15×2=30원
소고기 60g의 가격은 85×6=510원
그러므로 (30+510+70)×10=6,100원이다.

28 입고가 먼저 된 것부터 순차적으로 출고하여 출고단가를 결정하는 방법은?

① 선입선출법　　② 후입선출법

③ 이동평균법　　④ 총평균법

선입선출은 먼저 입고된 것부터 출고하여 사용한 것으로 기록하는 방법이다.

29 손익분기점에 대한 설명으로 틀린 것은?

① 총비용과 총수익이 일치하는 지점

② 손해액과 이익액이 일치하는 지점

③ 이익도 손실도 발생하지 않는 시점

④ 판매총액이 모든 원가와 비용만을 만족시킨 지점

손익 분기점이란 수익과 총비용이 일치하는 점으로 이익이나 손실이 발생하지 않는다.

30 다음은 간장의 재고대장이다. 간장의 재고가 10병일 때 선입선출법에 의한 간장의 재고계산은 얼마인가?

입고 일자	수량	재고
5일	5병	3,500원
15일	10병	3,500원
20일	7병	3,000원
27일	5병	3,500원

① 32,500원　　② 33,500원

③ 34,500원　　④ 35,000원

Part 04
일식·복어 구매관리

 선입선출이란 먼저 입고된 것부터 사용하는 것으로 재고가 10병이라면 27일 입고된 5병과 20일에 입고된 7병 중 5병이 남았다고 계산하면 5×3,500원과 5×3,000원을 합하여 계산하면 32,500원이 된다.

31 재료의 소비액을 산출하는 계산식은?

① 재료구입량 × 재료 소비단가

② 재료소비량 × 재료 구입단가

③ 재료소비량 × 재료 소비단가

④ 재료구입량 × 재료 구입단가

 재료비 = 재료소비량 × 재료 소비단가

32 재료소비량을 알아내는 방법과 거리가 먼 것은?

① 계속기록법 　　② 재고조사법

③ 선입선출법 　　④ 역계산법

재료소비량의 계산방법에는 계속기록법, 재고조사법, 역계산법이 있다.

33 식품위생법상 집단급식소는 상시 1회 몇인 이상에게 식사를 제공하는 급식소를 의미하는가?

① 20인 　　　　② 30인

③ 40인 　　　　④ 50인

집단급식소는 영리를 목적으로 하지 않고 계속적으로 불특정다수인(상시 1회 50인)에게 음식물을 공급하는 것을 말한다.

34 영양섭취기준 중 권장섭취량을 구하는 식은?

① 평균필요량 + 표준편차 × 2

② 평균필요량 + 표준편차

③ 평균필요량 + 충분섭취량 × 2

④ 평균필요량 + 충분섭취량

권장섭취량 = 평균필요량 +표준편차 ×2

35 식단 작성 순서가 바르게 연결된 것은?

A. 영양권장량 산출　B. 식품량 산출
C. 3식 영양배분　　D. 식단표 작성

① B – C – A - D 　　② D – A – B - C

③ A – B – C - D 　　④ C – D – A - B

 표준식단의 작성 순서

영양기준량의 산출 – 식품서부치량의 산출 – 3식의 배분 결정 – 음식수 및 요리명 결정– 식단작성주기 결정 – 식량배분계획 – 식단표 작성

36 집단급식에서 식품을 구매하고자 할 때 식품 단가는 최소한 어느 정도 점검해야 하는가?

① 1개월에 2회 　　② 2개월에 1회

③ 3개월에 1회 　　④ 4개월에 2회

식품 단가는 1개월에 2회 점검한다.

37 집단급식소에서 식수인원 500명의 풋고추조림을 할 때 풋고추의 총발주량은 약 얼마인가?(단, 풋고추 1인분 30g, 풋고추의 폐기율 6%)

① 15kg 　　　　② 16kg

③ 20kg 　　　　④ 25kg

총발주량=(정미중량×100)÷(100-폐기율)×인원수=(30×100)÷(100-6)×500= 약 16kg

38 가식부율이 80%인 식품의 출고계수는?

① 1.25 　　　　② 2.5

③ 4 　　　　　④ 5

식품의 출고계수 $= \dfrac{100}{100-\text{폐기율}}$

$= \dfrac{100}{100-20} = 1.25$

39 시금치나물을 무칠 때 1인당 80g이 필요하다면 식수인원 1,500명에게 적합함 시금치 발주량은? (단, 시금치 폐기율은 4%이다)

① 100kg   ② 110kg

③ 125kg   ④ 132kg

 총 발주량 = $\dfrac{정미중량 \times 100}{100-폐기율} \times$ 인원수

$= \dfrac{80 \times 100}{100-4} \times 1,500 = 125,000g = 125kg$

40 다음과 같은 조건일 때 3월의 재고 회전율은 약 얼마인가?

- 3월 초 초기 재고액 : 550,000원
- 3월 말 마감 재고액 : 50,000원
- 3월 한 달 동안의 소요 식품비 : 2,300,000

① 4.66   ② 5.66

③ 6.66   ④ 7.66

재고회전율 = $\dfrac{출고량}{재고량} \times 100$

- 평균재고량 = 550,000+50,000/2 = 300,000원
- 재고회전율 = 2,300,000/300,000 = 7.66

41 급식인원이 1,000명인 집단급식소에서 중식으로 닭볶음탕을 하려 한다. 닭볶음탕에 들어가는 닭 1인 분량은 50g이며 닭의 폐기율은 15%일 때 발주량은 약 얼마인가?

① 50kg   ② 60kg

③ 70kg   ④ 80kg

총 발주량 = $\dfrac{정미중량 \times 100}{100-폐기율} \times$ 인원수

$= \dfrac{50 \times 100}{100-15} \times 1,000 = 58.82kg \fallingdotseq 60kg$

42 쇠고기를 돼지고기를 대체하고자 할 때 쇠고기 300g을 돼지고기 몇 g으로 대체해야 하는가? (단, 식품분석표상 단백질 함량은 쇠고기 20g, 돼지고기 15g이다.)

① 200g   ② 360g

③ 400g   ④ 460g

 대치식품량

$= \dfrac{원래 식품의 양 \times 원래 식품의 해당 성분 수치}{대치하고자 하는 식품분석치}$

$= \dfrac{300 \times 20}{15} = \dfrac{6,000}{15} = 400$

쇠고기 300g은 돼지고기 400g으로 대체해서 사용하면 된다.

43 삼치구이를 하려고 한다. 정미중량 60g을 조리하고자 할 때 1인당 발주량은 얼마로 계산하는가? (단, 삼치의 폐기율 34%)

① 약 60g   ② 약 110g

③ 약 90g   ④ 약 40g

총 발주량 = $\dfrac{정미중량 \times 100}{100-폐기율} \times$ 인원수

$= \dfrac{60 \times 100}{100-34} \times 1 = 90.9g$

44 오징어 12kg을 25,000원에 구입하였다. 모두 손질한 후의 폐기율이 35%였다면 실 사용량의 kg당 단가는 약 얼마인가?

① 5,556원   ② 3,205원

③ 2,083원   ④ 714원

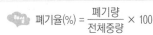 폐기율(%) = $\dfrac{폐기량}{전체중량} \times 100$

$35 = \dfrac{x}{12} \times 100$

x=4.2(폐기량이 4.2kg)

폐기량이 4.2kg로서 총오징어 12중 실사용량은 12kg − 4.2kg = 7.8kg이다. 오징어 12kg은 12,000원에 구입하였으므로 실사용량의 kg당 단가는 25,000원 ÷ 7.8 = 3,205원이다.

45 미역국을 끓이는데 1인당 사용되는 재료와 필요량, 가격은 다음과 같다. 미역국 10인분을 끓이는 데 필요한 재료비는? (단, 총조미료의 가격 70원은 1인분 기준이다.)

재료	필요량(g)	가격(원/100g당)
미역	20	150
쇠고기	60	850
총 조미료	–	70

① 610원
② 6,100원
③ 870원
④ 8,700원

> **1인분 끓이는 데 필요한 재료비**
> (20×1.5)+(60×8.5)+70= 30+510+7==610원
> 따라서 10인분을 끓이는 데 필요한 재료비는 610원 ×10 = 6,100원

46 총비용과 총수익이 일치하여 이익도 손실도 발생하지 않는 시점은?

① 매상선점
② 가격 결정점
③ 손익분기점
④ 한계이익점

> 손익분기점은 총수익과 총비용이 일치하는 점으로 이익도 손실도 발생하지 않는 지점이다.

47 제품의 제조 수량 증감에 관계없이 매월 일정액이 발생하는 원가는?

① 고정비
② 비례비
③ 변동비
④ 체감비

> 고정비란 매월 일정한 비용이 들어가는 것으로 인건비, 감가상각비, 보험료 등이 있다.

48 다음 중 고정비에 해당되는 것은?

① 노무비
② 연료비
③ 수도비
④ 광열비

> 고정비는 항상 일정한 비용이 들어가는 것으로 인건비, 감가상각비, 보험료 등이 있다.

49 다음 중 소고기를 구입할 때 고려해야 할 사항은?

① 색깔, 부위
② 색깔, 부피
③ 중량, 부위
④ 중량, 부피

> 소고기 구입 시 중량과 부위에 유의하여 구입한다.

50 보존식이란 무엇인가?

① 제공된 요리 1인분을 조리장에 일정 시간 보존하여 사고(식중독) 발생에 대비하는 식
② 제공된 요리 1인분을 냉장고에 일정 시간 보존하여 사고(식중독) 발생에 대비하는 식
③ 제공된 요리 1인분을 냉장고에 일정 시간 전 시용으로 보존하는 식
④ 제공된 요리 1인분을 조리장에 일정 시간 전 시용으로 보존하는 식

> 보존식이란 급식으로 제공된 요리 1인분을 식중독 발생에 대비하여 냉장고에 72시간 이상 보존하는 것을 말한다.

51 원가계산의 최종목표는?

① 제품 1단위당의 단가
② 부문별 원가
③ 요소별 원가
④ 비목별 원가

> 한 제품을 생산하는데 들어간 비용을 계산하여 제품 1단위당의 원가를 계산하고 원가를 바탕으로 제품의 판매가격을 결정지을 수 있다.

52 다음 중에서 원가계산의 목적이 아닌 것은?

① 가격결정의 목적
② 재무제표작성의 목적
③ 원가관리의 목적
④ 기말재고량 측정의 목적

53 원가계산 기간은?

① 3개월 ② 1개월

③ 6개월 ④ 1년

> 원가계산 실시기간은 1개월을 원칙으로 한다. 단, 경우에 따라서 6개월 1년에 한 번 실시하기도 한다.

54 다음 중 재료의 소비에 의해서 발생한 원가는 어느 것인가?

① 노무비 ② 간접비

③ 재료비 ④ 경비

> 제품의 제조를 위해 재료의 소비로 발생한 원가를 재료비라 한다.

55 제품의 제조를 위하여 노동력을 소비함으로 발생하는 원가를 무엇이라고 하는가?

① 직접비 ② 노무비

③ 경비 ④ 재료비

> 제품의 제조를 위하여 소비된 경제가치를 노무비라하며, 임금은 직접 노무비라 하고, 급료. 수당은 간접 노무비라 한다.

56 원가요소 중에서 재료비와 노무비를 제외한 원가요소를 무엇이라고 하는가?

① 경비 ② 임금

③ 급료 ④ 원재료비

> 원가의 3요소는 재료비, 노무비, 경비로 경비는 노무비와 재료비를 제외한 나머지 가치로서 보험료, 수선비, 전력비 등이 포함된다.

57 원가의 3요소는?

① 재료비, 노무비, 경비

② 임금, 급료, 경비

③ 재료비, 경비, 광열비

④ 광열비, 노무비, 전력비

> 원가란 제품이 완성되기까지 소요된 경제가치로서 재료비, 노무비, 경비이다.

58 직접경비란 특정제품의 제조에 사용된 경비를 말하는데 다음 중에서 직접경비는 어느 것인가?

① 감가상각비 ② 복리비

③ 외주가공비 ④ 전력비

> • 직접경비 : 외주가공비, 특허권사용료
> • 간접경비 : 감가상각비, 보험료, 수선비, 전력비

59 다음 자료에 의해서 직접원가를 산출하면 얼마인가?

• 직접재료비 : 150,000	• 간접재료비 : 50,000
• 직접노무비 : 120,000	• 간접노무비 : 20,000
• 직접경비 : 5,000	• 간접경비 : 100,000

① 170,000원 ② 275,000원

③ 320,000원 ④ 370,000원

> **직접원가**
> = 직접재료비+직접노무비+직접경비
> ∴ 150,000+120,000+5,000 = 275,000원

60 다음 중 재료비에 포함되지 않는 것은?

① 음식재료비 ② 보조재료비

③ 매입부분비 ④ 보험료

> 보험료는 간접경비에 속한다.

61 실제원가란 (   )라고도 하며, 보통 원가라고 한다. 다음 중 빈칸에 알맞은 것은?

① 사전원가 ② 확정원가

③ 표준원가 ④ 견적원가

> 실제원가는 확정원가, 현실원가라고도 하며 제품을 제조한 후에 실제로 소비된 원가를 산출한 것이다.

62 다음 중 이익이 포함된 것은?

① 직접원가   ② 제조원가

③ 총원가   ④ 판매가격

 • 직접원가 : 직접재료비+직접노무비+직접경비
• 제조원가 : 직접원가+제조간접비
• 총원가 : 제조원가+판매관리비
• 판매가격 : 총원가+이익

63 직접재료비·직접노무비·직접경비의 3가지를 합한 원가를 무엇이라 하는가?

① 직접원가   ② 제조원가

③ 총원가   ④ 판매원가

 직접원가 : 직접재료비+직접노무비+직접경비

64 급식 부분의 원가요소 중 인건비는 어디에 해당하는가?

① 제조간접비   ② 직접재료비

③ 직접원가   ④ 간접원가

 인건비는 노무비에 해당되며 직접원가에 해당한다.

65 일정 기간 내에 기업의 경영활동으로 발생한 경제가치의 소비액을 의미하는 것은?

① 손익   ② 비용

③ 감가상각비   ④ 이익

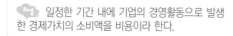 일정한 기간 내에 기업의 경영활동으로 발생한 경제가치의 소비액을 비용이라 한다.

66 가공식품, 반제품, 급식원재료 및 조미료 등 급식에 소요되는 모든 재료에 대한 비용은?

① 관리비   ② 급식재료비

③ 소모품비   ④ 노무비

급식에 소요되는 모든 재료의 비용을 급식재료비라 한다.

67 고객의 식습관과 선호도에 영향을 미치는 "형태적 요소"에 속하지 않는 것은?

① 맛   ② 직업

③ 모양   ④ 촉각

68 다음 중 시장조사의 목적에 해당하지 않는 것은?

① 합리적인 식단작성   ② 식품명세서 작성

③ 식품재료비 예산 산출   ④ 경제적인 식품 구매

식품명세서 작성은 식품 구매관리에 해당됨

69 다음 중 시장 조사원칙에 해당하지 않는 것은?

① 조사 탄력성의 원칙   ② 조사 정확성의 원칙

③ 조사 고정성의 원칙   ④ 조사 계획성의 원칙

시장조사의 원칙에는 적시성, 탄력성, 정확성, 계획성의 원칙이 있음

70 다음 중 식품 구매관리 절차순서로 바르게 설명한 것은?

① 품목 종류 결정 – 식품명세서 작성 – 용도에 맞는 제품 선택 – 발주 – 검수 – 납품

② 품목의 수량 결정 – 용도에 맞는 제품 선택 – 식품명세서 작성 – 공급업체 선정 – 가격 결정 – 발주 – 납품 – 검수

③ 품목의 수량 결정 – 용도에 맞는 제품 선택 – 식품명세서 작성 – 공급업체 선정 – 가격 결정 – 검수 – 납품 – 대금 지불

④ 품목의 종류 결정 – 용도에 맞는 제품 선택 – 식품명세서 작성 – 공급업체 선정 – 가격 결정 – 보관 – 입고 – 검수

품목의 종류 및 수량 결정 → 용도에 맞는 제품 선택 → 식품명세서 작성 → 공급자 선정 및 가격 결정 → 발주 → 납품 → 검수 → 대금 지불 및 물품 입고 → 보관

정답 **62** ④   **63** ①   **64** ③   **65** ②   **66** ②   **67** ②   **68** ②   **69** ③   **70** ②

Part 05

일식·복어
기초 조리실무

일식·복어 조리기능사 필기시험 끝장내기

Section 1 조리의 정의 및 기본 조리 조작

01 식품 조리의 목적과 거리가 먼 것은?
① 영양성 ② 보충성
③ 기호성 ④ 안전성

🍳 조리의 목적
• 식품의 영양적 가치를 높인다.
• 식품의 기호적 가치를 높인다.
• 식품의 안전성을 높인다.
• 식품을 오래 저장할 수 있다.

1 조리의 정의 및 목적

(1) 조리의 정의

조리란 식품에 물리적 및 화학적 조작을 가하여 합리적인 음식물로 만드는 과정, 즉 식품을 위생적으로 적합한 처리를 한 후 먹기 좋고 소화하기 쉽도록 하며, 맛있고 보기 좋게 하여 식욕이 나도록 하는 과정을 말한다.

(2) 조리의 목적

① **기호성 증진** : 조리 과정을 통하여 향미, 질감, 색이 증진되고 더욱 맛있게 하기 위하여 행한다.

② **영양성 증가** : 기계적 조작과 가열 처리로 소화와 흡수를 용이하게 하며 식품의 영양 효율을 높이기 위하여 행한다.

③ **안전성 향상** : 식품이 가지고 있는 독성분, 해충류, 농약 등을 제거하거나, 가열하여 위생상 안전한 음식으로 만들기 위하여 행한다.

④ **저장성 향상** : 조리를 하면 효소가 파괴되어 저장성이 높아진다.

(3) 조리기술

① **조리의 목적** : 조리라는 것은 영양상 좋은 식품을 소화되기 쉽게 하고, 위생적으로 처리함과 동시에 먹기 좋고 아름답게 조작하는 것이다.

② **가열 조리**

㉠ 가열 조리의 목적 : 식품을 가열함으로써 위생적으로 완전하게 하고 또한 소화, 흡수를 잘 되게 하기 위함이다.

㉡ 가열 조리에서 중요한 것은 가열 온도와 시간의 조절, 온도 분포의 균일화에 있다.

㉢ 열원의 효율적인 사용을 위한 주의사항

• 화력을 조절할 것
• 식품이 열을 받아들이는 것을 효율적이게 할 것
• 여열을 이용할 것

ㄹ 밥을 지을 때의 평균 열효율

　전력 50~65%, 가스 45~55%, 장작 25~45%, 연탄 30~40%

③ 생식품 조리

　㉠ 생식의 목적

　　식품 자체가 가지고 있는 풍미나 미각을 그대로 살려서 먹기 위함이다.

　㉡ 생식품 조리 시의 주의사항

　　• 위생적으로 취급할 것

　　• 항상 신선미를 갖도록 할 것

　　• 식품의 조직이나 섬유를 어느 정도 연하게 하여 불미 성분을 없앨 것

(4) 조리 방법

① 튀김

　㉠ 튀기는 조리법은 고온의 기름 속에서 식품을 가열하는 조작이며, 열전도는 기름의 대류열에 의한다.

　㉡ 기름의 비열(比熱)은 0.47로서 열용량이 적기 때문에 온도의 변화가 심하고 온도상승에 제한이 없다. 따라서 항상 불 조절에 주의하여 온도 관리를 하도록 하여야 한다.

　㉢ 식품을 고온의 기름 속에서 단시간 처리하면 영양소나 단맛의 손실이 적을 뿐 아니라 기름에 의하여 열량이 증가되고 기름의 풍미가 식품에 부가된다.

　㉣ 튀김에 사용하는 기름은 향미가 좋고 점조성이 없으며 산도가 높지 않은 대두유, 채종유, 미강유, 면실유, 올리브유, 동백유, 낙화생유 등의 식물성유가 좋다. 동물성유는 융점이 높아 입에 넣었을 때 체온에 의해 녹지 않으며 기름기가 남아 있게 되므로 튀김에 부적당하다.

　㉤ 오래 된 기름은 산패, 중합 등에 의해 점조도가 증가하여 튀길 때 산뜻하게 튀겨지지 않으며, 설사 등의 중독 증상이 나타나게 된다.

　㉥ 튀김옷 반죽 시에 박력분이 없으면 중력분에 전분을 10~30% 정도 혼합하여 사용한다.

　㉦ 튀김옷에 중탄산소다(탄산수소나트륨)를 0.2% 정도 넣는다.

　㉧ 튀김옷을 반죽할 때 많이 저으면 반죽에 글루텐이 형성되어 질겨진다.

② 찜

　㉠ 찜은 수증기가 갖고 있는 잠열(1g당 539cal)을 이용하여 식품을 가열하는 조리법이다.

　㉡ 찜은 다른 가열 조리 방법보다 시간이 오래 걸리는 단점이 있지만, 영양소의 손실이 적고 식품에 열이 골고루 분포되며 식품이 흩어질 염려가 없다.

빈출 Check

02 단시간에 조리되므로 영양소의 손실이 가장 적은 조리 방법은?

① 볶음　② 튀김

③ 조림　④ 구이

튀김은 고온에서 단시간 조리하므로 영양소의 파괴가 가장 적은 조리법이다.

03 다음 중 영양소의 손실이 적은 조리법은?

① 삶기　② 구이

③ 튀김　④ 찜

기름을 이용하여 튀기는 조리법은 영양소나 맛의 손실이 제일 적다.

정답 _ 02 ② 03 ③

빈출 Check

04 튀김의 종류와 설명을 바르게 설명한 것은?

① 튀김은 재료를 그대로 말리거나 풀칠을 하여 말려 기름에 튀긴 것이다.
② 튀각은 재료를 그대로 기름에 튀긴 것이다.
③ 부각은 주재료에 밀가루를 묻히고 튀김옷을 입혀 기름에 튀긴 것이다.
④ 튀각은 재료에 튀금옷을 입혀 튀긴 것이다.

🗨 부각은 주재료에 밀가루를 묻히고 튀김옷을 입혀 기름에 튀긴 것이다.

ⓒ 찜의 장점
  - 식품의 모양이 흩어지지 않는다.
  - 수용성 물질의 용출이 끓이는 조작보다 적다.
  - 식품이 탈 염려가 없다.

ⓔ 찜을 할 때 주의사항
  - 식품을 찔 때는 도중에 조미를 할 수 없으므로 미리 가미하여야 하고, 찌는 도중에 뚜껑을 열게 되면 온도가 낮아져 식품이 잘 익지 않으므로 도중에 뚜껑을 열지 말아야 하며, 찌는 식품이 물에 접촉되지 않도록 주의하여야 한다.
  - 찐빵을 찔 때는 너무 압력이 가해지지 않도록 적당한 시간 동안 쪄내야 하고, 찰 팥밥을 쪄낼 때는 도중에 물을 뿌려서 팥이 잘 무르익도록 해야 한다. 달걀 요리는 응고 온도에 맞추어서 지나치게 굳어지지 않도록 찌는 시간에 주의해야 한다.

③ 볶음

  ⊙ 볶음은 적정량의 기름을 충분히 가열하고 물기가 없는 재료를 강한 불에다 볶는 요리로서 구이와 튀김의 중간 요리이다. 중국 요리에 많고 서양 요리에서는 버터볶음이 많다. 그러나 양자가 다소 다른 점이 있다.

  ⓛ 볶음의 특징은 대부분의 식품을 다 조리할 수 있고, 날것으로 볶을 수 있기 때문에 간단하고, 고열로 조리하므로 단시간에 조리되며, 성분의 손실이 없고 영양상 비타민의 흡수에 좋다.

  ⓒ 볶음 시 식품의 변화
  - 식물성 식품은 연화되며, 동물성 식품은 단단해진다.
  - 수분이 감소하며 기름의 향이 증가된다.
  - 눋은 곳은 독특한 풍미가 형성된다.
  - 푸른 채소는 단시간 가열로 색이 아름다워진다.
  - 식품에 함유된 카로틴 등의 지용성 물질이 기름에 용해되어 체내 이용률이 증가된다.
  - 고온 단시간 처리로서 비타민의 손실이 적다.
  - 감미는 증가하고, 당분은 캐러멜화된다.

④ 무침

  ⊙ 생선, 고기, 야채, 건물 등을 사용한다.

  ⓛ 특히 푸른 색 야채는 삶아서 물에 헹구어 사용한다.

⑤ 회, 초무침

  ⊙ 회 식품은 날로 먹는 것이 맛의 풍미가 좋다. 그러나 재료나 기구, 취급자의 위생 문제가 고려되어야 한다. 특히 일본 요리에서는 어패류의 생식이 많이 사

용되고 있고, 서양 요리에서의 샐러드 등에서 생선을 사용하는 경우도 있다.

ⓒ 초무침은 날것이나 가열한 것을 혼합해서 초무침한 요리로서 상쾌한 느낌을 준다. 어패류, 육류, 야채, 해초, 건물을 사용하며, 서양 요리의 샐러드, 중국식의 냉채 요리가 있다.

⑥ 끓임

끓이는 요리는 냄비에서 만든다. 한냉 지방에 사는 사람들은 항상 열원이 준비되어 있고, 맛이 있는 간장이나 된장 등의 조미료가 구비된 우리나라 같은 경우에는 간편하게 끓임 요리를 할 수 있기 때문에 많이 사용하고 있다. 끓임은 물 또는 국물에 조미료를 가미하고 거기에 식품을 가열해서 부드럽게 맛을 내는 효과를 얻을 수 있다.

㉠ 특징
- 어떤 열원이라도 조리가 가능하다.
- 한 번에 많은 양의 음식을 할 수 있다.
- 조미하는 데 편리하다.
- 식품의 중심부까지 충분히 열을 가하여 딱딱한 것을 부드럽게 한다.
- 국물이 있는 한 100℃의 상온으로 끓일 수 있다.
- 용기의 위아래의 온도의 차이가 약간 있으나 뚜껑으로 조절할 수 있다.
- 끓이는 동안 국물에 맛 성분이 우러난다.

㉡ 요점
- 재료에 적합한 끓임 방법을 택한다.
- 적합한 기구(냄비)를 선택한다.
- 재료의 껍질 벗기기와 모양은 깨끗이 하고 같은 크기로 썬다.
- 국물의 양은 재료의 분량, 모양, 끓이는 시간, 냄비의 모양 등을 고려하여 가감한다. 살짝 익힐 경우에는 20~30%, 근채 등은 40~50% 전후, 생선은 40~50% 정도가 좋다.
- 단단한 식품은 먼저 넣고 끓여서 전체가 같이 익도록 한다.
- 식품 전체가 국물 속에 있지 않아도 증기에 의해서 익으나 조미가 되지 않으므로 중간에 상하를 뒤집어 놓아야 한다.
- 중심부는 열이 강하고 변두리는 열이 약하므로 익기 어려운 것은 중심부에, 부드러운 것은 외곽에 놓는다.
- 강한 열이 필요 없는 식재료는 다른 식재료가 한 번 끓은 다음에 넣는다.

 TIP 조미의 순서
- 일식 조리에서는 설탕 → 소금 → 식초 → 간장의 순서로 조미한다.
- 설탕에 약간의 소금을 첨가하면 단맛이 상승하는 효과가 나타난다.

빈출 Check

05 돼지고기나 생선조림에서 냄새를 제거하기 위해 생강을 넣는 시점은?
① 처음부터 함께 넣는다.
② 생강을 먼저 끓여낸 후 고기를 넣는다.
③ 고기나 생선이 거의 익어 질 무렵 생강을 넣는다.
④ 생강즙을 내어 물에 혼합한 후 고기를 넣고 끓인다.

생강은 생선 단백질의 비린내를 방지하는 성질이 있으므로 생선을 미리 가열하여 단백질을 변성시킨 다음 생강을 넣고 조리하는 것이 처음부터 넣고 조리하는 것보다 어취 제거 효과가 크다.

정답 _ 05 ③

Part 05 일식·복어 기초 조리실무

2 기본 준비 조작

(1) 계량

만들려고 하는 음식의 목적에 맞게 준비하고 또 적절하게 조미하여 합리적으로 조리하기 위해서는 분량을 정확히 계량해야 하고, 가열 시간과 조리 온도도 적절하게 조절해야 한다. 주방에서 사용하는 계량 기구는 그램(g)저울, 200cc 계량컵, 계량스푼(15cc, 5cc)과 타이머, 온도계(200℃) 등이 있다.

(2) 씻기

조리의 첫 단계로써 식품에 부착된 불순물을 제거하여 위생적으로 안전하게 하는 과정이다. 채소는 흐르는 물에 5회 정도 씻고, 어류는 내장을 제거한 다음 깨끗이 씻는다. 씻는 방법에는 비벼 씻기, 흔들어 씻기, 쥐어 씻기, 저어 씻기 등이 있다. 세제는 기생충알 또는 농약이 있거나 표면에 굴곡이 있는 부분이 많을 때에 사용하며 물로 충분히 헹구어야 한다.

(3) 담그기

식품을 씻은 다음에 이어지는 것으로 담그는 목적은 식품에 수분을 주어 수분을 흡수시키고, 식품을 팽윤·연화시키며, 염분, 나쁜 맛, 피 등의 불필요한 성분을 용출시켜 빼주는 것이다. 또한 변색을 방지하여 물리적 성질을 향상시키고 필요한 성분을 흡수시켜 맛을 좋게 해준다.

(4) 썰기

식품을 써는 것은 조작 과정 중 가열과 더불어 매우 중요한 과정으로 재료의 특성을 잘 파악하여 써는 방법을 택하여야 한다. 써는 목적은 폐기부를 제거하여 가식부의 이용 효율을 높이고, 재료의 표면적을 넓혀 열의 이동 및 조미성분의 침투가 쉽도록 하는 것이다. 또 모양, 크기, 외형 등을 정리하여 보기 좋게 해준다.

(5) 분쇄

절구나 방아에 빻아서 고운 분말상태로 만들기 위한 것이며, 깨, 낙화생 등을 빻거나 근채류를 가루로 만드는 경우이다. 분쇄기, 기계방아 등의 기구를 이용한다.

(6) 마쇄

식품을 갈거나, 으깨거나, 짜거나, 체에 받치는 것으로, 식품의 조직을 균일하게 하고, 표면적을 크게 하여 재료 중에 포함된 효소가 활동하기 좋게 만든다. 그러나 채소나 과일 등을 마쇄하면 산화 효소의 활성이 왕성해져서 비타민 C가 파괴되는 문제가 생기므로 식염이나 비타민 C를 첨가하기도 한다.

06 밀가루를 계량하는 방법으로 옳은 것은?

① 계량컵에 담고 살짝 흔들어 수평이 되게 한 다음 계량한다.
② 체에 친 후 계량컵을 평평하게 되도록 흔들어 준 다음 계량한다.
③ 체에 친 후 계량컵에 스푼으로 수북이 담은 뒤 주걱으로 깎아서 계량한다.
④ 계량컵에 담고 눌러주어 쏟았을 때 컵의 형태가 유지되도록 계량한다.

밀가루의 계량방법은 체에 친 후 계량컵에 수북이 담아 편편한 기구를 이용하여 수평으로 깎아 계량한다.

(7) 혼합, 교반, 성형

혼합, 교반, 성형은 각기 단독으로 쓰이는 경우보다 함께 쓰이는 경우가 많다. 이 조리 조작은 재료의 균질화와 열전도의 균일화를 위하여 필요하고, 조미료의 침투를 일정하게 하며 점탄성을 증가시킨다. 또한 먹기에 편리하게 하고, 입속에서 촉감을 좋게 하며 외관을 아름답게 한다.

(8) 압착, 여과

수분이 많은 식품에서 물기를 빼거나 액체와 고체를 분리하는 것으로 마쇄, 교반, 혼합 등과 동시 또는 연속적으로 행해진다. 압착과 여과의 목적은 고형물과 액체를 분리하고 조직을 파괴하여 균일한 상태가 되게 하며, 식품의 모양을 변화시키거나 성형할 수 있도록 하는데 있다.

(9) 냉각, 냉장

조리된 음식을 보관할 때에 가장 많이 행하며, 단순하게 음식의 온도를 내려 차가운 감촉을 얻는 것 외에 미생물의 번식이나 효소 및 성분 간의 상호반응을 억제시키고 물성을 변화시키는 것을 목적으로 한다.

(10) 동결, 해동

동결은 보존법의 하나로 식품 중의 수분을 빙결시켜서 동결 상태로 하는데, 이 때 조직 파괴를 적게 하기 위하여 급속 동결해야 한다. 해동은 냉동식품의 빙결정을 융해시켜 원상태로 복구시키는 것으로 완만 해동과 급속 해동이 있다.

(11) 담기

조리의 최종 단계에 속하며, 조리된 음식을 그릇에 담아 시각적으로나 미각적으로 좋은 음식이 되도록 하는 것이다. 식품을 그릇에 담을 때에는 음식의 종류나 계절에 따라 적합한 그릇을 선택해야 하며, 식품의 모양, 색, 특징을 살릴 수 있도록 담아 낸다.

3 조리의 온도

음식의 온도는 25~30℃의 범위가 좋으며, 각 조리법에 따른 조리 온도는 다음과 같다.

(1) 끓이는 것

끓이는 국은 100℃에서 가열한다.

(2) 찌는 것

수증기 속 100℃에서 가열하나, 요리에 따라 85~90℃에서 가열한다.

(3) 굽는 것

식품을 오븐(oven)에 굽는 간접 구이와 금속판이나 석쇠의 열로 160℃ 이상의 온도에서 가열하는 직접 구이가 있다. 식품의 종류에 따라서 200℃ 이상에서 굽는 경우도 있다.

빈출 Check

07 냉장 온도로 보관하기에 부적당한 것은?
① 사과 ② 딸기
③ 바나나 ④ 배

바나나는 열대과일로 냉장온도로 보관하기엔 부적당하다.

정답 _ 07 ③

08 다음 식품 중 폐기율이 가장 높은 것은?

① 게 　　② 동태
③ 수박 　　④ 미나리

🍳 폐기량이란 조리 시 버려지는 부분으로 게의 폐기율은 70~80%이며, 동태 20%, 수박 42%, 미나리는 26% 정도이다.

09 가식부율이 가장 높은 것은?

① 참외 　　② 달걀
③ 밀감 　　④ 콩나물

🍳 식품에 있어서 먹을 수 있는 부분을 가식부율이라 하는데 참외의 경우 75%, 달걀 86%, 밀감75%, 콩나물 90%이다.

(4) 튀기는 것

튀김의 적온은 보통 160~180℃이지만 수분이 많은 식품은 150℃, 튀김껍질이 없는 것은 130~140℃에서 튀긴다. 크로켓과 같이 내용물이 미리 가열된 것은 180~190℃에서 재빨리 튀겨낸다.

4 식품의 가식부율

(1) 폐기율과 가식부율

식품에는 먹을 수 있는 부분과 동물의 뼈, 껍질, 내장 또는 생선의 내장, 채소의 뿌리와 시든 부분 등 먹을 수 없는 부분이 있다. 식품을 폐기하는 부분의 중량을 전체 식품량으로 나누어 곱한 것을 폐기율이라 하는데 100에서 폐기율을 뺀 것이 가식부율이다. 폐기율은 식품의 종류에 따라 다르나 보통 어류는 높고 채소류는 낮다. 식품을 구매할 때 폐기율이 낮은 식품을 싸게 구매하도록 한다.

$$폐기율(\%) = \frac{폐기량}{전체중량} \times 100$$

(2) 폐기량과 정미량

폐기량이란 보통 식습관상 버리는 부분의 중량이고, 폐기율은 전 중량에 대한 폐기량을 퍼센트로 표시하는 것이다. 정미량은 식품에서 폐기량을 제외한 먹을 수 있는 부분의 중량이다.

폐기부의 이용
생선의 내장 등은 고기 부분보다 비타민 A, B₁, B₂, 단백질이 많다.

Section **2** **기본 조리법 및 대량 조리 기술**

1 조리의 방법

조리의 내용을 정리해 보면 다음 3가지로 분류할 수 있고, 그 외에 담기와 배선 등으로 끝난다.

(1) 기계적 조리 조작

저울에 달기, 씻기, 담그기, 감기, 치대기, 섞기, 내리기, 무치기, 담기 등

(2) 가열적 조리 조작

① 습열(濕熱)에 의한 조리 : 삶기, 끓이기, 찌기 등

② 건열(乾熱)에 의한 조리 : 굽기, 석쇠 구이, 볶기, 튀기기

③ 전자레인지에 의한 조리 : 초단파(전자파) 이용

 전자레인지 조리의 특징

- 조리 시간이 짧다.
- 갈변이 일어나지 않는다.
- 수분 증발로 중량이 감소한다.
- 식품의 향, 색 등이 유지되고 조리 시 영양 손실이 적다.
- 데우기 등 재가열 시 편리하다.
- 용기에 담은 채로 조리가 가능하다.

10 전자레인지의 주된 조리 원리는?

① 전도　② 대류
③ 복사　④ 초단파

전자레인지는 초단파(micro wave)를 이용한 가열조리방법이다.

② 일식·복어 기본 조리법

구분	종류
맑은국 [스이모노(吸物: すいもの)]	대합 맑은국(蛤吸物: はまぐりすいもの), 도미머리 맑은국(鯛頭吸物: たいあたますいもの) 등
생선회 [사시미(刺身: さしみ)]	조개회(貝刺身: かいさしみ), 붉은살 생선회(赤身刺身: あかみさしみ), 활어회(活作り: いけつくり), 흰 살생선회(白身刺身: しろみさしみ) 등
구이 [야키모노(燒物: やきもの)]	간장양념구이(照り燒き: てりやき), 그냥구이(素燒き: すやき), 소금구이(塩燒き: しおやき) 등
튀김 [아게모노(揚物: あげもの)]	그냥튀김(素揚げ: すあげ), 튀김옷튀김(衣揚げ: ころもあげ), 양념튀김(空揚げ: からあげ), 변형튀김(代わり揚げ: かわりあげ) 등
조림 [니모노(煮物: にもの)]	도미조림(鯛荒煮: たいあらに), 채소조림(野菜煮: やさいに) 등
찜 [무시모노(蒸し物: むしもの)]	달걀찜(茶椀蒸し: ちゃわんむし), 질 그릇찜(土瓶蒸し: とびんむし), 생선술찜(魚酒蒸し: さかなさかむし) 등
무침 [아에모노(和物: あえもの)]	채소두부무침(野菜白和え: やさいしらあえ), 깨무침(胡麻和え: ごまあえ) 등
초회 [스노모노(酢の物: すのもの)]	모듬초회(酢の物盛り合せ: すのものもりあわせ), 문어초회(酢の物: たこのすのもの) 등
냄비 [나베모노(鍋物: なべもの)]	복어냄비(鐵ちり: てっちり), 전골냄비(鋤燒: すきやき), 샤부샤부(しゃぶしゃぶ) 등
면류 [면루이(麵類: めんるい)]	소면(素麵: そうめん), 우동(饂飩: うどん), 메밀국수(蕎麥: そば) 등
덮밥 [돈부리(丼物: どんぶりもの)]	쇠고기덮밥(牛肉丼: きゅうにくどんぶり), 장어덮밥(鰻重: うなじゅう), 튀김덮밥(天丼: てんどん), 닭고기덮밥(親子丼: おやこどん) 등
밥 [고항(御飯: ごはん)]	밤밥(栗御飯: くりごはん), 자연송이밥(松茸御飯: まつたけごはん), 죽순밥(竹子御飯: たけのこごはん) 등
차밥류 [오차즈케(御茶漬: おちゃづけ)]	도미차밥(鯛茶漬: たいちゃづけ), 연어차밥(鮭茶漬: さけちゃづけ), 매실차밥(梅茶漬: うめちゃづけ) 등
초밥 [스시(寿司: すし)]	생선초밥(握り寿司: にぎりずし), 김초밥(海苔卷寿司: のりまきずし), 유부초밥(稲荷寿司: いなりずし), 흩어뿌림초밥(散らし寿司: ちらしずし), 선택초밥(お好み寿司: おこのみずし) 등
절임류 [츠케모노(漬物: つけもの)]	가지 절임(紫葉漬: しばつけ), 매실 절임(梅干し: うめぼし), 쌀겨절임(糠漬: ぬかつけ), 단무지(澤庵漬: たくあんつけ) 등

정답 _ 10 ④

빈출 Check

11 일본 요리의 오법(五法)에 해당하지 않는 것은?

① 생것   ② 볶음
③ 구이   ④ 조림

💬 일본 요리법의 오법(五法) : 생것, 구이, 튀김, 조림, 찜

3 조미료 사용 순서

① 일식 요리에 있어서 조미료를 사용하는 순서가 있다.

② 히라가나의 음절 순서처럼, 사 [さ: 청주(さけ), 설탕(さとう)] → 시 [し: 소금(しお)] → 스 [す: 식초(す)] → 세 [せ: 간장(しょうゆ)] → 소 [そ: 조미료 ちょうみりょう] 순서로 사용한다.

③ 생선 종류에 맛을 들일 경우 : 청주 →설탕 →소금 →식초 → 간장의 순서대로 간을 한다.

④ 채소 종류에 맛을 들일 경우 : 설탕 → 소금 →간장 →식초 →된장의 순서대로 간을 한다.

4 일본 요리법의 기법

(1) **오색(五色)** : 흰색, 검정색, 빨간색, 청색, 노란색,

(2) **오미(五味)** : 단맛, 짠맛, 신맛, 쓴맛, 매운맛

(3) **오법(五法)** : 생것, 구이, 튀김, 조림, 찜

Section 3   **기본 칼 기술 습득**

1 칼의 종류와 사용 용도

(1) **회칼 – 사시미보쵸(刺身包丁: さしみぼうちょう)**

① 회칼은 생선회를 자를 때 사용하며, 생선회용 칼은 다른 칼들에 비해 가늘고 긴 것이 특징이다.

② 예전에는 관동 지방(関東地方)에서는 길게 사각 진 생선회 용도의 칼인 다코비키(蛸引包丁, たこびきぼうちょう)를 많이 사용하고, 관서지방(関西地方)에서는 칼끝이 뾰족한 버들잎 모양의 생선회 용도의 칼인 야나기보쵸(柳包丁: やなぎぼうちょう)를 많이 사용했지만, 최근에는 대부분 야나기보쵸를 사용하는 추세이다.

③ 칼날의 길이는 27~30㎝ 정도가 사용하기에 편리하다. 칼을 선택할 때 칼의 수평이 잘 맞는지 확인하고 자기 손에 맞는 것을 선택하는 것이 중요하다.

(2) **절단칼 – 데바보쵸(出刃包丁: でばぼうちょう)**

① 생선을 손질하거나 포를 뜰 때 또는 굵은 뼈를 자를 때 사용한다.

② 칼등이 두껍고 무거운 특징이 있으며 크기가 다양하므로 식재료의 용도에 따라

알맞은 것을 골라 사용한다.

(3) **채소칼 – 우스바보쵸**(薄刃包丁: うすばぼうちょう)

① 주로 채소를 자르거나 무 등을 돌려깎기할 때 사용한다.

② 칼날이 얇기 때문에 뼈가 있거나 단단한 재료에는 사용하지 않는다.

③ 이 칼을 사용할 때는 자기 몸 바깥쪽으로 밀면서 자른다.

④ 관동식 칼(関東式包丁)은 칼끝이 직각이고, 관서식 칼(関西式包丁)은 칼끝이 둥 그스름하다.

(4) **장어칼 – 우나기보쵸**(鰻包丁: うなぎぼうちょう)

① 장어칼은 민물장어나 바다장어 등을 손질할 때 전용으로 사용한다.

② 장어칼은 칼끝이 45도 정도로 기울어져 있고 뾰족하여 장어 손질에 적합하도록 만들어졌다.

2 칼의 부위별 명칭

명칭	설명
칼날 뾰족날	육류의 힘줄을 자르거나 생선 내장 긁어낼 때, 채소에 칼집 등을 낼 때 사용한다.
윗날	윗날이 식재료를 자르는 데 가장 많이 사용하기 때문에 가장 중요한 곳이다.
중심날	육류와 생선을 잡아당겨서 썰거나 채소를 자를 때 사용하는 부위이다.
불룩배	강철과 철의 맞물리는 경계선이라서 이 부분이 명확할수록 좋다.
아랫날	채소나 과일 등의 껍질을 벗길 때 사용하는 부위이다.
칼턱	생선의 뼈나 머리 등을 반으로 자를 때나 감자 등의 씨눈을 파낼 때 사용한다.
날면	날의 끝부분에서 불룩배까지의 부분을 말한다.
칼등	육류를 두드리거나 채소 등의 껍질을 벗길 때 사용한다.
칼날배	칼날의 끝부분에서 불룩배까지 비스듬히 깎여 있는 단면을 말한다.
칼배	마늘이나 호두 등을 깨부술 때 사용하는 부위이다.
칼뿌리	칼날과 손잡이 사이 부분을 말한다.
꼭지쇠	칼의 손잡이 주둥이에 끼우는 금속제를 말한다.
슴베	손으로 칼자루를 쥘 때 미끄러지지 않게 하는 부위를 말한다.
손잡이	둥근형 손잡이와 팔각슴베의 손잡이 등이 있다.

3 올바른 칼 잡는 법

(1) **전악식**

① 주먹 쥐기 형태로 가장 일반적인 칼 잡는 방법으로 잡는 방법은 엄지손가락과 집 게손가락으로 칼자루 주둥이의 꼭지쇠와 칼뿌리의 배 부분을 잡고 나머지 세 손 가락으로 칼자루를 말아 쥐는 방법이다.

빈출 Check

12 **우스바보쵸의 설명으로 옳은 것은?**

① 주로 생선회를 자를 때 사용 한다.

② 칼날이 얇기 때문에 단단한 재료에는 사용하지 않는다.

③ 자기 몸 안쪽으로 당기면서 자른다.

④ 칼등이 두껍고 무겁다.

우스바보쵸는 채소칼로 주로 채소를 자르거나 무 등을 돌려깎기 할 때 사용하며 칼날이 얇기 때문 에 뼈가 있거나 단단한 재료에는 사용하지 않는다. 이 칼을 사용할 때는 자기 몸 바깥쪽으로 밀면서 자른다.

정답 _ 12 ②

Part 05 일식·복어 기초 조리실무

② 주로 재료를 연속해서 자르거나 단단한 재료를 자를 때 사용하는 쥐기 방법이다.

(2) 단도식

① 누르기 형태로 양식칼을 잡는 가장 기본적인 방법이다.

② 집게손가락은 칼뿌리 쪽 배 부분에 붙이고 가운뎃손가락이 칼 턱 밑으로 들어간 부분에 붙인 상태에서 약손가락과 새끼손가락으로 칼을 감싸듯이 쥐는 방법이다.

(3) 지주식

① 손가락질 형태로 쭉 편 집게손가락이 칼등 위를 가볍게 누르는 방법으로 쥐는 방법이다.

② 일반적으로 회칼이나 채소칼을 사용할 때 쥐는 방법이다. 참고로 단단한 재료는 칼을 깊이 쥐고, 부드러운 재료는 가볍게 쥔다.

4 썰기의 종류

일본 요리에서 써는 방법으로 기본 썰기와 모양 썰기가 있다. 썰기는 재료나 요리의 종류와 용도에 따라 써는 방법을 달리하여 일의 능률은 높이는 것은 물론 일본 요리를 더욱더 시각적, 미각적인 효과를 발휘하게 하는 중요한 역할을 한다. 또 썰기에서 중요한 것은 각 재료의 특징을 잘 살리는 것이다.

(1) 기본 썰기[기혼기리(基本切り: きほんぎり)]

종류	설명
와기리(輪切り: わぎり)	둥글게 썰기
한게츠기리(半月切り: はんげつぎり)	반달 썰기
이쵸기리(銀杏切り: いちょうぎり)	은행잎 썰기
치가미기리(地紙切り: ちがみぎり)	부채꼴 모양 썰기
나나메기리(斜切り: ななめぎり)	어슷하게 썰기
효시키기리(拍子木切り: ひょうしきぎり)	사각 기둥 모양 썰기
사이노메기리(賽の目切り: さいのめぎり)	주사위 모양 썰기
아라레기리(霰切: あられぎり)	작은 주사위 썰기
미징기리(微塵切り: みじんぎり)	곱게 다져 썰기
고구치기리(小口切り: こぐちぎり)	잘게 썰기
센기리(千切り: せんぎり)	채썰기
센록퐁기리(千六本切り: せんろっぽんぎり)	성냥개비 두께로 썰기
하리기리(針切り: はりぎり)	바늘 굵기 썰기
단자쿠기리(短冊切り: たんざくぎり)	얇은 사각 채 썰기
이로가미기리(色紙切り: いろがみぎり)	색종이 모양 자르기

빈출 Check

13 일식 조리에서 채소 등을 곱게 다져 써는 것을 무엇이라 하는가?

① 미징기리 ② 이로가미기리
③ 센기리 ④ 효시키기리

해설 ② 이로가미기리 - 색종이 모양 자르기 ③ 센기리 - 채썰기 ④ 효시키기리 - 사각 기둥 모양 썰기

정답 _ 13 ①

가츠라무키기리(桂剝切り: かつらむきぎり)	돌려 깎기
요리우도기리(縒独活: よりうどぎり)	용수철 모양 썰기
란기리(乱切り: らんぎり)	멋대로 썰기
사사가키기리(笹抉切り: ささがきぎり)	대나무 잎 썰기
구시가타기리(櫛型切り: くしがたぎり)	빗 모양 썰기
다마네기미징기리(玉ねぎみじんぎり)	양파 다지기

(2) **모양 썰기[가자리기리(飾り切り: かざりぎり)]**

종류	설명
멘토리기리(面取り切り: めんとりぎり)	각 없애서 썰기
긱카기리(菊花切り: きっかぎり)	국화 잎 모양 썰기
스에히로기리(螺子ひろ切り: すえひろぎり)	부채살 모양 썰기
하나카타기리(花形切り: はなかたぎり)	꽃 모양 썰기
네지우메기리(捻梅切り: ねじうめぎり)	매화꽃 모양 썰기
마츠바기리(松葉切り: まつばぎり)	솔잎 모양 썰기
오레마츠바기리(折れ松葉切り: おれまづばぎり)	접힌 솔잎 모양 썰기
기리치가이큐리기리 (切り違い胡瓜切り: ぎりちがいきゅうりぎり)	오이 원통 뿔 모양 썰기
자바라큐리기리(蛇腹胡瓜切り: じゃばらきゅうりぎり)	자바라 모양 썰기
가쿠도큐리기리(角度胡瓜切り: かくどきゅうりぎり)	나사 모양으로 오이 썰기
하나랭콩기리(花蓮根切り: はなれんこんぎり)	꽃 연근 만드는 썰기
야바네랭콩기리(矢羽蓮根切り: やばねれんこんぎり)	화살의 날개 모양 썰기
자카고랭콩기리(蛇籠蓮根切り: じゃかごれんこんぎり)	연근 돌려깎아 썰기
차센나스기리(茶せん茄子切り: ちゃせんなすぎり)	차센 모양 가지 썰기
구다고보기리(管牛蒡: 切り: くだごぼうぎり)	원통형 우엉 만드는 썰기
타즈나기리(手綱切り: たづなぎり)	말고삐 곤약 썰기
무스비카마보코기리(結び蒲鉾切り: むすびかまぼこぎり)	매듭 어묵 모양 만드는 썰기
후데쇼우가기리(筆生姜切り: ふでしょうがぎり)	붓끝 모양 썰기
이카리후우보우기리(いかりふうぼうぎり)	갈고리 모양 썰기
마츠카사이카기리(松笠烏賊切り: まつかさいかぎり)	솔방울 모양 오징어 썰기
가라쿠사이카기리(唐草烏賊切り: からくさいかぎり)	당초무늬 오징어 썰기
아야메기리(菖蒲切り: あやめぎり)	붓꽃 모양 썰기
다이콘노아미기리(大根の網切り: ダイコンのあみぎり)	그물 모양 무 썰기

빈출 Check

14 일식 조리에서 시각적, 미각적인 효과를 발휘하기 위해 모양을 내어 써는 기법을 무엇이라 하는가?
① 기혼기리 ② 가자리기리
③ 이쵸기리 ④ 센기리

카자리기리는 모양 썰기를 뜻한다.

정답_14②

15 인공 숫돌 입자 3000번의 아주 고운 숫돌로 칼 전면을 고루 가는 데 적합한 숫돌은?

① 텐넨토이시
② 나카토이시
③ 아라토이시
④ 시아게토이시

🐟 시아게토이시는 마무리 숫돌로 칼 전면을 고루 갈아 마모된 칼의 표면을 고르게 하고 광택이 나게 한다.

16 숫돌 사용 방법으로 옳지 않은 것은?

① 숫돌 받침대나 젖은 행주를 깔아 숫돌이 밀리지 않도록 고정시켜 준다.
② 숫돌을 사용하고 난 후에는 평평한 바닥이나 조금 거친 숫돌로 면 고르기를 해 준다.
③ 사용이 끝난 숫돌은 깨끗이 닦아 보관한다.
④ 숫돌은 건조된 상태로 사용한다.

🐟 숫돌을 사용하기 전에 미리 물에 10~20분간 담가 충분히 물을 흡수시켜 주고 칼을 가는 중간에도 계속해서 물을 적셔 주어야만 지분이 생겨 부드럽게 갈린다.

5 일식 조리도의 특징

다른 분야에 비해 종류가 다양할 뿐만 아니라, 폭이 좁고 긴 것이 많다. 생선을 손질하기에 적합한 조리도가 발달하였다. 회칼 등이 매우 예리하고, 칼날을 세울 때는 반드시 숫돌을 사용해야 한다.

6 숫돌의 종류와 특징

(1) 거친 숫돌[아라토이시(荒砥石: あらといし)]

① 거친 숫돌은 인공 숫돌 입자 200번 정도의 굵은 것으로 칼날이 손상되었을 때 원상태로 만들기 위해 주로 사용하며 무뎌진 칼날을 빨리 갈기 위해서 사용하기도 한다.
② 칼날의 마모가 심하여 칼의 수명이 짧아지고 날이 서더라도 마무리 숫돌을 이용하여 마무리해야 한다.
③ 중간 숫돌의 비정상적인 마모로 인한 형태를 바로 잡을 때도 사용하기도 한다.

(2) 중간 숫돌[나카토이시(中荒石: なかといし)]

① 중간 숫돌은 인공숫돌 입자 1000번을 많이 사용하며 일반적으로 칼을 갈 때 많이 사용하는 숫돌이다.
② 일반인들은 중간 숫돌로 갈 경우 마무리 숫돌을 이용하지 않고 날이 서게 되면 이용한다.
③ 그러나 전문인들은 이 숫돌로 갈더라도 마무리 숫돌을 이용해야 칼을 사용한 후 뒷모습이 예쁘게 나온다.

(3) 마무리 숫돌[시아게토이시(仕上げ荒石: しあげといし)]

마무리 숫돌은 인공 숫돌 입자 3000번의 아주 고운 숫돌로 칼 전면을 고루 갈아 마모된 칼의 표면을 고르게 하고 광택이 나게 하여 칼이 녹이 잘 슬지 않게 한다.

7 숫돌 받침대 및 숫돌 사용 방법

(1) 숫돌 받침

흔히 조리에 사용할 수 없는 행주를 사용하나 숫돌 받침용으로 다양한 모양의 받침이 판매되고 있으며 싱크대 크기에 맞게 자체 제작하여 사용하기도 한다.

(2) 숫돌 사용 방법

① 숫돌을 사용하기 전에 미리 물에 10~20분간 담가 충분히 물을 흡수시켜 주고 칼을 가는 중간에도 계속해서 물을 적셔 주어야만 지분이 생겨 부드럽게 갈린다.
② 숫돌 받침대나 젖은 행주를 깔아 숫돌이 밀리지 않도록 고정시켜 준다.
③ 숫돌을 사용하고 난 후에는 평평한 바닥이나 조금 거친 숫돌로 면 고르기를 해 준다.

④ 사용이 끝난 숫돌은 깨끗이 닦아 보관한다.

8 칼 연마하기

(1) 칼 가는 방법

일본 요리에서 칼을 가는 법과 조리도를 관리하는 것은 무척 중요하다고 할 수 있다. 일본 요리에 사용되는 조리도는 대부분 한쪽 날의 칼이기 때문에 칼날을 몸 쪽 방향으로 갈 때는 앞으로 밀 때 힘을 주고, 칼날을 몸 바깥쪽 방향으로 갈 때는 잡아 당길 때 힘을 주어 간다.

A. 칼 앞면 가는 방법

① 칼의 갈아야 할 면을 숫돌에 부착한 후 오른손으로 칼의 손잡이를 잡는다.

② 오른손의 집게손가락은 칼등 쪽에 댄다.

③ 엄지손가락은 칼의 뒷면에 대어 남은 세 손가락으로 칼자루를 쥔다.

④ 칼을 잡고 칼의 앞면 경사를 자연스럽게 물에 적셔 둔 숫돌에 밀착시킨다.

⑤ 칼의 뒷면에 왼손을 댄 후 왼손 집게손가락, 가운뎃손가락, 약손가락을 칼의 뒷면에 댄다.

⑥ 칼자루를 쥔 오른손과 뒷면에 댄 왼손을 동시에 움직여 칼을 앞쪽으로 가볍게 힘을 넣어 밀고 당기는 식으로 계속 반복해서 간다.

⑦ 칼날의 폭이 2㎝ 정도이면 중심의 1㎝ 정도를 숫돌에 밀착시켜 자연스러운 각도를 유지한다.

B. 칼의 뒷면을 가는 방법

① 오른손의 집게손가락을 칼의 평면에 대고, 엄지손가락을 칼의 등에 댄다.

② 왼손은 앞면과 동일하게 칼의 앞 가장자리부터 끝 가장자리까지 간다.

③ 일식 조리도는 한쪽 면만 갈기 때문에 칼끝이 살짝 반대편으로 넘어가게 되는데 뒷면을 가는 것을 카에리(返り : かえり)라고 한다.

④ 칼을 다 갈았다면 마무리용 숫돌을 사용해 앞뒤를 마무리한다. 마무리 단계에서는 흙탕물이 나오지 않도록 물을 계속 끼얹어 주며 가볍게 간다.

⑤ 주방 세제로 깨끗이 닦고 씻어 물기를 제거한 후 칼 보관용 장소에 보관한다.

(2) 조리도의 관리 방법

① 조리도는 하루에 한 번 이상 가는 것을 원칙으로 한다.

② 칼을 간 후 숫돌 특유의 냄새를 제거할 때는 자른 무 끝에 헝겊을 감은 후 아주 가는 돌가루를 묻혀 칼을 닦지만, 일반적으로 수세미를 이용해 비눗물 등으로 닦은 후 씻어 물기를 완전히 제거한 다음, 마른종이에 싸서 칼집에 넣어 보관한다.

③ 각자 자신의 조리도를 직접 관리하고 작업할 때에도 자신의 조리도를 사용한다.

④ 조리도는 자신의 몸과 같이 관리하며, 다른 사람이 절대로 손댈 수 없도록 한다.

빈출 Check

17 일식 조리도 관리 방법으로 옳지 않은 것은?

① 조리도는 자신의 몸과 같이 관리하며, 다른 사람이 절대로 손댈 수 없도록 한다.

② 조리도는 물로만 씻은 후 자연 건조시킨다.

③ 각자 자신의 조리도를 직접 관리하고 작업할 때에도 자신의 조리도를 사용한다.

④ 조리도는 하루에 한 번 이상 가는 것을 원칙으로 한다.

💬 일반적으로 수세미를 이용해 비눗물 등으로 닦은 후 씻어 물기를 완전히 제거한 다음, 마른종이에 싸서 칼집에 넣어 보관한다.

정답 _ 17 ②

Section **4** **조리기구의 종류와 용도**

① 일식·복어 조리 도구의 종류 및 용도

18 두꺼운 뚜껑이 있는 냄비로
열전도율은 좋지 않으나 보온력
이 우수해서 1인분용으로 식탁에
오르는 냄비 요리에 주로 쓰이는
조리 도구는?

① 나가시캉   ② 도나베
③ 오토시부타   ④ 무시키

🗨 ③ 도나베에 대한 설명이다.

종류	용도
집게 냄비 [얏토코나베] (やっとこ鍋)]	일본 요리를 할 때 가장 많이 사용하는 집게 냄비(얏토코나베)는 깊이가 낮은 평평한 모양으로 손잡이가 없는 것이 특징이며, 잡을 때 반드시 집게(얏토코)를 사용하므로 이 이름이 붙여졌다. 조리 방법에 따라 적당한 크기의 집게 냄비를 선택한다.
편수 냄비 [가타테나베] (かたてなべ)]	일반적으로 가장 많이 사용하는 냄비로 손잡이가 있어서 사용하기 편리하다.
양수 냄비 [료우테나베] (りょうてなべ)]	냄비 양쪽에 손잡이가 달려있어 다량의 요리를 삶거나 조릴 때, 물을 끓이는 데 사용하기 때문에 비교적 큰 냄비가 많다.
튀김 냄비 [아게나베] (揚鍋: あげなべ)]	튀김 전문용 냄비로서 튀김 기름의 온도를 일정하게 유지하는 것이 중요하기 때문에 두껍고 깊이와 바닥이 평평한 것이 좋다. 재질은 구리 합금이나 철이 대표적이고, 양은이나 알루미늄, 스테인리스 등도 있다.
달걀말이 팬 [다마고야키나베 (卵燒鍋: たまごやきなべ)]	일본 요리의 특징적인 달걀말이 전용 달걀말이 팬(出汁卷鍋)은 사각으로 된 형태가 대부분이고 사용 전에 자른 채소를 기름에 볶아 팬의 길을 들인다. 재질은 알루미늄 재질도 있지만, 열전달 방법이 균일한 구리 재질이 좋다. 안쪽에 도금되어 있으며, 도금된 곳은 고온에 약하므로 과열로 굽는 것을 피한다. 사용 후에는 물로 씻지 않고, 기름을 얇게 발라 보관한다.
덮밥 냄비 [돈부리나베] (丼鍋: どんぶりなべ)]	덮밥 전용 냄비로서 쇠고기덮밥(牛肉丼)이나 닭고기덮밥(親子丼) 등의 주로 계란을 풀어서 끼얹은 덮밥을 만들 때 사용한다. 덮밥 1인분을 만들기 편리하고, 알루미늄 재질과 구리 재질이 대표적이다.
쇠 냄비 [데츠나베] (鉄鍋: てつなべ)]	전골 냄비(鋤燒鍋: すきやきなべ)라고도 하며, 재질은 철로 만들어져 두껍고 무거운 것이 특징이다. 전골 냄비는 비교적 열전도율이 좋고 보온력이 뛰어나고, 처음 냄비를 사용할 때는 오차나 뜨거운 물로 장시간 끓여서 잿물 등을 제거하고 사용한다. 보관할 때는 녹슬지 않게 건조시켜 보관한다.
도기 냄비 [유키히라나베] (行平鍋: ゆきひらなべ)]	손잡이, 뚜껑 등이 있는 운두가 낮은 두꺼운 도기(陶器) 냄비로서 열의 세기가 약하고 천천히 열을 전할 수 있어 보온력이 좋다. 또 입구가 좁아 용적에 대해 수분을 증발하는 면적이 작으므로 죽 등을 끓이기에 좋다.
질 냄비 [호로쿠나베] (炮烙鍋: ほうろくなべ)]	질 냄비는 크고 편평한 뚜껑이 없는 그릇이 대부분이지만 뚜껑이 달려서 나오는 제품도 있다. 용도는 구이 요리(燒き物)를 담는(盛り付け) 용기로 사용하거나, 찜 구이(蒸し燒き) 등에 사용하며 참깨를 볶을 때도 사용한다.
토기 냄비 [도나베] (土鍋: どなべ)]	두꺼운 뚜껑이 있는 냄비로서 양쪽에 잡는 손잡이가 있다. 재질은 여러 가지가 있고, 특히 열전도율은 좋지 않으나 보온력이 우수해서 1인분용으로 식탁에 오르는 냄비 요리에 사용한다.
찜통 [무시키] (蒸し器: むしき)]	찜통은 증기를 통해서 재료에 열을 가하는 조리 방법이다. 찜통의 종류는 스테인리스, 알루미늄, 합금 등의 금속재와 목재가 있어 사각형이나 원형이 있다. 일반적으로 금속 제품이 대부분이다. 목재 제품은 열효율도 좋고 나무가 여분의 수분을 적당히 흡수하는 장점이 있다.
조림용 뚜껑 [오토시부타] (落し蓋: おとしぶた)]	오토시부타는 냄비 중앙 위에 재료를 덮어 재료나 국물이 직접 닿게 하여 조림이 빨리 되고 양념이 고루 스며들도록 하는 역할을 하는 뚜껑이다. 재질은 나무로 만든 것과 종이로 만든 것이 있다.

강판 [오로시가네] (卸金: おろしがね)	강판은 무나 고추냉이, 생강 등을 갈 때 사용한다. 강판은 종류에 따라 눈 크기의 대(大), 소(小)가 있는데 보통 무는 굵은 눈을, 생강이나 와사비는 가는 눈을 사용하고, 재질은 도기, 스테인리스, 구리, 알루미늄, 플라스틱 등 여러 가지가 있다. 사용 후에는 물로 세척하여 눈 사이에 남아 있는 이물질을 깨끗이 제거하도록 한다.
절구통/절구 방망이 [스리바치 / 스리코기] (擂鉢: すりばち, 擂こ木: すりこぎ)	스리바치와 스리코키는 한 세트라고 볼 수 있다. 용도는 재료를 으깨어 잘게 하거나 계속 휘저어서 끈기가 나도록 하는 데 사용한다. 절구통의 재질은 흙으로 만들어 구운 것으로 내부에 잔잔한 빗살무늬의 홈이 패여 있는 것이 특징이다.
굳힘 틀 [나가시캉] (流し岳: ながしかん)	굳힘 틀은 사각 형태의 스테인리스로 만든 두 겹으로 된 것이고, 달걀, 두부 등의 찜 요리(むしもの), 참깨두부(ごまどうふ) 같은 네리모노(ねりもの)와 한천을 이용한 요세모노(よせもの) 등을 만드는 데 사용한다.
눌림 통 [오시바코] (御し想: おしばこ)	눌림 통은 목재로 된 상자초밥용과 오시바코에 밥을 넣어 눌러 모양을 찍어 내는 두 종류가 있다. 사용 방법은 틀에 랩을 놓고 밥이나 초밥을 넣어 위에 재료를 넣고 뚜껑으로 누른 다음, 뚜껑과 몸체를 들어내면 밑판에 모양이 잡힌 상자초밥이 만들어진다. 사용 전에는 물을 적셔 주어야만 밥알이 달라붙지 않는다.
쇠꼬챙이 [가네쿠시] (鉄串: かねくし)	일본 요리에서는 생선구이에 대부분 쇠꼬챙이를 많이 사용한다. 쇠꼬챙이는 대나무로 만든 제품과 스테인리스로 만든 제품이 있는데, 주로 스테인리스 제품을 생선구이에 사용한다. 용도에 따라 굵기와 길이, 그리고 모양이 다양하게 만든 제품이 있다.
소쿠리 [자루, 타케카고] (笊: ざる, 竹籠: たけかご)	소쿠리 재질은 대부분 대나무로 된 것과 스테인리스로 된 것이 있다. 소쿠리는 주로 재료의 물기를 빼는 데 사용되는데 재료를 넣은 채로 데치는 데도 활용하는 등 폭넓게 사용된다. 종류는 편평한 것과 깊은 것, 둥근 것과 사각 진 것, 큰 것과 작은 것 등 다양하다.
초밥 비빔용 통 [한기리] (半切り: はんぎり)	초밥을 비빌 때 사용하는 보통 노송나무(ひのき)로 된 초밥 비빔용통이다. 사용할 때는 물을 듬뿍 적셔 수분을 충분히 흡수하도록 한 다음 사용해야 밥알이 달라붙지 않고, 초밥 초가 나무에 지나치게 스며들지 못하기 때문이다. 사용 후의 보관은 세척하여 건조시켜 뒤집어 놓는다.
김발 [마키스] (巻き簀: まきす)	김발은 김초밥을 만들 때나 달걀말이 모양을 잡을 때 등 다양하게 사용된다. 재질은 대나무로 되어 있어 견고하며, 강한 열에도 변형되지 않는다. 다테마키(伊達巻だてまき)에 사용하는 오니스다레(おにすだれ)는 삼각형의 굵은 대나무를 엮어 만든 것으로써 재료의 표면에 파도 모양을 살려 준다.
핀셋 [호네누키] (骨抜きほねぬき)	핀셋은 생선의 지아이(血合い: ちあい) 부근의 잔가시나 뼈를 제거하거나 유자 등의 과육을 빼내는 데 사용한다. 생선의 뼈를 뽑을 때는 뼈와 평형이 되게 머리 쪽으로 잡아당겨야 잘 뽑힌다.
장어 고정시키는 송곳 [메우치] (目打: めうち)	뱀장어나 갯장어, 바닷장어 등을 손질할 때 장어의 눈 부분을 송곳으로 고정시켜서 장어 손질을 할 때 편리하다.
비늘치기 [우로코히키, 고케히키] (うろこひき, こけひき)	도미나 연어 등의 생선의 비늘을 제거할 때 사용하는 기구로서 비늘을 벗길 때 생선의 머리 방향으로 긁어야 잘 벗겨진다.
요리용 붓 [하케] (刷毛: はけ)	요리용 붓은 튀김 재료에 밀가루나 녹말가루 등을 골고루 바를 때 사용하는 요리용 붓이다. 또 민물장어 구이나 생선구이 요리 등의 타레(垂れ: たれ)를 바를 때도 사용한다.
파는 기구 [쿠리누키] (刳り貫き: くりぬき)	채소류, 과일류 등의 재료 속의 씨앗을 빼내거나 재료들을 조리 용도에 따라서 둥글게 파내는 도구이다.

19 사각 형태의 스테인리스로 만든 두 겹으로 된 것이고, 달걀, 두부 등의 찜 요리에 쓰이는 굳힘 틀은 무엇인가?

① 나가시캉　　② 오로시가네
③ 오시바코　　④ 가네쿠시

해설 ① 나가시캉 - 굳힘틀, ② 오로시가네 - 강판, ③ 오시바코 - 눌림 통④ 가네쿠시 -쇠꼬챙이

찍는 틀 [누키카타 (抜き形: ぬきかた)]	찍는 틀은 재료를 원하는 형태로 찍어 눌러 만드는 도구로서 꽃 모양, 별 모양, 채소 모양, 동물 모양 등 스테인리스 제품으로 다양한 모양과 크기가 있다.
체[우라고시 (裏 漉: うらごし)]	체는 원형의 목판에 망을 씌운 기구이다. 용도는 체를 내리거나 가루를 거르고, 국물 등을 거를 때나 재료의 건더기를 걸러 내는 등 다양하다. 망의 재질은 말꼬리 털, 스테인리스, 나일론 등이 있다. 특히, 말의 털로 만든 것은 가루를 거를 때만 사용하여야 하며 절대로 물에 적시지 않도록 한다.
말린 대나무 껍질 [타케노카와 (竹の皮: たけのかわ)]	말린 대나무 껍질은 죽순 껍질을 말린 것으로 용도는 재료를 감쌀 때 이외에는 물이나 뜨거운 물에 불려서 사용을 한다. 또 잔 칼집을 내어 냄비의 바닥에 깔면 재료가 눌어붙거나 타는 것을 방지할 수 있다.
엷은 판자종이 [우스이타 (薄板: うすいた)]	우스이타의 재질은 삼나무(杉: すぎ)나 노송나무(檜: ひのき)를 종잇장처럼 엷게 깎아 만든 것을 말한다. 용도는 말아서 만든 요리를 감싸거나 포를 뜬 생선을 싸서 냉장고에 보관하기도 하고, 냄비의 바닥에 깔아서 사용하기도 하고 각종 요리의 재료에 장식용으로 많이 사용한다.
그물망 국자 [아미자쿠시 (網杓子: あみじゃくし)]	튀김 요리를 할 때 튀김 찌꺼기(天滓:てんかす) 등을 건져내는 데 사용한다.

Section 5 식재료 계량 방법

1 식재료 계량의 정의

식재료의 정확한 계량을 위해서는 적합한 계량기구의 사용과 올바른 사용기술이 필요하다. 우리나라는 주로 미터법을 사용하는데 미터법에서는 부피의 단위를 리터(L)로 무게는 그램(g)을 사용한다.

TIP
- 1C = 240 cc(우리나라의 경우는 200cc)
- 1C = 16Ts   * C : 컵
- 1Ts = 3ts   * Ts : 테이블스푼(큰 술)
- 1Ts = 15cc   * ts : 티스푼(작은 술)

2 식재료 계량 방법

(1) 가루제품 계량 방법

① 밀가루

밀가루는 체에 친 후 계량한다. 두세 번 체 친 밀가루를 스푼으로 계량컵에 수북이 담아 스페출라로 편평하게 깎아 한 컵으로 한다. 밀가루를 체로 치면 밀가루 사이에 들어간 공기가 빵을 부풀게 하는 데 이용된다.

---

20 다음 중 계량방법으로 적당한 한 것은?
① 밀가루는 계량컵으로 직접 떠서 계량한다.
② 흑설탕은 가볍게 흔들어 담아 계량한다.
③ 물엿 같은 점성이 있는 것은 할편 계량컵을 사용한다.
④ 버터는 녹이지 않은 상태에서 스푼에 담아 계량한다.

🔑 밀가루는 측정 전에 체로 쳐서 컵에 담아 수평으로 깎아 계량하고, 흑설탕은 컵의 자국이 남도록 꾹꾹 담아 계량하고, 버터는 실온에서 꼭꼭 눌러 담아 계량한다.

🔖 정답 _ 20 ③

② 설탕

　⊙ 백설탕 : 덩어리진 것은 부수어서 계량컵에 수북이 담아 표면을 스페츌라로 깎는다.

　ⓛ 황설탕·흑설탕 : 사탕수수로 설탕을 만드는 과정에서 당밀이 남아 있어 서로 달라붙기 때문에 컵에서 꺼내었을 때 모양이 유지될 정도로 컵에 꾹꾹 눌러 담아 컵의 위를 편평하게 스페츌라로 깎은 후 한 컵으로 한다.

(2) 고체식품 계량 방법

① 고체식품은 부피보다 무게를 재는 것이 훨씬 정확하다.

② 버터와 마가린같이 실온에서 고체인 지방은 냉장고에서 꺼내서 부피를 재기에는 너무 딱딱하므로 실온에서 약간 부드럽게 한 후 반고체로 만들어 컵에 꾹꾹 눌러 담아 공간이 없게 한 후 위를 편평하게 깎아 계량한다.

③ 된장도 컵에 꾹꾹 눌러 담아 같은 방법으로 계량한다.

④ **물 이용법** : 부피가 작고 물에 젖어도 되는 고체식품은 물을 담은 메스실린더에 식품을 넣은 후 증가된 물의 양으로 부피를 알 수 있다.

(3) 액체식품 계량 방법

① 액체식품은 속이 들여다보이는 계량컵을 사용한다.

② **일반적인 액체** : 컵을 수평 상태로 놓고 눈높이를 액체의 밑면에 일치되게 하고 눈금을 읽는다.

③ **점도가 있는 액체** : 꿀과 엿 등은 컵에 가득 채운 후 위를 편평하게 깎아주고 고추장, 마요네즈, 케첩 등은 공간이 없도록 눌러 담고 위를 깎아 측정한다. 주로 할편 계량컵을 사용하여 측정한다.

할편 계량컵

빈출 Check

21 재료를 계량할 때의 방법으로 틀린 것은?

① 고체재료 및 가루 종류는 저울을 이용하여 무게로 측정한다.

② 식재료 부피를 측정하기 위해서는 계량컵과 숟가락을 사용한다.

③ 고추장은 계량용기에 눌러 담아 수평이 되도록 깎아서 계량한다.

④ 계량컵은 눈금과 액체 표면의 윗부분을 눈과 같은 높이로 맞추어 읽는다.

✏ 컵을 수평 상태로 놓고 눈높이를 액체의 밑면에 일치되어 하여 읽는다.

Section 6 조리장의 시설 및 설비 관리

1 조리장의 시설

(1) 조리장의 기본

조리장을 신축 또는 개조할 경우 기본 문제(위생, 능률, 경제)를 고려하여 설계 및 공사를 해야 한다. 그 중에서 위생적인 면을 제일 먼저 고려하여야 하며, 예산이 없다

정답 _ 21 ④

고 해서 위생시설을 소홀히 해서는 안 된다. 다음으로 능률을 고려하여야 한다. 즉, 손이 많이 안 가도록 작업을 할 수 있는 조리장이 되어야 한다. 그러면서 무리가 없는 경제적인 조리장을 기본으로 하여야 한다.

(2) 구조

① 조리장의 구조는 충분한 내구력이 있어야 한다.

② 객실 및 객석과는 구획되어 구분이 분명해야 한다. 단, 객실 면적 33m² 미만의 대중음식점, 인삼 찻집, 간이주점은 별도로 구획된 조리장을 갖추지 않아도 된다.

③ 바닥과 바닥으로부터 1m까지의 내벽은 타일, 콘크리트 등의 내수성자재의 구조여야 한다. 단, 대중음식점, 인삼 찻집, 간이주점, 전문음식점, 일반유흥접객업, 무도유흥접객업, 외국인 전용 유흥접객업은 타일로 된 구조이어야 한다.

④ 배수 및 청소가 쉬운 구조여야 한다.

(3) 면적

설비와 기구를 완비하고도 작업에 지장을 받지 않을 크기와 면적을 확보해야 한다 (형태 : 직사각형 구조).

(4) 조리장의 관리

① 실내, 바닥, 시설 등은 매일 1회 이상 청소를 실시하여 청결을 유지한다.

② 조리 기구와 식기류, 수저 등은 사용 시마다 깨끗이 씻어 잘 건조시키고 매일 1회 이상 멸균 처리에 의한 소독을 실시한다.

③ 조리 전의 원재료와 음식물은 항상 보관 시설 또는 냉장 시설에 위생적으로 보관한다.

④ 손님에게 제공되었다가 회수된 잔여 음식물은 반드시 폐기한다.

⑤ 조리장에서 나오는 폐기물, 기타 쓰레기는 나올 때마다 폐기물 용기에 넣어 덮개를 잘 닫아 위생적으로 보관 및 처리한다.

⑥ 급수는 수돗물 또는 공공 시험기관에서 음용에 적합하다고 인정하는 것만을 사용한다.

⑦ 환기를 자주 실시하여 조리장 내의 공기를 순환시킨다.

⑧ 조리장 내의 조명을 기준 조도(50룩스) 이상이 되게 항상 유지한다.

2 조리장의 설비

(1) 급수 설비

급수 방법에는 직접 급수법과 고가수도 급수법 등도 있다. 수압은 일반적으로 0.35kg/cm³ 이상, 수압 세미기(洗米機)는 0.7kg/cm³, 그 외에 수압과 수량에 의해서 0.5kg/cm³ 이상이어야 한다. 변소나 욕실은 0.7kg/cm³가 최저 수압이다. 또한 수

도꼭지에서 방출하는 물이 물건에 맞아 튀기는 일이 없도록 포말수정을 사용한다. 급수관은 보통 아연도금 강관을 사용하며 수도관의 동파를 막기 위하여 충분한 보온 시설이 필요하다.

⑵ 급탕 설비

급탕은 일정한 장소에서 각 탕에 급탕하는 중앙급탕법과, 필요한 장소에 분탕기를 두고 급탕하는 국소급탕법이 있다. 중앙급탕법은 대 조리장, 국소급탕법은 소 조리장에 적합하다. 중앙급탕법일 경우 보일러에서 꼭지까지 2개의 파이프로 연결하는 이관식 급탕법과 한 개의 파이프로 연결하는 일관식 급탕법이 있는데 대부분 공사비를 절약하기 위해 일관식을 사용하나 사용이 불편하다. 가스 순간온탕기는 1L의 물을 1분간 25℃ 높이는 힘이 있는 것을 1호라 한다. 가스 온탕기에는 반드시 환풍장치가 필요하다.

TIP 일반급식소에서 급식수 1식당 주방 면적 : 0.1m² 정도
일반급식소에서 급수설비 용량 환산 시 1식당 사용물량 6.0~10.0ℓ

식품의 조리원리

빈출 Check

 조리의 의미

조리는 넓은 의미로는 식사계획에서부터 식품의 선택, 조리조작 및 식탁 차림 등 준비에서부터 마칠 때까지의 전 과정을 말하나, 좁은 의미로는 식품을 조작하여 먹을 수 있는 음식으로 만드는 것이다.

2 조리의 목적

(1) 식품이 함유한 영양가를 최대로 보유하게 하는 것

(2) 향미를 더 좋게 향상시키는 것

(3) 음식의 색이나 조직감을 더 좋게 하여 맛을 증진시키는 것

(4) 소화가 잘되도록 하는 것

(5) 유해한 미생물을 파괴시키는 것

3 식품의 가공과 저장

식품을 저장한다는 것은 식품의 변질과 부패의 원인을 막기 위해서 적절한 가공과 저장법으로 신선도 유지, 잉여 식품의 보존 및 맛, 풍미, 감각 등의 식생활 개선에도 도움을 주는 중요한 과정이다.

> **TIP** 식품 가공 및 저장 목적
> • 식품의 영양과 맛을 개선한다.
> • 수송, 저장이 간편하다.
> • 날것 이용이 불충분한 것의 이용범위를 높임과 동시에 식품의 가치를 높인다.
> • 식품의 이용 기간을 연장시킨다.

(1) 건조법

식품 속의 수분을 15% 이하로 만들어 세균이 번식하지 못하도록 하는 것이다. 곰팡이는 15% 이하에서도 잘 견딘다(건조식품에서는 곰팡이가 잘 번식한다).

① **일광 건조법** : 햇빛을 이용한 천일 건조법으로, 주로 농수산물에 이용된다. 조작은 간단하지만 착색, 퇴색, 영양소 파괴 등의 단점이 있다.

종류	특징
소건법	식품을 자연물 그대로 햇빛에 건조시키는 방법(미역, 다시마, 오징어 등)
자건법	한 번 데쳐서 건조시키는 방법(멸치)

22 식품을 가공 및 저장하는 목적이 아닌 것은?
① 식품첨가물의 이용도를 높인다.
② 식품의 풍미를 보존, 증가시킨다.
③ 식품의 이용기간을 연장함으로써 식품의 손실을 막는다.
④ 식품의 변질로 인한 위생상의 위해를 방지한다.

💬 식품을 가공, 저장하는 것은 식품의 손실방지, 가공, 수송, 저장의 편리성, 변질로 인한 위해방지, 식품의 풍미 및 식품의 이용가치를 높이는 데 목적이 있다.

23 다음 중 북어의 건조방법은?
① 염건법   ② 소건법
③ 동건법   ④ 염장법

💬 **건조법의 종류**
• 염건법 : 소금을 뿌려서 건조 시킴(조기, 굴비)
• 소건법 : 자연상태 그대로 건조 시킴(미역, 다시마, 김)
• 동건법 : 겨울철에 낮과 밤의 온도 차를 이용하여 동결, 해동을 반복하여 건조 시킴(북어, 황태)
• 염장법 : 저장법의 하나로 10% 이상의 소금 농도에서 식품을 저장하는 방법(젓갈류)

⮑ 정답 _ 22 ① 23 ③

염건법	소금을 뿌려서 건조시키는 방법(조기, 굴비 등)
동건법	겨울철의 낮과 밤의 온도차를 이용하여 밤에는 동결, 낮에는 해동과 건조가 일어나는 원리로 건조시키는 방법(황태)

② **고온 건조법** : 90℃ 이상의 고온에서 건조시키는 것으로 쌀이나 떡의 건조에 이용한다.

③ **열풍 건조법** : 인공적으로 가열한 공기로 건조시키는 것이다(육류, 어류).

④ **배건법(직화 건조법)** : 불로 식품을 건조시키는 것으로서 불에 식품이 직접 닿아 식품 변화를 일으키기는 하지만, 식품의 향을 증가시킬 수 있어서 보리차, 커피 등의 건조에 사용한다. 건조가 고르게 일어나지 않는다는 단점이 있다.

⑤ **고주파 건조법** : 식품을 균일하게 건조시키며 식품이 타지 않고 건조된다.

⑥ **냉동 건조법** : 식품을 냉동시켜 저온에서 건조시키는 방법이다(당면, 한천, 건조두부 등).

⑦ **분무 건조법** : 액상을 무상으로 분무하여 열풍으로 건조시키면 가루가 되는 원리로 우유를 분유로, 주스를 분말주스로 가공할 때 이용한다.

(2) 냉장·냉동법

미생물이 생육할 수 있는 온도 범위를 벗어나게 함으로써 효소와 미생물의 작용을 억제하고, 식품의 신선도를 그대로 유지하는 저장법이다.

① **냉장법(0~10℃)**

　㉠ 식품의 단기 저장에 널리 이용되는 방법이다.

　㉡ 어느 정도의 신선도를 유지할 수는 있으나 식품의 변질이 서서히 일어난다.

② **움 저장**

　㉠ 10℃의 움 속에서 저장하는 방법이다.

　㉡ 고구마, 감자, 무, 배추, 오렌지 등을 저장한다.

③ **냉동법**

　㉠ –40℃에서 급속 동결하여 –20℃에서 저장하는 방법이다.

　㉡ 조직을 파괴하지 않기 때문에 신선함을 그대로 유지할 수 있다.

(3) 가열살균법

미생물을 사멸시키고 효소를 파괴시켜서 저장하는 방법이다.

① **저온살균법(LTLT, Low Temperature Long Time)**

　㉠ 60~65℃의 온도에서 30분간 가열 후 냉각하는 방법으로, 비용이 저렴하다.

　㉡ 온도가 낮아 미생물의 완전 멸균이 어렵다.

　㉢ 오염도가 낮은 식품에 사용한다(우유, 주스, 주류 등).

　㉣ 영양소를 보존할 수 있는 살균법이다.

빈출 Check

24 장기간의 식품저장법과 관계가 먼 것은?
① 염장법　② 당장법
③ 찜요리　④ 건조

염장법, 당장법, 산저장법, 건조는 식품의 장기보존 방법이다.

25 다음 건조 방법 중 분무건조법으로 만들어지는 것은?
① 한천
② 보리차
③ 건조찹쌀
④ 분유

분무건조법
분유, 분말 과즙, 인스턴트 커피 등 액체 식품의 건조에 이용하는 방법

정답 _ 24 ③ 25 ④

빈출 Check

26 움 저장의 바른 온도는?
① 4℃　　② 8℃
③ 10℃　　④ 20℃

움 저장은 땅속을 깊이 파고 저장하는 방법으로 온도를 10℃로 유지하여 저장한다.

② **고온단시간살균법** : 70~75℃에서 15초간 가열 후 냉각하는 방법으로, 가장 보편적으로 많이 사용한다.

③ **초고온순간살균법** : 130~140℃에서 1초간 살균 후 냉각하는 방법이다.

④ **고온장시간살균법** : 90~120℃의 온도에서 60분 정도 살균하는 방법이다(통조림, 레토르트파우치 식품).

⑤ **초고온멸균법** : 140~150℃에서 순간 살균 처리하는 것으로, 상온에서 유통이 가능하고 유통기한도 길다.

(4) 훈연법

① 나무를 불완전 연소시켜 발생한 연기에 그을리는 방법이다.

② 식품의 풍미 향상, 저장성 증가, 육질 연화, 외관 개선, 훈연취, 살균, 항산화 작용 등의 효과가 있다.

③ **훈연 시 사용하는 나무** : 수지가 적은 나무를 사용한다(참나무, 벚나무, 떡갈나무, 옥수수잎 등).

④ **염지 처리 시 사용하는 발색제** : 질산칼륨, 아질산나트륨

⑤ **훈연 식품** : 햄, 소시지, 베이컨, 달걀, 오징어, 고등어, 방어 등

⑥ **연기 성분** : 포르말린, 페놀, 아세톤, 크레졸, 아세트산 등

(5) 염장법

10% 정도의 소금 농도에서 미생물의 발육이 억제되는 현상을 이용해서 식품에 소금을 첨가하여 저장하는 방법이다(젓갈류 소금 농도 20~25%).

(6) 당장법

50% 이상의 설탕에 절여서 미생물의 발육을 억제하는 저장법으로 당장법에 의한 저장 식품으로는 젤리, 잼 등이 있다(설탕 농도 60~65%).

(7) 산 저장법

초산이나 젖산을 이용하여 미생물의 생육 pH를 벗어나게 하는 저장법이다(피클류).

(8) 가스 저장법(CA저장)

미숙한 과일은 수확 후 호흡 작용이 상승하여 후숙이 일어나는데 이런 후숙 작용을 억제하기 위하여 CO_2 또는 N_2가스를 주입시켜 저장하는 방법이다. 채소(토마토), 과일(바나나), 달걀류에 사용한다.

(9) 통조림 저장법

용기에 식품을 넣고 밀봉함으로써 수분의 증발 및 흡수를 막고 미생물의 번식을 억제하여 식품의 저장 기간을 연장시키는 저장법이다.

정답 _ 26 ③

① 특징

    ㉠ 다른 식품에 비하여 장기간 저장이 가능하다.

    ㉡ 저장과 운반이 편리하다.

    ㉢ 내용물을 조리, 가공하지 않고 그대로 먹을 수 있다.

    ㉣ 위생적이며 기타 취급이 편리하다.

② 통조림 제조의 주요 4대 공정

    ㉠ 탈기(공기 제거)

        • 가열에 의한 권체부의 파손 방지

        • 영양소의 산화 방지

        • 호기성균의 번식 방지

        • 캔의 부식 방지

    ㉡ 밀봉

    ㉢ 살균

    ㉣ 냉각 : 내용물의 품질과 빛깔의 변화를 방지하기 위해 40℃ 정도로 냉각시킨다.

③ 통조림의 변질

	종류	특징
외관상 변질	팽창	살균이 부족하여 통조림 안에 남아있던 세균에 의해 발생한 가스 팽창 • 하드 스웰(hard swell) : 통조림의 양면이 강하게 팽창되어 손가락으로 눌러도 전혀 들어가지 않는 상태 • 소프트 스웰(soft swell) : 부푼 통조림을 힘으로 누르면 다소 원상으로 복원되는 상태
	스프링거(springer)	통조림 속의 내용물이 너무 많을 때 뚜껑 한쪽이 팽창되는 현상으로, 손으로 누르면 반대쪽이 튀어 나온다.
	플리퍼(flipper)	탈기가 불충분할 때 통의 몸통 부분이 약간 부푼 상태
	리쿼(leaker)	통이 불완전하거나 녹슬어 작은 구멍으로 내용물이 새는 현상
내용물의 변질	플랫사우어 (flat sour)	미생물이 번식하여 통은 정상이나 내용물의 맛이 신맛을 띠는 현상

빈출 Check

27 통조림의 탈기 부족 시 일어나는 변질현상은?

① 스프링거(Springer)

② 플리퍼(Flipper)

③ 리커(Leaker)

④ 스웰(Swell)

🔍 플리퍼(Flipper)는 통조림의 탈기 부족 시 일어나는 현상으로 캔의 커버나 끝이 팽창하여 손으로 누르면 원상 복귀되지 않는 현상

28 다음 중 식품의 탈기, 밀봉, 저장법이 아닌 것은?

① C.A 저장법

② 통조림

③ 병조림

④ 레토루트파우치

🔍 밀봉법

용기에 식품을 넣고 밀봉함으로써 수분 증발, 수분흡수, 해충의 침범, 산소의 유통을 막아 보존하는 방법으로 통조림, 병조림, 레토르트파우치 등이 있다.

Section **1** **농산물의 조리 및 가공 · 저장**

1 농산물의 조리 및 가공·저장

(1) 농산물의 특성

① 재배가 용이하다.

② 단위 면적당 에너지 생산량이 높다.

③ 수분 함량이 낮아서 많은 양의 저장, 수송이 유리하다.

④ 전분이 주성분이다.

⑤ 쌀, 맥(보리, 밀, 호밀, 귀리), 잡곡(조, 기장, 수수, 옥수수, 메밀) 등이 있다.

⑥ 쌀의 가공 : 외피(낟알 보호), 배유(식용 부분), 배아(영양소 풍부)

(2) 쌀의 조리

① 쌀의 구조

㉠ 벼는 현미80%, 왕겨 20%로 구성된다.

㉡ 현미 : 벼에서 왕겨층을 제거한 것이다(8%의 쌀겨 발생).

㉢ 영양, 소화율, 맛 등을 고려하면 7분도미가 식용으로 가장 합리적이다.

㉣ 도정이 진행됨에 따라 맛, 빛깔, 소화율이 높아지고, 당질 함량이 증가한다.

㉤ 백미는 배유만 남은 것으로 영양가는 낮지만 섬유소의 제거로 소화율이 높다.

② 쌀의 저장성

㉠ 쌀은 벼의 상태로 저장하는 것이 가장 좋다.

㉡ 저장에 유리한 순서는 벼 → 현미 → 백미 순이다.

③ 쌀의 조리(밥 짓기) : 맛을 좋게 하고 소화율을 증가시키기 위해 조리를 한다. 벼에서 왕겨층(20%)을 제거하면 현미이고, 다시 배아 및 겨층(호분층, 종피, 과피)을 제거하면 백미가 된다. 현미, 백미의 소화율은 각각 90%, 98%이다.

㉠ 씻기 및 흡수 : 수용성 비타민의 손실을 막기 위해 쌀을 너무 으깨어 씻지 않는다. 쌀을 씻을 때에 흡수되는 물은 10% 전후이고, 담가 두는 동안 20~30%의 수분 흡수가 일어난다. 가열 과정에서의 물의 증발량은 10~30% 범위이다. 수침 시간은 여름 30분, 겨울 90분 정도이다.

㉡ 물의 분량 : 쌀의 종류, 건조 상태에 따라 쌀 입자 속의 전분이 완전히 호화되려면 충분한 물이 필요하다.

29 떡의 노화를 방지할 수 있는 방법이 아닌 것은?

① 찹쌀가루의 함량을 높인다.
② 설탕의 첨가량을 증가시킨다.
③ 급속 냉동시켜 보관한다.
④ 수분함량을 30~60%로 유지시킨다.

수분함량이 30~60%이거나 0~4℃의 냉장보관하에서는 노화가 촉진된다.

30 밀의 주요단백질이 아닌 것은?

① 알부민(albumin)
② 글리아딘(gliadin)
③ 글루테닌(glutenin)
④ 덱스트린(dextrin)

밀의 단백질은 알부민, 글리아딘, 글루테닌으로 이루어져 있으며 이 중 글리아딘은 점성을, 글루테닌은 탄성의 성질을 가지고 있다.

쌀의 종류에 따른 물의 분량

쌀의 종류	쌀의 중량에 대한 물의 분량	체적(부피)에 대한 물의 분량
백미(보통)	쌀 중량의 1.5배	쌀 용량의 1.2배
햅쌀	쌀 중량의 1.4배	쌀 용량의 1.1배
찹쌀	쌀 중량의 1.1~1.2배	쌀 용량의 0.9~1.0배
불린 쌀	쌀 중량의 1.2배	쌀 용량의 1.0배(동량)

ⓒ 가열 : 가열 시간은 쌀의 양, 기온, 화력 등에 따라 다르며, 온도 상승기, 비등기, 증자기의 3단계로 나뉜다.

• 온도 상승기 : 20~25%의 수분을 이미 흡수한 쌀의 입자는 온도가 상승하면 더 많은 물을 흡수하여 팽윤하고 60~65℃에서 호화가 시작된다. 이때 강한 화력에서 10~15분 정도가 좋다.

• 비등기 : 쌀은 계속 물을 흡수하여 물의 대류가 이루어지면 입자는 움직여 비등하고, 쌀의 전분이 호화하고 점착하기 시작하면 쌀의 입자는 움직이지 않는다. 온도는 100℃ 정도이다. 중간 화력으로 5분 정도 유지한다.

• 증자기(뜸들이기) : 쌀 표면에 있는 수분이 수증기가 되어 쌀 입자가 쪄지며, 쌀 입자가 호화 팽윤하면서 수분이 흡수된다. 내부 온도는 98~100℃가 되도록 하며, 화력을 약하게 조절하여 보온이 되도록 15~20분 정도 유지하는 것이 좋다.

ⓓ 쌀밥의 맛

• pH 7~8의 물로 지은 밥은 맛이나 외관이 매우 좋고, 산성일수록 밥맛이 좋지 않다.

• 수확한 후 시일이 오래되어 변질되거나 지나치게 건조된 쌀은 밥맛이 좋지 않다.

• 0.03%의 소금을 넣으면 밥맛이 좋아진다.

• 밥맛은 토질과 쌀의 품종에 따라 다르고, 쌀의 일반 성분은 밥맛과 거의 관계가 없다.

• 맛있고 소화가 잘되는 밥의 양은 쌀의 중량의 2.5배 전후이다($\frac{된 밥의 중량}{쌀의 중량}$ = 2.5 ~ 2.7).

④ 전분의 알파(α)화

식품에 포함된 탄수화물은 주로 전분이다. 날것의 전분은 소화가 잘 되지 않기 때문에 쌀, 보리, 감자, 좁쌀 등 전분이 주성분으로 된 식품은 가열하지 않으면 먹지 못한다. 이와 같이 날것인 상태의 전분을 베타(β)전분이라 한다.

빈출 Check

31 백미와 물의 가장 알맞은 배합률은?
① 쌀 중량의 1.2배, 부피의 1.5배
② 쌀 중량의 1.4배, 부피의 1.1배
③ 쌀 중량의 1.5배, 부피의 1.2배
④ 쌀 중량의 1.9배, 부피의 1.8배

32 밥을 지을 때 영향을 주는 쌀의 전분은?
① 글루테닌과 글리아딘
② 아밀로오스와 아밀로펙틴
③ 알부민과 글로불린
④ 지방산과 글리세린

전분(멥쌀)은 보통 아밀로오스와 아밀로펙틴으로 구성되어 있으며 그 비율은 20:80이다.

정답 _ 31 ③ 32 ②

베타전분은 분자가 규칙적으로 밀착·정렬되어 있기 때문에 물이나 소화액이 침투하지 못한다. 이 베타전분을 물에 끓이면 그 분자에 금이 가서 물 분자가 전분의 속에 들어가 팽윤된 상태가 되는데 이 현상을 호화(糊化)라 한다. 다시 가열을 계속하면 날전분의 분자 규칙이 파괴되며 소화가 잘 되는 맛있는 전분이 된다. 이것을 전분의 알파화라 하며 이 과정을 거친 전분을 알파전분이라 한다.

쌀, 보리, 좁쌀 등과 같이 수분이 적은 곡류는 물과 같이 가열하나, 감자류 같은 수분이 많은 것은 그 식품 자체에 함유된 수분만으로 충분하다. 또한, 알파화하기 위한 온도는 전분의 종류에 의해서 다소 다르나 높은 온도일수록 알파화가 잘 일어난다.

 곡류 입자의 구조
곡류의 종류에 따라 다르기는 하지만 곡류 입자는 왕겨로 둘러싸여 있고 그 내부는 겨층, 배유, 배아의 세 부분으로 구성된다. 곡류입자의 단면을 보면 가장 외부에 과피(열매껍질)가 있고 그 안에 종피(씨껍질)가 있다. 과피는 다시 표피, 중과피, 엽록층, 관상 세포로 구분된다. 관상 세포 안쪽에 종피와 호분층과 전분 저장 조직으로 구성된 배유가 있다. 곡류의 전체적인 형태를 보면, 쌀과 맥류의 생김새는 비슷하나 맥류는 낱알 중앙에 골이 져 있다. 조나 수수는 작은 알맹이로 구형에 가깝다. 옥수수는 종류에 따라 형태와 크기가 달라 모난 것, 모형, 원형, 방추형 등이 있고 과피와 종피가 밀착해 있으며 과피 안의 종피는 얇은 층으로 되어 있다.

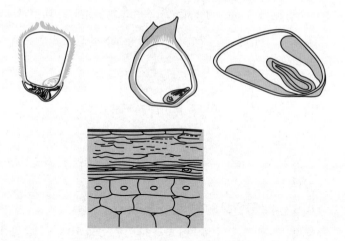

⑤ 전분의 겔화(gelation)

전분에 물을 넣고 가열하여 호화가 일어나면, 전분 입자로부터 아밀로오스가 일부 빠져나와 호화된 전분액의 액체 부분에 흩어져 있게 된다. 전분액이 뜨거울 때는 점성이 있으나 단단하지는 않고 흐를 수 있다. 그러나 호화된 전분액을 냉각시키면 유리되었던 아밀로오스들은 분자들 간의 수소결합을 통해 회합하거나, 전분 입자의 외곽에 있는 아밀로펙틴 분자의 가지와 결합하게 된다.

그 결과 아밀로오스는 팽창한 전분 입자를 서로 연결시켜 입체적 망상 구조를 형

빈출 Check

33 죽을 조리할 때 물의 첨가량으로 올바른 것은?
① 곡물의 2~3배
② 곡물의 3~4배
③ 곡물의 5~6배
④ 곡물의 6~7배

죽은 곡물에 물을 6~7배가량 붓고 끓인다.

정답 _ 33 ④

성하게 되고 그 내부에 물이 갇히게 되면서 반고체 상태인 젤(gel)을 형성한다. 호화된 전분액이 식으면서 부분적으로 이런 현상이 일어나는데, 이것을 겔화라 한다. 이렇게 하여 형성된 겔은 용기에서 분리시켜도 그 모양을 유지한다. 그러나 모든 호화된 전분이 이러한 현상을 일으키는 것은 아니다. 아밀로펙틴만으로 이루어진 찰 전분은 겔화가 더디게 일어나며 고도로 가지를 치고 있는 글리코겐 (glycogen)은 겔을 형성하지 않는다.

⑥ 전분의 노화(老化, retrogradation)

알파화된 전분은 상온에 방치해 두면 다시 조금씩 베타형이 된다. 이 현상을 노화라 한다. 떡이 굳어지는 것도 노화의 예이다.

노화한 것은 다시 가열하면 알파형으로 된다. 떡을 굽는다든가, 찬밥을 찌는 일은 노화된 전분을 알파형으로 만드는 것이다.

알파전분의 베타형으로 변화하는 현상은 수분이 15% 이하인 경우에는 일어나지 않으므로 알파화했을 때 탈수하면 오랫동안 알파형을 유지할 수 있다(80℃ 이상에서 급속 건조). 이러한 원리를 응용해서 센베나 비스킷을 만든다. 또한 보수성(保水性)이 강한 서당(庶糖) 속에 두면 탈수 작용을 해서 노화가 둔화된다. 카스텔라나 고물 등이 이와 같은 예이다. 전분 중의 수분을 갑자기 동결시켜도 그 효과가 있다. 빵이나 케이크를 갑자기 동결시키면 6개월 이상을 구워진 상태로 보존할 수 있다.

전분의 호화, 겔화, 노화는 독립적으로 일어나는 현상이 아니라 연속적으로 일어나는 것이다. 즉, 전분을 찬물에 분산시킨 후 가열하여 교질 용액(colloid)이 형성되면 호화가 일어난 것이고, 호화액이 식어서 흐르지 않는 상태가 되면 겔화된 것이며, 겔이 굳어서 단단해지면 노화된 것이다. 겔화되는 과정에서 여기저기에 형성된 작은 결정 영역에 아밀로오스 등의 분자가 서서히 더 붙어서 결정 영역이 커지면 노화 현상이 일어난다. 그러나 겔화 또는 노화에 의해서 생긴 결정 영역은 생전분에서의 결정 영역과 그 양상이 다르기 때문에 호화되었던 전분이 노화되어 결정 영역이 생긴다고 하여 원래의 생전분일 때의 상태로 되돌아가는 것은 아니다.

㉠ 전분의 노화에 영향을 주는 요인

• 전분의 종류 : 쌀, 밀, 옥수수 등의 입자 크기가 작은 곡류 전분은 노화가 쉽게 일어나고, 감자, 고구마 등의 서류 전분의 노화는 그 속도가 느린 편이다. 아밀로펙틴 함량이 높을수록 노화가 잘 일어나지 않는데, 이는 아밀로펙틴의 가지 구조가 분자 간 수소결합을 입체적으로 방해하여 노화를 어렵게 하기 때문인 것으로 여겨진다.

빈출 Check

34 다음 중 전분의 노화억제방법이 아닌 것은?
① 냉장 보관
② 수분함량을 15% 이하로 유지
③ 유화제 첨가
④ 설탕의 첨가

냉동 보관하거나, 수분함량을 15% 이하로 유지 하거나, 유화제 또는 설탕을 첨가한다.

35 멥쌀과 찹쌀에 있어 노화속도 차이의 원인은?
① 아밀라아제(amylase)
② 글리코겐(glycogen)
③ 아밀로펙틴(amylopectin)
④ 글루텐(gluten)

찹쌀에는 아밀로펙틴 함량이 많아 노화가 더디다.

정답 _ 34 ① 35 ③

• 수분 함량 : 전분의 노화는 수분 함량이 30~60%일 때 가장 빨리 일어나고, 15% 이하가 되면 발생하지 않는다.

• 온도 : 전분의 노화는 온도가 60℃ 이상이거나 빙점 이하일 때는 잘 일어나지 않는다. 그러나 0~60℃의 온도 범위에서는 온도가 낮을수록 노화 속도가 커진다. 따라서 전분의 노화는 0~4℃의 냉장 온도에서 가장 쉽게 일어난다.

• pH : 알칼리성에서는 노화가 매우 억제되며, 강한 산성에서는 노화 속도가 현저히 빨라진다.

• 염류 : 무기염류는 일반적으로 호화를 촉진시키고, 노화를 억제하는 경향이 있다. 그러나 황산마그네슘($MgSO_4$)같은 황산염은 노화를 촉진하고 오히려 호화를 억제한다. 호화된 전분이 노화되면 전분질 식품의 품질이 저하되므로 노화를 억제할 필요가 있다. 전분의 노화를 방지하는 방법은 수분 함량을 15% 이하로 낮추어 주던지, 식품의 온도를 0℃ 이하로 낮추어 식품 내 수분을 동결시키는 것 등이 있다.

⑦ **전분의 호정화**

전분에 물을 가하지 않고 160~180℃ 이상으로 가열하면 가용성 전분을 거쳐 다양한 길이의 덱스트린이 되는데, 이러한 변화를 호정화(dextrinization)라 한다. 건열에 의해 전분이 분해되어 생성된 덱스트린을 피로덱스트린(pyrodextrin)이라 한다. 이 덱스트린은 황갈색으로 물에 잘 용해되고 점성은 약하다. 식빵을 토스터에 구울 때, 기름에 밀가루 음식이나 빵가루를 입힌 음식을 튀길 때, 쌀이나 옥수수를 튀길 때 피로덱스트린이 생긴다. 또한 여러 종류의 소스를 만들 때 걸쭉하면서도 끈끈하지 않은 소스를 만들기 위해 밀가루를 마른 채로 볶아 주기도 한다. 이때에도 전분의 호정화가 일어난다.

⑧ **쌀의 가공품**

ㄱ) 건조쌀(alpha rice) : 뜨거운 쌀밥을 80℃ 이상으로 유지하면서 급속 건조시켜 수분 함량이 10% 정도 되도록 만든 것으로 비상식량으로 사용된다.

ㄴ) 팽화미(popped rice) : 고압의 용기에 쌀을 넣고 밀폐시켜 가열하면 용기 속의 압력이 올라간다. 이때 뚜껑을 열면 압력이 급히 떨어져 쌀알이 부풀게 되는데 이것을 팽화미라 하며 소화가 잘 된다.

ㄷ) 인조미 : 고구마, 전분, 밀가루 외에 외쇄미 등을 5:4:1의 비율로 혼합한 것이다.

ㄹ) 종국류 : 감주, 된장, 술 제조에 쓰이고, 그 밖에도 증편, 식혜, 조청을 만드는 데 사용한다.

ㅁ) 주조미 : 미량의 쌀겨도 남기지 않고 도정한 쌀이다.

ㅂ) 강화미

- 파보일드 라이스(parboiled rice) : 벼를 수침한 후 쪄서 건조하고 도정한 것 (비타민 B_1 풍부)
- 프레믹스 라이스(premix rice) : 정백미에 진한 농도의 비타민 B_1이나 그 밖의 영양소를 첨가하고 그 위를 피막으로 입혀 수세에 의한 비타민의 손실을 막을 수 있도록 한 것
- 컨버티드 라이스(converted rice) : 파보일드 라이스의 일종으로 현대적인 방법으로 강화시킨 쌀

ⓐ 떡 : 찌는 떡(설기, 약식, 증편(술떡)), 치는 떡(인절미, 절편, 개피떡 등), 지지는 떡(주악, 화전, 부꾸미), 빚는 떡(송편, 경단, 단자)

ⓑ 식혜 : 엿기름의 아밀라아제로 전분을 당화시킨 것이다.

ⓒ 주류 : 호화, 액화, 당화, 효모에 의한 당의 발효에 의해 만들어진다.

⑨ 정맥

ㄱ 압맥 : 보리쌀의 수분을 14~16%로 조절하여 예열통에 넣고 간접적으로 60~80℃로 가열시킨 후 가열 증기나 포화 증기로 수분을 25~30%로 하고 롤러로 압축시킨 쌀

ㄴ 할맥 : 보리 골에 들어있는 섬유소를 제거하고 보리 골을 중심으로 쪼개어 조리를 간편하게 하고 소화율을 높인 가공 정맥

ㄷ 맥아
- 단맥아(短麥芽) : 고온에서 발아시켜 싹이 짧은 것(맥주 양조에 사용)
- 장맥아(長麥芽) : 저온에서 발아시킨 것(식혜나 물엿 제조에 사용)

(3) 서류의 조리(감자, 고구마, 토란, 참마 등)

서류는 전분이 많고, 수분이 많아서 부패, 발아, 냉온장해가 쉬워 저장성이 없다.

① 감자

ㄱ 감자의 갈변 : 감자에 함유된 티로신(tyrosine)이 티로시나제(tyrosinase)에 의해 산화되어 멜라닌을 생성하기 때문에 감자를 썰어 공기 중에 보관하면 갈변한다. 티로신은 수용성이므로 물에 넣어두면 감자의 갈변을 억제할 수 있다.

ㄴ 전분 함량에 따른 감자의 분류
- 점질감자 : 전분 함량이 낮은 감자로, 찌거나 구울 때 부서지지 않고 기름을 써서 볶는 요리에 적당하다
- 분질감자 : 전분 함량이 높은 감자로, 굽거나 찌거나 으깨어 먹는 요리에 적당하다.

ㄷ 전분 함량이 높아 전분 가공·이용이 많다

빈출 Check

38 고구마 등의 전분으로 만든 얇고 부드러운 전분 피로 냉채 등에 이용되는 것은?
① 양장피   ② 해파리
③ 한천   ④ 무

양장피는 고구마의 전분으로 만들며 중국요리의 냉채에 사용된다.

39 다음 중 감자를 삶아서 으깨는 방법인 것은?
① 감자가 덜 익었을 때
② 우유를 넣고 으깸
③ 감자가 뜨거울 때
④ 감자가 차가워졌을 때

감자의 온도가 내려가면 끈기가 생겨 으깨기가 어려우므로 뜨거울 때 으깨는 것이 좋다.

정답 _ 38 ① 39 ③

ⓔ 전분 입자가 커서 전분 제조가 쉽다.

ⓜ 칼륨(K)과 비타민 C가 풍부하다.

ⓗ 감자의 싹이 난 부분이나 푸른 부분에 솔라닌(유독 배당체)이 포함되어 있다.

② 고구마

ⓖ 단맛이 강하며 수분이 적고 섬유소가 많다.

ⓛ 저장 중에 전분이 분해되어 당분이 증가한다.

ⓒ 섬유소가 많아 배변을 도와주며 지나치게 먹으면 가스가 발생한다.

ⓔ 무즙과 함께 먹으면 아밀라아제 때문에 가스 발생이 줄어든다.

ⓜ 특수 성분 : 절단 부분에 얄라핀(jalapin)이 생성된다. 불용성 성분으로 고구마의 흑변과 관련이 있으며, 당화 작용을 억제한다.

ⓗ curing 저장법 : 30℃, 수분 90%에서 4~7일간 방치 후 13℃로 냉각시키는 저장법으로 연부병, 흑반병에 저항력이 생겨 저장성을 높인다.

 감자와 고구마

감자는 야채이면서도 곡류처럼 전분을 주성분으로 한 열량 식품이며, 비타민 C가 많고 카로틴은 함유하고 있지 않다. 반면에 황색 고구마는 비타민 C와 더불어 카로틴을 다량 함유하고 있다.

③ **토란** : 주된 성분은 당질로, 토란 특유의 점질물이 있다. 이는 열전달을 방해하고 조미료의 침투를 어렵게 하는 성질이 있으므로 물을 갈아가면서 삶아야 이를 방지할 수 있다.

④ **마** : 마의 점질물은 글로불린(globulin) 등의 단백질과 만난(mannan)이 결합된 것으로 가열하면 점성이 없어진다. 마는 효소를 많이 함유하고 있어 생식하면 소화가 잘 된다.

(4) 밀가루의 조리

① 밀가루의 특징 : 밀가루 단백질의 대부분은 글루텐(gluten)이 약 75% 차지하고 있다. 이는 글루테닌(glutenin)과 글루아딘(gluadin)에 물을 넣어 반죽하면 글루텐(부질)이 형성된다. 반죽을 오래 하면 할수록 질기고 점성이 강한 글루텐이 형성되는데, 반죽에서 글루테닌은 강도를, 글루아딘은 탄성을 강하게 한다.

② 밀가루의 종류

ⓖ 제분율에 따른 분류 : 제분 과정에서 생긴 가루를 모두 섞어서 만든 것으로 껍질과 배아가 함께 섞여 영양소를 고루 가지고 있는 전밀가루(whole wheat flour), 껍질만 제거한 것으로 영양가가 전밀가루와 거의 비슷한 98%의 밀가루, 배유 전체로 된 가루로 약간의 껍질 부분이 섞여 있고 무기질이나 비타민의 함량이 적은 85%의 밀가루, 제분 시에 생기는 처음 밀가루부터 72%까지의 가루를 섞은 72%의 밀가루가 있다.

빈출 Check

40 밀가루 종류와 용도가 알맞게 짝지어진 것은?

① 강력분 : 식빵, 마카로니
② 중력분 : 케이크, 튀김, 쿠키
③ 박력분 : 면류
④ 경질밀 : 식빵, 당면

밀가루의 종류와 용도
• 강력분(글루텐함량 13% 이상) – 식빵, 마카로니
• 중력분(글루텐함량 10~13%) – 칼국수, 만두
• 박력분(글루텐함량 10% 이하) – 케이크, 쿠키, 튀김옷

41 밀가루를 물로 반죽하여 면을 만들 때 반죽의 점성에 관계되는 성분은?

① 글루텐
② 글로불린
③ 아밀로펙틴
④ 덱스트린

밀가루의 글리아딘과 글루테닌은 글루텐을 형성한다.

정답 _ 40 ④ 41 ①

ⓛ 성분 및 성질에 따른 분류

종류	글루텐 함량	성질	용도
강력분 (경질의 밀)	13% 이상	탄력성, 점성, 수분 흡착력이 강하고 수분 흡수율이 높다.	식빵, 마카로니, 스파게티 등
중력분	10~13%	강력분과 박력분의 중간 정도이다.	다목적용(칼국수, 만두 등)
박력분 (연질의 밀)	10% 이하	탄력성, 점성이 약하고 수분 흡착력이 약하다	케이크, 과자류, 튀김옷 등

③ **밀가루의 사용** : 빵이나 마카로니와 같이 점성을 필요로 하는 것은 그만큼 글루텐의 양이 많은 강력분이 필요하고, 반대로 글루텐 함량이 적은 것을 필요로 하는 조리에는 박력분을 사용하여야 한다. 그러나 이와 같은 것들은 조리하는데 그 사용 방법도 중요하다. 빵의 경우 잘 반죽해야 하지만, 튀김의 경우에는 가급적 점성이 없어야 하기 때문에 반죽하는 것이 금물이다. 면류는 중력분을 사용한다. 빵의 제조 시 반죽 온도는 25~30℃이고 오븐에서 굽는 온도는 200~250℃로 한다. 반죽 후 재워놓았을 때 부풀어 오르는 것은 발효에 의해 생성된 탄산가스(CO_2) 때문이다.

④ **밀의 가공** : 보리에 비해 골이 깊어서 정백이 곤란하며, 주로 가루로 이용한다.

⑤ **밀의 특성** : 밀은 점성을 나타내는 글리아딘과 탄성 및 부피를 결정하는 글루테닌이 합성된 글루텐이라는 단백질을 포함하고 있어 점성과 탄력 있는 반죽이 가능하다.

⑥ **밀의 숙성** : 제분된 밀가루는 일정한 기간 동안 숙성시키면 흰 빛깔을 띠게 되며 숙성은 제빵에도 영향을 미친다.

 소맥분 개량제
- 밀가루의 빠른 숙성과 표백을 위해 사용한다.
- 과산화벤조일, 이산화염소, 과황산암모늄, 브롬산칼륨, 과붕산나트륨이 있다.

⑦ **밀가루 반죽에 첨가되는 물질**

㉠ **팽창제** : 반죽을 팽창시키는 것은 공기, 증기, 탄산가스이다. 밀가루를 체에 칠 때나 난백 거품을 낼 때, 크리밍 과정에서 많은 공기를 포함시키며, 가열하면 내포된 공기가 밀어내어 용적을 증가시키고, 반죽의 수분에서 생기는 증기로 팽창시키나 반드시 이산화탄소(CO_2), 공기 등과 혼합되어야 쉽게 부푼다. 탄산가스는 기체이므로 가열하면 팽창하여 음식을 부풀게 하며, 탄산가스를 발생시키는 물질에는 이스트, 베이킹파우더(baking powder), 중조(중탄산나트륨), 중탄산암모늄 등이 있다. 반죽 시 이스트 분량은 밀가루의 1~3%가 적당하며 설탕을 첨가하면 발효가 촉진되므로 밀가루 3C에 설탕 2.5Ts 이내로 넣

빈출 Check

42 밀가루 제품에서 팽창제의 역할을 하지 않는 것은?
① 소금　② 달걀
③ 이스트　④ 베이킹파우더

Key 팽창제로는 달걀(흰자), 이스트, 베이킹파우더가 사용된다.

43 제빵을 제조할 때 밀가루를 체에 쳐야 하는 이유와 거리가 먼 것은?
① 가스를 제거하기 위해
② 산소를 포함시키기 위해
③ 불순물을 제거하기 위해
④ 밀가루의 입자를 고르게 하기 위해

Key 체질의 목적
- 밀가루 입자의 분산 및 공기 주입
- 불순물을 제거

44 밀가루 제품의 가공 특성에 가장 큰 영향을 미치는 것은?
① 라이신　② 글로불린
③ 트립토판　④ 글루텐

Key 밀가루는 글루텐 함량에 따라 종류가 구분되며 강력분, 중력분, 박력분으로 나뉜다.

정답 _ 42 ① 43 ① 44 ④

빈출 Check

어 주는 것이 좋다. 발효 온도가 24~38℃ 정도이면 발효가 촉진되나, 최적 온도는 30℃이다. 베이킹파우더는 밀가루 1C에 1ts이 적당하다.

ⓛ 지방 : 반죽 내에서 켜를 생기게 하고 연화 작용, 갈변 작용 등을 하며, 케이크나 식빵의 결을 더 곱게 만들어 준다(글루텐 약화).

ⓒ 설탕 : 혼합물에 단맛을 가미하고, 단백질 연화 작용을 하나, 과량 사용하면 가열 시 가스 팽창에 의한 압력의 증가를 견디다 못해 표면이 갈라지고, 캐러멜화되는 성질이 있어서 반죽을 가열하면 적당한 향취와 갈색을 낸다. 또, 수분이 적은 제품에서는 바삭바삭한 질감을 주며, 이스트가 첨가된 혼합물에서는 이스트의 성장을 촉진시킨다(글루텐 약화).

ⓔ 달걀 : 기포를 형성하므로 식품 내에 공기를 포함시켜 팽창제 역할을 하여 부피를 주며, 달걀 단백질은 가열에 의해 응고되어 구조를 형성하는 글루텐을 돕는 작용을 한다. 달걀은 지방을 유화시켜 고루 분산시키며(유화성), 조직이나 질감을 좋게 하여 질을 향상시킨다.

ⓜ 액체 : 액체는 밀가루 반죽을 혼합하여 굽는 동안 중요한 역할을 한다. 물, 우유, 과일즙, 달걀에 포함된 수분 등이 이용되며, 설탕, 소금, 베이킹파우더 등을 용해시켜 고루 섞이게 한다. 또 이산화탄소(CO_2gas) 형성을 촉진하여 글루텐을 형성하고, 지방을 고루 분산시키고, 가열 시 스팀(steam)을 형성하여 팽창제 역할을 한다.

ⓗ 소금 : 적당량 사용할 때 맛을 향상시키며, 글루텐의 강도를 높여준다.

(5) 두류 및 두제품의 조리

① 두류의 성분

　ㄱ 단백질 : 주 단백질은 글리시닌이며, 쌀에 부족한 리신, 트립토판을 많이 함유하고 있어, 단백가를 높여 준다.

　ㄴ 지방 : 반건성유로 필수아미노산이 풍부하고, 인지질인 레시틴을 함유하고 있어 유화제 작용을 한다.

　ㄷ 특수 성분 : 안티트립신, 사포닌, 피틴, 헤마글루티닌 등이 있다.

② 두류의 종류

고단백, 고지방 두류	대두, 땅콩 등
고탄수화물, 고단백, 저지방 두류	팥, 완두, 녹두, 강낭콩, 동부 등
채소로 이용되는 두류	청대콩, 청완두, 껍질콩 등

③ **두류의 조리** : 두류는 수분 함량이 12~17%이며, 건조된 상태로 보관하고 조리 전에 장시간 물에 담가 수분을 충분히 흡수시킨 다음 가열·조리한다. 대두, 검정콩, 완두 등은 5~6시간, 팥, 녹두 등은 거의 12시간 침지해야 하나 물의 온도에 따라

45 청국장을 만들 때 40~45℃에서 두면 끈끈한 점질물을 형성하는 균은 무엇인가?

① 부패균　② 황곡균
③ 납두균　④ 일반세균

📖 납두균

청국장 제조 시 발생하는 균으로 40~50℃에서 활발히 증식한다.

46 두부는 콩 단백질의 어떤 성질을 이용한 것인가?

① 열응고
② 알칼리응고
③ 효소에 의한 응고
④ 금속염에 의한 응고

📖 두부는 콩 단백질인 글리시닌이 황산칼슘, 염화칼슘 등의 금속염에 의해 응고되는 성질을 이용한 것이다.

☞ 정답 _ 45 ③ 46 ④

다르다. 콩을 불릴 때 1%의 식염수에 담가 두었다가 가열하면 콩이 쉽게 익는데 이는 대두의 주 단백질인 글리시닌(glycinin)이 식염과 같은 중성 용액에 잘 용해되기 때문이다. 콩을 삶을 때 중조수(콩 중량의 0.3%)에서 가열하면 조리 시간이 단축되나 비타민 B_1이 파괴된다. 경수 중의 칼슘, 마그네슘 이온은 콩의 펙틴(pectin)과 결합하여 가열 시 연화를 저해한다.

④ **두류의 가열에 의한 변화** : 두류를 가열하면 사포닌(saponin)이라는 독성 물질의 파괴와 단백질의 이용률 증가가 일어난다. 날콩 속에는 단백질의 소화액인 트립신(trypsin)의 분비를 억제하는 안티트립신(antitrypsin)이 들어 있어 소화가 잘 안 되지만, 가열 시 안티트립신이 불활성화되어 소화율이 높아진다. 대두를 삶을 때 식용소다(중조)를 사용하여 가열하거나, 식용소다를 넣은 물에 대두를 불리면 콩이 빨리 무르게 되나, 비타민 B_1의 손실이 일어나는 단점이 있다.

⑤ **두부**

　㉠ 제조 : 콩을 갈아서 70℃ 이상으로 가열하고 응고제를 첨가하여 단백질(글리시닌)을 응고시키는 방법으로 제조한다.

　㉡ 응고제 : 염화마그네슘($MgCl_2$), 황산칼슘($CaSO_4$), 염화칼슘($CaCl_2$), 황산마그네슘($MgSO_4$)

🍴 두부의 제조 과정

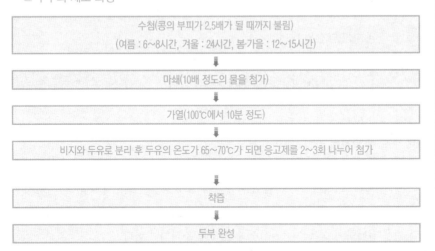

수첨(콩의 부피가 2.5배가 될 때까지 불림)
(여름 : 6~8시간, 겨울 : 24시간, 봄·가을 : 12~15시간)

⬇

마쇄(10배 정도의 물을 첨가)

⬇

가열(100℃에서 10분 정도)

⬇

비지와 두유로 분리 후 두유의 온도가 65~70℃가 되면 응고제를 2~3회 나누어 첨가

⬇

착즙

⬇

두부 완성

　㉢ 두부의 조리 : 두부를 만들 때는 대두를 사용하며, 대두 단백질은 글리시닌이라고 하는 완전단백질이다. 두부를 끓일 때 중조(0.2%), 전분(1%), 식염수(0.5%) 등을 넣으면 두부의 표면이 부드러워져서 감촉이 좋다. 두부에 물을 부어 삶으면 단단해지며 맛이 떨어지는데 이는 두부 속에 두유와 결합하지 않고 있는 칼슘(Ca) 이온이 많이 남아 있어서 미결합 상태로 있던 칼슘 이온이 일부는 물속에 녹고 동시에 일부 칼슘은 가열에 의해 단백질과의 결합이 촉진되어 두

47 두류 조리 시 두류를 연화시키는 방법으로 틀린 것은?

① 끓는 물에 1% 정도의 식염을 첨가하여 가열한다.
② 초산 용액에 담근 후 칼슘, 마그네슘이온을 첨가한다.
③ 약 알칼리성의 중조를 첨가하여 가열한다.
④ 습열 조리 시 연수를 사용한다.

💬 두부는 콩을 갈아 가열 후 칼슘, 마그네슘이온을 첨가해서 단단하게 굳히는 과정을 거쳐 만들어진다.

48 두부 제조 시 이용되는 단백질은?

① 알부민　② 카제인
③ 글리시닌　④ 엑토미오신

💬 두부는 콩 속에 함유된 글리시닌이 무기염류에 의해 응고되는 원리이다.

정답 _ 47 ② 48 ③

49 채소를 냉동시킬 때 전처리로 데치기(Blanching)를 하는 이유와 거리가 먼 것은?

① 살균효과
② 탈색효과
③ 부피감소효과
④ 효소파괴효과

 채소를 냉동시킬 때 데치기를 하는 이유는 효소를 불활성화시켜 변색을 방지하고, 살균 효과와 더불어 부피의 감소를 가져오기 때문이다.

50 다음 과일 중 저장 온도가 가장 높은 것은?

① 사과　　② 바나나
③ 수박　　④ 복숭아

 바나나는 열대과일로 상온에서 보관한다.

부를 수축, 경화시킨다. 소금 속의 나트륨(Na) 이온은 칼슘 이온이 두유와 결합하는 것을 방해하기 때문에 된장찌개에 넣은 두부가 연화되어 부드럽게 된다. 두부는 가열 온도가 높을수록, 가열 시간이 길수록 경도가 높아지고, 두부 속에 구멍도 많이 생긴다.

⑥ 기타 두류 이용 조리

ⓐ 콩나물의 조리 : 콩나물은 열 조리에 의해 20분 가열하였을 때 비타민 C는 상당량이 파괴되나, 비타민 B의 대부분은 남는다. 식염의 농도가 높을수록 비타민의 안정제 작용을 하며 비타민 C와 비타민 B_2의 잔존율이 높다.

ⓑ 튀김 두부(유부)의 조리 : 두부의 표면에 기름이 흡착되어 있으므로 공기와 접촉하면 산패되기 쉬우므로 뜨거운 물에서 부착된 기름을 제거하고 조리한다.

ⓒ 된장 제조 : 전분질의 원료를 쪄서 종국을 넣고, 국자를 만들어 소금에 섞어 놓았다가 콩을 쪄서 국자와 혼합한 후 마쇄하여 통에 담아 숙성시킨다.

ⓓ 간장 제조 : 콩과 볶은 밀을 마쇄하여 혼합시키고 황곡균을 뿌려 국자를 만든 다음 소금물에 담가 발효시켜 거른다.

TIP 황곡균
곡물 또는 콩 등에 코지곰팡이(aspergillus oryzae)를 번식시킨 것으로 아밀라아제, 프로테아제가 분비되어 당과 단백질을 분해시킨다.

ⓔ 청국장 제조 : 콩을 삶아 60℃까지 식힌 후 납두균을 번식시켜 콩 단백질을 분해하고 약간의 양념을 한다.

TIP 납두균
내열성이 강한 호기성균으로 최적 온도는 40~45℃, 청국장의 끈끈한 점질물과 특유의 향기를 내는 미생물이다.

(6) 채소 및 과일의 조리

채소와 과일에는 공통적으로 특유의 유기산과 색소가 함유되어 있어 이들이 미각적, 후각적 및 시각적으로 음식의 특색에 크게 영향을 미친다. 채소와 과일이 지니고 있는 특유한 질감과 맛을 살리고 영양소를 최대한 보유하도록 하는 적절한 조리법을 선택하여 식욕을 증진시킬 수 있도록 조리해야 한다.

① 채소의 조리 목적 : 대부분의 채소들은 조리함으로써 맛이 더욱 좋아지고 소화도 쉬워지는데, 이는 섬유소가 연화되고 전분이 부분적으로 호화되기 때문이다.

② 채소의 분류

ⓐ 엽채류 : 상치, 배추, 시금치, 쑥갓, 갓, 아욱, 근대, 양배추(캐비지) 등의 잎 부분을 식용할 수 있는 엽채류는 수분과 섬유소의 함량이 높고, 칼로리와 단백질의 함량은 적으나, 카로틴(carotene), 비타민 C, 비타민 B를 많이 함유하

고 있다.

ⓛ 과채류 : 가지, 오이, 고추, 호박, 토마토, 수박, 참외 등의 열매 부분을 식용하는 과채류는 일반 성분이 엽채류와 비슷하나, 비타민 C와 카로틴의 함량은 고추와 토마토를 제외하고는 엽채류보다 적다.

ⓒ 근채류 : 감자, 고구마, 당근, 우엉, 연근, 무 등의 뿌리 부분을 식용하는 근채류는 수분 함량이 높고 섬유소의 함량은 보통이나, 상당량의 당질을 함유하고 있다.

ⓔ 종실류 : 콩, 수수, 옥수수 등의 종실류는 수분과 섬유소의 함량이 적으나, 상당량의 단백질과 다량의 전분을 함유하고 있다.

ⓜ 버섯류 : 몸체에 뿌리, 줄기, 잎의 구별이 없고, 균사로 이루어지며, 비타민 B_2와 에르고스테롤이 풍부하고 햇볕에 건조 시 비타민 D가 풍부해진다.

③ **채소의 조리 방법** : 굽는 법, 끓이는 법, 튀기는 법, 찌는 법, 압력하에 찌는 법 등이 있으며 종류에 따라 조리법은 달라진다. 채소의 맛을 최대한 보유하도록 하려면 채소가 익을 수 있는 정도의 물에 뚜껑을 덮고 조리하는 방법을 선택해야 한다. 섬유소가 많고 질긴 채소를 삶을 때 약간의 알칼리(중조)를 첨가하면 짧은 시간 내에 섬유소가 연화되고, 반대로 산을 첨가하면 섬유소의 질감을 단단하게 한다. 양배추나 양파같이 황화합물을 함유하는 채소는 뚜껑을 열고 짧은 시간 내에 조리하고, 수용성 영양소는 노출된 표면적이 크거나 조리 시간이 길수록 손실이 커진다. 조리 중 가장 손실되기 쉬운 것은 비타민 C이며, 비타민 A와 C는 산화에 약하고 비타민 B_1은 열에 약하다. 비타민 B_2와 나이아신은 비교적 안정적이다.

 침채 가공품
- 채소류에 소금, 장류, 식초, 조미료 등을 한 가지 또는 여러 가지로 섞은 염장 발효식품으로 저장 중 미생물에 의한 독특한 풍미를 나타낸다(김치, 단무지, 마늘절임 등).
- 침채 가공품에 사용하는 소금은 정제염보다 호염(천일염)이나 제염이 좋다. 호염의 마그네슘이나 칼슘 성분이 채소의 조직을 단단하게 해주기 때문이다.

 토마토 가공품
- 주스 : 익은 토마토를 착즙하여 소량의 소금을 넣어 포장한 것
- 퓌레 : 토마토를 마쇄하여 씨와 껍질을 제거한 과육과 과즙을 농축한 것
- 페이스트 : 퓌레를 더욱 농축하여 고형물 함량이 25% 이상 되게 한 것
- 케첩 : 퓌레에 여러 가지 향신료, 식염, 설탕, 식초 등의 조미료를 농축한 것

④ **가열 조리** : 야채의 가열 조리에는 삶기(데치기), 끓임, 튀김, 볶음 등의 방법이 있다. 삶을 때는 소금을 약간 넣으면 수분을 빨리 탈수시킬 수 있고, 녹색 야채에다 중조를 넣어서 알칼리성에서 삶으면 색이 선명해진다. 삶는 물의 양은 재료의 5배 정도가 좋다. 시금치, 근대, 아욱 등의 녹색 야채를 데칠 때는 불미 성분인 수산을 제거하기 위하여 뚜껑을 열고 단시간에 데쳐 헹군다. 수산은 체내에서 칼슘

빈출 Check

51 당장법에서 설탕의 농도는 얼마 이상인가?
① 20% ② 30%
③ 40% ④ 50%

- 당장법 : 50% 이상의 설탕에 절여서 미생물의 생육을 억제하는 방법
- 염장법 : 10% 이상의 소금농도에 저장하는 방법
- 산저장 : 3~4%의 초산농도에서 저장하는 방법

52 과일, 채소 중 특히 사과, 배, 바나나 등의 호흡작용을 억제하는 방법은?
① 방사선 조사
② 산저장
③ 냉장법
④ C.A 저장

가스저장법(C.A 저장)
탄산가스, 질소가스 등을 주입시키고 산소의 함량을 적게 하여 식품의 호흡을 억제하는 방법으로 냉장법과 함께하는 것이 효과적이며 과일, 채소, 달걀 등의 저장법에 이용된다.

53 젤 형성을 이용한 식품과 젤 형성 주체성분의 연결이 바르게 된 것은?
① 양갱 – 펙틴
② 도토리묵 – 한천
③ 족편 – 젤라틴
④ 과일잼 – 전분

💬 양갱 – 한천, 도토리묵 – 전분, 과일잼 – 펙틴이다.

54 일반적인 잼의 설탕 함량은?
① 15~25%　② 90~100%
③ 35~45%　④ 55~65%

💬 잼은 설탕 함량 55~65% 정도의 고농도의 당장법에 의해 저장성을 갖게 된다.

의 흡수를 방해하여 신장 결석을 일으킨다. 야채로 국을 끓일 때는 야채 자체의 수분이 많으므로 국물의 양을 적게 해야 하며, 단시간 처리해야 한다. 튀김, 볶음 등의 조리법은 고온 처리의 조리법으로 조리 시간이 짧을수록 영양 손실이 적다.

⑤ **생식품 조리** : 식품 그대로의 감촉과 맛을 느끼기 위한 조리 방법으로서 식품의 조직과 섬유가 부드러워야 하고, 맛이 없는 성분이 없어야 한다. 흰색 채소나 과일 중 껍질을 벗기거나 자를 때, 또는 상처가 났을 때 갈색으로 변하는 것이 있는데 그 원인은 효소적 갈변과 비효소적 갈변이 있다. 효소에 의한 갈변 현상을 방지하는 방법으로는 열탕 처리, 식염수 침지(저농도), 설탕 용액 침지(고농도), 산 용액 처리, 진공 보존, 아황산 침지 등이 있다.

⑥ **과일의 조리** : 과일 조리의 기본적인 방법은 물 또는 시럽에 넣고 끓이는 것인데, 설탕 1에 물 2의 비율이 가장 적당하다. 과육을 부드럽게 하기 위해서는 물에서 적당한 경도가 될 때까지 조리한 다음 설탕을 첨가해야 하며, 설탕을 과량 넣으면 향기가 나빠진다. 연한 과일은 적은 양의 물로 천천히 조심스럽게 가열해야 모양이 유지되고, 사과는 껍질째 조리한다. 사과, 배 등은 굽기에 적당하며 바나나는 그냥 먹기도 하지만 구우면 독특한 맛이 난다. 말린 과일은 80℃의 물에서 불리는 것이 최대한 많은 물을 흡수할 수 있어 조리 시간을 단축시킨다. 과일을 조리할 때 비타민 C는 열과 산의 영향을 많이 받으므로 조리 시간을 단축하여 영양 손실을 줄이고 향미 성분의 보유도 돕는다.

ㄱ 과일 조리 시 주의점
  • 비타민 C의 손실과 향기 성분의 손실이 적도록 한다.
  • 가공 기구에 의한 풍미와 색 등의 변화에 주의한다.

ㄴ 과일 가공품 : 펙틴의 응고성을 이용한 것으로 펙틴, 산, 당분이 일정한 비율로 들어있을 때 젤리화가 일어난다.
  • 잼 : 과육 또는 과즙에 설탕 60%를 첨가하여 농축시킨 것
  • 젤리 : 투명한 과즙에 설탕 70%를 넣고 가열, 농축, 응고시킨 것
  • 마멀레이드 : 젤리 속에 과실, 과피, 과육의 조각을 섞어 만든 것

 과일의 젤리화
• 젤리화의 3요소 : 펙틴(1~1.5%). 유기산(0.5%, pH 3.4), 당분(60~65%)
• 펙틴과 산이 많이 함유된 과일 : 사과, 포도, 딸기 등
• 펙틴과 산이 적게 함유된 과일 : 배, 감

ㄷ 젤리점 결정법 : Cup 테스트, Speen 테스트, 온도계법(104℃), 당도계법(65%)
ㄹ 과일 저장법 : 과일과 채소는 수확 후에도 호흡 작용을 하여 성분 변화를 일으키므로 호흡을 억제하기 위한 CA저장이 필요하다. 열대, 아열대산 청과물(바나나 등)은 저온에 대한 감수성이 커서 저온장해가 발생한다.

ⓗ 감의 탈삽법 : 탈삽법이란 감의 떫은맛 성분인 수용성 탄닌을 불용성 탄닌으로 변화시켜 떫은맛이 나지 않도록 하는 것으로, 열탕법, 알콜법, 탄산가스법, 동결법, 건조법, 방사선 조사법 등의 방법이 있다.

⑦ 조리에 의한 과채류의 변화 : 조리 시에 일어나는 영양 손실로는 휘발성 유기산, 향기 성분 등 휘발성 물질의 휘발에 의한 손실, 수용성 비타민, 무기질 등의 수용성 물질의 용출에 의한 손실, 엽록소, 비타민 C 등 열에 의한 파괴로 인한 손실 등을 들 수 있으며, 야채를 조리하면 열에 의해 섬유소가 약해진다.

조리에 의한 색의 변화

구분	특징
클로로필(chlorophyll) 색소	녹색 채소에 들어 있는 지용성 색소로 산에 반응 시 누런 갈색이 되며, 알칼리 반응 시 안정된 녹색을 띤다.
안토시아닌(anthocyan) 색소	산성에서는 적색(생강 초절임), 중성에서는 보라색, 알칼리성에서는 청색을 띤다. 비트, 적양배추, 딸기, 가지, 포도, 검정콩에 함유되어 있다.
플라보노이드(flavonoid) 색소	쌀, 콩, 감자, 밀, 연근 등의 색으로 산에 안정하여 백색을 나타내고, 알칼리성에서는 불안정하여 황색으로 변한다.
카로티노이드(carotenoid) 색소	황색이나 오렌지색으로 당근, 고구마, 호박, 토마토 등에 함유된 지용성 색소이다.

Section 2 축산물의 조리 및 가공·저장

1 축산물의 조리 및 가공·저장

(1) 육류의 조리

① **목적** : 육류 조리의 목적은 고기의 맛을 향상시키고, 색을 변화시키며, 근육을 연하게 하여 소화를 돕고, 고기에 오염될 수 있는 세균 및 기생충을 사멸시킴으로써 안전하게 식용으로 할 수 있도록 하는 데 있다.

② **고기의 연화법** : 육류를 식용으로 하기 위하여 적당한 연도를 유지하고 풍미와 더불어 충분한 육즙이 있어야 하며, 여러 가지 연화법을 근육의 상태에 따라 적절히 적용해야 한다. 고기를 횡으로 자르거나, 칼로 얇게 저미면서 다지거나, 갈거나, 두들겨 주며 육류를 가열하면 콜라겐이 가수분해되어 젤라틴으로 변화하여 고기가 연해진다. 숙성을 거친 고기는 연해지고, 파인애플의 브로멜린(bromelin), 파파야의 파파인(papain), 무화과의 피신(ficin), 배즙, 생강의 프로테아즈(protease) 등의 단백질 분해 효소를 이용하여 질긴 고기를 연화시킬 수 있다.

③ **고기 가열의 요령** : 일반적으로 부드러운 고기는 짧은 시간에 익히거나 굽는다.

55 돼지고기나 생선조림에서 냄새를 제거하기 위해 생강을 넣는 시점은?

① 처음부터 함께 넣는다.
② 생강을 먼저 끓여낸 후 고기를 넣는다.
③ 고기나 생선이 거의 익어 질 무렵 생강을 넣는다.
④ 생강즙을 내어 물에 혼합한 후 고기를 넣고 끓인다.

🔑 생강은 생선 단백질의 비린내를 방지하는 성질이 있으므로 생선을 미리 가열하여 단백질을 변성시킨 다음 생강을 넣고 조리하는 것이 처음부터 넣고 조리하는 것보다 어취 제거 효과가 크다.

56 훈연법을 이용한 식품과 거리가 먼 것은?

① 육포   ② 햄
③ 소시지   ④ 베이컨

🔑 **육포**
소고기로 만든 포로서 고기를 얇게 썰어 양념하여 건조시킨 것이다.

정답 _ 55 ③ 56 ①

그러나 단단한 고기는 2시간 이상 끓여야 결합 조직이 젤라틴으로 변화되어 녹기 때문에 섬유가 풀려서 먹기 좋게 된다. 그러나 콘비프는 근육 섬유로 되어 있기 때문에 장시간 가열하면 수분이 없어져서 도리어 단단해진다. 고기를 구울 때는 표면이 타지 않고 중심부까지 익도록 불 조절을 잘 하여야 한다.

④ 가열에 의한 고기의 변화

　㉠ 단백질의 응고, 고기의 수축, 분해

　㉡ 중량의 감소, 보수성의 감소

　㉢ 결합조직의 연화(軟化) : 콜라겐 → 젤라틴(75~80℃ 이상)

　㉣ 지방의 융해

　㉤ 색의 변화

　㉥ 풍미의 변화

⑤ **고기의 종류와 조리** : 융점이 높은 지방을 가지고 있는 양고기나 쇠고기는 가열 조리한 후 온도가 낮아짐에 따라 응고되므로 요리의 맛과 모양이 나빠진다. 따라서 이러한 가열 조리된 육류는 뜨겁게 해서 먹도록 해야 한다. 특히 양고기는 뜨겁지 않으면 기름이 응고되어 좋지 않은 맛이 난다.

⑥ **육류의 선택**

　㉠ 쇠고기 : 색이 빨갛고 윤택이 나며, 얄팍하게 썰었을 때 손으로 찢기 쉬운 것이 좋다. 수분이 충분하게 함유되어 있고, 손가락으로 눌렀을 때 탄력성이 있는 것이 좋다. 반면에 고기의 빛깔이 너무 빨간 것은 오래 되었거나 늙은 소 또는 노동을 많이 한 소의 고기이므로 질기고 좋지 않다.

　㉡ 돼지고기 : 기름지고 윤기가 있으며, 살이 두껍고 살코기의 색이 엷은 것이 좋다. 살코기의 색이 빨간 것은 늙은 돼지의 고기이다.

⑦ **쇠고기의 부위별 특징**

　㉠ 장정육 : 육질이 질기고 결합 조직이 많고 지방이 적으며, 조림, 다진 고기, 편육 등에 사용된다.

　㉡ 양지육 : 육질이 질기고 결합 조직이 많고 지방이 적으며, 편육, 탕 등에 사용된다.

　㉢ 사태육 : 골질(骨質)이 많고, 지방이 적으며, 편육, 조림, 탕 등에 사용된다.

　㉣ 등심, 갈비, 쐬악지 : 살이 두껍고 얼룩 지방이 있으며 질이 좋다. 구이, 전골, 찜, 조림, 탕, 산적 등에 사용된다.

　㉤ 안심, 채끝살, 대접살 : 부드러운 살코기로 맛이 좋으며, 구이, 전골, 산적 등에 사용된다.

　㉥ 우둔육, 홍두깨살, 대접살 : 상부에 지방이 약간 있어 연하며, 조림, 탕, 전골,

빈출 Check

57 쇠고기의 조리법으로 연결이 옳지 않은 것은?
① 등심 – 전골, 구이
② 사태육 – 편육, 장국, 구이
③ 우둔살 – 포, 회, 조림
④ 홍두깨살 – 조림

🍴 사태육은 골질이 많고 지방이 적어 찜, 탕, 조림 등에 사용된다.

58 햄이나 베이컨은 주로 어떤 고기를 사용하는가?
① 쇠고기　② 돼지고기
③ 닭고기　④ 양고기

🍴 • 햄의 원료 : 돼지고기의 허벅다리(후육)
• 베이컨의 원료 : 돼지고기의 삼겹살(복부)

🏠 정답 _ 57 ② 58 ②

구이, 산적, 포 등에 사용된다.

ⓐ 업진육 : 지방과 고기가 층이 되어서 지방이 많으나 질기다. 편육, 탕, 조림 등에 사용된다.

ⓞ 중치육 : 육질이 질겨, 조림, 탕 등에 사용된다.

―🍴 소의 부위명과 조리 용도

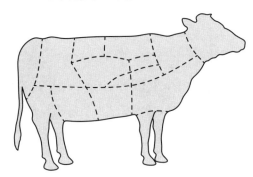

① 등심 : 전골, 구이
② 장정육 : 편육, 장국, 구이
③ 쇠머리, 편육, 찜, 전골
④ 양지육 : 편육, 장국
⑤ 안심 : 구이, 전골
⑥ 우둔살 : 포, 회, 조림, 구이
⑦ 업진육 : 편육, 장국
⑧ 갈비 : 찜, 탕, 구이
⑨ 대접살 : 조리개, 포, 육회
⑩ 채끝살 : 찌개, 지짐, 구이
⑪ 사태육 : 편육, 장국
⑫ 족 : 족편, 탕
⑬ 꼬리 : 탕, 찜
⑭ 홍두깨살 : 조림
⑮ 씌악지 : 장국, 조림

―🍴 소의 내장 및 조리 용도

구분	명칭	조리법	명칭	조리법
내장	염통	구이, 전골	콩팥	구이, 전골
	간	구이, 전유어, 회	갑창	탕
	천엽	회, 전유어	곤자손이	탕, 찜
	양	탕, 전유어, 즙, 구이	지라	곰탕
	허파	찌개, 전유어		
기타	혀	편육, 찜	뼈	탕
	등골	전유어, 전골	가중	전약(편)
	우랑	편육		

⑧ 돼지고기의 부위별 특징

㉠ 목살 : 살코기 속에 지방이 많고 연하며, 찜, 구이 등에 사용된다.

㉡ 갈비 : 지방층이 두껍고 살코기가 연하며 가장 맛이 좋은 부분이다.

㉢ 삼겹살 : 지방과 살코기가 세 겹 층으로 되어 있으며, 베이컨, 편육 등에 사용된다.

㉣ 후육(볼기살) : 지방분이 적으며, 조림, 찜, 햄 등에 사용된다.

빈출 Check

59 훈연법에 사용하는 나무의 종류가 아닌 것은?
① 참나무 ② 전나무
③ 떡갈나무 ④ 벚나무

💬 훈연법에 사용하는 나무의 종류로는 참나무, 벚나무, 떡갈나무이다.

60 베이컨류는 돼지고기의 어느 부분을 가공한 것인가?
① 볼기부위 ② 어깨살
③ 복부육 ④ 다리살

💬 베이컨은 복부부위, 햄은 허벅다리를 가공한다.

Part 05 일식·복어 기초 조리실무

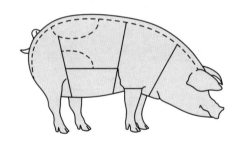

─┱ 돼지의 부위명과 조리 용도

① 어깨살 : 다진 고기요리, 조림
② 등심 : 튀김, 구이
③ 삼겹살 : 조림, 다진 고기요리, 편육, 구이
④ 방앗살 : 튀김, 구이
⑤ 뒷다리 : 다진 고기요리, 구이
⑥ 족 : 찜, 족편
⑦ 머리 : 편육
⑧ 갈비 : 찜, 구이, 강정

빈출 Check

61 다음 중에서 가장 융점이 낮은 육류는?

① 양고기 　② 닭고기
③ 쇠고기 　④ 돼지고기

💬 융점이란 고체지방이 열에 의해 액체상태로 될 때의 온도를 말하는데 돼지고기와 닭고기는 융점이 낮기 때문에 식어도 맛을 잃지 않는 요리를 만들 수 있다.

종류	융점(℃)	종류	융점(℃)
쇠고기	40~50	닭고기	30~32
돼지고기	33~46	칠면조	31~32
양고기	44~45	오리기름	29~39

⑨ **육류의 조리법**

　㉠ 습열 조리 : 고기를 물 또는 액체를 넣어서 가열하거나 찌는 방법으로, 결체 조직 중의 콜라겐이 젤라틴화되어 수용성이 되므로 고기가 연해진다. 결체 조직이 많은 장정육, 양지육, 사태육, 업진육, 꼬리, 도가니의 부위를 사용하며, 종류로는 탕, 찜, 장조림, 전골 등이 있다.

　• 탕 : 질긴 부분의 고기를 사용하여 수용성 단백질, 지방, 무기질 또는 추출물 성분이 최대한 용해되도록 하기 위하여 소금을 약간 넣은 냉수에서 중불로 3~4시간 끓인다. 거품은 맛과 외관을 상하게 하므로 걷어낸다.

　• 찜 : 찜은 쇠고기(사태), 돼지고기, 닭고기 등에 이용되며, 고기를 삶아서 익힌 후에 건져서 양념과 여러 가지 고명을 넣고 다시 끓인다.

　• 장조림 : 지방질이 적고 근육 섬유의 묶음이 많은 부분(홍두깨살)을 선택하여 큼직하게 썰어 물에 끓인 후 기름을 걷어 내고, 고명과 간장을 부어서 조린다. 장조림에 사용되는 진간장의 성분 중 당밀(molasses)은 조리 과정 중 더욱 농축되어 향기와 윤기를 준다. 장조림은 가장 쉬운 가정용 저장법이며 보존성이 높다.

　• 편육 : 쇠고기는 양지육, 사태, 쇠머리, 우설, 우랑, 콩팥, 족, 돼지고기는 삼겹살, 돼지머리, 족 등이 사용된다. 고기를 끓는 물에 넣어 근육 표면의 단백질을 먼저 응고시켜 수용성 물질이 육수에 용출되는 것을 방지하여 맛을 향상시킨다. 끓기 시작하면 약한 불로 약 3시간 정도 끓여 젓가락으로 찔러서 잘 들어가고 피가 나오지 않으면 건져서 잠깐 동안 냉수에 담갔다가 깨끗한 행주에 꼭 싸서 무거운 것으로 7~8시간 눌러 놓는다. 돼지고기 편육은 생강을 넣어 방취 작용을 하는데 단백질 응고 후에 효과적이므로 고기가 거의 익은 후에 넣는 것이 좋다. 편으로 썰 때는 근육 섬유의 방향과 직각이 되도록 얇게 썰어야 씹을 때 저항이 적어 연하게 먹을 수 있다.

　㉡ 건열 조리 : 수분이나 액체를 가하지 않고 건열이나 직화로 익히는 방법으로

운동량이 적은 연한 부위를 택하고, 결체 조직이 거의 없고 얼룩 지방이 잘 분포된 등심, 안심, 염통, 콩팥, 간 등을 사용한다.

- 구이 : 숯불구이, 오븐 구이, 팬 구이 등이 있고, 일반적으로 직화에 의하여 고기 표면의 단백질이 응고되므로 내부 단백질과 기타의 용출성 물질(drip)의 유실을 막는다. 불고기나 갈비를 먼저 설탕, 배즙 등을 넣어 재워 두면 근육 내의 효소 작용을 활발하게 하여 연화 작용을 하므로 참기름을 제외한 다른 양념을 넣어 간이 배도록 하고 30분 정도 재워 놓는다. 참기름을 먼저 넣으면 양념의 염분이 근육 속에 침투되는 것을 방해하므로 굽기 직전에 넣어 무친다. 석쇠에 붙지 않고 잘 구워진 고기는 갈색의 윤기가 나는데 이것은 굽는 과정에서 설탕과 기름이 일종의 캐러멜화 현상을 나타내기 때문이다.
- 팬 구이 : 두꺼운 철 냄비나 프라이팬을 뜨겁게 달구어 굽는 방법으로 고기의 부위는 연한 것을 택하는 것이 좋다. 한쪽 면이 갈색이 나도록 익힌 다음, 다른 면을 같은 방법으로 익히고 내부가 완전히 익혀지지 않았을 때에는 불을 약하게 하여 조리한다. 철판구이가 이에 속한다.
- 오븐 구이 : 오븐 내에서 고기를 굽는 방법으로 고기는 연한 부위를 선택해야 하며 다른 조리 방법보다 큰 덩어리를 사용한다. 익은 정도는 육류용 온도계를 사용하여 육의 중앙 온도에 따라 결정한다. 개인의 취향에 따라 덜 익음(rare), 중간 정도 익음(medium), 잘 익음(well done)으로 구분된다.

 도살 후 육류의 변화(사후강직 → 자가소화 → 부패)
- 사후강직 : 도살된 후 근육 수축이 일어나 경직되는 것으로 고기가 매우 질겨져 식용으로 부적당하다.
- 자가소화 : 근육 내의 효소에 의해 단백질이 분해되는 단계로 가장 부드러운 육류를 얻을 수 있다.
- 부패 : 숙성 후 미생물에 의해 변질이 일어난다.
- 육류의 사후강직 시간 : 닭고기 6~12시간, 돼지고기 3시간, 쇠고기 72시간

각 식품의 주요 맛 성분

재료	주요 맛 성분
쇠고기의 살	이노신산(inosinic acid)
화학조미료	글루타민산(glutamic acid)
말린 멸치	이노신산 유도체
패류(貝類)	호박산(succinic acid)
수육 뼈	아미노산(amino acid)과 유기염기
채소류	아미노산류
생선류	호박산, 베타인(betaine)

62 다음은 동물성 식품의 부패 경로이다. 올바른 순서는?
① 사후강직 → 자가소화 → 부패
② 사후강직 → 부패 → 자가소화
③ 자가소화 → 사후강직 → 부패
④ 자가소화 → 부패 → 사후강직

동물은 도살 후 사후강직이 일어나고 시간이 경과 후 근육의 효소에 의해 자가소화 현상이 일어나면서 풍미가 좋아지는데 최후에 부패로 이어진다.

정답 _ 62 ①

오징어	베타인
다시마	호박산, 글루타민산
말린 느타리버섯	구아닐산, 아미노산류

⑩ 육류가공품

ㄱ 햄 : 돼지고기의 허벅다리를 이용하여 식염, 설탕, 아질산염, 향신료 등을 섞어서 훈제한 것이다.

ㄴ 베이컨 : 돼지의 기름진 배부위 피를 제거한 후 얇게 저며서 햄과 같은 방법으로 전처리하여 큰 핀으로 꽂아 훈제한다.

ㄷ 소시지 : 햄, 베이컨을 가공하고 남은 고기에 기타 잡고기를 섞어 조미한 후, 동물의 창자 또는 인공 케이싱에 채운 후 가열이나 훈연, 또는 발효시킨 제품이다.

63 달걀의 알칼리 응고성을 이용한 제품은?

① 마요네즈
② 피단
③ 케이크
④ 머랭

🔑 • 달걀의 유화성 – 마요네즈
• 달걀의 기포성 – 머랭, 케이크

⑵ **달걀의 조리**

① 달걀의 구성 : 달걀은 난황(노른자), 난백(흰자)으로 구성되며 난백은 90%가 수분이고 나머지는 주로 단백질이다. 난황에는 단백질과 다량의 지방, 인, 철이 들어 있으며 약 50%가 고형분이다. 난백은 농후난백과 수양난백으로 나뉘며 달걀 1개의 무게는 대략 50~60g정도이다.

━┋ 달걀의 구성

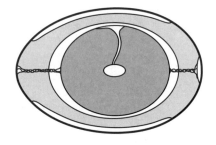

64 일반적으로 달걀의 기포 형성력을 방해하지 않는 것은?

① 기름   ② 우유
③ 난황   ④ 레몬즙

🔑 소량의 산은 기포력을 상승시키며, 기름, 우유, 난황은 기포력을 방해한다.

② 달걀의 조리 : 달걀의 조리는 알의 단백질이 열에 의해 응고하기 쉬운 성질이나 알이 풀어지기 쉬운 성질을 이용한 것이 많다. 달걀의 응고 온도는 난백이 60~65℃이고 난황은 65~70℃이며, 설탕이나 국 국물을 섞으면 응고되는 온도가 높아진다. 달걀은 3~5분 정도 삶으면 반숙이 되고, 10~15분 정도 삶으면 완숙이 된다. 이 이상 가열해서 15분 이상 삶게 되면 난황의 주위가 암갈색(또는 회녹색)이 되는데, 이 현상은 난백의 황화수소가 난황 중의 철분과 결합하여 황화제일철을 만들기 때문에 일어나며, 다소 과하게 익힌 달걀일지라도 냉수에 식히면 황화철의 생성을 방지할 수 있다. 또한 정도에 맞게 익힌 달걀일지라도 여열에 의해 황화철이 생긴다. 반숙 달걀의 단백질은 소화에 좋고, 완전하게 익힌 난

백은 잘 소화되지 않는다.

③ 달걀의 성질

   ㉠ 난백(흰자)의 기포성 : 난백을 잘 저으면 공기가 들어가 거품이 일어난다. 이 거품은 잠시 동안은 그대로 있고 이것을 가열하면 고정된다. 이와 같은 성질을 기포성이라 하며 튀김옷, 과자, 기타의 요리에 사용한다. 기포성에 영향을 미치는 요인은 다음과 같다.

     • 달걀의 선도 : 달걀은 신선한 것일수록 농후난백이 많다. 농후난백보다는 난백이 수양성인 것이 거품이 잘 나기 때문에 일반적으로 거품을 내서 이용하는 요리에는 묵은 달걀을 사용한다. 그러나 전기믹서 등을 사용하면 농후난백도 거품이 잘 나고, 안전성도 좋다.

     • 온도 : 난백이 응고하지 않을 정도의 온도에서 거품이 잘 난다. 30℃ 정도가 적온이며, 겨울철이나 냉장고에 있는 달걀은 실온에 꺼내 보관하여 온도를 높인 후 거품을 내는 것이 좋다.

     • 첨가물 : 기름이 첨가되면 거품이 현저하게 저하되고, 유지율도 감소된다. 황, 주석산, 식염, 설탕 등의 첨가 역시 거품 내는 것을 저하시키나, 기름 정도로 저하되지는 않는다. 그러므로 충분히 거품을 낸 다음 첨가물을 넣으면 좋다. 설탕은 첨가물이 많을수록 안전도가 높다.

   ㉡ 난황(노른자)의 유화성 : 기름과 물은 그 자체로서는 혼합시켜도 유상의 액으로는 되지 않으나 마요네즈 소스와 같이 난황을 첨가하면 기름이 적(適)이 되어 물에 분산된다. 이것을 수중 유적형의 유탁액(遺濁液, 에멀전)이라 한다. 이와 같이 유상화에 중간 매개체를 유화제(계면활성제의 일종)라 한다.

④ 달걀 가공품

   ㉠ 건조달걀 : 달걀의 내용물인 흰자와 노른자의 수분을 증발시켜 건조하여 만든다.

   ㉡ 마요네즈 : 달걀노른자와 샐러드유, 식초를 원료로 만들며 여러 가지 조미료와 향신료가 첨가될 수 있다.

   ㉢ 피단(송화단) : 소금 및 알칼리 염류를 달걀 속에 침투시킨 저장을 겸한 조미 달걀이다(침투 작용, 응고 작용, 발효 작용을 이용).

⑤ 달걀의 저장 방법

   ㉠ 냉장법 : 산란 시의 달걀의 온도는 닭의 온도인 40℃로, 신속하게 4.4℃ 정도로 식힌 후 선선한 곳에 저장해야 한다.

   ㉡ 밀폐법 : 달걀을 밀폐된 그릇에 저장하면 수분과 이산화탄소의 손실이 지연된다. 규소염 용액은 끈끈하여 달걀껍질의 구멍을 막아 수분과 이산화탄소의 증

빈출 Check

65 달걀프라이를 하기 위해 프라이팬에 달걀을 깨뜨려 놓았을 때 다음 중 가장 신선한 달걀은?

① 난황이 터져 나왔다.
② 난백이 넓게 퍼졌다.
③ 난황은 둥글고 주위에 농후 난백이 많았다.
④ 작은 혈액 덩어리가 있었다.

💬 신선한 달걀은 난황이 둥글고 흰자는 뭉쳐있어야 한다.

66 다음 중 한천을 이용한 조리 시 겔 강도를 증가시킬 수 있는 성분은?

① 수분   ② 과즙
③ 지방   ④ 설탕

💬 한천을 이용한 조리 시 설탕이 겔 강도를 증가시킨다.

정답 _ 65 ③ 66 ④

발을 방지한다. 따라서 규소염 용액에 달걀을 담갔다가 선선한 곳에서 4~6개
월 저장한 달걀의 질은 산란 후 잘 취급하여 2~3일 지난 달걀과 같다. 규소염
대신 광물성유나 플라스틱 액을 사용해도 같은 효과를 얻을 수 있다.

© 냉동법 : 달걀을 냉동할 때에는 달걀을 깨뜨려 난백과 난황을 함께 냉동시키
거나 난백과 난황을 따로 냉동시키기도 한다. 달걀을 냉동시킬 때에는 달걀을
깨뜨려 그대로 또는 난황과 난백을 따로 갈라 전처리를 한 후, 50개 또는 100
개를 한 그릇에 담거나 하나하나를 종이에 싸서 큰 그릇에 담아 −18℃ 이하에
서 급속 냉동하여 −15℃에서 저장한다.

② 건조법 : 분말달걀은 전란 또는 난백과 난황을 분리한 후 저온 살균하여 건조
시킨 것이다.

⑥ **달걀의 품질 평가**

㉠ 껍질째 보았을 때의 평가

• 크기에 의한 방법 : 시중에서 달걀은 중량에 따라 분류하여 시판되고 있는
데, 특란의 경우 61g 이상, 대란은 55~60g, 중란은 48~54g, 경란은 42g 미만
으로 규정된다.

• 껍질의 상태에 의한 방법 : 껍질의 광택의 정도, 달걀의 생김새, 균열의 유무
등으로 의하여도 분류한다. 달걀을 낳을 때 내부를 보호하기 위하여 점액을
씌워서 낳으므로 신선한 달걀은 껍질이 거칠거칠하다.

• 캔들링(candling)에 의한 방법 : 상업적으로는 캔들링이라는 방법으로 달걀
을 평가하여 시장에 공급하기도 한다. 강한 광선을 달걀의 뒤에서 비치고 달
걀을 돌리면서 관찰하여 달걀의 공기집의 크기와 위치, 난백의 맑은 정도, 난
황의 위치와 움직이는 정도, 껍질의 상태 등을 평가한다.

• 비중에 의한 방법 : 신선한 달걀은 비중이 1.08~1.09인데, 시간이 경과할수
록 수분의 증발로 인하여 비중이 작아진다.

 달걀 감별법
물 1C에 식염 1Ts을 용해한 물(6%)에 달걀을 넣어 가라앉으면 신선한 것이고, 위로
뜨면 오래된 것이다.

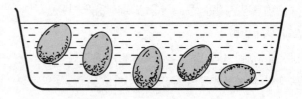

ⓛ 내용물에 의한 평가
- 난백계수(albumen index) : 달걀을 평평한 판 위에 깨뜨린 후 난백의 가장 높은 부분의 높이를 평균 직경으로 나눈 것이 난백계수이다. 신선한 백색란의 계수는 0.14~0.17이다.
- 호 단위(haugh unit) : 난백의 높이(mm)를 H, 달걀의 무게(g)를 W로 했을 때 $100\log(H-1.7W+7.6)$의 수치를 말한다. 신선한 백색란의 수치는 86~90이다.
- 된 난백의 비 : 전 난백의 무게에 대한 된 난백의 중량의 백분율이다. 신선한 백색란의 된 난백은 전 난백 무게의 약 60%이다.
- 된 난백의 직경과 묽은 난백의 직경과의 비 : 두 가지 난백을 모두 두 번씩 직각 방향으로 측정하여 평균치를 낸다.
- 난황계수(yolk index) : 평평한 판 위에 계란을 깨뜨렸을 때 난황의 높이를 직경으로 나눈 값을 말한다. 신선한 백색란의 난황계수 값은 0.36~0.44이다. 37℃에서 3일간, 25℃에서 8일간, 그리고 2℃에 100일간 경과했을 때의 난황계수는 0.3 이하가 된다. 난황계수가 0.25 이하인 것은 달걀을 깨뜨렸을 때 난황이 터지기 쉽다.

(3) **우유의 조리**

우유의 소비량이 증가됨에 따라 우유의 생산이 늘어가면서 가공과 저장의 필요성이 증대되고 있다.

① **우유의 일반 성분**
- ㉠ 단백질 : 필수아미노산이 풍부하고(3~4%), 주 단백질은 카제인(인단백질로 P 함유), 유청 단백질(락토글로블린, 락토알부민 등)이다.
- ㉡ 탄수화물 : 유당이 풍부하다(무기질 흡수 촉진). 유제품의 갈변, 장내균을 개선하여 정장 작용을 한다.
- ㉢ 지방 : 포화지방산이 약 65%, 불포화지방산이 30% 정도 함유되어 있으며, 전체의 약 3% 정도가 지방이다. 지방 분해 효소의 작용으로 특유의 불패취를 생성한다.
- ㉣ 무기질 : 인과 칼슘의 비율이 좋아서 흡수가 잘 된다. 철분이 적어 빈혈을 일으킬 수 있다.
- ㉤ 비타민 : B_1, B_2, 나이아신의 함량이 높다.

② **우유의 종류**
- ㉠ 시유 : 농유(무처리 우유)를 바로 마실 수 있도록 균질화와 살균 처리한 우유로 살균시유, 멸균시유, 가공유(강화우유, 연질우유, 저열량 우유, 저나트륨 우유) 등이 있다.

빈출 Check

69 우유를 데울 때 가장 옳은 방법은?
① 이중 냄비에 넣고 젓지 않고 데운다.
② 냄비에 담고 끓기 시작할 때까지 강한 불에서 데운다.
③ 이중 냄비에 넣고 저으면서 데운다.
④ 냄비에 담고 약한 불에서 젓지 않고 데운다.

우유를 가열하면 지방과 단백질이 엉겨서 표면에 하얀 피막이 형성되고, 냄비 바닥에는 락트알부민이 응고되면서 타기 쉬우므로 이중 냄비에 넣고 저으면서 데우는 것이 가장 좋다.

70 우유 가공품이 아닌 것은?
① 치즈   ② 버터
③ 마요네즈 ④ 액상 발효유

마요네즈는 난황의 레시틴 성분이 갖고 있는 유화성을 이용한 가공품이다.

Part 05

일식·복어 기초 조리실무

ⓛ 유음료 : 커피, 초콜릿, 과일우유 등

ⓒ 무당연유 : 우유를 50% 이상 농축시켜 멸균 처리한 것으로, 첨가 식품 또는 유아용 제과에 사용한다. 농축 우유로 칼로리가 높다.

ⓔ 가당연유 : 우유를 약 1/3로 농축시키고 설탕을 40~50% 용해시켜 첨가한 것으로 우유의 저장성을 높여준다.

③ **우유가공품의 종류**

ㄱ 크림 : 우유를 비중이 다른 두 개의 층으로 분리했을 때, 유지방이 많은 상층부를 말한다.

ⓛ 유장 : 크림을 만들고 남는 부산물이다.

ⓒ 묽은 크림(커피크림) : 지방 함량이 18~30%인 것을 말한다.

ⓔ 휘핑크림 : 지방 함량이 30~36%인 것을 말한다.

ⓜ 된 크림 : 지방 함량이 36~40%인 것을 말한다.

ⓗ 버터 : 우유에서 크림을 분리하여 교반하고 유지방을 모아서 굳힌 것으로, 지방이 80%를 차지하고, 나머지 20%는 수분, 유당, 무기질 등으로 구성되어 있다.

ⓢ 치즈 : 우유에 레닌을 가하면 유단백질인 카제인이 분리되는데, 이를 칼슘 이온과 결합시킨 응고물에 염분을 가하여 숙성시킨 것을 말한다.

ⓞ 가공치즈 : 2개 이상의 자연치즈를 절단·분해하여 유화솥에 넣고 색소, 유화제, 보존료 등을 첨가·혼합한 후에 살균한 후 형태를 만들어 포장한 것을 말한다(프로세스 치즈).

ⓩ 아이스크림 : 우유 및 유제품에 설탕, 향료와 버터, 달걀, 젤라틴, 색소 등의 기타 원료를 적당하게 넣어 저어가면서 동결시킨 것을 말한다.

ⓧ 발효유 : 우유를 젖산 박테리아(락토바실러스, 불가리커스 등)에 의해 발효시켜 만든 유제품으로, 요구르트가 대표적이다.

ㅋ 분유 : 우유를 농축, 건조시킨 것을 말한다(탈지분유, 전지분유, 조제분유).

④ **우유의 조리** : 우유는 동물성 단백질과 칼슘의 공급원으로 중요시되어 소비량도 매년 증가한다. 그 대부분을 음용(飮用)하고 우유가 주재료인 조리는 비교적 적으나 조리의 이용 범위는 넓다.

ㄱ 과자류를 만들 때 우유를 사용해서 구워내면 빛깔이 좋아진다. 이와 같은 빛깔은 설탕의 캐러멜 형성 반응과 우유 중 아미노산과 환원당의 반응에 의한 것이다.

ⓛ 우유를 이용하면 화이트소스와 같이 백색의 요리를 만들 수 있다.

ⓒ 콜로이드 용액이기 때문에 스프, 스튜, 크림 등에 우유 특유의 부드러운 풍미를 준다.

ⓔ 커스터드푸딩을 만들 때 우유 중의 칼슘, 기타의 염류가 단백질의 겔화를 용이하게 하며 겔 강도를 강하게 한다.

ⓜ 우유 중에는 미세한 지방구나 카제인 입자가 많이 포함되어 있어 흡착하는 성질이 있다. 생선을 익히기 전에 우유에 담가놓으면 생선의 비린내가 제거된다.

⑤ **가열에 의한 우유의 변화** : 우유를 끓이면 냄새가 나고, 표면에 피막이 생긴다. 이 피막은 우유 중에 분산된 지방구가 가열에 의해 응고한 단백질과 엉겨 붙어 표면에 뜬 것이기 때문에 이것을 제거하면 영양소가 손실된다. 이 현상은 60~65℃ 이상에서 일어나므로 우유를 끓일 때에는 온도에 유의하여야 한다. 또한 냄비에 단백질과 유당이 엉겨 눌어붙는 현상을 방지하기 위하여 이중 냄비에 중탕으로 하여 가끔씩 잘 저어가며 끓인다.

Section 3 **수산물의 조리 및 가공 · 저장**

1 수산물의 조리 및 가공·저장

(1) 어패류

① **어패류의 종류**

ⓐ 어류 : 광어, 가자미, 대구, 연어, 고등어, 송어, 다랑어, 넙치 등

ⓑ 연체류 : 문어, 오징어, 낙지, 해파리, 해삼, 꼴뚜기 등

ⓒ 갑각류 : 게, 새우, 대하, 가재 등

ⓓ 조개류 : 꼬막, 대합, 모시조개, 소라, 우렁이, 바지락, 홍합 등

② **어패류의 영양 성분** : 필수아미노산과 필수지방산을 많이 함유하고 있으며, 갑각류와 조개류의 근육에는 글리코겐이 저장되어 있다.

ⓐ 단백질

• 염용성 단백질 : 미오신, 액틴, 액토미오신

• 수용성 단백질 : 미오겐, 글로불린

• 염수용성 단백질 : 콜라겐, 엘라스틴

ⓑ 지방 : 어류의 맛을 좌우하며, 필수지방산인 아라키돈산이 풍부하다(신선도가 쉽게 저하되고, 산패가 쉽다).

ⓒ 무기질 : 뼈째 먹는 잔 생선에는 칼슘이 풍부하며, 일반 생선의 근육에는 무기질이 적게 함유되어 있다.

ⓓ 비타민 : 비타민 B_1, B_2, 나이아신의 함량이 높다. 지방이 풍부한 생선은 비타민 A와 D가 풍부하나 비타민 C는 거의 없다.

빈출 Check

72 건조 어패류 제품 중 방향을 주고 지방의 산화를 방지할 목적으로 이용된다. 훈건품에 많이 이용하는 생선이 아닌 것은?
① 명태　② 연어
③ 고등어　④ 방어

훈건법
어패류를 염지한 후 연기에 그을려 건조한 제품으로 저장목적의 냉훈품(청어, 연어, 방어)과 조미목적의 온훈품(고등어, 청어) 등이 있다.

73 어패류 가공에서 북어의 제조법은?
① 염건법　② 소건법
③ 동건법　④ 염장법

🗨 북어는 동결건조법을 이용하여 만든 가공품으로 한천, 당면 등도 있다.

정답 _ 72 ① 73 ③

③ **어패류의 신선도** : 수육보다 결합 조직이 적어 신선도 저하가 빠르다. 담수어가 해수어보다 부패 속도가 빠르다.

🍴 어패류의 신선도 판정법

구분	특징
관능적 판정법	• 피부에 광택이 있다. • 살이 단단히 붙어 있다. • 점액이 투명하고 점성이 낮다. • 안구가 돌출되고 투명하다. • 비늘이 고르게 밀착되어 있고 아가미가 선홍색이다.
화학적 판정법	분해 생성 물질을 측정하여 신선도를 판정한다. • 암모니아, 트리메틸아민, 인돌 등 염기질소 생성량 • 휘발성 염기질소 초기 부패 함량 : 30mg% • TMA의 염기질소 초기 부패 함량 : 5mg%

④ **사후변화와 자가소화** : 어패류는 수분이 많고 조직이 간단하면서 연하여 자가소화 효소의 작용이 활발하게 일어나 부패하기 쉽다. 자가소화가 일어나면서 신선도 저하가 동시에 일어나며, 경직이나 자가소화 초기까지 식용이 가능하다.

⑤ **어패류의 가공**

㉠ 연제품 : 생선묵과 같이 겔화가 되도록 어육에 소금(3%)을 가하여 마쇄한 것에 전분, 설탕, 조미료를 넣고 반죽 후 성형하여 찌거나 튀긴 것을 말한다.

TIP 어묵제조의 원리
어육의 단백질(미오신)은 소금에 용해되는 성질이 있어 풀과 같은 상태로 녹는다. 이를 가열하여 굳힌 것이 어묵이다.

㉡ 훈제품 : 어패류를 염지하여 적당한 염미를 부여한 후, 훈연하여 특수한 풍미를 주거나 보존성을 높인 것을 말한다.

㉢ 건제품 : 어패류와 해조류를 건조시켜 미생물이 번식하지 못하도록 저장성을 높인 것으로, 수분 함량은 10~14% 정도이다.

㉣ 젓갈 : 어패류의 살, 내장 등에 소금(20~25%)이나 방부제를 넣어 보존하여 자체 효소에 의해서 자가소화시키는 동시에 발효시켜 특수한 풍미를 갖게 한 것으로 새우젓(오젓, 육젓), 멸치젓(춘젓, 추젓), 굴젓, 조개젓, 명란젓 등이 있다. 젓갈은 어패류의 단백질이 펩톤, 펩티드, 유기염기, 젖산, 아미노산 등으로 분해되어 맛이 증가한다.

⑥ **생선의 근육**

㉠ 생선의 근육도 다른 동물의 근육과 같이 근섬유가 치밀하게 모여 있으나 사후 경직을 일으키고 사후 경직 후 자기소화와 부패가 일어난다.

㉡ 어류에는 지방분이 적고 살코기가 흰 백색 어류(도미, 민어, 광어, 조기 등)와 지방분이 많고 살코기가 붉은 적색 어류(꽁치, 고등어, 정어리 등)가 있다.

빈출 Check

74 생선묵의 점탄성을 부여하기 위하여 첨가하는 물질은?

① 소금　② 전분
③ 설탕　④ 술

🐝 생선묵의 점탄성을 부여하기 위해서는 전분을 첨가한다.

75 어패류의 신선도 감별법이 아닌 것은?

① 관능적 방법
② 물리적 방법
③ 화학적 방법
④ 생물학적 방법

🐝 어류의 신선도 판별법
• 색은 선명하고 광택이 있을 것
• 안구가 돌출되어 있고 아가미가 붉고 악취가 없는 것
• 생선살이 뼈에 밀착되어 있는 것
• 탄력성이 있고 비늘이 껍질에 붙어 있는 것

🍳 정답 _ 74 ② 75 ④

ⓒ 생선은 산란기 직전의 것이 가장 살이 찌고 지방도 많으며 맛이 좋다.

ⓔ 적색 어류는 백색 어류보다 자기소화가 빨리 오고, 담수어는 해수어보다 낮은 온도에서 자기소화가 일어나며, 부패도 빠르게 진행된다.

⑦ 어육의 성분

ⓐ 단백질 : 생선의 단백질은 완전 단백질로서 구조 단백질인 섬유상 단백질과 근원 단백질인 구상 단백질 및 결합 조직을 구성하는 단백질(불완전 단백질)로 되어 있다. 섬유상 단백질은 생선의 근섬유의 주체를 형성하는 단백질로 미오신(myosin), 액틴(actin), 액토미오신(actomyosin)으로 되어 있으며 이들은 전체 단백질의 약 70%를 차지하고 소금에 녹는 성질이 있어 어묵의 형성에 이용된다. 구상 단백질은 콜로이드 액으로 근섬유 사이를 메꾸고 있으며 물과 희석한 소금물에 잘 녹으므로 생선 토막을 물로 씻을 때 잘 유실된다.

ⓑ 지방 : 생선의 지방은 약 80%가 불포화지방산이고 약 20%가 포화지방산으로 되어 있다. 생선에 들어 있는 고도의 불포화지방산은 공기 중의 산소와 결합하면 산화·분해되기 쉬우며, 산화·변패한 생선의 지방은 몸에 해롭다.

ⓒ 탄수화물 : 생선의 근육 중에는 극소량의 글리코겐을 함유한다.

ⓓ 기타의 성분 : 생선에는 그 밖의 무기질, 비타민, 엑기스 성분, 색소 성분이 상당량 존재한다.

ⓔ 어취 : 생선의 비린내는 어체 내에 있는 트리메틸아민옥사이드(trimethylamine oxide)가 환원된 트리메틸아민(trimethylamine)에서 나는 냄새이다.

⑧ 생선의 조리

ⓐ 생선의 조리에서 가장 중요한 요소는 어취를 해소하는 것이다. 어취를 해소하는 방법으로는 물로 씻기, 식초, 과즙 또는 산 첨가, 간장, 된장 또는 고추장의 첨가, 파, 무, 생강, 고추, 고추냉이 또는 겨자의 첨가 등이 있다.

ⓑ 생선을 조릴 때에는 처음 몇 분간은 냄비의 뚜껑을 열어 비린내를 내는 휘발성 물질을 휘발시키는 것이 좋으며, 약 15분 정도 조리는 것이 좋다. 가열시간이 너무 길어지면 양념간장의 염분에 의한 삼투압으로 어육에서 탈수 작용이 일어나 굳어지며 맛이 없어진다.

ⓒ 생선을 튀기는 경우, 튀김 반죽에 사용하는 밀가루는 글루텐(gluten) 함량이 적은 박력분을 사용해야 하며, 박력분을 사용하더라도 그 속에 있는 소량의 글루텐이 탄력성을 나타내기 전, 즉 박력분에다 물과 달걀을 갠 즉시 생선에 씌워 튀겨야 한다. 따라서 많은 생선을 튀길 땐 밀가루 반죽을 한꺼번에 하지 않도록 해야 하고, 튀김 온도는 160~180℃가 적당하다.

ⓓ 소금구이를 할 경우, 보통 어육 중량의 2%의 소금을 사용한다.

77 다음 중 한천을 이용한 조리 시 겔 강도를 증가시킬 수 있는 성분은?

① 수분   ② 과즙
③ 지방   ④ 설탕

🍧 한천을 이용한 조리 시 설탕이 겔 강도를 증가시킨다.

78 다음 중 홍조류에 속하는 해조류는?

① 김   ② 다시마
③ 미역   ④ 청각

🍧 홍조류에는 김, 우뭇가사리 등이 있다.

(2) 해조류

해조류는 미량원소 공급원으로 가치가 높다.

① **녹조류** : 파래, 청각, 청태

② **갈조류** : 미역(요오드 함량이 가장 높다), 다시마, 톳, 모자반

③ **홍조류** : 가장 깊은 바다에서 서식, 김, 우뭇가사리

　㉠ 탄수화물인 한천이 가장 많이 들어 있고 비타민 A를 다량 함유하고 있다.

　㉡ 아미노산 함량이 높아 감칠맛을 낸다.

　㉢ 저장 중 발생한 색소 변화는 피코시안(phycocyan)이 피코에리트린(phycoery-thrin)으로 되기 때문이며, 햇빛에 의해 더욱 영향을 받는다.

　㉣ 한천 : 우뭇가사리를 삶은 즙을 젤리로 응고·동결시킨 후 수분을 제거·건조한 해조가공품이다.

Section 4　**유지 및 유지 가공품**

1 유지 및 유지 가공품

(1) 유지의 종류

① **식물성 유지** : 식물의 종자로부터 추출하여 정제, 표백, 탈취 처리한 것으로, 불포화지방산이 풍부하다. 지용성 비타민의 흡수 효과와 혈관 콜레스테롤 축적을 예방할 수 있다(건성유, 불건성유, 반건성유).

② **동물성 유지** : 올레산, 팔미트산, 스테아르산이 풍부하며, 융점이 높다(40~50℃).

　㉠ 우지 : 마가린, 비스킷, 크래커 등의 제조에 가공하여 이용한다.

　㉡ 라드(lard) : 식용 동물성 유지로는 가장 많이 사용한다. 특유의 풍미가 있고, 소화 흡수도 좋으며 융점이 우지보다 낮다. 쇼트닝성이 좋아 제과용으로 많이 이용된다.

③ **가공유지**

　㉠ 경화유 : 액체유지를 고체화하여 불포화도 감소, 융점 상승, 산화 및 풍미 변패 등을 막을 수 있다.

　　• 마가린 : 융점이 25~35℃이며, 버터의 대용품으로 사용된다.

　　• 쇼트닝 : 라드의 대용 유지이며, 무색, 무미, 무취, 무염의 크림 상태이다. 융점이 38℃ 이하로 가소성과 크리밍성이 좋다.

　㉡ 강화유 : 유지에 본래 없는 영양소를 첨가하거나 영양소량을 증가시켜놓은 것이다.

ⓒ 샐러드유 : 샐러드드레싱과 마요네즈 등의 원료유로 이용되며, 냉장 저장 시 결정화되지 않아야 한다.

(2) 유지의 역할

① **열의 매체** : 열의 매체로써 유지를 사용하는 대표적인 조리법은 튀기는 것이다. 기름은 고온에서 단시간 처리에 의해 식품을 익힐 수 있으므로 식품의 영양 손실이 적다. 150~200℃가 적온이고, 튀김용 기름으로는 식물성 기름이 적합하며, 발연점이 높은 기름일수록 좋다.

② **유화성의 이용** : 기름과 물은 그 자체로는 서로 섞이지 않으나 중매하는 매개체(유화제)가 있으면 유화액이 된다. 유화액에는 물속에 기름이 분산된 수중 유적형과 기름에 물이 분산된 유중 수적형의 2가지 형태가 있다. 우유, 아이스크림, 마요네즈 등이 수중 유적형에 속하고, 버터, 마가린 등이 유중 수적형에 속한다.

③ **유지미의 부가** : 튀김으로 인하여 식품에서 물이 증발될 때, 물과 교차해서 기름이 식품에 흡수되어 튀김 특유의 맛과 향기가 식품에 붙기 때문에 좋은 기름을 사용해야 한다. 샐러드는 기름을 날로 사용하는 것이기 때문에 잘 정제된 기름을 사용해야 한다.

(3) 유지의 성질

① **유지의 결정 구조** : 고체 유지는 육안으로 볼 때 결정체가 존재하는 것 같지 않으나 실제로는 상당량의 결정체가 존재하며 한 가지 이상의 결정형으로 고체화할 수 있는 동질이상(同質異相)을 나타낸다.

② **융점(melting point)** : 융점이 높아 상온에서 고체 상태인 것을 지방(脂, fat)이라 하고 융점이 낮아 상온에서 액체인 것을 기름(油, oil)이라 한다. 천연 유지는 여러 종류의 트리글리세리드의 혼합물이므로 예민한 융점을 가지지 않고 넓은 범위의 온도에서 녹는다. 지방산의 탄소수가 증가할수록 융점은 높아지고 불포화도가 증가할수록 융점은 낮아진다. 따라서 동물성 지방은 탄소수가 많은 포화지방산의 함량이 높아 고체를 이루고 식물성 기름은 불포화지방산 함량이 높기 때문에 융점이 낮아 상온에서 액체로 존재한다.

③ **비중(specific gravity)** : 대부분의 유지는 물보다 가볍고 0.92~0.94의 비중을 가지는 것이 가장 많다. 지방산의 탄소수가 증가할수록, 불포화지방산이 많을수록 비중은 커진다.

④ **굴절률(refractive index)** : 유지의 굴절률은 지방산의 탄소수가 증가할수록, 불포화도가 클수록 커진다.

⑤ **가소성(plasticity)** : 상온에서 고체로 보이는 유지는 고체 결정과 액체를 동시에 가지고 있고 이들의 독특한 결합을 통해 유지는 다양한 모양으로 만들어질 수

---

79 기름을 오랫동안 저장하여 산소, 빛, 열에 노출되었을 때 색깔, 맛, 냄새 등이 변하게 되는 현상은?

① 변패　　② 산패
③ 부패　　④ 발효

💬 지방의 산패는 효소, 자외선, 금속, 수분, 온도 미생물 등에 의해 변하는 현상이다.

80 다음 중 좋은 버터는 어느 것인가?

① 신맛이 나는 것
② 단단하여 입안에 잘 녹지 않는 것
③ 우유와 같은 맛과 냄새가 나는 것
④ 담황색으로 반점이 있는 것

💬 **버터의 감별법**
• 입안에 넣었을 때 우유와 같은 냄새가 있고 자극이 없는 것이 신선하다.
• 50~60℃ 정도로 가열했을 때 위쪽에는 기름층, 아래쪽에는 비지방성 물질로 분리되는 것이 좋다.

정답 _ 79 ② 80 ③

Part 05 일식·복어 기초 조리실무

있는데 이를 가소성이라 한다.

⑥ 비열(specific heat) : 유지의 비열은 약 0.47cal/g·℃로 열용량이 작아 물에 비하여 온도가 쉽게 상승하고 쉽게 낮아진다. 그러나 고온으로 가열된 기름을 젓지 않고 놓아두면 온도 하강이 물보다 더디게 일어나는데, 이유는 기름의 점도가 크기 때문이다.

⑦ 발연점(smoke point) : 유지를 가열하면 어느 온도에 달했을 때 유지가 글리세롤과 지방산으로 분해되어 푸른 연기가 나기 시작하는데, 이 온도를 발연점이라 한다. 연기의 주성분인 아크롤레인(acrolein)은 자극성이 강한 냄새를 가지고 있어 발연점이 낮은 기름으로 튀김을 하면 그 냄새가 음식에 흡수되어 음식의 질이 떨어진다. 발연점은 지방의 종류에 따라 다르며 유리지방산의 함량이 높을수록, 튀길 때 기름의 표면적이 넓을수록, 기름 속에 다른 물질이 많이 존재할수록, 사용 횟수가 증가할수록 낮아진다. 발연점이 높은 유지는 연소점(fire point)과 인화점(flash point)도 높다.

튀김의 적온과 시간

종류	온도(℃)	시간(분)
어패류	170~180	2~3
감자(두께 0.7cm 기준)	160~180	3
크로켓	180~190	1~2
도넛	160	3

(4) 유지의 산패에 영향을 끼치는 인자

① 온도가 높을수록 반응속도가 증가한다.

② 광선 및 자외선은 산패를 촉진한다.

③ 수분이 많으면 촉매 작용이 촉진된다.

④ 금속류는 유지의 산화를 촉진한다.

⑤ 불포화도가 심하면 유지의 산패가 촉진된다.

(5) 유지 채취법

① 압착법 : 원료에 기계적인 압력을 가하여 기름을 채취하는 방법으로 식물성 원료의 착유에 이용된다.

② 용출법 : 원료를 가열하여 유지를 녹아 나오게 하는 방법으로 동물성 원료의 착유에 이용된다.

③ 추출법 : 원료를 벤젠, 사염화탄소, 핵산 등의 휘발성 용매에 녹인 후 용매를 휘발시켜 유지를 채취하는 방법으로 불순물이 많이 섞인 물질에서 기름을 채취할

81 돼지의 지방조직을 가공하여 만든 것은?

① 헤드치즈 ② 라드
③ 젤라틴 ④ 쇼트닝

돼지의 지방조직을 정제하거나 녹여서 얻는 라드는 98%의 지방을 함유한 고체형 기름이다.

정답 _ 81 ②

때 이용된다.

(6) 유지의 정제법

① **탈검** : 기름 원료의 단백질이나 인지질을 제거한다.

② **탈산** : 유리지방산이나 철, 구리 등의 금속성 산화촉진제를 제거하는 것으로, 수산화나트륨을 이용한 알칼리 탈산법을 많이 이용한다.

③ **탈색** : 지용성 색소를 제거한다.

④ **탈취** : 냄새를 제거한다(수증기 증류법이 많이 이용).

⑤ **동유 처리(winterizing)** : 저온에서 응고되는 것을 막는 정제법이다(샐러드유).

Section 5 냉동식품의 조리

1 냉동식품의 조리

(1) 냉장·냉동식품류

미생물은 20~40℃에서 가장 잘 자라고, 10℃ 이하가 되면 생육이 억제되며, 0℃ 이하가 되면 거의 자라지 못한다. 효소도 20~40℃가 작용 최적 온도이고 10℃ 이하가 되면 작용이 억제되며 0℃ 이하가 되면 거의 작용하지 못한다. 이러한 원리를 이용하여 식품을 저장한 것이 냉장 및 냉동식품이다. 냉장식품은 얼리지 않고 저온에서 저장한 것이며, 냉동식품은 식품을 얼려서 저장한 것이다.

(2) 냉동식품의 조리

식품 중의 수분을 제거하여 저장성을 높이는 건조법에 비해 식품 중의 수분을 얼려 미생물이 번식이나 활동을 못하게 하여 식품의 저장성을 높이는 냉동법은 식품의 복원성이 많이 진보된 방법이며 최근 많이 이용된다. 식품을 서서히 얼리면 얼음의 결정이 크게 형성되어 조직이 부서지기 때문에 –40℃의 급속 동결법이 사용된다. 또한 최근에는 –194℃의 액체질소를 이용한 냉동법을 사용하기도 한다. 신선한 식품을 얼림으로 보존과 해동법이 좋으면 신선도가 높은 식품을 사용할 수 있다.

(3) 냉동식품의 보존

완전히 동결한 것을 구입해서 –20℃ 정도의 냉동실에서 저장한다. 특히 날 어류나 육류는 세포가 그대로이기 때문에 세포 중에 미세한 얼음의 결정이 성장해서 조직이 부서져 해동 후에 형태의 변화가 일어나면 액즙이 생긴다.

(4) 냉동식품의 해동

① **어류, 육류** : 급속히 온도를 올려 해동하면 조직이 상해서 드립(drip)이 많이 나오므로 냉장고 내에서 서서히 해동하는 것이 좋다. 단시간에 해동시키기 위해서

빈출 Check

82 냉동시켰던 고기를 해동하면 드립(drip)이 발생하는데 이와 관련되는 사항은?

① 단백질의 변성
② 탄수화물의 호화
③ 지방의 산패
④ 무기질의 분해

드립(drip)은 단백질의 변성에 의한 것으로 식품의 품질과 관련이 깊다.

83 급속냉동법의 특징이 아닌 것은?

① 단백질의 변질이 적다.
② 식품의 원래 형태로의 전환이 가능하다.
③ 비타민의 손실을 줄인다.
④ 식품과 얼음의 분리가 심하게 나타난다.

급속냉동법은 드립의 현상이 적게 나타나 식품과 얼음의 분리가 심하지 않게 된다.

는 플라스틱 필름에 싸서 수돗물에 넣으면 되나 풍미가 떨어진다.

② 야채류 : 날로는 동결하지 못하므로 재료에 증기를 통해서 데친 상태가 된 것을 끓는 물에서 2~3분간 끓인다.

③ 튀김류 : 빵가루로 겉을 싸서 튀긴 후 동결된 것은 다소 높은 온도의 기름에 튀기고, 프라이한 것을 얼린 것은 오븐에서 15~20분 정도 덥힌다.

④ 조리 식품 : 플라스틱 필름에 넣은 것은 포장 그대로 끓는 물에 약 10분간 끓이고, 알루미늄 박스에 넣은 것은 오븐에서 약 20분간 덥힌다.

⑤ 빵, 케이크류 : 상온에서 자연히 해동해서 먹거나 오븐에 덥힌다.

⑥ 과일류 : 동결한 그대로 주스로 만들거나 반 동결 상태에서 먹어도 좋다. 완전 해동하면 조직이 부서져 맛과 영양이 좋지 않다.

Section 6 조미료와 향신료

1 조미료 및 향신료

조미료는 음식의 맛, 향기, 색에 풍미를 가해주는 물질이며, 향신료는 여러 방향성 식물의 뿌리, 열매, 꽃, 종자 잎, 껍질 등에서 얻으며 독특한 맛과 향을 가지고 있고, 사용 방법도 다양하다. 스파이스(spice)와 허브(herb)로 나눌 수 있다.

(1) 조미료

음식의 맛, 향기, 색에 풍미를 가해 주는 물질로 단맛을 내는 것(설탕, 엿, 인공감미료), 감칠맛을 내는 것(간장, 된장, 치즈, 주류, 화학조미료), 신맛을 내는 것(식초, 젖산), 짠맛을 내는 것(소금), 매운맛을 내는 것(후추, 고추, 카레가루), 촉감, 영양을 내는 것(버터, 마요네즈), 풍미를 내는 것(소스, 케첩, 향신료) 등이 있다.

(2) 향신료

특수한 향기와 맛이 있고 미각, 후각을 자극하여 식욕을 촉진시키는 효과가 있으나 많이 사용하면 소화 기관을 해친다.

① 후추(pepper) : 후추의 매운맛을 내는 특수 성분인 채비신(chavicine)은 육류, 생선에 사용되며, 흰 후추는 성숙한 열매의 속 부분만 빻은 것으로 후추 맛이 약하고 살균, 살충 작용을 돕는다.

② 고추(red pepper) : 고추의 매운맛과 향기를 내는 성분은 캡사이신(capsaisine)이며 방부 작용 및 소화의 촉진제 역할을 한다.

③ 생강(ginger) : 생강의 매운맛과 향기를 내는 성분은 진저롤(gingerol), 진저론(zingerone), 쇼가올(shogaol)이며, 식욕을 증진시키고 돼지고기의 누린내와 생

빈출 Check

84 조미료의 침투속도를 고려한 사용 순서로 바르게 나열한 것은?
① 소금 → 설탕 → 식초
② 설탕 → 소금 → 식초
③ 소금 → 식초 → 설탕
④ 설탕 → 식초 → 소금

🔎 조미료의 침투속도를 고려한 사용 순서 : 설탕 → 소금 → 식초

정답 _ 84 ②

선의 비린내를 제거한다.

④ **마늘(garlic)** : 마늘의 매운 성분은 알리신(allicin)으로 독특한 냄새와 향이 나고, 위액 분비 촉진, 건위, 살균 작용이 있으며, 생마늘은 효소가 많아 소화와 비타민 B_1의 흡수를 돕는다.

⑤ **겨자** : 매운맛과 냄새를 지닌 성분은 시니그린(sinigrin)으로 40℃의 따뜻한 물에 개면 효소 작용을 하여 자극이 강해지며 냉채와 생선 요리에 사용한다.

01 식품 조리의 목적과 거리가 먼 것은?

① 영양성　　　② 보충성
③ 기호성　　　④ 안전성

 조리의 목적
- 식품의 영양적 가치를 높인다.
- 식품의 기호적 가치를 높인다.
- 식품의 안전성을 높인다.
- 식품을 오래 저장할 수 있다.

02 단시간에 조리되므로 영양소의 손실이 가장 적은 조리 방법은?

① 볶음　　　② 튀김
③ 조림　　　④ 구이

 튀김은 고온에서 단시간 조리하므로 영양소의 파괴가 가장 적은 조리법이다.

03 전자레인지의 주된 조리 원리는?

① 전도　　　② 대류
③ 복사　　　④ 초단파

 전자레인지는 초단파(micro wave)를 이용한 가열조리방법이다.

04 밀가루를 계량하는 방법으로 옳은 것은?

① 계량컵에 담고 살짝 흔들어 수평이 되게 한 다음 계량한다.
② 체에 친 후 계량컵을 평평하게 되도록 흔들어 준 다음 계량한다.
③ 체에 친 후 계량컵에 스푼으로 수북이 담은 뒤 주걱으로 깎아서 계량한다.

④ 계량컵에 담고 눌러주어 쏟았을 때 컵의 형태가 유지되도록 계량한다.

 밀가루의 계량방법은 체에 친 후 계량컵에 수북이 담아 편편한 기구를 이용하여 수평으로 깎아 계량한다.

05 다음 중 계량 방법으로 적당한 것은?

① 밀가루는 계량컵으로 직접 떠서 계량한다.
② 흑설탕은 가볍게 흔들어 담아 계량한다.
③ 물엿 같은 점성이 있는 것은 할편 계량컵을 사용한다.
④ 버터는 녹이지 않은 상태에서 스푼에 담아 계량한다.

 밀가루는 측정 전에 체로 쳐서 컵에 담아 수평으로 깎아 계량하고, 흑설탕은 컵의 자국이 남도록 꾹꾹 담아 계량하고, 버터는 실온에서 꼭꼭 눌러 담아 계량한다.

06 건조된 콩을 삶으면 몇 배로 증가하는가?

① 약 2배　　　② 약 3배
③ 약 4배　　　④ 약 5배

 쌀로 밥을 지을 경우 중량은 쌀 무게의 2.5배, 건조된 콩을 삶을 경우 3배, 건미역을 물에 불릴 경우 7~8배로 부피의 변화를 보인다.

07 밀가루에 중조를 넣으면 색깔이 황색으로 변하는 이유는 무엇인가?

① 효소적 갈변　　　② 비효소적 갈변
③ 산에 의한 변색　　　④ 알칼리에 의한 변색

밀가루 내에는 플라보노이드 색소가 있어 중조를 넣으면 황색으로 변한다.

08 식빵을 만들 때 이스트에 의하여 발생하는 가스는?

① 탄산가스　　② 아황산가스

③ 수소가스　　④ 메탄가스

 이스트는 당분을 발효시켜 탄산가스를 발생시켜 빵을 부풀게 한다.

09 밀가루 종류와 용도가 알맞게 짝지어진 것은?

① 강력분 : 식빵, 마카로니

② 중력분 : 케이크, 튀김, 쿠키

③ 박력분 : 면류

④ 경질밀 : 식빵, 당면

 밀가루의 종류와 용도
• 강력분(글루텐함량 13% 이상) – 식빵, 마카로니
• 중력분(글루텐함량 10~13%) – 칼국수, 만두
• 박력분(글루텐함량 10% 이하) – 케이크, 쿠키, 튀김옷

10 다음 중 압출면에 속하는 것은?

① 칼국수　　② 건면

③ 생면　　④ 마카로니

 마카로니는 강력분을 사용하여 만든 압출면이다.

11 아미노카르보닐화 반응, 캐러멜화 반응, 전분의 호정화가 가장 잘 일어나는 온도의 범위는?

① 20~60℃　　② 70~120℃

③ 150~200℃　　④ 200~250℃

 아미노 카르보닐반응(155℃), 캐러멜반응(160~180℃), 전분의 호정화(160℃)

12 고구마 등의 전분으로 만든 얇고 부드러운 전분피로 냉채 등에 이용되는 것은?

① 양장피　　② 해파리

③ 한천　　④ 무

 양장피는 고구마의 전분으로 만들며 중국요리의 냉채에 사용된다.

13 밀가루를 물로 반죽하여 면을 만들 때 반죽의 점성에 관계되는 성분은?

① 글루텐　　② 글로불린

③ 아밀로펙틴　　④ 덱스트린

 밀가루의 글리아딘과 글루테닌은 글루텐을 형성한다.

14 잼 또는 젤리를 만들 때 설탕의 양으로 적당한 것은?

① 20~25%　　② 40~45%

③ 60~65%　　④ 80~85%

 잼이나 젤리를 만들 때 당분의 농도는 60~65%이다.

15 전분 가루를 물에 풀어두면 침전이 되는데 이런 현상의 주원인은?

① 전분이 물에 완전히 녹으므로

② 전분의 비중이 물보다 무거우므로

③ 전분의 호화현상 때문에

④ 전분의 유화현상 때문에

 전분은 물보다 비중이 무거워 침전하는 성질이 있다.

정답　**08** ①　**09** ①　**10** ④　**11** ③　**12** ①　**13** ①　**14** ③　**15** ②

16 냉장 온도로 보관하기에 부적당한 것은?

① 사과　　　　　② 딸기

③ 바나나　　　　④ 배

 바나나는 열대과일로 냉장온도로 보관하기엔 부적당하다.

17 전분을 주재료로 이용하여 만든 음식이 아닌 것은?

① 도토리묵　　　② 크림 수프

③ 두부　　　　　④ 죽

 두부는 콩단백질인 글리시닌이 금속염에 의해 응고되는 성질을 이용해서 만든 식품이다.

18 조리 기물의 안전·유의 사항으로 맞지 않는 것은?

① 조리 기물을 떨어뜨리거나 함부로 다루지 않는다.

② 양식조리에서 사용되는 기물 명칭의 외국어를 한국어로 바꾸어 사용하고 용도를 적당히 익히고 이해한다.

③ 위험성이 있는 노후장비는 사용 후 제자리에 놓는다.

④ 조리 기물은 사용 전후 깨끗이 세척한다.

 조리에 사용한 위험성이 있는 노후 장비는 속히 망실처리 한다.

19 밀가루로 빵을 만들 때 첨가하는 다음 물질 중 글루텐 형성을 도와주는 물질은?

① 설탕　　　　　② 지방

③ 중조　　　　　④ 달걀

 달걀은 글루텐 형성을 돕지만, 너무 많이 넣으면 조직이 지나치게 질겨진다.

20 밀가루 제품에서 팽창제의 역할을 하지 않는 것은?

① 소금　　　　　② 달걀

③ 이스트　　　　④ 베이킹파우더

 팽창제로는 달걀(흰자), 이스트, 베이킹파우더가 사용된다.

21 두류 조리 시 두류를 연화시키는 방법으로 틀린 것은?

① 끓는 물에 1% 정도의 식염을 첨가하여 가열한다.

② 초산 용액에 담근 후 칼슘, 마그네슘이온을 첨가한다.

③ 약 알칼리성의 중조를 첨가하여 가열한다.

④ 습열 조리 시 연수를 사용한다.

 두부는 콩을 갈아 가열 후 칼슘, 마그네슘이온을 첨가해서 단단하게 굳히는 과정을 거쳐 만들어진다.

22 다음 중 두부 응고제가 아닌 것은?

① 염화마그네슘　② 황산칼슘

③ 염화칼슘　　　④ 탄산칼슘

 응고제의 종류
염화마그네슘, 황산칼슘, 염화칼슘

23 비린내가 심한 어류의 조리방법으로 잘못된 것은?

① 정종이나 포도주를 첨가하여 조리한다.

② 물에 씻을수록 비린내가 많이 나기 때문에 재빨리 씻어 조리한다.

③ 식초와 레몬즙 등의 신맛을 내는 조미료를 사용하여 조리한다.

④ 황화합물을 함유한 마늘, 파, 양파를 양념으로 첨가하여 조리한다.

 어류의 비린내는 트리메틸아민성분으로 이는 수용성이므로 물에 잘 씻으면 비린내가 어느 정도는 제거될 수 있다.

24 생선을 껍질이 있는 상태로 구울 때 껍질이 수축되는 주원인 물질과 그 처리방법은?

① 생선살의 색소단백질, 소금에 절이기

② 생선살의 염용성단백질, 소금에 절이기

③ 생선 껍질의 지방, 껍질에 칼집 넣기

④ 생선껍질의 콜라겐, 껍질에 칼집 넣기

 생선을 조리할 때 결합 조직 단백질인 콜라겐이 수축하게 되는데 모양을 유지하기 위해서는 칼집을 넣어 준다.

25 달걀의 이용이 바르게 연결된 것은?

① 농후제 - 크로켓

② 결합제 - 만두소

③ 팽창제 - 커스터드

④ 유화제 - 푸딩

 달걀의 용도
- 팽창제 – 머랭, 케이크
- 결합제 – 만두소, 전, 크로켓
- 농후제 – 커스터드
- 유화제 – 마요네즈, 아이스크림

26 다음 중 칼 가는 방법으로 옳지 않은 것은?

① 숫돌은 칼 갈기 30분 전에 물에 담가 두어 수분이 충분히 배이도록 한다.

② 숫돌은 사용한 후 곡선이 없도록 평평하게 유지한다.

③ 일식 조리도는 하루 한 번 이상 가는 것을 원칙으로 한다.

④ 일식에 사용되는 칼은 칼날이 바깥쪽을 향하여 갈 때는 앞으로 밀 때 힘을 준다.

 일식에 사용되는 칼은 대부분 한쪽 날의 칼인 것이라 칼날이 자기 쪽을 향해서 갈 때는 앞으로 밀 때 힘을 주고, 칼날이 바깥쪽을 향하여 갈 때는 잡아당길 때 힘을 주는 것이 일식 조리도의 특징이다.

27 생선을 조리할 때 생선의 비린내를 없애는 데 도움이 되는 재료로서 가장 거리가 먼 것은?

① 식초　　　　② 우유

③ 설탕　　　　④ 된장

 비린내 제거에 도움을 주는 것으로 식초, 된장, 우유, 고추장 등이 있다.

28 조리에 필요한 중요 도구의 사용 방법으로 바르지 않은 것은?

① 기계류가 포함된 조리 도구는 많은 공간을 차지하므로 적절한 공간에 배치한다.

② 작업 시작 전후에 항상 청결한 상태를 유지하여야 한다.

③ 모든 조리에 사용되는 도구는 적당히 세척하여 사용한다.

④ 기계류는 위험하므로 사용 시 항상 주의한다.

 조리에 사용되는 조리도구는 위생적으로 세척·소독하여 재사용한다.

29 다음 중 아이스크림 제조 시 안정제로 사용되는 것은?

① 물 ② 유당

③ 젤라틴 ④ 유청

 젤라틴은 아이스크림, 양갱, 과다 등의 제조 시 안정제로 사용된다.

30 일식 조리도의 특징에 대한 설명 중 틀린 것은?

① 일식의 조리도는 고급스럽고 용도에 따라 다양한 종류가 있다.

② 칼날이 한 면이 아닌 양쪽 면이라서 편리하다.

③ 생선을 손질하기 좋게 칼이 매우 날카롭고 예리하다.

④ 각종 식재료를 손질에 적합한 조리도가 발달하였다.

 양면이 아닌 한쪽 날(카타하:かたは:片刃)로 되어있다.

31 다음 중 잼의 3요소가 아닌 것은?

① 젤라틴 ② 당

③ 산 ④ 펙틴

 잼을 만들기 위해서는 당, 산, 펙틴이 필요하다.

32 달걀프라이를 하기 위해 프라이팬에 달걀을 깨뜨려 놓았을 때 다음 중 가장 신선한 달걀은?

① 난황이 터져 나왔다.

② 난백이 넓게 퍼졌다.

③ 난황은 둥글고 주위에 농후 난백이 많았다.

④ 작은 혈액 덩어리가 있었다.

 신선한 달걀은 난황이 둥글고 흰자는 뭉쳐있어야 한다.

33 신선한 달걀의 난황계수는 얼마 정도인가?

① 0.14 ~ 0.17 ② 0.25 ~ 0.30

③ 0.36 ~ 0.44 ④ 0.55 ~ 0.66

 신선한 달걀의 난황계수는 0.36~0.44이다.

34 육류의 결합조직을 장시간 물에 넣어 가열했을 때의 변화는?

① 미오신이 콜라겐으로 변한다.

② 엘라스틴이 콜라겐으로 변한다.

③ 콜라겐이 젤라틴으로 변한다.

④ 액틴이 젤라틴으로 변한다.

 콜라겐은 장시간 가열하면 젤라틴이 된다.

35 냉동시켰던 고기를 해동하면 드립(drip)이 발생하는데 이와 관련되는 사항은?

① 단백질의 변성 ② 탄수화물의 호화

③ 지방의 산패 ④ 무기질의 분해

 드립(drip)은 단백질의 변성에 의한 것으로 식품의 품질과 관련이 깊다.

36 육류 전처리 방법으로 바르지 않는 것은?

① 육류는 단백질과 영양분이 풍부하지만 변질되기 쉬우므로 보관에 유의하여야 한다.

② 얼린 육류를 녹여 사용 후 다시 보관 시 냉동 보관한다.

③ 항상 냉장 보관을 한다.

④ 한번 해동한 육류는 되도록 전량사용하는 것이 좋다.

 한번 해동한 식재료는 다시 재냉동하지 않는다.

37 다음 중 홍조류에 속하는 해조류는?

① 우뭇가사리 　② 다시마

③ 미역 　④ 청각

 홍조류에는 김, 우뭇가사리 등이 있다.

38 다음 중 우스바보쵸의 사용방법에 대한 설명은?

① 생선 껍질을 벗길 때 사용한다.

② 잔 칼집을 넣을 때 사용한다.

③ 채소 등을 자를 때 사용한다.

④ 생선을 가를 때 사용한다.

 당근, 오이 등의 채소를 자를 때 사용한다.

39 주방 도구의 정리 정돈을 설명한 것으로 바르지 않은 것은?

① 주방 공간은 제한적이고 사용되는 조리도구는 늘어나므로 효율적인 공간 사용이 중요

② 필요한 도구 외에도 새로운 도구나 장비를 미리 구입해 둔다.

③ 사용되지 않는 도구를 구입하지 않아 낭비를 줄이도록 한다.

④ 사용에 원활하도록 사용 후에는 원래의 형태로 유지해야 한다.

 원가 차원에서 필요하지 않은 도구는 미리 보유하지 않는다.

40 콩을 삶을 때 중조를 넣고 삶는 경우 문제가 되는 것은?

① 조리수가 많이 필요하다.

② 콩이 잘 무르지 않는다.

③ 비타민 B_1의 파괴가 촉진된다.

④ 조리시간이 길어진다.

 콩을 삶을 때 중조를 첨가하여 삶게 되면 콩이 빨리 무르는 장점이 있으나 콩의 비타민 B_1이 손실되는 단점이 있다.

41 칼과 도마의 관리로 바른 것은?

① 칼은 가장 많이 사용하는 도구이므로 눈에 띄는 곳에 어디든 비치해 둔다.

② 칼 보관 시에는 다른 도구보다 먼저 세척하고 안정되고 위생적인 곳에 보관한다.

③ 도마는 세척 후 그늘에서 말린다.

④ 도마는 칼과 함께 보관하고 물기가 마르지 않도록 서늘한 곳에 보관한다.

 칼은 안전상 세척 시 제일 먼저 세척하여 정해진 위치에 보관한다.

42 채소를 냉동시킬 때 전처리로 데치기를 하는 이유와 거리가 먼 것은?

① 살균 효과 　② 탈색 효과

③ 부피감소 효과 　④ 효소의 불활성화

 채소를 냉동시킬 때 데치기를 하는 이유는 효소를 불활성화시켜 변색을 방지하고, 살균 효과와 더불어 부피의 감소를 가져오기 때문이다.

43 다음 중에서 마무리 숫돌로 옳은 것은?

① 아라토이시 　② 시아게토이시

③ 나카토이시 　④ 텐넨토이시

 시아게토이시
인공 숫돌 입자 3000번 이상의 고운 숫돌로 칼 전면을 고루 갈아 마모된 칼의 표면을 고르게 하고 광택이 나게 하여 칼이 녹이 잘 슬지 않게 한다.

44 다음 중 이토가키에 대한 설명 중 옳은 것은?

① 가다랑어포를 실처럼 가늘게 깎아 놓은 것이다.

② 가다랑어포를 두껍고 넓게 깎아 놓은 것이다.

③ 가다랑어포를 길고 두껍게 깎아 놓은 것이다.

④ 가다랑어포를 황금빛으로 가루 형태로 만들어 놓은 것이다.

 이토가키는 실모양의 가다랑어포이며 요리 마지막에 고명으로 올리고 주로 샐러드나 무침, 조리 등의 요리에 많이 이용한다.

45 크로켓을 튀길 때 적당한 온도는?

① 130 ~ 140℃　　② 150 ~ 160℃

③ 160 ~ 170℃　　④ 180 ~ 190℃

 크로켓과 같이 속 재료가 익은 상태에서 튀기는 식품은 온도가 높은 편으로 180~190℃가 적당하다.

46 다음 중 유화식품이 아닌 것은?

① 버터　　　　　② 마가린

③ 햄　　　　　　④ 마요네즈

 유화액에는 수중유적형(마요네즈. 우유, 아이스크림)과 유중수적형(버터, 마가린)이 있다.

47 주방 환경과 관리로 바르지 않는 것은?

① 작업하는 중에는 작업에만 집중하고 정돈을 마지막에 한다.

② 음식물이 바닥에 떨어지면 위험하므로 주의하고 작업대와 바닥을 더럽히지 않은 상태를 유지한다.

③ 마무리 시 개수대와 작업대를 물기가 없도록 깨끗이 정리한다.

④ 모든 쓰레기통을 비워 해충의 발생을 없앤다.

 주변 정리정돈을 하면서 조리작업을 실시한다.

48 칼 관리로 잘못된 것은?

① 칼을 사용하지 않을 때는 안전한 곳(칼 보관함 또는 개인 가방)에 보관한다.

② 작업 중 칼 사용을 잠시 멈출 시에는 도마의 옆 또는 위쪽의 잘 보이는 곳에 둔다.

③ 칼을 손에 들고 자리를 이동하지 않는다.

④ 칼은 식재료 자르는 것 외에도 다용도로 쓸 수 있다.

 칼은 식재료 자르는 용도 외에 다른 용도로 사용하지 않는다.

49 다음은 동물성 식품의 부패경로이다, 올바른 순서는?

① 사후강직 → 자가소화 → 부패

② 사후강직 → 부패 → 자가소화

③ 자가소화 → 사후강직 → 부패

④ 자가소화 → 부패 → 사후강직

 동물은 도살 후 사후강직이 일어나고 시간이 경과 후 근육의 효소에 의해 자가소화 현상이 일어나면서 풍미가 좋아지는데 최후에 부패로 이어진다.

50 다음 중에서 가장 융점이 낮은 육류는?

① 양고기　　　　② 닭고기

③ 소고기　　　　④ 돼지고기

 융점이란 고체지방이 열에 의해 액체상태로 될 때의 온도를 말하는데 돼지고기와 닭고기는 융점이 낮기 때문에 식어도 맛을 잃지 않는 요리를 만들 수 있다.

종류	융점(℃)	종류	융점(℃)
소고기	40~50	닭고기	30~32
돼지고기	33~46	칠면조	31~32
양고기	44~45	오리고기	29~39

51 다음 중 일본 북해도 부근의 다시마 종류가 아닌 것은?

① 마곤부
② 리시리곤부
③ 히타카곤부
④ 미우라곤부

 일본 북해도의 다시마의 종류는 마곤부, 리시리곤부, 나가곤부, 히타카곤부, 호소메곤부 등이 있다.

52 다음 중 신선한 생선의 감별법 중 옳지 않은 것은?

① 비늘이 잘 떨어지고 광택이 있는 것
② 손가락으로 누르면 탄력성이 있는 것
③ 아가미의 색깔이 선홍색인 것
④ 눈알이 밖으로 돌출된 것

 생선의 신선도 감별법
• 눈이 투명하고 튀어나온 듯하며 아가미의 색깔이 선홍색일 것
• 비늘이 잘 붙어 있고 광택이 나는 것
• 생선살이 눌렀을 때 탄력성이 있는 것

53 이번 다시의 사용 용도로 틀린 것은?

① 된장국
② 우동다시
③ 맑은 국물
④ 소바다시

 이번 다시의 사용 용도는 우동다시, 소바다시, 된장국 등

54 달걀의 알칼리 응고성을 이용한 제품은?

① 마요네즈
② 피단
③ 케이크
④ 머랭

 • 달걀의 유화성 – 마요네즈
• 달걀의 기포성 – 머랭, 케이크

55 다음 중 무뎌진 칼날을 빨리 갈기 위해 사용하는 숫돌은?

① 나카토이시
② 아라토이시
③ 덴넨토이시
④ 시아게토이시

 아라토이시에 대한 설명이다.

56 당근, 양파, 오이, 무 등의 채소를 길이 4~5㎝, 폭 1㎝ 크기의 사각 막대 모양으로 자르는 방법은?

① 효시키기리
② 나나메기리
③ 미징기리
④ 고구치기리

 ② 냄비 요리에 사용하는 대파 등을 약 45℃ 기울기로 길이 5㎝, 폭 0.5㎝ 크기로 자르는 방법이다. ③ 당근, 양파, 마늘, 생강 등의 채소를 아주 곱게 다지는 방법이다. ④ 실파, 셀러리 등의 가늘고 긴 채소를 송송 채로 자르는 방법이다.

57 일반적으로 달걀의 기포 형성력을 방해하지 않는 것은?

① 기름
② 우유
③ 난황
④ 레몬즙

 소량의 산은 기포력을 상승시키며, 기름, 우유, 난황은 기포력을 방해한다.

58 우유를 데울 때 가장 옳은 방법은?

① 이중 냄비에 넣고 젓지 않고 데운다.
② 냄비에 담고 끓기 시작할 때까지 강한 불에서 데운다.
③ 이중 냄비에 넣고 저으면서 데운다.
④ 냄비에 담고 약한 불에서 젓지 않고 데운다.

 우유를 가열하면 지방과 단백질이 엉겨서 표면에 하얀 피막이 형성되고, 냄비 바닥에는 락트알부민이 응고되면서 타기 쉬우므로 이중 냄비에 넣고 저으면서 데우는 것이 가장 좋다.

59 조리 기물과 주방 정리 정돈 설명으로 바르지 않은 것은?

① 모든 조리 기물은 사용 후 깨끗이 씻는다.

② 모든 기구는 눈에 잘 띄는 곳, 작업대 위에 둔다.

③ 사용되는 조리 기물들의 위치를 정확히 확인한다.

④ 주방은 해충 방지를 위하여 정기적으로 소독을 한다.

 주방 기구나 기물을 조리 작업대에 비치하면 조리작업 공간이 좁아진다.

60 다음 식품 중 산성식품에 속하는 것은?

① 곡류식품　　② 우유

③ 포도주　　④ 해초

 산성식품 : Cl, P, S 등의 무기질을 많이 함유한 식품으로 고기, 생선, 알, 콩, 곡류 등이 속한다.

61 어류의 전처리 방법과 설명으로 바르지 않은 것은?

① 서식지에 따라 바닷물에서 사는 해수어와 민물에서 사는 담수어로 나뉜다.

② 섭취 시 소화가 잘되고 필수 아미노산이 다량 함유하고 있다.

③ 어류 지방은 산화가 잘 되므로 오래 보관할 수 있다.

④ 전처리를 빠르고 정확히 하여 보관에 유의하여야 한다.

 어류 지방은 산화가 빨라 속히 사용한다.

62 기름을 오랫동안 저장하여 산소, 빛, 열에 노출되었을 때 색깔, 맛, 냄새 등이 변하게 되는 현상은?

① 변패　　② 산패

③ 부패　　④ 발효

 지방의 산패는 효소, 자외선, 금속, 수분, 온도 미생물 등에 의해 변하는 현상이다.

63 조미료의 침투 속도를 고려한 사용 순서로 바르게 나열한 것은?

① 소금 → 설탕 → 식초

② 설탕 → 소금 → 식초

③ 소금 → 식초 → 설탕

④ 설탕 → 식초 → 소금

 조미료의 침투속도를 고려한 사용 순서 : 설탕 → 소금 → 식초

64 장기간의 식품저장법과 관계가 먼 것은?

① 염장법　　② 당장법

③ 찜요리　　④ 건조

 염장법, 당장법, 산저장법, 건조는 식품의 장기 보존 방법이다.

65 다음 중 오레마츠바에 대한 설명으로 옳은 것은?

① 어묵, 레몬, 유자 껍질 등을 길이 약 1㎝, 폭 2~3㎝로 썰어 솔잎 모양으로 칼집을 넣어서 만든 것이다.

② 연근을 식초 물에 삶은 후 구멍 사이와 사이에 칼집을 준 다음 둥근 모양을 살려서 돌려 깎아서 꽃 모양을 만든 것이다.

③ 당근 등의 채소를 붓꽃 모양으로 자른 것이다.

정답　**59** ②　**60** ①　**61** ③　**62** ②　**63** ②　**64** ③　**65** ①

④ 오이를 길이 5~6㎝ 정도로 자른 다음 양 끝을 붙여두고 가운데에 칼집을 넣어 준 다음 중앙선의 양면에 을 'X'자 모양으로 잘라 준다.

 ② 하나렝콩 ③ 아야메기리 ④ 키리치가이큐리에 대한 설명이다.

66 오토시부타에 대한 설명 중에서 옳은 것은?

① 구이요리를 할 때 사용하는 조리도구이다.
② 튀김 요리를 할 때 사용하는 조리도구이다.
③ 조림을 할 때 주로 사용하는 나무로 된 조림용 뚜껑이다.
④ 찜 요리를 할 때 사용하는 조리도구이다.

 오토시부타는 조림을 할 때 주로 사용하는 조림용 뚜껑으로 나무로 만든 것과 종이로 만든 것이 있다. 오토시부타는 조림을 할 때 냄비 중앙에 깊숙이 넣어 재료나 국물에 직접 닿게 하여 양념이 고루 스며들도록 하고, 조림이 빨리 되는 역할을 한다.

67 식품감별 중 아가미 색깔이 선홍색인 생선은?

① 부패한 생선
② 초기부패의 생선
③ 점액이 많은 생선
④ 신선한 생선

 신선한 생선의 아가미 색은 선홍색이다.

68 다음 중 배식하기 전 음식이 식지 않도록 보관하는 온장고 내의 온도로 가장 적당한 것은?

① 15~20℃   ② 35~40℃
③ 65~70℃   ④ 105~110℃

 온장고의 온도는 65~70℃가 적당하다.

69 다음 중 신선한 어류가 아닌 것은?

① 악취가 나지 않는 것
② 색이 선명한 것
③ 탄력성이 있는 것
④ 광택이 없는 것

 어류의 신선도 판별법
• 색은 선명하고 광택이 있을 것
• 안구가 돌출되어 있고 아가미가 붉고 악취가 없는 것
• 생선살이 뼈에 밀착되어 있는 것
• 탄력성이 있고 비늘이 껍질에 붙어 있는 것

70 다음 중 좋은 버터는 어느 것인가?

① 신맛이 나는 것
② 단단하여 입안에 잘 녹지 않는 것
③ 우유와 같은 맛과 냄새가 나는 것
④ 담황색으로 반점이 있는 것

 버터의 감별법
• 입안에 넣었을 때 우유와 같은 냄새가 있고 자극이 없는 것이 신선하다.
• 50~60℃ 정도로 가열했을 때 위쪽에는 기름층, 아래쪽에는 비지방성 물질로 분리되는 것이 좋다.

71 당면의 건조방법은?

① 분무건조법   ② 동결건조법
③ 열풍건조법   ④ 진공건조법

 동결건조 : 동결상태에서 수분을 제거하여 저온에서 건조시키는 방법으로 한천, 당면, 건조두부 등을 제조할 때 이용하는 방법이다.

정답 **66** ③ **67** ④ **68** ③ **69** ④ **70** ③ **71** ②

72 다음은 일반적인 건조방법을 설명한 것이다. 가장 거리가 먼 것은?

① 동결건조법　　② 분무건조법
③ 일광건조법　　④ 방사선 건조법

• 동결건조법 : 냉동시킨 후 저온에서 건조시키는 방법(당면, 한천)
• 분무건조법 : 액상식품을 건조시키는 방법(분유)
• 일광건조법 : 햇빛을 이용하여 건조시키는 방법(곡류, 해조류)

73 다음 건조방법 중 분무건조법으로 만들어지는 것은?

① 한천　　② 보리차
③ 건조찹쌀　　④ 분유

분무건조법 : 분유, 분말 과즙, 인스턴트 커피 등 액체 식품의 건조에 이용하는 방법

74 건조 어패류 제품 중 훈건품에 많이 이용하는 생선이 아닌 것은?

① 명태　　② 연어
③ 고등어　　④ 방어

훈건법 : 어패류를 염지한 후 연기에 그을려 건조한 제품으로 저장목적의 냉훈품(청어, 연어, 방어)과 조미목적의 온훈품(고등어, 청어) 등이 있다.

75 식품을 가공 및 저장하는 목적이 아닌 것은?

① 식품첨가물의 이용도를 높인다.
② 식품의 풍미를 보존 증가시킨다.
③ 식품의 이용기간을 연장함으로써 식품의 손실을 막는다.
④ 식품의 변질로 인한 위생상의 위해를 방지한다.

식품을 가공, 저장하는 것은 식품의 손실방지, 가공, 수송, 저장의 편리성, 변질로 인한 위해 방지, 식품의 풍미 및 식품의 이용가치를 높이는 데 목적이 있다.

76 다음 중 식품의 색, 향, 모양을 최대로 유지시킬 수 있는 건조방법은?

① 고온건조법　　② 배건법
③ 자연건조법　　④ 냉동건조법

냉동건조법 : 식품을 냉동시켜 저온에서 건조하는 방법으로 한천, 당면, 건조두부 등에 주로 사용하는데 식품의 신선도 유지와 색, 향, 모양을 유지시키는 데 효과적인 건조법이다.

77 다음 중 북어의 건조방법은?

① 염건법　　② 소건법
③ 동건법　　④ 염장법

건조법의 종류
• 염건법 : 소금을 뿌려서 건조 시킴(조기, 굴비)
• 소건법 : 자연상태 그대로 건조 시킴(미역, 다시마, 김)
• 동건법 : 겨울철에 낮과 밤의 온도 차를 이용하여 동결, 해동을 반복하여 건조 시킴(북어, 황태)
• 염장법 : 저장법의 하나로 10% 이상의 소금 농도에서 식품을 저장하는 방법(젓갈류)

78 식품에 대하여 생균수를 측정하는 이유는?

① 분변의 오염 여부를 측정하기 위하여
② 전염병균의 증식 여부를 알아보기 위하여
③ 신선도 판정 여부를 알기 위하여
④ 식중독균의 오염 여부를 판단하기 위하여

생균수 측정 목적 : 현재 시점의 식품 오염 정도나 부패의 진행도를 측정하여 신선도를 판단하기 위하여 실시

79 다음 중 훈연식품이 아닌 것은?

① 치즈　　　　② 소시지

③ 햄　　　　　④ 베이컨

 훈연식품 : 소시지, 햄, 베이컨

80 특수한 향기를 내기 위하여 커피, 보리차에 사용하는 건조법은?

① 배건법　　　② 일광건조법

③ 열풍건조법　④ 분무건조법

 배건법(직화건조) : 직접 불로 건조시키기 때문에 독특한 식품의 향을 증가시킬 때 이용한다.

81 훈연법을 이용한 식품과 거리가 먼 것은?

① 육포　　　　② 햄

③ 소시지　　　④ 베이컨

 육포 : 소고기로 만든 포로서 고기를 얇게 썰어 양념하여 건조시킨 것이다.

82 훈연법에 사용하는 나무가 아닌 것은?

① 벗나무　　　② 떡갈나무

③ 전나무　　　④ 참나무

훈연법 : 수지가 적은 밤나무, 참나무, 떡갈나무 등을 불완전연소시켜서 발생하는 연기에 그을리는 가공법으로 전나무와 같은 침엽수는 수지분때문에 사용하지 않는다.

83 햄이나 베이컨은 주로 어떤 고기를 사용하는가?

① 소고기　　　② 돼지고기

③ 닭고기　　　④ 양고기

 •햄의 원료 : 돼지고기의 허벅다리(후육)
•베이컨의 원료 : 돼지고기의 삼겹살(복부)

84 냉장의 목적이 아닌 것은?

① 신선도 유지

② 미생물의 사멸

③ 자가소화 및 억제

④ 미생물의 증식억제

 냉장은 미생물의 발육 온도를 벗어나게 함으로써 미생물의 생육 및 증식을 억제하는 방법이다.

85 냉장고에 식품을 보관할 때 일반적인 냉장온도의 범위는?

① -40℃　　　　② -20 ~ -10℃

③ -10℃ ~ 0℃　④ 0℃ ~ 10℃

 냉장법 : 단기 저장 시 이용하는 방법으로 식품을 0~10℃의 저온에서 보관한다.

86 움 저장의 바른 온도는?

① 4℃　　　　② 8℃

③ 10℃　　　④ 20℃

 움 저장은 땅속을 깊이 파고 저장하는 방법으로 온도를 10℃로 유지하여 저장한다.

87 다음 과일 중 저장 온도가 가장 높은 것은?

① 사과　　　　② 바나나

③ 수박　　　　④ 복숭아

 바나나는 열대과일로 상온에서 보관한다.

정답　**79** ①　**80** ①　**81** ①　**82** ③　**83** ②　**84** ②　**85** ④　**86** ③　**87** ②

88 생선을 손질하거나 포를 뜰 때 또는 굵은 뼈를 자를 때 사용하는 칼로 칼등이 두껍고 무거운 칼은?

① 데바보쵸　　　　② 사시미보쵸

③ 우스바보쵸　　　④ 우나기보쵸

데바보쵸 : 절단칼로 생선을 손질하거나 포를 뜰 때 또는 굵은 뼈를 자를 때 사용한다.

89 당장법에서 설탕의 농도는 얼마 이상인가?

① 20%　　　　　② 30%

③ 40%　　　　　④ 50%

• **당장법** : 50% 이상의 설탕에 절여서 미생물의 생육을 억제하는 방법
• **염장법** : 10% 이상의 소금농도에 저장하는 방법
• **산저장** : 3~4%의 초산농도에서 저장하는 방법

90 저온살균법 온도와 시간으로 적당한 것은?

① 60~65℃에서 30분간 가열 살균

② 70~75℃에서 15초간 가열 살균

③ 95~120℃에서 30~60분간 가열 살균

④ 130~140℃에서 1~2초간 가열 살균

• **저온살균법** : 60~65℃의 온도에서 30분간 가열 살균하는 방법
• **고온단시간살균법** : 70~75℃의 온도에서 15초간 가열살균하는 방법
• **고온장시간 살균법** : 95~120℃에서 30~60분간 가열살균하는 방법
• **초고온순간살균법** : 130~140℃에서 1~2초간 순간 살균하는 방법

91 통조림의 탈기 부족 시 일어나는 변질현상은?

① 스프링거(Springer)　　② 플리퍼(Flipper)

③ 리커(Leaker)　　　　④ 스웰(Swell)

플리퍼(Flipper) : 통조림의 탈기 부족 시 일어나는 현상으로 캔의 커버나 끝이 팽창하여 손으로 누르면 원상 복귀되지 않는 현상

92 다음 통조림의 변질 중 외관상 변질이 아닌 것은?

① 팽창　　　　　② 스프링거

③ 플리퍼　　　　④ 플랫사우어

플랫사우어 : 미생물이 작용하여 신맛을 내는 현상으로 통조림을 개봉했을 때 알 수 있는 현상이다.

93 다음 중 식품의 밀봉법이 아닌 것은?

① C.A 저장법　　　② 통조림

③ 병조림　　　　　④ 레토르트파우치

밀봉법 : 용기에 식품을 넣고 밀봉함으로써 수분 증발, 수분흡수, 해충의 침범, 산소의 유통을 막아 보존하는 방법으로 통조림, 병조림, 레토르트파우치 등이 있다.

94 저장 기간 중 호흡작용을 하지 않는 것은?

① 계란　　　　　② 채소

③ 과실　　　　　④ 육류

채소, 과일, 달걀은 지속적인 호흡작용을 하기 때문에 C.A 저장을 한다.
C.A 저장을 통해 식품의 호흡작용을 억제할 수 있다.

정답　88 ①　89 ④　90 ①　91 ②　92 ④　93 ①　94 ④

270 친 합격률·적중률·만족도

95 과일, 채소 중 특히 사과, 배, 바나나 등의 호흡작용을 억제하는 방법은?

① 방사선 조사   ② 산저장

③ 냉장법   ④ C.A 저장

 가스저장법(C.A 저장) : 탄산가스, 질소가스 등을 주입시키고 산소의 함량을 적게 하여 식품의 호흡을 억제하는 방법으로 냉장법과 함께하는 것이 효과적이며 과일, 채소, 달걀 등의 저장법에 이용된다.

96 영양소는 거의 함유하고 있지 않으나 식품의 색, 냄새, 맛을 부여하여 식욕을 증진시키는 식품은?

① 기호식품   ② 건강식품

③ 인스턴트식품   ④ 강화식품

 기호식품 : 영양소 공급을 위한 것이 아닌 미각, 후각 등에 쾌감을 주어 식욕을 증진시키는 식품

97 밀가루 품질에서 가장 중요한 것은?

① 영양소 함량   ② 글루텐 함량

③ 밀가루의 색   ④ 밀가루의 질감

 밀가루의 품질은 제분율과 밀가루 단백질 글루텐의 함량에 따라 구분된다.

98 제빵을 제조할 때 밀가루를 체에 쳐야 하는 이유와 거리가 먼 것은?

① 가스를 제거하기 위해

② 산소를 포함시키기 위해

③ 불순물을 제거하기 위해

④ 밀가루의 입자를 고르게 하기 위해

 체질의 목적
• 밀가루 입자의 분산 및 공기주입
• 불순물을 제거

99 무기염류에 의한 변성을 이용한 식품은?

① 두부   ② 버터

③ 요구르트   ④ 곰탕

 두부는 콩 단백질인 글리시닌을 두유의 온도가 65~70℃ 될 때 무기질인 염화마그네슘이나 황산칼슘 등을 넣어 응고시킨 것이다.

100 두부 제조 시 사용하는 물의 총량은?

① 5배   ② 7배

③ 10배   ④ 15배

 두부 제조 시 사용하는 물의 양은 전체 콩 무게의 10배 가량 사용한다.

101 두부 제조 시 이용되는 단백질은?

① 알부민   ② 카제인

③ 글리시닌   ④ 엑토미오신

 두부는 콩 속에 함유된 글리시닌이 무기염류에 의해 응고되는 원리이다.

102 사각으로 된 굳힘 틀로 특징은 은 사각 형태의 스테인리스가 두 겹으로 된 것이고, 달걀, 두부 등의 참깨두부(ごまどうふ) 같은 네리모노와 한천을 이용한 요세모노 등을 만드는 데 사용하는 조리기구는?

① 오시바코   ② 스리코기

③ 오로시가네   ④ 나가시캉

 ① 오시바코는 상자초밥을 만들 때 사용하는 조리도구이다. ② 스리코기는 참깨 등을 갈 때 사용하는 절구 방망이이다. ③ 오로시가네는 무 등을 갈 때 사용하는 강판이다.

103 다음 중 데바칼의 사용방법에 대한 설명으로 틀린 것은?

① 칼등이 두껍고 날이 넓은 것이 특징이다.

② 생선 포를 뜰 때 사용한다.

③ 복어 껍질의 가시를 제거할 때 사용한다.

④ 단단한 뼈를 자를 때 사용한다.

 복어 껍질의 가시를 제거할 때는 생선회용 칼을 사용한다.

104 일식의 채소 자르기 기술에서 네지우메에 대한 설명이 옳은 것은?

① 무, 당근 등을 가로, 세로 2.5㎝ 정도의 크기로 얇게 자르는 방법이다.

② 꽃 모양 자르기를 한 당근을 단면의 골이 패인 곳에 칼집을 넣고 이것을 다시 오른쪽 왼쪽으로 비스듬히 깎아서 만든다.

③ 죽순, 생강의 끝부분에 세로로 2/3 정도 칼집을 넣어 부채살모양으로 자르는 방법이다.

④ 연근을 자연 그대로의 모양을 살려 깎아 꽃모양을 만드는 방법이다.

 ① 색종이 모양 자르기(이로가미기리)에 대한 설명이다. ② 매화꽃(네지우메) 모양에 대한 설명이다. ③ 부채살모양 썰기(스에히로기리)에 대한 설명이다. ④ 꽃연근 만들기(하나렌콩)에 대한 설명이다.

105 밀의 주요 단백질이 아닌 것은?

① 알부민(albumin)

② 글리아딘(gliadin)

③ 글루테닌(glutenin)

④ 덱스트린(dextrin)

 밀의 단백질은 알부민, 글리아딘, 글루테닌으로 이루어져 있으며 이 중 글리아딘은 점성을, 글루테닌은 탄성의 성질을 가지고 있다.

106 밀가루 제품의 가공 특성에 가장 큰 영향을 미치는 것은?

① 라이신　　　② 글로불린

③ 트립토판　　④ 글루텐

 밀가루는 글루텐 함량에 따라 종류가 구분되며 강력분, 중력분, 박력분으로 나뉜다.

107 다음 중 발효식품이 아닌 것은?

① 두부　　　② 치즈

③ 식빵　　　④ 맥주

 두부는 콩 단백질인 글리시닌이 무기염류에 의해 응고되는 성질을 이용한 것이다.

108 두부는 콩 단백질의 어떤 성질을 이용한 것인가?

① 열응고

② 알칼리응고

③ 효소에 의한 응고

④ 금속염에 의한 응고

 두부는 콩 단백질인 글리시닌이 황산칼슘, 염화칼슘 등의 금속염에 의해 응고되는 성질을 이용한 것이다.

109 손질 단계에 속하지 않는 것은?

① 헹굼　　　② 손질

③ 커팅　　　④ 보관

 헹굼은 세척 단계에 속한다.

110 다음 중 식품의 부패와 가장 거리가 먼 것은?

① 단백질　　　　② 미생물

③ 유기물　　　　④ 토코페롤

 토코페롤은 비타민 E이며 천연 항산화제이다.

111 다음 중 인공건조법에 해당되지 않는 것은?

① 냉동건조법　　② 열풍건조법

③ 방사선조사　　④ 감압건조법

 방사선조사는 코발트 60을 식품에 조사시켜 곡류, 청과물, 축산물의 살균처리 시 이용하는 방법이다.

112 다음 중 초밥을 비빌 때 사용하는 보통 노송나무로 된 초밥 비빔용통은 무엇인가?

① 오로시가네　　② 한기리

③ 나가시캉　　　④ 마키스

 ① 오로시가네 : 강판
③ 나가시캉 : 굳힘 틀
④ 마키스 : 김발

한기리 : 초밥 비빔용 통으로 사용할 때는 물을 듬뿍 적셔 수분을 충분히 흡수하도록 한 다음 사용해야 밥알이 달라붙지 않는다. 초밥 초가 나무에 지나치게 스며들지 못하기 때문이다. 사용 후에는 세척하여 건조시켜 뒤집어 보관한다.

113 일반적인 잼의 설탕 함량은?

① 15~25%　　　② 90~100%

③ 35~45%　　　④ 55~65%

 잼은 설탕 함량 55~65% 정도의 고농도의 당장법에 의해 저장성을 갖게 된다.

114 채소와 과일의 가스 저장(C.A 저장) 시 필수 요건이 아닌 것은?

① pH 조절　　　② 기체의 조절

③ 냉장온도 유지　④ 습도 유지

 가스 저장은 식품을 탄산가스, 질소가스 속에 보관하여 식품을 장기간 저장할 수 있게 하는 것으로 온도, 습도, 기체조성 등을 조절한다.

115 탈기, 밀봉의 공정과정을 거치는 제품이 아닌 것은?

① 통조림　　　　② 병조림

③ 레토르트 파우치　④ CA 저장 과일

 가스 저장은 미숙한 과일의 후숙작용을 억제하기 위해 CO_2 또는 N_2가스를 주입시켜 호흡속도를 줄이고 미생물의 생육과 번식을 억제시켜 저장하는 법이다.

116 다음 중 상온에서 보관해야 하는 식품은?

① 바나나　　　　② 사과

③ 딸기　　　　　④ 포도

 과일의 보관 온도
• 사과, 배, 단감 : 5~7℃
• 포도, 딸기, 감귤 : 4~5℃
• 바나나 : 17~21℃

117 우유 가공품이 아닌 것은?

① 치즈　　　　　② 버터

③ 마요네즈　　　④ 액상 발효유

 마요네즈는 난황의 레시틴 성분이 갖고 있는 유화성을 이용한 가공품이다.

118 우유에 많이 함유된 단백질로 치즈의 원료가 되는 것은?

① 카제인　　　② 알부민

③ 미오신　　　④ 글로불린

 카제인은 우유 속에 함유된 단백질로 레닌에 의해 응고되어 치즈를 형성한다.

119 일본 요리의 자르기 중에서 사각 기둥 모양 자르기(효시키기리:ひょうしきぎり)에 대한 설명이 옳은 것은 ?

① 무 등을 길이 4~5㎝, 두께 1㎝의 크기 정도의 사각 막대 모양으로 썬 모양이다.

② 주로 가늘고 긴 재료를 끝에서부터 적당한 두께로 자른 모양이다.

③ 재료를 5~6㎝ 길이로 얇게 썰어서 포갠 다음 가늘게 채 썬 모양이다.

④ 재료의 높이 1㎝, 폭 4~5㎝ 크기로 얇게 썬 모양이다.

 ② 코구치기리에 대한 설명이다. ③ 센기리에 대한 설명이다. ④ 단자쿠기리에 대한 설명이다.

120 돼지의 지방조직을 가공하여 만든 것은?

① 헤드치즈　　　② 라드

③ 젤라틴　　　④ 쇼트닝

 돼지의 지방조직을 정제하거나 녹여서 얻는 라드는 98%의 지방을 함유한 고체형 기름이다.

121 우유를 응고시키는 요인과 거리가 먼 것은?

① 가열　　　② 당류

③ 산　　　④ 레닌

 ① 65℃ 이상의 온도로 가열하면 우유가 응고된다. ③ 우유 단백질인 카제인에 산을 첨가하면 응고물이 생성된다. ④ 레닌은 우유의 카제인 성분을 응고시키는 효소이다.

122 어패류가공에서 북어의 제조법은?

① 염건법　　　② 소건법

③ 동건법　　　④ 염장법

 북어는 동결건조법을 이용하여 만든 가공품으로 한천, 당면 등도 있다.

123 무, 당근 순무 등의 둥근 모양의 재료를 세로로 십자로 잘라서 적당한 두께로 한 번 더 옆으로 1㎝ 정도의 두께로 자르는 방법이다. 이것에 대한 썰기 방법은?

① 카쿠토리큐리　　② 한게츠기리

③ 이쵸기리　　　④ 와기리

 ① 오이를 4면이 생기도록 껍질을 깎아내고, 가운데 심은 제거하고 적당한 두께로 자른 것이다. ② 오이, 무, 당근 등을 둥근 모양의 채소를 자를 때 세로로 2등분하여 적당한 두께로 반달모양으로 자르는 방법이다. ④ 오이, 무, 레몬, 당근 등 둥근 모양의 채소를 자를 때 그대로 자르는 것이다.

124 복어의 해독작용과 복어의 맛과 성분을 더욱 상승시켜 주는 재료는?

① 두부　　　② 표고버섯

③ 미나리　　　④ 쑥갓

 복어에 콩나물이나 미나리를 함께 넣어 탕을 만드는 이유는 해독작용은 물론이고 복어의 성분을 상승시켜 혈액을 맑게 해주며, 피부를 아름답게 하고, 고혈압과 신경통의 효과를 증진시키기 때문이다.

125 100℃ 내외의 온도에서 2~4시간 동안 훈연하는 방법은?

① 냉훈법　　　② 온훈법

③ 배훈법　　　④ 전기 훈연법

 배훈법은 100℃ 내외의 온도에서 2~4시간 동안 훈연하는 것을 말한다.

126 훈연 시 육류의 보존성과 풍미 향상에 가장 많이 관여하는 것은?

① 유기산　　　② 숯성분

③ 탄소　　　　④ 페놀류

 훈연 효과를 나타내는 성분은 페놀, 유기산, 알코올, 카르보닐 화합물, 탄화수소 등으로 이 중 페놀류는 미생물의 내부 침입을 방지하는 효과와 항산화력, 특유의 향미를 갖게 된다.

127 복어 중독 증상 중 의식은 뚜렷한데 촉각, 미각이 둔해지고, 손발의 운동장애와 호흡곤란과 혈압이 저하되는 것은 제 몇 도의 증상인가?

① 제1도　　　② 제2도

③ 제3도　　　④ 제4도

 ① 제1도 : 입술주위나 혀끝의 지각마비, 구토를 동반, 무게의 감각둔화와 술 취한 같이 보행이 힘들다. ③ 제3도 : 골격근의 완전마비로 운동 불능, 발성곤란, 호흡곤란과 혈압 저하는 더욱 심해진다. ④ 제4도 : 의식이 불명해지고 대개는 호흡이 정지되어 사망한다.

128 김의 보관 중 변질을 일으키는 인자와 거리가 먼 것은?

① 산소　　　　② 광선

③ 수분　　　　④ 저온

 김은 직사광선 및 습기가 있는 것을 피하고 서늘하고 통풍이 잘되는 곳이나 냉동고에 보관하여야 한다.

129 소금 절임 시 저장성이 좋아지는 이유는?

① pH가 낮아져 미생물이 살아갈 수 없는 환경이 조성된다.

② pH가 높아져 미생물이 살아갈 수 없는 환경이 조성된다.

③ 고삼투압성에 의한 탈수 효과로 미생물의 생육이 억제된다.

④ 저삼투압성에 의한 탈수 효과로 미생물의 생육이 억제된다.

 소금 절임은 수분 활성은 낮게 삼투압은 높게 하여 탈수 효과로 미생물의 생육이 억제된다.

130 장기간의 식품보존방법과 가장 관계가 먼 것은?

① 배건법　　　② 염장법

③ 냉장법　　　④ 산저장법

 냉장법은 0~10℃로 보관하는 단기저장에 해당한다.

131 급속냉동법의 특징이 아닌 것은?

① 단백질의 변질이 적다.

② 식품의 원래 형태로의 전환이 가능하다.

③ 비타민의 손실을 줄인다.

④ 식품과 얼음의 분리가 심하게 나타난다.

 급속냉동법은 드립의 현상이 적게 나타나 식품과 얼음의 분리가 심하지 않게 된다.

132 다음 중 죽제 꼬챙이가 아닌 것은?

① 철비형 꼬챙이　② 솔잎형 꼬챙이

③ 소총형 꼬챙이　④ 둥근형 꼬챙이

 금속제 꼬챙이에는 평형 꼬챙이와 둥근형 꼬챙이가 있다.

133 복어의 먹을 수 있는 부분으로 옳은 것은?

① 입, 이리, 옆구리 뼈, 배꼽살

② 머리 부분, 이리, 껍질, 아가미

③ 복어 살, 껍질, 이리, 위장

④ 배꼽살, 지느러미, 눈, 이리

 복어의 가식 부위 : 주둥이, 머리뼈, 옆구리뼈, 중앙뼈, 복어살, 복어가마살, 배꼽살, 속껍질, 겉 껍질, 복 혀, 지느러미, 정소(이리) 등

134 다음 중 복어의 먹을 수 없는 부분으로 옳은 것은?

① 껍질, 머리부분　② 지느러미, 정소

③ 주둥이, 복 혀　④ 부레, 비장

 복어 불가식 부위 : 눈, 아가미, 심장, 신장(콩팥), 부레, 비장, 위장, 간장, 담낭(쓸개), 방광(오줌보), 난소, 피, 점액 등

135 복어의 독소로 인한 치사율과 치사량은?

① 1mg ,55%　② 2mg, 60%

③ 3mg, 65%　④ 4mg, 70%

 복어 중에는 무독한 것도 있지만 유독한 것이 많고, 치사율도 60%에 이른다. 사람의 치사량은 2mg이다.

136 복어의 독소가 가장 강한 시기는?

① 3~5월　② 5~7월

③ 9~11월　④ 12~1월

 복어의 독소가 가장 강한 시기는 특히, 산란기 직전인 5~7월이다.

137 다음 중 신선하지 않은 식품은?

① 생선 : 윤기가 있고 눈알이 약간 튀어나온 듯한 것

② 달걀 : 껍질이 반들반들하고 매끄러운 것

③ 고기 : 육색이 선명하고 윤기 있는 것

④ 오이 : 가시가 있고 곧은 것

 신선한 달걀은 껍질이 거칠거칠하다.

138 복어의 독성분인 테트로도톡신이 가장 많은 부위는?

① 간장　② 난소

③ 내장　④ 눈

 부위별 독력은 난소, 간장, 내장, 피부 순으로 많다.

139 계량의 이해와 활용으로 적합하지 않은 것은?

① 정확한 계량은 요리의 지표로서 재료의 신선함을 유지하고 낭비를 막아준다.

② 조리작업의 효율을 높여준다.

③ 조리사 개인의 일률적이지 않은 계량은 일정한 맛을 내기 어렵다

④ 표준 조리법에 따른 계량은 요리에 언제나 필요하다.

재료의 신선함을 유지하기 위해 계량을 하지는 않는다.

140 굵은 소금이라고도 하며, 오이지를 담글 때나 김장배추를 절이는 용도로 사용하는 소금은?

① 정제염 ② 재제염
③ 천일염 ④ 꽃소금

 호염은 천일염 혹은 굵은 소금으로 불리는데 주로 장 담글 때와 김장배추 절일 때 사용된다.

141 다음 중에서 식용 불가능한 복어로 맞는 것은?

① 별복 ② 복섬
③ 까치복 ④ 리투로가시복

 식용 불가능한 복어는 별복, 별두개복, 배복, 벌레복, 불길한복, 선인복, 꼬리복, 폭포수복, 무늬복, 잔무늬속임수복, 얼룩곰복, 독고등어복 등이다.

142 다음 중에서 식용 가능한 복어로 맞는 것은?

① 무늬복 ② 꼬리복
③ 매리복 ④ 얼룩곰복

 식품의약품안전처의 식품공전에 의한 식용 가능한 복어의 21종류는 다음과 같다.
① 복섬 ② 흰점복 ③ 졸복 ④ 매리복 ⑤ 검복 ⑥ 황복 ⑦ 눈불개복 ⑧ 자주복 ⑨ 참복 ⑩ 까치복 ⑪ 민밀복 ⑫ 은밀복 ⑬ 흑밀복 ⑭ 불룩복 ⑮ 황점복 ⑯ 강담복 ⑰ 가시복 ⑱ 리투로가시복(브리커가시복) ⑲ 잔점박이가시복(쥐복) ⑳ 거북복 ㉑ 까칠복

143 다음 중 복어의 독소에 대한 특성이 아닌 것은?

① 색이 없다.
② 끓이면 소멸된다.
③ 냄새가 없다.
④ 신경에 작용한다.

 독소는 끓여도 파괴되지 않는다.

Part 06

일식 조리

일식·복어 조리기능사 필기시험 끝장내기

Chapter 01 무침 조리

Section 1 무침 재료 준비

1 무침 조리의 개요

무침 조리는 주재료인 식재료와 부재료인 향신료 등을 무친 조리로 무침 조리에 사용되는 식재료는 어패류, 채소류, 수조육류, 건어물, 가공품 등 다양하고 재료의 특성에 따라서 사전처리를 하여 먹기 직전에 무침을 하는 것이 무침 조리의 포인트라고 할 수 있다.

2 재료의 특성

(1) 갑오징어

① 갑오징어는 갑오징엇과에 속하는 동물로 몸길이가 8㎝~1.8m까지 크기가 다양하다.

② 여덟 개의 짧은 다리와 두 개의 긴촉 완(촉수)이 있는데 이 다리들 가운데에 입이 있다.

③ 몸통은 달걀 모양이며 둘레에는 주름 장식처럼 아가미가 둘러싸고 있다.

④ 해면질과 백악질로 되어 있는 갑오징어 뼈라는 내골격이 있는데, 칼슘 성분이 많아 카나리아·앵무새 등 애완용 조류의 먹이나 치약의 원료로 쓰인다.

⑤ 비만증, 고혈압, 당뇨병에 효과적으로 고혈압 환자에게 특히 효과가 있으며 중풍 환자에게도 효과가 있고 고단백, 저칼로리로 다이어트 음식으로 손꼽힌다.

⑥ 타우린 함량이 풍부해서 피로 회복 효과가 있으며 콜레스테롤 수치를 낮춰서 성인병 예방에도 효과적이다.

⑦ 갑오징어는 살집이 두꺼워 얇게 채 썰어서 초회나 무침으로 즐겨 먹는 등 다양한 재료와 혼합하는 조리법이 많다.

(2) 명란젓

① 명태의 난소를 소금에 절여서 저장한 음식으로 맨타이코 또는 모미지코라고도 한다.

② 11월~12월 명태의 성수기에 날명태의 알을 소금에 절인다. 그 후 보름쯤 지나서 명란의 색이 흰색으로 변하면 명란에서 나온 물에 새우젓 국물을 약간 섞고, 고운 고춧가루, 파, 마늘 설탕 등 갖은 양념을 하여 하루 저녁 재웠다가 먹는다.

③ 노화를 방지하고 피부에 좋은 비타민 E가 함유되어 있어 지용성 비타민인 비타민 E 흡수를 참기름의 지방 성분이 돕는다.

④ 명란젓과 어울리는 요리는 찜, 구이, 샐러드, 무침, 탕 등이 있다.

(3) 두부

① 두부를 만들 때에 가열하는 온도와 시간, 사용하는 응고제의 양, 압착하는 정도에 따라 두부의 단단함과 수분 함량이 달라지며 단백질과 지방 함량도 달라진다.

② 새끼로 묶어서 들고 다닐 만큼 단단한 막 두부, 처녀의 고운 손이 아니면 문드러진다는 연두부, 순두부, 비단두 등 종류도 다양하다.

(4) 곤약

① 곤약이란 구약나물을 식용하는 것은 뿌리로 생각되고 있는 지하경이다.

② 구약나물이란 인도가 원산지로 우리나라는 중국으로 거쳐 온 듯하나 확실한 연대는 알 수 없다.

③ 곤약을 애용하는 일본에서 1400여 년 전에 의약용으로 우리나라에서 전래되었다고 한다.

④ 곤약 감자의 성분은 수분 75~83%, 탄수화물 13%, 단백질 약4%인데 탄수화물의 주성분은 글루코만난이다.

⑤ 곤약은 칼로리가 거의 없어 다이어트에 좋다.

(5) 흰깨

① 참깨를 고마라고도 한다.

② 참깨의 품종은 자실의 빛깔에 따라 흰깨, 검정깨, 누런 깨 등으로 구분한다.

③ 참깨의 단백질은 주로 글로블린인데, 참깨를 볶을 때 나오는 고소한 향기는 아미노산의 한 가지인 시스틴이다.

(6) 피조개

① 사새목 꼬막조갯과에 속하며 헤모글로빈을 가지고 있어 살이 붉게 보인다.

② 타우린 및 각종 비타민과 미네랄이 많으며 여러 성분이 균형을 이루고 있어 빈혈 등에도 좋다.

③ 주로 초밥용 재료에 많이 쓰이며 회와 데쳐서 무침으로 한다.

(7) 도미

① 농어목 도밋과로 몸은 담홍색이며 육질은 백색으로 맛은 담백하고 종류가 다양하다.

② 우리나라 근해에서 잡히는 참돔, 감성돔, 붉돔, 황돔, 흑돔 등이 있다.

③ 봄철의 분홍빛을 띤 참도미가 단백질이 많고 지방은 적어 맛이 가장 뛰어나다. 지느러미가 길게 뻗어 있어 아름다우며 일본인이 가장 좋아하는 생선이기도 하다.

빈출 Check

01 칼로리가 거의 없어 다이어트에 좋으며 주성분의 70% 이상이 수분으로 이루어진 식재료는?

① 명란젓　② 두부
③ 곤약　　④ 피조개

곤약은 칼로리가 거의 없어 다이어트에 좋다.

Part 06

일식 조리

정답 _ 01 ③

(8) 시치미

① 시치미토가라시(しちみとうがらし)는 고추를 주재료로 한 향신료를 섞은 일본의 조미료로 시치미(七味)라고 줄여서 이르기도 한다.

② 반드시 같은 원료 또는 일곱 가지 재료로 만드는 것은 아니고, 생산자에 따라 재료의 종류나 가짓수가 다르다.

③ 주재료인 고추에 각종 부재료를 더하는 것으로, 풍미를 더함과 함께 매운맛을 적당히 줄일 수 있다.

④ 첨가하는 부재료는 생산자에 따라 다르다. 양귀비, 진피(陳皮:귤의 껍질을 말린 것), 참깨, 산초나무, 삼씨(삼의 씨), 차조기, 김, 파래, 생강, 유채 등이 있다.

⑤ 우동, 소바 등 국수 종류나, 규동 등에 양념으로 넣는 경우가 많다.

Section 2 무침 조리

1 식재료 전처리 및 보관

(1) 갑오징어 손질

① 갑오징어는 겉껍질과 속껍질을 벗겨 낸 것을 얇고 가늘게 채 썰어 둔다.

② 갑오징어는 여분의 수분과 비린내를 없애기 위해 소금을 사용한다.

③ 갑오징어 살만 얇게 채 썰어 50℃의 따뜻한 청주에 소금을 약간 넣어 살짝 데친다 (비린내가 없어지고 섬유질이 단단해지는 것을 방지하여 살을 부드럽게 한다).

(2) 명란젓 손질

① 명란 알은 반을 갈라 칼등으로 알만 밀어내듯이 긁어낸다.

② 조리용 볼에 담아 엉키지 않게 분리한 것을 청주, 소금을 넣어 젓가락으로 고루 혼합하여 밑간을 한다.

③ 명란 알은 마르지 않게 보관한다.

(3) 두부 손질

① 두부는 끓는 물에 삶아 찬물에 한 번 헹군다.

② ①의 두부를 면 보자기에 싸서 무거운 것으로 눌러 물기를 뺀다.

(4) 곤약 손질

① 곤약은 소금을 약간 뿌려 밀방망이로 가볍게 두들기듯 민다.

② 곤약을 데쳐서 준비한다.

(5) 당근과 무 손질

① 당근은 5×0.5㎝로 채 썰어 준비한다.

② 무는 5×0.5㎝로 채 썰어 준비한다.

(6) 표고버섯

표고버섯은 속에 먼지를 떨어내고 가볍게 씻어 채 썰어 준다(건표고버섯은 미지근한 물에 불려서 사용).

2 채소 보관

① 차조 잎 : 찬물에 씻어 물기를 제거하여 용기에 담고 젖은 면 보자기로 덮어서 싱싱하게 보관

② 무순 : 끝부분을 다듬은 후 찬물에 씻어서 물기를 제거하여 용기에 담고 젖은 면 보자기를 덮어서 싱싱하게 보관

3 무침 조리의 종류

① 겨자 무침(카라시아에:からしあえ:辛子和え)

② 깨 무침(고마아에:ごまあえ:胡麻和え)

③ 달걀 노른자 무침(코가네아에:こがねあえ:黃金和え)

④ 된장 무침(미소아에:みそあえ:味噌和え)

⑤ 땅콩 무침(락카세이아에:らっかせいあえ:落花生和え)

⑥ 명란젓 무침(멘타이코아에:めんたいこあえ:明太子和え)

⑦ 성게알 무침(우니아에:うにあえ:雲丹和え)

⑧ 채소두부 무침(야사이시라아에:やさいしらあえ:野菜白和え: やさいしらあえ)

⑨ 초 무침(스아에:すあえ:酢和え)

⑩ 초 된장 무침(스미소아에:すみそあえ:酢味噌和)

⑪ 호두 무침(쿠루미아에:くるみあえ:胡桃和え)

⑫ 해삼 창자젓 무침(코노와타아에:このわたあえ:海鼠腸和え) 등

Section 3 무침 담기

1 무침 완성하기

(1) 무침을 담을 수 있는 그릇 준비

① 일식 무침은 작으면서도 깊이가 있는 것이 잘 어울린다.

② 너무 화려하거나 큰 접시에 담으면 모양이 좋지 않다.

③ 계절에 따라 감, 유자, 대나무 그릇 등을 이용하기도 한다.

빈출 Check

04 다음 중 무침 조리의 종류가 옳게 연결된 것은?
① 명란젓 무침 - 락카세이아에
② 성게알무침 – 고마아에
③ 호두 무침 - 코가네아에
④ 겨자 무침 - 카라시아에

① 명란젓 무침 - 멘타이코아에 ② 성게알무침 - 우니아에 ③ 호두 무침 - 쿠루미아에

정답 _ 04 ④

2 무침 조리 완성에 필요한 양념의 종류 및 특성

(1) 된장

- 일본 된장은 콩을 주재료로 하여 소금과 누룩을 첨가하여 빠른 시간에 발효시킨 것이다.
- 염분의 양, 원료의 배합 비율, 숙성 기간 등에 따라 색과 염도가 다른 것이 특징이다.

(2) 청주

- 술은 요리에 감칠맛과 풍미를 증가시켜 주는 역할뿐만 아니라, 비린내나 냄새를 없애주기도 한다.
- 숙성 과정을 거친 양조 술은 깊은 감칠맛과 향기가 있으며 합성 술보다 향기가 강하여 요리에 더해 주는 풍미가 크다.

(3) 소금

- 요리에 짠맛을 더해 주는 조미료의 역할 외에도, 다른 조미료와 함께 식품에 첨가하였을 때 단맛을 돋우어 주기도 하며, 신맛을 줄이는 억제 효과도 낼 수 있다.
- 식품의 보존과 살균도 하지만 맛을 결정하는 중요한 역할을 한다.

(4) 흰깨

- 특유의 향을 지닌 씨로서 흰깨와 검은깨가 있으며, 스이쿠치나 무침 요리 또는 참깨 두부 요리에 사용한다.
- 향기 좋게 볶은 참깨를 이리고마라고 하며 볶은 참깨를 조리용 칼로 자른 것을 기리고마라고 한다.
- 흰 참깨의 껍질을 벗긴 것을 미가키고마라고 한다.

(5) 곁들임 재료

차조기 잎(시소), 무순 등이 있다.

3 무침 조리의 주의사항

① 어패류는 소금에 절인 후 사용하거나 연채류나 조개류 등은 식초에 씻어(스아라이:すあらい:酢洗い)서 사용하는 등 재료특성에 따라 사전처리해서 주재료와의 조화에 중점을 둔다.
② 먼저 무치면 수분이 나와 색과 맛이 떨어지므로 무침요리는 먹기 직전에 무친다.
③ 담는 그릇은 계절감에 어울리는 기물을 선택한다.

빈출 Check

05 요리에 감칠맛과 풍미를 증가시켜 주는 역할뿐만 아니라, 비린내나 냄새를 없애주기도 하는 식재료는?
① 청주　　② 검은깨
③ 흰깨　　④ 명란

술은 요리에 감칠맛과 풍미를 증가시켜 주는 역할뿐만 아니라, 비린내나 냄새를 없애주기도 한다.

06 무침 조리의 주의사항으로 옳지 않은 것은?
① 어패류는 소금에 절인 후 사용한다.
② 연채류는 스아라이를 한 후 사용한다.
③ 작고 깊이가 있는 그릇을 사용한다.
④ 무침 요리는 다른 요리보다 먼저 해 놓으면 작업이 수월하다.

먼저 무치면 수분이 나와 색과 맛이 떨어지므로 무침 요리는 먹기 직전에 무친다.

정답 _ 05 ① 06 ④

국물 조리

Section **1** **국물 재료 준비**

1 국물 요리의 종류

(1) 맑은 국물 요리

일본 요리의 코스 요리인 회석 요리에서 주로 사용되며 조개 맑은국, 도미 맑은국 등이 있다.

(2) 탁한 국물 요리

회석 요리(會席料理)에서 사용되기보다는 식사와 함께 내는 요리이며, 가장 대표적인 것으로 일본 된장(미소)을 이용한 된장국, 술지게미를 이용한 국물 등이 있다.

2 국물 요리의 구성

(1) 주재료(완다네)

① 주로 어패류를 가장 많이 사용하며, 육류, 채소류 등도 사용한다.

② 주재료로 많이 사용하는 어패류에는 도미, 대합 등이 있다.

③ 도미 : 봄이 제철로 지방의 함유량이 적어 소화에도 좋고 맛도 좋아 고급 생선에 속한다.

④ 대합 : 조개를 봄철에 먹을 때는 패류 독소에 유의해야 한다. 특히 3월부터 6월까지는 바다의 유독성 플랑크톤을 섭취한 조개류의 체내에 독이 축적된다. 우리나라에서는 주기적으로 안정성 조사를 실시하여 허용 기준 이상 독소가 추출된 연안에서는 조개류의 채취를 금지하고 있으므로 안심하고 섭취하여도 된다.

⑤ 조개류에는 타우린 등의 감칠맛 성분이 높아 국물 요리에 많이 활용하고 있다.

(2) 부재료(완즈마)

① 부재료는 제철에 나는 채소류, 해초류를 많이 사용하는데 주로 맛, 색, 질감 등이 주재료와 어울리는 것을 골라 사용한다.

② 맑은국에 많이 사용하는 부재료는 죽순, 두릅 등이 있다.

③ 된장국에는 미역 등을 이용한다.

(3) 향(스이쿠치)

① 국물 요리에서 향은 주재료의 맛을 살리는 보조적인 역할을 한다.

② 향은 계절에 맞는 것을 사용하는데 유자, 산초, 시소, 와사비, 겨자, 생강, 깨, 고춧가루 등을 쓴다.

③ 봄, 여름에는 산초 새순, 여름에는 파란 유자, 가을에는 노란 유자 껍질을 많이 쓴다.

④ 맑은국에는 유자 껍질이나 레몬 껍질을 쓰고, 된장국에는 산초 가루를 쓴다.

3 일본 된장의 종류와 특징

① 일본 된장은 콩을 주재료로 하여 소금과 누룩을 첨가하여 빠른 시간에 발효시킨다.

② 염분의 양, 원료의 배합 비율, 숙성 기간 등에 따라 색과 염도가 다르다.

③ 누룩의 종류에 따라 쌀된장, 보리된장, 콩된장으로 구분한다.

④ 색에 따라 흰된장, 적된장 등으로 구분하는데 색이 흴수록 단맛이 많고 짠맛이 적으며 색이 붉을수록 단맛이 적고 짠맛이 많은 것이 특징이다.

Section 2 국물 우려내기

1 맛국물 재료의 종류와 특성

(1) 가쓰오부시(가다랑어포)

① 일식에서 맛국물의 재료 중 가장 대표적이다.

② 가다랑어(참치)를 찌거나 삶아서 훈연 상자 통에 넣고 훈연, 건조하여 만든 것과 훈연시키면서 푸른곰팡이를 발생시킨 것으로 크게 나눌 수 있다.

③ 특히, 이렇게 하여 제조할 경우 푸른곰팡이의 효소 작용으로 단백질이 분해되면서 이노신산이라는 가다랑어포의 독특한 감칠맛이 생성된다.

④ 곰팡이가 있는 가다랑어포는 가다랑어에 곰팡이 넣기 공정을 4회 이상 반복해서 생산하며, 수분 함유율이 약 14~17% 정도이다.

- 얇게 썬 가다랑어포 : 꽃 모양으로 폭넓게 깎은 가다랑어포이다. 향기 좋고 감칠맛 나는 국물은 다양한 요리에 활용하여 요리의 맛을 돋보이게 한다. 조림, 된장국이나 찌개 국물 등에 주로 쓰인다.

- 실 모양 가다랑어포 : 실모양의 가다랑어포이며 요리의 마지막에 고명으로 올리고, 주로 샐러드나 무침, 조림 등의 요리에 많이 이용한다.

- 가루 가다랑어 : 가다랑어를 깎을 때에 나오는 가루이다. 단시간에 향기로운 국물을 낼 때 분말 그대로 사용하거나, 조림이나 샐러드 소스 등에 넣어 가다랑어 맛을 낸다.

⑤ 곰팡이가 없는 가다랑어포는 곰팡이를 넣지 않은 가다랑어를 깎아 만든 강한 향이 특징이며, 곰팡이가 붙은 가다랑어포에 비해 저렴하다. 가다랑어포의 80%가 이에 해당하며, 수분 함유율이 약 19~22%이다.

- 두꺼운 가다랑어포 : 국물에 가장 적합하며, 다른 가다랑어포보다 두껍다. 깊이 있는 맛이 특징이며, 면류의 국물과 조림 맛국물을 만드는 데 최고의 맛을 완성한다.

- 꽃 가다랑어포 : 일반 가다랑어포보다 두께가 얇고 색이 선명하고 투명하며, 향과 맛이 뛰어나다. 요리의 맛을 내는 데 폭넓게 쓰이며, 주로 조림, 볶음, 냄비 요리의 국물을 내는 데 많이 사용한다.

명칭	특성
혼부시	참(큰) 가다랑어를 4등분하여 만든 것으로 풍미가 좋다.
가메부시	작은 가다랑어를 3등분하여 만든 것으로 풍미는 떨어지지만 경제적이다.
아라부시	가다랑어를 훈연 건조한 것이다.
혼카레부시	아라 부시에 곰팡이를 5~6번 피워 햇볕에 말린 것이다.
가쓰오게즈리부시	아라 부시를 깎아서 판매하는 것이다.
가쓰오부시게즈리부시	혼카레 부시를 깎아서 판매하는 것이다. 일본에서 가쓰오부시란 말은 법적으로 이렇게 제조한 상품에만 쓰이도록 되어 있다.

(2) 다시마

① 다시마는 해조류로 자연적으로는 녹갈색을 띠며 국물에 사용하는 것은 완전히 건조된 것을 사용한다.

② 감칠맛 성분인 글루타민산이 많아 맛국물의 재료로 사용한다.

③ 마른 멸치나 마른 새우 등도 맛국물용으로 사용한다.

④ 다시마의 종류

- 참다시마 : 다시마류 중 가장 대표적이고 품질이 좋다. 엽상체의 부분별로 보면 뿌리는 종열, 잎은 대입상으로 폭이 넓으며 약 360㎝ 정도이고 엽장은 2~3m로서 길다. 잎의 기부는 둥글고 잎의 가장자리는 파도 모양의 큰 주름이 있다. 중대부의 잎 폭은 1/2~1/3 정도이고 점액 강도가 줄기와 잎에 모두 존재하고 있다. 엽질은 혁질로서 두터우며 엽체의 두께는 약 3㎜이다. 자낭반이 형성되는 곳은 잎의 뒷면이 대부분이고 표면에도 흔히 형성된다. 두께가 있고 폭이 넓으며 다시마의 최상품이며 단맛이 있고 맑고 깨끗한 국물을 얻어낼 수 있어서, 주로 국물 낼 때 이용하며, 조림 등에 사용한다.

- 애기다시마 : 본종은 다시마와 같이 우리나라 양식 대상종으로 중요시되고 있다. 뿌리는 윤생이며 잎은 피침형이며 엽장은 130~160㎝ 정도로 짧고 6~9㎝

로서 수심이 깊을수록 엽폭이 넓게 된다. 잎의 기부는 원형, 중대부는 1/3 이 상이다.

2 맛국물의 종류

명칭	특성
다시마 다시	다시마만을 이용한 맛국물로 찬물에 담가 천천히 맛을 우려내는 경우와 찬물에 다시마를 넣고 끓어오르기 직전까지 끓여 만든 것이 있다.
일번 다시	다시마와 가다랑어포(가쓰오부시)만을 이용하여 짧은 시간 안에 맛을 우려내 최고의 맛과 향을 지닌 맛국물로 고급 국물 요리에 가장 많이 사용되는 맛국물이다.
이번 다시	일번 다시를 만들고 난 후의 다시마, 가다랑어포를 재활용하여 재료에 남아 있는 감칠맛 성분을 약한 불에서 천천히 우려서 만드는 맛국물이다. 여기에 새로운 가다랑어포를 약간 첨가할 수도 있다. 일번 다시보다는 맛과 향이 약하므로 조림이나 된장국 등에 사용할 수 있다.
니보시 다시	니보시란 쪄서 말린 것으로 멸치, 새우 등 여러 가지 해산물을 이용하여 만든 맛국물을 말한다.

3 가다랑어포 고르는 법

① 통 가다랑어는 무게가 있고 말린 상태가 좋으며, 두드려 보아 맑은 소리가 나는 것이 좋다.
② 깎아 놓은 가다랑어포는 투명한 빛깔을 내며 포를 통해 사물이 보이는 것이 좋다.
③ 가다랑어포가 분홍색이며, 검은색이 많은 것은 피가 섞여 있는 것으로 피하는 것이 좋다.

4 가다랑어포를 깎는 방법과 보존 방법

① 마른 행주나 종이 타올을 준비하여 가다랑어포 표면의 곰팡이를 닦아낸다. 젖은 행주로 닦으면 품질이 저하되어 장기 보존이 불가능하므로 주의가 필요하다.
② 날카로운 대패의 칼날을 조절하여 종이 한 장 정도 분량 닿는 정도로 칼날을 맞춘다. 칼날을 만질 때는 반드시 수직으로 손가락을 맞춰 준다.
③ 가다랑어포를 깎는 방향을 반대로 설정하면 가루가 되어 버리므로 포를 낼 때는 꼬리는 앞을 향하고 머리 부분부터 깎는다.
④ 머리 부분의 가다랑어부터 눌러 깎고 작아지면 당겨 깎는 방법으로 한다.
⑤ 깎은 가다랑어포는 비닐봉투에 넣어 냉장고에 보관한다. 깎은 채로 냉장고에 넣어 두면 건조해지며, 가루가 되어 버린다. 보관 용기는 습기가 없는 용기를 사용하는 것이 좋다.

Section 3 국물 요리 조리

1 간장, 맛술, 식초의 종류와 특성

(1) 간장(쇼유)

일본 간장은 우리나라의 간장이 콩을 주원료로 제조하는 것과는 달리 콩과 밀을 이용하여 만들기 때문에 간장의 발효 과정에서 밀에 의해 단맛이 나는 특징이 있다.

종류	특성
진한 간장 (고이구치조유)	가장 일반적인 간장으로 색이 진하고 향이 좋은 특징이 있으며, 염도는 15~18% 정도로 생선회나 구이 등을 먹을 때 곁들이는 간장으로 많이 사용한다.
연한 간장 (우스구치조유)	색이 진간장보다 옅고 맛, 향이 모두 담백하기 때문에 재료가 가지고 있는 고유의 색과 맛, 향을 살리는 데 적합한 간장으로 염분은 진간장보다 약 2% 정도 높은 것이 특징이다.

(2) 맛술(미림)

① 단맛이 나는 술로 처음에는 마시기 위한 술이었으나 점차 요리에 사용되기 시작하였다.

② 소주(알코올 약 40%)에 찐 찹쌀 또는 멥쌀과 쌀로 만든 누룩을 넣어 천천히 발효(당화)시켜 만든다.

③ 약 14%의 알코올과 45% 전후의 당분, 각종 유기산, 아미노산 등이 함유되어 특유의 맛을 내고 당분으로 인하여 음식에 윤기가 나게 하는 특징이 있다.

④ 요리에 넣을 경우에는 가열하여 알코올을 증발시킨 후 사용해야 한다.

(3) 식초(스)

① 식욕을 돋우고 입안을 상쾌하게 해주는 역할을 한다.

② 음식에 사용되었을 때 방부 및 살균 효과를 내게 하는 특징이 있다.

③ 특히 생선에서 살을 단단하게 하고 비린내를 제거하는 역할도 한다.

④ 식초에는 크게 곡물을 이용하여 발효시켜 만든 양조 식초와 인위적으로 합성한 초산(아세트산)에 물을 섞어 만드는 합성 식초로 나눌 수 있다.

종류	특성
양조 식초	향이 좋고 맛이 순하며 뒷맛이 산뜻하고 가열해도 쉽게 풍미가 날아가지 않는 특징이 있다.
합성 식초	강하고 자극적인 냄새와 맛을 가지고 있으며 떫은맛이 입안에 남고 가열하면 향미는 날아가고 신맛만 남는 특징이 있다.

빈출 Check

10 일본 간장에 대한 설명으로 옳은 것은?

① 고이구치조유는 염도가 우스구치조유보다 높다.
② 우스구치조유는 색이 진하고 향이 좋다.
③ 고이구치조유는 맛과 향이 모두 담백하다.
④ 고이구치조유는 생선회나 구이 등을 먹을 때 곁들이는 간장으로 적합하다.

💬 고이구치조유는 염도가 우스구치조유보다 낮으며 색이 진하고 향이 좋은 특징이 있다.

11 맛술(미림)의 특징으로 옳지 않은 것은?

① 소주에 누룩을 넣어 빠른 시간 내에 발효시켜 만든다.
② 요리에 넣을 경우에는 가열하여 알코올을 증발시킨 후 사용한다.
③ 단맛이 나는 술로 처음에는 마시기 위한 술이었다.
④ 음식에 윤기를 내는 특징이 있다.

💬 미림은 소주(알코올 약 40%)에 찐 찹쌀 또는 멥쌀과 쌀로 만든 누룩을 넣어 천천히 발효(당화)시켜 만든다.

2 국물 요리에 사용되는 향신료의 종류와 특성

(1) 유자(유즈)

① 유자의 과육은 산도가 높아 생식으로는 어울리지 않지만 향이 좋아서 향신료로 사용한다.

② 6월경에 작은 녹색 열매로 열리는데 이것도 향신료로 사용한다.

③ 초가을이 되면 조금 커져 청유자가 되고, 11월경에 노란색으로 바뀌어 노란 유자가 되는데 이 유자도 향신료로 사용할 수 있다.

④ 노란 유자는 껍질과 과육을 따로 모두 향신료로 사용하며, 청유자는 반달 썰기를 하여 통째로 사용한다.

(2) 산초(산쇼)

잎과 열매, 꽃 모두 특유의 매운 향을 가지는 향신료로 특히 잘 익은 열매를 건조시켜 분말 상태로 만든 것을 '고나잔쇼'라 하여 많이 사용한다.

Chapter 03 조림 조리

Section 1 조림 재료 준비

1 조림 조리의 개요

조림(니모노:にもの:煮物) 조리는 식재료를 가다랑어 국물(가쓰오다시:かつおだし:鰹出し)이나 물을 사용하여 조미료와 함께 졸여서 맛을 내는 요리로서 원래는 식사용 반찬이었으나 근래에는 맛을 연하게 하여 술안주로도 많이 애용되고 있다. 조림 요리를 맛있게 하려면, 식재료 원래의 맛과 성질을 잘 파악한 후 어떻게 잘라서 어떤 조리법으로 할 것인가 를 잘 결정해야 한다. 또한, 동물성과 식물성 식품 모두 오토시부타(おとしぶた:落し蓋:나무로 된 조림용 두껑)를 이용하면 재료의 맛을 골고루 배이게 함은 물론 요리시간도 단축되는 장점이 있다.

불 조절은 일반적으로 처음에는 강한 불, 중간에는 중간 불, 마지막 단계에서는 약한 불로 하여 맛의 강함과 국물의 혼탁함 등을 잘 조절해야 한다. 그리고 잘 익지 않은 재료(감자, 연근, 우엉, 죽순, 토란, 죽순) 등을 먼저 한번 살짝 데친다거나 물에 장시간 담가 여러 번 헹궈 사용하는 등 고유의 냄새나 색을 내는 데에 중점을 둬야 한다.

2 조리 시 단백질의 변화

(1) 근원섬유 단백질의 변화

가열 시 응고 수축하여 살이 단단해지는 근육단백질은 탈수에 의해 중량은 감소한다. 염에 녹는 성질이 있어 식염의 존재 하에 용출, 액틴과 미오신이 결합하여 겔 구조를 형성하여 점성을 갖게 되고 물에 녹지 않는다.

(2) 결합 조직 단백질의 변화

콜라겐은 근육 섬유를 둘러싸고 있으며 껍질의 구성 성분으로 불용성인 콜라겐은 물속에서의 가열에 의해 어느 온도에 도달하면 갑자기 길이가 1/3~1/4로 수축하고 계속 가열하면 물을 흡수 팽윤하여 젤라틴으로 용해된다.

(3) 수용성 단백질의 용출

습열 조리 시 음식을 만들 때는 육수나 국물을 반드시 뜨겁게 한 상태에서 주재료를 넣어야 하는 이유는 수용성 단백질과 지미 성분이 용출되므로 재료 자체의 맛이 좋아지기 때문이다. 그렇게 해야 주재료 내부의 맛 성분이나 수용성 단백질이 국물로 용출되지 않는다.

3 기본 육수 내는 법

(1) 다시마 국물(곤부 다시) 만드는 방법

다시마를 젖은 행주로 닦는다. → 준비한 양의 물과 닦은 다시마를 불에 올려 은근히 끓인다. → 끓으면 불을 끄고 거품과 다시마를 건져내고 무명베에 걸러 사용한다.

(2) 가다랑어포 국물(가쓰오부시 다시) 만드는 방법

물이 끓으면 가다랑어포를 넣고 불을 끈다. → 10~15분 지난 다음 가다랑어포가 가라앉으면 무명베에 조심스럽게 거른다.

(3) 일번 다시 만드는 방법

깨끗한 물수건으로 다시마에 묻어 있는 먼지나 모래를 닦아낸다. → 냄비에 적당량의 물과 준비된 다시마를 넣고 중불로 열을 가한다. → 끓기 직전의 온도가 약 95℃ 정도 되면 다시마를 건져낸다. → 가다랑어포를 넣고 불을 끈다. → 위에 뜬 불순물을 건어낸다. → 가다랑어포가 바닥에 가라앉고 10~15분 정도 지나면 면포에 거른다.

Section 2 조림하기

1 조림 조리의 종류

① 아게니(あげに:揚げ煮): 재료를 튀겨서 조리는 것을 말한다.

② 아오니(あおに:青煮): 푸른 채소의 색을 살려서 조리하는 것을 말한다.

③ 아라타키(あらたき:粗炊き): 생선의 머리와 아가미, 뼈살, 꼬리 등과 채소류를 넣고 윤기 나게 조리는 것을 말한다.

④ 이타메니(いために:炒めに): 재료를 볶아서 조린 것을 말한다.

⑤ 우마니(うまに:旨煮): 채소와 생선, 조류 등의 맛을 진하게 윤기 나도록 바싹 조린 것을 말한다. 채소의 모양은 삼각으로 썰어 미리 약간 익혀 뒀다가 사용한다.

⑥ 오로시니(おろしに:卸し煮): 무의 즙을 사용해서 조린 것을 말한다.

⑦ 칸로니(かんろに:甘露煮): 설탕과 물엿을 사용하여 달게 조린 것을 말한다.

⑧ 시로니(しろに:白煮): 소금으로 간을 하여 재료 본래의 색을 살려서 조린 것

⑨ 슷퐁니(すっぽんに:鼈煮): 자라나 자라모양 조림

⑩ 소보로니(そぼろ煮): 닭고기, 새우 등을 잘게 다져서 넣은 조림을 말한다.

⑪ 지카비니(じかびに:直火煮): 직접 재료를 불에 대고 굽는 것을 말한다.

12 조림 조리에 주로 쓰는 조리 기물로 재료의 맛을 골고루 배이게 하고 요리시간도 단축시켜주는 나무로 된 조림용 뚜껑은 무엇인가?

① 오토시부타
② 오시바코
③ 나가시캉
④ 얏토코나베

오토시부타에 대한 설명이다.

13 조림 조리의 종류와 설명이 서로 맞게 연결된 것은?

① 아게니 - 재료를 볶아서 조린 것
② 시로니 - 간장으로 간을 하여 조린 것
③ 소보로니 - 닭고기, 새우 등을 잘게 다져서 넣은 조림
④ 데리니 - 푸른 채소의 색을 살려서 조리한 것

아게니 - 재료를 튀겨서 조리는 것, 시로니 - 소금으로 간을 하여 조린 것, 테리니 - 한번 익힌 재료를 조림국물로 바싹 졸여 윤기나게 조린 것

정답 _ 12 ① 13 ③

⑫ 데리니(てりに:照り煮) : 한번 익힌 재료를 조림국물로 바싹 졸여 윤기 나게 졸이는 것을 말한다.

⑬ 니시메(にしめ:煮染め): 국물이 적게 남도록 바싹 조린 것으로서 다시로 익힌 다음 간장으로 간을 하여 중불에서 조린다.

⑭ 니츠메(につめ:煮つめ): 일반적인 조림방법으로 국물을 조리는 것을 말한다.

⑮ 니마메(にまめ:煮豆): 콩 조림을 말한다.

⑯ 후쿠메니(ふくめに:含め煮): 많은 다시에 연한 간을 하여 장시간 졸이는 것을 말한다.

⑰ 미소니(みそに:味噌に): 등 푸른 생선 등을 된장을 사용해서 조린 것을 말한다.

⑱ 야와라카니(やわらかに:柔か煮): 문어, 장어 등을 연하게 졸이는 것을 말한다.

⑲ 요시노니(よしのに:吉野煮): 칡 전분으로 재료에 전분을 묻히거나 풀어서 한 요리이다.

빈출 Check

14 생선 종류에 맛을 들일 때의 조미료 사용 순서로 옳은 것은?
① 식초 - 간장 - 소금 - 설탕 - 청주
② 청주 - 설탕 - 소금 - 식초 - 간장
③ 설탕 - 소금 - 식초 - 간장 - 청주
④ 청주 - 식초 - 된장 - 소금 - 설탕

💬 생선 종류에 맛을 들일 때는 청주(사케:さけ 酒), 설탕(사토우:さとう:砂糖), 소금(시오:しお:塩), 식초(스:す:酢), 간장(쇼유:しょうゆ: 油)의 순서대로 양념을 한다.

Section 3 조림 담기

1 조미료의 사용 순서

① 사[さ: 청주(さけ:酒), 설탕(さとう:砂糖)]

② 시[し: 소금(しお:塩)]

③ 스[す: 식초(す:酢)]

④ 세[せ: 간장(しょうゆ:醬油)]

⑤ 소[そ: 된장(みそ:味噌)]

생선 종류에 맛을 들일 때는 청주(사케:さけ 酒), 설탕(사토우:さとう:砂糖), 소금(시오:しお:塩), 식초(스:す:酢), 간장(쇼유:しょうゆ:醬油)의 순서대로 양념을 한다. 채소 종류에 맛을 들일 때는 설탕(사토우:さとう:砂糖), 소금(시오:しお:塩), 간장(쇼유:しょうゆ:醬油), 식초(스:す:酢), 된장(미소:みそ:味噌)의 순서대로 양념을 한다.

정답 _ 14 ②

면류 조리

Section 1 면 재료 준비

1 면류의 종류와 특성

일본의 면 요리(めんりょうり:麵料理)는 관동(関東), 관서(関西)지방에 따라 특징이 다른데 관동지방은 진간장(고이구치:こいくち:濃い口)을 사용하고, 관서지방은 연간장(우스구치:うすくち:薄口)을 사용한다. 예부터 메밀국수(소바:そば:蕎麦)는 관동, 우동(饂飩)은 관서라는 말이 있다. 우동(うどん:饂飩)은 대표적인 일본 요리 중의 하나로 밀가루를 넓게 펴서 칼로 썰어서 만든 굵은 국수이다.

2 우동면

(1) 우동면의 특징

15 소비자 선호도가 가장 높은 우동면의 폭과 두께의 비율은?

① 4 : 3   ② 4 : 1
③ 7 : 3   ④ 5 : 2

💬 우동면발의 규격은 면발의 폭과 두께로 정하는데 폭과 두께의 비율이 4:3 정도가 소비자 선호도가 가장 높다고 한다.

우동면은 칼국수면 보다도 조금 굵지만 종류에 따라서 덜 굵은 면발이 있고, 주로 일식 전문점에서는 굵은 면발을 사용하고 분식집에서는 덜 굵은 면발을 사용한다. 우동 면발의 기준은 일본의 사누키지방(さぬき地方)에서 가장 많이 사용하는 두께의 면발을 표준으로 여긴다. 우동면발의 규격은 면발의 폭과 두께로 정하는데 폭과 두께의 비율이 4 : 3 정도가 소비자 선호도가 가장 높다고 한다.

(2) 우동면 삶는 방법

우동을 삶는 방법은 큰 냄비에 충분한 물을 붓고 물이 끓으면 면을 털어서 끓는 물에 넣는다. 우동을 넣은 후 물이 다시 끓어오르면 중간 중간 찬물을 2~3회 반복해서 넣으면 두꺼운 면의 겉과 속이 고루 익는다. 이 때 냄비의 바닥에 면이 눌어붙지 않도록 나무젓가락으로 가끔씩 저으면서 생 우동의 경우는 15~20분 정도 삶는다. 면이 익었는지 확인하는 방법은 우동면의 한 가닥을 건져서 잘랐을 때 가운데까지 같은 색이면 다 삶아진 것이다. 다음은 삶아진 면을 대소쿠리에 받쳐 물기를 뺀 다음 흐르는 찬물에 담가 재빨리 식힌 후, 손으로 문지르며 씻고 물이 맑게 될 때까지 헹군 후 물기를 빼서 사용한다.

3 메밀국수

(1) 메밀국수의 개요

소바(소바:蕎麦)라고 하는 메밀국수는 16C 말에서 17C 초 만들기 시작했으며, 메밀의 열매의 원료인 메밀가루를 사용해 가공한 일본의 면류 및 그것을 이용한 요리이다. 일본 소바라고도 불리기도 하고, 오랜 역사로 초밥, 튀김과 함께 대표적인 일본 요리이다. 메밀국수의 양념장(츠유: つゆ)은 지역에 따라 색, 농도, 맛에 등에 분명한 차이가 있고, 그 성분도 지역별로 차이가 난다. 곁들이는 양념은 고추냉이, 실파채, 무즙, 튀김부스러기, 김 채 등을 소바 다시와 함께 제공한다.

메밀국수는 필수아미노산인 리신과 모세혈관의 저량성 강화와 뇌출혈 등을 예방하는 루틴의 함유량도 많은 영양적으로 우수한 식품이다.

(2) 메밀국수 삶는 방법

메밀국수는 삶을 때 우동과 같이 끓을 때 펼쳐서 넣고 저으면서 삶는데, 물이 다시 끓어오르면 중간 중간 찬물을 2~3회 반복해서 넣으면 두꺼운 면의 겉과 속이 고루 익는다. 또한, 냄비에 찰기와 끈기를 유지하기 위해서 충분히 물을 붓고 전분이 물에 녹지 않게 하려면 센 불로 삶아야 한다. 삶은 메밀국수는 면발이 달라붙지 않도록 찬물로 여러 번 헹궈준다.

4 밀가루의 분류

밀가루를 분류하는 일반적으로 많이 이용되는 방법은 밀가루에 물을 첨가해서 반죽상태가 어느 정도 점탄성(粘彈性)을 가지는가에 따라 분류하는데, 점탄성이 가장 강한 것부터 강력분, 준강력분, 중력분, 박력분의 순으로 분류한다.

(1) 강력분

강력분은 약 12~14%의 단백질을 함유하고 있어서 물을 첨가하여 반죽하면 결합해서 쫄깃하고 찰떡과 같은 점탄성을 갖는 물질로 반죽의 골격(骨格)을 형성하는 글루텐(gluten)이라고 하는 망상(網狀) 구조의 물질로 변하는 성질을 가지고 있다. 그래서 글루텐이 반죽(生地) 중에서 그물망을 만들고 끈기가 강한 반죽이 되고, 강력분은 단백질 함유량이 높은 경질 소맥(硬質小麥)이다. 용도는 제빵용으로 식빵이나 단팥빵 등을 만든다.

(2) 중력분

중력분은 약 9~10% 단백질을 함유하고 있고, 밀로는 미국산 웨스턴 화이트(western white) 소맥이나 오스트레일리아산 스탠더드 화이트(standard white) 소맥으로부터 중력분을 얻는다. 글루텐의 양은 30% 내외이다 용도는 우동, 국수, 만두피, 수제

16 다음 중 우동을 만들기에 가장 적절한 밀가루는?
① 강력분 ② 중력분
③ 박력분 ④ 준강력분

해설 중력분은 약 9~10% 단백질을 함유하고 있고 글루텐의 양은 30% 내외로 용도는 우동, 국수, 만두피, 수제비, 짜장면 등을 만든다.

정답 _ 16 ②

비, 짜장면 등을 만든다.

(3) 박력분

박력분은 약 7-9%의 단백질을 함유하고 박력분은 단백질 함유량이 적어 반죽에 있는 글루텐양이 적기 때문에 대단히 부드럽고 끈기가 약한 반죽으로 된다. 소맥분에 있는 단백질 함유량은 원료로 하는 밀의 종류에 따라 결정되는데 강력분과 박력분은 원료로 하는 밀의 종류가 전혀 다르고, 박력분은 단백질 함유량이 낮은 연질 소맥(軟質小麥)으로 제조된다. 용도는 튀김용으로 사용하고 카스테라, 쿠키, 케이크 시트 등을 만든다.

5 면의 종류

① 우동(うどん:饂飩) 가락국수

② 카케우동(かけうどん:掛け饂飩)뜨거운 국물을 곁들인 우동

③ 야키우동(やきうどん:燒き饂飩) 볶은 우동

④ 나베우동(なべうどん:鍋饂飩) 냄비 우동

⑤ 사누키 우동(さぬき饂飩) 사누키(지금의 카가와현 : 香川県) 우동

⑥ 소바(そば:蕎麥) 메밀국수

⑦ 카케소바(かけそば :掛け蕎麦)뜨거운 국물을 곁들인 메밀국수

⑧ 자루소바(ざる蕎麦)소쿠리위에 얹은 천 메밀국수

⑨ 야키소바(やきそば : 燒き蕎麦) 볶은 메밀국수

⑩ 쥬카소바(ちゅうかそば: 中華蕎麦) 중화 메밀국수

⑪ 소우멘(そうめん:素麵) 소면

⑫ 나가시소우면(ながしそうめん:流し素麵) 포석정처럼 데친 소면을 흘려서 수로에 흘려서 손님이 건져 먹는 스타일

⑬ 라멘(ラーメン) 기원은 중화요리이지만 일본식화 된 라면

6 부재료-간장-

(1) 진간쟁[고이구치조유(濃い口醬油)]

① 진간장[고이구치조유(濃い口醬油)]은 밝은 적갈색으로서 특유의 향이 있다.

② 향기가 좋기 때문에 그냥 그대로 찍어 먹는 간장 또는 뿌리거나 곁들여서 먹는 간장이다.

③ 냄새를 제거하거나 찍어 먹는 용으로 주로 쓰인다.

④ 일본 요리에 가장 많이 쓰이는 간장으로 재료를 단단하게 조이는 작용이 있으므로 끓임 요리에 간장을 넣을 시기에 주의한다.

(2) 엷은 간장[우스구치조유(うすくちしょうゆ)]

① 엷은 간장[우스구치조유(うすくちしょうゆ)]은 색이 엷고 독특한 냄새가 없으며 재료가 가지고 있는 색, 맛, 향을 잘 살리는 요리에 이용한다.

② 염도가 다른 간장보다 강하여 소금맛이 강하다.

(3) 타마리 간장[타마리조유(たまりしょうゆ)]

① 타마리간장[타마리쇼유(たまりしょうゆ)]은 흑색으로서 부드럽고 진하다.

② 단맛을 띠고 특유의 향이 있으며, 조림, 구이 요리에 사용하며 깊은 맛과 윤기를 내기도 한다.

(4) 나마조유(生醬油)

① 나마쇼유(生醬油)는 열을 가하지 않은 간장으로서 특히 향기가 매우 좋다.

② 풍미도 좋고, 오랜 시간 끓여도 향기가 날아가지 않는 것이 특징이다.

③ 서늘한 곳이나 냉장고에 보관한다.

(5) 시로조유(白醬油)

① 시로쇼유(白醬油)는 투명하고 황금에 가까운 색을 띠며 향이 매우 우수하다.

② 킨잔지미소(金山)의 액즙에서 채취한 것으로서, 재료의 색을 살리는 데는 훌륭한 역할을 한다.

③ 색이 변하기 쉬우므로 오래 보관하는 것은 피하는 것이 좋다.

(6) 간로쇼유(甘露醬油)

① 간로쇼유(甘露醬油)는 단맛, 향기와 함께 우수한 농후의 재료이다.

② 주로 일본 관서(開西) 지방에서는 사시미(刺身) 또는 신선한 재료의 찍어 먹는 간장 또는 곁들임에 사용된다.

③ 일본 야마구찌켄(山口県)의 야냐기돈(柳井)의 특산물로서 열을 가하지 않은 진간장을 거듭 양조한 것이다.

7 부재료—맛술—

(1) 맛술의 기원

맛술의 기원에는 여러 가지 설이 있지만, 그중에 하나를 제시하면 전국 시대에 중국에서 '蜜淋(미이린)'이라는 달콤한 술이 일본에 전해졌고 그 술에 부패 방지를 위한 소주가 더해져 맛술이 되었다고 한다.

(2) 맛술의 제조 방법

맛술은 찐 찹쌀, 쌀 누룩, 소주 또는 알코올을 원료로 40일~60일 동안 당화 숙성시키며, 쌀 누룩의 효소가 작용하여 찹쌀 전분과 단백질이 분해되어 각종 당류, 아미

빈출 Check

17 열을 가하지 않은 간장으로 향이 매우 좋아 오랜 시간 끓여도 향이 날아가지 않는 것이 특징인 간장의 종류는?

① 시로조유
② 타마리조유
③ 우스구치조유
④ 나마조유

나마쇼유(生□油)는 열을 가하지 않은 간장으로서 특히 향기가 매우 좋다. 풍미도 좋고, 오랜 시간 끓여도 향기가 날아가지 않는 것이 특징이다.

노산, 유기산, 향기 성분이 생성되어 맛술 특유의 풍미가 된다.

구분	내용
재료	찹쌀, 쌀 누룩, 양조 알코올, 당류 등의 술 제조법으로 정해진 원료
제조법	당화 숙성
알코올 함량	약 14%
염분	염분

(3) 맛술의 주요 성분

맛술의 주요 성분은 누룩 곰팡이의 효소의 작용으로 전분과 단백질을 분해하여 생긴 생성물과 알코올이다.

구분	내용
당류	포도당, 이소 말토오스, 올리고당 등
아미노산	글루타민산, 로이신, 아스파라긴산 등
유기산	젖산, 구연산, 피로 글루타민산 등
향기 성분	훼루라산 에틸, 페닐에틸 아세테이트 등

(4) 맛술의 장점

① 설탕과 비교하면 포도당과 올리고당이 다량 함유되어 있어 식재료가 부드러워진다.

② 복수의 당류가 포함되어 있어 재료의 표면에 윤기가 생긴다.

③ 성분의 당분과 알코올이 조릴 때 재료의 부서짐을 방지한다.

④ 찹쌀에서 나온 아미노산과 펩타이드 등의 감칠맛이 성분과 당류가 다른 성분과 어울려서 깊은 향과 맛을 낸다.

⑤ 단맛 성분인 아미노산과 유기산 당류 등이 빠르게 재료에 담겨져 맛이 밴다.

빈출 Check

18 맛술의 장점으로 옳은 것은?

① 설탕에 비해 포도당과 올리고당 함유량이 적다.
② 재료의 표면에 윤기가 나지 않는다.
③ 재료가 부드러워지며 잘 부서진다.
④ 아미노산과 유기산 당류 등이 빠르게 재료에 담겨져 맛이 밴다.

설탕과 비교하면 포도당과 올리고당이 다량 함유되어 있어 식재료가 부드러워지며, 재료의 표면에 윤기가 생긴다. 성분의 당분과 알코올이 조릴 때 재료의 부서짐을 방지한다.

Section 2 면 조리

1 종류에 따른 맛국물 준비

(1) 맛국물의 종류

① 찬 면류 맛국물 : 메밀국수의 맛국물은 기본적으로 다시 7 : 진간장(고이구치조유) 1 : 맛술 1의 비율로 끓여서 만들고 식힌다. 취향에 따라 설탕의 양을 조절하여 만들기도 하며, 관동 지역이 관서 지역보다 맛이 진하고 단맛이 강하다. 찬 우동 맛국물은 면발이 메밀 탄력이 있고 두꺼워 기본 맛국을 기본적으로 다시 6~5 : 진간

장(고이구치조유) 1 : 맛술 1의 비율로 끓여서 만들고 식힌다. 찬 우동의 곁들임 재료는 다양하게 제공되고 있으며, 일반적으로 갈은 생강과 텐카스(아게다마), 실파, 김 등을 곁들임으로 제공한다.

② **볶음류 맛국물** : 대표적으로 볶음 메밀국수와 우동이 주를 이루고 있으며, 주요 레시피는 다음과 같다. 볶음 요리는 간장을 기본으로 양념이 주로 사용되며, 간장 1 : 청주 1 : 맛술 1 : 물 2의 비율에 후추를 첨가하고 마지막에 간장을 이용하여 전체적인 색과 향을 체크하여 마무리한다.

③ **따뜻한 면류 맛국물** : 일반적으로 따뜻한 맛국물은 다시 14 : 진간장(고이구치조유) 1 : 맛술 1의 비율로 끓여서 만든다. 업소에 따라 멸치, 가다랑어포, 도우가라시(고추가루)를 추가하여 진한 맛을 내기도 한다.

② 면발에 대한 이해

(1) 면대와 면발의 차이

① **면대** : 반죽을 얇게 편 것으로 다단 롤러를 이용하여 반죽을 얇고 넓적하게 펴서 만든다.

② **면발** : 면대를 썰어서 만든 면 가닥으로 절출기 또는 칼날을 이용하여 면 가닥을 만든다.

(2) 면발의 특성

① 면발의 특성은 면 수분의 함량과 굵기에 따라 구분된다.

② **면 수분 함량에 따른 구분** : 다가수면발, 일반 면발, 반건조 면발, 건조 면발 등으로 구분한다.

③ **면발의 굵기에 따른 구분** : 세면, 소면, 중면, 중화면, 칼국수면, 우동면 등으로 구분한다.

(3) 면발의 굵기에 따른 요리 소재

면 가닥의 넓이와 두께에 따라 다양한 요리 소재로 사용되므로 면발의 형성 공정은 대단히 중요하다고 할 수 있다.

① **세면** : 일반적으로 면발의 굵기가 가장 가는 면을 세면이라고 한다. 국내에서는 요리 소재로 사용하는 곳이 드물고, 중국이나 일본 등에서 요리 재료로 많이 사용한다.

② **소면** : 세면보다 조금 굵은 면발을 소면이라고 한다. 잔치국수나 비빔면 등의 요리 재료로 많이 사용한다. 일반적으로 메밀면의 면발은 소면의 면발과 유사하거나 조금 굵은 면발을 사용한다.

③ **중화면** : 소면보다 조금 굵은 면발을 중화면이라고 하는데, 일본식 라멘, 자장면,

빈출 Check

19 면발의 굵기에 따른 설명으로 옳게 짝지어진 것은?
① 세면 - 면발의 굵기가 가장 가늘고 국내 요리에 많이 쓰인다.
② 소면 - 잔치국수나 비빔면 등에 쓰인다.
③ 칼국수면 - 중화면보다 조금 가는 면발을 말한다.
④ 중화면 - 우동 등에 많이 쓰인다.

세면은 가장 가늘고 국내에서는 사용이 드물다. 칼국수면은 중화면보다 조금 굵은 면발을 가리킨다. 우동에는 우동면을 사용한다.

정답 _ 19 ②

짬뽕 등의 요리 재료로 많이 사용한다. 일본식 라멘에는 상대적으로 더 가는 면발을 사용하고, 자장면, 짬뽕 등에는 상대적으로 더 굵은 면발을 사용하는 것이 보통인데, 최근에는 면발이 가는 것을 선호하는 것으로 보인다. 중화면 중에 수타로 뽑은 면은 수타의 특성상 굵기가 일정하지 않은 것이 특징이다.

④ **칼국수면** : 중화면보다 조금 굵은 면발을 칼국수면이라고 하는데, 칼국수 등의 요리 재료로 많이 사용한다. 칼국수 면발은 넓적하고 얇은 형태의 면발도 있고 상대적으로 좁고 굵은 면발도 있다. 일반적으로 닭 국물이나 고기 국물을 사용하는 칼국수에는 면발이 넓으면서 두께는 얇은 면발을 사용하고, 해물칼국수나 팥칼국수 등에는 상대적으로 폭은 좁고 두께가 두꺼운 면발을 사용한다.

⑤ **우동면** : 칼국수면보다 조금 굵은 면발을 우동면이라고 하는데, 우동 등의 요리 재료로 많이 사용한다. 우동 면발도 상대적으로 덜 굵은 면발이 있고 상대적으로 더 굵은 면발이 있는데, 일반적으로 분식집에서는 덜 굵은 면발을 사용하고, 일식 전문점에서는 더 굵은 면발을 사용한다. 우동 면발의 기준은 일본 사누끼 지방에서 가장 많이 사용하는 두께의 면발을 표준으로 여기는 경우가 일반적이다.

3 면발의 규격

(1) 면발 폭의 규격

면발의 규격은 면발의 폭과 두께로 정한다.

(2) 면발 번호의 의미

면발의 폭은 일반적으로 번호로 정하는 것이 관례인데, 번호의 의미는 30㎜의 길이를 해당 번호로 나눈 값이 그 번호의 면발의 폭이라는 의미이다. 예를 들어 10번 면이라 함은 30㎜ 나누기 10으로 계산해서 나온 값인 3㎜가 10번 면의 폭이다. 20번 면의 폭은 같은 방식으로 계산하면 1.5㎜가 된다.

(3) 번호 표현 방식

면발의 폭을 정하는 번호 매기기의 표현 방식은 #10 #15 #20 등의 형태로 # 뒤에 숫자를 표기한다. 예를 들어 #10이란 10번 면이란 의미이고 면발의 폭이 3㎜라는 의미이다.

(4) 면발 두께의 규격

면발의 규격은 주로 면발의 폭의 길이를 기준으로 하며, 따라서 두께의 규격에 대한 번호 매기기 방식이나 기준이 따로 정해진 것은 없다. 면발의 두께는 각종 면의 특성과 소비자의 기호도에 따라 얇거나 두껍게 자율적으로 결정한다.

④ 소금

(1) 원료별 분류

① **암염** : 암염은 자연의 결정체가 지하에서 층맥을 형성하고 있으며 이것을 채굴해서 이용한다. 유럽, 아프리카, 아시아, 남북 아메리카 등 대륙에 널리 분포되어 있고 대부분 순도가 높다.

② **천연 함수염** : 차단된 바닷물이 호수나 목 또는 지하에 매몰되어 염천, 또는 염정이 된 것이 함수이다. 함호로는 사해, 그레이트 솔트레이크가 유명하다. 중국의 쓰촨성에 있는 염정은 수분을 증발시켜 고형으로 만들었으며 이를 천연 함수염이라고 한다.

③ **해염** : 바닷물의 수분을 증발시켜서 얻은 소금이며 강수량이 적고 일사량이 많은 지역에서는 태양을 이용해서 소금을 결정시키는 천일 제조법을 이용한다.

(2) 가정용 소금의 종류

① **호염** : 천일염, 또는 조염(租鹽)이라고 말한다. 염화나트륨 함량이 95% 이상이며 이 밖에 염화마그네슘(苦醒)도 들어 있다. 염화마그네슘에는 수분을 흡수하는 작용이 있어 김치용 채소를 절일 때, 생선에 뿌릴 때, 토란을 씻을 때 등에 주로 이용한다.

② **식염** : 염화나트륨이 99% 이상인 소금이며 요리의 맛들이기에 쓰인다.

③ **정제염** : 수입한 암염을 물에 용해시켜 다시 농축해서 결정을 만든 것이며 순도 99% 이상의 소금으로 광택이 있다. 정제할 때 마그네슘이나 칼슘 등의 염류를 많이 제거했기 때문에 비교적 흡습성이 적어 바슬바슬하다 대개 가정용으로 요리의 맛을 들이기나 다른 조미료와 병용해서 쓴다.

④ **식탁염** : 정제염에 탄산마그네슘과 탄산칼슘을 가해서 공기 접촉을 없애 습기를 막는다. 식탁염은 식탁에서 다 차려진 요리에 뿌려서 맛을 조정하는 목적으로 사용한다. 따라서 식탁염은 요리의 기본의 맛을 들이는 데에는 사용하지 않는 것이 좋다. 만약 식탁염을 맑은 국을 만들 때 사용하면 칼슘 화합물에 의해 국이 뿌옇게 혼탁해진다 한편 고염(苦盤)이 내는 미량의 쓴맛이 없어 맛에 깊이가 없다.

⑤ **가공염** : 식탁염에 마늘, 양파 등의 분말을 혼합한 가릭 솔트(garlic salt), 어니언 솔트(onion salt), 셀러리 솔트(celery salt) 등의 채소염, 참깨를 섞은 깨소금, MSG 또는 이노신산나트륨과 MSG를 식탁염에 씌운 화학 조미료 가공염, 즉 맛소금도 식탁에서 이용한다.

(3) 요리와 소금 농도

요리에 따른 소금 농도는 국 0.8~1%, 조림 1.5~2%, 생야채요리 1% 전후, 생선

빈출 Check

20 염화마그네슘이 들어있어 김치용 채소를 절일 때 주로 이용하는 소금의 종류는?
① 호염   ② 정제염
③ 죽염   ④ 식탁염

호염 또는 조염이라고 하며 염화나트륨 함량이 95% 이상, 이 밖에 염화마그네슘(苦醒)도 들어 있다. 염화마그네슘에는 수분을 흡수하는 작용이 있어 김치용 채소를 절일 때, 생선에 뿌릴 때, 토란을 씻을 때 등에 주로 이용한다.

정답 _ 20 ①

1~2%, 김치겉절이 2.5~3%, 절임김치 4~5% 등으로 한다.

(4) 소금과 면의 관계

각 제조사나 국수의 특징에 따라 사용되는 소금의 종류는 다르다. 대부분의 면에서 밀가루 기준 2~6%의 함량으로 사용되고 있다. 면에서 소금의 사용 목적은 글루텐에 대한 점탄성을 증가시켜 주고, 맛과 풍미를 향상시켜 주며, 삶는 시간을 단축해 주고, 보존성을 향상시켜 준다.

Section **3** 면 담기

1 면 조리 도구 종류 및 용도

(1) 소쿠리

소쿠리는 재료를 넣거나 여분의 수분을 제거하기 위해 널리 사용되고 재질은 스테인리스, 플라스틱, 나무(주재)가 주이며, 스테인리스 제품은 보관이 쉽고 관리가 쉬운 장점이 있다. 크기는 대, 중, 소로 구분되며, 나무의 경우는 사용한 후에 잘 건조해야 한다. 일본 요리는 물의 사용이 많은 만큼 수분 제거가 쉬운 재질을 선택하는 것이 바람직하다.

(2) 냄비

냄비의 종류는 알루미늄 냄비, 철 냄비, 붉은 구리 냄비, 토기 냄비, 스테인리스 냄비, 내열 글라스 냄비, 범랑 냄비, 요철 냄비, 편수 냄비, 양수 냄비 등 다양하게 사용되고 있다.

① **알루미늄 냄비** : 알루미늄 냄비는 가볍고 취급하기 쉬우며 열전도가 빠르지만, 불꽃이 닿는 부분만 고온이 되어 균일하게 열이 전해지지 않는 단점이 있다. 특히, 고온에 약하여 장시간 사용하면 구멍이 나기 쉽다.

② **붉은 구리 냄비** : 일반적으로 붉은 냄비 또는 구리 냄비라고 하며, 열이 전해짐이 균일하여 우수하고 열전도율이 좋다. 공기 중의 탄산가스가 습기와 결합하여 녹청이 발생하므로 사용한 후에는 관리가 필요하다. 무거우며 가격이 비싼 단점이 있으며 취급이 불편하여 수요가 적어지고 있다.

③ **요철 냄비** : 요철 냄비는 일반 냄비보다 열 흡수율이 높고 붉은 구리와 알루미늄 합금을 쇠망치로 두드려 성형하므로 냄비의 안쪽과 바깥쪽에 생기는 요철이 있다. 이 요철은 재료가 늘어붙는 것을 방지해 주고, 일식 전문 레스토랑에서 많이 쓰이고 있다. 일본 전문 용어로 얏토꼬나베(やっとこ鍋)로 불리고 있으며, 손잡

이가 없으며 냄비의 바닥 표면이 평평한 형으로 되어 있어 얏토코(やっとこ, 뜨거운 냄비를 집는 집게)라는 집게를 이용해서 얏토코나베라고 한다. 손잡이가 없어 수납할 때에 포개어 놓을 수 있고, 씻을 때도 편리한 장점이 있다.

(3) 국자

국자는 국물이 있는 요리를 떠내기 위한 도구이며 대부분 스테인리스 재질로 구성되며, 크기와 모양이 다양하다. 요리에 금속성을 피해야 할 경우에는 나무 제품을 사용하는 것도좋다. 국물을 없애고 재료를 건져 낼 경우에는 작은 구멍이 있는 국자(穴杓子)를 이용한다.

① **나무 주걱(국자)** : 나무주걱은 본래는 밥을 담기 위한 도구였지만 재료를 혼합하거나 뒤섞기 등에 사용하는 등 이용 범위가 넓다.

② **구슬 국자** : 구슬 국자는 서양 조리 기구의 유입으로 여러 재질(알루미늄, 스테인리스, 법랑)과 형태가 있으며, 둥근 공 모양의 국자로 사용하며 이용 범위는 넓다.

③ **구멍 국자** : 구멍 국자는 일본어로는 아나자쿠시(穴杓子)라고 하며, 재료에 수분을 제거하는 데 이용한다.

④ **체 주걱** : 체 주걱은 국물의 재료를 제거하고 건져 낼 때 주로 이용하며 맛국물의 이물질을 제거할 때와 튀김 기름 안의 이물질을 제거할 때 주로 사용한다.

(4) 강판

강판은 무, 생강, 오이, 고추냉이 등을 갈 때 사용하는 조리 도구이다. 재질은 알루미늄, 스테인리스, 대나무, 도자기 등 다양한 재질이 있지만 내구성을 살펴보면 구리 재질의 쇠 제품(赤銅, 아카도우)이 가장 좋다. 무는 돌기 부분이 거친 쪽을 사용하고 고추냉이나 생강은 돌기 부분이 부드러운 쪽을 사용한다. 사용한 후에는 흐르는 물에 표면을 깨끗이 손질하여 돌기 부분에 붙어 있는 재료의 이물질을 제거한다. 묻어 있는 재료가 있을 경우는 대나무 꼬챙이를 이용하여 제거하고 수세미나 솔 등의 이용은 피하는 것이 좋다.

2 면 요리의 구성에 맞는 기물 고르기

① 일본 음식은 주로 색과 모양의 특징을 살려 기물을 선택한다.

② 그릇의 형태가 다양하여 면류의 조리 방법에 따라 기물 선택을 한다.

③ 한식보다는 양식처럼 입체적인 모양의 그릇을 많이 사용한다.

④ 찬 면류 이외에는 주재료와 부재료를 같이 담는 특징이 있다.

⑤ 차게 해서 먹는 메밀국수, 소면, 우동의 그릇의 기물은 일반적으로 물기를 뺄 수 있는 받침이 있는 기물을 준비한다. 곁들임 양념은 폭 5~6㎝ 크기로 간장 종지보

다 조금 큰 형태의 지름 10㎝ 내외의 기물을 사용한다.

⑥ 볶음 면류의 그릇은 지름이 20㎝ 정도 크기의 그릇을 선택하고 너무 깊은 형태의 그릇은 지양하며, 여백의 미를 살리기 위해 바깥 부분의 지름 2㎝를 남기는 범위에서 담아낸다.

⑦ 따뜻한 면류의 기물을 선택할 때에는 일반적으로 움푹 들어간 형태를 선택하며, 그릇 전체 양의 80%를 넘지 않게 담는다.

⑧ 세트 메뉴의 찬 면류에는 여분의 음식을 담을 수 있는 공간 배치가 있는 기물을 선택하며, 메뉴 구성에 맞는 세트 구성에 맞추어 기물을 선택한다.

Chapter 05 밥류 조리

Section 1 **밥 짓기**

1 쌀의 구분

① 쌀은 태국이나 필리핀 등지의 동남아시아에서 생산되는 인디카 쌀(Indica rice)과 한국이나 일본 등에서 생산되는 자포니카 쌀(Japonica rice)로 나뉜다.

② 자포니카 쌀 중 한국이나 일본에서 주식으로 사용하는 밥은 주로 멥쌀이다.

(1) 멥쌀(Nonglutinous rice)

① 쌀에 광택이 있고 반투명한 것이 특징이다.

② 멥쌀은 아밀로오스가 20% 정도 함유되어 있고 점성이 많은 아밀로펙틴이 80% 정도 함유되어 있어 밥을 지었을 때 끈기가 있는 것이 특징이다.

(2) 찹쌀(Glutinous rice)

① 찰떡이나 인절미 등을 만들 때 사용하는 주원료이다.

② 쌀에 광택이 없고 불투명하며 우유색을 띤다.

③ 찹쌀은 아밀로오스가 없고 아밀로펙틴 함량이 100%로 점성이 매우 강한 것이 특징이다.

2 조리법에 따른 물 조절

(1) 전분의 호화와 노화

① 자연 상태의 전분은 β-전분으로 입자가 단단하여 소화가 잘 되지 않는다.

② 그러므로 소화를 쉽게 하기 위해 α-전분으로 만들어 주어야 하는데 이를 위해 전분의 호화 과정을 거친다.

③ 호화의 과정을 보면 전분 입자에 물을 주어 팽윤시키고 열을 가해 전분 입자를 붕괴시킨다.

④ 호화를 촉진하는 요인으로는 전분의 입자가 클수록(쌀보다는 감자가 호화하기 쉽다.), 수분 함량이 높을수록, 온도가 높을수록(60℃ 이상), 알칼리성일수록 호화가 촉진된다.

⑤ 그러나 시간이 지나면서 전분은 노화가 되는데 이는 α-전분이 β화되는 것으로 식감은 물론 소화가 어려워진다.

23 전분의 호화를 촉진하는 요인으로 옳지 않은 것은?

① 전분의 입자가 크다.
② 수분 함량이 높다.
③ 온도가 낮다.
④ 알칼리성이다.

해설 호화를 촉진하는 요인으로는 전분의 입자가 클수록(쌀보다는 감자가 호화하기 쉽다.), 수분 함량이 높을수록, 온도가 높을수록(60℃ 이상), 알칼리성일수록 호화가 촉진된다.

정답 _ 23 ③

⑥ 노화를 방지하기 위해 수분의 함량은 조절하고(30% 이하, 60% 이상), 온도 조절 (0℃ 이하, 80℃ 이상), 설탕이나 유화제를 사용하여 노화를 억제한다.

⑵ 밥 짓기의 물 조절

① 밥솥에 체에 밭쳐 불린 쌀을 넣고 쌀 중량의 1.2배의 물을 넣는다.

② 손으로 쌀이 평평하게 되도록 한다.

⑶ 죽 조리의 물 조절

① 일본의 죽은 오래 끓여 부드럽게 먹는 오카유(粥: おかゆ)와 짧은 시간에 끓여 간편하게 먹는 조우스이(雑炊: ぞうすい)가 있다.

② 오카유(粥: おかゆ) : 쌀을 씻어 물(또는 다시)을 부어 주어 끓이므로 쌀 중량의 10배 정도의 물을 넣어다.

③ 조우스이(雑炊: ぞうすい) : 밥을 씻어 물(또는 다시)을 부어 주어 끓여주므로 밥 중량의 2배 정도의 물을 넣는다.

3 뜸들이기

① 밥솥에 넣고 물 조절을 한 쌀을 불 위에 올려 강한 불로 가열한다. 이때 비등까지 10분 정도 시간이 걸릴 수 있도록 불 세기를 조절하는 것이 좋다. 지나치게 강한 불을 사용할 경우 호화가 완전히 일어나기 전에 아래쪽 밥이 타게 되므로 주의하여야 한다.

② 끓으면 불을 줄여 끓는 상태가 유지되도록 한다. 이때 호화가 활발히 진행되므로 15분 정도 유지될 수 있도록 한다.

③ 불을 끄고 잔열을 사용하여 뜸을 들인다. 뜸은 10분 정도 유지하는 것이 좋다.

24 오카유와 조우스이에 대한 설명으로 옳은 것은?
① 오카유는 밥 중량의 2배 정도 맛국물을 넣어 끓인다.
② 조우스이는 쌀 중량의 10배 정도의 물을 부어 끓여 먹는다.
③ 오카유는 오래 끓여 부드럽게 먹을 수 있다.
④ 조우스이는 맛국물을 사용해서는 안된다.

오카유는 쌀을 씻어 물(또는 다시)을 부어 끓이므로 쌀 중량의 10배 정도의 물을 넣는다.

25 밥에 녹차 우린 물을 넣어 만든 요리를 무엇이라 하는가?
① 오야코동 ② 오차즈케
③ 오카유   ④ 조우스이

오차즈케를 가리킨다.

Section **2** **녹차 밥 조리**

1 차밥[오차즈케(おちゃづけ)]의 개요

차밥은 밥에 녹차 우린 물을 넣어 만든 요리로 현대에는 녹차뿐만 아닌 뜨거운 물이나 다시를 넣거나 스프를 넣는 경우에도 차밥[오차즈케(おちゃづけ)]이라는 이름을 사용한다. 밥 또 여러 종류의 밥을 사용할 수 있는 데 주먹밥을 만들어 겉이 누룽지처럼 되도록 구워서 사용하기도 한다.

차밥[오차즈케(おちゃづけ)]에 추가로 사용되는 재료에 따라 'ㅇㅇ차즈케'라고 부른다. 대표적인 것으로 매실장아찌를 넣은 우메차즈케, 연어구이를 올린 사케차즈케 등이 있고 그 재료에 대한 제한은 없으며 향미를 더 좋게 하기 위해 보통 와사비,

참깨, 김 등을 추가로 넣어 준다.

차밥[오차즈케(おちゃづけ)]은 본래 따뜻한 밥 위에 뜨거운 차를 부어서 먹는 요리이나 차가운 차를 뜨거운 밥 위에 부어 주는 히야시차즈케(冷やし 茶漬け)도 있다.

2 녹차의 종류

한국에서는 녹차의 종류를 분류할 때 잎의 크기와 채취 시기로 구분한다. 녹차의 잎을 채취하는 시기에 따라 분류를 보면 이른 봄에 채취한 것은 우전이라 하고 우전을 체취하고 난 후에 입하 전까지 채취한 것은 곡우라 하고 입하 이후부터 초여름 사이에 채취한 것은 입하차, 한 여름의 하차, 가을의 추차로 구분하여 부른다.

잎의 크기에 따라 구분하는데 가장 어린잎은 세작이라 하고 이보다 큰 잎을 중작이라 하며 가장 큰 잎은 대작이라고 한다. 세작은 대부분 우전과 곡우이고, 중작은 곡우와 입하차이며 대작은 하차와 추차가 대부분이다.

가장 고급으로 평가받는 차는 세작 중 우전이 가장 고급으로 향과 색이 좋고 생산량이 작기 때문이다. 또 차를 가루로 만들어서 먹기도 하는데 이를 말차라고 하고, 대작은 구수한 맛이 적고 떫은맛이 강해 볶은 현미와 같이 사용하는 경우도 있다. 녹차는 종류에 따라 가격의 차이가 많이 나므로 조리에 사용할 경우 그 특성에 따라 적절한 녹차를 선택하여야 한다.

3 맛국물

(1) 녹차만 사용하여 맛국물을 내는 경우

① 녹차만을 사용하여 맛국물을 만드는 경우에는 녹차 자체의 맛이 진하고 향이 강해야 한다.

② 그러므로 가능하면 향이 진한 세작을 사용하여 진하게 우린다. 녹차를 우릴 때는 뜨거운 물을 사용(80~90℃)하고 고객에게 제공 직전에 뽑아야 한다.

③ 그 이유는 녹차를 낮은 온도(5~10℃)에서 우린 경우에는 높은 온도에서 우린 녹차보다 구수한 맛은 적으나 오랫동안 보관하여도 떫은맛은 없다. 그러나 높은 온도에서 우린 녹차의 경우에는 시간이 10분 정도 경과하게 되면 떫은맛이 강해져서 녹차의 맛을 떨어뜨리기 때문이다.

(2) 가쓰오부시만을 사용하여 맛국물을 내는 경우

① 가쓰오부시와 다시마를 사용하여 맛국물을 만드는 경우에는 일번 다시를 만들어 소금, 우스구치, 맛술로 간(마실 수 있는 정도로 간을 세게 하지 않는다)을 한다.

② 간이 되어 있고 가쓰오부시를 사용하여 감칠맛이 강한 것이 특징이다.

빈출 Check

26 녹차의 채취시기에 따른 분류로 옳지 않은 것은?
① 우전 – 이른 봄에 채취한 것
② 곡우 – 가을에 채취한 것
③ 입하차 – 입하 이후부터 초여름 사이에 채취한 것
④ 하차 – 한 여름에 채취한 것

해설 곡우는 우전을 채취하고 난 후에 입하 전까지 채취한 것을 가리킨다.

Part 06
일식 조리

④ 완성하기

(1) 고명 얹기

① **매실장아찌** : 매실장아찌는 씨를 제거하고 칼을 사용하여 잘게 다진다.

② **연어** : 연어는 뼈에 붙어있는 살을 사용하기 위해 소금을 뿌려(조금 짜도록) 석쇠를 사용하여 굽는다. 연어가 다 구어지면 식혀서 살만 발라 준비한다.

③ **생와사비** : 생와사비는 강판에 갈고, 냉동 와사비는 충분한 시간을 두고 해동하여 사용하고, 가루와사비는 농도를 정확히 맞추기 위해 찬물을 조금씩 부어 가면서 저어서 완성한다.

④ **김** : 김은 바늘처럼 가늘게 썰어 준비한다. 김은 썰 때 도마에 물기가 조금만 있더라도 김이 수분을 빨아들여 모양이 흐트러진다. 그러므로 물기가 없는 도마를 사용하거나 마른 키친 타올을 깔고 썰면 이를 방지할 수 있다.

⑤ **실파** : 실파는 가늘게 썰어 향이 충분히 우러나올 수 있도록 한다.

⑥ **참깨** : 참깨는 볶아 주어 고소한 맛을 높여 준다.

(2) 담기

① 녹차 밥의 기물은 밥과 맛국물이 충분히 들어갈 수 있도록 깊이가 어느 정도 있어야 하고, 덮개가 있으며, 아래쪽은 좁고 위쪽은 넓은 형태의 기물을 선택한다.

② 녹차 밥은 뜨겁게 제공되는 요리로 음식이 식지 않도록 뜨거운 기물을 준비하여야 한다.

③ 녹차 밥의 기물은 국물을 충분히 담을 수 있는지 확인한다.

④ 음식이 식는 것을 방지하기 위해 히팅기에 기물을 보관하거나 뜨거운 물을 부어 주어 기물을 뜨거운 상태를 유지할 수 있도록 한다.

⑤ 밥을 그릇에 담을 때는 고명이 잠기지 않도록 밥의 가운데가 솟아나도록 담아야 맛국물을 충분히 부을 수 있다.

Section **3** **덮밥류 조리**

① 덮밥의 개요

(1) 덮밥[돈부리모노(丼物, どんぶりもの)]

① 일본에서는 덮밥을 돈부리모노라고 하는데 이를 줄여 돈부리라고도 한다.

② 돈부리는 본래 사발 형태의 깊이가 깊은 식기를 이르는 말로 여기에 밥과 반찬이 되는 요리를 함께 담아 제공하는 요리이다.

③ 반찬으로 올리는 요리의 이름에 따라 튀김을 올리는 덴동(天丼), 소고기 조림을 올리는 규동(牛丼), 돈까스를 올린 카츠동(カツ丼), 돼지고기 구이를 올린 부타동(豚丼), 장어구이를 올린 우나동(鰻丼), 참치회를 올린 텟카동(鉄火丼), 여러 가지 회를 올린 카이센동(海鮮丼), 닭과 달걀조림을 올린 오야코동(親子丼) 등이 대표적이다.

④ 이외에도 밥 위에 올리는 요리에 따라 다양한 이름으로 불리고 있다.

2 덮밥용 맛국물

① 덮밥위에 올리는 요리 중 재료를 익히는데 조리법으로 조림을 사용하는 경우 비교적 장시간 익혀야 하기 때문에 양념간장보다는 간이 약한 맛국물을 만들어 조리한다.

② 찬물에 다시마를 넣고 약한 불에 올려 끓기까지 10분 지속되도록 한다.

③ 다시가 끓으려고 하면 다시마를 건지고 가쓰오부시를 넣은 후 불에서 내려 일번 다시를 만든다.

④ 다시 : 간장 : 맛술 : 청주 : 설탕 = 6 : 1 : 1 : 0.5 : 0.5 비율로 섞어 맛국물을 만든다.

⑤ 재료가 두꺼워 익히는 시간이 오래 걸리는 경우 다시 비율을 좀 더 높게 하는 것이 좋다.

⑥ 맛국물의 용도가 조림용이므로 이번 다시를 사용하면 원가를 줄일 수 있다.

3 덮밥용 양념간장

덮밥위에 올리는 요리 중 재료를 익히지 않고 올리는 경우(생선회)와 익히는 조리방법으로 튀기는 방법을 사용하는 경우, 그리고 양념을 발라 구워주는 방법을 사용하는 경우에는 간이 센 양념간장을 사용한다.

(1) 덮밥 재료를 익히지 않고 올리는 경우

① 간장 : 맛술 : 청주 = 3 : 2 : 1 의 비율로 만드는데 한 번에 섞지 않고 먼저 맛술과 청주를 끓여 알코올을 제거한다.

② 간장에 알코올을 제거한 맛술과 청주를 넣어 준다.

③ 생강을 갈아서 ②의 양념간장과 섞어 준다.

(2) 덮밥 재료를 튀겨서 올리는 경우

① 다시 : 간장 : 맛술 : 청주 : 설탕 = 4 : 1 : 1 : 0.2 : 0.2의 비율로 한 번에 섞어 불에 끓여서 만든다.

② 양념간장을 뜨거운 상태로 제공하기 때문에 사용 직전에 데워 준다.

(3) 밥 재료를 구워서 올리는 경우

① 간장 : 맛술 : 청주 : 설탕 = 5 : 2 : 2 : 3의 비율로 한 번에 섞어 불에 끓여서 만드는

데 여기에 감칠맛을 높이기 위해 요리에 사용하는 재료의 뼈나 육수를 넣어 준다.

② 육수를 넣는 경우 간장과 동량을 넣고, 뼈를 넣는 경우 10에 해당하는 물을 넣어 뼈의 감칠맛 성분이 충분히 우러나도록 한다.

③ 양념간장은 농도가 끈적끈적하고 빛깔이 반짝일 때까지 졸인다.

4 덮밥 재료에 따른 소스 조리

(1) 소고기, 닭고기, 돈카츠

① 채소와 같이 덮밥용 맛국물에 넣고 조림을 하다 마지막에 달걀을 넣고 조리한다.

② 맛국물과 재료를 같이 졸여서 익히는 과정에서 소스가 만들어지는 것으로 주재료가 어떤 것이냐에 따라 맛이 달라진다.

③ 맛국물은 졸인다 하여도 소스가 농도가 없기 때문에 이를 보완하기 위해 소스가 잘 스며드는 야채와 달걀을 넣어 준다.

(2) 참치 회나 연어 회

① 양념간장에 절여 익히지 않고 조리하고 해산물 회는 색감을 살리기 위해 양념간장을 소스로 하여 별도로 제공한다.

② 익히지 않고 생으로 먹는 회는 양념간장이 잘 스며들지 않으므로 간이 센 것이 특징이다.

③ 해산물 자체의 감칠맛이 높아 진한 맛이 특징이며 매콤한 생강을 양념간장을 만들 때 넣어 주거나 와사비를 곁들인다.

(3) 새우 등을 튀김을 한 경우

① 데운 양념간장에 적셔서 조리한다.

② 뜨거운 튀김이 식지 않도록 양념간장을 데워 튀김을 적셔 준다. 기름의 진한 맛과 양념간장의 짠단 맛이 조화를 이루는 소스로 소스에 튀김옷과 기름이 어느 정도 배어 있을 때 더욱 맛이 좋다.

② 처음 만드는 경우에는 텐카츠(튀김옷 부스러기)를 넣어 주면 좋다.

(4) 장어와 돼지고기

① 석쇠에 구워서 양념간장을 발라 윤기가 나게 조리한다.

② 재료를 익힌 상태에서 양념간장을 발라 주며 윤기가 나도록 다시 구워 준다.

③ 그러면 소스의 농도가 짙고 간은 매우 강해진다. 또 익히는 과정에서 더욱 카라멜화 되어 맛이 더 좋아진다.

④ 돼지고기는 냄새를 제거하고 굽는 과정에서 색이 잘나도록 하기 위해 맛국물에 절인 다음 굽는 방법을 사용한다.

5 덮밥에 쓰이는 조리 기물

(1) 돈부리 나베

① **덮밥용 냄비(돈부리나베)** : 작은 프라이팬 모양으로 생겨 손잡이가 직각으로 놓여 있으며 익히는 과정에 맛국물이 너무 졸여지는 것을 방지하기 위해 뚜껑이 있다.

② 밥에 올리는 과정에서 힘을 적게 주기 위해 턱이 낮고 가벼운 것이 특징이다.

6 덮밥에 쓰이는 고명의 종류와 특성

① 덮밥에 사용되는 고명은 식재료가 가지는 맛이나 향을 보완하거나 색을 보완하는 '식과 미'를 만족시킬 수 있도록 선택하여야 한다.

② 주로 쓰이는 고명으로 김, 고추냉이, 실파, 대파, 초피, 양파, 무순, 쑥갓이 있다.

③ 먼저 생선회를 올린 덮밥의 경우에는 비린 맛을 없애고 매콤한 맛을 주기 위해 고추냉이, 양파, 무순, 실파를 올리고 감칠맛을 주기 위해 김을 사용한다.

④ 재료를 구워서 올린 덮밥은 향과 매운맛을 주기위해 초피, 실파, 대파, 등을 사용하고, 재료를 튀겨서 올린 덮밥은 주로 색감을 주는 고명을 올려 준다.

⑤ 맛국물을 사용하여 익힌 재료를 올린 덮밥은 향을 주기 위해 쑥갓과 실파 그리고 감침 맛을 주기 위해 김을 올려 준다.

⑥ **고명의 역할** : 재료외의 조합과 조리 방법과의 조합 등을 고려하여 맛과 향 그리고 아름다움을 주는 역할을 한다.

Section **4** **죽류 조리**

1 맛국물

(1) 맛국물 성분

① 맛국물의 성분은 감칠맛을 내는 구아닐 산(Guanylic acid), 글루타민 산(Glutamic acid), 이노신 산(Inosinic acid)이 있다.

② **구아닐 산** : 버섯에 다량 함유되어 있으며 특히 표고버섯에 많다.

③ **글루타민 산** : 동식물에 폭넓게 포함되어 있으며 특히 다시마에 다량 함유되어 있다.

④ **이노신 산** : 육류와 해산물에 다량 함유되어 있으며 특히 가쓰오부시에 많이 함유되어 있다.

⑤ 글루타민 산과 이노신 산이 주성분이 경우 끓이지 않더라도 저온에서 추출이 가능하나 구아닐 산은 저온에서 추출되지 않으므로 열을 가해야 한다(건표고버섯을 찬물에 불려도 버섯의 감칠맛 성분은 용출되지 않고 그대로 유지된다).

(2) 주의사항

① 맛국물을 만들 때는 하나의 성분만을 사용하지 않고 맛의 시너지 효과를 위해 가능한 한여러 가지 성분을 같이 사용한다.

② 맛을 내는 재료의 향은 요리에 긍정적인 영향만을 주는 것이 아니라 부정적인 영향도 미칠 수 있으므로 재료 선정에 주의를 기울여 맛국물을 만들어야 한다.

2 용도에 맞게 주재료 선정

① 쌀은 멥쌀을 사용하고 흐르는 물을 사용하여 깨끗이 씻는다. 그리고 장시간 끓여야 하므로 8배에서 10배 정도의 많은 양의 물을 사용한다.

② 밥은 멥쌀로 된 밥을 사용하고 흐르는 물에 깨끗이 씻어 끈기가 없애 밥이 낱알로 흩어지게 하여 체에 밭쳐 둔다. 비교적 단시간 끓여야 하기 때문에 2배에서 3배 정도의 맛국물을 사용한다.

3 죽의 종류

(1) 오카유(お粥)

① 팥이나 쌀 등의 곡류에 물을 충분히 넣고 부드럽게 끓인 것을 가리킨다.

② 오카유는 쌀뿐만 아니라 밥으로도 가능하다.

③ 종류 : 흰쌀로만 지은 것을 시라가유(白粥), 녹두로만든 료쿠도우가유(綠豆粥), 팥으로 만든 아즈키가유(小豆粥), 감자나 고구마를 넣은 이모가유(芋粥), 차를 넣은 차차가유(茶粥) 등이 있다.

(2) 조우스이(雑炊)

① 냄비나 전골을 먹고난 후 자연스럽게 생긴 맛국물에 밥을 넣어 끓여 부드럽게 만든 죽을 가리킨다.

② 냄비나 전골이 없는 경우 양념이 되어 있는 맛국물에 여러 가지 재료와 밥을 넣어 따로 만들기도 한다.

초회 조리

Chapter 06

빈출 Check

1 초회 조리

초회(스노모노:すのもの : 酢の物)란 어패류, 채소류, 건어물 등을 손질해서 초간장(폰즈:ぽんず : ぽん酢)이나 삼배초(삼바이즈:さんばいず : 三杯酢) 등의 초(酢)를 곁들이거나 재료를 다양한 초에 담근 조리이다. 주요리(主料理)는 아니지만 계절 감이 있고 다과나 식전에 식욕을 촉진 시키는 데 중요한 역할을 한다.

2 식재료의 특성

(1) 문어

① 연체류 문어는 팔 완목 낙짓과에 속하며 세계에 약 250종으로 한국 연안에는 10여 종이 있지만 식용으로는 5~10여 종 정도 있다.

② 주 어획 시기는 8~11월 가을이 제철이며 11~12월이 우리나라에서 가장 맛이 좋은 시기다.

③ 문어는 우리나라 관혼상제 상차림에 필히 사용하는 해산물이고, 낙짓과에 속하는 연체동물 중에서 가장 크고 머리가 제일 좋으며 다리가 착 달라붙는 느낌이 든다고 하여 오징어 다리라 부르는 것과 다르게 발이라고 부른다.

④ 문어의 영양소는 시력 회복과 혈 방지에 상당한 효과가 있을 뿐만 아니라 콜레스테롤계의 담석을 녹이는 작용을 한다는 타우린이 약 34%가량 함유되어 있다.

(2) 해삼

① 우리나라에서 많이 나는 해삼의 종류는 청해삼, 홍해삼, 흑해삼으로 분류되는데 이중에서 홍해삼을 으뜸으로 친다.

② 홍해삼은 제주에서만 잡히고, 청해삼, 흑해삼은 남해안과 서해안에서 잡힌다.

③ 해삼은 주로 회나 초회로 먹으며 해삼의 내장을 소금에 절인 것을 고노와다라고 한다.

(3) 새조개

① 새조갯과에 속하는 쌍패류의 하나이다.

② 내면은 홍색이고 부드러우며 살색은 담색이다. 깊이 6m~9m 되는 내만의 진흙

섞인 모래펄 속에 서식하며, 5~10월에 산란한다.

③ 우리나라, 일본, 대만의 연안에 분포한다.

④ 살은 초회나 초장에 회를 만들어 먹기도 하는데 새고기 맛과 비슷하다.

⑤ 콜레스테롤의 함량은 쌍패류 중에서 가장 적은 편이지만 비타민 D는 다량 함유되어 있다.

⑤ 가열하면 굳어지므로 식초로 맛을 보충하여 생식한다.

⑷ 새우

① 새우는 갑각류 중 장미류에 속하는 종류를 말하는데 두흉부 복부, 미부의 세 부분으로 형성되어 있고 참새우, 대하, 보리 새우 등 종류가 많다.

② 단백질과 칼슘을 비롯한 무기질 비타민이 많아 강장식품으로 이용되기도 한다.

③ 몸체는 붉은색이며 단맛이 난다.

④ 회로 먹기도 하며 초회나 초밥 튀김의 재료로 많이 사용한다.

⑸ 가다랑어

① 가다랑어를 손질하여 쪄낸 다음 훈연하여 충분히 건조시킨 후 하루 정도 햇볕에 쬐어 밀폐 상자에 넣어 푸른곰팡이를 피운다.

② 이 같은 방법을 수차례 반복하여 곰팡이가 생기지 않을 때까지 완성시키면 비로소 국물을 낼 때 사용하는 가쓰오부시가 된다.

③ 양질의 가쓰오부시는 단단하며 두드렸을 때 맑은 소리가 나는데 이것을 대패로 깎아 사용하며 휘발성이 있어 시간이 지나면 맛과 향이 떨어진다.

④ 필요할 때 조금씩 깎아 사용하거나 밀폐 용기에 보관하여 단기간에 사용하는 것이 좋다.

⑹ 도미

① 농어목 도밋과의 하나로 몸은 일반적으로 담홍색이며 육질은 백색으로 맛은 담백하다.

② 도미의 종류가 다양하여 우리나라 근해에서 잡히는 참돔, 감성돔, 붉돔, 황돔, 흑돔 등이 있다.

③ 이 중 봄철의 분홍빛을 띤 참도미가 단백질은 많고 지방은 적어 맛이 가장 뛰어나다.

④ 지느러미가 길게 뻗어 있어 아름다우며 일본인이 가장 좋아하는 생선이기도 하다.

⑺ 다시마

① 일본에서는 홋카이도가 주요 산지이다. 다시마의 종류는 마곤부, 리우스곤부, 리시리곤부 등 여러 가지가 있다.

② 건조가 잘되어 검은색이나 짙은 녹갈색인 것과 두껍고 하얀 염분 같은 것이 골고

루 많이 묻어 있는 것이 좋다.

③ 다시마는 감칠맛 성분인 글루타민 산이 많아 맛국물의 재료로 사용한다.

⑻ 실파

① 잎은 녹색이 짙고 균일하며 연하고 깨끗해야 하며 줄기 부분이 여러 갈래로 가늘게 나누어지는 것이 좋다.

② 실파는 5~6월경이 제철이며, 대파나 쪽파에 비해 쓴맛이 덜해 송송 썰어 양념이나 곁들임에 많이 사용한다.

③ 실파는 독특한 향을 지니고 있으며, 비린내 등의 냄새를 제거한다.

⑼ 대파

① 파는 백합과에 속하는 다년생 숙초로서 내한성과 내시성이 특히 강하며 북쪽의 시베리아로부터 남쪽의 열대 지방까지 분포되어 있다.

② 우리나라는 대파 산지로 유명한 전남의 진도, 신안, 영광이나 부산의 명지에서 많이 재배하고 있다.

③ 대파는 육류나 생선 요리에 넣으면 비린내나 좋지 못한 냄새도 잡아주고 소화를 돕기도 하며, 살균 및 해독 효과가 있으며, 성인병과 암 예방에도 효과가 있다고 한다.

⑽ 무

① 무는 사철 내내 생산되며 지방에 따라 토지의 명칭을 붙인 것을 많이 볼 수 있다.

② 좋은 무는 무겁고 육질이 단단하고 치밀하며 매운맛이 적고 단맛이 많아야 한다.

③ 무 성분은 수분이 약 95%이고 단백질이 1% 정도이나 리신(lysine)과 칼슘이 많으며, 비타민 C가 많다.

④ 무에는 아밀라아제(Amylase)가 많이 있어 소화를 돕는다.

⑤ 후로부키, 니모노, 기리보시, 초회, 무즙, 생선회의 곁들이 등 여러 가지 요리에 사용된다.

⑾ 고춧가루

① 향미료 중에서 가장 매운 것이 고춧가루이다.

② 분말로 한 것이 이치미이며, 이것에 다른 6종의 향미료를 혼합한 것이 시치미이다.

③ 양념이나 곁들임으로 이용된다.

⑿ 생강

① 특유의 매운맛과 향을 지니고 있으며, 여름에서 가을에 걸쳐서 생산되는 것으로 신생강이라 이르고, 이 이외는 묵은 생강이라 하여 연중 시장에 나오고 있다.

② 스이쿠치, 맑은 국에 띄워서 향기를 낸다. 덴모리 장식, 아스라이 곁들임으로 사용되며 또 냄새가 강한 재료에 넣어서 같이 끓이거나 삶기도 하며 냄새를 없애기도 하고 풍미를 내기도 한다.

③ 생강은 생선의 비린내도 없애 주고 살균작용이 있기 때문에 생선에 잘 어울린다.

⑬ **초생강**

① 생강의 성분인 진저론이나 쇼가론이라 하는 것이 세균의 번식을 막아 주며 생강은 세균의 종류에 따라서 살균력도 있고 생선의 아린 맛을 제거하며 해독하는 기능이 있는 동시에 입안을 개운하게 한다.

② 생선 껍질 초회는 날 것이 때문에 세균에 따라서 중독에 신경 쓰지 않으면 안 된다. 이러한 역할을 생강이 해주는 것이다.

Section 2 **초회 조리**

1 초회 조리의 종류

① 문어초회(타코스노모노:たこすのもの:蛸酢の物)

② 모듬초회(스노모노모리아와세:すのものもりあわせ:酢の物盛り合わせ)

③ 미역초회(와카메스노모노:わかめすのもの:若芽酢の物)

④ 오징어초회(이카스노모노:いかすのもの:烏賊酢の物)

⑤ 전복초회(아와비스노모노:あわびすのもの:鮑酢の物)

⑥ 해삼초회(나마코스노모노:なまこすのもの:海鼠酢の物)

Section 3 **초회 담기**

1 초회 조리의 비결

① 초회용 어패류는 무엇보다도 신선도가 중요하다.

② 식재료를 데치거나 삶은 재료는 완전히 얼음물 등을 이용해 완전히 식혀서 사용 한다.

③ 어패류는 소금에 절인 후 사용하고 연채류나 조개류 등은 식초에 씻어(스아라이:すあらい:酢洗い)서 사용하는 등 재료특성에 따라 사전 처리해서 주재료와의 조화에 중점을 둔다.

28 초회 조리의 종류와 설명이 옳게 연결된 것은?
① 아와비스노모노 – 문어초회
② 스노모노모리아와세 – 모듬초회
③ 나마코스노모노 – 오징어초회
④ 와카메스노모노 – 전복초회

아와비스노모노(전복초회), 나마코스노모노(해삼초회), 와카메스노모노(미역초회)

정답 _ 28 ②

④ 초회는 너무 화려하거나 큰 접시 그릇에 담으면 모양이 좋지 않기 때문에 작으면 서도 깊이 있는 것에 담는 것이 잘 어울린다.

2 양념의 종류 및 특성

초회 요리를 완성하기 위해서는 여러 가지 조미료가 사용된다. 일본 초회 요리에서 도사스와 폰즈로 간을 하는 데 필요한 조미료에는 간장, 청주, 식초 설탕 등이 있다.

종류	특성
간장	일본 간장은 진간장, 연간장 다마리로 분류하며 색깔, 맛, 향기를 중요시하며 재료의 색깔에 따라 국 간장, 진간장 연간장을 선택하여 사용한다.
청주	술은 요리에 풍미를 더해 주고 감칠맛과 풍미를 증가시켜 주는 역할뿐만 아니라 비린내를 제거하는 역할도 한다.
맛술(미림)	• 단맛이 나는 술로 처음에는 마시기 위한 술이었으나, 점차 요리에 사용되기 시작하였다. • 당분으로 인하여 음식에 윤기를 내주는 특징이 있는 조미료다. • 요리에 넣을 경우에는 가열하여 알코올을 증발시킨 후 사용해야 한다.
식초	• 신맛을 내는 조미료로 음식에 사용하면 청량감을 주고 식욕을 증가시키며 소화액의 분비를 촉진시켜 소화 흡수를 돕는다. • 해물의 비린 맛도 제거하며, 단백질 응고를 빠르게 하고 방부 작용과 갈변 방지 및 살균 효과가 있다. • 다른 조미료와 혼합하면 맛이 증가하기 때문에 나중에 넣어 식초의 맛을 조절하는 것이 좋다.
설탕	• 단맛을 내는 조미료로 사탕수수나 사탕무의 즙을 농축시켜 만드는 데 순도가 높을수록 단맛이 산뜻해진다. • 설탕은 단맛이나 쓴맛을 부드럽게 하고 전체의 맛을 순하게 한다. • 많은 양을 넣으면 본래의 재료가 갖고 있는 맛을 상실하기 때문에 적당량을 넣어 조리한다.

3 곁들임 재료

종류	특성
야쿠미	• 요리에 첨가하는 향신료나 양념을 말한다. • 요리에 첨가하여 먹으면 매우 좋은 맛을 내며 향기를 발하여 식욕을 증진시키는 역할을 한다.
모미지 오로시	• 고추 즙에 무즙을 개어 빨간색을 띤 무즙을 말한다. 마치 붉은 단풍을 물들인 것처럼 적색을 띠므로 모미지라고 한다. • 폰즈나 초회에 곁들이거나 사용한다.

빈출 Check

29 일식 조리에서 요리에 첨가하는 향신료나 양념을 가리키는 것으로 요리에 첨가하여 먹으면 매우 좋은 맛을 내며 향기를 발하여 식욕을 증진시키는 것은?
① 야쿠미
② 나마와사비
③ 다이콩오로시
④ 가쓰오부시

야쿠미에 대한 설명이다.

정답 _ 29 ①

찜 조리

빈출 Check

Section 1 찜 재료 준비

1 찜 조리의 개요

30 찜 조리에 대한 설명으로 옳지 않은 것은?
① 재료가 가지고 있는 본연의 맛을 살릴 수 있다.
② 비린내를 제거할 수 있다.
③ 단단한 재료는 부드럽게 할 수 있다.
④ 달걀류는 약한 불로 부드럽게 찐다.

📌 찜 요리의 특징은 재료가 가지고 있는 맛과 향이 달아나지 않는다.

찜 요리는 증기를 이용한 열을 가하여 조리하는 방법으로서 찜 요리의 특징은 재료가 가지고 있는 맛과 향이 달아나지 않게 하고, 단단한 재료는 부드럽게, 부드러운 재료는 모양을 유지 할 수 있는 장점이 있다. 생선찜의 경우 주의할 점은 반드시 찜통에 물이 끓을 때 요리 할 재료를 넣고, 뚜껑은 자기 몸 밖으로 열곤, 조개류는 오래 찌면 질게 지므로 주의하고, 달걀류는 약한 불로 부드럽게 찐다. 찜통에 넣는 물의 양은 3/5정도가 적당하고, 찜통은 약간 넓고 낮은 것이 좋다.

찜 요리 중에서 일반적으로 소재 자체가 맛이 약하거나 맛이 잘 배지 않을 때 사용하는 앙카게는 조림 요리나 찜 조리, 그 외에 여러 가지가 있는데, 앙카게 종류가 대단히 많으며 매우 다양하다. 조미한 다시국물 전분이나 칡 전분을 넣어 만든 긴앙, 벳코우앙 등 여러 가지가 변화하여 만들어진다. 쿠즈앙은 다시 5: 1간장 의 비율로 전분을 넣어 걸쭉하게 만든 것이다.

2 찜 조리의 원리

찜이라는 가열 방법은 조리하는 식재의 표면 또는 그 용기의 표면에서 수증기가 물로 환원될 때 다량의 열을 방출하는 것으로 그릇이나 식재를 고온으로 가열하게 되는데 즉, 식재료 전체를 감싸듯이 가열하기 때문에 매우 효율이 높은 가열 방법이고, 다른 조리법에 비해 쉬운 조리법이라고 할 수 있다. 물의 증발이 활발해짐에 따라 그 액체의 온도는 급속하게 내려가는데, 1g의 물이 증발할 경우 대략 540kcal의 열량이 필요하며, 찜 조리는 일반적으로 100℃의 수증기 속에서 식재를 가열하는 것으로, 주로 수증기의 잠열을 이용하는 것이다. 수증기는 압력을 가하지 않으면 100℃이고, 이것이 차가운 식품에 닿으면 기화열의 온도에 상당하는 열을 방출하면서 식재를 데우고 수증기 자신은 원래의 물로 돌아와 물방울이 된다. 이때 식재료가 수분이 적은 식품이라면 이 물방울을 흡수하며 수분을 포함하게 되고, 수분이 많은 식재료의 경우에는 물방울이 찜통의 물로 돌아가 다시 가열되어 수증기로 되는, 즉 물이 순환적으로 사용되어 적은 양으로도 찔 수 있게 되는 것이다.

3 찜 조리의 특징

① 식재료에 변화나 충격을 주는 일이 적기 때문에 요리를 보기 좋게 완성한다.

② 식재료를 부드럽게 만든다.

③ 압력을 이용하는 것도 가능하기 때문에 소재를 단시간에 부드럽게 만들 수 있어 대량 조리도 좋다.

④ 형태와 맛, 향을 그대로 유지한다.

⑤ 차갑게 식어도 딱딱해지지 않아 여름에는 시원한 맛 요리로도 좋다.

4 찜 주재료의 특징

(1) 달걀

① 달걀은 껍데기가 까칠한 것이 신선하며, 광택이 있는 것은 오래된 것이다.

② 달걀은 비타민 A, B1, B2,가 많아 좋은 영양 식품이다.

③ 노른자가 견고하고 색이 선명한 것이 좋다.

(2) 대합

① 대합은 구워서 먹기도 하고, 술을 넣어 찌기도 한다.

② 일본 내에서 생산되는 것으로는 부족하여 우리나라에서 수입하여 사용하기도 한다.

③ 우리나라에는 서해안, 중국, 일본 연안 등의 수심 20m까지 모랫바닥에서 서식한다.

④ 제철은 가을부터 이듬해봄까지이며 3년생과 3~5월에 잡히는 것이 가장 맛이 좋다.

⑤ 요리하기 전에는 엷은 소금물에 해감하여 사용하고 굽거나 끓일 때는 국물이 튀지 않도록 눈을 자른 후 요리한다.

⑥ 구이를 할 때는 살이 붙은 쪽이 밑으로 오도록 아래 위를 잘 구분해서 굽는데, 정면에서 보아 껍질에 붙은 눈 부위가 왼쪽에 오면 바로 놓은 것이다.

(3) 도미

① 농어목 도밋과로 몸은 담홍색이며 육질은 백색으로 맛은 담백하고 종류가 다양하다.

② 우리나라 근해에서 잡히는 참돔, 감성돔, 붉돔, 황돔, 흑돔 등이 있다.

③ 봄철의 분홍빛을 띤 참도미가 단백질이 많고 지방은 적어 맛이 가장 뛰어나다. 지느러미가 길게 뻗어 있어 아름다우며 일본인이 가장 좋아하는 생선이기도 하다.

5 양념 재료 준비

(1) 폰즈

① 폰즈는 감귤류에서 짠 즙을 말한다. 등자(스다치)를 주로 사용한다.

② 냄비 요리나 찐 생선, 기름에 튀긴 요리 등 여러 가지에 쓰인다.

③ 찜 조리에 짠 즙 1, 간장 1, 즉 같은 비율로 하는 것이 좋다.

④ 용도에 따라 다시물을 약간 섞는 경우도 있다.

(2) 야쿠미

① 요리에 첨가하는 향신료나 양념을 말한다.

② 요리에 첨가하여 먹으면 훨씬 더 좋은 멋을 내는 것은 물론, 향기를 내어 식욕을 증진시키는 역할을 한다.

③ 튀김에는 무즙, 생강즙, 실파 등이 사용되고 메밀국수에는 실파나 와사비 등이 쓰인다.

④ 우동에는 시치미(고춧가루, 삼씨, 파래김, 흰깨, 검정깨, 풋 고춧가루, 산초 등 일곱 가지를 넣어 가루로 만든것)가 쓰인다.

⑤ 그 외에 차조기잎, 명하, 참깨, 김, 유자피, 마늘, 고추 등이 있다.

(3) 모미지 오로시

① 무즙에 고추 즙(고운 고춧가루)을 개어 빨간색을 띤 무즙을 말한다.

② 마치 붉은 단풍을 물들인 것처럼 적색을 띠고 있어 모미지라고 부른다.

③ 폰즈나 초회 등에 곁들이거나 복껍질무침 등에 사용된다.

④ 아카오로시라고도 한다.

빈출 Check

31 찜 조리에 쓰이는 양념으로 주로 감귤류에서 짠 즙에 간장을 섞은 것은?

① 야쿠미
② 폰즈
③ 곤부다시
④ 모미지오로시

폰즈는 감귤류에서 짠 즙을 간장과 1 : 1의 비율로 섞은 것으로 용도에 따라 다시물을 약간 섞기도 한다.

Section 2 찜 조리

1 찜 조리의 종류

(1) 조미료에 의한 분류

① 술찜(사카무시:さかむし:酒蒸し) : 재료에 소금과 술을 뿌려 찜한 요리

② 소금찜(시오무시:しおむし:塩蒸し) : 재료에 소금으로 간을 하여 찜한 요리

③ 된장찜(미소무시:みそむし:味噌蒸し) : 재료에 으깬 된장(참깨, 유자) 등을 넣어서 혼합하여 찐 요리

(2) 재료에 의한 분류

① 무청찜(가부라무시:かぶらむし:蕪ら蒸し) : 강판에 간 무청을 재료에 듬뿍 놓아서 찜한 요리

② 오키나찜(오키나무시:おきなむし:翁蒸し) : 다시마와 가늘게 채 썬 무 등을 백발 머리처럼 보이게 하여 재료에 얹어서 찜한 요리

③ 상용찜(조요우무시:じょうようむし:常用蒸し) : 강판에 간 산마를 곁들여서 찜하든지, 일단 찜을 하여 체에 거른 산마를 재료에 감싸서 찜한 요리

④ 도묘지찜(도묘지무시:どうみょうじむし:道明寺蒸し) : 물에 불린 찐 찹쌀로 재료를 감싸든지 또는 위에 올려놓고 찜한 요리

⑤ 달걀노른자위찜(기미무시:きみむし:黄身蒸し) : 재료에 달걀노른자를 바르든지, 달걀노른자를 으깬 것과 체에 거른 것을 놓아서 찜

(3) 달걀 등의 재료에 의한 분류

① 찻종찜(차완무시:ちゃわんむし:茶碗蒸し) : 담백하고 감칠맛이 있는 재료와 달걀 물을 찻종에 넣어서 찜한 요리

② 오다마키무시(오다마키무시:おだまきむし:苧環蒸し) : 찻종 찜에 우동을 첨가한 요리

③ 남선사찜(난젠지무시:なんぜんじむし:南禅寺蒸し) : 체에 거른 두부와 생선의 으깬 살을 달걀 물로 늘려서 여러 가지 재료를 넣음

④ 달걀 두부(다마고무시:たまごとうふ:卵豆腐) : 달걀을 맛국물로 섞어서 찜한 요리

(4) 형태에 의한 분류

① 질주전자 찜(도빈무시:どびんむし:土瓶蒸し) : 질주전자에 듬뿍 맛국물을 넣고 계절의 재료를 넣어서 찜한 요리

② 부드러운 찜(야와라카무시:やわらかむし:柔か蒸し) : 재료를 극히 부드럽게 찜

③ 뼈 찜(호네무시:ほねむし:骨蒸し) : 뼈가 붙은 생선의 머리를 듬뿍 넣은 맛국물 속에서 찜한 요리

④ 섶나무 찜(시바무시:しばむし:柴蒸し) : 송이버섯, 표고버섯, 당근 등을 채로 썰어서 섶나무와 같이 보이게 하여 재료에 놓아 찜한 요리

⑤ 벚꽃 찜(사쿠라무시:さくらむし:桜蒸し) : 잘 불린 도명사전분에 재료를 감싸서 벚꽃나무 잎을 말아서 찜할 경우와 재료에 직접 벚꽃나무 잎을 말든지 깔아서 찜 하는 경우도 있음

⑥ 떡갈나무 찜(카시와무시:かしわむし:柏蒸し) : 벚꽃 찜과 동일하며 벚꽃 잎의 대용으로 떡갈나무 잎을 사용하기도 함

빈출 Check

32 담백하고 감칠맛이 있는 재료와 달걀물을 찻종에 넣어서 찜한 요리는?

① 난젠지무시
② 차완무시
③ 도묘지무시
④ 카부라무시

차완무시에 대한 설명이다.

33 소재 자체의 맛이 약하거나 맛이 잘 배지 않을 때 사용하는 찜소스로 옳지 않은 것은?

① 구즈안
② 와카메안
③ 소보로안
④ 이번 다시

안카케 작업은 일반적으로 소재 자체가 맛이 약하거나 잘 배지 않을 때 사용하며 긴안, 벳코우안, 와카메안, 소보로안, 카니안 등이 있다.

정답 _ **32** ② **33** ④

34 찜 요리에 대한 설명으로 옳지 않은 것은?
① 생선이나 닭고기는 강한 불에 찐다.
② 달걀이나 두부는 약한 불에 찐다.
③ 흰살생선은 살짝 데칠 정도로만 찐다.
④ 소고기나 오리고기는 완전히 익힌다.

🌥 붉은색 재료(소고기, 오리고기)는 중심부가 약간 붉은빛이 도는 정도 80%로 익히는 것이 좋다.

35 찜 조리의 특징으로 옳은 것은?
① 식품 전체에 간이 배게 할 수 있다.
② 비린내와 냄새를 제거할 수 있다.
③ 조림 요리에 비해 성분의 손실이 크다.
④ 소재가 가진 형태, 맛, 향을 유지하는 데 적합하다.

🌥 ① 식품 전체에 간이 배게 할 수 없다. ② 비린내와 냄새를 제거할 수 없다. ③ 조림 요리에 비해 성분의 손실이 적다.

2 찜 소스

(1) 전분의 특징과 용도

구분	특징	용도
감자 전분	고급 재료	튀김에 사용
고구마 전분	고구마 전분 80%, 옥수수 전분 20%	튀김 요리에 사용
옥수수 전분	값이 저렴하여 가장 많이 사용	짜장, 탕수육 소스
칡 전분	조리 시 맑아짐 고급 재료여서 비쌈	소스의 농도 조절 서양, 일본 요리에서 사용

(2) 앙카게 작업

① 일반적으로 소재 자체가 맛이 약하거나 맛이 잘 배지 않을 때 사용된다.

② 전분에 조미한 다시국물을 넣어 만든 긴앙, 벳코앙 등 여러 가지가 변화하여 만들어진다.

② 조미한 다시 국물에 전분이나 칡 전분으로 걸쭉하게 만들기도 한다. 이것은 소재가 가진 맛을 가능한 잃지 않고 맛을 더해 먹을 수 있도록 한 조리법이다.

③ 다른 재료를 안에 넣은 것도 사용한다. 예를 들면, 와카메(미역)앙, 가니(대게)앙, 에비(새우) 소보로앙 등이 그 예이다.

④ 소재가 담백하면 할수록 안에 복잡한 맛을 만들어 조화시키도록 연구해야 한다.

⑤ 전분으로 걸쭉하게 만든 국물을 구즈안이라고 말한다.

⑥ 조림 요리와 찜 조리에 사용되는 구즈안은 다시물 5t, 간장 1t를 넣고 끓여 다시물에 풀은 전분을 1t 넣어 걸쭉하게 만든다.

⑦ 잘 식지 않고 몸을 따뜻하게 해 주며 주로 맛을 보충하여 찜 조리에 사용된다.

3 찜통 준비 및 불 조절

(1) 찜통 사용 시 주의점

① 온도가 너무 높으면 소재에 작은 구멍이 생기기도 하고, 또한 시간이 충분하지 않으면 중앙에 응고되지 않은 부분이 생기기도 한다. 이 같은 것들은 경험을 쌓지 않으면 알 수 없으며 그릇 속을 젓가락 등으로 휘저어 볼 수가 없으므로 외관으로 찜의 상태를 알 수 있는 방법을 알아 둘 필요가 있다.

② 적절한 물의 양
- 찜통의 물의 양은 재료에 대해 적당량 있어야 한다.
- 찜통의 물이 많으면 끓어서 증기가 오를 때까지 시간이 걸리며 불필요한 연료와 시간을 소비하게 된다.

- 소재의 양과 찌는 시간을 계산하여 정확한 양을 준비하여야 한다.
- 도중에 물을 추가하거나 하게 되면 요리를 균일하고 아름답게 완성하지 못하게 된다.
- 찜통의 위치와 높이 그리고 물의 양을 조정해서 찜통의 물이 끓어 식재료에 닿지 않도록 주의한다.

③ 적당한 시간
- 쪄내는 시간을 정확하게 계산하여 시간 내에 완성하도록 노력한다.
- 소재의 크기를 균일하게 하며, 그릇의 질량과 열의 전도율 등을 잘 생각하여 쪄야 한다.
- 시간 조절을 하지 않고 찌게 되면 식재의 맛과 향이 물방울과 함께 흘러내려 맛이 떨어질 뿐만 아니라 영양가도 손실된다.

(2) 재료에 따라 불 조절하는 방법

① 생선, 닭고기, 찹쌀(강한 불)
- 생선은 날것일 때 단단하지만 열을 가하면 부드러워진다.
- 날것일 때 단단한 재료가 쪘을 때 부드러워지는 것은 강한 불에 찐다.

② 달걀, 두부, 산마, 생선살 간 것(약한 불)
- 이런 것들은 원래 부드러웠다가 찌면 딱딱해진다.
- 이런 재료는 약한 불로 찐다.

(3) 재료에 따라 찜 정도 조절하는 방법

① 흰살생선 : 흰살생선은 생으로 먹을 수도 있으므로 살짝 데친 정도로만 찜을 하면 된다. 열을 가하여 익히는 정도는 95%가 가장 적당하다.

② 등푸른생선 : 지방이 많고 특유의 냄새가 있으니 완전히 익히는 것이 좋다.

③ 육류 : 붉은색 재료(소고기, 오리고기)는 중심부가 약간 붉은빛이 도는 정도 80%로 익히는 것이 좋다. 반면 흰 재료(닭고기, 돼지고기)는 완전히 익힌다.

④ 조개류 : 익히면 익힐수록 단단해진다. 대합, 중합은 입을 딱 벌리면 완성된 것이다.

⑤ 채소류 : 색과 씹히는 맛을 중요시하므로 아삭할 정도로 살짝 익힌다.

Section 3 찜 담기

1 생선 찜 조리의 주의점

① 찜 조리는 조림 요리에 비교하면 형태의 변화가 적고 성분이 손실이 적기 때문

에 소재가 가진 아름다운 형태와 맛, 향 등을 유지하는 데 아주 좋은 조리법이다.

② 직접 가열하는 조리법에 비교하면 가열 시간이 길기 때문에 식품들의 맛의 성분이나 지방이 유출하는 경우가 있으며, 식품 전체에 간이 배게 하는 것이 불가능하다는 결점이 있다.

③ 찜 조리가 가진 맛과 향을 지킨다는 것은 장점이 되는 것과 동시에 불필요한 맛이나 향이 그 속에 같이 갇혀 있다는 사실도 생각해야 한다.

④ 찜통의 물의 양은 재료에 대해 적당량 있어야 한다.

⑤ 찜 시간을 정확하게 계산하여 시간 내에 영양분 유출을 방지하기 위해서 완성하도록 노력한다.

⑥ 식품 전체에 간이 배게 하는 것이 불가능하다.

⑦ 비린내와 냄새를 제거할 수 없다.

Chapter 08 롤 초밥 조리

Section 1 롤 초밥 재료 준비하기

 초밥(스시:すし:寿司) 조리의 개요

일본에서의 초밥의 역사는 약 10세기경부터라고 전해지고 있으며, 초밥은 관동지방의 '에도마에스시(えとうまえずし:江前寿司)'와 관서지방의 '하코즈시(はこずし:箱寿司)'로 크게 나눌 수 있다 .

그 외 초밥의 종류는 교토의 말이초밥(마키즈시:まきずし:巻き寿司), 그리고 일본 내 각 고장마다 특색을 살린 스시가 많이 발달되어 있는데 옛날에는 관동(関東), 관서(関西)에 극한되지 않고 요시노지방의(よしのちほう:吉野地方)의 은어초밥(아유스시:あゆずし:鮎寿司), 오오미(おおみ:近江: 지방명)의 붕어초밥(후나즈시:ふなずし:鮒寿司) , 키슈(きしゅう: 紀州 지방명)의 나레즈시(なれずし:熟れ寿司, 나레즈시는 생선의 창자를 빼내고 그곳에 초밥을 채워 넣고 돌로 눌러 숙성시킨 초을 말한다.)가 있다.

초밥은 예전에는 인공초을 이용하지 않고 자연적으로 발효시켜 만들었으나 토쿠카와이에야스(とくかわいえやす:德川家康) 시대부터 밥에다 초를 섞고 생선을 초에 무쳐 이용하게 되었는데, 현대에는 밥에다 식초, 설탕, 소금을 주로 이용하고 있다. 일본에서 초밥을 만들 때에 중요한 3가지 요소는 빠르게(はやい), 맛있게(おいしい), 예쁘게(きれい)이다.

(1) 초밥 먹는 순서

① 초밥을 맛있게 먹을려면 담백한 재료에서 기름진 재료 순서로 먹는다.

② 색깔로는 흰 색 → 붉은 색 → 푸른 색 순으로 먹는다.

③ 구체적으로 먹는 순서 : 흰 살생선(도미, 광어, 농어) → 참치등살(아카미) → 오징어 → 조개류(전복, 말조개, 새조개, 피 조개) → 알 류(연어알, 성게알 , 날치알, 철갑상어 알) → 참치뱃살(토로) → 등 푸른 생선(고등어, 전어, 전갱이, 청어) → 김 말이 → 후식으로 먹는다.

④ 초밥을 간장에 찍을 때는 밥알에 찍으면 부서질 염려가 있기 때문에 생선 부위에만 찍어서 먹는다.

⑤ 마시는 국물은 된장국보다 따뜻한 녹차가 제 맛을 느끼게 한다.

(2) 초밥과 오차

오차는 초밥을 먹을 때 식전에 제공을 하는데 이것은 초밥의 맛을 제대로 느끼기 위해서 먼저 먹었던 생선의 생선에 지방분이나 맛을 깨끗이 씻어주고 개운한 상태에서 다른 생선의 맛을 제대로 느낄 수 있게 하기 때문이다.

초밥과 어울리는 오차는 단맛이 나는 60℃ 온도로 제공하는 교쿠로차보다는 90℃ 온도로 제공하는 떫은 맛이 나는 센차류나 향기가 좋은 반차, 호지차가 더 좋다.

2 김초밥(노리마키즈시: のりまきずし:海苔巻寿司)의 개요

도쿄(東京)가 원조격인 김초밥에는 굵은 김초밥인 후토마키즈시(ふとまきずし:太巻き鮨)와 김 1/2장으로 만든 가늘게 말은 김초밥인 호소마키(ほそまきずし:細巻き), 장식말이 김초밥인 가자리마키즈시(かざりまきずし:飾り巻き鮨), 손말이 김초밥인 가마키즈시(てまきずし:手巻き鮨) 등으로 나눌 수 있다.

또한, 김밥 속에 넣는 주재료에 따라서 그 종류를 보면 초밥 가운데 빨간 참치와 파란와사비가 마치 불에 달군 쇠의 불빛 같다 해서 불러진 참치김초밥인 '뎃카마키(てっかまき:鉄火巻)'와 캇파라는 상상의 동물이 있는데 이 동물이 오이를 좋아했다고 하는 데서 비롯된 오이 말이 김초밥인 '가파마키(かっぱまき:河童巻き)', '오싱코말이 김밥(싱코마키:しんこまき:新香巻き)', '매실시소김밥(우메시소마키:うめしそまき:梅紫蘇巻き)' 등으로 나눌 수 있다.

3 초밥용 밥 준비

(1) 초밥용 쌀의 조건

① 초밥용으로 좋은 쌀은 밥을 지었을 때 맛과 향기가 있고 적당한 탄력과 끈기가 있는 것이다.

② 또 밥을 하여 배합초를 첨가하여야 하기 때문에 평상시보다 약간 되게 지어야 좋다.

③ 수분의 흡수성이 좋아야 배합초를 잘 흡수할 수 있기 때문에 초밥용으로 적합한 밥이 있어야 한다.

(2) 초밥용 쌀의 선택 및 보관법

① 초밥용 쌀은 햅쌀보다는 묵은쌀이 좋다. 그 이유는 햅쌀은 전분이 굳어지지 않고 남아 있어 배합초를 뿌렸을 때 흡수율이 낮아 겉의 수분으로 인하여 질퍽한 밥이 되기 때문이다.

② 쌀의 보관 장소는 12℃의 냉장온도와 자연 상태로 둔다면 여름철에는 1개월 겨울철에는 2개월이 좋고, 현미상태로 서늘한 곳에 둘 때는 1년이 지나도 되지만 정미한 것은 품질이 급격히 떨어질 수 있어 가장 좋은 방법은 그때그때 정미해서 사용하면 좋다.

36 초밥에 어울리는 오차로 적합하지 않은 것은?

① 교쿠로차 ② 센차
③ 반차 ④ 호지차

초밥과 어울리는 오차는 단맛이 나는 60℃ 온도로 제공하는 교쿠로차 보다는 90℃ 온도로 제공하는 떫은 맛이 나는 센차류나 향기가 좋은 반차, 호지차가 더 좋다.

37 초밥용 쌀에 대한 설명으로 옳지 않은 것은?

① 적당한 탄력과 끈기가 있어야 한다.
② 평상시보다 약간 되게 지어야 한다.
③ 묵은쌀보다는 햅쌀이 좋다.
④ 고시히카리가 풍미가 있고 흡수성이 좋아 주로 많이 이용된다.

초밥용 쌀은 햅쌀보다는 묵은쌀이 좋다.

정답 _ 36 ① 37 ③

(3) **초밥용 쌀 품종**

① 초밥용으로 적합한 쌀 품종으로는 고시히카리계와 사사니시키계가 일반적으로 이용된다.

② 전분의 구조가 단단하고 끈기가 더 있는 고시히카리 품종이 밥을 지었을 때 풍미가 있고 수분의 흡수성이 좋기 때문에 주로 많이 이용된다.

4 용도별 롤 초밥 재료 준비

(1) **박고지**

① 박고지는 식용박이 여물기 전에 껍질을 벗긴 다음 살을 얇고 길게 썰어, 즉 가쓰쓰라무키기리(桂剝切り:かつらむきぎり) 후 말려서 보관한다.

② 필요할 때에 물에 씻고 불린 후에 조려서 사용한다.

③ 박고지는 항노화 물질이 있어 노화 방지는 물론 섬유질이 풍부하여 장내에 유익하고 소화 작용을 증진하여 다이어트 식품으로도 이용된다.

④ 일식에서는 불린 박고지를 소금물로 씻은 다음 다시마물, 간장, 설탕, 맛술, 청주에 조려서 부드럽게 하여 사용한다.

(2) **달걀**

① 달걀은 영양이 풍부하여 음식의 재료와 요리의 재료로 많이 사용된다.

② 신선한 달걀 고르기
- 손으로 만져 보아서 거친 느낌의 것
- 눈으로 보아 껍데기가 깨지거나 금이 가지 않은 것과 이물질이 없는 것
- 깨뜨려서 도톰하게 노른자가 올라와 있고 노른자의 색이 선명하고 흰자는 퍼지지 않은 것
- 10%의 식염수에 넣으면 신선한 달걀은 가라앉음

(3) **오보로**

① 생선 오보로는 흰살생선의 살을 삶은 후에 물기를 제거하고 수분을 제거한다.

② 핑크색으로 색깔을 입히고 설탕, 소금으로 간을 하여 사용한다.

③ 흰살생선을 삶은 후에 면포(거즈)에 걸러 여러 차례 씻어 좀 더 하얗게 만들기도 한다.

(4) **오이**

① 우수한 비타민 공급체로 소박이, 오이지, 장아찌 등에 다양하게 이용되는 채소이다.

② 대개 오이는 생식으로 이용되지만 절임이나 피클 등으로도 많이 이용된다.

③ 오이는 95%가 수분으로서 수분을 공급해 주고, 비타민 A, C, B1, B2 등이 풍부하여 비타민 공급체가 되기도 하고 아삭아삭 씹히면서 독특한 향기까지 주는 식품이다.

④ 일식에서는 초회 요리, 김초밥, 오싱코, 샐러드 등에 많이 사용된다.

⑤ 오이를 조리할 때에는 비타민 C가 파괴되지 않도록 식염이나 식초로 조리하는 것이 좋다.

(5) 참치

① 참치는 전 세계의 따뜻한 바다에서 주로 발견된다.

② 참치의 종류는 참다랑어, 눈다랑어, 황다랑어, 황새치류 등이 있다.

③ 부위는 머리 부위, 지느러미 부위, 속살(붉은 살, 아카미), 목살 부위, 껍질 부위, 뱃살 부위(주도로, 오도로), 꼬리 부위 등으로 나눌 수 있다.

④ 가격은 뱃살 부위가 가장 비싸다.

⑤ 냉동 참치 해동 방법

가장 많이 사용하는 방법은 염수해동법으로 따뜻한(물 소금물(물1.800cc 의 온도 27℃에 소금 50g) 로 녹인다. 보통 슬라이스 해 놓은 두께 2㎝ 크기는 따뜻한 소금물에 2~3분 담가두면 빨갛게 될 때 꺼내서 쉬팬에 행주를 깔고 사로 붙지 않게 해서 냉장고에서 5시간 정도면 좋다. 그 외 산수해동, 가압해동, 고주파 행동 등이 있다.

5 부재료 준비

(1) 고추냉이

① 고추냉이는 초밥 재료에 빠져서는 안 될 가장 중요한 식재료이다.

② 일본의 주요 산지는 시즈오카, 나가노, 야마구치 지방이며 과거에는 전량 수입에 의존하였으나 지금은 강원도 철원에서 최초 재배에 성공하여 태백, 평창, 임실, 부여 등 전역에서 재배하고 있다.

③ 고추냉이의 재배조건 : 고추냉이는 물, 토양, 기후 등 재배조건이 알맞은 곳에서 재배를 하는데 여름에는 수온이 13℃ 정도 일정한 온도로 지하수가 나는 모래땅에서 잘 자란다.

④ 고추냉이의 역할 : 고추냉이의 톡 쏘는 듯한 살균력은 식초와 고추냉이에 똑 같은 균을 18시간 넣고 실험한 결과 식초에는 살아있었지만 고추냉이에는 모두 사멸될 정도로 살균력이 강하다. 이런한 역할로 식욕촉진과 비린 맛을 없애주는 역할을 한다.

⑤ 고추냉이의 종류와 개는 방법 : 고추냉이는 크게 생와사비인 스리와사비(すりわさび)와 가루로 된 분말와사비인 네리와사비(ねりわさび) 두 종류로 나뉜다. 생와사비의 향을 더욱 강하게 느끼려면 필요할 때 마다 그때그때 갈아서 사용한다. 가루 와사비를 깰 때도 보통은 찬물로 필요할 때 갈아야 맛과 향이 달아나지 않는다. 더욱 맛과 향을 느끼려면 약간 미지근한 물이 좋다.

⑥ 고추냉이를 가는 방법 : 먼저 고추냉이의 줄기부분을 약간 남기고 칼로 울퉁불

퉁한 검은 부위만 칼로 깎아서 강판에 の자를 그리듯 가는데 향기가 있는 잎사
귀부분과 매운맛이 있는 뿌리부분을 번갈아서 갈아야 더욱 맛있게 즐길 수 있다.

(2) 생강

① 생강은 주로 충청 이남 지역에서 생산되며 생산 시기는 10월~11월이며, 특유의
알싸한 매운맛과 강렬한 향을 갖고 있다.

② 전 세계적으로 음식의 향미를 돋워 주는 향신료로 주로 사용되는데 일본 요리에
의 초밥 조리에 초절임하여 곁들임 재료로 사용한다.

③ 초밥을 먹을 때 위산과 위액분비를 촉진해서 식욕촉진을 하는 초생강은 초밥과
빼 놓을 수 없는 재료로 초밥카운터에서는 씹을 때 가리가리(がりがり) 소리가
난다 해서 가리라고 한다.

(3) 시소(자소엽)

① 시소는 천연 향신료로 잎, 열매를 사용하는데 잎은 자소엽, 열매는 자소자라고 한다.

② 원산지는 히말라야 산맥에서 동아시아에 걸친 지역이며 한국, 일본, 중국에 분
포한다.

③ 시소는 강한 향균 작용이 있어 식중독 예방에 도움이 되는 향신료로 일본에서는
도시락과 초밥, 사시미 등 여러 음식의 곁들임 재료로 주로 많이 사용된다.

Section 2 롤 양념초 조리하기

1 초밥용 배합초 재료 준비

(1) 배합초 주재료

A. 식초

① 식초는 신맛이 나는 조미료이다. 산성 식품인 식초는 방부 효과가 있어 식품을 저
장할 때도 이용되고 의약품으로도 사용된다.

② 양조초와 합성초와 가공초 등 여러 가지 식초가 이용되고 있는데 소스와 샐러드
의 드레싱을 만들 때나 음식의 맛을 돋울 때 사용된다.

③ 생선의 비린내를 제거할 때나 피클이나 장아찌를 만들 때도 사용한다.

B. 설탕

① 설탕은 사탕수수나 사탕무를 원료로 하여 만든 것으로 맛이 달고 물에 잘 녹는다.

② 음식의 단맛과 윤기를 내 주고 짠맛을 중화시켜 주기 때문에 많은 식품에서 사
용된다.

③ 미생물의 성장 및 번식을 억제해 줌으로써 보존 기간을 연장시키기도 한다.

C. 소금

① 소금은 짠맛이 나며 생선·고기의 보존과 방부 작용 외에 식품의 맛을 돋우는 조미료 역할을 한다.

② 인류가 사용해 온 조미료 중에 가장 오래되었으며, 음식의 기본적인 맛을 내게하며 다른 물질로 거의 대체시킬 수 없는 점에서 가장 큰 비중을 차지하기도 한다.

⑵ **배합초 부재료**

A. 레몬

① 신맛이 강한 레몬은 익으면 노란색으로 되며 향기와 신맛이 강하다.

② 식초와 음료 등의 원료로 사용되는 레몬은 잘라서 생선회, 구이 요리, 튀김 요리 등의 곁들임 재료로 사용되며 생선의 비린내를 제거하거나 맛을 살릴 때 사용하기도 한다.

B. 다시마

① 다시마는 완전하게 건조된 것이 좋다.

② 다시마는 표면에 흰 분말이 묻어 있는데 감칠맛의 성분인 만닛또이다.

③ 만닛또는 글루타민산과 아미노산의 일종으로 감칠맛이 있기 때문에 절대 물에 씻어 사용해서는 안 된다.

④ 표면을 깨끗한 젖은 행주로 닦아서 사용하면 된다.

⑤ 품종에 의한 분류 : 품종에 의한 분류로는 참(마)다시마, 리시리다시마, 산세키다시마, 나가다기마, 호소메 다시마 등이 있는데 풍미가 좋고 최고품으로는 참(마)다시마로 길이가 길고 두껍다.

⑥ 품질에 의한 분류 : 다시마의 품질에 의한 분류로는 1등품에서 3~4등품까지의 등급이 있다.

⑦ 다시마 사용 방법 : 다시마는 젖은 행주로 이물질만 닦은 후에 차가운 물에 넣고 끓으면 불을 끄고 다시마를 건져내고 걸러서 사용하거나 차가운 물에 다시마를 넣고 우러나면 걸러서 사용하는 방법도 있다.

2 초밥용 배합초 조리

⑴ **초밥용 비빔 통(한기리)**

① 한기리(초밥 식히는 나무 통)는 작게 쪼갠 나무를 여러 개 이어서 둥글고 넓으면서 높지 않게 만들어 초밥을 식히는데 사용되는 조리기구이다.

② 사용할 때에는 물로 깨끗하게 씻어 물기를 행주로 닦고 밥이 따뜻할 때 배합초를 버무려 사용한다.

③ 마른 통을 사용할 경우에는 밥이 붙고 배합초를 섞기가 불편하기 때문에 꼭 수분을 축여서 사용하도록 한다.

④ 밥과 배합초의 비율 : 밥과 배합초의 비율은 밥 15에 배합초 1정도의 비율을 기본으로 하며 김초밥은 배합초의 비율을 조금 더 적게 하고 생선초밥은 배합초의 비율을 조금 높게 하는 경우가 있다.

⑤ 초밥을 고루 섞는 방법 : 한기리에 뜨거운 밥을 옮겨 담고 배합초를 뿌리고 나무주걱으로 살살 옆으로 자르는 식으로 밥알이 깨지지 않도록 섞고 한 번씩 밑과 위를 뒤집어 주면서 배합초가 골고루 섞이도록 한다. 또 부채 바람은 밥에 배합초가 충분히 스며들었을 때 부채질을 하여야 한다. 처음부터 하면 초밥에 배합초가 잘 스며들지 않기 때문에 좋지 않다.

Section 3 롤 초밥 조리하기

1 롤 초밥 재료의 모양 준비

(1) 김밥용 발(卷きす すだれ; 마키스 스다레)

① 롤 초밥을 만들 때 꼭 필요한 기구이며 좋은 발은 둥근 껍질의 대나무를 튼튼한 끈으로 잘 묶어 놓은 것이 좋은 것이다.

② 후도마키용(25×24㎝)과 호소마키용(18×27㎝)이 있는데 최근에는 편의상 대부분 후도마키용으로 호소마키도 함께 사용한다.

③ 김발용 발의 올바른 사용 방법 : 김발용 발은 청결하게 위생적으로 관리되어야 한다. 따라서 사용 후에는 세척기에서 살균과 함께 잘 씻어 물기가 없도록 말려 사용하고 보관 시에는 먼지가 묻지 않도록 관리한다. 사용할 때에는 발의 껍질 부분이 위로 오게 해서 사용한다.

(2) 롤 초밥 1인분의 양

① 굵게 말은 김초밥(太卷 : 후도마키) : 굵게 말은 김초밥의 경우 1인분의 양은 한 줄을 8개로 자른다. 자를 때 양 끝을 자르고 일정하게 8개로 자르기도 하지만 1/2로 자른 후에 4등분 하여 8개로 만들기도 한다.

② 가늘게 말은 김초밥(細卷 : 호소마키) : 가늘게 말은 김초밥 호소마키는 길게 1/2로 자른 김에 2개를 말고, 자를 때에는 가늘기 때문에 1/2로 자른 후에 3등분하여 12쪽으로 준비한다.

2 롤 초밥 조리

(1) 롤 초밥의 종류

① 굵게 말은 김초밥(太卷:후도마키)과 가늘게 말은 김초밥(細卷:호소마키)으로 나

눌 수 있다.

② 굵게 말은 김초밥(太卷:후도마키) : 일반적으로 김 한 장을 이용해서 만든 초밥(노리마키)을 가르킨다.

③ 가늘게 말은 김초밥(細卷:호소마키) : 김 1/2장을 이용해서 만드는데 참치를 넣어 만든 데카마키와 오이를 넣어 만든 갑파마키가 대표적이다.

(2) 좋은 김 선택 방법

① 김은 잘 말려있으며 검은 광택이 나고 냄새가 좋은 것이 좋다.

② 일정한 두께로 약간 두께가 있고 매끄럽고 감촉이 좋은 것이 좋다.

(3) 김의 사용 방법

조리를 하기 직전에 약한 불에서 살짝 구워서 사용하는데 한 장 보다는 2장을 겹쳐서 바삭하게 굽는 것이 좋다.

(4) 롤 초밥 만들 때 유의할 점

① 속 재료를 포함 한 재료를 미리 준비해 놓고 말이를 하도록 한다.

② 김은 사용하기 직전에 꺼내어 수분이 묻지 않게 바삭하게 구워 사용하는 것이 중요하며 김밥을 펼 때 쌀알이 깨지지 않게 살살 펴는 것이 중요다.

③ 말이를 하고나서 말이한 부분이 밑으로 오게 놓아 잘 붙게 한 다음에 일정하게 자르는 것이 중요하다.

Section 4 롤 초밥 담기

■ 롤 초밥 그릇 선택

(1) 롤 초밥 그릇의 종류

롤 초밥의 기물은 사각형 또는 둥그런 것, 타원형 등을 이용할 수 있다. 하지만 국물이 없기 때문에 높이가 높지 않고 낮은 접시가 보기에도 좋고 먹기도 편리하다.

(2) 롤 초밥 그릇의 크기

롤 초밥 기물의 크기는 롤 초밥을 담았을 때 8부 안에 들어가는 것이 원칙이다. 너무 그릇이 작으면 내용물이 꽉 차서 답답할 수 있으며, 너무 그릇이 크면 없어 보일 수 있기 때문에 적당한 그릇의 크기가 매우 중요하다.

(3) 주의사항

너무 어둡거나 너무 화려한 그릇은 롤 초밥을 담았을 때 어울리지 않고 식욕을 떨어뜨릴 수 있기 때문에 김의 검은색과 속 재료를 고려하여 잘 어울리는 그릇을 선택하는 것이 중요하다. 따라서 깔끔한 느낌을 주는 그릇이 일반적으로 많이 사용된다.

2 롤 초밥 담기

(1) 담는 방법

① 롤 초밥을 담는 방법은 그릇의 왼쪽 뒤부터 오른쪽으로 담고 다시 앞쪽 왼쪽부터 오른쪽으로 담고 곁들임 재료는 오른쪽 앞쪽에 담는 것이 일반적이다.

② 굵게 말은 김초밥(太卷: 후도마키)
 • 후도마키 1개를 일정하게 8개로 잘라 한 줄 또는 두 줄로 담는다.
 • 한 줄로 담는 경우에는 왼쪽부터 오른쪽으로 일정하게 담는다.
 • 두 줄로 담는 경우에는 뒤쪽을 먼저 담고 앞부분을 담도록 한다.

③ 가늘게 말은 김초밥(細卷: 호소마키) : 참치를 넣어 만든 데카마키와 오이를 넣어 만든 갑파마키는 2개를 일정한 두께로 12개로 잘라 4개씩 놓는 방법과 12개를 반듯하게 담는 방법이 있다.

(2) 주의사항

① 한쪽 방향으로 일정하게 담아야 보기에 좋고 깔끔하고 정교해 보이며, 먹기에도 편리하다.

② 즉, 오른손 젓가락으로 먹기 편리하게 담으면 된다.

3 곁들임 담기

(1) 롤 초밥 곁들임 재료의 종류

① 롤 초밥의 곁들임 재료 종류는 초생강, 락교, 단무지, 야마고보(산우엉), 우메보시(절인 매실) 등을 사용할 수 있지만 소화가 잘되고 입안을 깔끔하게 해 주는 초생강이 일반적으로 많이 사용된다.

② 후도마키에는 초생강, 단무지 등을 주로 사용하는데 젊은 층은 단무지를 선호하는 경향이 있지만 대부분 초생강이 많이 이용된다.

③ 참치를 넣어 만든 데카마키와 오이를 넣어 만든 갑파마키가 대표적인데 데카마키는 초생강을 이용하며, 갑파마키는 야마고보(산우엉), 락교, 단무지 등도 초생강과 함께 이용할 수 있다.

(2) 주의사항

곁들임 재료는 주로 구이 요리, 생선회, 초밥 조리 등에서 요리를 먹을 때 입가심으로 사용되는데 곁들임 재료는 색감과 맛을 고려하여 그 요리를 더욱더 맛있게 먹을 수 있도록 하는 것이 중요하다. 따라서 신맛, 단맛, 개운한 맛 등이 많이 사용된다.

빈출 Check

39 롤 초밥을 담아낼 때의 주의사항으로 옳지 않은 것은?

① 초밥을 담았을 때 그릇의 8부 안에 들어가는 것이 원칙이다.
② 높이가 높지 않고 낮은 접시가 보기에도 좋다.
③ 어두운 그릇을 통해 초밥을 부각시킨다.
④ 깔끔한 느낌을 주는 그릇이 일반적으로 많이 사용된다.

🔑 너무 어둡거나 너무 화려한 그릇은 롤 초밥을 담았을 때 어울리지 않고 식욕을 떨어뜨릴 수 있기 때문에 김의 검은색과 속 재료를 고려하여 잘 어울리는 그릇을 선택하는 것이 중요하다.

정답 _ 39 ③

Chapter 09

구이 조리

빈출 Check

Section 1 구이 재료 준비하기

1 일식 구이 조리

① 구이는 가열 조리 방법 중 가장 오래된 조리법으로 불이 직접 닿는 직화 구이와 오븐과 같은 대류나 재료를 싸서 직접 열을 차단하여 굽는 간접 구이가 있다.

② 구이는 재료의 표면이 뜨거운 열에 노출되어 표면이 굳어 재료가 가지고 있는 감칠맛이 새어 나오지 않아 맛이 더욱 좋다.

③ 맛있는 구이를 위한 준비

- 구이에서 불 조절은 매우 중요한 기술이다.
- 굽기 전에 반드시 밑간을 한다.
- 구이에서 아시라이(곁들임 요리)는 구이를 돋보이게 하는 요리이다.

2 일식 구이의 종류

(1) 조미 양념에 따른 분류

① 시오야키(소금구이)

- 신선한 재료를 선택하여 소금으로 밑간을 하여 굽는 구이이다.
- 소금은 감미의 역할도 있지만 열전도가 좋아 재료를 고루 익힌다.

② 데리야키(양념 간장구이)

- 구이 재료를 테리(양념 간장)로 발라 가며 굽는 구이이다.
- 테리 - 간장 1: 청주 1: 미림(맛술) 1의 비율로 기호에 따라 설탕을 가미한다.

③ 미소야키(된장구이)

- 미소(된장)에 구이 재료를 재웠다가 굽는 구이이다.
- 된장 절임 구이(미소츠케야키)의 경우, 미소 500g: 미림 1/4컵: 청주1/4컵을 섞고 구이 재료를 재워 둔다.

(2) 조리 기구에 따른 분류

① 스미야키(숯불구이) : 숯불에 굽는 구이

② 데판야키(철판구이) : 철판 위에서 구이 재료를 굽는 구이

③ 쿠시야키(꼬치구이) : 꼬치에 꽂아 굽는 구이

40 구이 재료에 양념된 간장을 발라가며 굽는 구이로 옳은 것은?

① 데리야키 ② 미소야키
③ 시오야키 ④ 쿠시야키

데리야키는 간장과 청주 미림을 1 : 1 : 1로 섞은 양념을 발라가며 굽는 구이이다.

정답 _ 40 ①

3 식재료의 손질과 특징

(1) 어류(해산물)

어류(해산물)는 비늘과 내장을 제거한 후 껍질은 대체로 함께 굽기 때문에 그대로 준비하고 큰 생선은 1인분 크기로 잘라 두꺼운 부분은 살 안쪽까지 열이 들어가기 쉽게 칼집을 내고, 작은 생선은 형태 그대로를 살려 준비한다.

(2) 육류

육류는 기름과 힘줄을 제거하고 양념에 재워 둔다.

(3) 채소

채소는 주로 단단한 재료를 많이 사용하며, 수분이 많아 굽는 도중에 간이 약해지기 쉽기 때문에 강하게 하는 경우가 많다.

4 어취 제거 방법의 종류

종류	설명
물	어취는 생선의 함유된 트리메틸아민에 의해 발생하는데 수용성으로 여러 번 씻어 주면 제거된다.
식초	식초, 레몬을 뿌려 주면 어취가 제거되고 생선의 단백질이 응고되어 균의 발생을 억제 하는 효과가 있다.
맛술	휘발성이 있는 알코올은 어취와 함께 날아가며 맛술의 감칠맛을 더해 준다.
우유	콜로이드 상태의 우유 단백질이 어취와 흡착하여 씻겨 내려가기 때문에 우유에 담근 후 씻어 사용하면 어취가 제거 된다.
향신 채소	향이 강한 채소(마늘, 양파, 생강)는 생선의 어취를 약화시키고 셀러리, 무, 파슬리 등은 채소에 함유된 함황 물질로 어취를 약화시킨다.

5 구이 조리기구의 종류와 특성

(1) 샐러맨더

① 샐러맨더는 열원이 위에 있어 생선의 기름이나 육류의 기름이 떨어져 연기나 불이 나지 않아 작업이 용이한 조리기구이다.

② 샐러맨더의 열원은 위에서 내려오는데 레버를 위아래로 조절하여 구이 재료가 움직여 불의 강약을 조절하거나 가스 밸브로 조절하여 굽는다.

(2) 오븐

① 열원에 의한 가열된 공기가 재료에 균일하게 가열되어 뒤집지 않아도 되는 편리한 조리기구이다.

② 온도 조절은 전자 방식과 가스 밸브로 조절하여 굽는다.

빈출 Check

41 다음 중 어취 제거 방법으로 옳지 않은 것은?
① 사이다 ② 맛술
③ 우유 ④ 물

정답 _ 41 ①

(3) 철판

① 열원이 철판을 데워 철판 위에 놓인 재료를 익히는 방법으로 다양한 식재료를 조리할 수 있는 조리기구이다.

② 화로 위에 번철(철판)을 달구어 구이 재료를 굽고 가스 밸브로 불의 강약을 조절한다.

(4) 숯불 화덕

① 재료를 높은 직화로 굽는 조리 방법으로, 재료가 타지 않게 거리를 조절하며 굽는 것으로 숯의 향과 풍미가 더해져 맛이 좋다.

② 숯불에 구이를 올릴 때는 석쇠나 쇠꼬챙이에 재료를 끼워 굽는데 불의 강약조절은 재료를 직접 올렸다 내려가며 조절하기에 불편함이 있다.

(5) 꼬치구이(쿠시야키)

모양을 내어 꼬치로 고정시킨 재료를 대체로 직화로 구워내는 조리 방법으로 꼬치를 꽂는 방법에 따라 이름이 달리 불려진다.

종류	설명
노보리쿠시	작은 생선을 통으로 구울 때 쇠꼬챙이를 꽂는 방법으로 생선이 헤엄쳐서 물살을 가로질러 올라가는 모양으로 꽂는다.
오우기쿠시	자른 생선살을 꽂을 때 사용하는 방법으로 앞쪽은 폭이 좁고 꼬치 끝은 넓게 하여 꽂아 부채 모양 같다고 붙여진 이름이다.
가타즈마오레, 료우즈마오레쿠시	생선 껍질 쪽을 도마 위에 놓고 앞쪽 한쪽만 말아 꽂는 방법을 가타즈마오레, 양쪽을 말아 꽂는 방법을 료우즈마오레라고 한다.
누이쿠시	주로 오징어와 같이 구울 때 많이 휘는 생선에 사용되는 방법으로 살 사이에 바느질하듯 꼬치를 꽂고 꼬치와 살 사이에 다시 꼬치를 꽂아 휘는 것을 방지하는 방법이다.

6 재료의 형태를 유지하며 굽는 요령

① 구이 조리 시 주의할 점은 재료가 익으면 부드러워 깨지기 쉽기 때문에 자주 뒤집지 않아야 한다.

② 쇠꼬챙이에 끼워 구울 때는 쇠꼬챙이 끼는 방법에 맞게 끼워 굽지 않으면 재료에 힘이 분산되지 않아 부서지기 쉽다.

Section 2 구이 조리

1 재료의 특성에 따른 구이 방법

식재료명	조미 방법	구이 방법	사용 기물
작은 생선	소금	시오야키	숯불 화로, 샐러맨더
손질된 흰살 생선	된장절임, 소금	미소야키, 시오야키	샐러맨더, 오븐
붉은살 생선	테리, 유안지	미소야키, 유안야키	철판, 샐러맨더
육류	된장절임, 소금, 테리	미소야키, 시오야키, 데리야키	샐러맨더, 오븐, 숯불 화로
가금류	테리, 소금	데리야키, 시오야키	샐러맨더, 숯불 화로, 철판

Section 3 구이 담기

1 구이 담는 법

구이는 재료의 형태와 곁들임 요리(아시라이), 양념장을 함께 제공하는데 본요리와 곁들임 요리, 양념장이 놓이는 위치와 구도가 정해져 있다.

(1) 통생선

통생선을 담을 때 머리는 왼쪽, 배는 앞쪽으로 담고 아시라이는 오른쪽 앞쪽에 놓고 양념장은 구이접시 오른쪽 앞에 둔다.

(2) 조각 생선

토막 내어 구운 생선은 껍질이 위를 보이게 하고 넓은 부위가 왼쪽, 아시라이는 오른쪽 앞쪽에 놓고 양념장은 구이 접시 오른쪽 앞에 둔다.

(3) 육류와 가금류

육류나 가금류는 껍질이 위를 향하게 하여 쌓아 올리듯 담는다.

2 구이 양념 준비

(1) 양념장의 종류

① 구이에 쓰이는 양념장은 구이에 가미의 역할과 풍미를 더해 주는 역할을 한다.

② **폰즈** : 감귤류(유자, 영귤)의 즙에 간장, 청주, 다시마, 가다랑어포를 첨가하여 1주일 정도 숙성시켜 만든 간장 양념장으로 비율은 유자즙 50cc, 진간장 50cc, 다시

빈출 C·h·e·c·k

42 주로 오징어와 같이 구울 때 많이 휘는 생선에 사용되는 방법으로 살 사이에 바느질하듯 꼬치를 꽂고 꼬치와 살 사이에 다시 꼬치를 꽂아 휘는 것을 방지하는 방법은?

① 료우즈마오레쿠시
② 누이쿠시
③ 오우기쿠시
④ 노보리쿠시

정답 _ 42 ②

마 약간, 가다랑어포 약간으로 한다.

③ 다데즈 : 여뀌잎을 갈고 쌀죽을 넣어 만든 양념장으로 주로 은어 구이에 제공된다. 비율은 여뀌잎 40cc, 식초 60cc, 알코올 날린 청주 20cc, 소금 약간, 쌀죽 20g으로 한다.

③ 곁들임 음식

(1) 곁들임 음식(아시라이)

① 아시라이는 구이 요리를 제공하면 반드시 함께 나오는 곁들임이다.

② 아시라이의 역할
- 구이를 먹고 난 후 입안을 헹구어 주는 역할을 하여 입안에 비린내를 제거하는 데 효과적이다.
- 다양한 아시라이는 계절감이 잘 표현된다.

(2) 곁들임 음식의 종류

① 초절임 : 초절임으로 쓰이는 재료는 연근, 무, 햇생강 대(하지카미) 등이 있으며 단촛물에 재워 사용한다. 단촛물의 비율은 설탕 20g, 식초 50cc, 물 50cc이고, 무를 제외한 연근, 햇생강 대는 데친 후 소금을 뿌려 식혀 단촛물에 재워 둔다.

② 단조림 : 단조림에 쓰이는 재료로 밤, 고구마, 금귤 등이 있으며 단조림의 비율은 설탕 100g, 물 100cc와 함께 재료를 넣어 조려 만든다.

③ 간장 양념 조림 : 구이의 아시라이에 사용되는 양념은 오시 다시(간장 양념 절임) 형태인데 진하지 않은 것으로 연간장 20cc, 다랑어포 육수 300cc, 청주 10cc를 끓여 식힌 후 머위, 우엉, 꽈리고추 등을 데쳐 오시 다시 지에 넣어 재워 사용한다.

④ 감귤류 : 감귤류는 구이에 뿌려 먹거나 먹고 난 후 입을 헹굴 때 사용하며 레몬, 영귤 등이 있다.

01 다음 중 무침 조리의 비결이 아닌 것은?

① 무침용 어패류는 무엇보다도 신선도가 중요하다.

② 식재료를 데치거나 삶은 재료는 뜨거울 때 무친다.

③ 어패류는 소금에 절인 후 사용하고 연채류나 조개류 등은 식초에 씻어서(스아라이:すあらい:酢洗い) 사용한다.

④ 먼저 무치면 수분이 나와 색과 맛이 떨어지므로 무침요리는 먹기 직전에 무친다.

 식재료를 데치거나 삶은 재료는 얼음물 등을 이용해 완전히 식혀서 사용한다.

02 다음 중 일식의 무침 조리의 종류가 아닌 것은?

① 된장무침(미소아에)

② 땅콩무침(락카세이아에)

③ 명란젓무침(멘타이코아에)

④ 무무침(다이콩아에)

03 다음 중 일식의 초회 조리의 비결이 아닌 것은?

① 초회용 어패류는 신선도가 가장 중요하다.

② 식재료를 데치거나 삶은 재료는 얼음물 등을 이용해 완전히 식혀서 사용한다.

③ 조개류 등은 생 것 그대로 사용하고 주재료와의 조화에 중점을 둔다.

④ 먼저 무치면 수분이 나와 색과 맛이 떨어지므로 먹기 직전에 무친다.

 어패류는 소금에 절인 후 사용하고 연채류나 조개류 등은 식초에 씻어서(스아라이) 사용하는 등 재료특성에 따라 사전처리해서 주재료와의 조화에 중점을 둔다.

04 다음 중 일식의 초회 종류가 아닌 것은?

① 오징어초회(이카스노모노)

② 모듬초회(스노모노모리아와세)

③ 미역초회(와카메스노모노)

④ 단감초회(카키스노모노)

 그 외 문어초회(다코스노모노), 전복초회(아와비스노모노), 해삼초회(나마코스노모노) 등이 있다.

05 다음 중 초회를 담는 그릇에 대한 설명으로 옳은 것은?

① 작고 깊이가 있는 그릇이 좋다.

② 바닥이 평평한 그릇이 좋다.

③ 작고 깊이가 얇은 그릇이 좋다.

④ 크고 깊이가 있는 그릇이 좋다.

 작고 깊이가 있는 그릇이 잘 어울리고 계절에 따라 감, 유자, 대나무 그릇 등을 이용하기도 한다.

06 다음 중 맑은국의 3요소가 아닌 것은?

① 완다네   ② 스이쿠치

③ 완모노   ④ 완즈마

 맑은 국의 3요소는 주재료인 완다네(わんだね), 부재료인 완즈마(わんづま), 향기재료인 스이쿠치(すいくち)로 구성된다.

07 다음 중 맑은국의 향미료(스이쿠치)가 아닌 것은?

① 후추   ② 감자

③ 겨자   ④ 유자

정답   **01** ②   **02** ④   **03** ③   **04** ④   **05** ①   **06** ③   **07** ②

Part 06 일식 조리

향미재료에는 유자, 산초나무순, 차조기, 머위의 새순, 생강, 고추냉이, 겨자, 레몬, 양념 고춧가루, 후추, 김, 파 등을 사용한다.

 구이를 할 때 불 조절은 일반적으로 강한 불로 멀리서 굽는다.

08 다음 중 맑은국에 사용하는 국물 종류는?

① 멸치국물　　② 일번 다시
③ 이번 다시　　④ 닭 다시

 일번다시나 다시마 국물을 맑은국에 사용한다.

09 다음 중 직접구이에 대한 설명으로 옳지 않은 것은?

① 황금구이는 계란의 난황을 발라가면서 구운 것이다.
② 유안야키는 사람 이름인 유안이 고안해 낸 구이법이다.
③ 질그릇구이는 호로쿠에 소금과 솔잎을 깔고 새우, 은행 등을 얹어 구운 것이다.
④ 운단구이는 성게알젓을 발라가면서 구운 것이다.

 ③ 간접구이에 대한 설명이다. 간접구이는 질그릇구이와 쿠킹호일로 포장하여 굽는 포장구이가 있다.

10 다음 중 구이요리를 할 때 불 조절과 굽는 방법의 설명이 잘못된 것은?

① 구이를 할 때 불 조절은 일반적으로 약한 불로 멀리서 굽는다.
② 조개류는 강한 불에서 재빨리 굽는 것이 중요하다.
③ 된장구이나 간장구이 등은 불 조절을 약하게 해야 한다.
④ 바다생선은 살 쪽부터 강물고기는 껍질 쪽부터 굽는다.

11 구이요리에 곁들이는 재료(아시라이)에 대한 설명 중 틀린 것은?

① 간장양념구이(데리야키)에는 매운맛의 재료, 된장구이에는 단맛을 내는 재료를 쓴다.
② 주재료와 색의 조화를 생각하면서 곁들임 재료를 선택한다.
③ 곁들임의 재료가 주재료에 맛의 변화를 줄 만큼 맛이 강하면 안 된다.
④ 곁들임의 재료는 제철에 나오는 재료를 사용하는 것이 좋다.

 간장양념구이(데리야키)에는 단맛의 재료, 된장구이에는 매운 맛의 재료, 일반적인 구이요리에는 신맛의 재료가 어울린다.

12 생선구이요리를 할 때 껍질 쪽과 살 쪽의 굽는 비율은?

① 6 : 4　　② 7 : 3
③ 8 : 2　　④ 5 : 5

 생선을 구울 때 비율은 껍질과 살은 6 : 4의 비율로 굽는 것이 기본이다.

13 생선의 비린내를 제거할 때 사용하는 재료가 아닌 것은?

① 청주　　② 사이다
③ 맛술　　④ 우유

 생선의 비린내를 제거할 때 사용하는 재료는 물, 청주, 맛술, 식초, 우유, 향신채소, 마늘, 생강, 양파 등이다.

14 토막 생선 등을 몇 개의 꼬챙이로 가로꼬챙이꿰기로 하여 똑바로 꿰는 방법은?

① 평꼬챙이꿰기　② 말아 올린 꼬챙이꿰기

③ 파도꿰기　④ 꿰메기꼬챙이꿰기

 평꼬챙이꿰기는 토막 생선 등을 몇 개의 꼬챙이로 가로꼬챙이꿰기로 하여 똑바로 꿰는 방법이다.

15 구이 재료를 구울 때 쇠꼬챙이를 꿰는 설명으로 틀린 것은?

① 파도꿰기는 생선이 살아서 움직이는 것처럼 보이기 위하여 머리와 꼬리를 쥐고 올려 꿴 구이요리이다.

② 노시쿠시는 열을 가하면 본래의 형태가 변하는 재료에 똑바로 굽거나 삶기 위하여 꿰는 방법이다.

③ 부채꼴꼬챙이 꿰기는 토막 생선이 커서 2개 이상의 꼬챙이를 꿴 경우 손에 잡기 쉽게 손에 잡히는 부분을 모이도록 하여 꿰는 방법이다.

④ 꿰메기꼬챙이꿰기는 잘린 생선살이 얇고 긴 경우에 한쪽 끝을 말아서 꿰는 방법이다.

 꿰메기꼬챙이꿰기는 오징어나 가자미 등 구우면 생선살이 휘어지는 것을 방지하기 위해서 몇 개의 꼬챙이로 옷을 꿰매듯이 살을 꿰는 방법이다. 이때 곁들이는 꼬챙이를 사용하기도 한다.

16 도쿄 부근의 '지바켄 이치가와시 야와타'에 들어가면 나가는 곳을 잃는다는 대나무숲이 유명하다는 것에서 유래된 구이 방법은?

① 야와타야키　② 타이카부토야키

③ 스즈메야키　④ 카스츠케야키

 ② 타이카부토야키는 참돔 머리 등을 그대로 구웠을 때 투구모양이라서 이렇게 부른다. ③ 스즈메야키는 작은 생선을 세비라키(せびらき: 물고기를 등줄기에서 두쪽으로 베어 가르는 일)하여 구운 재료의 명칭이다. ④ 카스츠케야키는 술지게미 절임구이 등 생선 등을 술지게미에 절여뒀다가 굽는 것이다.

17 찜 요리의 특징에 대한 설명으로 옳지 않은 것은?

① 등푸른생선의 비린내를 제거한다.

② 재료가 가진 맛과 향이 달아나지 않는다.

③ 재료를 부드럽게 해준다.

④ 재료의 형태를 유지 할 수 있다.

 등푸른생선의 비린내를 제거하지 않는다.

18 찜통을 사용할 때의 주의사항이 아닌 것은?

① 찜통의 물의 양은 3/5이 좋다.

② 찜통에 재료를 처음부터 넣는다.

③ 찜한 요리를 꺼낼 때 뚜껑은 자기 몸 바깥 방향을 보게 하고 연다.

④ 조개류는 오래 찌지 않는다.

 찜통에 재료를 넣을 때는 찜통의 물이 끓을 때 넣는다.

19 다음 중 앙카케에 대한 설명으로 옳지 않은 것은?

① 앙카케는 물과 전분을 섞은 것을 요리의 마지막에 넣는 것이다.

② 앙카케의 이점은 요리가 빨리 식지 않는다.

③ 칡전분을 사용한 것을 구즈앙이라 한다.

④ 고이구치 간장으로 한 것을 긴앙이라고 한다.

 고이구치 간장으로 한 것을 벳코앙이라고 하고, 긴앙은 우스구치 간장으로 한 것이다.

20 다시마와 가늘게 채 썬 무 등을 백발 머리처럼 보이게 하여 재료에 얹어 찜한 것은?

① 오키나찜 ② 상용찜
③ 도묘지찜 ④ 무청찜

 ② 상용찜은 강판에 갈은 산마를 곁들여서 찜하든지, 일단 찜을 하여 체에 거른 산마를 재료에 감싸서 찜한 요리 ③ 도묘지찜은 물에 불린 도명사 전분으로 재료를 감싸든지 또는 위에 올려놓고 찜한 요리 ④ 무청찜은 강판에 간 무청을 재료에 듬뿍 놓아서 찜한 요리

21 다음 중 니보시에 대한 설명으로 옳은 것은?

① 멸치를 프라이팬에 볶아서 건다사마를 넣고 만든 국물을 말한다.
② 가다랑어와 다시마로 맑게 끓인 국물을 말한다.
③ 니보시는 쪄서 말린 것으로 멸치, 새우 등 여러 가지 해산물을 이용하여 만든 맛국물을 말한다.
④ 닭 뼈와 여러 가지 채소를 넣고 은근히 끓인 국물을 말한다.

 니보시란 쪄서 말린 것으로 멸치, 새우 등 여러 가지 해산물을 이용하여 만든 맛국물을 말한다.

22 찜 요리의 분류에서 찜 요리에 대한 설명이 잘못된 것은?

① 술찜은 재료에 소금을 뿌리고, 술을 붓고 찜을 한 요리이다.
② 된장찜은 재료에 으깬 된장 등을 넣어서 혼합하여 찜을 한 요리이다.
③ 무청찜은 강판에 간 무청을 재료에 듬뿍 놓아서 찜을 한 요리이다.

④ 상용찜은 메밀을 속에 넣든지, 표면에 감싸든지 하여 찜을 한 요리이다.

 ④는 신주찜에 대한 설명이다. 상용찜은 강판에 간 산마를 곁들여서 찜하든지 일단 찜을 하여 체에 거른 산마를 재료에 감싸서 찜을 한 요리이다.

23 다음 중 가열 시 전분의 조리원리에 대한 설명이 잘못된 것은?

① 전분의 호화는 생전분에 물을 넣고 가열하면 전분입자가 급속히 팽윤하면서 전분입자 내 아밀로오스와 아밀로펙틴 구조가 끊어져 입자 밖으로 흘러나와 점도가 급속히 상승하고 점차 투명해지면서 콜로이드용액을 형성하게 되는 현상이다.
② 전분의 호정화는 전분에 물을 가해서 170~180℃로 가열하면 전분분자내의 글리코시드 결합이 끊어져 가용성 덱스트린을 형성하는 현상이다.
③ 전분의 노화는 호화된 전분을 상온에 방치하거나 냉각시키면 흩어진 전분분자들끼리 서로 수소결합에 의해 규칙적인 미셀구조를 다시 형성하여 결정성 영역이 생겨 딱딱해지는 현상이다.
④ 전분의 겔화는 호화전분을 급속히 냉각시키면 용출되어 흩어진 아밀로오스가 서로 수소결합으로 모이고, 여기에 가지구조를 가진 아밀로펙틴과 물분자를 사이에 두고 결합하게 되어 굳는 현상이다.

 전분의 호정화는 전분에 물을 가하지 않고 160~180℃로 가열하면, 전분분자 내의 글리코시드 결합이 끊어져 가용성의 덱스트린을 형성하는 현상이다.

24 다음 중 전분의 노화방지를 위한 설명이 아닌 것은?

① 설탕이나 유화제를 사용한다.

② 0℃ 이하, 80℃ 이상의 온도조절이 필요하다.

③ 30% 이하나 60% 이상으로 수분의 함량을 조절한다.

④ 조리한 것은 냉장고에서 보관을 한다.

 냉장고에서는 노화가 촉진된다.

25 다음 중 카테메시에 대한 설명으로 옳은 것은?

① 5가지 산채가 들어간 솥밥을 말한다.

② 죽순을 넣고 만든 밥이다.

③ 쌀에 밤, 고구마, 채소를 같이 넣고 지은 밥이다.

④ 도미 1마리가 통째로 들어간 솥밥이다.

 ① 고모쿠메시에 대한 설명 ② 타케노코고항에 대한 설명 ④ 타이메시에 대한 설명

26 장어에 양념간장인 데리를 앞 뒤로 3~4회 발라가면서 윤기 나게 구워서 밥 위에 올리는 덮밥의 종류는?

① 우나동　　② 오야코동

③ 뎃카동　　④ 부타동

 ② 삶은 닭고기와 푼 달걀을 익혀 밥 위에 올린 것을 말함 ③ 참치회 덮밥을 말함 ④ 돼지고기 덮밥을 말함

27 녹차에 대한 설명 중 틀린 것은?

① 우전은 이른 봄에 채취한 것이다.

② 곡우는 우전을 채취하고 난 후에 입하 전까지 채취한 것이다.

③ 입하차는 입하 이후부터 초여름 사이에 채취한 것이다.

④ 하차는 가을에 채취한 것이다.

 하차는 한 여름에 채취한 것

28 다음 중 오차에 대한 설명으로 잘못된 것은?

① 교쿠로차는 녹차 중에서 최고급품으로 60℃ 정도의 온도에서 제일 맛있다.

② 센차는 일반적인 녹차이고, 약 75℃정도의 물로 걸러야 좋다.

③ 겐마이차는 센차나 반차에 볶은 현미를 같은 양으로 섞은 차를 말한다.

④ 호지차는 찻잎을 고온으로 찌고 말린 후 갈아서 분말로 한 것이다.

 호지차는 반차를 볶은 것으로 타닌과 카페인이 적어 맛이 부드럽다.

29 다음 중 죽에 대한 설명으로 틀린 것은?

① 보통 한국식 죽은 불린 쌀의 9~10배의 물을 넣는다.

② 오카유는 쌀을 씻어서 끓이는 죽이다.

③ 오카유를 끓일 때는 뚜껑이 달린 오지냄비나 토기를 사용해서 끓인다.

④ 조우스이는 밥을 씻어서 끓이는 죽이다.

 보통 한국식 죽은 불린 쌀의 5~6배의 물을 넣는다.

30 다음 중 초밥 쌀의 조건 중 잘못된 것은?

① 쌀의 보관 장소는 냉장온도 약 5℃가 최적이다.

② 초밥은 보통 밥과 달리 흡수성이 좋아야 한다.

③ 햅쌀보다는 묵은 쌀이 좋다.

④ 지은 밥이 맛과 향기 그리고 찰기와 적당한 탄력이 있어야 한다.

 쌀의 보관 장소는 냉장온도 약 12℃가 최적이다.

31 다음 중 초밥을 할 때 쌀과 초밥 물에 대한 설명 중 옳지 않은 것은?

① 초밥용 쌀을 씻을 때는 천천히 씻는 것이 중요하다.

② 초밥을 할 때 물은 일반적으로 쌀 용량에 1.2배가 적당하다.

③ 초밥을 할 때 물은 쌀의 중량에 40%를 더하면 적당하다.

④ 쌀을 씻어서 여름에는 30분 정도 체에 받쳐 놓는다.

 초밥용 쌀을 씻을 때는 재빨리 씻는 것이 중요하다.

32 다음 중 초밥에 대한 설명 중 지역과 초밥에 대한 설명으로 틀린 것은?

① 요시노 지방 – 은어초밥

② 관서 지방 – 에도마에즈시

③ 오오미 지방 – 붕어초밥

④ 키슈 지방 – 나레즈시

 관서 지방은 '하코즈시'이고, 관동 지방은 '에도마에즈시'이다.

33 초밥명에 따른 설명이 틀린 것은?

① 김초밥인 갓파마키는 오이로 만든 것이다.

② 오싱코는 채소를 절인 것이다.

③ 호소마키는 굵게 만 김밥이다.

④ 뎃카마키는 매실을 넣어 말은 김밥말이다.

 호소마키는 가늘게 말은 김밥이고 후토마키는 굵게 말은 김밥이다.

34 초밥을 비빌 때 사용하는 한기리에 대한 설명이 틀린 것은?

① 한기리는 나무로 만든 통이다.

② 수분이 많을 때 흡수해 준다.

③ 한기리는 마른상태로 사용한다.

④ 수분이 적을 때는 수분을 보충해준다.

 한기리는 사용하기 전에 물을 적신 후 사용한다.

35 초밥의 조건에 대한 설명으로 틀린 것은?

① 단단한 흰살생선은 초밥다네를 뜰 때 두께는 2~3㎜ 정도가 좋다.

② 초밥을 짓기 전에 금방 비빈 초밥으로 만든다.

③ 초밥은 고객의 기호에 맞게 밥알 수를 조정할 수도 있다.

④ 방어 등의 부드러운 생선의 초밥다네를 뜰 때 두께는 5㎜ 정도가 좋다.

 초밥은 짓기 전 30분 전에는 만들어 둬야 초밥을 만들 수가 있다.

정답　**30** ①　**31** ①　**32** ②　**33** ③　**34** ③　**35** ②

36 다음 중 초밥을 먹는 순서로 올바른 것은?

① 도미 → 아카미 → 연어알 → 전어 → 김말이

② 광어 → 오징어 → 고등어 → 토로 → 후식

③ 농어 → 오징어 → 아카미 → 전갱이 → 김말이

④ 오징어 → 도미 → 토로 → 고등어 → 후식

 초밥은 담백한 재료에서 기름진 재료 순서로 먹어야 제맛을 느낄 수 있다.

37 관서 지방에서 면 요리에 주로 사용하는 간장으로 옳은 것은?

① 백간장(시로조유)

② 진간장(고이구치조유)

③ 연간장(우스구치조유)

④ 조림간장(타마리조유)

 일본의 면 요리(めんりょうり:麵料理)는 관동(関東) 관서(関西)지방에 따라 특징이 다른데 관동지방은 진간장(고이구치:こいくち:濃い口)을 사용하고, 관서지방은 연간장(우스구치:うすくち:薄口)을 사용한다.

38 소비자가 가장 좋아하는 우동 면발의 포과 두께의 비율은?

① 4 : 4

② 4 : 3

③ 4 : 2

④ 4 : 1

 우동 면발의 규격은 면발의 폭과 두께로 정하는데 폭과 두께의 비율이 4:3 정도가 소비자 선호도가 가장 높다고 한다.

39 메밀국수를 삶는 방법으로 옳지 않은 것은?

① 물이 끓을 때 면을 넣는다.

② 삶은 후에는 찬물로 깨끗이 씻는다.

③ 삶을 때 중간 중간 찬물을 2~3회 넣어준다.

④ 약한 불로 삶는다.

 메밀국수는 삶을 때 우동과 같이 물이 끓을 때 펼쳐서 넣고 저으면서 삶고, 물이 다시 끓어오르면 중간 중간 찬물을 2~3회 반복해서 넣는다. 그러면 두꺼운 면의 겉과 속이 고루 익는다. 또한, 냄비에 찰기와 끈기를 유지하기 위해서 충분히 물을 붓고 전분이 물에 녹지 않게 하기 위해서 센불로 삶아야 한다. 삶은 메밀국수는 면발이 달라붙지 않게 하기 위해 찬물로 여러 번 헹궈준다.

40 단백질을 약 9~10% 함유하고 우동, 국수 등을 만들 때 사용하는 밀가루는?

① 전분

② 강력분

③ 중력분

④ 박력분

 중력분

약 9~10% 단백질을 함유하고 있고, 밀로는 미국산 웨스턴 화이트(western white) 소맥이나 오스트레일리아산 스탠더드 화이트(standard white) 소맥으로부터 중력분을 얻는다. 글루텐의 양은 30% 내외이다. 용도는 우동, 국수, 만두피, 수제비, 짜장면 등을 만든다.

Part 07

복어 조리

일식·복어 조리기능사 필기시험 끝장내기

복어 부재료 손질

Section 1 **복어 종류와 품질 판정법**

① 복어(ふぐ:河豚)의 종류 및 성분

(1) 복어의 종류

01 다음 중 식용 가능한 복어는?
① 별복   ② 별두개복
③ 배복   ④ 검복

 별복, 별두개복, 배복은 식용
불가능한 복어이다.

복어는 경골어류 복어목 복과 어류의 총칭으로 독이 거의 없는 것도 있는 반면, 난소, 간장, 내장, 피부 등에 맹독을 가지고 있는 것들도 있다. 복어목은 참복어과, 가시복과, 개복치과, 거북복과, 부채복과 및 쥐치과로 나누어진다. 식용 가능한 복어는 주로 참복어과이다.

중요 **식용 가능한 복어**
식품의약품안전처의 식품공전에의 한 식용 가능한 복어의 21종류는 다음과 같다.

① 복섬 ② 흰점복 ③ 졸복 ④ 매리복 ⑤ 검복 ⑥ 황복 ⑦ 눈불개복 ⑧ 자주복 ⑨ 참복
⑩ 까치복 ⑪ 민밀복 ⑫ 은밀복 ⑬ 흑밀복 ⑭ 불룩복 ⑮ 황점복 ⑯ 강담복 ⑰ 가시복
⑱ 리투로가시복(브리커가시복)⑲ 잔점박이가시복(쥐복) ⑳ 거북복 ㉑ 까칠복

중요 **식용 불가능한 복어**
별복, 별두개복, 배복, 벌레복, 불길한복, 선인복, 꼬리복, 폭포수복, 무늬복, 잔무늬속임수복, 얼룩곰복, 독고등어복 등

② 복어의 독성분

02 복어의 독성에 대한 설명으로
옳지 않은 것은?
① 청산가리의 1,000배에 비할 만
큼의 맹독이다.
② 치사율은 60%에 이른다.
③ 복어의 독은 먹이사슬에 의해
생겨났다.
④ 봄부터 여름까지의 독력이 가
장 세다.

 여름부터 겨울에 걸쳐 간의 독
력이 증가한다.

복어 독은 색과 냄새가 없으며 고온 300℃에서도 분해되지 않는 특징을 가지고 있다. 복어 한 마리가 성인 33명의 생명을 빼앗을 수 있는 맹독을 지니고 있으며 사람에 대한 치사량은 2mg이고, 독력이 가장 강한 시기는 특히, 산란기 직전인 5~7월이다. 복어 독의 특징은 수용성이라 찬물로 잘 세척해서 흐르는 물에서 피를 빼는 것이 중요하며 조직중의 복어 독은 파괴되거나 씻겨 지지 않으므로 잘 제거하는 것이 복어조리법의 비결이다. 복어의 독은 1909년 일본의 다하라(田原) 박사에 의하여 테드로도톡신(TTX=Tetrodotoxin)으로 명명되었으며, 부위별 독력은 난소, 간장, 내장, 피부 순으로 많다. 1980년대에 복어의 독은 체내에서 만들어지지 않음이 밝혀졌다. 복어의 독은 복어가 먹는 먹이사슬(문절 망둑, 개구리, 무늬 문어, 고동(권패류), 소라, 불가사리, 벌레 등) 에 의해 생겨나고, 계절에 따라 독력이 변하는데 여름부터 겨울에 걸쳐 간의 독력이 증가한다. 하지만 양식복어는 무독하거나 천연복보다 독성이 낮다. 복어 중 무

독한 것도 있지만 유독한 것이 많고 치사율도 60%에 이르고 있다. 복어독의 정체와 특징인 테트로도톡신(TTX=Tetrodotoxin)은 복어 독의 결정체이다.

복어 독의 강함은 청산가리의 1,000배에 비교할 만큼 맹독이고, 복어 독의 결정은 무색, 무취, 무미로 초산 산성액에는 극히 녹이기 쉽지만 물과 알코올에는 녹기가 어렵다. 복어에 사용하는 채소 중 콩나물이나 미나리를 함께 넣어 탕을 만드는 이유는 해독 작용은 물론이고 복어의 성분을 상승시켜 혈액을 맑게 해주며 피부를 아름답게 하고, 고혈압과 신경통의 효과를 증진시키기 때문이다.

③ 복어 독의 성질

복어 독은 일종의 신경성 독으로 말초 신경을 마비시켜 수족과 전신의 운동 신경, 혈관과 호흡 운동 신경, 지각 신경 등을 마비시킨다. 복어 독의 알코올, 알칼리성, 산, 열, 효소, 염류, 일광 등에 대한 성질을 나열하였다.

(1) 알코올

복어의 독은 무색의 결정으로 무미, 무취이며 물에는 잘 분해되나 알코올에는 잘 분해되지 않는다. 액체 알코올이 아닌 것은 전혀 분해되지 않는다.

(2) 알칼리성

알칼리성에 대해서는 비교적 약한 성질이 있다. 가성소다보다 약한 탄산소다나 중조 등에서도 저 농도, 단시간에는 잘 분해되지 않는다.

(3) 산

산에 강하여 보통의 유기산 등에는 전혀 분해되지 않는다. 그러나 유산, 염산, 초산 등의 농후한 것에는 분해된다. 특히 이것에 끓이게 되면 단시간에 분해되어 무독이 되고 만다.

(4) 열

열에 강하여 내열성이 있다. 일본의 저명한 다니 박사에 의하면 4시간 이상 끓여도 전혀 독이 변하지 않으며 6시간이 지나면 분해되기 시작하여 9시간 정도가 되면 무독이 되기 시작한다고 한다. 어디까지나 열 저항에는 세며 보통의 요리에서는 무독화되는 것은 어렵다.

(5) 효소, 염류, 일광

효소나 각종 염류, 일광 등에도 전연 영향을 받지 않으며 전혀 분해되지 않는다.

④ 복어의 중독 증상

복어의 중독 증상은 흡수와 배수가 빨라서 식후 30분, 늦어도 2~3시간이면 발병한다. 치사 시간도 1시간 30분에서 약 8시간이고, 8시간을 넘기면 회복할 확률이 크다.

빈 출 C h e c k

03 다음 중 복어의 독력이 가장 센 부위 순으로 옳게 나열된 것은?
① 내장 - 피부 -간장 – 난소
② 난소 - 간장 - 내장 - 피부
③ 간장 - 내장 - 피부 – 난소
④ 난소 - 피부 - 간장 - 내장

부위별 독력은 난소, 간장, 내장, 피부 순으로 많다.

04 복어의 독에 대한 설명으로 옳지 않은 것은?
① 지독한 냄새가 난다.
② 물에 잘 분해된다.
③ 초산에는 전혀 분해되지 않는다.
④ 효소나 각종 염류, 일광 등에도 전혀 분해되지 않는다.

무색의 결정으로 무미, 무취이다.

정답 _ 03 ② 04 ①

Part.07

복어 조리

구분	증상
제1도 (중독의 초기증상)	• 입술과 혀끝이 가볍게 떨리면서 혀끝의 지각이 마비되며, 무게에 대한 감각이 둔화된다. • 보행이 자연스럽지 않고 구토 등 제반 증상이 나타난다.
제2도 (불완전 운동마비)	• 구토 후 급격하게 진척되며 손발의 운동장애와 발성장애가 오며 호흡곤란 등의 증상이 나타난다. • 지각마비가 진행되어 촉각, 미각등이 둔해지며, 언어장애가 나타나고 혈압이 현저히 떨어지거나 조건반사는 그대로 나타나고 의식도 뚜렷하다.
제3도 (완전운동마비)	• 골격근의 완전마비로 운동이 불가능하며 호흡곤란과 혈압강화가 더욱 심해지며 언어장애 등의 의사전달이 안 된다. • 산소결핍으로 인하여 입술, 뺨, 귀 등이 파랗게 보이는 치아노제현상이 나타난다. • 가벼운 반사작용만 가능하고 의식불명의 초기증상이 나타난다.
제4도 (의식 소실)	• 완전히 의식불능상태에 돌입하고 호흡곤란과 심장박동이 정지되어 사망한다. • 이 시기에도 심박동은 미약하지만 그대로 유지된다.

5 복어 독 중독시 응급조치

복어 중독시에는 응급처지가 제일 중요한데, 유독물을 단 1초라도 빨리 구토하는 것이 급선무이다. 방법은 손가락으로 인두를 자극해서 억지로 구토를 한다. 그다음 물, 증조수, 식염수,미온탕 등을 다량 마시고 위안을 세척하듯이 전부 토해내는 것이 중요하다. 그다음 바로 병원으로 가서 의사의 진단을 받도록 한다. 복어 독은 알칼리에 약해 쉽게 파괴되는 성질을 갖고 있어서 증조수를 마시는 것이 더욱 효과가 좋다.

6 복어 난소와 정소의 구별법

복어는 암컷과 수컷이 있는데 암컷에 들어있는 독이 많아서 핏줄과 명란젓과 비슷하게 생긴 난소를 먹으면 죽지만 수컷에 들어있는 매끄럽게 떡가래 같은 정소는 먹을 수가 있다. 암컷에 들어있는 난소를 곤이라 부르고, 수컷에 들어있는 정소를 이리라고 부른다. 어백은 생선의 종류에 따라 다르지만 약 80%의 수분과 1~5%의 지방을 함유하고 있다. 특히, 복어의 이리(しらこ, 白子)는 중국의 절세미인 유방에 비유하여 서시유(西施乳)라 할 만큼 그 맛이 일품이다.

7 복어의 종류

복어는 세계의 열대 및 온대지역의 따듯한 해역에 널리 분포하고 있다. 세계적으로 약 120종류가 알려져 있으나 이 가운데 우리나라와 일본 근해에 분포하고 있는 것은 약 38종류가 있다. 그 중 가장 고급어종으로는 자주복, 검자주복 및 검복의 3종류가 있다. 복어의 명칭은 지방에 따라서 여러 가지 속명으로 부른다.

우리나라에서의 어획 시기는 9월~다음 해 5월 중, 중국에서는 10~11월이며 4월 산란기에 양이 많아지며, 자주복 등의 고급품은 수요 시기인 동절기에는 선어가 주체가 되지만, 봄철에는 냉동품이 유통되는 것이 많다.

빈출 Check

05 복어의 중독 증상 중 의식불명의 초기증상이 나타나는 것은 몇 도의 증상인가?

① 제1도   ② 제2도
③ 제3도   ④ 제4도

제3도에서 가벼운 반사작용만 가능하고 의식불명의 초기증상이 나타난다.

06 복어와 어울리지 않는 식품이 아닌 것은?

① 감   ② 양갱
③ 팥밥   ④ 메론

복어와 어울리지 않는 식품은 감, 양갱, 팥밥이다.

정답 _ 05 ③ 06 ④

8 복어 손질의 기초적 방법 습득하기

(1) 복어 세척하기

복어는 흐르는 수돗물로 외부를 깨끗이 씻어 칼판에 올린다.

(2) 지느러미 제거하기

① 복어의 머리 쪽을 왼쪽으로 놓고 배꼽 지느러미, 등쪽 지느러미, 왼쪽 가슴지느러미, 오른쪽 지느러미 순으로 잘라 낸다.

② 위의 순서는 일의 능률과 손으로부터 오는 체온을 덜 받게 하기 위한 최선의 방법이다.

(3) 주둥이 손질하기

입 부위와 눈 사이에 칼을 넣어 주둥이를 잘라낸다. 이때 혀는 자르지 않도록 해야 한다. 주둥이는 위 이빨 사이에 칼을 넣어 자른 다음 소금으로 깨끗이 손질하여 끓는 물에 살짝 데쳐낸다.

(4) 껍질 손질하기

주둥이를 자른 몸체는 머리 쪽을 자신 쪽(조리인)으로 놓고 머리 쪽의 왼쪽 눈과 배 껍질과 살 사이에 칼을 넣어 껍질의 위, 아래를 분리하여 꼬리까지 자르고 오른쪽도 왼쪽과 같은 방법으로 껍질을 자른 다음 등 쪽을 위로 하고 꼬리 쪽의 껍질과 살 사이에 칼을 넣어 껍질을 자른다.

(5) 껍질 벗기기

꼬리 쪽의 껍질을 잡고 머리 쪽으로 당기면서 붙어 있는 곳은 칼을 넣어 껍질을 벗기고 반대쪽도 같은 방법으로 껍질을 벗긴다. 이렇게 하여 몸체와 껍질을 완전히 분리한다.

(6) 내장 분리하기

아가미 쪽 가슴살과 내장이 있는 부위와 살과 뼈 부위를 분리하고 다시 아가미 살과 내장을 분리한다.

(7) 눈 제거하기 – 세장뜨기

내장과 함께 있는 정소(이리) 부분은 식용 부분이므로 분리하여 소금으로 잘 손질하여 끓는 물에 살짝 익혀 일품요리나 냄비 요리 등의 고가 요리에 사용한다. 생선 살을 세장뜨기하여 회용, 지리냄비용, 튀김용 등으로 분리한다. 머리는 특히 눈 부위를 손질할 때 반드시 주의해야 한다.

(8) 핏물 제거하기

손질한 복어는 흐르는 수돗물에 5~6시간 동안 담가두어 피를 제거하고 철저한 해독 작업을 한다.

빈 출 C h e c k

07 복어 지리를 끓일 때도 많이 사용하고, 해독작용 및 중금속 배출 뿐 아니라 간 기능향상과 숙취 해소에 효과적인 식재료는?

① 당근 ② 미나리
③ 팽이버섯 ④ 무

💬 미나리는 각종 비타민이나 무기질과 섬유질이 풍부하여 알칼리성 식품으로 머리를 맑게 하고 갈증을 해소하며 복어 지리를 끓일 때도 많이 사용하고, 해독작용 및 중금속 배출 뿐 아니라 간 기능향상과 숙취 해소에 효과적이다.

정답 _ 07 ②

(9) 껍질 가시 제거하기

횟감용은 물기가 없는 면포로 가볍게 싸서 물기를 줄여 준다. 속껍질을 소금으로 깨끗이 손질하여 겉껍질과 분리하며 겉껍질은 잘 드는 칼로 가시를 밀어 제거하여 끓는 물에 데친다.

(10) 데치기

겉껍질은 콜라겐 성분이 많아 높은 열에는 쉽게 녹으므로 살짝 데치고 준비한 얼음물에 넣어 빨리 식힌 다음 수분을 제거하여 회, 무침 요리에 사용한다.

(11) 데쳐 식히기

안쪽 껍질은 약간 강한 불에 3~5분간 삶아 익힌 다음 찬물에 식혀 수분을 제거하여 사용한다.

9 복어의 영양

복어는 저지방, 저칼로리, 고단백질과 각종 무기질 및 비타민이 있어 다이어트 식품으로 최고이다. 복어의 근육중에 IMP(Inosin Monophosphade)가 전 핵산 관련 물질에 대하여 39.6%를 차지할 정도로 감칠맛이 우수하며, 복어 열수추출물은 숙취해독에 효과가 있다. 복어의 지질성분에는 EPA(고도불포화지방산인:Eisosapentaenoic Acid)와 DHA(Docosahexaenoic Acid)가 비교적 많이 함유되어 있다.

특히 최근 뇌 영양화학연구소의 Michael A Crawford박사는 그의 저서에서 생선에만 있는 이 영양소는 학습, 기억 기능을 향상시키고, 혈액중의 콜레스테롤의 함량을 줄이며, 혈전을 방지하는 우수한 기능을 가지고 있음을 밝혔다. 또한 복어의 깊은 맛과 관련이 있는 유리 아미노산인 taurin, glycine, alanine 및 leucine이 전체 아미노산의 63%를 차지하고 있고, 고급 어종일수록 결합조직 중의 콜라겐 함량이 높아 촉감이 좋은데, 복어는 식용 가능한 어종 중에서도 콜라겐 함량이 높다. 복어와 어울리지 않는 식품은 감, 양갱, 팥밥이다.

10 복어 살의 숙성

복어 도미, 광어 등과 같이 흰살 생선은 육질이 단단하고 쫄깃한 한 성질을 가지고 있어서 자르는 방법이나 숙성정도에 따라서 씹힘성과 혀에 느껴지는 미각에 영향을 준다. 육질이 단단한 어종일수록 콜라겐의 함량이 높은데 콜라겐 중 근육 속에 V자형 콜라겐이 생선의 단단함에 영향을 주므로 일반적으로 숙성을 시켜면 더욱 감칠맛을 느낄 수 있다. 복어 횟감의 숙성시간은 4℃에서 23~36시간 12℃에서는 20~24시간, 20℃에서는 12~20시간 숙성 보관한다.

Section **2** 채소 손질

1 채소의 명칭 및 선별하기

복어 조리에 사용되는 주요 부재료의 재료는 배추(학사이:ハクサイ:白菜), 대파(네기:ねぎ:葱), 표고버섯(시이타케:シイタケ:椎茸), 팽이버섯(에노키타케:エノキタケ:えのき茸), 당근(닌징:ニンジン:人参), 무(다이콩:ダイコン:大根), 미나리(세리:セリ:芹), 실파(와케기:ワケギ:分葱), 두부(도후:とうふ:豆腐) 등이 있다.

(1) 배추

배추는 마늘, 고추 무와 함께 우리나라 4대 채소 중의 하나로 김치뿐만 아니라 생 것으로 이나 말리거나 데쳐서 다양한 요리에 활용한다. 수분과 칼슘, 비타민, 무기질 등의 영양소가 풍부하다. 일반적으로 재배시기에 따라 봄배추, 여름배추, 가을배추, 겨울배추로 구분한다. 배추의 영양과 효능은 이뇨작용을 도와주는 수분함량이 95%이고, 열량이 낮고 식이섬유 함유량이 많아서 변비 및 대장암 예방에 좋다. 다음은 상품의 배추를 고를 때 선별하는 방법이다.

① 겉잎은 짙은 녹색을 띠고, 반 갈랐을 때 속잎은 노락색을 띠는 것이 좋다.

② 뿌리는 크기가 작고 단단하며 뿌리는 너무 두껍지 않은 것이 좋다.

③ 뿌리쪽에 검은 테가 있는 것은 줄기가 섞은 것이라 피한다.

(2) 대파

우리나라 음식의 대표적인 향신 채소로 익으면 단맛을 내고 생으로 사용할 때는 알싸한 특유의 향이 있다. 주요성분은 유황화합물로 그 중에서 알린은 잘랐을 때 미끈 거리는 부분으로 몸은 따뜻하게하고, 혈액순환 및 불면증을 완화하는 작용을 한다. 각종 요리에 사용할 뿐만 아니라 대파는 뿌리부터 잎, 줄기 버릴 것이 없고, 면역력 강화와 체내 콜레스테롤 조절에 효과적인 식재료이다. 다음은 상품의 대파를 고를 때 선별하는 방법이다.

① 잎 부분이 고르고 녹색이 띠고, 색이 분명하며 줄기가 곧게 뻗은 것이 좋다.

② 탄력적이고 윤가가 있는 것이 좋다.

(3) 표고버섯

일본의 불교 사찰의 정진요리(精進料理)에 중요한 재료인 표고버섯은 암을 억제하는 레티넨을 비롯해 식이섬유가 풍부하고 저칼로리로 향미와 영양이 좋아서 식물성 국물을 뽑을 때도 많이 사용한다. 특히 말린 표고버섯은 향과 맛을 더욱 좋게 하며 감칠맛(우마미)을 만들어 낸다. 다음은 상품의 표고버섯을 고를 때 선별하는 방법이다.

① 대가 굵고 짧으며 주름에 상처나 검은 얼룩이 없어야 신선하다.

② 갓이 너무 피지 않고 색이 선명하며 주름지지 않는 것이 좋다.

(4) 팽이버섯

식이섬유가 풍부한 팽이버섯은 일본에서는 팽나무(えのき)에서 자란다고 하여 에노키타케라는 불렀고, 팽이버섯(えのきたけ)은 된장국, 전골냄비나 냄비요리 등 다양하게 많이 사용한다.

(5) 당근

당근은 아프카니스탄이 원산지로 서늘한 기후를 좋아하는 뿌리채소로 비타민 A와 C가 많고 단맛이 난다. 옛날에는 말(麻)의 먹이로 알고 즐기지 않았는데 요리방법은 샐러드나 냄비요리 , 초회 등에 다양하게 사용한다. 상품(上品) 모양이 곱고 곧으며 칼로 잘라 보았을 때 뼈가 없는 것이 좋고, 녹황색 채소 중에서 카로틴의 함유량이 가장 많다. 다음은 상품의 당근을 고를 때 선별하는 방법이다.

① 당근은 주황색깔이 선명하고 진할수록 영양소가 풍부하다.

② 단맛이 강한 것은 매끈하고, 휘어지지 않은 것이 상품이다.

(6) 무(大根: 다이콘)

지역에 따라서 무수, 무시라고도 불리는 무는 한자어로 나복(蘿蔔) 이라고 한다. 무는 김치, 깍두기, 무말랭이, 단무지 등 그 사용용도가 다양하고 특히, 겨울철 비타민 공급원인 비타민 C의 함량이 20~25mg이 되고 수분은 94%이다.

일본 무는 주로 미농조생무, 청수궁중무 등 단무지용으로 재배를 한다.

① 모양이 곧고 갈라지거나 터지지 않은 것이 좋다.

② 잔뿌리가 많지 않은 것이 좋다.

(7) 미나리

각종 비타민이나 무기질과 섬유질이 풍부하여 알카리성 식품으로 머리를 맑게 하고 갈증을 해소하며 복어 지리를 끓일 때도 많이 사용하고, 해독작용 및 중금속 배출뿐 아니라 간 기능향상과 숙취 해소에 효과적이다. 다음은 상품의 미나리를 고를 때 선별하는 방법이다.

① 줄기속이 꽉 찬 것이 좋다.

② 잎이 연하고 무성하면서 연한 갈색으로 착색되지 않은 것이 좋다.

(8) 실파

실처럼 아주 가느다랗다하여 실파라고 불리며 뿌리부분을 제외하고는 쪽파와 모양이 비슷하고 실파는 일자 모양인데 비해서 쪽파는 뿌리 부분이 동그랗다. 또한, 쪽파에 비해서 안의 진액이 많지 않아서 주로 국물요리의 뛰우거나 양념으로 사용한다. 실파는 비타민 C가 풍부해서 감기예방에 효과적인 실파의 제철은 9~12월 이다. 손질방법은 약효성분인 알리신은 휘발성이라서 장시간의 요리나 물에 너무 오래두지 않는다. 잎이 지나치게 굵거나 뻣뻣한 것은 좋지 않다.

(9) 두부

밭에서 나는 고기라 부르는 콩으로 만든 두부는 불린 콩을 갈아서 비지를 짜 낸 후 응고제를 넣어서 굳힌 것으로 단백질 외에 지방도 풍부하다. 만드는 방법에 따라서 연두부는 물을 완전히 빼지 않은 상태에서 주머니에 넣어서 굳힌 것이고, 순두부는 콩물이 덩얼 덩얼하게 응고 되었을 때 그대로 콩물과 함께 떠서 먹는다.

2 자르기와 조리와의 관계

재료를 먹기 좋고, 익히기 좋고 아름답게 보이기 위해서는 자르기가 중요하다. 일본요리에서 식재료를 자르는 방법이 매우 중요한 것은 재료를 자르는 방법은 조리와 밀접한 관계를 가지고 있기 때문이다. 식재료의 종류나 상태, 조리방법, 익힘의 정도 등에 따라서 미각적인 맛이나 시각적 효과는 물론 일의 능률 등을 고려하여 각 재료의 특징을 잘 살리려면 자르는 방법을 숙지해야 한다.

(1) 자르기

자르기는 우선의 칼의 연마정도와 부위별 칼의 특성을 잘 살려서 칼의 앞날을 사용할지, 뒷날을 사용할지를 판단하고, 재료의 특서에 따라서 생선회와 같이 당겨서 잘라야 할지 채소를 채 썰 때처럼 밀어서 썰어야 할지 판단해야 훌륭한 요리를 만들어 낼 수 있다.

(2) 자르기 전의 주의사항

감자류 등과 같이 아린 맛이 강한 것은 껍질을 조금 두껍게 깎아서 찬물에 잘 우려서 아린 맛을 잘 제거하고, 당근 등의 채소류는 껍질부분에 비타민 C를 함유하고 있으면서 재료의 낭비와 영양소의 손실을 최소화하기 위하여 가능한 한 껍질을 얇게 깎는 것이 좋다.

3 복어 지리나 탕에 들어가는 채소 손질하는 방법

(1) **배추** : 배추는 부드러운 맛을 내기 위해서 반으로 잘라서 끓는 소금물에 데친 후 찬물에 식혀서 속에 미나리 데친 것을 넣고 김발로 말은 다음 절반으로 모양내어 자른다.

(2) **대파** : 대파는 보통 길이 5㎝ 폭 0.5㎝로 어슷자르기를 해서 주로 지리나 탕에 사용한다.

(3) **표고버섯** : 표고버섯은 밑동을 자른 다음 갓의 중앙에 별표 모양의 칼집을 내어서 주로 지리나 탕에 사용하고 큰 것은 절반으로 자른다.

(4) **팽이버섯** : 팽이버섯은 밑동을 자른 후 손가락으로 가닥가닥 찢어서 주로 지리나 탕이 끓을 때 마지막에 넣는다.

(5) **당근** : 당근은 다른 재료와의 익히는 시간을 맞추기 위해서 벚꽃 모양을 낸 후 절반 정도 익혀서 식힌 다음 복어 지리나 탕에 사용한다.

(6) **무** : 무는 다른 재료와의 익히는 시간을 맞추기 위해서 은행잎 모양을 낸 다음 절반 정도 익혀 식힌 다음 복어지리나 탕에 사용을 한다. 특히, 초간장(폰즈)의 양념(야쿠

미)으로 사용하는 빨간무즙(모미지오로시)을 만들 때는 반드시 생 무를 껍질 벗긴 다음 강판에 갈아서 씻어 고운 고춧가루와 섞어서 만든다.

(7) 미나리 : 미나리는 나무젓가락 여러 개로 잎을 훑은 후 거머리가 없도록 깨끗이 씻어서 복어회에 사용할 미나리는 작고 단단하면서 마디가 없는 것이 좋다. 그 외 복어 지리나 탕, 복 껍질 무침에 사용한다.

(8) 실파 : 실파는 초간장(폰즈)의 양념(야쿠미)으로 사용하거나 복어 초회나 껍질 조림 등에 사용하는데 손질할 때는 송송 썰기를 하여 물에 헹구어 마른 면포로 물기를 제거 한 다음 사용한다.

(9) 두부 : 두부는 단단한 것으로 준비를 해서 깨지지 않도록 길이5㎝ 높이 4㎝, 폭 1㎝ 정도로 3족 정도를 준비해서 복어 지리나 탕에 사용한다.

Section 3 **복떡 굽기**

1 복떡 굽기

쌀가루를 물에 침전시킨 후 찐 후 절구로 찧어서 만든 떡은 시간이 지남에 따라서 전분의 노화가 빠르기 때문에 떡을 굽지 않고 그대로 사용하면 형태의 변형이 생기므로 구워서 사용한다.

2 구이 요리의 특징

(1) 구이 요리의 개요

구이는 가열 조리 방법 중 가장 오래된 조리법으로 구이 요리의 종류는 어패류 등을 불이 직접 닿는 직화구이와 오븐과 같은 대류나 재료를 싸서 직접 열을 차단하여 굽는 간접 구이가 있다. 계절별로는 봄철에는 조개류 여름철에는 장어구이, 은어구이 가을에는 자연송이구이 겨울에는 복어구이 등 다양하다.

(2) 구이 요리의 주의사항

구이 요리에서 가장 중요한 것은 재료의 굽기는 정도 및 시각적으로 겉표면이 식욕을 자극할 수 있도록 해야 한다. 화력조절의 기본원칙은 강한 불로 멀리서 굽는다. 특히, 조개류는 강한 불에서 재빨리 굽고 된장 구이, 간장 구이 등은 타기 쉽기 때문에 불 조절을 약하게 해서 타지 않게 굽는 것이 중요하다.

(3) 어패류의 굽는 방법

① 어패류의 굽는 방법은 바다생선은 살부터 민물고기는 껍질부터라는 옛말처럼 생

선은 껍질 쪽부터 굽는 것이 좋은 방법이다.

② 비율은 껍질과 살을 6 : 4의 비율로 굽는 것이 기본이다.

③ 쇠꼬챙이를 끼워서 구을 때는 빙글빙글 돌려가면서 구워야 꼬챙이를 뺄 때 쉽게 빼 낼 수 있다.

3 구이 조리 방법의 종류

(1) 직접 구이 : 직접 직화로 석쇠나 쇠꼬챙이에 굽는 방법

(2) 간접 구이 : 재료와 열원 사이에 팬 등의 금속이나 돌을 이용해서 타지 않는 요리용 종이, 알루미늄으로 간접 구이하는 방법

4 꼬챙이 구이 방법과 종류

(1) 파도 꿰기(우네리쿠시 : うねり串)

참돔 등 생선을 통구이 할 때 사용하는 방법으로 생선이 살아 움직이듯 머리와 꼬리를 쥐고 올려 꿴 경우에는 춤추는 꼬챙이 꿰기(오도리쿠시 : おどり串)라고 한다. 은어, 산천어 등 머리를 너무 들어 올리지 않고, 꼬리 끝을 쭉 뻗어 올라가도록 힘차게 강을 거슬러 올라가는 모습을 형상화한(노보리쿠시 : のぼりくし)라고 한다.

(2) 평꼬챙이 꿰기(히라쿠시 : 平串 또는 히라우치 : 平打ち)

토막 생선 등을 몇 개의 꼬챙이로 가로꼬챙이꿰기로 하여 똑바로 꿰는 방법이다.

(3) 부채꼴 꼬챙이 꿰기(우치와쿠시 : うちわ串 또는 마츠히로쿠시 : まつひろ串)

꽁치 등 토막생선이 긴 경우 몇 개의 꼬챙이를 꿴 모양이 손에 잡기 쉽게 부채꼴 모양으로 꿴 것을 말한다.

(4) 말아올린 꼬챙이 꿰기(츠마오리쿠시 : つまおり串)

생선살이 얇고 긴 경우 아름답고 깨끗하게 하기위해서 한쪽 끝 말이꿰기(가타하시:かたはし또는 가타즈마오리 : かたづまおり)를 하고, 양쪽 끝말이(료하시 : りょうはし 또는 료즈마오리 : りょうづまおり)를 말아서 꿰는 방법이다. 옷을 깁듯이 세로 꼬챙이로 꿰어서 굽는다.

(5) 꿰메기 꼬챙이(누이쿠시 : ぬい串 또는 스쿠이쿠시 : すくい串)

오징어나 가자미 등 구우면 생선살이 휘어지는 것을 방지하기 위해서 몇 개의 꼬챙이로 옷을 꿰매듯이 살을 꿰는 방법이다. 이때 곁들이는 꼬챙이를 사용하기도 한다.

(6) 노시쿠시(のし串)

새우 등을 삶을 때 바 부분에 머리쪽에서 꼬리쪽으로 꿰는 것을 말하는데, 휘는 것을 방지하기 위해 똑바로 굽거나 삶기 위해서 꿰는 방법이다. 또한, 재료를 고사리 형태로 굽는 것을 고사리꼬챙이(와라비쿠시 : わらび串)라고 한다.

빈출 Check

08 구이 요리의 주의사항으로 옳지 않은 것은?
① 가장 오래된 조리법이다.
② 바다생선은 살부터 민물고기는 껍질부터 굽는다.
③ 생선은 껍질과 살을 6 : 4로 굽는 것이 기본이다.
④ 된장구이는 강한 불에서 재빨리 굽는다.

된장 구이, 간장 구이 등은 타기 쉽기 때문에 불 조절을 약하게 해서 타지 않게 굽는 것이 중요하다.

복어 양념장 준비

Chapter 02

Section 1 **초간장 만들기**

1 초간장의 개요

초간장(폰즈)은 여러 가지 감귤류인 유자, 라임, 레몬, 카보스, 영귤(스타치), 오렌지 등의 과즙을 이용한 일식 조리의 조미료로서 여기에 초산을 첨가해서 보존성을 높인 것이다. 초간장을 만들 때는 감귤류의 즙에 간장을 첨가하며, 가다랑어 포와 다시마 맛술 등을 넣어서 맛을 더욱 증진시킨 것이다. 초간장을 주로 냄비조리, 샤브샤브, 구이조리, 찜 조리, 초무침 등 다양하게 사용한다.

2 초간장에 사용하는 재료

(1) 가다랑어포(가쓰오부시 : かつおぶし:鰹節)

① 일식 조리(와쇼쿠초리 : わょくちょうり : 和食調理)의 국물 요리 중에서 가장 기본적이고 중요한 재료는 가다랑어포와 다시마이다.

② 가다랑어 포를 제조하는 방법

가다랑어를 손질해서 고열로 찐 후 훈제하여 풍미를 높이기 위해 곰팡이가 생기도록 한 다음 햇볕에 건조를 시켜 7~8회 푸른곰팡이가 생기게 한다. 그런 다음 수분이 없어질 때까지 음지에서 잘 건조시킨 것을 대패로 얇게 저민 것을 가다랑어포(かつおぶし)라고 한다.

③ 만들 때 주의할 점

가다랑어의 검푸른 부분을 제거해야 더욱 고급스럽고 질 좋은 맛의 다시를 만들 수 있다. 복숭아 색깔을 띠는 것이 상품(上品)인데 그 모양이 꽃과 같다고 해서 하나카츠오(花鰹節)라고 부르고 실처럼 가늘게 깎아 놓은 제품이 이토가키(絲がき)이다.

④ 가다랑어포의 역사

가다랑어포는 오랜 보존성 때문에 무사들의 비상 전투식으로 가마쿠라시대(鎌倉時代, 1180년대~1333)와 무로마치시대(室町時代, 1336~1573)부터 활용되었고, 에도시대(江戸時代, 1603~1867)에 와서 가다랑어포를 단순히 건조시키는 것에서 더 나아가 오늘날의 훈연한 후 곰팡이를 피우는 제조방법으로 발전해 가다랑어포의 맛과 보존성이 한층 더 향상하게 되었다.

가다랑어포의 종류

① 혼부시(本節) : 덩치가 큰 가다랑어를 3장 뜨기(三枚卸し)한 후, 한쪽 살을 세로로 자른 것을 말한다.

② 오부시(雄節) : 혼부시의 지방 함량이 적은 등쪽 부분으로 만들었기 때문에 질 좋은 다시를 뽑을 수 있어서 일반적으로 이용을 한다.

③ 메부시(雌節) : 혼부시의 지방 함량이 많은 배쪽 부분으로 만들었기 때문에 감칠맛을 잘 살릴 수 있다.

④ 카메부시(龜節) : 덩치가 작은 가다랑어의 한쪽 살로 만든 것을 말한다.

(2) 다시마(곤부:こんぶ:昆布)

① 우리나라 다시마는 동해안 북부, 함경남도와 함경북도의 원산 이북 등에 다양한 종류가 있으나 고급 다시마는 건조가 잘 되어있고 두꺼우며 표면의 흰 가루의 만니톨(Mannitol) 성분이 고르게 분포되어있다.

② 주로 양식산 다시마의 종류는 일본의 홋카이도(北海道) 원산의 참 다시마인데 우리나라에서는 동해안부터 제주도 지역을 제외한 전 지역에서 양식하고 있다.

③ 다시마의 영양가는 풍부한 알긴산은 지장의 흡수를 방해해서 다이어트 식품으로도 각광받고 있다.

④ 다시마의 종류

다시마는 아한대, 한대의 연안에 분포하는 한해성(寒海性) 식물로서 일본의 홋카이도(北海道)와 도호쿠[東北] 지방 이북 연안, 캄차카반도, 사할린섬 등의 태평양 연안에도 분포한다. 태평양 연안에 20여 종이 있고, 크기는 10m 이상의 큰 종류도 있다. 주요 종으로는 참다시마(L.japonica), 오호츠크다시마(L.ochotensis), 애기다시마(L.religiosa) 등이 있다 .일본의 경우 일본어로 昆布(こんぶ, 곤부)로 '喜ぶ(기쁘다)'의 어원에서 파생된 것으로 알려져 있고, 다시마의 90%가 북해도에서 생산되는 데 차가운 해수가 다시마가 자라기에 적합하기 때문이다.

⑤ 다시마의 효능

다시마의 효능은 해초에 들어있는 갈색의 색소 성분인 '후코키산틴'은 지방의 축적을 억제한다. 쌓인 체지방을 태워 단백질 'UCP-1'의 활성을 증가하는 이중의 작용이 있고, 노화를 방지, 피부 재생에 도움을 주며, 다시마의 끈적 성분은 중성 지방이 흡수되는 것을 예방한다.

빈출 Check

09 가다랑어의 지방 함량이 많은 배쪽 부분으로 만들었기 때문에 감칠맛을 잘 살릴 수 있는 가다랑어포의 종류는?

① 혼부시　② 오부시
③ 메부시　④ 카메부시

메부시에 대하 설명이다.

10 다시마의 성분 중 지방의 축적을 억제하고 노화 방지, 피부 재생에 도움을 주는 성분은?

① 만니톨
② 알리신
③ 후코키산틴
④ 시니그린

다시마의 효능은 해초에 들어있는 갈색의 색소 성분인 '후코키산틴'은 지방의 축적을 억제한다.

정답 _ 09 ③　10 ③

다시마의 종류

① 마곤부(まこんぶ:眞昆布)
참 다시마로 마(眞)가 붙은 것은 다시마 중에서도 최고라는 의미로 특징은 크고 폭이 넓으며 특유의 끈적거리는 맛이 없다.

② 리시리곤부(りしりこんぶ:利尻昆布)
일반음식점에서 주로 사용하는 리시리곤부는 마곤부와 비슷하고, 향도 있고 색깔이 잘 들지 않아서 턱이 좁고 얇은 것이 특징이다.

③ 라우스곤부(らうすこんぶ:羅臼昆布)
라우스곤부는 부드러우면서 다시를 끓일 때 노랗게 물이 들고 맛과 향이 강한 특징을 가지고 있다.

④ 미츠이시곤부(みついしこんぶ:三石昆布) 또는 히다카곤부(ひだかこんぶ:日高昆布)
라우스곤부와 비슷한 미츠이시곤부는 부드러우면서 다시를 끓일 때 맛이 강하고 색도 많이 나오는 특징을 가지고 있다 .

(3) 간장(쇼유:しょうゆ:醬油)

간장은 감칠맛뿐 아니라, 소재가 갖고 있는 풍미(향기)를 끌어내어서 재료가 갖는 불필요한 냄새 등을 없애는 역할을 하는 것으로 만드는 방법은 콩과 밀을 원료로 해 누룩을 만든 다음 식염수를 넣어 진한 액체를 만든 후 독특한 색과 맛 그리고 향이 생기는 과정인 발효와 숙성 과정을 거쳐 건더기는 짜내고 남은 국물은 불에 올려 달인 것이 간장이다.

 간장의 종류

① 고이구치조유(濃い口醬油) 진간장
진간장은 일본 요리에 가장 많이 쓰이는 간장으로 밝은 적갈색으로서 특유의 향이 있다. 좋은 향기 때문에 그대로 찍어 먹거나 뿌리거나 곁들여 먹는다. 용도는 색깔을 내거나 냄새를 제거 및 재료를 단단하게 조이는 작용을 하기 때문에 끓임 요리에 간장을 사용한다.

② 우스구치조유(うすくちじょうゆ) 연간장
연간장은 염도가 다른 간장보다 강하여 소금 맛이 강하고, 색이 엷고 독특한 냄새가 없으며 재료가 가지고 있는 색, 맛, 향을 잘 살리는 요리에 이용한다.

③ 타마리간장(타마리조유:たまりじょうゆ) 진 진간장, 조림간장
타마리간장은 검정색으로서 단맛을 띠고 특유의 향이 있으면서 부드럽고 진하다. 용도는 조림, 구이조리 등에 사용하며 깊은 맛과 윤기를 내기도 한다.

④ 나마조유(なまじょうゆ) 생 간장
나마쇼유는 열을 가하지 않은 것이기 때문에 풍미와 특히 향기가 매우 좋고, 오랜 시간 끓여도 향기가 날아가지 않는 것이 특징이고, 서늘한 곳이나 냉장고에 보관한다.

⑤ 시로조유(しろじょうゆ) 흰 간장
시로쇼유는 킨자지미소(金山味噌)의 액즙에서 채취한 것으로서, 투명하고 황금에 가까운 색을 띠며 향이 매우 우수하지만 색이 변하기 쉬우므로 오래 보관하는 것은 피하는 것이 좋다. 용도는 식재료의 색을 살리는 데는 훌륭한 역할을 한다.

⑥ 칸로조유(かんろじょうゆ) 단 간장
칸로조유는 일 야마구치켄(山口県)의 야나기돈(柳井)의 특산물로서 열을 가하지 않은 진간장을 거듭 양조 한 것으로 일본의 관서지방에서는 생선회나 신선한 재료 찍어 먹거나 곁들임에 사용된다. 특징은 단맛, 향기와 함께 우수한 농후하다.

빈출Check

11 투명하고 황금에 가까운 색을 띠며 향이 매우 우수하지만 색이 변하기 쉬우므로 오래 보관하는 것은 피하는 것이 좋은 간장의 종류는?

① 고이구치조유
② 우스구치조유
③ 시로조유
④ 칸로조유

시로조유에 대한 설명으로 시로조유는 식재료의 색을 살리는 데는 훌륭한 역할을 한다.

정답 _ 11 ③

(4) 레몬(레몬:レモン)

비타민 C의 귀중한 보급원으로 향과 신맛을 살려 요리나 음료에 향을 내거나 비린내를 제거하면서 요리를 장식할 때 사용한다.

(5) 카보스(카보스:かぼす)

칼륨, 비타민 C가 풍부한 유자의 일종으로 일본 오오이타현의 특산품으로서 일본 요리에 잘 어울리며 용도는 국물저리, 냄비조리, 복어조리 등에 사용하고, 껍질은 말려서 향신료 재료로 사용한다.

(6) 영귤(스타치:すたち)

무환자나무목 운향과에 영귤의 주산지는 일본의 도쿠시마현이다. 우리나라에는 제주도에 1980년도에 전해졌으며 신선이 살만 한 곳이란 곳의 제주도 옛 이름인 영주에서 영을 따서 영귤이라 부르게 되었다. 일본에서는 송이버섯을 먹을 때는 필수적인 재료이며 비타민 C와 칼슘의 항량이 높아서 감기 예방 및 면역력 강화에 좋으며 국물조리, 생선 회, 생선 구이 등에 사용한다.

Section 2 양념 만들기

1 양념 재료

일본 요리에서는 양념은 풍미 증강, 냄새 제거 및 해독작용의 3가지 역할을 하는데, 대표적인 재료로는 무, 고춧가루, 실파, 유자 또는 레몬 고추냉이 등이 있다.

(1) 무(だいこん大根: 다이콘)

지역에 따라서 무수, 무시라고도 불리는 무는 한자어로 나복(蘿蔔) 이라고 한다. 무는 김치, 깍두기, 무말랭이, 단무지 등 그 사용용도가 다양하고 특히, 겨울철 비타민 공급원인 비타민C의 함량이 20~25mg이 되고 수분은 94%이다.

일본 무는 주로 미농조생무, 청수궁중무 등 단무지용으로 재배를 하고, 서양 무는 파종 후 25일이면 수확이 가능한 20일 무, 40일이면 수확이 가능한 40일 무 등이 있다.

(2) 고춧가루(도우가라시: とうがらしのこな唐辛子粉)

붉은고추를 꼭지와 씨를 제거 한 다음 말려 빻은 가루로서 음식에 매운맛과 붉은 색깔을 내기 위해 쓰는 향신료이다.

(3) 실파(와케기 :わけぎ:分葱)

실처럼 아주 가느다랗다하여 실파라고 불리며 뿌리부분을 제외하고는 쪽파와 모양이 비슷하고 실파는 일자 모양인데 비해서 쪽파는 뿌리 부분이 동그랗다. 또한, 쪽파에 비해서 안의 진액이 많지 않아서 주로 국물요리의 뛰우거나 양념으로 사용한다. 실파는 비타민 C가 풍부해서 감기예방에 효과적인 실파의 제철은 9~12월이고, 구입 요령은 잎이 지나치게 굵거나 뻣뻣한 것은 좋지 않다. 손질방법은 약효성분인 알리신 은 휘발성이라서 장시간의 요리나 물에 너무 오래두지 않는다.

(4) 유자(유즈:ゆず:柚子)

유자는 향이 좋고 노란 색깔이 식욕을 촉진시키는 역할을 한다. 레몬보다 비타민 C가 3배 많이 함유해서 피부미용과 감기 예방에 좋을 뿐만 아니라 피로를 방지하는 유기 산도 많이 들어있다. 그 외 유자 속의 리모넨과 펙틴은 모세혈관을 튼튼하게 하고 혈 액순환을 촉진 시켜 고혈압 예방과 치료에도 좋다.

(5) 고추냉이(와사비: わさび: 山葵)

우리나라가 원산지인 고추냉이는 초밥과 생선회를 먹을 때 꼭 필수적인 식재료로서 일본요리 중에서는 매운맛의 대표격인 고추냉이는 시니그린((Sinigrin:シニグリン)이 란 매운맛 성분의 효소가 위를 자극하여 식욕을 촉진시키고 생선의 비린내를 없애주 는 역할을 한다. 효능은 "베타아밀라제"같은 소화효소가 만성적인 위장병 치료에 효 과가 크다. 사용할 때는 열을 가하면 매운맛이 사라지고, 뿌리를 강판에 갈아서 사용 하면 효소의 작용으로 톡 쏘는 자극적인 향과 매운맛이 강해진다.

Section 3 조리별 양념장 만들기

1 참깨소스(고마노소스: ゴマのソース)의 재료

일본요리의 대표적인 양념장의 하나인 참깨소스를 만드는 방법은 깨를 팬에서 볶아 서 절구통(아타리바치)에 넣고 갈면서 간장, 맛술 등의 양념을 넣어서 맛을 낸 것이다. 참깨소스는 참깨의 향과 농후한 소스로 샤브샤브 등 담백한 재료의 냄비 요리 등에 찍어 먹는 소스류로 사용한다. 다음은 참깨소스에 들어가는 재료이다.

(1) 참깨(고마:ゴマ)

각종요리의 통깨나 깨소금, 참기름 등으로 널리 사용하는 참깨는 콩에 버금가는 단 백질을 함유하고 있어서 예부터 구황식품으로 알려져 있다. 참깨를 호마라하고, 참 깨의 품종은 자실의 빛깔에 따라 흰깨, 검정깨, 누런 깨 등으로 구분한다 깨의 단백 질은 주로 글로블린인데, 참깨를 볶을 때 나오는 고소한 향기는 아미노산의 한 가지 인 시스틴으로서 그 외 노화를 방지하는 비타민E, 무기질, 체내 신진대사를 원활하 게 해 주는 셀레늄, 콜레스테롤 생성을 억제하는 리놀레산, 세사민과 세사모린의 항산화물질을 다량 함유하고 있다.

(2) 참깨액상(아타리고마:あたりごま:当たり胡麻)

참깨두부를 만들거나 참깨소스, 참깨 드레싱 등을 만들 때 사용하는 것으로 볶은 깨를 기름이 나올 때까지 잘 으깬 것이다.

(3) 간장(쇼유:しょうゆ:醬油)

일본요리에서 빼 놓을 수없는 간장은 대두콩과 보리에 누룩과 식염수를 첨가하여 숙성시켜 만든 것으로 단맛, 짠맛, 신맛, 감칠맛이 어우러진 특유의 맛과 향이 지니고 있다. 간장(쇼유:しょうゆ:醬油)의 시초는 고대 중국으로부터 전해져 온 히시오(ひしお: 지금의 간장에 해당하는 옛날의 조미료)로 일본에서는 이미 야요이(やよい)문화시대에 이용되고 있었다. 간장은 그 색깔 때문에 보랏빛(무라사키:むらさき)라고 불렸으며, 조미의 기초가 된다.

(4) 맛술(미림:みりん:味醂)

음식의 조미료로 사용하는 맛술은 달콤한 술의 일종으로 찹쌀을 쪄서 쌀누룩을 만들어 소주를 첨가하여 넣고 이것을 발효 당화 숙성시켜 짜서 만든 것이다. 용도는 구이류의 타레(たれ), 메밀국수 등을 찍어먹는 다시(出し)등에 다양하게 사용한다.
다음은 맛술의 장점이다.

① 설탕과 비교하면 포도당과 올리고당이 다량 함유되어 설탕과 비교해서 식재료가 부드러워진다.
② 찹쌀의 감칠맛 성분인 아미노산과 펩타이드가 당류가 다른 성분과 어울려서 깊은 향과 맛을 낸다.
③ 재료의 표면에 윤기가 생기게 하고, 당분과 알코올이 조릴 때 재료의 부서짐을 방지한다.

복어 껍질 초회 준비

빈출 Check

Section 1 복어 껍질 준비

1 복어 껍질 손질 및 건조 방법

12 다음 중 복어 껍질 손질 방법으로 옳지 않은 것은?

① 겉껍질의 미끈미끈한 점액질은 굵은 소금으로 문질러 씻는다.
② 청주를 끓여 삶고 물렁물렁하게 될 때까지 삶아서 체로 건진다.
③ 겉껍질과 속껍질을 따로 삶아서 그대로 식힌다.
④ 삶은 껍질은 얼음물에 담가 식힌다.

🗨 물이 끓을 때 겉껍질과 속껍질을 같이 넣고 삶아서 얼음물에 식힌다.

(1) 복어 껍질 손질

손질한 복어의 껍질은 먼저 속껍질과 겉껍질을 분리한다. 겉껍질은 미끈미끈한 점액질과 냄새가 많이 나기 때문에 굵은 소금으로 문질러 씻어서 찬물에 헹군 다음 가시를 제거한다.

(2) 복어 껍질 건조

복어 껍질에 가시를 제거한 복어는 물이 끓을 때 겉껍질과 속껍질을 넣고 한번 끓어오르면 청주를 넣고 물렁물렁하게 할 때까지 삶아서 체로 껍질을 건져서 바로 얼음물에 담가 식혀 물기를 제거한 다음 쇠꼬챙이 등에 서로 달라붙지 않게 꼽아서 냉장고 안에서 말린 다음 조리의 용도에 따라서 가늘게 채로 잘라서 사용한다.

(3) 조리용 칼의 종류 및 용도

① 사시미보쵸(さしみぼうちょう:刺身包丁) 생선회 칼

생선회 칼은 관동 지방에서는 복어 사시미용으로 사용하는 타코비키보쵸(たこびきぼうちょう:蛸引包丁)를 사용하나, 관서 지방에서 생선회 칼은 전통적으로 야나기보쵸(やなぎぼうちょう:柳刃:やなぎ包丁)를 사용한다. 하지만 타코비키보쵸는 평썰기 방법인 히라즈쿠리(ひらづくり:平作り), 야나기보쵸로는 잡아당겨 썰기 방법인 히키즈쿠리(ひきづくり:引き作り)를 할 때 주로 사용한다. 생선회 칼의 길이는 일반적으로 27㎝, 30㎝, 33㎝ 크기의 칼이 있는데 각자의 몸에 맞는 칼을 선택해서 사용한다.

② 후구보쵸(ふぐぼうちょう:河豚包丁) 복어회 칼

단단하고 질긴 복어회는 나비가 날아가듯 종이장처럼 얇게 회를 켜야 감칠맛이 살아나듯이 복어회 전용의 칼을 사용한다. 특징은 일반 생선회 칼보다 더욱 날카롭고 두께가 얇으면서 칼날의 끝이 날카롭다.

③ 우스바보쵸(うすばぼうちょう:薄刃包丁) - 채소용 칼

채소를 손질할 때 사용하는 우스바보쵸는 칼의 길이가 18~20㎝가 사용하기에 편리하고, 때에 따라서는 바닷장어나 노래미 등의 작은 뼈를 자를 때도 편리하다. 특

징은 관동식(関東式)은 칼끝이 각이 졌고 관서식(関西式)은 칼끝이 둥근 모양으로 되어 있고 칼을 갈 때는 고운 숫돌을 사용한다.

④ 데바보쵸(でばぼうちょう:出刃包丁) - 절단칼 또는 토막칼

데바칼은 칼등이 두껍고 짧은 칼이라 생선을 포 뜨기(오로스:おろす)할 때나 생선 뼈를 자를 때 사용하기 편리하다. 칼의 길이는 보통 18㎝이나 손잡이를 뺀 칼 턱에서 칼날 끝까지를 말하며, 종류는 대, 중, 소로 나뉘며 보통은 18㎝ 크기면 2kg정도 의 생선을 다룰 수 있고, 크기에 따라 재료에 알맞게 사용한다.

Section 2 복어 초회 양념 만들기

1 양념의 재료

(1) 무(다이콘:だいこん)

냄비조리나 초회조리 등 다양한 조리에 사용하는 무는 비타민 공급원의 중요한 역할을 한다. 껍질을 벗겨서 강판에 간 무즙에는 디아스타아제라는 효소가 함유되어 소화를 촉진시키는 역할을 한다. 무즙을 간 것은 체에 받쳐 흐르는 찬물에 씻어 주므로 해서 매운기와 색깔의 변색을 방지 할 수 있다.

(2) 고춧가루(도우가라시:とうがらし)

고춧가루는 김치 뿐 아니라 한국인에게는 없어서는 안 될 중요한 향신료의 역할을 한다. 음식에서 캡사이신의 매운맛과 붉은 색깔을 내는 역할을 할뿐만 아니라 비타민 A와 B의 영양소가 함유되어 있다. 빨간무즙(모미지오로시)에 사용하는 고춧가루는 고운 것으로 사용하는 것이 촉감에 좋다. 보관시에는 냉장, 냉동고에 보관을 한다.

(3) 실파(아사쓰키:あさつき)

파의 잎 부분에는 카로틴과 비타민C가 풍부해서 감기예방에 효과적이며 열량이 적어서 다이어트에도 효과적이다. 약효 성분인 알리신은 휘발성이라서 장시간 가열을 하거나 물에 장시간 담가두면 안 된다. 양념에 사용할 때 채로 자른 것은 흐르는 물에 씻어서 물기를 제거 후 사용한다.

2 초간장의 재료

(1) 간장(쇼유:しょうゆ)

간장은 요리에서 독특한 향, 색, 맛을 내는 역할을 하는데 간장을 만드는 방법은 대

두 또는 탈지대두, 소맥을 원료로 누룩을 만든 다음 식염을 첨가해 숙성시킨 것으로 염분이 많이 함유되어 있어서 삼투압작용과 방부효과 및 육류조리의 냄새 등을 제거시킨다.

(2) 식초

식초의 효능은 식욕촉진과 소화흡수를 증진, 동맥경화 예방, 피로회복 및 방부 살균작용 등을 한다. 제조법에 따라서 양조식초와 합성 식초로 나눌 수 있다.

① 양조 식초(조조우즈:じょうぞうず)

양조식초는 전분, 당류, 에틸알코올을 원료로 미생물 작용으로 생성한 발효아세트산을 주성분으로 하는 산성조미료이다. 양조식초는 과실식초, 곡물식초, 주정식초 3종류로 나눈다.

② 합성식초(고우세이즈:ごうせいず)

양조식초에 비해서 향기가 약한 합성식초(빙초산)는 빙초산 또는 초산을 음용수에 희석해서 만든 액을 말한다. 장점은 산도를 자유롭게 조정할 수 있는 것과 만드는 시간이 7~10일로 짧아서 많이 시판되고 있다.

③ 천연식초(텐넨즈:てんねんず)

과실이나 곡류, 술 따위를 자연 발효시켜서 만든 식초이다.

(3) 설탕(사토우:さとう)

사탕수수의 줄기나 사탕부에서 정제되는 설탕의 분자는 단당류인 포도당과 과당이 합쳐진 이당류의 결합체의 분자식을 갖는다. 우리나라에서는 설탕이 도입되기 전에는 굴이나 조청이 사용되었으며 설탕은 요리와 디저트 등에 다양하게 활용되고 있다.

(4) 맛국물 만들기

맛국물의 종류에는 일번다시, 이번다시 다시마 다시, 닭 다시, 표고버섯 다시, 말린 건어물 다시 등이 있다.

① 일번 다시(いちばんだし)

냄비에 찬물에서부터 건 다시마를 넣고 끓기 직전 다시마를 건진 후 가다랑어포를 넣고 우린 국물이다.

② 가다랑어포 다시(かつおだし)

냄비에 찬물을 넣고 물이 끓으면 가다랑어포를 넣고 우린 국물이다.

③ 다시마 다시(こんぶだし)

냄비에 찬물에서부터 건다시마를 넣고 물이 끓기 직전에 다시마를 건져서 다시마 맛국물을 만든다.

빈출Check

13 식초에 간장, 맛술, 설탕 등을 넣어서 만든 새콤달콤한 맛이 특징인 삼배초는?
① 니바이즈 ② 삼바이즈
③ 도사즈 ④ 아마즈

3 초회 양념

초회에 사용하는 무, 고춧가루, 실파, 레몬 등이 있는데 무는 껍질을 벗겨 강판에 갈아서 체에 밭쳐 씻은 다음 고운 고춧가루와 섞어서 빨간 무즙을 만들고, 실파는 가늘게 채 선 다음 흐르는 찬물에 씻어서 물기를 제거한 다음 사용을 하고 레몬은 반달이나 웨지 모양으로 잘라서 먹기 직전에 레몬즙을 짜서 사용한다.

Section 3 복어껍질 무치기

1 복어껍질의 상태에 따른 벗기는 방법

① 복어껍질은 검은 껍질(쿠로가와 또는 세가와)과 흰 껍질(시로가와 또는 히라가와)로 나뉜다.

② 관동식 껍질의 가시를 벗기는 방법은 한 장을 두 장으로 잘라서 벗기고, 관서식 방법은 한 장을 그대로 벗긴다.

③ 복어 가시를 제거하는 요령은 미끄러운 플라스틱 도마보다는 접착력이 좋은 나무도마를 사용한다.

④ 또한, 도마와 밀착이 될 수 있도록 속 부분에 약간의 이물질이라도 있으면 미끄러지기 때문에 깨끗하고 완전하게 제거를 한 상태에서 도마 위에 잘 펼친 다음 중간마다 약간의 칼집을 주는 것도 중요하다.

⑤ 껍질의 사용 용도는 껍질을 조려서 굳힌 것(니코고리)과 초회조리(스노모노), 복어회(후구사시미) 등에 사용한다.

2 양념의 종류별 특징

(1) 아와세즈(あわせず:合せ酢)

기본적으로 혼합초를 말하고 식초에 설탕, 소금, 술 등의 조미료를 배합하여 맛을 낸 식초의 총칭이다.

① 니바이즈(にはいず:二杯酢)

이배초로 식초에 간장을 동량 정도로 섞은 것을 말한다.

② 삼바이즈(さんばいず:三杯酢)

삼배초를 말하고 식초에 간장, 맛술, 설탕 등을 넣어서 만든 새콤달콤한 혼합초이다.

③ 도사즈(どさず:土砂頭)

　혼합초로 초에 가다랑어포를 넣고 만든 것이다.

④ 아마즈(あまず:甘酢)

　단식초를 말하고 식초에 설탕, 소금 등을 넣어 만든 것이다.

③ 혼합초의 응용

(1) 폰즈(폰즈:ポン酢)

　폰즈는 감귤류 과즙, 소주, 설탕, 향신료 등을 혼합해서 만든 음료 폰즈(pons, ポン즈)에서 유래한 말로서 폰즈는 감귤류(유자, 레몬 스다치 등)의 과즙으로 만든 일본의 대표인 조미료이다.

④ 모듬 간장

(1) 깨 간장(고마조유:ごまじょうゆ)

　주재료인 깨를 볶아서 절구통에 곱게 갈은 다음 간장, 설탕 등을 넣어서 만든 것이다.

(2) 땅콩간장(락카세이조유:らっかせいじょうゆ)

　주재료인 땅콩을 곱게 다진 다음 절구통에 넣고 갈아서 간장, 설탕 등을 넣고 만든 것이다.

(3) 겨자간장(카라시조유:からじょうゆ)

　주재료로 갠 겨자에 간장 맛술 등을 넣고 만든 것이다.

빈출 Check

14 감귤류(유자, 레몬 스다치 등)의 과즙으로 만든 일본의 대표적인 조미료는?
① 미림　　② 폰즈
③ 아마즈　④ 고마조유

　폰즈에 대한 설명이다.

Chapter 04 · 복어 죽 조리

빈출 Check

Section 1 · 복어 맛국물 준비

1 다시마

다시마속(Laminaria) 식물은 전 세계 30여종이 분포하는데 북태평양, 북해, 북대서양 및 아프리카남부 해역에서 생산되고 있고, 우리나라에 서식하는 다시마는 크게 참다시마. 애기다시마, 개다시마가 있다.

2 다시마(こんぶ:昆布だし)의 종류

(1) 참다시마

댓잎처럼 생긴 참다시마는 갈조식물 다시마목 다시마과의 해조류로 한국 토종과 일본유입종이 있는데 자연산 토종은 동해안 사근진 앞 연안에 많이 분포하고, 길이가 약1m이며 잎이 얇고 넓으며 뿌리 쪽 가운데 줄기와 엽상체가 M자 모양에 보통 수심 20~40m에 서식한다. 그에 비해 일본 유입종은 길이 2m까지 자라고 잎이 두껍고 좁으며 뿌리 쪽 가운데 줄기와 엽상체가 A자 모양에 수역 5m 얕은 곳에서 자란다. 우리나라의 동해 연안, 중국, 일본 연해에 분포한다.

(2) 애기다시마

가는 다시마라도 하는 버들잎 모양의 애기다시마는 특징은 잎 모양의 중앙을 따라 잎 넓이의 1/3 정도 명확한 줄이 있으며 식물체는 누런 빛의 밤색을 띠고, 서식지는 물결이 센 돌이나 바다 기슭의 바위에 붙어있다.

(3) 개다시마

바다의 깊은 곳에서 자라는 개다시마는 줄기는 넓고 긴 대잎 모양이고 매끄러우며 가운데 부분은 두껍고 밑동은 둥글다. 다시마의 맛은 조금 떨어지고 우리나라, 일본, 사할린 등지에 분포한다.

3 다시마의 성분

다시마의 주요성분은 요오드와 다당류이며 비타민,베타코로틴, 아미노산, 지방산 등이 함유되어 있어서 저열량, 저지방으로 식이섬유가 풍부해 변비예방은 물론 포만감을 주어 다이어트에 효과적이고, 혈압저하물질인 칼륨과 라미닌 함유와 알긴산은 콜

레스테롤을 저하시켜 동맥경화 예방에 좋다. 다시마의 표면에 하얀 부분은 단맛을 내는 만니톨(mannitol) 이고 잔주름이 있거나 붉은 빛은 하품이고 빛깔이 흑갈색으로 반듯하며 두꺼운 것이 상품이다.

빈출 Check

15 다시마의 성분 중 다시마 표면에 하얀 부분으로 단맛을 내는 성분은?

① 만니톨
② 알리신
③ 후코키산틴
④ 시니그린

💬 만니톨에 대한 설명이다.

Section 2 복어 죽 재료 준비

1 멥쌀(こめ:米)과 찹쌀(もちこめ:もち米)의 용도

(1) 개요

전 세계 쌀 생산량의 90%가 아시아에서 생산되는데 우리나라 쌀은 약 95%가 일본형으로 배유가 반투명하면서 광택이 있다. 우리가 일반적으로 먹는 쌀이 바로 멥쌀인데 멥쌀의 전분은 아밀로오스가 약 20% 아밀로펙틴이 80% 비율이다. 쌀(벼)의 도정도에 따라서 쌀겨를 50% 제거한 오분도미, 쌀겨를 70% 제거한 칠분도미 등으로 나뉘는데 현미는 탈곡해서 쌀겨를 제거한 것이다.

(2) 찹쌀

찹쌀의 전분은 아밀로펙틴으로 이루어져 있으며 유백색이고 불투명한 색깔을 띠고 있다. 용도는 찰밥, 찰떡, 인절미, 경단, 단자, 약식, 식혜, 술, 고추장 등을 만드는 데 사용한다.

2 밥 짓기

불린 쌀로 죽을 만들 때는 보통 8 : 1의 비율로 하지만 고슬고슬한 밥을 할 때는 불린 살과 물의 비율을 1 : 1로 하고 일반적으로는 불린 쌀과 물이 1 : 1.2의 비율로 밥을 짓는다.

16 밥 짓는 방법으로 옳지 않은 것은?

① 불린 쌀로 죽을 만들 때는 보통 8 : 1의 비율로 한다.
② 쌀을 씻을 때는 천천히 씻는다.
③ 고슬고슬하게 밥을 지을 때는 불린 쌀과 물의 비율을 1 : 1로 잡는다.
④ 쌀을 씻어서 겨울에는 1시간 정도 체에 받쳐둔 후 밥을 짓는 것이 좋다.

💬 쌀알의 부서짐을 방지하기 위해 가벼운 동작으로 빠르게 씻는 것이 중요하다.

3 쌀 씻기

쌀을 씻을 때는 쌀알의 부서짐을 방지하기 위해 가벼운 동작으로 빠르게 씻는 것이 중요하다. 쌀의 수분 흡수를 위해서 쌀을 씻어서 봄과 여름에는 30분, 가을 45분, 겨울에는 1시간 정도 쌀을 체에 받쳐둔 후 밥을 짓는다.

4 죽의 종류 및 조리법

(1) 조우스이(ぞうすい:雑炊)

조우스이는 처음에는 쌀을 절약하는 목적으로 만들어 먹었으나 오늘날에는 여러 가

지 채소를 넣어 만들어 먹는데 만드는 방법은 밥을 씻어 해산물이나 채소를 넣어 다시로 끓인다. 재료에 따라서 쳇죽, 전복죽, 버섯죽, 굴죽, 알죽 등이 있다.

(2) 오카유(おかゆ:お粥)

밥이나 불린 쌀로 만드는 오카유는 불린 쌀로 만들 경우는 쌀을 반만 갈아서 물을 넉넉히 부어서 끓여서 만들고, 밥으로 만들 경우에는 밥알을 국자를 이용해서 국자로 으깨어 가면서 만든다.

Section 3 **복어 죽 끓여서 완성**

1 복어 죽의 식이요법

복어 냄비를 먹고 남은 국물에 밥을 넣어서 끓이면 조우스이가 되고 떡을 넣어서 먹으면 조우니가 되고 별미로 우동을 넣어서 먹기도 한다. 사용하는 냄비는 토기냄비를 사용해야 조우스이는 토기냄비에 끓인 복어냄비의 먹고 남은 국물에 밥을 넣고 끓으면 푼 달걀과 소금으로 간을 해서 불을 끈 다음 여분의 열로 뜸을 들면 밥공기에 담고 채 썬 실파와 폰즈 소스를 약간씩 넣어서 먹는다. 복어 냄비를 끓일 때 토기냄비를 사용하는데 조우스이를 끓일 때도 뜸을 들이기에 알맞기 때문이다.

2 전분(でんぶん:澱粉)의 성질

전분의 성질은 물과 섞이면 끈적끈적한 용액이 되는데 이 용액은 힘을 약하고 천천히 가하면 자유롭게 모양이 변화하고 세게 힘을 가하면 단단해진다. 힘이 사라지면 또다시 끈적끈적한 용액이 된다. 이런 끈적끈적한 성질(점성)과 단단한 성질(탄성)을 점탄성이라고 한다. 요리에 사용하는 전분은 감자, 고구마, 옥수수, 칡 전분 등 다양하다.

3 달걀의 사용용도

완전식품이라 불리는 달걀은 순우리말이고 한자어로 계란이라고 하는데 달걀은 열응고성, 난백을 이용한 기포성, 물과 기름을 잘 섞어주는 유화성 등이 있어서 요리를 만들 때 다양하게 활용한다.

복어 튀김 조리

> Section 1 **복어 튀김 재료 준비**

1 튀김 요리의 개요

튀김의 어원은 여러 설이 있지만 포르투갈어인 Tempero(조미료의 의미), 스페인어인 Templo(사원의 의미), 이탈리아어인 Tempora(사계절 절기의 의미) 등에서 유래되었다고 한다. 튀김 요리는 17C 중엽 일본 규슈(きゅうしゅう:九州) 서북부에 위치한 나가사키(ながさき:長崎)에 전래된 서구 요리를 일본화한 것이라고 전해진다.

2 튀김 요리의 특징

튀김 요리의 특징은 기름을 사용하여 고온의 열로 단시간에 익히므로 재료 자체가 함유하고 있는 독특하고 맛있는 성분을 밖으로 나오지 않게 하고 기름이 함유한 풍미가 맛을 더해 주고 사용되는 기름이 식물성 기름이므로 영양상으로도 이상적이라 하겠다. 튀김 요리는 재료가 풍부하지 못했던 옛날에 팔다가 남은 생선을 사다가 밀가루 반죽으로 내용물을 감춘 뒤 튀겨 상품화시킨 것이다. 에도시대 당시 도쿄 근해에서 잡은 새우, 오징어, 붕장어 등을 재료로 하여 사람들에게 대단히 인기가 있었다고 한다. 이후 도쿄에서 발달되어 재료의 폭도 넓어지고 기술도 진보하여 현재는 대중적인 요리가 되었다.

3 복어 자르기 및 밑간하기

복어는 맹독성이므로 소제작업 및 해독작업을 철저히 하여 사용을 하는데 복어 튀김을 만드는 방법은 손질한 복어의 살을 도톰하게 잘라서 간장, 청주, 설탕, 생강즙 등을 넣어 간이 배게 5분 정도 재워 둔 후 생강은 강판에 갈고 실파는 송송 채를 썰고, 레몬도 잘라서 준비를 한다. 재워둔 복어살에 물기를 약간 뺀 다음 달걀노른자와 채 썬 실파를 넣고 섞은 후 밀가루와 전분을 동량으로 버무려서 튀길 준비를 완료한 후 튀김온도 160℃~170℃의 온도에서 복어살을 노릇노릇하게 튀기고, 차조기도 뒷면만 밀가루를 묻힌 후 튀김옷을 묻혀서 튀겨낸다. 그런 다음 완성 그릇에 한지를 깔고 튀긴 복어 살과 청 차조기를 담고, 레몬을 곁들이고 파슬리로 장식 다음 레몬을 곁들인다.

Section 2 복어 튀김옷 준비

1 전분의 정의

전분의 입자는 식물의 종류 따라서 서로 다른 모양과 크기를 하고 있는데 포도당인 글루코스로부터 구성되는 다당류로서 식물체에 합성이 되고 세포 중에 전부입자로 존재하고 있다. 전분을 채취할 때는 원재료인 식물체를 분쇄해서 냉수에 담가두면 전분입자가 아래도 침전이 되고, 건조 전분입자는 흡습성이 높고 풍건물에서는 20% 정도의 수분을 함유하고 있다. 전분의 특징은 찬물에 잘 녹지 않으나 뜨거운 물에는 호화가 잘되는데 전입입자에 물에 섞어서 가열하면 다당구조가 길게 뻗은 쇄상으로 되는 이것을 알파전분(α-전분)이라 하고 생전분 상태의 다당은 글루코스 6개에 1회전하는 나선 구조를 취하는 이것을 베타전분(β-전분)이라고 한다.

Section 3 복어 튀김 조리 완성

1 튀김조리의 종류

(1) 스아게(すあげ:素揚げ), 모토아게(もとあげ)

① 재료의 수분만 제거를 한 후 기름에 그대로 튀기는 것을 말한다.

② 예 홍·청피망, 풋고추, 꽈리고추, 미쓰바 등

(2) 가라아게(からあげ:空揚げ)

① 재료에 양념을 해서 전분이나 밀가루, 찹쌀가루, 칡가루 등을 묻혀서 튀기는 것을 말한다.

② 예 쇠고기, 닭고기, 전복, 복어 채소류 등

(3) 고로모아게(ころもあげ:衣揚げ)

① 재료에 밀가루를 입힌 것에 튀김옷을 만들어 튀기는 것을 말한다.

② 예 육류 ,어패류, 채소류 등에 널리 이용된다.

(4) 가와리아게(かわりあげ:変わり揚げ)

① 튀김에 여러 가지 모양과 변형을 주는 변화 튀김을 말한다.

② 각종 변화 튀김은 주로 회석요리의 튀김 등에 사용하며 재료를 사전에 조리하여 튀기는 것과 재료 그 자체에 손질을 해서 튀기는 것이 있다.

빈출 C h e c k

17 재료의 수분만 제거한 후 기름에 그대로 튀기는 방법은 무엇일까?

① 가라아게
② 스아게
③ 고로모아게
④ 가와리아게

스아게 또는 모토아게라고도 한다.

정답 _ 17 ②

2 기본 조리 용어

(1) 아게다시

튀긴 재료 위에 조미한 조림 국물을 부어 먹는 요리(비율 다시 7 : 연간장 1 : 미림 1)

(2) 덴다시

튀김을 찍어 먹는 간장 소스(비율 다시 4 : 진간장 1 : 미림 1)

(3) 고로모

박력분이나 전분으로 튀김을 튀기기 위한 반죽옷

(4) 야쿠미

요리의 풍미를 증가시키거나 식욕을 자극하기 위해 첨가하는 야채나 향신료

(예: 파, 와사비, 생강, 간 무, 고춧가루 등)

(5) 덴카쓰

고로모(튀김옷)를 방울지게 튀긴 것으로 튀길 때 재료에서 떨어져 나온 여분의 튀김

3 튀김 기름의 온도 확인 방법

튀김온도에 따라 요리의 모양과 맛이 큰 차이가 나기 때문에 그만큼 중요하다고 할 수 있다.

(1) 튀김옷이 튀김냄비의 바닥에 가라앉았다가 조금 후에 떠오르면 : 150℃

(2) 튀김옷이 튀김냄비의 바닥에 가라앉았다가 바로 떠오르면 : 160℃

(3) 튀김옷이 튀김냄비의 중간쯤 가라앉았다가 떠오르면 : 170~180℃

(4) 튀김옷이 튀김기름의 표면에서 부드럽게 퍼지면 : 190℃

(5) 튀김옷이 튀김기름의 표면에서 바로 쫙 퍼지면 : 200℃

18 튀김옷이 튀김기름의 표면에서 바로 쫙 펴질 때의 온도로 알맞은 것은?

① 150℃ ② 170℃
③ 180℃ ④ 200℃

200℃에 대한 설명이다.

복어 회 국화 모양 조리

빈출 C h e c k

1 생선 포 뜨기의 종류와 특징

(1) 두장뜨기[니마이오로시(にまいおろし)]

두장뜨기는 생선 포 뜨기의 한 종류이며 머리를 자르고 난 후 씻어서 살을 오로시하고 중간 뼈가 붙어 있지 않게 살이 2장이 되게 하는 방법이다.

(2) 세장뜨기[삼마이오로시(さんまいおろし)]

세장뜨기는 기본적인 생선 포 뜨기의 한 가지 방법으로 생선을 위쪽 살, 아래쪽 살, 중앙뼈의 3장으로 나누는 것을 말한다. 생선의 중앙 뼈에 붙어 있는 살의 뼈를 아래에 두고, 이 뼈를 따라서 칼을 넣고, 살을 분리한다.

(3) 다섯장뜨기[고마이오로시(ごまいおろし)]

다섯장뜨기는 생선의 중앙 뼈를 따라서 칼집을 넣어 일차적으로 배살을 떼어 내고, 등 쪽의 살도 떼어 낸다. 결과물이 배 쪽 2장, 등 쪽 2장, 중앙 뼈 1장이 된다 이것을 다섯장뜨기라고 한다. 이 방법은 평평한 생선인 광어와 가자미 등에 주로 이용된다.

(4) 다이묘 포 뜨기[다이묘오로시(だいみょおろし)]

다이묘 포 뜨기는 세장뜨기의 한 가지로 생선의 머리 쪽에서 중앙 뼈에 칼을 넣고 꼬리쪽으로 단번에 오로시하는 방법이다. 이 방법은 중앙 뼈에 살이 남아 있기 쉽기 때문에 붙여진 이름이다. 작은 생선에 주로 이용되며 보리멸, 학꽁치 등에 적당하다.

(5) 복어는 일반적으로 세장뜨기 방법으로 뼈와 살을 분리하며, 무게 500g 이하의 작은 복어는 다이묘 포 뜨기를 해도 무방하다.

2 복어 살 처리

(1) 생선 비린내 제거 방법

생선 비린내의 주성분은 트리메틸아민(TMO)이며 이 물질은 수용성으로 근육 중 수분과 혈액 속에 함유되어 있다. 생선이 살아 있을 때에는 트리메틸아민 옥사이드의 형태로 존재하다가 생선이 죽고 시간이 경과하면 세균의 작용을 받아 트리메틸아민이 된다.

① 물로 씻기 : 생선 비린내의 주성분인 트리메틸아민은 수용성으로서 근육 및 표피의 점액 중에 용해되어 있다. 그러므로 생선을 물로 씻으면 비린내를 많이 제거할

19 생선의 중앙 뼈를 따라서 칼집을 넣어 일차적으로 배살을 떼어 내고, 등 쪽의 살도 떼어 낸다. 결과물이 배 쪽 2장, 등 쪽 2장, 중앙 뼈 1장이 되는 포 뜨기 방법은?
① 다이묘오로시
② 고마이오로시
③ 삼마이오로시
④ 니마이오로시

💬 다섯장 뜨기의 방법으로 고마이오로시라고 한다.

Part 07

복어 조리

🔖 정답 _ 19 ②

수 있다. 그러나 생선을 썰어서 단면을 여러 번 물로 씻으면 지미 성분까지 용출되므로 찬물로 한번 살짝 씻는 것이 좋다.

② 산 첨가 : 생선을 조리할 때 산을 첨가하면 트리메틸아민과 결합하여 냄새가 없는 물질을 생성한다. 식초, 레몬즙, 유자즙과 같이 산을 함유하고 있는 즙을 사용하면 비린내가 많이 줄어든다. 생선회에 레몬 조각이 같이 나오는 것은 레몬의 향미와 함께 비린내를 제거함이 목적이다. 생선초밥을 식초, 소금, 설탕으로 양념하는 것도, 생선초무침에 식초를 넣는 것도 같은 목적이다.

③ 간장과 된장 첨가 : 간장은 생선의 맛에 풍미를 주고 생선 살에 침투하여 단백질의 응고를 촉진시켜 살을 단단하게 한다. 날생선을 간장에 담가 두면 단백질 중의 글로불린을 용출시키는 동시에 비린내도 용출시킨다. 된장은 독특한 향미를 가지고 있는 콜로이드상의 조미료이다. 콜로이드상의 물질은 흡착성이 강하여 비린내 성분을 흡착시켜 비린 맛을 못 느끼게 한다.

(2) 전처리 방법

① 복어 살 준비하기 : 복어 표면의 엷은 막은 질겨서 횟감용으로 부적절하므로 제거하라 준비를 한다.

② 꼬리 부분부터 칼집 넣기 : 복어 살의 엷은 막을 제거하기 위하여 꼬리 부분을 시작으로 칼집을 넣는다.

③ 꼬리 부분 엷은 막 제거하기 : 꼬리쪽에 비스듬하게 칼집을 넣어 얇은 막을 제거한다. 복어 살의 엷은 막을 제거하는 요령은 칼날의 각도는 낮추며 다른 손으로 복어 살 부위를 살짝 눌러 주면서 칼 동작을 반복한다.

④ 복어 살 위치 이동하기 : 껍질 쪽의 엷은 막을 제거하기 위하여 복어 살의 위치를 머리는 왼쪽, 꼬리는 오른쪽으로 이동시킨다.

⑤ 엷은 막 제거하기 : 껍질 부분의 엷은 막을 제거하기 위해 꼬리(오른쪽)에서 머리(왼쪽)방향으로 바닥에 칼을 눕혀 위 아래로 칼을 이동하여 제거한다. 껍질 표면의 엷은 막을 제거하기 위해 칼을 앞으로 미는 것이 아니고 위아래의 방향으로 나아간다.

⑥ 엷은 막 제거 확인하기 : 제거되지 않은 부분을 확인하여 엷은 막을 깔끔하게 제거한다.

⑦ 배꼽 부분 막 제거하기 : 배꼽 부분의 빨간 살 부분을 제거하면서 주변의 주름 막도 제거한다.

⑧ 뼈쪽 살 엷은 막 제거하기 : 마지막으로 뼈에 붙어 있는 복어 살 부분의 엷은 막을 제거한다.

⑨ 부위별 엷은 막 제거 완성하기 : 부위별 막을 확인하고 제거되지 않은 막이 있는지 확인한다.

⑩ 복어 살(제거한 엷은 막)은 끓은 물에 데쳐서 냄비요리, 무침요리, 회 곁들임으로 이용한다. 제거한 엷은 막을 데치는 시간에 주의한다.

⑪ 전처리한 복어 살은 소금물에 담가 어취와 수분을 제거하고 마른 행주에 말아 횟감용으로 사용한다. 복어 살의 어취와 수분제거를 위해 마른 행주를 사용한다.

Section 2 복어 회 뜨기

1 복어 회 뜨는 방법의 종류

생선회는 자르는 방법에 따라서 그 모양과 맛이 다르다 할 정도로 중요하다 .무엇보다도 우선 생선회 칼이 잘 들어야 하고 또한, 생선회의 재료의 특성과 용도에 따라서 용도에 맞는 칼의 사용이 중요하다. 갯장어를 자를 때는 갯장어 전용 칼을 사용하고, 참치나 방어 등의 붉은 살 생선은 약간 도톰하게 썰어야 생선의 고소한 맛을 이끌어 낼 수 있고 복어나 도미 광어 등의 흰살생선은 얇게 썰어야 쫄깃함과 담백한 맛을 즐길 수 있다. 다음은 복어 회 뜬 방법의 종류이다.

(1) **모쿠렌츠쿠리** [もくれんつくり:木蓮 造り] **목련회**

(2) **나미츠쿠리** [なみつくり:波造り] **파도회**

(3) **쓰바키노하나츠쿠리** [つばきのはなつくり:椿の花造り] **동백꽃회**

(4) **쓰루츠쿠리** [つるつくり:鶴造り] **학회**

(5) **기쿠츠쿠리** [きくつくり:菊造り] **국화회**

(6) **구자쿠츠쿠리** [クジャクつくり:孔雀造り] **공작회**

2 생선회 뜨는 방법의 종류

(1) **하라즈쿠리**(ひらづくり:平作り) **– 평 자르기**

참치회 등을 가를 때 때 주로 사용하는 방법으로써 손질한 생선살을 모양대로 자르는데, 두께는 재료의 특성에 따라서 조정을 하며 자르는 방법은 칼의 손잡이 부분에서 자르기 시작을 해서 그대로 잡아 당겨서 자르는 방법이다. 자른 후 우측 편으로 가지런히 겹치는데 생선회 자르는 방법 중 가장 흔하게 사용한다.

(2) **히키즈쿠리**(ひきづくり:引き作り) **– 잡아당겨서 자르기**

생선의 뱃살이나 부드러운 생선살 등을 자를 때 주로 사용하는 방법으로써 자르는 방법은 평자르기와 같은 방법으로 칼의 손잡이 부분에서 시작하여 칼의 끝까지 당기면서 자르는 방법으로써 자른 재료를 우측으로 보내지 않고 칼을 빼낸다.

20 참치회 등을 가를 때 주로 사용하는 방법으로써 손질한 생선살을 모양대로 자르는 방법으로 생선회를 자르는 방법 중 가장 흔한 방법은?

① 히키즈쿠리
② 히라즈쿠리
③ 우스즈쿠리
④ 호소즈쿠리

히라즈쿠리에 대한 설명이다.

정답 _ 20 ②

(3) 소기즈쿠리(削ぎ造作り) – 깎아서 자르기

농어 얼음물에 씻는 코오리아라이(こおりあらい:氷洗い)나 모양이 좋지 않은 생선회를 자를 때 자르는 방법이다. 자르는 방법은 생선살의 높은 부분을 자기 몸 바깥쪽으로 하고 칼을 우측으로 45℃ 각도로 눕혀서 깎아 내듯이 자르는 방법이다.

(4) 우스즈쿠리(うすづくり:薄作り) – 얇게 자르기

복어나 광어 등 흰살생선에 주로 자르는 방법으로써 생선회의 선도와 탄력있는 생선회에 적합한 방법이다. 기술력에 따라서 학 모양, 나비모양, 꽃 모양 등 다양하게 표현 할 수 있다.

(5) 호소즈쿠리(ほそづくり:細作り) – 가늘게 자르기

오징어나 도미, 광어 등의 생선회를 가늘게 자르는 방법으로써 고객의 기호나 요구사항에 따라서 자르는 데 칼을 도마에 대고 손잡이가 있는 부분을 띄워서 자르는 것을 말한다.

(6) 가쿠즈쿠리(かくづくり:角作り) – 각 자르기

참치나 방어 등의 생선회 자르는 방법으로써 참치 만든 야마카케(やまかけ:山掛け)와 같이 주사위모양으로 자르는 것을 말한다.

(7) 이토즈쿠리(いとづくり:糸作り) – 실처럼 가늘게 자르기

오징어, 도미, 광어 등의 생선회를 실처럼 가늘게 자르는 방법으로써 주로 젓갈이나 무침요리를 할 때 등에 이용한다.

(8) 세고시(せごし:背越) – 뼈채 자르기

전어나, 병어, 은어, 작은 생선 등에 생선을 손질 후 뼈째 자르는 방법으로써 칼슘흡수와 고소한 맛을 즐길 수 있다. 자른 생선회는 얼음물에 씻어(고리아라이:こおりあらい:氷洗い)서 수분을 제거 한 후에 먹는다.

(9) 기리하나시즈쿠리(切りはなし作り) – 잘라서 옮기기

참치 등살 등을 자를 때 왼손으로 생선살을 살짝 눌러 자른 후 약간 깎아 내듯이 잘라서 우측으로 생선살을 옮기는 작업을 말한다.

(10) 가키미즈쿠리(かきみづくり:かき身作り) – 소절회

생선회를 하고 남은 끝부분의 살을 큰 체에 걸러서 중심이 되는 요리에 의해 앞쪽에 장식하거나 단독으로 중심요리가 되어 그 위에 부재료로 장식을 하기도 한다.

(11) 기리카케즈쿠리(きりかけづくり:切りかけ作り) – 칼집 넣어 자르기

마츠카와한 도미 등의 생선을 중간 중간에 칼집을 넣어서 자르는 방법이다.

(12) 사자나미즈쿠리(さざなみづくり:さざ波作り) – 잔물결 자르기

문어나 전복 등의 생선을 잔 물결모양으로 자르는 방법으로 보기도 좋고 간장도 잘 묻어서 좋은 방법이다.

3 주의사항

① 국화모양이 나오도록 바깥쪽의 국화모양과 안쪽의 국화모양의 복어 회 크기를 고려한다.

② 칼날의 처음과 끝을 이용하여 복어 회를 잘라야 표면이 매끄럽고 윤기 있는 얇은 회를 뜰 수 있다.

③ 접시 바닥이 보일 정도로 얇게 복어 회를 뜬다.

④ 복어 회를 뜨는 중에 행주를 사용하여 청결을 유지한다.

Section 3 복어 회 국화 모양 접시에 담기

1 복어 회 뜨고 담기

복어 회를 뜰 때 복어의 육질이 단단한 탄력과 쫄깃한 식감을 가지고 있어서 자르는 방법에 따라서 시각적인 아름다움과 맛에 차이가 있기 때문에 중요하다. 일반적으로 복어회는 얇게 잘라야 감칠맛이 더욱 살아난다.

복어회를 담을 때는 국화모양으로 길게 시계반대 방향으로 돌려 담는 기술을 기쿠모리(きくもり:菊盛)라고 한다. 기본적으로 오른쪽에서 왼쪽으로 담고, 그릇 바깥쪽에서 앞쪽으로 담지만 시계반대 방향으로 담아야 보통 먹을 때 젓가락으로 먹기가 편리하다.

2 복어 그릇 사용 방법

복어회를 담는 그릇의 선택은 가능한 사각그릇이나 투명한 그릇 보다는 기본적으로 원형모양의 그릇에 약간의 무늬와 색이 있는 그릇도 좋다. 복어회를 따을 때도 그릇은 먹는 사람의 정면에 오게 담는데 그릇 정면을 구분하는 방법은 그릇의 뒷면의 만든 사람의 이름이 회사명 등을 바로 봤을 때 그릇을 바로 돌려 놓으면 정면이 된다.

3 복어회 곁들임 재료 담기

복어회에는 바늘과 실과 같이 항상 같이 제공하는 초간장인 폰즈소스와 양념인 야쿠미(모미지오로시, 채 썬 실파, 레몬)를 곁들이는데 폰즈소스[ぼんずソース :ポン酢ソ-ス]는 감귤류의 즙을 짜낸 것에 간장, 맛술, 청주, 가다랑어 포 유자 등을 넣고 잘 혼합 숙성시켜서 만든 소스이다.

복어회를 먹는 방법은 미나리 1개를 복어회 위에 놓고 돌돌 말아서 야쿠미를 폰즈에 섞은 것에 찍어서 먹는다.

07 실전예상문제

01 다음 중 데바칼의 사용방법에 대한 설명으로 틀린 것은?

① 칼등이 두껍고 날이 넓은 것이 특징이다.

② 생선 포를 뜰 때 사용한다.

③ 복어 껍질의 가시를 제거할 때 사용한다.

④ 단단한 뼈를 자를 때 사용한다.

 복어 껍질의 가시를 제거할 때는 생선회용 칼을 사용한다.

02 생선회 자르기 방법에 대한 설명이 옳지 않은 것은?

① 평 자르기(히라즈쿠리)는 생선회 썰기 방법 중 가장 많이 사용하고, 재료를 칼 손잡이 부분에서 썰기 시작하여 그대로 잡아당기듯이 써는 방법이다.

② 깎아 자르기(소기즈쿠리)는 칼을 직각으로 세워서 써는 방법으로 칼의 손잡이 부분에서 시작하여 칼끝까지 당기면서 써는 방법이다.

③ 얇게 자르기(우스즈쿠리)는 살이 탄력있는 복어회나 흰살 생선을 최대한 얇게 써는 방법이다.

④ 뼈째 자르기(세고시)는 전갱이, 병어, 전어 등의 작은 생선을 손질 후 뼈째 썰기하는 방법이다.

 소기즈쿠리(削ぎ造) 깎아서 자르기는 얼음물에 씻는 코오리아라이(こおりあらい:氷洗い)나 모양이 좋지 않은 생선회를 자를 때 자르는 방법이다. 자르는 방법은 생선살의 높은 부분을 자기 몸 바깥쪽으로 하고 칼을 우측으로 45℃ 각도로 눕혀서 깎아내듯이 자르는 방법이다.

03 생선회를 만드는 조작방법에 따른 형태의 설명이 옳지 않은 것은?

① 시모후리츠쿠리는 도미 등의 껍질이 질기고 단단한 그대로 먹기 어렵기 때문에 껍질에 칼집을 넣고 뜨거운 물을 부어서 데친 후 얼음물에 식혀 사용하는 방법이다.

② 야키시모츠쿠리는 놀래미 등의 껍질의 부드러움을 살리기 위하여 생선에 소금을 묻힌 후 쇠 꼬챙이에 꼽아 직화로 구워 얼음물에 식혀 사용하는 방법이다.

③ 지리츠쿠리는 얇게 포 든 생선살에 전분가루를 묻혀서 끓는 물에 살짝 데쳐서 얼음물에 식혀 사용하는 방법이다.

④ 기미마부리는 달걀노른자에 잘게 자른 흰살 생선을 묻히는 것을 말한다.

 기미마부리는 달걀을 삶아서 노른자위만 체에 걸러서 이중냄비에서 수분을 증발시킨 것을 잘게 썬 흰살생선에 묻히는 것을 말한다.

04 다음 중 죽제꼬챙이가 아닌 것은?

① 철비형 꼬챙이 ② 솔잎형 꼬챙이

③ 소총형 꼬챙이 ④ 평형 꼬챙이

 금속제 꼬챙이에는 평형 꼬챙이와 둥근형 꼬챙이가 있다.

05 다음 중 쇠꼬챙이를 사용할 때의 설명이 잘못된 것은?

① 일반적으로 용기에 장식 했을 때 표면이 되는 부분에는 꼬챙이가 튀어나오지 않도록 한다.

② 한 마리를 통으로 사용할 때는 뒤측 중간 뼈
  의 바로 밑을 지나가도록 한다.

③ 완전히 구워진 재료를 식힌 후 꼬챙이를 빼
  야 잘 빠진다.

④ 생선을 굽고 있는 중 2~3회 꼬챙이를 돌려서
  움직여 준다.

 완전히 구워지면 곧바로 요리용 도마 위에
놓고 뜨거울 때 뺀다.

---

06 다음 중 꼬챙이 꿰는 방법의 종류가 아닌 것은?

① 파도꿰기

② 평꼬챙이꿰기

③ 삼각형꼬챙이꿰기

④ 말아 올린 꼬챙이꿰기

 ① 생선이 살아서 움직이는 것처럼 보이기 위
하여 머리와 꼬리를 쥐고 올려꿰는 방법이다.
② 꼬챙이를 똑바로 꿰는 방법이다. ④ 잘린
생선살이 얇고 긴 경우에, 그렇지 않으면 마
무리를 깨끗하고 아름답게 보이기 위하여 한
쪽끝말이꿰기라고 일컬으며, 양쪽 끝말이를
말아서 꿰는 방법이다.

---

07 다음 중 식용 불가능한 복어는?

① 별복   ② 복섬

③ 까칠복   ④ 리투로가시복

 식용 불가능한 복어는 별복, 별두개복, 배복,
벌레복, 불길한복, 선인복, 꼬리복, 폭포수
복, 무늬복, 잔무늬속임수복, 얼룩곰복, 독고
등어복 등이다.

---

08 다음 중에서 식용 가능한 복어로 맞는 것은?

① 무늬복   ② 꼬리복

③ 매리복   ④ 얼룩곰복

 매리복은 식용 가능한 복어이다.

---

09 복어의 중독을 일으키는 독성분은?

① 아플라톡신(Aflatoxin)

② 시큐톡신(Cicutoxin)

③ 아트로핀(Atropine)

④ 테트로도톡신(Tetrodotoxin)

 ① 곰팡이독소 ② 독미나리 독소 ③ 미치광
이풀 독소

---

10 다음 중 복어의 독소에 대한 특성이 아닌 것은?

① 색이 없다.   ② 끓이면 소멸된다.

③ 냄새가 없다.   ④ 신경에 작용한다.

 독소는 끓여도 파괴 되지 않는다.

---

11 복어회와 복어 냄비에 같이 곁들이는 양념(야쿠미)이 아닌 것은?

① 빨간무즙   ② 생강 간 것

③ 레몬   ④ 실파

 복어회와 복어냄비의 양념은 폰즈소스와 빨
간무즙, 실파, 레몬

---

12 복어 맑은탕에 사용하는 재료가 아닌 것은??

① 가다랑어포   ② 건다시마

③ 콩나물   ④ 미나리

 복어 맑은탕은 다시마 국물로 만들고, 매운
탕은 가다랑어 국물로 만든다.

Part 07 복어 조리

13 복어의 해독작용과 복어의 맛과 성분을 더욱 상승시켜 주는 재료는?

① 두부   ② 표고버섯

③ 미나리   ④ 쑥갓

 복어에 콩나물이나 미나리를 함께 넣어 탕을 만드는 이유는 해독작용은 물론이고 복어의 성분을 상승시켜 혈액을 맑게 해주며, 피부를 아름답게 하고, 고혈압과 신경통의 효과를 증진시키기 때문이다.

14 다음 중 복어 회 뜨기에 대한 설명 중 틀린 것은?

① 복어 살을 밑손질한 후 소금물에 담갔다가 물기를 제거한 후 사용한다.

② 복어 회를 뜰 때 둥근 접시를 자신의 왼편에 준비를 한다.

③ 복어 살은 결반대로 회를 뜬다.

④ 복어 회는 얇게 떠서 시계방향으로 돌려 담는다.

 복어 회는 시계의 반대 방향으로 돌려 담는다.

15 복어 중독증상 중 의식은 뚜렷한데 촉각, 미각이 둔해지고, 손발의 운동장애와 호흡곤란과 혈압이 저하 된다는 설명은 제 몇 도의 증상은?

① 제1도   ② 제2도

③ 제3도   ④ 제4도

 ① 제1도 : 입술주위나 혀끝의 지각마비, 구토를 동반, 무게의 감각둔화와 술 취한 같이 보행이 힘들다. ③ 제3도 : 골격근의 완전마비로 운동 불능, 발성곤란, 호흡곤란과 혈압저하는 더욱 심해진다. ④ 제4도 : 의식이 불명해지고 대개는 호흡이 정지되어 사망한다.

16 복어의 먹을 수 있는 부분으로 옳은 것은?

① 입, 이리, 옆구리 뼈, 배꼽살

② 머리 부분, 이리, 껍질, 아가미

③ 복어 살, 껍질, 이리, 위장

④ 배꼽 살, 지느러미, 눈, 이리

 복어의 가식부위 : 주둥이, 머리뼈, 옆구리뼈 중앙뼈, 복어살, 복어가마살, 배꼽살, 속껍질, 겉껍질, 복 혀, 지느러미, 정소(이리) 등

17 다음 중 복어의 먹을 수 없는 부분으로 옳은 것은?

① 껍질, 머리부분   ② 지느러미, 정소

③ 주둥이, 복 혀   ④ 부레, 비장

 복어 불가식 부위 : 눈, 아가미, 심장, 신장(콩팥), 부레, 비장, 위장, 간장, 담낭(쓸개), 방광(오줌보), 난소, 피, 점액 등

18 복어의 독소로 인한 치사량과 치사율로 옳은 것은?

① 1mg, 55%   ② 2mg, 60%

③ 3mg, 65%   ④ 4mg, 70%

 복어 중에는 무독한 것도 있지만 유독한 것이 많고, 치사율도 60%에 이른다. 사람의 치사량은 2mg이다.

19 복어의 독소가 가장 강한 시기는?

① 3~5월   ② 5~7월

③ 9~11월   ④ 12~1월

 복어의 독소가 가장 강한 시기는 특히, 산란기 직전인 5~7월이다.

20 복어의 독성분인 테트로도톡신이 가장 많은 부위는?

① 간장 ② 난소

③ 내장 ④ 눈

 부위별 독력은 난소, 간장, 내장, 피부 순으로 많다.

21 다음 중 복어 회 접시 위에 올라가는 재료가 아닌 것은?

① 복어 살 ② 복어 지느러미

③ 실파 ④ 미나리

 복어 회 위에 올라가는 재료는 복어껍질, 지느러미, 미나리, 복어 살이다.

22 다음 중 복어 요리와 어울리지 않는 식품은?

① 감 ② 메론

③ 포도 ④ 키위

 복어와 어울리지 않는 식품은 감, 양갱, 팥밥이다.

23 어취의 제거 방법에 대한 설명으로 틀린 것은?

① 산(레몬즙, 식초)을 첨가하여 트리메틸아민(TMA)의 염기성 물질을 중화하지 않는다.

② 마늘, 파, 양파, 생강, 겨자, 고추냉이, 술 등의 향신료를 강하게 사용한다.

③ 비린내 억제효과가 있는 된장, 간장을 첨가한다.

④ 우유에 미리 담가 두었다가 조리(우유의 단백질인 카제인이 트리메틸아민을 흡착하므로 비린내를 제거하는 데 효과적)한다.

 산(레몬즙, 식초)을 첨가하여 트리메틸아민(TMA) 외 휘발성, 염기성 물질을 중화한다.

24 다음 중 복어의 독소에 대한 설명이 아닌 것은?

① 복어의 독은 1909년 일본의 다하라 박사에 의하여 테트로톡신(Tetrodotoxin)으로 명명되었다.

② 복어의 독은 신경통, 관절염, 천식, 발작, 진통제 등의 신경계 마비작용에 사용한다.

③ 테트로톡신(Tetrodotoxin)은 체내에서 만들어 지지 않고, 먹이사슬에 의해서 생긴다.

④ 복어의 독 성분은 물과 유기용매(벤젠, 알코올 등), 산(유산, 염산)에는 녹지 않는다.

 복어의 독성분은 물과 유기용매(벤젠, 알코올 등)에는 녹지 않고 농후한 산에 녹는다.

25 튀김 온도를 측정 할 때의 설명이 옳지 않은 것은?

① 튀김 온도를 측정할 때는 온도계를 사용하거나 반죽을 이용해 짐작으로 한다.

② 150~160℃는 반죽이 튀김 팬의 아래까지 가라앉아 천천히 떠오른다.

③ 170℃는 반죽이 튀김 팬의 아래까지 가라앉았다가 바로 떠오른다.

④ 180℃는 반죽이 기름표면에서 바로 튀겨지고 가라앉지 않는다.

 ④ 200℃에 대한 설명이다. 180℃는 중간까지 가라앉았다가 떠오른다.

정답 **20** ② **21** ③ **22** ① **23** ① **24** ④ **25** ④

26 채소류의 분류에 대한 설명 중 엽채류 종류로 옳은 것은?

① 오이, 가지, 호박, 애호박, 토마토

② 대두, 검정콩, 옥수수, 렌즈콩, 완두콩

③ 아티초크, 브로콜리, 컬리플라워, 엔다이브

④ 배추, 양배추, 상추, 근대, 아욱

 ① 과채류 : 오이, 가지, 고추, 호박, 애호박, 토마토, 아보카도 ② 종실류 : 대두, 검정콩, 옥수수, 렌즈콩, 완두콩 ③ 화채류: 아티초크, 브로콜리, 컬리플라워 ④ 엽채류: 배추, 양배추, 상추, 시금치, 근대, 아욱, 쑥갓, 청경채, 파슬리, 엔다이브
※ 기타
◆ 비늘줄기류: 양파, 차이브, 마늘, 샬롯 ◆ 서류: 감자, 고구마 ◆ 근채류: 무, 당근, 연근, 우엉

27 다음 중 채소의 보관방법에 대한 설명이 옳지 않은 것은?

① 양상추나 양배추는 구입하면 심을 파낸 곳에 물을 적신 종이를 박은 후 젖은 종이에 말아 보관한다.

② 양파는 그물이나 헌 스타킹 등에 넣어 바깥에 걸어두는 것이 제일 좋다.

③ 시금치는 마른종이에 싸서 보관하고, 장시간 보관할 경우 씻어서 데친 다음 냉동 보관한다.

④ 당근은 종이에 싸서 통풍이 잘 되는 서늘한 곳에 세워둔다.

 시금치는 축축하게 물을 묻힌 종이에 싸서 보관하고, 장시간 보관할 경우 씻어서 데친 다음 냉동 보관한다.

28 복어 죽(조우스이)을 끓일 때 필요로 하는 기술로 옳지 않은 것은?

① 쌀의 원산지를 파악할 수 있는 능력

② 조리시간을 조절할 수 있는 능력

③ 죽의 맛국물을 조절할 수 있는 능력

④ 죽의 농도를 조절할 수 있는 능력

29 다음 중 손질한 복어살의 제독 방법으로 적절한 것은?

① 복어를 뜨거운 물에 담가둔다.

② 알코올에 담가둔다.

③ 식초에 담가둔다.

④ 흐르는 찬물에 담가둔다.

 복어살은 흐르는 찬물에 담가두고 제독을 한다.

30 복어 튀김을 할 때 가장 적당한 밀가루로 옳은 것은?

① 강력분　　　　② 중력분

③ 박력분　　　　④ 쌀가루

 튀김에 사용하는 밀가루는 박력분이 글루텐 함량이 적기 때문에 바삭하게 잘 튀겨진다.

31 다음 중 복어의 아미노산 성분이 아닌 것은?

① 알라닌　　　　② 글리신

③ 지방　　　　　④ 타우린

 복어의 아미노산 성분 : 타우린, 라이신, 알라닌, 글리신

32 다음 중에서 복어 회를 썰 때 사용하는 썰기 방법으로 옳은 것은?

① 밀어썰기　　　　② 평썰기

③ 부채꼴 모양썰기　④ 당겨썰기

 복어회를 뜰 때는 왼손으로 복어 살을 받친 다음 당겨썰기로 자른다.

33 복어 껍질의 조리 방법에 대한 설명으로 옳지 않은 것은?

① 복어 껍질은 삶아 익혀서 말린 후 사용한다.

② 건조할 때는 햇볕에 건조시키는 것이 좋다.

③ 복어 가시 제거는 생선회 칼로 제거를 한다.

④ 복어 가시 제거한 것을 체크할 때는 손으로 만져 껍질이 매끄러우면 좋다.

 복어 껍질은 삶아 익혀서 찬물에 식힌 후 냉장고에서 말리는 것이 제일 좋다.

34 다음 중 양념(야쿠미)을 만들 때 필요한 재료가 아닌 것은?

① 실파 　　　　 ② 레몬

③ 생강 　　　　 ④ 고운 고춧가루

 양념을 만들 때 필요한 재료는 무, 고운 고춧가루, 실파, 레몬 등이다.

35 다음 중 복어에 대한 설명으로 옳은 것은?

① 테트로도톡신은 알코올에 잘 분해되지 않는다.

② 복어의 독은 무색, 무미하고 냄새가 있다.

③ 복어의 영양성분은 저칼로리 저단백 식품이다.

④ 복어의 영양성분에 무기질과 비타민 성분은 없다.

 ② 복어의 독은 무색, 무미, 무취하다. ③ 복어의 영양성분은 저칼로리 고단백식품이다. ④ 복어의 영양성분에 각종 무기질과 비타민이 있다.

36 복어 튀김의 조리기술 방법으로 옳지 않은 것은?

① 시간을 조절할 수 있는 능력

② 양념 비율을 조절할 수 있는 능력

③ 어취를 제거할 수 있는 능력

④ 복어 가시를 튀길 수 있는 능력

 ④ 복어 가시는 제거를 하고 먹지 않는다.

37 복어 독성분이 들어있는 부위가 아닌 것은?

① 위장 　　　　 ② 껍질

③ 부레 　　　　 ④ 아가미

 ①, ③, ④는 먹지 못하는 부위이다.

38 복어 튀김을 할 때 간장, 청주, 생강즙 등에 밑간을 한 후 조리하는 방법은 무엇일까?

① 가라아게 　　　　 ② 스아게

③ 고로모아게 　　　　 ④ 모토아게

 가라아게를 하기 전 복어살을 간장, 청주, 생강즙에 밑간을 한 후 튀긴다.

39. 다음 중 복어 튀김(가라아게)은 몇℃ 온도에서 튀기는 것이 좋은가?

① 140℃ 　　　　 ② 150℃

③ 170℃ 　　　　 ④ 180℃

 복어 튀김은 170℃ 튀김 온도가 좋다.

40 복어 튀김을 할 때 튀김옷으로 옳지 않은 것은?

① 감자전분

② 중력분과 감자전분을 혼합한 것

③ 박력분

④ 강력분

 강력분은 글루텐 함량이 많아서 튀김을 하면 눅눅해진다.

Part 08

기출문제

일식·복어 조리기능사 필기시험 끝장내기

2015년 1월 25일 시행

			수험번호	성명
자격종목	시험시간	형별		
조리기능사	1시간	B		

＊답안 카드 작성 시 시험문제지 형별누락, 마킹착오로 인한 불이익은 전적으로 수험자의 귀책사유임을 알려드립니다.
＊각 문항은 4지택일형으로 질문에 가장 적합한 보기항을 선택하여 마킹하여야 합니다.

01 식품을 조리 또는 가공할 때 생성되는 유해물질과 그 생성 원인을 잘못 짝지은 것은?

① 엔–니트로사민(n–nitrosoamine) : 육가공품의 발색제 사용으로 인한 아질산과 아민과의 반응 생성물

② 다환방향족탄화수소(polycyclic aromatic hydrocarbon) : 유기 물질을 고온으로 가열할 때 생성되는 단백질이나 지방의 분해 생성물

③ 아크릴아미드(acrylamide) : 전분 식품 가열 시 아미노산과 당의 열에 의한 결합 반응 생성물

④ 헤테로고리아민(heterocyclic amine) : 주류 제조 시 에탄올과 카바밀기의 반응에 의한 생성물

> 헤테로고리아민은 육류나 생선을 고온에서 조리할 때 생성되는 발암 물질이다. 조리 시간이 길어질수록 생성량이 증가한다.

02 복어 중독을 일으키는 독성분은?

① 테트로도톡신(tetrodotoxin)

② 솔라닌(solanine)

③ 베네루핀(venerupin)

④ 무스카린(muscarine)

> ② 솔라닌 – 감자
> ③ 베네루핀 – 모시조개, 굴, 바지락
> ④ 무스카린 – 독버섯

03 과일 통조림으로부터 용출되어 구토, 설사, 복통의 중독 증상을 유발할 가능성이 있는 물질은?

① 안티몬　　　　② 주석

③ 크롬　　　　　④ 구리

> 통조림은 3%의 주석을 도금해서 만드는 데 철판에 주석 코팅을 지나치게 얇게 하거나 본질적으로 통조림 내용물이 부식을 잘 일으키는 것인 경우에는 통조림 캔으로부터 주석이 용출될 수 있다.

04 화학성 식중독의 원인이 아닌 것은?

① 설사성 패류 중독

② 환경오염에 기인하는 식품 유독 성분 중독

③ 중금속에 의한 중독

④ 유해성 식품첨가물에 의한 중독

> 화학성 식중독의 원인은 환경오염에 기인하는 식품 유독 성분, 중금속, 유해성 식품첨가물, 농약 등이며, 설사성 패류 중독은 장염비브리오 식중독으로 세균성 식중독 중 감염형 식중독이다.

05 안식향산(benzoic acid)의 사용 목적은?

① 식품의 산미를 내기 위하여

② 식품의 부패를 방지하기 위하여

③ 유지의 산화를 방지하기 위하여

④ 식품의 향을 내기 위하여

식품첨가물
- 산미료 : 구연산, 젖산, 주석산
- 보존료 : 데히드로 초산, 안식향산
- 산화방지제 : BHA, BHT
- 착향료 : 멘톨, 바닐린

06 식중독 중 해산 어류를 통해 많이 발생하는 식중독은?

① 살모넬라균 식중독
② 클로스트리디움 보툴리늄균 식중독
③ 황색포도상구균 식중독
④ 장염비브리오균 식중독

 ① 살모넬라균 : 육류 및 그 가공품, 우유 및 유제품
② 클로스트리디움 보툴리늄 : 통조림, 햄, 소시지 등의 가공품
③ 황색포도상구균 : 우유, 유제품
④ 장염비브리오균 : 어패류

07 색소를 함유하고 있지는 않지만 식품 중의 성분과 결합하여 색을 안정화시키면서 선명하게 하는 식품첨가물은?

① 착색료
② 보존료
③ 발색제
④ 산화방지제

 ① 착색료 : 식품의 가공 공정에서 변질 및 변색되는 식품의 색을 복원하기 위해 사용된다.
② 보존료 : 식품의 보존은 물론 미생물의 발육을 억제하고 식품의 부패와 변패를 막아 선도를 보존하는 첨가물로, 무독성이고 기호에 맞으며 미량으로도 효과가 있으며 가격이 저렴해야 한다.
③ 발색제 : 식품 중의 색소 성분과 반응하여 그 색을 보존하거나 또는 발색하는데 사용된다.
④ 산화방지제 : 식품의 산화에 의한 변질 현상을 방지하기 위해 사용된다.

08 식품의 부패 또는 변질과 관련이 적은 것은?

① 수분
② 온도
③ 압력
④ 효소

 식품의 부패 또는 변질에 관여하는 미생물은 적정 영양소, 수분, 온도를 필요로 한다.

09 세균으로 인한 식중독 원인 물질이 아닌 것은?

① 살모넬라균
② 장염비브리오균
③ 아플라톡신
④ 보툴리늄독소

 세균성 식중독
- 감염형 식중독 : 살모넬라, 장염비브리오
- 독소형 식중독 : 포도상구균, 보툴리늄독소

10 중온성균 증식의 최적 온도는?

① 10~12℃
② 25~37℃
③ 55~60℃
④ 65~75℃

 • 저온성균 : 최적 온도 15~20℃, 식품의 부패를 일으키는 부패균
• 중온성균 : 최적 온도 25~37℃, 질병을 일으키는 병원균
• 고온성균 : 최적 온도 50~60℃, 온천물에 서식하는 온천균

11 업종별 시설기준으로 틀린 것은?

① 휴게음식점에는 다른 객석에서 내부가 보이도록 하여야 한다.
② 일반음식점의 객실에는 잠금장치를 설치할 수 있다.
③ 일반음식점의 객실 안에는 무대장치, 우주볼 등의 특수조명시설을 설치하여서는 아니 된다.
④ 일반음식점에는 손님이 이용할 수 있는 자동 반주장치를 설치하여서는 아니 된다.

일반음식점에 객실을 설치하는 경우 객실에는 잠금장치를 설치할 수 없다.

12 HACCP의 7가지 원칙에 해당하지 않는 것은?

① 위해 요소 분석

② 중요관리점(CCP) 결정

③ 개선 조치 방법 수립

④ 회수 명령의 기준 설정

 HACCP의 7원칙
- 위해 요소 분석
- 중요관리점(CCP) 결정
- CCP 한계 기준 설정
- CCP 모니터링 체계 확립
- 개선 조치 방법 수립
- 검증 절차 및 방법 수립
- 문서화·기록 유지 방법 설정

13 판매의 목적으로 식품 등을 제조·가공·소분·수입 또는 판매한 영업자는 해당 식품이 식품 등의 위해와 관련이 있는 규정을 위반하여 유통 중인 당해 식품 등을 회수하고자 할 때 회수 계획을 보고해야 하는 대상이 아닌 것은?

① 시·도지사

② 식품의약품안전처장

③ 보건소장

④ 시장, 군수, 구청장

 판매의 목적으로 식품 등을 제조·가공·소분·수입 또는 판매한 영업자는 해당 식품 등이 위해와 관련이 있는 규정을 위반한 사실을 알게 된 경우에는 지체 없이 유통 중인 해당 식품 등을 회수하거나 회수하는 데에 필요한 조치를 하여야 한다. 이 경우 영업자는 회수 계획을 식품의약품안전처장, 시·도지사 또는 시장, 군수, 구청장에게 미리 보고하여야 하며, 회수 결과를 보고받은 시·도지사 또는 시장, 군수, 구청장은 이를 지체 없이 식품의약품안전처장에게 보고하여야 한다.

14 식품위생법에 명시된 목적이 아닌 것은?

① 위생상의 위해 방지

② 건전한 유통·판매 도모

③ 식품영양의 질적 향상 도모

④ 식품에 관한 올바른 정보 제공

 식품위생법의 목적
- 식품으로 인한 위생상의 위해 사고 방지
- 식품영양의 질적 향상 도모
- 식품에 관한 올바른 정보 제공
- 국민보건의 증진에 이바지

15 식품위생법상 영업에 종사하지 못하는 질병의 종류가 아닌 것은?

① 비감염성 결핵 ② 세균성 이질

③ 장티푸스 ④ 화농성 질환

 영업에 종사하지 못하는 질병의 종류
- 제1군 감염병(장티푸스, 파라티푸스, 세균성 이질, 콜레라, 장출혈성 대장균 감염증)
- 결핵(비감염성인 경우는 제외)
- 피부병 또는 그 밖의 화농성 질환
- 후천성면역결핍증

16 우유 가공품이 아닌 것은?

① 치즈 ② 버터

③ 마시멜로우 ④ 액상 발효유

 ① 치즈 : 우유의 단백질인 카제인에 응유효소인 레닌을 첨가하여 만든 것
② 버터 : 우유의 지방을 모아 만든 것
③ 마시멜로우 : 달걀흰자의 기포를 이용하여 만든 것
④ 액상 발효유 : 우유에 젖산 발효를 시킨 가공품

17 육류의 사후경직을 설명한 것 중 틀린 것은?

① 근육에서 호기성 해당 과정에 의해 산이 증가된다.

② 해당 과정으로 생성된 산에 의해 pH가 낮아진다.

③ 경직 속도는 도살 전의 동물의 상태에 따라 다르다.

④ 근육의 글리코겐이 젖산으로 된다.

 육류는 사후 호흡 작용을 할 수 없으므로 산소의 공급이 없으며 글리코겐이 소비되어 버리거나 해당 작용에 의해서 생성되는 젖산에 의해 pH가 저하된다.

18 효소의 주된 구성 성분은?

① 지방 ② 탄수화물

③ 단백질 ④ 비타민

 효소의 주된 구성 성분은 단백질이다.

19 다음 냄새 성분 중 어류와 관계가 먼 것은?

① 트리메틸아민(trimethylamine)

② 암모니아(ammonia)

③ 피페리딘(piperidine)

④ 디아세틸(diacetyl)

 트리메틸아민은 해수어, 피페리딘은 담수어, 암모니아는 어류의 부패취 및 홍어의 발효취이다.

20 식품에 존재하는 물의 형태 중 자유수에 대한 설명으로 틀린 것은?

① 식품에서 미생물의 번식에 이용된다.

② -20℃에서도 얼지 않는다.

③ 100℃에서 증발하여 수증기가 된다.

④ 식품을 건조시킬 때 쉽게 제거된다.

 자유수는 0℃ 이하에서 쉽게 동결되며, 결합수일 경우 -20℃에서도 얼지 않는다.

21 전분의 노화를 억제하는 방법으로 적합하지 않은 것은?

① 수분 함량 조절 ② 냉동

③ 설탕의 첨가 ④ 산의 첨가

 전분의 노화 방지법
• 알파(α)화된 전분을 80℃ 이상으로 유지하면서 수분을 제거하거나, 0℃ 이하로 얼려서 급속히 탈수한 후 수분 함량을 15% 이하로 낮춘다.
• 설탕을 첨가한다.
• 환원제나 유화제를 첨가한다.

22 우유 100mL에 칼슘이 180mg 정도 들어있다면 우유 250mL에는 칼슘이 약 몇 mg 정도 들어있는가?

① 450mg ② 540mg

③ 595mg ④ 650mg

 180mg × 2.5 = 450mg

23 찹쌀의 아밀로오스와 아밀로펙틴에 대한 설명 중 맞는 것은?

① 아밀로오스 함량이 더 많다.

② 아밀로오스 함량과 아밀로펙틴의 함량이 거의 같다.

③ 아밀로펙틴으로 이루어져 있다.

④ 아밀로펙틴은 존재하지 않는다.

 찹쌀은 아밀로펙틴 100%로 이루어져 있다.

24 과일 향기의 주성분을 이루는 냄새 성분은?

① 알데히드(aldehyde)류

② 함유황화합물

③ 테르펜(terpene)류

④ 에스테르(ester)류

💬해설 과일 향기는 알코올, 알데히드, 에스테르류이며 이 중 에스테르류는 과일 향기의 주성분을 이룬다.

25 불건성유에 속하는 것은?

① 들기름　　　② 땅콩기름
③ 대두유　　　④ 옥수수기름

💬해설 올리브유, 땅콩기름은 불건성유에 속한다.

26 채소의 가공 시 가장 손실되기 쉬운 비타민은?

① 비타민 A　　② 비타민 D
③ 비타민 C　　④ 비타민 E

💬해설 수용성 비타민인 비타민 C는 물, 열, 공기, 광선 등에 손쉽게 파괴되는 비타민이다.

27 일반적으로 포테이토칩 등 스낵류에 질소 충전 포장을 실시할 때 얻어지는 효과로 가장 거리가 먼 것은?

① 유지의 산화 방지
② 스낵의 파손 방지
③ 세균의 발육 억제
④ 제품의 투명성 유지

💬해설 질소 충전을 하게 되면 파손 방지, 세균의 발육 억제, 유지의 산화 방지 등의 효과가 있다.

28 달걀흰자로 거품을 낼 때 식초를 약간 첨가하는 것은 다음 중 어떤 것과 가장 관계가 깊은가?

① 난백의 등전점　② 용해도 증가
③ 향 형성　　　　④ 표백 효과

💬해설 달걀흰자가 거품이 잘 일어나기 위해서는 약간의 식초를 넣어 주는데 이는 흰자의 기포성이 흰자의 주요 단백질인 오브알부민의 등전점 pH 4.8 근처에서 가장 활성이 크기 때문이다. 식초를 첨가하면 난백 단백질의 등전점에 가까워지므로 거품이 잘 발생한다.

29 붉은 양배추를 조리할 때 식초나 레몬즙을 조금 넣으면 어떤 변화가 일어나는가?

① 안토시아닌계 색소가 선명하게 유지된다.
② 카로티노이드계 색소가 변색되어 녹색으로 된다.
③ 클로로필계 색소가 선명하게 유지된다.
④ 플라보노이드계 색소가 변색되어 청색으로 된다.

💬해설 붉은 양배추에 포함되어 있는 안토시아닌 색소는 산에서 선명한 적색을 나타내며 중성에서 자색, 알칼리에서 청색을 나타낸다.

30 단맛을 갖는 대표적인 식품과 가장 거리가 먼 것은?

① 사탕무　　　② 감초
③ 벌꿀　　　　④ 곤약

💬해설 곤약은 구약나물의 알뿌리를 가공하여 만든 것으로 단맛과는 거리가 멀다.

31 신선한 달걀의 감별법으로 설명이 잘못된 것은?

① 햇빛(전등)에 비출 때 공기집의 크기가 작다.
② 흔들 때 내용물이 잘 흔들린다.
③ 6% 소금물에 넣으면 가라앉는다.
④ 깨트려 접시에 놓으면 노른자가 볼록하고 흰자의 점도가 높다.

💬해설 신선한 달걀은 흔들었을 때 내용물이 잘 흔들리지 않는다.

32 열량 급원 식품이 아닌 것은?

① 감자   ② 쌀

③ 풋고추   ④ 아이스크림

> **해설** 풋고추에 함유된 영양소는 비타민, 무기질로 조절 영양소에 해당된다.

33 마늘에 함유된 황화합물로 특유의 냄새를 가지는 성분은?

① 알리신(allicin)

② 디메틸설파이드(dimethyl sulfide)

③ 머스터드 오일(mustard oil)

④ 캡사이신(capsaicin)

> **해설** 알리신은 마늘에 함유된 냄새 성분이다.

34 당근의 구입단가는 kg당 1,300원이다. 10kg 구매 시 표준수율이 86%라면, 당근 1인분(80g)의 원가는 약 얼마인가?

① 51원   ② 121원

③ 151원   ④ 181원

> **해설** 1kg당 1,300원이므로 10kg의 가격은 13,000 원이다. 10kg의 표준수율(가식부율)이 86%이므로 실사용량은 10,000g × 0.86 = 8,600g이다.
> 13,000원 : 8,600g = (당근 1인분의 원가) : 80g
> 따라서 당근 1인분의 원가는 13,000 × 80 ÷ 8,600 = 약 121원이다.

35 다음 조리법 중 비타민 C 파괴율이 가장 적은 것은?

① 시금치 국   ② 무생채

③ 고사리 무침   ④ 오이지

> **해설** 비타민 C는 수용성으로 물과 오랜 시간 접촉하거나 가열 조리할 때 특히 많이 파괴되므로 무생채의 경우 가장 파괴율이 낮다.

36 조리 시 일어나는 비타민, 무기질의 변화 중 맞는 것은?

① 비타민 A는 지방 음식과 함께 섭취할 때 흡수율이 높아진다.

② 비타민 D는 자외선과 접하는 부분이 클수록, 오래 끓일수록 파괴율이 높아진다.

③ 색소의 고정 효과로는 칼슘 이온이 많이 사용되며 식물 색소를 고정시키는 역할을 한다.

④ 과일을 깎을 때 쇠칼을 사용하는 것이 맛, 영양가, 외관상 좋다.

> **해설** ① 비타민 A는 지용성으로 기름 등 지방 성분이 많은 음식과 함께 섭취 시 흡수율이 높아진다.
> ② 비타민 D는 자외선에 의해 흡수율이 증가된다.
> ③ 녹색 채소의 색소를 고정시키는 역할로는 구리 이온을 많이 사용한다.
> ④ 과일에 많이 함유된 비타민 C는 금속에 의해 파괴되기 쉽다.

37 급식시설에서 주방 면적을 산출할 때 고려해야 할 사항으로 가장 거리가 먼 것은?

① 피급식자의 기호

② 조리 기기의 선택

③ 조리 인원

④ 식단

> **해설** 급식시설에서 주방 면적을 산출할 때는 조리 기기, 조리 인원, 식단 등을 고려한다.

38 다음 급식시설 중 1인 1식 사용 급수량이 가장 많이 필요한 시설은?

① 학교 급식   ② 보통 급식

③ 산업체 급식   ④ 병원 급식

> **해설** 1인 1식당 급수량은 일반 급식 6~10L, 병원 10~20L, 학교 4~6L이다.

39 생선의 비린내를 억제하는 방법으로 부적합한 것은?

① 물로 깨끗이 씻어 수용성 냄새 성분을 제거한다.

② 처음부터 뚜껑을 닫고 끓여 생선을 완전히 응고시킨다.

③ 조리 전에 우유에 담가 둔다.

④ 생선 단백질이 응고된 후 생강을 넣는다.

> 생선 비린내는 휘발되므로 조림을 할 때 뚜껑을 열어 놓으면 비린내 제거에 효과적이다.

40 총원가는 제조원가에 무엇을 더한 것인가?

① 제조간접비   ② 판매관리비

③ 이익   ④ 판매가격

> 총원가는 제조원가와 판매관리비를 합한 금액이다.

41 조리 시 첨가하는 물질의 역할에 대한 설명으로 틀린 것은?

① 식염 – 면 반죽의 탄성 증가

② 식초 – 백색 채소의 색 고정

③ 중조 – 펙틴 물질의 불용성 강화

④ 구리 – 녹색 채소의 색 고정

> 중조는 펙틴 물질의 용해성을 강화시키므로 마른 콩을 삶을 때 첨가하면 콩을 빨리 부드럽게 하는 역할을 하지만 비타민의 파괴를 촉진시킨다.

42 소고기의 부위 중 탕, 스튜, 찜 조리에 가장 적합한 부위는?

① 목심   ② 설도

③ 양지   ④ 사태

> 사태는 결합 조직이 많으므로 물을 넣어 오래 가열하면 경단백질인 콜라겐이 젤라틴화되어 소화되기 쉬운 형태로 변하게 된다. 그러므로 탕, 스튜, 찜, 국물을 내는데 적합하다.

43 유지의 발연점이 낮아지는 원인에 대한 설명으로 틀린 것은?

① 유리지방산의 함량이 낮은 경우

② 튀김기의 표면적이 넓은 경우

③ 기름에 이물질이 많이 들어 있는 경우

④ 오래 사용하여 기름이 지나치게 산패된 경우

> 유지 속에 유리지방산의 함량이 높을수록 유지의 발연점이 낮아진다.

44 김치 저장 중 김치 조직의 연부 현상이 일어나는 이유에 대한 설명으로 가장 거리가 먼 것은?

① 조직을 구성하고 있는 펙틴질이 분해되기 때문에

② 미생물이 펙틴분해효소를 생성하기 때문에

③ 용기에 꼭 눌러 담지 않아 내부에 공기가 존재하여 호기성 미생물이 성장·번식하기 때문에

④ 김치가 국물에 잠겨 수분을 흡수하기 때문에

> 김치의 연부 현상을 방지하기 위해서는 김치를 국물 속에 충분히 잠기도록 하여 보관해야 한다.

45 편육을 끓는 물에 삶아 내는 이유는?

① 고기 냄새를 없애기 위해

② 육질을 단단하게 하기 위해

③ 지방 용출을 적게 하기 위해

④ 국물에 맛 성분이 적게 용출되도록 하기 위해

> 편육은 끓는 물에 삶아야 육류의 단백질이 응고되어 맛난 맛이 국물에 용출되지 않는다.

정답   39 ②   40 ②   41 ③   42 ④   43 ①   44 ④   45 ④

46 에너지 공급원으로 감자 160g을 보리쌀로 대체할 때 필요한 보리쌀 양은? (단, 감자의 당질 함량은 14.4%, 보리쌀의 당질 함량은 68.4%이다)

① 20.9g   ② 27.6g

③ 31.5g   ④ 33.7g

 대체식품량

$$= \frac{\text{원래 식품의 영양 성분 함량}}{\text{대체 식품의 영양 성분 함량}} \times \text{원래식품량}$$

$$= \frac{14.4}{68.4} \times 160 = 약 33.7g$$

47 육류 조리 시 열에 의한 변화로 맞는 것은?

① 불고기는 열의 흡수로 부피가 증가한다.

② 스테이크는 가열하면 질겨져서 소화가 잘 되지 않는다.

③ 미트로프(meatloaf)는 가열하면 단백질이 응고, 수축, 변성된다.

④ 쇠꼬리의 젤라틴이 콜라겐화 된다.

 ① 단백질은 열에 의해 응고, 수축, 변성이 되므로 부피가 감소한다.
② 스테이크를 지나치게 오래 가열할 경우 질겨지므로 적당히 가열하여 소화가 잘 될 수 있도록 한다.
④ 쇠꼬리의 경우 물에 넣고 오랜 시간 가열하게 되면 콜라겐이 젤라틴으로 변하여 부드러워진다.

48 차, 커피, 코코아, 과일 등에서 수렴성 맛을 주는 성분은?

① 탄닌(tannin)

② 카로틴(carotene)

③ 엽록소(chlorophyll)

④ 안토시아닌(anthocyanin)

차, 커피, 코코아, 과일 등에 함유된 탄닌은 수렴성이 있어 떫은맛을 낸다.

49 식단을 작성하고자 할 때 식품의 선택 요령으로 가장 적합한 것은?

① 영양보다는 경제적인 효율성을 우선으로 고려한다.

② 소고기가 비싸서 대체식품으로 닭고기를 선정하였다.

③ 시금치의 대체식품으로 값이 싼 달걀을 구매하였다.

④ 한창 제철일 때 보다 한 발 앞서서 식품을 구입하여 식단을 구성하는 것이 보다 새롭고 경제적이다.

① 식단을 작성할 때는 영양적인 면을 우선으로 고려한다.
② 소고기는 단백질 식품이므로 대체식품으로는 같은 단백질 식품군인 돼지고기, 닭고기, 생선 등을 사용할 수 있다.
④ 제철 식품을 사용하는 것이 경제적이다.

50 우유의 카제인을 응고시킬 수 있는 것으로 되어 있는 것은?

① 탄닌, 레닌, 설탕

② 식초, 레닌, 탄닌

③ 레닌, 설탕, 소금

④ 소금, 설탕, 식초

우유 속에 함유된 카제인은 응유효소인 레닌 외에 식초에 의해서도 응고된다.

51 칼슘(Ca)과 인(P)이 소변 중으로 유출되는 골연화증 현상을 유발하는 유해 중금속은?

① 납   ② 카드뮴

③ 수은   ④ 주석

카드뮴의 중독 증상으로는 단백뇨, 골연화증 등이 있으며, 소변 중으로 칼슘과 인이 유출되고 이타이이타이병을 일으킨다.

Part 08 기출문제

52 실내 공기오염의 지표로 이용되는 기체는?

① 산소　　　　　② 이산화탄소

③ 일산화탄소　　④ 질소

> 이산화탄소는 실내 공기오염의 지표로 이용되는데 보통 공기 중에 0.03~0.04% 포함되어 있으며 서한도는 0.1%이다. 서한도 이상의 수치가 되었을 때는 환기가 필요하다.

53 기생충과 중간숙주의 연결이 틀린 것은?

① 십이지장충 – 모기　② 말라리아 – 사람

③ 폐흡충 – 가재, 게　④ 무구조충 – 소

> 십이지장충은 중간숙주 없이 매개 식품인 채소에 의해 감염된다.

54 감염병 중에서 비말 감염과 관계가 먼 것은?

① 백일해　　　　② 디프테리아

③ 발진열　　　　④ 결핵

> 백일해, 디프테리아, 결핵은 호흡기를 통해 감염되며 발진열은 쥐벼룩을 통해 감염되는 리케차성 감염병이다.

55 환경위생의 개선으로 발생이 감소되는 감염병과 가장 거리가 먼 것은?

① 장티푸스　　　② 콜레라

③ 이질　　　　　④ 인플루엔자

> 수인성 감염병은 모두 환경위생의 개선으로 발생이 감소될 수 있다. 장티푸스, 콜레라, 이질은 모두 수인성 감염병이며 인플루엔자는 호흡기계 감염병이다.

56 우리나라의 법정 감염병이 아닌 것은?

① 말라리아　　　② 유행성이하선염

③ 매독　　　　　④ 기생충

> 말라리아와 매독은 3군 감염병, 유행성 이하선염은 2군 감염병, 기생충은 5군 감염병의 매개체로 회충, 편충, 요충, 간흡충, 폐흡충, 장흡충의 6종류가 있다.

57 수질의 오염 정도를 파악하기 위한 BOD(생물화학적 산소요구량) 측정 시 일반적인 온도와 측정 기간은?

① 10℃에서 10일간　② 20℃에서 10일간

③ 10℃에서 5일간　　④ 20℃에서 5일간

> BOD는 20℃에서 5일간 측정한다.

58 지역사회나 국가사회의 보건수준을 나타낼 수 있는 가장 대표적인 지표는?

① 모성사망률　　　② 평균수명

③ 질병이환율　　　④ 영아사망률

> 지역사회, 국가의 보건수준을 나타내는 가장 대표적인 지표는 영아사망률이다.

59 자외선에 의한 인체 건강 장애가 아닌 것은?

① 설안염　　　　② 피부암

③ 폐기종　　　　④ 결막염

> 폐기종은 분진에 의해 발생할 수 있는 직업병으로 탄광부들에게서 주로 발생한다.

60 고열장해로 인한 직업병이 아닌 것은?

① 열 경련　　　　② 일사병

③ 열 쇠약　　　　④ 참호족

> 참호족염은 동결 상태에 이르지 않더라도 한랭에 계속해서 노출되고 지속적으로 습기나 물에 잠기게 되면 발생하는 저온장해 직업병이다.

정답　**52** ②　**53** ①　**54** ③　**55** ④　**56** ④　**57** ④　**58** ④　**59** ③　**60** ④

2016년 1월 24일 시행			수험번호	성명
자격종목	시험시간	형별		
조리기능사	1시간	B		

* 답안 카드 작성 시 시험문제지 형별누락, 마킹착오로 인한 불이익은 전적으로 수험자의 귀책사유임을 알려드립니다.
* 각 문항은 4지택일형으로 질문에 가장 적합한 보기항을 선택하여 마킹하여야 합니다.

01 황색포도상구균의 특징이 아닌 것은?

① 균체가 열에 강함
② 독소형 식중독 유발
③ 화농성 질환의 원인균
④ 엔테로톡신(enterotoxin) 생성

> 포도상구균 식중독은 독소형 식중독의 하나로 독소명은 엔테로톡신이며, 화농성 질환을 유발한다.

02 섭조개에서 문제를 일으킬 수 있는 독소 성분은?

① 테트로도톡신(tetrodotoxin)
② 셉신(sepsine)
③ 베네루핀(venerupin)
④ 삭시톡신(saxitoxin)

> 섭조개는 동물성 자연독인 삭시톡신이라는 독소를 가지고 있다.

03 어패류의 선도 평가에 이용되는 지표 성분은?

① 헤모글로빈
② 트리메틸아민
③ 메탄올
④ 이산화탄소

> 트리메틸아민은 어패류의 신선도의 지표로 쓰인다.

04 식품에서 자연적으로 발생하는 유독 물질을 통해 식중독을 일으킬 수 있는 식품과 가장 거리가 먼 것은?

① 피마자
② 표고버섯
③ 미숙한 매실
④ 모시조개

> ① 피마자 – 리신
> ③ 미숙한 매실(청매) – 아미그달린
> ④ 모시조개 – 베네루핀

05 과거 일본 미나마타병의 집단 발병 원인이 된 중금속은?

① 카드뮴
② 납
③ 수은
④ 비소

> ① 카드뮴 – 이타이이타이병
> ② 납 – 연 중독, 빈혈
> ③ 수은 – 미나마타병
> ④ 비소 – 중금속 오염으로 암 금속이라 불림

06 소시지 등 가공육 제품의 육색을 고정하기 위해 사용하는 식품첨가물은?

① 발색제
② 착색제
③ 강화제
④ 보존제

> 발색제는 식품 중의 색소와 반응하여 그 색소를 안정화시켜 색소를 생성하는 목적으로 사용하며 종류로는 아질산나트륨이 있다.

07 소독의 지표가 되는 소독제는?

① 석탄산　　　　② 크레졸
③ 과산화수소　　④ 포르말린

> 소독의 지표는 석탄산 계수로 소독제의 살균력 비교 시에 사용된다.

08 식품의 변화 현상에 대한 설명 중 틀린 것은?

① 산패 : 유지 식품의 지방질 산화
② 발효 : 화학 물질에 의한 유기화합물의 분해
③ 변질 : 식품의 품질 저하
④ 부패 : 단백질과 유기물이 부패 미생물에 의해 분해

> 발효란 당질 식품이 미생물에 의해 유기산 등 유용한 물질을 나타내는 현상으로 몸에 유용한 현상이다.

09 파라티온(parathion), 말라티온(malathion)과 같이 독성이 강하지만 빨리 분해되어 만성 중독을 일으키지 않는 농약은?

① 유기인제 농약　　② 유기염소제 농약
③ 유기불소제 농약　④ 유기수은제 농약

> ① 유기인제 – 파라티온, 말라티온, 다이아지논
> ② 유기염소제 – DDT, BHC
> ③ 유기불소제 – 푸솔, 니솔, 프라톨
> ④ 유기수은제 – 초산페닐수은(PMA), 염화메톡시에틸렌수은(MMC)

10 식품첨가물과 주요 용도의 연결이 옳은 것은?

① 삼이산화철 – 표백제
② 이산화티타늄 – 발색제
③ 명반 – 보존료
④ 호박산 – 산도 조절제

> ① 표백제 – 과산화수소, 무수아황산, 아황산염 ② 발색제 – 아질산나트륨, 황산제1철, 황산제2철 ③ 보존료 – 데히드로초산, 프로피온산염, 안식향산, 소르빈산 ④ 산도 조절제 – 호박산

11 식품위생법상 식중독 환자를 진단한 의사는 누구에게 이 사실을 제일 먼저 보고하여야 하는가?

① 보건복지부장관　　② 경찰서장
③ 보건소장　　　　　④ 관할 시장, 군수, 구청장

> 식중독에 관한 보고는 (한)의사 또는 집단급식소의 설치·운영자 → 시장, 군수, 구청장 → 식품의약품안전처장 및 시·도지사 순으로 이루어진다.

12 조리사 면허 취소에 해당하지 않는 것은?

① 식중독이나 그 밖에 위생과 관련한 중대한 사고 발생에 직무상의 책임이 있는 경우
② 면허를 타인에게 대여하여 사용하게 한 경우
③ 조리사가 마약이나 그 밖의 약물에 중독이 된 경우
④ 조리사 면허의 취소처분을 받고 그 취소된 날부터 2년이 지나지 아니한 경우

> **조리사의 면허 취소 사유**
> • 조리사 결격사유에 해당하게 된 경우
> • 식품위생 수준 및 자질의 향상을 위한 교육을 받지 아니한 경우
> • 식중독이나 그 밖에 위생과 관련된 중대한 사고 발생에 직무상 책임이 있는 경우
> • 면허를 타인에게 대여하여 사용하게 한 경우
> • 업무정지 기간 중에 조리사의 업무를 한 경우

13 식품위생법상 식품 등의 위생적인 취급에 관한 기준이 아닌 것은?

① 식품 등을 취급하는 원료보관실·제조가공실·조리실·포장실 등의 내부는 항상 청결하게 관리하여야 한다.

② 식품 등의 원료 및 제품 중 부패·변질되기 쉬운 것은 냉동·냉장시설에 보관·관리하여야 한다.

③ 유통기한이 경과된 식품 등을 판매하거나 판매의 목적으로 전시하여 진열·보관하여서는 아니 된다.

④ 모든 식품 및 원료는 냉장·냉동시설에 보관·관리하여야 한다.

> **해설** 식품 및 원료는 특성과 상태, 용도에 따라 보관을 다르게 할 수 있는데 모두 냉동, 냉장에 보관할 수는 없다.

14 식품위생법상 허위표시, 과대광고, 비방광고 및 과대포장의 범위에 해당하지 않는 것은?

① 허가·신고 또는 보고한 사항이나 수입신고한 사항과 다른 내용의 표시·광고

② 제조방법에 관하여 연구하거나 발견한 사실로서 식품학·영양학 등의 분야에서 공인된 사항의 표시

③ 제품의 원재료 또는 성분과 다른 내용의 표시·광고

④ 제조연월일 또는 유통기한을 표시함에 있어서 사실과 다른 내용의 표시·광고

> **해설** 제조방법에 관하여 연구하거나 발견한 사실로서 식품학·영양학 등의 분야에서 공인된 사항 외의 표시·광고가 허위표시, 과대광고, 비방광고 및 과대포장의 범위에 해당한다.

15 식품위생법상 "식품을 제조·가공·조리 또는 보존하는 과정에서 감미, 착색, 표백 또는 산화방지 등을 목적으로 식품에 사용되는 물질"로 정의된 것은?

① 식품첨가물 ② 화학적 합성품

③ 항생제 ④ 의약품

> **해설** 식품위생법규 용어의 정리에 의하면 식품첨가물이란 "식품을 제조·가공·조리 또는 보존하는 과정에서 감미, 착색, 표백 또는 산화방지 등을 목적으로 식품에 사용되는 물질"을 말한다.
> ② 화학적 합성품 : 화학적 수단으로 원소 또는 화합물에 분해 반응 외의 화학 반응을 일으켜서 얻은 물질

16 β-전분이 가열에 의해 α-전분으로 되는 현상은?

① 호화 ② 호정화

③ 산화 ④ 노화

> **해설** 생전분을 β-전분이라 하고 익힌 전분을 α-전분이라 하는 데, β-전분이 α-전분으로 되는 현상을 호화라 한다.

17 중성 지방의 구성 성분은?

① 탄소와 질소 ② 아미노산

③ 지방산과 글리세롤 ④ 포도당과 지방산

> **해설** 중성 지방은 지질의 한 종류로 글리세롤 1분자와 지방산 3분자가 결합하여 형성된다.

18 젓갈의 숙성에 대한 설명으로 틀린 것은?

① 농도가 묽으면 부패하기 쉽다.

② 새우젓의 소금 사용량은 60% 정도가 적당하다.

③ 자기소화 효소 작용에 의한 것이다.

④ 호염균의 작용이 일어날 수 있다.

정답 **13** ④ **14** ② **15** ① **16** ① **17** ③ **18** ②

> **해설** 염장법은 미생물의 발육이 억제되는 10% 정도의 소금 농도를 사용하나 젓갈류는 20~25%가 적당하다.

19 결합수의 특징이 아닌 것은?

① 전해질을 잘 녹여 용매로 작용한다.
② 자유수보다 밀도가 크다.
③ 식품에서 미생물의 번식과 발아에 이용되지 못한다.
④ 동·식물의 조직에 존재할 때 그 조직에 큰 압력을 가하여 압착해도 제거되지 않는다.

> **해설** 결합수의 특징
> • 용질에 대하여 용매로 작용하지 않는다.
> • 0℃ 이하에서도 동결하지 않는다.
> • 건조되지 않는다.
> • 미생물이 이용하지 못한다.
> • 자유수에 비해 밀도가 크다.

20 요구르트 제조는 우유 단백질의 어떤 성질을 이용하는가?

① 응고성   ② 용해성
③ 팽윤   ④ 수화

> **해설** 요구르트는 우유나 탈지분유에 유당을 이용하는 유산균을 넣어 발효시킨 것으로 이때 생성된 유기산에 의해 카세인이 응고되어 만들어진 발효유다.

21 알칼리성 식품에 대한 설명으로 옳은 것은?

① Na, K, Ca, Mg이 많이 함유되어 있는 식품
② S, P, Cl이 많이 함유되어 있는 식품
③ 당질, 지질, 단백질 등이 많이 함유되어 있는 식품
④ 곡류, 육류, 치즈 등의 식품

> **해설** 산성 식품이란 무기질 중 Cl, P, S가 함유되어 있는 식품으로 곡류, 육류 등이 있다.

22 우유의 균질화(homogenization)에 대한 설명이 아닌 것은?

① 지방구 크기를 0.1~2.2㎛ 정도로 균일하게 만들 수 있다.
② 탈지유를 첨가하여 지방의 함량을 맞춘다.
③ 큰 지방구의 크림층 형성을 방지한다.
④ 지방의 소화를 용이하게 한다.

> **해설** 우유에 함유된 지방 알갱이를 작게 부수는 과정을 균질화라 하는데 이는 소화를 용이하게 한다.

23 레드 캐비지로 샐러드를 만들 때 식초를 조금 넣은 물에 담그면 고운 적색을 띠는 것은 어떤 색소 때문인가?

① 안토시아닌(anthocyanin)
② 클로로필(chlorophyll)
③ 안토잔틴(anthoxanthin)
④ 미오글로빈(myoglobin)

> **해설** 안토시아닌 색소는 산성에서는 선명한 적색, 중성에서는 보라색, 알칼리성에서는 청색을 띤다.

24 섬유소와 한천에 대한 설명 중 틀린 것은?

① 산을 첨가하여 가열하면 분해되지 않는다.
② 체내에서 소화되지 않는다.
③ 변비를 예방한다.
④ 모두 다당류이다.

> **해설** 다당류인 섬유소와 한천은 소화 효소가 없어 소화가 안 되며, 소화관을 자극하여 연동 운동을 촉진하여 대변 배설을 촉진시킨다.

25 과실의 젤리화 3요소와 관계없는 것은?

① 젤라틴   ② 당

③ 펙틴   ④ 산

> 잼의 구성 요소는 펙틴(1%), 유기산(0.5%, pH 3.4), 설탕(60%)이다.

26 탄수화물의 분류 중 5탄당이 아닌 것은?

① 갈락토오스(galactose)

② 자일로오스(xylose)

③ 아라비노오스(arabinose)

④ 리보오스(ribose)

> 5탄당의 종류로는 리보오스, 데옥시리보오스, 아라비노오스, 자일로오스가 있다.

27 CA 저장에 가장 적합한 식품은?

① 육류   ② 과일류

③ 우유   ④ 생선류

> CA 저장에 적합한 식료품은 채소(토마토), 과일(바나나), 달걀류가 있다.

28 황 함유 아미노산이 아닌 것은?

① 트레오닌(threonine)

② 시스틴(cystine)

③ 메티오닌(methionine)

④ 시스테인(cysteine)

> 황을 함유한 아미노산의 종류로는 타우린, N-acetyl cysteine, cystine, 글루타치온, 메티오닌이 있다.

29 하루 필요 열량이 2,500kcal일 경우 이 중의 18%에 해당하는 열량을 단백질에서 얻으려 한다면, 필요한 단백질의 양은 얼마인가?

① 50.0g   ② 112.5g

③ 121.5g   ④ 171.3g

> 1일 총 열량 중 단백질의 섭취 비율은 18%
> $2,500 \times 0.18 = 450kcal$
> $450 \div 4kcal = 112.5g$

30 조리와 가공 중 천연색소의 변색 요인과 거리가 먼 것은?

① 산소   ② 효소

③ 질소   ④ 금속

> 색소의 변색 요인으로는 산소, 효소, 금속 등이 있다.

31 조리에 사용하는 냉동식품의 특성이 아닌 것은?

① 완만 동결하여 조직이 좋다.

② 미생물 발육을 저지하여 장기간 보존이 가능하다.

③ 저장 중 영양가 손실이 적다.

④ 산화를 억제하여 품질 저하를 막는다.

> 냉동식품의 경우 급속 냉동하여 품질의 저하를 막는다.

32 조리기구의 재질 중 열전도율이 커서 열을 전달하기 쉬운 것은?

① 유리   ② 도자기

③ 알루미늄   ④ 석면

> 조리기구 중 알루미늄 같은 금속이 열을 잘 전달한다(열 전도도 : 알루미늄 237W/m.k, 석면 0.16W/m.k, 유리 1.1W/m.k).

정답   **25** ①   **26** ①   **27** ②   **28** ①   **29** ②   **30** ③   **31** ①   **32** ③

33 달걀을 이용한 조리 식품과 관계가 없는 것은?

① 오믈렛　　　② 수란

③ 치즈　　　　④ 커스터드

 치즈는 우유의 단백질을 응고시킨 가공품이다.

34 소금 절임 시 저장성이 좋아지는 이유는?

① pH가 낮아져 미생물이 살아갈 수 없는 환경이 조성된다.

② pH가 높아져 미생물이 살아갈 수 없는 환경이 조성된다.

③ 고삼투성에 의한 탈수 효과로 미생물의 생육이 억제된다.

④ 저삼투성에 의한 탈수 효과로 미생물의 생육이 억제된다.

배추김치를 만들 때도 소금물을 만든 후, 배추를 그 물에 담그면 소금의 입장에서 보면 배추는 저농도이고, 소금물은 고농도이다. 이 때 농도 평형을 이루기 위해 배추세포의 물이 배추의 세포막 밖으로 빠져 나와서 배추가 절여지고 미생물의 생육이 억제된다.

35 밀가루의 용도별 분류는 어느 성분을 기준으로 하는가?

① 글리아딘　　② 글로불린

③ 글루타민　　④ 글루텐

밀가루의 단백질인 글루텐의 함량 차이로 강력분, 중력분, 박력분으로 구분한다.

36 소고기의 부위별 용도와 조리법 연결이 틀린 것은?

① 앞다리 – 불고기, 육회, 장조림

② 설도 – 탕, 샤브샤브, 육회

③ 목심 – 불고기, 국거리

④ 우둔 – 산적, 장조림, 육포

설도는 편육과 찜 등으로 사용된다.

37 젤라틴의 응고에 관한 설명으로 틀린 것은?

① 젤라틴의 농도가 높을수록 빨리 응고된다.

② 설탕의 농도가 높을수록 응고가 방해된다.

③ 염류는 젤라틴의 응고를 방해한다.

④ 단백질의 분해 효소를 사용하면 응고력이 약해진다.

 • 젤라틴 응고 약화 : 단백질 분해 효소, 산, 설탕
• 젤라틴 응고 강화 : 우유, 소금, 경수

38 과일의 일반적인 특성과는 다르게 지방 함량이 가장 높은 과일은?

① 아보카도　　② 수박

③ 바나나　　　④ 감

• 지방 함량이 높은 과일 : 코코넛, 아보카도
• 라이코펜이 많은 과일 : 수박, 토마토
• 베타카로틴이 많은 과일 : 감, 망고, 살구
• 무기질 함량이 많은 과일 : 바나나, 대추

39 전자레인지의 주된 조리 원리는?

① 복사　　　　② 전도

③ 대류　　　　④ 초단파

전자레인지의 주된 조리 원리는 열전도, 열복사를 이용한 종래의 가열 방식과는 달리 마그네트론이라 불리는 초단파 발진판에 고압전기를 가하여 생긴 915MHz와 2,450MHz 두 개의 주파수를 이용한다.

40 닭고기 20kg으로 닭강정 100인분을 판매한 매출액이 1,000,000원이다. 닭고기는 kg당 12,000원에 구입하였고 총 양념 비용으로 80,000원이 들었다면 식재료의 원가 비율은?

① 24% ② 28%

③ 32% ④ 40%

> 닭강정 100인분을 만드는데 사용한 가격은 240,000(닭고기 20kg) + 80,000(양념) = 320,000원이고, 매출액이 1,000,000원이므로 원가 비율은 $\dfrac{320,000}{1,000,000} \times 100 = 32\%$이다.

41 생선에 레몬즙을 뿌렸을 때 나타나는 현상이 아닌 것은?

① 신맛이 가해져서 생선이 부드러워진다.

② 생선의 비린내가 감소한다.

③ pH가 산성이 되어 미생물의 증식이 억제된다.

④ 단백질이 응고된다.

> 생선에 레몬즙을 뿌리면 생선의 단백질이 응고되어 살이 단단해진다.

42 튀김의 특징이 아닌 것은?

① 고온 단시간 가열로 영양소의 손실이 적다.

② 기름의 맛이 더해져서 맛이 좋아진다.

③ 표면이 바삭바삭해 입안에서의 촉감이 좋아진다.

④ 불미 성분이 제거된다.

> 건열 조리에 속하는 튀김은 식품을 고온에서 단시간 처리하므로 영양소의 손실이 적고 표면이 바삭해지며 맛이 풍부해진다.

43 생선의 조리 방법에 관한 설명으로 옳은 것은?

① 생선은 결체 조직의 함량이 많으므로 습열 조리법을 많이 이용한다.

② 지방 함량이 낮은 생선보다는 높은 생선으로 구이를 하는 것이 풍미가 더 좋다.

③ 생선찌개를 할 때 생선 자체의 맛을 살리기 위해서 찬물에 넣고 은근히 끓인다.

④ 선도가 낮은 생선은 조림 국물의 양념을 담백하게 하여 뚜껑을 닫고 끓인다.

> ① 생선은 주로 건열 조리법을 사용한다.
> ③ 생선찌개를 할 때는 국물이 끓을 때 넣어 생선살이 부스러지지 않도록 한다.
> ④ 비린내 제거 등을 위해 뚜껑을 열고 조린다.

44 계량 방법이 잘못된 것은?

① 된장, 흑설탕은 꼭꼭 눌러 담아 수평으로 깎아서 계량한다.

② 우유는 투명기구를 사용하여 액체 표면의 윗부분을 눈과 수평으로 하여 계량한다.

③ 저울은 반드시 수평한 곳에서 0으로 맞추고 사용한다.

④ 마가린은 실온일 때 꼭꼭 눌러 담아 평평한 것으로 깎아 계량한다.

> 우유와 같은 액체를 계량할 때에는 투명한 계량컵을 사용하는 것이 편리하며, 계량 시 눈금과 액체표면의 아랫부분을 눈의 높이와 맞추어 계량한다.

45 총원가에 대한 설명으로 맞는 것은?

① 제조간접비와 직접원가의 합이다.

② 판매관리비와 제조원가의 합이다.

③ 판매관리비, 제조간접비, 이익의 합이다.

④ 직접재료비, 직접노무비, 직접경비, 직접원가, 판매관리비의 합이다.

Part 08 기출문제

원가
- 직접원가 : 직접재료비, 직접노무비, 직접경비의 합
- 제조원가 : 직접원가, 제조간접비의 합
- 총원가 : 제조원가, 판매관리비의 합

46 대상 집단의 조직체가 급식을 직접 운영하는 형태는?

① 준위탁급식 ② 위탁급식
③ 직영급식 ④ 협동조합급식

 급식의 형태
- 직영급식 : 조직체가 직접 운영하는 형태
- 위탁급식 : 조직체가 위탁업체를 선정하여 위탁하는 형태

47 수라상의 찬품 가짓수는?

① 5첩 ② 7첩
③ 9첩 ④ 12첩

우리나라의 반상은 첩수에 따라 3첩, 5첩, 7첩, 9첩, 12첩으로 구분하며, 임금님상이라 불리는 수라상은 첩수가 가장 많은 12첩 반상이다.

48 덩어리 육류를 건열로 표면에 갈색이 나도록 구워 내부의 육즙이 나오지 않게 한 후 소량의 물, 우유와 함께 습열 조리하는 것은?

① 브레이징(braising) ② 스튜잉(stewing)
③ 브로일링(broiling) ④ 로스팅(roasting)

브레이징은 건열 조리와 습열 조리를 혼합하여 만드는 요리 방법이다.

49 식품검수 방법의 연결이 틀린 것은?

① 화학적 방법 : 영양소의 분석, 첨가물, 유해 성분 등을 검출하는 방법

② 검경적 방법 : 식품의 중량, 부피, 크기 등을 측정하는 방법
③ 물리학적 방법 : 식품의 비중, 경도, 점도, 빙점 등을 측정하는 방법
④ 생화학적 방법 : 효소 반응, 효소 활성도, 수소이온농도 등을 측정하는 방법

검경적 방법이란 현미경에 의하여 식품의 세포나 조직의 모양, 협잡물, 병원균, 기생충란의 존재를 검사하는 방법이다.

50 한천 젤리를 만든 후 시간이 지나면 내부에서 표면으로 수분이 빠져나오는 현상은?

① 삼투 현상(osmosis)
② 이장 현상(sysnersis)
③ 님비 현상(NIMBY)
④ 노화 현상(retrogradation)

이장 현상은 한천의 겔(gel)에서 시간의 경과에 따라 표면으로 물이 분리되어 나오는 현상을 말한다.

51 인분을 사용한 밭에서 특히 경피적 감염을 주의해야 하는 기생충은?

① 십이지장충 ② 요충
③ 회충 ④ 말레이사상충

경피 감염 기생충으로는 십이지장충, 말라리아원충 등이 있다.

52 무구조충(민촌충) 감염의 올바른 예방 대책은?

① 게나 가재의 가열 섭취
② 음료수의 소독
③ 채소류의 가열 섭취
④ 소고기의 가열 섭취

> 무구조충의 감염원은 소고기이므로 소고기를 가열 섭취하여야 무구조충의 감염을 예방할 수 있다.

53 사람이 예방접종을 통하여 얻는 면역은?

① 선천 면역
② 자연 수동 면역
③ 자연 능동 면역
④ 인공 능동 면역

> 인공 능동 면역이란 예방접종으로 획득되는 면역이다. 일본뇌염, 파상풍, 콜레라, 결핵 등의 질병을 예방한다.

54 쥐에 의하여 옮겨지는 감염병은?

① 유행성 이하선염
② 페스트
③ 파상풍
④ 일본뇌염

> 쥐가 옮기는 감염병으로는 페스트, 서교증, 재귀열, 발진열, 와일씨병, 유행성 출혈열이 있다.

55 눈 보호를 위해 가장 좋은 인공조명 방식은?

① 직접조명
② 간접조명
③ 반직접조명
④ 전반확산조명

> 간접조명은 벽이나 천장에 빛을 반사시켜 직접조명에 비해 눈의 피로를 적게 한다.

56 중금속과 중독 증상의 연결이 잘못된 것은?

① 카드뮴 – 신장 기능 장애
② 크롬 – 비충격 천공
③ 수은 – 홍독성 흥분
④ 납 – 섬유화 현상

> 납의 중독 증상으로는 소변 중 코프로포르피린 검출, 용혈성 빈혈 등이 있다.

57 국소진동으로 인한 질병 및 직업병의 예방 대책이 아닌 것은?

① 보건교육
② 완충장치
③ 방열복 착용
④ 작업시간 단축

> 진동공구를 사용하는 직업군에 생기는 직업병의 예방 대책으로는 보건교육, 완충장치(진동 흡수 장갑), 충분한 휴식 등이 있다. 방열복 착용은 고온 환경에서 생기는 직업병의 예방 대책이다.

58 쓰레기 처리 방법 중 미생물까지 사멸할 수 있으나 대기오염을 유발할 수 있는 것은?

① 소각법
② 투기법
③ 매립법
④ 재활용법

> 소각법은 가장 위생적이나 대기오염의 원인이 되고 처리 비용이 비싸다.

59 디피티(D.P.T.) 기본접종과 관계없는 질병은?

① 디프테리아
② 풍진
③ 백일해
④ 파상풍

> 디피티의 D는 디프테리아, P는 백일해, T는 파상풍을 뜻하는 영어의 첫 글자에서 따온 말이다.

60 국가의 보건수준 평가를 위하여 가장 많이 사용되고 있는 지표는?

① 조사망률
② 성인병발생률
③ 결핵이환율
④ 영아사망률

> 보건수준의 평가 지표로는 영아사망률, 조사망률, 질병이환률 등이 있으며 이 중 영아사망률은 대표적인 국가 보건수준 평가 지표로 사용된다.

2016년 4월 2일 시행

자격종목	시험시간	형별	수험번호	성명
조리기능사	1시간	B		

＊답안 카드 작성 시 시험문제지 형별누락, 마킹착오로 인한 불이익은 전적으로 수험자의 귀책사유임을 알려드립니다.
＊각 문항은 4지택일형으로 질문에 가장 적합한 보기항을 선택하여 마킹하여야 합니다.

---

01 경구 감염병과 세균성 식중독의 주요 차이점에 대한 설명으로 옳은 것은?

① 경구 감염병은 다량의 균으로, 세균성 식중독은 소량의 균으로 발병한다.
② 세균성 식중독은 2차 감염이 많고 경구 감염병은 거의 없다.
③ 경구 감염병은 면역성이 없고, 세균성 식중독은 있는 경우가 많다.
④ 세균성 식중독은 잠복기가 짧고, 경구 감염병은 일반적으로 길다.

> **해설** 경구 감염병과 세균성 식중독의 차이
>
> | 경구 감염병 | • 감염병균에 오염된 식품과 물을 섭취하여 감염
• 식품에 포함된 적은 양의 균에 의해 발병
• 2차 감염 있음
• 잠복기가 길고, 면역이 되지 않음 |
> |---|---|
> | 세균성 식중독 | • 식중독균에 오염된 식품을 섭취하여 발병
• 식품에 포함된 많은 양의 균 또는 독소에 의해 발병
• 살모넬라 외에는 2차 감염이 없음
• 잠복기가 짧고 면역이 되지 않음 |

02 중온성 세균의 최적 발육 온도는?

① 0~10℃   ② 17~25℃
③ 25~37℃   ④ 50~60℃

> **해설** 세균의 발육 최적 온도
> • 저온성균 : 15~20℃
> • 중온성균 : 25~37℃
> • 고온성균 : 50~60℃

03 살모넬라균의 식품 오염원으로 가장 중요시 되는 것은?

① 사상충   ② 곰팡이
③ 오염된 가금류   ④ 선모충

> **해설** 살모넬라의 오염원으로는 육류 및 그 가공품, 우유 및 유제품, 채소 샐러드 등이 있다.

04 인공감미료에 대한 설명으로 틀린 것은?

① 사카린나트륨은 사용이 금지되었다.
② 식품에 감미를 부여할 목적으로 첨가된다.
③ 화학적 합성품에 해당된다.
④ 천연물 유도체도 포함되어 있다.

> **해설** 감미료의 종류로는 사카린나트륨, D-솔비톨, 글리실리진산나트륨, 아스파탐이 있으며, 사카린나트륨은 건빵, 생과자, 청량음료수에는 사용이 가능하나, 식빵, 이유식, 백설탕, 포도당, 물엿, 벌꿀, 알사탕류에는 사용이 불가능하다.

05 다음 식품첨가물 중 유지의 산화방지제는?

① 소르빈산칼륨

② 차아염소산나트륨

③ 비타민 E

④ 아질산나트륨

 • 산화방지제의 종류 : BHA, BHT, 몰식자산 프로필, 에리소르빈산염
• 천연 항산화제 : 비타민 E(토코페롤), 비타민 C (아스코르빈산), 참기름(세사몰), 목화씨(고시폴)

06 식품과 그 식품에 유래될 수 있는 독성 물질의 연결이 틀린 것은?

① 복어 – 테트로도톡신

② 모시조개 – 베네루핀

③ 맥각 – 에르고톡신

④ 은행 – 말토리진

은행에 포함된 독성 물질은 청산류 아미그 달린, 메틸피리독신이며, 말토리진은 곰팡이 독으로 신경 중독을 일으킨다.

07 육류의 직화 구이나 훈연 중에 발생하는 발암 물질은?

① 아크릴아마이드(acrylamide)

② 니트로사민(N–nitrosamine)

③ 에틸카바메이트(ethylcarbamate)

④ 벤조피렌(benzopyrene)

벤조피렌은 화석연료 등의 불완전 연소 과정 중 생성되는 발암 물질이다.

08 식중독을 일으킬 수 있는 화학 물질로 보기 어려운 것은?

① 포르말린(formalin)

② 만니톨(mannitol)

③ 붕산(boric acid)

④ 승홍

만니톨은 만노오스의 당 알코올로 해조류에서 추출한다.

09 과실류나 채소류 등 식품의 살균 목적 이외에 사용하여서는 아니 되는 살균소독제는? (단, 참깨에는 사용 금지)

① 차아염소산나트륨

② 양성비누

③ 과산화수소수

④ 에틸알코올

염소(차아염소산나트륨)는 수돗물, 과일, 채소, 식기 소독에 사용된다.

10 단백질 식품이 부패할 때 생성되는 물질이 아닌 것은?

① 레시틴   ② 암모니아

③ 아민류   ④ 황화수소(H_2S)

레시틴은 글리세린인산을 포함하고 있는 인지질의 하나로 난황 등에 함유되어 있으며, 마요네즈 제조 시 유화제로 사용된다.

11 식품공전에 규정되어 있는 표준 온도는?

① 10℃   ② 15℃

③ 20℃   ④ 25℃

식품공전 규정에 따르면 표준 온도는 20℃, 상온은 15~25℃, 실온은 1~35℃, 미온은 30~40℃이다.

정답 **05** ③ **06** ④ **07** ④ **08** ② **09** ① **10** ① **11** ③

12 영업의 허가 및 신고를 받아야 하는 관청이 다른 것은?

① 식품운반업

② 식품조사처리업

③ 단란주점영업

④ 유흥주점영업

> 🗨해설 **허가를 받아야 하는 영업 및 허가 관청**
> • 식품조사처리업 : 식품의약품안전처장
> • 단란주점영업, 유흥주점영업 : 특별자치시장, 특별자치도지사 또는 시장, 군수, 구청장
> **영업신고를 하여야 하는 업종**(특별자치시장, 특별자치도지사 또는 시장, 군수, 구청장) : 즉석판매제조·가공업, 식품운반업, 식품소분·판매업, 식품냉동·냉장업, 용기·포장류제조업, 휴게음식점영업, 일반음식점영업, 위탁급식영업, 제과점영업
> **등록하여야 하는 영업**
> • 식품제조·가공업, 식품첨가물제조업 : 특별자치시장, 특별자치도지사 또는 시장, 군수, 구청장
> • 식품제조·가공업 중 주류 제조면허를 받아 주류를 제조하는 경우 : 식품의약품안전처장

13 식품 등의 표시기준에 명시된 표시사항이 아닌 것은?

① 업소명 및 소재지

② 판매자 성명

③ 성분명 및 함량

④ 유통기한

> 🗨해설 식품 등의 표시기준에 명시된 표시사항은 제품명, 식품의 유형, 업소명 및 소재지, 제조연월일, 유통기한 또는 품질유지기한, 내용량 및 내용량에 해당하는 열량, 원재료명, 성분명 및 함량, 영양성분 등이다.

14 식품위생법상 집단급식소 운영자의 준수사항으로 틀린 것은?

① 실험 등의 용도로 사용하고 남은 동물을 처리하여 조리해서는 안 된다.

② 지하수를 먹는 물로 사용하는 경우 수질검사의 모든 항목 검사는 1년마다 해야 한다.

③ 식중독이 발생한 경우 원인 규명을 위한 행위를 방해해서는 아니 된다.

④ 동일 건물에서 동일 수원을 사용하는 경우 타 업소의 수질검사 결과로 갈음할 수 있다.

> 🗨해설 집단급식소의 경우 지하수를 사용하게 되면 일부 항목은 1년에 한 번, 전체 항목은 2년에 한 번 검사를 받아야 한다.

15 식품위생법상 식품위생감시원의 직무가 아닌 것은?

① 영업소 폐쇄를 위한 간판 제거 등의 조치

② 영업의 건전한 발전과 공동의 이익을 도모하는 조치

③ 영업자 및 종업원의 건강진단 및 위생교육의 이행 여부의 확인·지도

④ 조리사 및 영양사의 법령 준수사항 이행 여부의 확인·지도

> 🗨해설 식품위생감시원은 식품에 관한 위생지도 등의 관리를 위한 직무를 행하며, 영업의 건전한 발전과 공동의 이익을 도모하는 조치는 식품위생감시원의 직무에 해당되지 않는다.

16 훈연 시 발생하는 연기 성분에 해당하지 않는 것은?

① 페놀(phenol)

② 포름알데히드(formaldehyde)

③ 개미산(formic acid)

④ 사포닌(saponin)

> 🗨해설 훈연 시 발생하는 연기 성분은 페놀, 카보닐 화합물, 포름알데히드, 개미산 등이며, 사포닌은 인삼 제품에 함유된 몸에 이로운 성분이다.

17 알칼리성 식품에 해당하는 것은?

① 송이버섯 　　　 ② 달걀

③ 보리 　　　 ④ 소고기

> 💬해설 **무기질의 종류에 따른 식품의 분류**
> • 산성 식품 : 곡류, 어류, 육류, 난류
> • 알칼리성 식품 : 야채, 과일, 해조류

18 수확 후 호흡 작용이 상승되어 미리 수확하여 저장하면서 호흡 작용을 인공적으로 조절할 수 있는 과일류와 가장 거리가 먼 것은?

① 아보카도 　　　 ② 망고

③ 바나나 　　　 ④ 레몬

> 💬해설 CA 저장은 식품을 탄산가스나 질소가스 속에 보관하여 호흡 작용을 억제하고 호기성 부패 세균의 번식을 저지하는 저장법이고, 이를 이용해 저장하는 과일로는 아보카도, 망고, 바나나 등이 있다.

19 하루 동안 섭취한 음식 중에 단백질 70g, 지질 40g, 당질 400g이 있었다면 이때 얻을 수 있는 열량은?

① 1,995kcal 　　　 ② 2,195kcal

③ 2,240kcal 　　　 ④ 2,295kcal

> 💬해설 열량 영양소는 1g당 단백질 4kcal, 지질(지방) 9kcal, 당질(탄수화물) 4kcal의 열량을 얻을 수 있으므로, 주어진 식품에서 얻을 수 있는 열량은 (70 × 4) + (40 × 9) + (400 × 4) = 280 + 360 + 1,600 = 2,240kcal이다.

20 단백질의 열 변성에 대한 설명으로 옳은 것은?

① 보통 30℃에서 일어난다.

② 수분이 적게 존재할수록 잘 일어난다.

③ 전해질이 존재하면 변성 속도가 늦어진다.

④ 단백질에 설탕을 넣으면 응고 온도가 높아진다.

> 💬해설 **단백질의 열 변성에 영향을 주는 요인**
> • 등전점에서 열 변성 온도가 높아진다.
> • 수분이 많으면 열 변성 온도가 높아진다.
> • 전해질이 존재하면 열 변성 온도가 높아진다.
> • 설탕을 첨가하면 열 변성 온도가 높아진다.

21 자유수와 결합수의 설명으로 맞는 것은?

① 결합수는 자유수보다 밀도가 작다.

② 자유수는 0℃에서 비중이 제일 크다.

③ 자유수는 표면장력과 점성이 작다.

④ 결합수는 용질에 대해 용매로 작용하지 않는다.

> 💬해설 **자유수와 결합수**
>
> | 자유수 (유리수) | • 용질에 대해 용매로 작용
• 건조에 의해서 쉽게 제거 가능
• 0℃ 이하에서 쉽게 동결
• 미생물의 생육번식에 이용
• 융점이 높고 표면장력과 점성이 큼 |
> |---|---|
> | 결합수 | • 용매로 작용하지 않음
• 압력을 가해도 쉽게 제거되지 않음
• 0℃ 이하의 낮은 온도에서도 얼지 않음
• 미생물의 번식에 이용하지 못함
• 자유수보다 밀도가 큼 |

22 지방에 대한 설명으로 틀린 것은?

① 동식물에 널리 분포되어 있으며 일반적으로 물에 잘 녹지 않고 유기 용매에 녹는다.

② 에너지원으로서 1g당 9kcal의 열량을 공급한다.

③ 포화지방산은 이중 결합을 가지고 있는 지방산이다.

④ 포화 정도에 따라 융점이 달라진다.

> 💬해설 포화지방산은 이중 결합을 가지지 않는 지방산이다.

23 탄수화물 식품의 노화를 억제하는 방법과 가장 거리가 먼 것은?

① 항산화제의 사용
② 수분 함량 조절
③ 설탕의 첨가
④ 유화제의 사용

> **해설** 항산화제는 산패를 발생시키는 유지 성분에 사용한다.

24 카로티노이드(carotenoid) 색소와 소재 식품의 연결이 틀린 것은?

① 베타카로틴(β−carotene) – 당근, 녹황색 채소
② 라이코펜(lycopene) – 토마토, 수박
③ 아스타잔틴(astaxanthin) – 감, 옥수수, 난황
④ 푸코잔틴(fucoxanthin) – 다시마, 미역

> **해설** 아스타잔틴은 카로티노이드계 색소로, 새우, 게 등의 갑각류가 지닌 지용성 색소이다.

25 육류 조리 시 향미 성분과 관계가 먼 것은?

① 질소 함유물
② 유기산
③ 유리아미노산
④ 아밀로오스

> **해설** 육류 조리 시 향미 성분은 질소화합물, 유기산, 유리아미노산 등이며, 아밀로오스는 전분의 구성 성분이다.

26 동물성 식품의 냄새 성분과 거리가 먼 것은?

① 아민류
② 암모니아류
③ 시니그린
④ 카르보닐화합물

> **해설** 시니그린은 겨자의 매운맛 성분이다.

27 우유의 가공에 관한 설명으로 틀린 것은?

① 크림의 주성분은 우유의 지방 성분이다.
② 분유는 전지유, 탈지유 등을 건조시켜 분말화한 것이다.
③ 저온살균법은 63~65℃에서 30분간 가열하는 것이다.
④ 무당연유는 살균 과정을 거치지 않고, 가당연유만 살균 과정을 거친다.

> **해설** 연유는 가당연유와 무당연유가 있으며, 가당연유는 우유를 농축한 후 약 40%의 설탕을 첨가해서 되직하게 만든 것이고 무당연유는 우유를 1/2~2/5 정도로 농축한 것으로 당분은 첨가하지 않는다. 가당연유와 무당연유는 모두 살균 과정을 거친다.

28 설탕을 포도당과 과당으로 분해하여 전화당을 만드는 효소는?

① 아밀라아제(amylase)
② 인베르타아제(invertase)
③ 리파아제(lipase)
④ 피타아제(phytase)

> **해설** 인베르타아제는 설탕을 구성하는 자당을 포도당과 과당으로 분해하여 전화당을 만드는 효모 유래의 효소이다.

29 체내에서 열량원보다 여러 가지 생리적 기능에 관여하는 것은?

① 탄수화물, 단백질
② 지방, 비타민
③ 비타민, 무기질
④ 탄수화물, 무기질

> **해설 영양소의 종류**
> • 열량 영양소 : 탄수화물, 단백질, 지방
> • 구성 영양소 : 지방, 단백질, 무기질
> • 조절 영양소 : 무기질, 비타민

30 단맛을 가지고 있어 감미료로도 사용되며, 포도당과 이성체(isomer) 관계인 것은?

① 한천   ② 펙틴

③ 과당   ④ 전분

- 단당류 : 포도당, 과당, 갈락토오스
- 다당류 : 전분, 섬유소, 펙틴

31 전분의 호정화에 대한 설명으로 틀린 것은?

① 색과 풍미가 바뀌어 비효소적 갈변이 일어난다.

② 호화된 전분보다 물에 녹기 쉽다.

③ 전분을 150~190℃에서 물을 붓고 가열할 때 나타나는 변화이다.

④ 호정화되면 덱스트린이 생성된다.

해설 호정화란 전분에 물을 가하지 않고 160~170℃ 정도의 고온에서 익힌 것으로, 물에 녹일 수도 있고 오랫동안 저장이 가능하다(미숫가루, 뻥튀기 등).

32 다음 중 단체급식 식단에서 가장 우선적으로 고려해야 할 사항은?

① 영양성, 위생성

② 기호도 충족

③ 경비 절감

④ 합리적인 작업 관리

해설 단체급식에서는 영양성과 위생성을 중시한다.

33 육류의 가열 조리 시 나타나는 현상이 아닌 것은?

① 색의 변화   ② 수축 및 중량 감소

③ 풍미의 증진   ④ 부피의 증가

 육류를 가열하면 중량과 부피가 감소한다.

34 냉매와 같은 저온 액체 속에 넣어 냉각, 냉동시키는 방법으로 닭고기 같은 고체 식품에 적합한 냉동법은?

① 침지식 냉동법

② 분무식 냉동법

③ 접촉식 냉동법

④ 송풍 냉동법

해설 침지식 냉동법이란 포장된 가금 제품을 액체 냉매에 침지하여 냉동하는 것으로, 냉동 속도가 빠르고 제품의 외관이 좋다.

35 연화 작용이 가장 작은 것은?

① 버터

② 마가린

③ 쇼트닝

④ 라드

해설 연화란 밀가루 반죽에 지방을 넣었을 때 부드럽고 연해지는 현상을 말하며, 연화 작용에는 버터, 쇼트닝, 라드, 마가린 등이 사용되는데 연화력이 가장 작은 것은 마가린이다.

36 급식 인원이 500명인 단체급식소에서 가지조림을 하려고 한다. 가지의 1인당 중량이 30g이고, 폐기율이 6%일 때 총 발주량은?

① 약 14kg   ② 약 16kg

③ 약 20kg   ④ 약 25kg

 총 발주량

$$\text{총 발주량} = \frac{\text{정미중량} \times 100}{100 - \text{폐기율}} \times \text{인원수}$$

$$= \frac{30 \times 100}{100 - 6} \times 500 = \text{약 } 16,000(g)$$

37 조미료는 분자량이 큰 것부터 넣어야 침투가 잘되어 맛이 좋아지는데 분자량이 큰 순서대로 넣는 순서가 맞는 것은?

① 소금 → 설탕 → 식초

② 소금 → 식초 → 설탕

③ 설탕 → 소금 → 식초

④ 설탕 → 식초 → 소금

> **해설** 소금, 설탕, 식초의 양념 순서는 설탕 → 소금 → 식초 순이다. 조미료를 사용할 때 분자량에 따라 침투 속도가 다르며, 분자량이 적은 것이 빨리 침투한다. 소금과 설탕의 분자량은 소금이 58.5, 설탕이 342.2이므로 소금과 설탕을 동시에 넣으면 소금 맛이 더 강해지므로 설탕을 먼저 넣은 뒤에 소금을 넣는 것이 좋다.

38 육류의 연화 방법으로 바람직하지 않은 것은?

① 근섬유나 결합 조직을 두들겨 주거나 잘라준다.

② 배즙 음료, 파인애플 통조림으로 고기를 재워 놓는다.

③ 간장이나 소금(1.3~1.5%)을 적당량 사용하여 단백질의 수화를 증가시킨다.

④ 토마토, 식초, 포도주 등으로 수분 보유율을 높인다.

> **해설** 배즙 음료나 파인애플 통조림은 저장성을 부여하기 위한 여러 첨가물이 첨가된 식품으로 육류를 연화시키는 재료로 적당하지 않다.
> **육류의 연화방법**
> • 기계적 연화 : 칼집을 넣거나 방망이로 두드림
> • 단백질 분해 효소 첨가 : 생강, 파인애플, 무화과, 파파야
> • 동결, 숙성, 가열
> • 설탕 첨가

39 영양소의 손실이 가장 큰 조리법은?

① 바삭바삭한 튀김을 위해 튀김옷에 중조를 첨가한다.

② 푸른색 채소를 데칠 때 약간의 소금을 첨가한다.

③ 감자를 껍질째 삶은 후 절단한다.

④ 쌀을 담가놓았던 물을 밥물로 사용한다.

> **해설** 튀김옷에 중조를 넣으면 튀김이 바삭해지는데 이때 비타민 등의 영양 손실이 발생한다.

40 생선 비린내를 제거하는 방법으로 틀린 것은?

① 우유에 담가두거나 물로 씻는다.

② 식초로 씻거나 술에 넣는다.

③ 소다를 넣는다.

④ 간장, 된장을 사용한다.

> **해설** **생선 비린내 제거 방법**
> • 물로 씻어 수용성 성분으로 된 비린내를 제거한다.
> • 간장, 된장, 고추장류를 첨가한다.
> • 파, 마늘, 생강, 고추 등 향신료를 강하게 사용한다.
> • 식초, 레몬즙 등의 산을 첨가한다.
> • 우유에 재웠다가 조리한다.

41 1kg당 20,000원 하는 불고기용 돼지고기를 구입하여 1인당 100g씩 배식하려 한다. 식재료 원가비율을 40% 수준으로 유지하려 할 때 적절한 판매 가격은? (단, 1인당 불고기 양념비는 400원이며 조리 후 중량 감소는 무시한다)

① 5,000원 ② 5,500원

③ 6,000원 ④ 6,500원

> **해설** 불고기 100g에 대한 원가는 2,000원(100g당 돼지고기 가격)과 400원(양념비)을 더한 값이고, 원가비율이 40% 수준이라는 것은 판매 가격의 40%가 원가라는 것이므로 판매 가격은 2,400원 × 100/40 = 6,000(원)이다.

42 전분 호화에 영향을 미치는 인자와 가장 거리가 먼 것은?

① 전분의 종류 ② 가열 온도
③ 수분 ④ 회분

> **해설** 전분의 호화에 영향을 미치는 인자로는 온도, 수분, pH, 전분의 종류, 도정률 등이 있다.

43 가열 조리를 위한 기기가 아닌 것은?

① 프라이어(fryer)
② 로스터(roaster)
③ 브로일러(broiler)
④ 미트초퍼(meat shopper)

> **해설** 미트초퍼는 식재료를 다지는 기기이다.

44 달걀프라이를 하기 위해 프라이팬에 달걀을 깨뜨려 놓았을 때 다음 중 가장 신선한 것은?

① 난황이 터져 나왔다.
② 난백이 넓게 퍼졌다.
③ 난황은 둥글고 주위에 농후난백이 많았다.
④ 작은 혈액덩어리가 있었다.

> **해설** 난황이 둥글고, 주위에 농후난백이 많은 달걀이 신선한 달걀이다.

45 식초를 첨가하였을 때 얻어지는 효과가 아닌 것은?

① 방부성
② 콩의 연화
③ 생선가시 연화
④ 생선의 비린내 제거

> **해설** 콩의 연화에는 중조(탄산수소나트륨)를 사용한다.

46 두부에 대한 설명으로 틀린 것은?

① 두부는 두유를 만들어 80~90℃에서 응고제를 조금씩 넣으면서 저어 단백질을 응고시킨 것이다.
② 응고된 두유를 굳히기 전은 순두부라 하고 일반 두부와 순두부 사이의 경도를 갖는 것은 연두부라 한다.
③ 두부를 데칠 경우는 가열하는 물에 식염을 조금 넣으면 더 부드러운 두부가 된다.
④ 응고제의 양이 적거나 가열 시간이 짧으면 두부가 딱딱해진다.

> **해설** 응고제의 양이 적거나 가열 시간이 짧으면 두부가 연해진다.

47 채소를 데치는 요령으로 적합하지 않은 것은?

① 1~2% 식염을 첨가하면 채소가 부드러워지고 푸른색을 유지할 수 있다.
② 연근을 데칠 때 식초를 3~5% 첨가하면 조직이 단단해져서 씹을 때 질감이 좋아진다.
③ 죽순을 쌀뜨물에 삶으면 불미 성분이 제거된다.
④ 고구마를 삶을 때 설탕을 넣으면 잘 부스러지지 않는다.

> **해설** 고구마를 삶을 때 설탕을 넣으면 질척해져 오히려 잘 부스러진다.

48 튀김 시 기름에 일어나는 변화를 설명한 것 중 틀린 것은?

① 기름은 비열이 낮기 때문에 온도가 쉽게 상승하고 쉽게 저하된다.
② 튀김 재료의 당, 지방 함량이 많거나 표면적이 넓을 때 흡유량이 많아진다.

정답 42 ④ 43 ④ 44 ③ 45 ② 46 ④ 47 ④ 48 ③

③ 기름의 열용량에 비하여 재료의 열용량이 클 경우 온도의 회복이 빠르다.

④ 튀김옷으로 사용하는 밀가루는 글루텐의 양이 적은 것이 좋다.

 기름의 열용량에 비하여 재료의 열용량이 클 경우 온도의 회복이 느리다.

49 과일의 과육 전부를 이용하여 점성을 띠게 농축한 잼(jam) 제조 조건과 관계없는 것은?

① 펙틴과 산이 적당량 함유된 과일이 좋다.

② 펙틴의 함량은 0.1%일 때 잘 형성된다.

③ 최적의 산(pH)은 3.0~3.3 정도이다.

④ 60~65%의 설탕이 필요하다.

 펙틴 1~1.5%, 유기산 0.5%(pH 3.4), 당분 60~65%일 때 잘 형성된다.

50 식품 감별법 중 옳은 것은?

① 오이는 가시가 있고 가벼운 느낌이 나며, 절단했을 때 성숙한 씨가 있는 것이 좋다.

② 양배추는 무겁고 광택이 있는 것이 좋다.

③ 우엉은 굵고 수염뿌리가 있는 것으로 외피가 딱딱한 것이 좋다.

④ 토란은 겉이 마르지 않고 잘랐을 때 점액질이 없는 것이 좋다.

 ① 오이는 돌기가 뾰족하고 들었을 때 묵직하며 씨가 적은 것이 좋다.
② 양배추는 무게가 묵직하고 윤기가 나는 것이 좋다.
③ 우엉은 껍질에 흠이 없고 매끈하며 수염뿌리나 혹이 없는 것이 좋다.
④ 토란은 표면의 줄무늬가 확실히 보이고 적당히 촉촉한 것이 좋다.

51 자외선이 인체에 주는 작용이 아닌 것은?

① 살균 작용 　　② 구루병 예방

③ 열사병 예방 　　④ 피부 색소 침착

 • 자외선 : 비타민 D 형성, 구루병 예방, 결핵균 사멸, 신진대사 촉진, 적혈구 생성, 피부암 유발
• 적외선 : 일사병, 백내장, 홍반 유발

52 기생충과 중간숙주와의 연결이 틀린 것은?

① 구충 – 오리

② 간디스토마 – 민물고기

③ 무구조충 – 소

④ 유구조충 – 돼지

 ① 구충 – 중간숙주 없음
② 간디스토마 – 왜우렁이(제1중간숙주), 붕어, 잉어(제2중간숙주)
③ 무구조충 – 소
④ 유구조충 – 돼지

53 하수의 생물학적 처리 방법 중 호기성 처리에 속하지 않는 것은?

① 부패조 처리 　　② 살수여과법

③ 활성오니법 　　④ 산화지법

 하수의 처리 방법
• 호기성 처리법 : 활성오니법, 살수여과법, 산화지법, 회전원판법
• 혐기성 처리법 : 부패조 처리법, 임호프탱크법

54 잠함병의 직접적인 원인은?

① 혈중 CO 농도 증가

② 체액의 질소 기포 증가

③ 백혈구와 적혈구의 증가

④ 체액의 CO_2 증가

> 잠함병은 고압의 작업 후 급속한 감압이 이뤄질 때 체내에 녹아 있던 질소 가스가 혈중으로 배출되어 공기전색증을 발생시켜 생기는 병이다.

55 환기 효과를 높이기 위한 중성대(neutral zone)의 위치로 가장 적합한 것은?

① 방바닥 가까이

② 방바닥과 천장의 중간

③ 방바닥과 천장 사이의 1/3 정도의 높이

④ 천장 가까이

> 환기는 실내외의 온도차, 기체의 확산력, 외기의 풍력에 의해 이루어지며, 중성대가 천장 가까이에 형성되도록 하는 것이 환기 효과가 크다.

56 소음에 의하여 나타나는 피해로 적절하지 않은 것은?

① 불쾌감

② 대화 방해

③ 중이염

④ 소음성 난청

> 소음에 의하여 나타나는 피해로는 소음·직업성 난청, 청력 장애 등이 있으며, 중이염은 이관(유스타키오관)의 기능 장애와 미생물의 감염에 의한 것이다.

57 평균 수명에서 질병이나 부상으로 인하여 활동하지 못하는 기간을 뺀 수명은?

① 기대 수명

② 건강 수명

③ 비례 수명

④ 자연 수명

> 건강 수명이란 평균 수명에서 질병이나 부상으로 인하여 활동하지 못한 기간을 뺀 수명을 의미한다.

58 감염병과 감염 경로의 연결이 틀린 것은?

① 성병 – 직접 접촉

② 폴리오 – 공기 감염

③ 결핵 – 개달물 감염

④ 백일해 – 비말 감염

> 폴리오는 바이러스에 의한 감염성 질환이다.

59 바이러스의 감염에 의하여 일어나는 감염병이 아닌 것은?

① 콜레라

② 홍역

③ 일본뇌염

④ 유행성 간염

> 바이러스 감염에 의해 일어나는 감염병으로는 뇌염, 인플루엔자, 홍역, 풍진, 소아마비, 폴리오, 유행성 간염 등이 있다. 콜레라는 세균에 의한 감염병이다.

60 모기가 매개하는 감염병이 아닌 것은?

① 황열

② 뎅기열

③ 디프테리아

④ 사상충증

> 모기 매개 감염병으로는 말라리아, 일본뇌염, 황열, 뎅기열, 사상충증 등이 있다. 디프테리아는 파리가 매개하는 감염병이다.

CBT 상시시험
적중문제

일식조리사 CBT 문제풀이

수험번호:

수험자명:

제한시간 : 60분

---

01 다음 중 보존료가 아닌 것은?

① 안식향산(benzoic acid)

② 소르빈산(sorbic acid)

③ 프로피온산(propionic acid)

④ 구아닐산(guanylic acid)

 구아닐산은 조미료의 종류이다.

---

02 식품 등의 표시기준상 과자류에 포함되지 않는 것은?

① 캔디류　　　　② 츄잉껌

③ 유바　　　　　④ 빙과류

 과자류에 포함되는 것은 과자, 캔디류, 츄잉껌, 빙과류이며, 유바는 두부류 또는 묵류의 한 종류이다.

---

03 다음 중 고구치기리(こぐちぎり:小口切り)에 대한 설명으로 옳은 것은?

① 당근, 양파, 마늘, 생강 등의 채소를 아주 곱게 다지는 방법이다.

② 당근, 오이, 무 등의 채소를 길이 5~6의 편으로 자른 후 겹쳐서 채로 자르는 방법이다.

③ 당근, 무 등의 채소를 길이 4~5㎝, 폭 1㎝ 정도로 얇은 사각 채 모양으로 자르는 방법이다.

④ 실파, 샐러리 등의 가늘고 긴 채소를 송송 채로 자르는 방법이다.

---

 ① 미징기리(みじんぎり:微塵切り)에 대한 설명이다.

② 센기리(せんぎり:千切り)에 대한 설명이다.

③ 단자쿠기리(たんざくぎり:短冊切り)에 대한 설명이다.

---

04 다음 중 일번 다시(이치반다시: いちばんだし: 一番出汁)를 만드는 설명으로 옳지 않은 것은?

① 가다랑어포를 넣고 3~5분 정도 그대로 뒀다가 가다랑어포가 가라앉을 때까지 둔다

② 냄비에 찬물을 넣고 위생행주로 닦은 다시마를 물이 끓을 때 넣는다.

③ 다시마를 건진 후 물이 팔팔 끓을 때 가다랑어포를 넣는다.

④ 물이 끓기 직전(95℃)인 물방울이 방울방울 올라올 때 다시마를 건져낸다.

 냄비에 찬물을 넣고 위생행주로 닦은 다시마를 넣고 은근히 끓인다.

---

05 5'-이노신산나트륨, 5'-구아닐산나트륨, L-글루탐산나트륨의 주요 용도는?

① 표백제　　　　② 조미료

③ 보존료　　　　④ 산화방지제

 식품이 가지고 있는 맛보다 좋은 맛을 내거나 개인의 미각에 맞도록 첨가하는 조미료로 사용되는 식품첨가물이다.

---

06 다음 세균성 식중독 중 독소형은?

① 살모넬라 식중독

② 장염비브리오 식중독

③ 알르레기성 식중독

④ 포도상구균 식중독

 독소형 식중독 : 포도상구균 식중독(엔테로톡신), 클로스트리디움 보툴리눔 식중독(뉴로톡신)

07 감자의 싹과 녹색 부위에서 생성되는 독성 물질은?

① 솔라닌(solanine)

② 리신(ricin)

③ 시큐톡신(cicutoxin)

④ 아미그달린(amygdalin)

 ① 솔라닌 : 감자
② 리신 : 피마자
③ 시큐톡신 : 독미나리
④ 아미그달린 : 청매

08 굴을 먹고 식중독에 걸렸을 때 관계되는 독성 물질은?

① 시큐톡신(cicutoxin)

② 베네루핀(venerupin)

③ 테트라민(tetramine)

④ 테무린(temuline)

 ① 시큐톡신 : 독미나리
② 베네루핀 : 모시조개, 굴, 바지락
③ 테트라민 : 고둥
④ 테무린 : 독보리

09 식품의 부패 시 생성되는 물질과 거리가 먼 것은?

① 암모니아(ammonia)

② 트리메틸아민(trimethylamine)

③ 글리코겐(glycogen)

④ 아민(amine)

 글리코겐은 동물체의 저장 탄수화물이다.

10 곰팡이독소(mycotoxin)에 대한 설명으로 틀린 것은?

① 곰팡이가 생산하는 2차 대사 산물로 사람과 가축에 질병이나 이상 생리 작용을 유발하는 물질이다.

② 온도 24~35℃, 수분 7% 이상의 환경 조건에서는 발생하지 않는다.

③ 곡류, 견과류와 곰팡이가 번식하기 쉬운 식품에서 주로 발생한다.

④ 아플라톡신(aflatoxin)은 간암을 유발하는 곰팡이독소이다.

 곰팡이는 대체로 30℃ 정도에서 잘 증식하는 미생물이며, 건조식품에서도 온도가 적당하면 증식한다.

11 다음 식품첨가물 중 주요 목적이 다른 것은?

① 과산화벤조일

② 과황산암모늄

③ 이산화염소

④ 아질산나트륨

 과산화벤조일, 과황산암모늄, 이산화염소는 소맥분 개량제로 사용되며, 아질산나트륨은 발색제로 사용된다.

12 일반 가열 조리법으로 예방하기 가장 어려운 식중독은?

① 살모넬라에 의한 식중독

② 웰치균에 의한 식중독

③ 포도상구균에 의한 식중독

④ 병원성 대장균에 의한 식중독

 포도상구균 식중독의 원인독소인 엔테로톡신은 열에 강하여 끓여도 파괴되지 않으므로 일반 가열 조리법으로 예방할 수 없다.

13 화학 물질을 조금씩 장기간에 걸쳐 실험동물에게 투여했을 때 장기나 기관에 어떠한 장해나 중독이 일어나는가를 알아보는 시험으로, 최대무작용량을 구할 수 있는 것은?

① 급성독성시험 ② 만성독성시험

③ 안전독성시험 ④ 아급성독성시험

 만성독성시험은 동물에게 아무런 영향을 주지 않는 최대량, 즉 최대무작용량을 구하기 위한 독성시험이다.

14 다음 중 자르기에 대한 설명으로 옳지 않은 것은?

① 요리우도(よりうど)는 당근 등을 용수철 모양 만들기이다.

② 사사가키(ささがき)는 우엉 등을 대나무 잎 자르기 또는 연필깎이 형태이다.

③ 멘토리(めんとり:面取り)는 무 등의 각을 없애는 것이다.

④ 스에히로기리(すえひろぎり)는 오이 등으로 접힌 솔잎 모양 자르기이다.

 스에히로기리(すえひろぎり)는 부채살 모양 자르기이고, 오레마츠바(おれまづば)는 오이 등으로 접힌 솔잎 모양 자르기이다.

15 식육 및 어육제품의 가공 시 첨가되는 아질산과 이급아민이 반응하여 생기는 발암 물질은?

① 벤조피렌(benxopyrene)

② PCB(polychlorinated biphenyl)

③ 니트로사민(N–nitrosamine)

④ 말론알데히드(malonaldehyde)

 발색제인 아질산이 다른 아민기와 결합하여 발암성 물질로 알려진 니트로사민이 생성되어 인체에 해를 일으키는 경우가 있는 것으로 알려져 있다.

16 냉장의 목적과 가장 거리가 먼 것은?

① 미생물의 사멸

② 신선도 유지

③ 미생물의 증식 억제

④ 자기소화 지연 및 억제

 미생물은 생육온도보다 낮은 온도에서는 활동이 둔해져서 번식이 불가능하나 사멸되지는 않는다.

17 꽁치 160g의 단백질 양은? (단, 꽁치 100g당 단백질 양은 24.9g)

① 28.7g ② 34.6g

③ 39.8g ④ 43.2g

 $100 : 24.9 = 160 : x$ $\quad 100x = 24.9 \times 160$

$100x = 3,984$ $\qquad x = 39.8(g)$

18 경단백질로서 가열에 의해 젤라틴으로 변하는 것은?

① 케라틴(keratin) ② 콜라겐(collagen)

③ 엘라스틴(elastin) ④ 히스톤(histone)

 콜라겐은 가열에 의해 결합 조직이 연화되면서 젤라틴으로 변한다.

19 과실 중 밀감이 쉽게 갈변되지 않는 가장 주된 이유는?

① 비타민 A의 함량이 많으므로

② Cu, Fe 등의 금속 이온이 많으므로

③ 섬유소 함량이 많으므로

④ 비타민 C의 함량이 많으므로

 과실 등의 갈변을 억제하는 비타민 C가 많이 함유되어 있기 때문이다.

20 다음 중 구이에 대한 설명으로 옳지 않은 것은?

① 그냥 구이(스야키)는 생선을 사전처리하는 등 아무 양념 없이 그냥 굽는 방법이다.

② 생선 양념장 구이(데리야키)는 양념구이로 뱀장어를 토막 내어 통구이 한 모습이 부들의 이삭(카바노호:カバの穂)과 닮았다 해서 불리어진 이름이다.

③ 절임구이(츠케야키)는 혼합 간장 등의 양념에 미리 담구어 둔 것을 굽는 방법이다.

④ 산초구이는(산쇼우야키) 양념구이에 분말 산초를 곁들여 굽는 것이다.

 생선 양념장 구이(데리야키)는 지방이 많은 갯장어, 방어 등 재료에 양념장을 발라가면서 윤기 나게 굽는 것이고, 장어구이(카바야키)는 양념구이로 뱀장어를 토막내어 통구이 한 모습이 부들의 이삭(카바노호)과 닮았다 해서 불리어진 이름이다.

21 다음 식품의 분류 중 곡류에 속하지 않는 것은?

① 보리   ② 조

③ 완두   ④ 수수

 완두는 두류에 속한다.

22 곡류에 관한 설명으로 옳은 것은?

① 강력분은 글루텐의 함량이 13% 이상으로 케이크 제조에 알맞다.

② 박력분은 클루텐의 함량이 10% 이하로 과자, 비스킷 제조에 알맞다.

③ 보리의 고유한 단백질은 오리제닌(oryzenin)이다.

④ 압맥과 할맥은 소화율을 저하시킨다.

 ① 강력분의 용도는 식빵, 마카로니, 스파게티 등의 제조이다.
③ 보리의 주요 단백질은 프롤라민계의 홀데인이다.
④ 보리를 도정하고 물에 담가 불려서 압맥을 만들거나, 홈을 따라 쪼갠 후 도정하여 할맥을 만들어 밥을 지으면 소화율이 좋다.

23 맑은국을 만들 때 향미(스이쿠치)를 더해주는 재료로 적합하지 않은 것은?

① 감자   ② 생강

③ 레몬   ④ 유자

 향미 재료에는 유자, 산초나무순, 차조기, 머위의 새순, 생강, 고추냉이, 겨자, 레몬, 양념 고춧가루, 후추, 김, 파 등을 사용한다.

24 난황에 들어 있으며, 마요네즈 제조 시 유화제 역할을 하는 성분은?

① 레시틴   ② 오브알부민

③ 글로불린   ④ 갈락토오스

 달걀의 난황에 들어 있는 레시틴은 마요네즈 제조 시 유화제 역할을 한다.

25 철과 마그네슘을 함유하는 색소를 순서대로 나열한 것은?

① 안토시아닌, 플라보노이드

② 카로티노이드, 미오글로빈

③ 클로로필, 안토시아닌

④ 미오글로빈, 클로로필

 동물성 색소인 미오글로빈은 철분을 함유하고 있고, 식물의 잎이나 줄기의 초록색인 클로로필은 마그네슘을 함유하고 있다.

26 생선의 자기소화 원인은?

① 세균의 작용　② 단백질 분해 효소

③ 염류　④ 질소

 사후강직 후 근육 내의 단백질 분해 효소에 의해 자기소화가 일어난다.

27 감칠맛 성분과 소재 식품의 연결이 잘못된 것은?

① 베타인(betaine) – 오징어, 새우

② 크레아티닌(creatinine) – 어류, 육류

③ 카노신(carnosine) – 육류, 어류

④ 타우린(taurine) – 버섯, 죽순

 타우린은 오징어, 문어의 맛난 맛(감칠맛) 성분이다.

28 다음 중 조림 조리에 대한 설명으로 옳지 않은 것은?

① 소보로니(そぼろ煮)는 직접 재료를 불에 대고 굽는 것을 말한다.

② 오로시니(おろし煮)는 무의 즙을 사용해서 조린 것을 말한다.

③ 아오니(あお煮)는 푸른 채소의 색을 살려서 조리하는 것을 말한다.

④ 아게니(あげ煮)는 재료를 튀겨서 조리는 것을 말한다.

 소보로니(そぼろ煮)는 닭고기, 새우 등을 잘게 다져서 넣은 조림을 말하고, 지카비니(じかび煮)는 직접 재료를 불에 대고 굽는 것을 말한다.

29 곡물의 저장 과정에서 일어나는 변화에 대한 설명으로 옳은 것은?

① 곡류는 저장 시 호흡 작용을 하지 않는다.

② 곡물 저장 때 벌레에 의한 피해는 거의 없다.

③ 쌀의 변질에 가장 관계가 깊은 것은 곰팡이다.

④ 수분과 온도는 저장에 큰 영향을 주지 못한다.

 저장 중인 쌀에는 황변미 중독을 일으키는 페니실리움속 푸른곰팡이가 있으며, 인체에는 신장 중독을 유발한다.

30 다음 중 무침 조리에 대한 내용으로 옳지 않은 것은?

① 깨무침은 일본어로 고마아에라고 한다.

② 땅콩무침은 일본어로 락카세이아라고 한다.

③ 달걀노른자무침은 카라시아에라고 한다.

④ 성게알무침은 일본어로 우니아에라고 한다.

 달걀 노른자 무침은 코가네아에이고, 겨자 무침을 카라시아에라고 한다.

31 다음 중 초회 종류에 대한 설명으로 옳지 않은 것은?

① 문어초회는 일본어로 타코스노모노라고 한다.

② 모듬초회는 일본어로 스노모노모리아와세라 한다.

③ 미역초회는 일본어로 와카메스노모노라 한다.

④ 오징어초회는 일본어로 나마코스노모노라고 한다.

 오징어 초회는 일본어로 이카스노모노라 하고, 해삼 초회는 나마코스노모노라고 한다.

정답　25 ④　26 ②　27 ④　28 ①　29 ③　30 ③　31 ④

32 다음 중 구이 조리에 대한 설명으로 옳지 않은 것은?

① 생선껍질의 비율은 껍질과 살이 6 : 4의 비율로 굽는 것이 기본이다.

② 민물고기는 살 쪽부터 바다생선은 껍질 쪽부터 굽는다.

③ 쇠꼬챙이를 끼워서 구울 때는 빙글빙글 돌려가면서 굽는다.

④ 조개류는 강한 불에서 재빨리 굽는다.

 바다생선은 살 쪽부터 민물고기는 껍질 쪽부터 굽는다.

33 달걀프라이를 하기 위해 프라이팬에 달걀을 깨뜨려 놓았을 때 다음 중 가장 신선한 달걀은?

① 난황이 터져 나왔다.

② 난백이 넓게 퍼졌다.

③ 난황은 둥글고 주위에 농후난백이 많았다.

④ 작은 혈액덩어리가 있었다.

 신선한 달걀은 난황이 둥글고 주위에 농후난백이 많다.

34 녹색 채소를 데칠 때 색을 선명하게 하기 위한 조리 방법으로 부적합한 것은?

① 휘발성 유기산을 휘발시키기 위해 뚜껑을 열고 끓는 물에 데친다.

② 산을 희석시키기 위해 조리수를 다량 사용하여 데친다.

③ 섬유소가 알맞게 연해지면 가열을 중지하고 냉수에 헹군다.

④ 조리수의 양을 최소로 하여 색소의 유출을 막는다.

 채소를 데칠 때는 재료의 4~5배 분량의 물에 데친다.

35 다음 중 어떤 무기질이 결핍되면 갑상선종이 발생될 수 있는가?

① 칼슘(Ca)　　② 요오드(I)

③ 인(P)　　④ 마그네슘(Mg)

 요오드 부족 시 갑상선종이 발생할 수 있다.

36 비타민 B_2가 부족하면 어떤 증상이 생기는가?

① 구각염　　② 괴혈병

③ 야맹증　　④ 각기병

 ① 구각염 – 비타민 B_2　② 괴혈병 – 비타민 C
③ 야맹증 – 비타민 A　④ 각기병 – 비타민 B

37 급식 재료의 소비량을 계산하는 방법이 아닌 것은?

① 선입선출법　　② 재고조사법

③ 계속기록법　　④ 역계산법

 • 재료소비량의 계산법 : 재고조사법, 계속기록법, 역계산법
• 재료소비가격의 계산법 : 선입선출법, 후입선출법, 개별법, 단순평균법, 이동평균법

38 다음 중 집단급식소에 속하지 않는 것은?

① 초등학교의 급식시설

② 병원의 구내식당

③ 기숙사의 구내식당

④ 대중음식점

 집단급식소란 영리를 목적으로 하지 아니하면서 특정 다수인에게 계속하여 음식물을 공급하는 기숙사, 학교, 병원, 사회복지시설, 산업체, 국가, 지방자치단체 및 공공기관, 그 밖의 후생기관 등의 급식시설로서 1회 50명 이상에게 식사를 제공하는 시설을 말한다.

Part 09 CBT 상시시험 적중문제

39 다음 자료로 계산한 제조원가는 얼마인가?

직접재료비	180,000	간접재료비	50,000
직접노무비	100,000	간접노무비	30,000
직접경비	10,000	간접경비	100,000
판매관리비	120,000		

① 590,000원 ② 470,000원

③ 410,000원 ④ 290,000원

- 직접원가 = 직접재료비 + 직접노무비 + 직접경비
  = 180,000 + 100,000 + 10,000
  = 290,000원
- 제조간접비 = 간접재료비 + 간접노무비 + 간접경비
  = 50,000 + 30,000 + 100,000
  = 180,000원
- 제조원가 = 직접원가 + 제조간접비
  = 290,000 + 180,000
  = 470,000원

40 가공식품, 반제품, 급식 원재료 및 조미료 등 급식에 소요되는 모든 재료에 대한 비용은?

① 관리비 ② 급식재료비

③ 소모품비 ④ 노무비

재료비란 제품의 제조를 위하여 소비되는 물품의 원가로서 집단급식시설에서 재료비는 급식재료비를 말한다.

41 다음 중 배식하기 전 음식이 식지 않도록 보관하는 온장고 내의 유지 온도로 가장 적합한 것은?

① 15~20℃ ② 35~40℃

③ 65~70℃ ④ 105~110℃

온장고는 조리된 다량의 음식을 따뜻한 상태로 보관하여 적온 급식을 하도록 하는 기기로 자동온도조절기가 부착되어 내부온도를 65~80℃ 정도로 일정하게 유지할 수 있다.

42 냉동식품과 관계가 없는 내용은?

① 전처리를 하고 품온이 −18℃ 이하가 되도록 급속 동결하여 포장한 식품

② 유통 시에 낭비가 없는 인스턴트성 식품

③ 수확기나 어획기에 관계없이 항상 구입할 수 있는 식품

④ 일반적으로 온도가 10℃ 정도 상승해도 품질의 변화가 없는 식품

냉동식품의 보존 온도에 차이가 생기면 형태의 변화가 일어나고 액즙이 생기며 품질이 저하된다.

43 다음 중 구이 방법에 대한 설명으로 옳지 않은 것은?

① 내장구이(나이조우야키)는 내장을 구이하는 것이다.

② 돌구이(이시야키)는 돌판 위에서 굽는 것이다.

③ 기름구이(아부라야키)는 버터로 구이하는 것이다.

④ 꼬치구이(쿠시야키)는 꼬치를 꿰서 굽는 것이다.

기름구이(아부라야키)는 독특한 맛을 내는 기름에 굽는 것이고, 버터구이(바타야키)는 버터로 구이 하는 것이다.

44 구매한 식품의 재고 관리 시 적용되는 방법 중 최근에 구입한 식품부터 사용하는 것으로 가장 오래된 물품이 재고로 남게 되는 것은?

① 선입선출법(First−In, First−Out)

② 후입선출법(Last−In, First−Out)

③ 총평균법

④ 최소−최대관리법

후입선출법은 최근에 구입한 식품부터 사용하는 것으로 가장 오래된 물품이 재고로 남게 된다.

45 다음 중 조림 조리 방법에 대한 설명이 옳지 않은 것은?

① 조림 요리를 맛있게 하려면, 식재료 원래의 맛과 성질을 잘 파악한 후 한다.

② 일반적으로 처음에는 약한 불, 중간에는 강한 불, 마지막 단계에서는 중간 불로 하여 맛의 강함과 국물의 혼탁함 등을 잘 조절해야 한다.

③ 오토시부타(나무로 된 조림용 두껑)를 이용해서 재료의 맛을 골고루 배이게 한다.

④ 잘 익지 않은 재료(감자, 연근, 우엉, 죽순, 토란, 죽순) 등을 먼저 한번 살짝 데치거나 물에 장시간 담가 여러 번 헹궈 사용한다.

 일반적으로 처음에는 강한 불, 중간에는 중간 불, 마지막 단계에서는 약한 불로 하여 맛의 강함과 국물의 혼탁함 등을 잘 조절해야 한다.

46 유지의 산패에 영향을 미치는 인자에 대한 설명으로 맞는 것은?

① 저장 온도가 0℃ 이하가 되면 산패가 방지된다.

② 광선은 산패를 촉진하나 그 중 자외선은 산패에 영향을 미치지 않는다.

③ 구리, 철은 산패를 촉진하나 납, 알루미늄은 산패에 영향을 미치지 않는다.

④ 유지의 불포화도가 높을수록 산패가 활발하게 일어난다.

 유지의 산패에 영향을 미치는 인자
• 온도가 높을수록 반응 속도 증가
• 광선 및 자외선은 산패를 촉진
• 수분이 많으면 촉매작용 촉진
• 금속류는 유지의 산화 촉진
• 불포화도가 심하면 유지의 산패를 촉진

47 1일 총 급여 열량 2,000kcal 중 탄수화물 섭취 비율을 65%로 한다면, 하루 세 끼를 먹을 경우 한 끼당 쌀 섭취량은 약 얼마인가? (단, 쌀 100g당 열량은 371kcal)

① 98g　② 107g　③ 117g　④ 125g

 1일 필요한 탄수화물 섭취량 = 2,000kcal × 0.65=1,300kcal
한 끼당 탄수화물 섭취량 = 1,300 ÷ 3=433kcal
쌀 100g당 열량이 371kcal이므로 쌀 1g당 열량은 3.7kcal이다. 따라서 한 끼당 필요한 쌀 섭취량은 433 ÷ 3.7=117g이다.

48 아래의 조건에서 1회에 750명을 수용하는 식당의 면적을 구하면?

> 피급식자 1인당 필요면적은 1.0㎡이며, 식기 회수공간은 필요면적의 10%, 통로의 폭은 1.0~1.5m이다.

① 750㎡　② 760㎡　③ 825㎡　④ 835㎡

 1인당 필요면적이 1.0m²이므로 750명의 필요면적은 1.0 × 750 = 750m²이다. 식기회수공간은 10%가 필요하므로 750 × 0.1 = 75m²이다. 그러므로 취식자 750명을 수용하는 식당면적(식당면적 = 필요면적+식기회수공간)은 750+75 = 825m²이다.

49 가정에서 식품의 급속 냉동 방법으로 부적절한 것은?

① 충분히 식혀 냉동한다.
② 식품의 두께를 얇게 하여 냉동한다.
③ 열전도율이 낮은 용기에 넣어 냉동한다.
④ 식품 사이에 적절한 간격을 두고 냉동한다.

 급속 냉동 시 열전도율이 높은 용기를 사용하여 빨리 냉동이 될 수 있도록 하는 것이 좋다.

50 다음 중 급식설비 시 1인당 사용수(使用水) 양이 가장 많은 곳은?

① 학교 급식　　② 병원 급식
③ 기숙사 급식　　④ 사업체 급식

 일반급식소에서 급수설비 용량 환산 시 1식당 사용수의 양은 평균 6~10L이며, 학교 4~6L, 병원 10~20L, 공장 5~10L, 기숙사 7~15L이다.

51 물로 전파되는 수인성 감염병에 속하지 않는 것은?

① 장티푸스　　② 홍역
③ 세균성 이질　　④ 콜레라

 수인성 감염병에는 장티푸스, 파라티푸스, 세균성 이질, 콜레라, 아메바성 이질 등이 있다.

52 각 환경 요소에 대한 연결이 잘못된 것은?

① 이산화탄소(CO_2)의 서한량 : 5%
② 실내의 쾌감 습도 : 40~70%
③ 일산화탄소(CO)의 서한량 : 0.1%
④ 실내 쾌감 기류 : 0.2~0.3m/sec

 이산화탄소의 위생학적 허용 한계(서한량)는 0.1%이다.

53 수인성 감염병의 유행 특성에 대한 설명으로 옳지 않은 것은?

① 연령과 직업에 따른 이환율에 차이가 있다.
② 2~3일 내에 환자 발생이 폭발적이다.
③ 환자 발생은 급수 지역에 한정되어 있다.
④ 계절에 직접적인 관계없이 발생한다.

 연령, 성별, 직업 등의 차이에 따른 질병 이환율의 차이는 없다.

54 위생해충과 이들이 전파하는 질병이 잘못 연결된 것은?

① 바퀴 – 사상충
② 모기 – 말라리아
③ 쥐 – 유행성 출혈열
④ 파리 – 장티푸스

 바퀴는 소화기계 질병인 이질, 콜레라, 장티푸스 등의 질병을 유발한다.

55 오염된 토양에서 맨발로 작업할 경우 감염될 수 있는 기생충은?

① 회충　　② 간흡충
③ 폐흡충　　④ 구충

 구충은 경피 감염으로 채소를 취급할 때, 맨발 또는 손의 상처로 침입한다.

56 DPT 예방접종과 관계없는 감염병은?

① 파상풍　　② 백일해
③ 페스트　　④ 디프테리아

 DPT 예방접종은 디프테리아, 백일해, 파상풍에 대한 예방접종이다.

57 다음 감염병 중 생후 가장 먼저 예방접종을 실시하는 것은?

① 백일해　　② 파상풍
③ 홍역　　④ 결핵

 생후 가장 먼저 하는 예방 접종은 BCG(결핵)이다.

58 간디스토마는 제2중간숙주인 민물고기 내에서 어떤 형태로 존재하다가 인체에 감염을 일으키는가?

① 피낭유충(metacercaria)

② 레디아(redia)

③ 유모유충(miracidium)

④ 포자유충(sporocyst)

 간디스토마는 제2중간숙주인 민물고기 내에서 피낭유충으로 존재하며 감염된 민물고기를 생식한다든지 조리 과정 중에 조리 기구를 통해서 다른 음식물을 거쳐 경구 감염된다.

59 고열 장해로 인한 직업병이 아닌 것은?

① 열 경련

② 일사병

③ 열 쇠약

④ 참호족

 참호족은 저온 환경에서 생기는 직업병이다.

60 다음 중 자외선을 이용한 살균 시 가장 유효한 파장은?

① 250~260nm

② 350~360nm

③ 450~460nm

③ 550~560nm

 자외선의 파장인 2,500~2,800Å이 가장 살균력이 강하다.

01 다음 중 일반적으로 사망률이 가장 높은 식중독은?

① 살모넬라 식중독

② 장염비브리오 식중독

③ 클로스트리디움 보튤리늄 식중독

④ 포도상구균 식중독

 세균성 식중독 중 클로스트리디움 보툴리늄 식중독의 치사율이 가장 높다.

02 식품첨가물의 사용 목적이 아닌 것은?

① 식품의 기호성 증대

② 식품의 유해성 입증

③ 식품의 부패와 변질을 방지

④ 식품의 제조 및 품질 개량

 식품첨가물이란 식품을 제조·가공·조리 또는 보존하는 과정에서 감미, 착색, 표백 또는 산화방지 등을 목적으로 식품에 사용되는 물질이며, 유해성을 입증하는 것은 아니다.

03 식품의 부패 과정에서 생성되는 불쾌한 냄새 물질과 거리가 먼 것은?

① 암모니아   ② 포르말린

③ 황화수소   ④ 인돌

 냉동식품의 보관을 잘못하면 저온성 미생물이 생육하면서 식품을 분해시켜 암모니아, 황화수소 등의 가스를 생성하고 인돌 등의 불쾌한 냄새 물질을 생성한다.

04 세균성 식중독 중 감염형이 아닌 것은?

① 살모넬라 식중독

② 황색포도상구균 식중독

③ 장염비브리오 식중독

④ 병원성 대장균 식중독

 • 감염형 식중독 : 살모넬라 식중독, 장염비브리오 식중독, 병원성 대장균 식중독, 웰치균 식중독
• 독소형 식중독 : 황색포도상구균 식중독, 클로스트리디움 보툴리늄 식중독

05 웰치균에 대한 설명으로 옳은 것은?

① 아포는 60℃에서 10분 가열하면 사멸한다.

② 혐기성 균주이다.

③ 냉장 온도에서 잘 발육한다.

④ 당질 식품에서 주로 발생한다.

 웰치균의 아포는 70℃에서 10분간 가열해도 견디며, 편성혐기성간균으로 조리하여 실온에서 방치한 후 섭취했을 때 일어나기 쉽고, 동물성 고단백질 식품에서 발생한다.

06 아플라톡신(aflatoxin)에 대한 설명으로 틀린 것은?

① 기질 수분 16% 이상, 상대 습도 80~85% 이상에서 생성한다.

② 탄수화물이 풍부한 곡물에서 많이 발생한다.

③ 열에 비교적 약하여 100℃에서 쉽게 불활성
화된다.

④ 강산이나 강알칼리에서 쉽게 분해되어 불활
성화된다.

> 아플라톡신은 내열성으로 280~300℃로 가열
> 해야 분해된다.

07 다음 식품첨가물 중 영양 강화제는?

① 비타민류, 아미노산류

② 검류, 락톤류

③ 에테르류, 에스테르류

④ 지방산류, 페놀류

> 식품첨가물 중 영양 강화제는 비타민, 미네랄,
> 아미노산, 식이섬유가 있다.

08 화학 물질에 의한 식중독으로 일반 중독 증상과
시신경의 염증으로 인한 실명의 원인이 되는 물
질은?

① 납 　　　　　② 수은

③ 메틸알코올 　　④ 청산

> 메틸알코올은 과실주나 정제가 불충분한 에탄올,
> 증류주에 미량 함유되어 중독되면 두통, 현기증,
> 구토가 생기고 심할 경우 시신경에 염증을 일으
> 켜 실명하거나 사망에 이르게 된다.

09 식중독 발생 시 즉시 취해야 할 행정적 조치는?

① 식중독 발생 신고

② 원인 식품의 폐기 처분

③ 연막 소독

④ 역학 조사

> **식중독에 관한 조사·보고**
> • 식중독 발생 시 가장 우선적으로 식중독 발생 신고를
> 한다. 식중독에 관한 보고는 (한)의사 또는 집단급식
> 소의 설차운영자 → 시장, 군수, 구청장 → 식품의약
> 품안전처장 및 사도지사 순으로 이루어진다.
> • (한)의사는 식중독 환자나 식중독이 의심되는 자
> 의 혈액 또는 배설물을 보관하는 데에 필요한 조
> 치를 하여야 한다.
> • 시장, 군수, 구청장은 원인을 조사하여 그 결과를
> 보고하여야 한다.

10 식품의 보존료가 아닌 것은?

① 데히드로초산(dehydroacetic acid)

② 소르빈산(sorbic acid)

③ 안식향산(benzoic acid)

④ 아스파탐(aspartam)

> 아스파탐은 감미료이다.

11 찜 조리를 할 때 달걀 등의 재료에 의한 분류에
대한 설명으로 옳지 않은 것은?

① 찻종찜(차완무시)은 뼈가 붙은 생선의 머리
를 듬뿍 넣은 맛국물 속에서 찜한 요리이다.

② 오다마키무시(오다마키무시)는 찻종 찜에 우
동을 첨가한 요리

③ 남선사찜(난젠지무시)는 체에 거른 두부와
생선의 으깬 살을 계란 물로 늘려서 여러 가
지 재료를 넣는다.

④ 달걀 두부(다마고무시)는 달걀을 맛국물로
섞어서 찜한 요리이다.

> 찻종찜(차완무시)은 담백하고 감칠맛이 있는
> 재료와 달걀물을 찻종에 넣어서 찜한 요리이
> 고, 뼈 찜(호네무시)는 뼈가 붙은 생선의 머리
> 를 듬뿍 넣은 맛국물 속에서 찜한 요리이다.

12 음식류를 조리·판매하는 영업으로서 식사와 함께 부수적으로 음주행위가 허용되는 영업은?

① 휴게음식점영업   ② 단란주점영업

③ 유흥주점영업   ④ 일반음식점영업

> ① 휴게음식점영업 : 주로 다류, 아이스크림류 등을 조리·판매하거나 패스트푸드점, 분식점 형태의 영업 등 음식류를 조리·판매하는 영업으로서 음주행위가 허용되지 아니하는 영업
> ② 단란주점영업 : 주로 주류를 조리·판매하는 영업으로서 손님이 노래를 부르는 행위가 허용되는 영업
> ③ 유흥주점영업 : 주로 주류를 조리·판매하는 영업으로서 유흥종사자를 두거나 유흥시설을 설치할 수 있고 손님이 노래를 부르거나 춤을 추는 행위가 허용되는 영업
> ④ 일반음식점영업 : 음식류를 조리·판매하는 영업으로서 식사와 함께 부수적으로 음주행위가 허용되는 영업

13 식품의 표시·광고에 대한 설명 중 옳은 것은?

① 허위표시·과대광고의 범위에는 용기·포장만 해당되며 인터넷을 활용한 제조방법·품질·영양가에 대한 정보는 해당되지 않는다.

② 자사제품과 직간접적으로 관련하여 각종 협회, 학회, 단체의 감사장 또는 상장, 체험기 등을 활용하여 인증·보증 또는 추천을 받았다는 내용을 사용하는 광고는 가능하다.

③ 질병의 치료에 효능이 있다는 내용의 표시·광고는 허위표시·과대광고에 해당하지 않는다.

④ 인체의 건전한 성장 및 발달과 건강한 활동을 유지하는데 도움을 준다는 표현은 허위표시·과대광고에 해당하지 않는다.

 허위표시 등의 금지
- 질병의 예방 및 치료에 효능·효과가 있거나 의약품 또는 건강기능식품으로 오인·혼동할 우려가 있는 내용의 표시·광고
- 사실과 다르거나 과장된 표시·광고
- 소비자를 기만하거나 오인·혼동시킬 우려가 있는 표시·광고
- 다른 업체 또는 그 제품을 비방하는 광고
- 영유아식 또는 체중조절용 조제식품 등 대통령령으로 정하는 식품의 심의를 받지 아니하거나 심의 받은 내용과 다른 내용의 표시·광고

14 식품위생법령상 조리사를 두어야 하는 영업자 및 운영자가 아닌 것은?

① 국가 및 지방자치단체의 집단급식소 운영자

② 면적 100㎡ 이상의 일반음식점 영업자

③ 학교, 병원 및 사회복지시설의 집단급식소 운영자

④ 복어를 조리·판매하는 영업자

> **식품위생법상 조리사를 두어야 하는 업종**
> - 집단급식소 운영자
> - 복어를 조리·판매하는 업소

15 HACCP 인증 단체급식업소(집단급식소, 식품접객업소, 도시락류 포함)에서 조리한 식품은 소독된 보존식 전용 용기 또는 멸균 비닐봉지에 매회 1인분 분량을 담아 몇 ℃ 이하에서 얼마 이상의 시간동안 보관하여야 하는가?

① 4℃ 이하, 48시간 이상

② 0℃ 이하, 100시간 이상

③ –10℃ 이하, 200시간 이상

④ –18℃ 이하, 144시간 이상

> 보존식은 –18℃ 이하에서 144시간 이상 보관하여야 한다.

16 육류를 연육시키는 재료로 적합하지 않은 것은?

① 키위　　　　② 파인애플

③ 아보카도　　④ 레몬

 아보카도는 단백질과 지방의 함량이 다른 과일보다 상당히 높은 편이다.

17 식품을 저온 처리할 때 단백질에서 나타나는 변화가 아닌 것은?

① 가수 분해　　　② 탈수 현상

③ 생물학적 활성 파괴　④ 용해도 증가

 단백질은 대부분 묽은 중성의 염류 용액에 잘 녹는다.

18 관동지방에서 면 요리에 주로 사용하는 간장으로 옳은 것은?

① 시로조유(백간장)

② 타마리조유(조림간장)

③ 우스구치조유(연간장)

④ 고이구치조유(진간장)

 일본의 면 요리(めんりょうり:麵料理)는 관동(関東), 관서(関西)지방에 따라 특징이 다른데 관동지방은 진간장(고이구치:こいくち:濃い口)을 사용하고, 관서지방은 연간장(우스구치:うすくち:薄口)을 사용한다.

19 우유의 가공에 관한 설명으로 틀린 것은?

① 크림의 주성분은 우유의 지방 성분이다.

② 분유는 전유, 탈지유, 반탈지유 등을 건조시켜 분말화한 것이다.

③ 저온살균법은 61.6~65.6℃에서 30분간 가열하는 것이다.

④ 무당연유는 살균 과정을 거치지 않고, 유당연유만 살균 과정을 거친다.

 연유는 가당연유와 무당연유가 있으며, 가당연유는 우유를 농축한 후 약 40%의 설탕을 첨가해서 되직하게 만든 것이며, 무당연유는 우유를 1/2 ~ 2/5 정도로 농축한 것으로 당분을 첨가하지 않는다. 가당연유와 무당연유는 모두 살균 과정을 거친다.

20 알코올 1g당 열량 산출 기준은?

① 0kcal　　② 4kcal

③ 7kcal　　④ 9kcal

 알코올 1g당 열량은 7kcal이다.

21 효소적 갈변 반응에 의해 색을 나타내는 식품은?

① 분말 오렌지　② 간장

③ 캐러멜　　　④ 홍차

 • 효소적 갈변 : 채소류나 과일류를 파쇄하거나 껍질을 벗길 때 일어나는 현상(홍차 등)
• 비효소적 갈변 : 마이야르 반응(간장, 된장), 캐러멜화 반응(캐러멜), 아스코르브산의 반응(분말 오렌지)

22 초밥을 만들 때 일본에서 중요하게 생각하는 3가지가 아닌 것은?

① 예쁘게(きれい)

② 맛있게(おいしい)

③ 향기롭게(かんばしい)

④ 빠르게(はやい)

 일본에서 초밥을 만들 때 중요한 3가지 요소는 '빠르게(はやい)', '맛있게(おいしい)', '예쁘게(きれい)'이다.

23 다음 중 단당류인 것은?

① 포도당   ② 유당

③ 맥아당   ④ 전분

> **탄수화물의 분류**
> • 단당류 : 포도당, 과당, 갈락토오스
> • 이당류 : 자당, 맥아당, 유당
> • 다당류 : 전분, 글리코겐, 섬유소, 펙틴

24 달걀에서 시간이 지남에 따라 나타나는 변화가 아닌 것은?

① 호흡 작용을 통해 알칼리성으로 변한다.

② 흰자의 점성이 커져 끈적끈적해진다.

③ 흰자에서 황화수소가 검출된다.

④ 주위의 냄새를 흡수한다.

> 닭이 달걀을 낳은 직후부터 시작하여 시간이 지남에 따라 흰자의 양이 감소하여 묽어지고, 노른자는 쉽게 터진다.

25 수확한 후 호흡 작용이 특이하게 상승되므로 미리 수확하여 저장하면서 호흡 작용을 인공적으로 조절할 수 있는 과일류와 가장 거리가 먼 것은?

① 아보카도   ② 사과

③ 바나나   ④ 레몬

> 서양 배, 바나나, 토마토, 사과, 아보카도 등은 미숙한 것을 수확하여 적절한 방법으로 후숙을 하면 과육이 연해지고 당도가 증가하여 산미가 감소되고 향도 좋아진다.

26 마가린, 쇼트닝, 튀김유 등은 식물성 유지에 무엇을 첨가하여 만드는가?

① 염소   ② 산소

③ 탄소   ④ 수소

> 경화유란 액체 상태의 기름에 니켈을 촉매제로 수소를 첨가하여 고체형의 기름으로 만든 것이다(마가린, 쇼트닝 등).

27 자유수와 결합수의 설명으로 맞는 것은?

① 결합수는 용매로서 작용한다.

② 자유수는 4℃에서 비중이 제일 크다.

③ 자유수는 표면장력과 점성이 작다.

④ 결합수는 자유수보다 밀도가 작다.

> **자유수와 결합수**
>
> | 자유수
(유리수) | • 전해질을 잘 녹인다.
• 건조로 쉽게 제거된다.
• 미생물의 생육에 이용된다.
• 비점과 융점이 높다.
• 비중은 4℃에서 최고이다.
• 표면장력과 점성이 크다. |
> | --- | --- |
> | 결합수 | • 용매로 이용할 수 없다.
• 100℃ 이상으로 가열하여도 제거가 되지 않는다.
• 0℃ 이하에서도 동결되지 않는다.
• 압력을 가하여도 제거되지 않는다.
• 미생물의 생육이 불가능하다.
• 밀도가 자유수보다 크다. |

28 게, 가재, 새우 등의 껍질에 다량 함유된 키틴(chitin)의 구성 성분은?

① 다당류   ② 단백질

③ 지방질   ④ 무기질

> 다당류의 종류에는 전분, 글리코겐, 식이섬유가 있는데, 키틴은 불용성 식이섬유에 속한다.

29 동물성 식품(육류)의 대표적인 색소 성분은?

① 미오글로빈(myoglobin)

② 페오피틴(pheophytin)

③ 안토크산틴(anthoxanthin)

④ 안토시아닌(anthocyanin)

> 동물성 식품의 근육 색소는 미오글로빈이다.

정답   **23** ①   **24** ②   **25** ④   **26** ④   **27** ②   **28** ①   **29** ①

30 효소적 갈변 반응을 방지하기 위한 방법이 아닌 것은?

① 가열하여 효소를 불활성화시킨다.

② 효소의 최적 조건을 변화시키기 위해 pH를 낮춘다.

③ 아황산가스 처리를 한다.

④ 산화제를 첨가한다.

 효소적 갈변 방지법
- 효소의 불활성화
- 아황산가스 등의 환원성 물질 첨가
- 산소의 제거
- 최적 조건의 변동
- 아스코르브산의 첨가에 의한 갈변 반응 억제
- 붕산 및 붕산염에 의한 효소 작용 억제

31 냉동식품에 대한 보관비용이 아래와 같을 때 당월소비액은? (단, 당월선급액과 전월미지급액은 고려하지 않는다)

- 당월지급액 : 60,000원
- 전월선급액 : 10,000원
- 당월미지급액 : 30,000원

① 70,000원　　② 80,000원

③ 90,000원　　④ 100,000원

 당월소비액 = 당월지급액 + (전월선급액 + 당월미지급액) − (당월선급액 + 전월미지급액) = 60,000원 + (10,000원 + 30,000원) = 100,000원

32 어류를 가열 조리할 때 일어나는 변화와 거리가 먼 것은?

① 결합 조직 단백질인 콜라겐의 수축 및 용해

② 근육 섬유 단백질의 응고 수축

③ 열 응착성 약화

④ 지방의 용출

 생선 가열 시 석쇠나 프라이팬에 달라붙는 것을 열 응착성이라 하는데, 생선의 열 응착성은 온도가 높아질수록 차츰 강해진다.

33 조리에 사용하는 냉동식품의 특성이 아닌 것은?

① 완만 동결하여 조직이 좋다.

② 장기간 보존이 가능하다.

③ 저장 중 영양가 손실이 적다.

④ 비교적 신선한 풍미가 유지된다.

 냉동 시 급속 동결하여야 조직이 좋다.

34 체내 산·알칼리 평형 유지에 관여하며 가공치즈나 피클에 많이 함유된 영양소는?

① 철분　　② 나트륨

③ 황　　④ 마그네슘

 무기질 중 나트륨은 산·염기 평형에 관여하여 세포외액의 정상적인 pH 유지를 도와준다.

35 냉동 중 육질의 변화가 아닌 것은?

① 육내의 수분이 동결되어 체적 팽창이 이루어진다.

② 건조에 의한 감량이 발생한다.

③ 고기 단백질이 변성되어 고기의 맛을 떨어뜨린다.

④ 단백질 용해도가 증가된다.

 냉동 시 육질의 변화
- 체적 팽창
- 건조에 의한 감량(기류 속도를 저하시켜 건조를 막는 것이 좋음)
- 고기의 맛 저하

36 식품을 구입할 때 식품 감별이 잘못된 것은?

① 과일이나 채소는 색깔이 고운 것이 좋다.

② 육류는 고유의 선명한 색을 가지며, 탄력성이 있는 것이 좋다.

③ 어육 연제품은 표면에 점액질의 액즙이 없는 것이 좋다.

④ 토란은 겉이 마르지 않고, 갈랐을 때 점액질이 없는 것이 좋다.

 토란의 미끌거리는 성분은 갈락틴이라는 당질 때문으로, 갈랐을 때 점액질이 적은 것은 수확한지 오래된 것이라서 좋지 않다.

37 과일의 갈변을 방지하는 방법으로 바람직하지 않은 것은?

① 레몬즙, 오렌지즙에 담가둔다.

② 희석된 소금물에 담가둔다.

③ −10℃ 온도에서 동결시킨다.

④ 설탕물에 담가둔다.

과일의 갈변 방지법
- 열 처리 : 데치기(불활성화)와 같이 고온에서 식품을 열 처리하여 효소를 불활성화시킨다.
- 산 처리 : 수소이온농도를 3 이하로 낮추어 산의 효소 작용을 억제한다.
- 당 또는 염류 첨가 : 껍질을 벗긴 배나 사과를 설탕이나 소금물에 담근다.
- 산소의 제거 : 밀폐 용기에 식품을 넣은 다음 공기를 제거한다.

38 초밥용 쌀의 조건으로 옳은 설명인 것은?

① 쌀은 묵은쌀보다도 햅쌀이 좋다.

② 초밥 쌀은 흡수성이 좋지 않은 것이 좋다.

③ 찹쌀로 초밥을 하면 좋다.

④ 맛, 향기, 적당한 찰기가 있는 것이 좋다.

초밥용 쌀의 조건

초밥용 밥은 밥을 지었을 때 일반적으로 맛, 향기, 적당한 찰기가 있는 것이 좋고, 초밥초를 뿌려서 섞었을 때 너무 건조해서 초밥초가 겉돌지 않도록 흡수성이 좋아야 한다. 또한, 전분이 굳지 않아 질퍽한 햅쌀보다는 흡수성이 좋은 묵은쌀이 더 좋다.

39 다음 중 찜 조리에 대한 설명으로 옳지 않은 것은?

① 찜 요리는 증기를 이용한 열을 가하여 조리하는 방법이다.

② 재료가 가지고 있는 맛과 향이 달아나지 않게 한다.

③ 생선찜의 경우 반드시 찜통의 물이 끓기 전에 요리할 재료를 넣는다.

④ 찜 조리는 단단한 재료는 부드럽게, 부드러운 재료는 모양을 유지할 수 있는 장점이 있다.

 생선찜의 경우 주의할 점은 반드시 찜통에 물이 끓을 때 요리할 재료를 넣는다.

40 총고객수 900명, 좌석수 300석, 1좌석당 바닥 면적 1.5㎡일 때, 필요한 식당의 면적은?

① 300㎡   ② 350㎡

③ 400㎡   ④ 450㎡

 취식자 좌석이 300석이므로 취식자 300인의 취식 면적은 300 × 1.5 = 450㎡이다. 식기회수 공간을 따로 주지 않았으므로 식당의 면적은 450㎡이다.

41 10월 한 달간 과일통조림의 구입 현황이 아래와 같고, 재고량이 모두 13캔인 경우 선입선출법에 따른 재고 금액은?

날 짜	구입량(캔)	구입단가(원)
10/1	20	1,000
10/10	15	1,050
10/20	25	1,150
10/25	10	1,200

① 14,500원 ② 15,000원
③ 15,450원 ④ 16,000원

 선입선출법은 먼저 구매한 재고품이 먼저 사용된다는 가정하에 계산하는 것으로, 재고량이 13캔이면 10월 20일에 구입한 3캔, 10월 25일에 구입한 10캔이 재고가 된다. 따라서 재고 금액은 (3 × 1,150) + (10 × 1,200) = 15,450원이다.

42 총비용과 총수익(판매액)이 일치하여 이익도 손실도 발생되지 않는 기점은?

① 매상선점 ② 가격결정점
③ 손익분기점 ④ 한계이익점

 손익분기점은 총수익과 총비용이 일치하는 값으로 이익이나 손실이 발생하지 않는다.

43 다음 중 열량 산출에서 가장 격심한 활동에 속하는 것은?

① 모내기, 등산 ② 빨래, 마루닦기
③ 다림질, 운전 ④ 요리하기, 바느질

 가장 격심한 활동은 모내기와 등산이다.

44 찜 조리의 원리에 대한 설명으로 옳지 않은 것은?

① 찜이라는 가열 방법은 조리하는 식재의 표면 또는 그 용기의 표면에서 수증기가 물로 환원

될 때 다량의 열을 방출하는 것이다.

② 찜 조리는 일반적으로 100℃의 수증기 속에서 식재를 가열하는 것으로, 주로 수증기의 잠열을 이용하는 것이다.

③ 식재료 전체를 감싸듯이 가열하기 때문에 매우 효율이 높은 가열 방법이다.

④ 1g의 물이 증발할 경우 대략 640kcal의 열량이 필요하다.

 1g의 물이 증발할 경우 대략 540kcal의 열량이 필요하다.

45 작업장에서 발생하는 작업의 흐름에 따라 시설과 기기를 배치할 때 작업의 흐름이 순서대로 연결된 것은?

㉠ 전처리	㉡ 장식·배식
㉢ 식기세척·수납	㉣ 조리
㉤ 식재료의 구매·검수	

① ㉤ - ㉠ - ㉣ - ㉡ - ㉢
② ㉠ - ㉡ - ㉢ - ㉣ - ㉤
③ ㉤ - ㉣ - ㉡ - ㉠ - ㉢
④ ㉢ - ㉠ - ㉣ - ㉤ - ㉡

 작업의 흐름
식재료를 구매한 후 검수 → 전처리 → 조리 → 장식, 배식→ 식기 세척, 수납

46 아미노카르보닐화 반응, 캐러멜화 반응, 전분의 호정화가 일어나는 온도의 범위는?

① 20~50℃ ② 50~100℃
③ 100~200℃ ④ 200~300℃

 당류를 180~200℃의 고온으로 가열시켰을 때 중합 또는 축합으로 생성된다.

47 단체급식의 문제점 중 심리면에 대한 설명이 아닌 것은?

① 조리종사자의 실수로 독물이나 세균이 급식에 흡입되어 대규모의 식중독 사고가 일어날 수 있다.

② 피급식자의 선택의 여지가 없을 때 불만이 생길 수 있다.

③ 일정한 양을 공급하므로 충분하지 않게 느낄 수 있다.

④ 분위기가 산만하고 지저분하면 섭취율이 저하된다.

 ①의 경우는 조리와 보관상의 문제점이다.

48 안토시아닌 색소가 함유된 채소를 알칼리 용액에서 가열하면 어떻게 변색되는가?

① 붉은 색　　　　② 황갈색
③ 무색　　　　　④ 청색

 안토시아닌 색소는 산성에서는 붉은 색, 중성에서는 보라색, 알칼리성에서는 청색을 띤다.

49 밀가루 반죽 시 지방의 연화 작용에 대한 설명으로 틀린 것은?

① 포화지방산으로 구성된 지방이 불포화지방산보다 효과적이다.

② 기름의 온도가 높을수록 쇼트닝 효과가 커진다.

③ 반죽 횟수 및 시간과 반비례한다.

④ 난황이 많을수록 쇼트닝 작용이 감소된다.

 반죽 횟수 및 시간은 연화 작용과 관계가 없다.

50 다음 중 효소적 갈변 반응이 나타나는 것은?

① 캐러멜 소스　　② 간장
③ 장어구이　　　④ 사과주스

 식품의 갈변 중 효소적 갈변은 채소류나 과일류를 파쇄하거나 껍질을 벗길 때 일어나는 반응이다.

51 눈 보호를 위해 가장 좋은 인공조명 방식은?

① 직접조명　　　② 간접조명
③ 반직접조명　　④ 전반확산조명

 간접조명은 눈 보호를 위해 가장 좋은 인공조명 방식이다.

52 다음 중 음료수 소독에 가장 적합한 것은?

① 생석회　　　　② 알코올
③ 염소　　　　　④ 승홍수

 음료수 소독에는 염소 소독이 가장 이상적이다.

53 채소류를 매개로 감염될 수 있는 기생충이 아닌 것은?

① 회충　　　　　② 아니사키스
③ 구충　　　　　④ 편충

 아니사키스충은 고래, 돌고래에 기생하는 회충의 일종으로 본충에 감염된 연안 어류의 섭취로 감염된다.

54 기생충과 중간숙주와의 연결이 틀린 것은?

① 간흡충 – 쇠우렁, 참붕어

② 요꼬가와흡충 – 다슬기, 은어

③ 폐흡충 – 다슬기, 게

④ 광절열두조충 – 돼지고기, 소고기

 광절열두조충(긴촌충) : 제1중간숙주(물벼룩), 제2중간숙주(연어, 송어 등의 담수어)

55 분변 소독에 가장 적합한 것은?

① 생석회　　② 약용비누

③ 과산화수소　　④ 표백분

 생석회는 인축의 배설물이나 오수, 하수 등의 소독에 적당하다.

56 초기 청력 장애 시 직업성 난청을 조기 발견할 수 있는 주파수는?

① 1,000Hz　　② 2,000Hz

③ 3,000Hz　　④ 4,000Hz

 일과성 청력 손실은 산업장 소음의 경우 4,000 ~ 6,000Hz에서 일어난다.

57 일산화탄소(CO)에 대한 설명으로 틀린 것은?

① 무색, 무취이다.

② 물체의 불완전 연소 시 발생한다.

③ 자극성이 없는 기체이다.

④ 이상 고기압에서 발생하는 잠함병과 관련이 있다.

 일산화탄소는 물체의 불완전 연소 시에 발생하는 무색, 무취, 무미, 무자극성의 기체이다.

58 다음 중 공중보건상 감염병 관리가 가장 어려운 것은?

① 동물 병원소　　② 환자

③ 건강보균자　　④ 토양 및 물

 건강보균자는 병원체가 침입하였으나 임상 증상이 없어 건강한 사람과 다름없으나, 병원체를 배출할 수 있는 보균자로서 감염병 관리에 문제가 되고 있다.

59 질병을 매개하는 위생 해충과 그 질병의 연결이 틀린 것은?

① 모기 – 사상충증, 말라리아

② 파리 – 장티푸스, 콜레라

③ 진드기 – 유행성 출혈열, 쯔쯔가무시증

④ 이 – 페스트, 재귀열

 이가 매개하는 질병은 발진티푸스, 재귀열 등이다.

60 병원체가 바이러스(virus)인 감염병은?

① 결핵　　② 회충

③ 발진티푸스　　④ 일본뇌염

 일본뇌염의 병원체는 바이러스균이다.

정답　54 ④　55 ①　56 ④　57 ④　58 ③　59 ④　60 ④

복어조리사 CBT 문제풀이

수험번호: ☐

수험자명: ☐

제한시간 : 60분

---

01 건조식품, 곡류 등에서 가장 잘 번식하는 미생물은?

① 세균　　　　　② 곰팡이

③ 효모　　　　　④ 유산균

> 건조식품, 곡류 등은 수분이 적은 식품(14~15%)으로 가장 잘 번식하는 미생물은 곰팡이다.

02 세장뜨기의 하나로 생선의 머리 쪽에서 중앙 뼈에 칼을 넣고 꼬리쪽으로 단번에 오로시하는 방법으로 작은 생선에 적합한 것은?

① 고마이오로시　　② 다이묘오로시

③ 삼마이오로시　　④ 니마이오로시

> 다이묘오로시에 대한 설명이다.

03 다음 중 조리도의 관리 원칙이 아닌 것은?

① 다른 사람이 손대지 않도록 자신의 칼은 자기가 관리 한다.

② 하루에 최소 1회 이상 가는 것을 원칙으로 한다.

③ 칼은 다른 사람의 칼을 마음대로 사용해도 된다.

④ 칼을 갈고 난 다음 세제로 닦은 후 물기를 제거해서 보관한다.

> 다른 사람이 손대지 않도록 자신의 칼은 자기가 관리 한다.

04 식품에서 자연적으로 발생하는 유독물질을 통해 식중독을 일으킬 수 있는 식품과 가장 거리가 먼 것은?

① 피마자　　　　② 표고버섯

③ 미숙한 매실　　④ 모시조개

> 피마자 – 리신, 매실 – 아미그달린, 모시조개 – 베네루핀

05 다음 중 화학적 식중독에 해당하지 않는 것은?

① 유기인제　　　② 유기수은제

③ 알레르기성 식중독　④ 비소화합물

> **화학적 식중독의 종류**
> 유기인제, 유기염소제, 유기수은제, 비소화합물

06 다음 중 오이의 쓴맛 성분은?

① 세사몰　　　　② 채비신

③ 쿠쿠르비타신　④ 솔라닌

> 오이의 쓴맛성분은 쿠쿠르비타신이다.

07 새우나 게와 같은 갑각류의 색소는 가열에 의해 아스타잔틴(astaxaxthin)으로 되고 이 물질은 다시 산화되어 아스타신(astasin)으로 변한다. 이 아스타신의 색은?

① 녹색　　　　　② 보라색

③ 청자색　　　　④ 붉은색

💬해설 새우나 게를 가열할 때 색이 적색으로 변하는데 이는 아스타잔틴 때문이다.

08 다음 중 건성유로 알맞은 것은?

① 대두유, 면실유
② 동백기름, 올리브유
③ 들기름, 아마인유
④ 참기름, 유채기름

💬해설 식물성 유지 중 상온에서 액체상태로 요오드가에 따라 분류되는데
- 건성유 : 들기름, 아미인유, 호두, 잣
- 반건성유 : 대두유, 면실유, 유채기름, 참기름
- 불건성유 : 땅콩기름, 동백기름, 올리브유

09 육류조리에 대한 설명으로 틀린 것은?

① 탕 조리 시 찬물에 고기를 넣고 끓여야 추출물이 최대한 용출된다.
② 장조림 조리 시 간장을 처음부터 넣으면 고기가 단단해지고 잘 찢기지 않는다.
③ 편육 조리 시 찬물에 넣고 끓여야 잘 익은 고기 맛이 좋다.
④ 불고기용으로는 결합조직이 되도록 적은 부위가 좋다.

💬해설 뜨거운 물에 고기를 넣어야 단백질 표면이 응고되어 육즙이 빠져나가지 않아 부드럽고 맛이 좋다.

10 어패류 가공에서 북어의 제조법은?

① 염건법
② 소건법
③ 동건법
④ 염장법

💬해설 북어는 얼렸다 녹였다를 반복하여 말리는 동건법이다.

11 생선을 껍질이 있는 상태로 구울 때 껍질이 수축되는 주원인 물질과 그 처리방법은?

① 생선살의 색소단백질, 소금에 절이기
② 생선살의 염용성 단백질, 소금에 절이기
③ 생선껍질의 지방, 껍질에 칼집 넣기
④ 생선 껍질의 콜라겐, 껍질에 칼집 넣기

💬해설 결합조직의 콜라겐이 젤라틴화되면서 조직이 부드러워지고 콜라겐은 가열에 의해 수축하기 때문에 중간중간 칼집을 넣어 수축을 방지한다.

12 아래 〈보기〉 중 단체급식 조리장을 신출할 때 우선적으로 고려할 사항 순으로 배열된 것은?

가. 위생	나. 경제	다. 능률

① 다→나→가
② 나→가→다
③ 가→다→나
④ 나→다→가

💬해설 단체급식 조리장을 신축 시 고려할 사항 위생 → 능률 → 경제 순이다.

13 하천수에 용존산소가 적다는 것은 무엇을 의미하는가?

① 유기물 등이 잔류하여 오염도가 높다.
② 물이 비교적 깨끗하다.
③ 오염과 무관하다.
④ 호기성 미생물과 어패류의 생존에 좋은 환경이다.

💬해설 용존산소량이 낮으면 오염도가 높다는 뜻이다.

14 식품위생법규 상 영업에 종사하지 못하는 질병의 종류에 해당하지 않는 것은?

① 콜레라
② 화농성질환
③ 결핵(비감염성)
④ A형 간염

💬해설 결핵 중 비감염성인 경우는 제외된다.

Part 09 CBT 상시시험 적중문제

15 식품의 수분활성도(Aw)에 대한 설명으로 **틀린** 것은?

① 식품이 나타내는 수증기압과 순수한 물의 수증기압의 비를 말한다.

② 일반적인 식품의 Aw 값은 1보다 크다.

③ Aw의 값이 작을수록 미생물의 이용이 쉽지 않다.

④ 어패류의 Aw는 0.99~0.98 정도이다.

 수분활성도는 0과 1 사이의 값을 가지고 있으며 1을 넘지 않는다.

16 다음 중 식품접객업의 교육시간으로 알맞은 것은?

① 3시간   ② 4시간

③ 6시간   ④ 8시간

위생교육시간
- 식품제조·가공업, 즉석판매제조·가공업, 식품첨가물 제조업 : 8시간
- 식품운반업, 식품소분판매업, 식품보존업, 용기·포장류 제조업 : 4시간
- 식품접객영업, 집단급식소 설치운영자 : 6시간

17 다음 중 숫돌과 보관에 관한 내용으로 옳지 않은 것은?

① 아라토이시: #200번으로 처음 칼을 사용할 때나 사용하다가 칼날이 손상이 되었거나 무뎌진 칼날을 세울 때 주로 사용한다.

② 숫돌은 사용할 때 마른 상태로 그대로 사용하는 것이 좋다.

③ 나카토이시: #1,000번으로 일반적으로 이것 한 가지로만 자주 사용하는 숫돌이지만 전문인들은 한번 더 마무리 숫돌로 해야 시용 후 칼의 뒷모습이 이쁘게 나오고 광택이 난다.

④ 시아게토이시: #3,000번 이상으로 고운 숫돌로 칼 전면을 고루 갈아 마모된 칼의 표면을 고르

게 하고 광택이 나게 하여 칼이 녹이 잘 슬지 않게 한다.

 숫돌은 사용하기 전 최소한 10~20분 전에 물에 담가둔 후 사용한다.

18 다음 중 당근, 오이 무 등을 성냥개비 크기로 자르는 방법은 무엇인가?

① 이로가미기리(いろがみぎり:色紙切り)

② 하리기리(はりぎり:針切り)

③ 센록퐁 기리(せんろっぽん ぎり:千六本切り)

④ 단자쿠기리(たんざくぎり:短冊切り)

 ① 이로가미기리(いろがみぎり:色紙切り) : 색종이 모양 자르기
② 하리기리(はりぎり:針切り) : 바늘 굵기로 채 자르기
④ 탄자쿠기리(たんざくぎり:短冊切り) : 얇은 사각 채 자르기

19 복어 식문화에 대한 설명으로 **틀린** 것은?

① 복어의 식문화는 지금으로부터 2000년 전의 고대 중국에서 널리 알려져 왔다.

② 복어는 배가 볼록하고 자기 몸의 5배 정도 배가 부풀어 오른다.

③ 복어의 감칠맛 때문에 먹고 죽을 만큼 맛있었다고 송시대(宋時代)의 시인 소동파(篠東坡)는 기록하고 있다.

④ 복어는 우리나라와 일본, 중국, 동남아 및 아프리카 등 최근에는 미국, 영국, 멕시코 등 에서도 즐겨 먹는 것으로 알려져 있다.

 복어는 자기 몸의 3배 정도 배가 부풀어 오른다.

20 HACCP의 의무적용 대상 식품에 해당하지 않는 것은?

① 빙과류　　② 비가열 음료

③ 검류　　④ 레토르트식품

 HACCP 의무 적용품목
어묵, 냉동 수산식품 중 어류, 연체류·조미 가공품, 냉동 피자, 냉동만두, 냉동 면류, 빙과류, 비가열 음료, 레토르트식품, 배추김치 등이 있다.

21 가정에서 많이 사용되는 다목적 밀가루는?

① 강력분　　② 중력분

③ 박력분　　④ 초강력분

밀가루의 종류
• 강력분 : 글루텐함량 13% 이상, 식빵, 마카로니, 스파게티면
• 중력분 : 글루텐함량 10~13%, 만두피, 국수
• 박력분 : 글루텐함량 10% 이하, 케이크, 과자류, 튀김

22 참기름에 함유된 항산화 성분은?

① 토코페롤　　② 고시폴

③ 세사몰　　④ 레시틴

토코페롤 – 비타민 E, 고시폴 – 목화씨, 레시틴 – 난황

23 이타이타이병의 유발물질은?

① 카드뮴　　② 수은

③ 납　　④ 크롬

 • 카드뮴 – 이타이타이병
• 수은 – 미나마타병
• 크롬 – 신장장애, 혈뇨증
• 납 – 빈혈

24 다음 중 허가된 인공감미료로 바른 것은?

① 둘신　　② 사리클라메이트

③ 사카린 나트륨　　④ 메타 니트로 아닐린

허가된 인공 감미료
사카린나트륨, 솔비톨, 아스파탐, 글리실리친산나트륨

25 다음 중 수중유적형의 대표적인 예로 맞는 것은?

① 우유, 마요네즈　　② 버터, 마가린

③ 마가린, 아이스크림　　④ 버터, 마요네즈

 • 수중유적형(O/W) : 우유, 마요네즈, 아이스크림, 크림수프
• 유중수적형(W/O) : 버터, 마가린

26 에너지 공급원으로 감자 160g을 보리쌀로 대체할 때 필요한 보리쌀 양은? (단, 감자 당질 함량 : 14.4%, 보리쌀 당질 함량 : 68.4%)

① 20.9g　　② 27.6g

③ 31.5g　　④ 33.7g

대체식품량
$= \dfrac{원래 식품량}{대치 식품의 성분 함량} \times 원래 식품의 성분 함량$
$= \dfrac{14.4}{68.4} \times 160g = 33.7kg$

27 우유 100g 중에 당질 5g, 단백질 3.5g, 지방 3.7g이 들어있다면 우유 170g은 몇 kcal를 내는가?

① 114.4kcal　　② 167.3kcal

③ 174.3kcal　　④ 182.3kcal

 • 당질 : 5×4=20
• 단백질 : 3.5×4=14
• 지방 : 3.7×9=33.3
20+14+33.3=67.30이다. 그러나 문제는 우유 170g에 대한 물음이므로
$= \dfrac{67.3 \times 170}{100} = 114.41$

28 우엉이나 죽순을 삶을 때 이용하면 좋은 것은?

① 쌀뜨물   ② 소금

③ 식초   ④ 설탕

> 🍴 우엉이나 죽순을 삶을 때는 쌀뜨물을 잠길 정도로 붓고 삶으면 쌀뜨물에 있는 효소의 작용으로 연화되어 색이 희고 깨끗하게 삶아진다.

29 식단 작성 시 공급열량의 구성비로 가장 적절한 것은?

① 당질 50%, 지질 25%, 단백질 25%

② 당질 65%, 지질 20%, 단백질 15%

③ 당질 75%, 지질 15%, 단백질 10%

④ 당질 80%, 지질 10%, 단백질 10%

> 🍴 영양섭취 기준 열량 구성비는 당질 65%, 지질 20%, 단백질 15%이다.

30 다음 원가의 구성에 해당하는 것은?

직접원가 + 제조 간접비

① 판매가격   ② 간접원가

③ 제조원가   ④ 총원가

> 🍴 직접원가(직접재료비+직접노무비+직접경비)와 제조간접비(간접재료비+간접노무비+간접경비)의 합으로 구하는 것은 제조원가이다.

31 다음 중 감각온도의 3요소가 아닌 것은?

① 기온   ② 기압

③ 기류   ④ 기습

> 🍴 • 감각온도의 3요소 : 기온, 기습, 기류
> • 감각온도의 4요소 : 기온, 기습, 기류, 복사열

32 조리사 또는 영양사의 면허 취소처분을 받고 그 취소된 날부터 얼마의 기간이 경과되어야 면허를 받을 자격이 있는가?

① 1개월   ② 3개월

③ 6개월   ④ 1년

> 🍴 조리사 또는 영양사 면허의 취소처분을 받고 그 취소된 날부터 1년이 지나야 면허를 받을 자격이 생긴다.

33 인공능동면역의 방법에 해당하지 않는 것은?

① 생균백신 접종   ② 글로불린 접종

③ 사균백신 접종   ④ 순화독소 접종

> 🍴 인공능동면역은 인위적으로, 즉 능동적으로 항원을 투입하여 항체를 형성하는 것이다. 따라서 생균, 사균, 순화독소를 사용하여 예방접종을 하는 것은 인공능동면역에 해당한다.

34 식품위생법상 식품위생감시원의 직무가 아닌 것은?

① 영업소의 폐쇄를 위한 간판 제거 등의 조치

② 영업의 건전한 발전과 공동의 이익을 도모하는 조치

③ 영업자 및 종업원의 건강진단 및 위생교육의 이행 여부의 확인, 지도

④ 조리사 및 영양사의 법령 준수사항 이행 여부의 확인, 지도

> 🍴 **식품위생감시원의 직무**
> • 식품 등의 위생적인 취급에 관한 기준의 이행 지도
> • 수입·판매 또는 사용 등이 금지된 식품 등의 취급 여부에 관한 단속
> • 표시기준 또는 과대광고 금지의 위반 여부에 관한 단속
> • 출입, 검사 및 검사에 필요한 식품 등의 수거
> • 시설기준의 적합 여부의 확인 검사
> • 영업자 및 종업원의 건강진단 및 위생교육의 이행 여부의 확인·지도
> • 조리사 및 영양사의 법령 준수사항 이행 여부의 확인·지도
> • 행정처분의 이행 여부 확인
> • 식품 등의 압류·폐기
> • 영업서의 폐쇄를 위한 간판 제거 등의 조치
> • 그 밖에 영업자의 법령 이행 여부에 관한 확인, 지도

35 단체급식이 갖는 운영상의 문제점이 아닌 것은?

① 단시간 내에 다량의 음식조리

② 식중독 등 대형 위생사고

③ 대량구매로 인한 재고관리

④ 적온 급식의 어려움으로 음식의 맛 저하

 대량구매는 재고관리가 용이하고 원가를 절감할 수 있다는 장점을 지닌다.

36 채소와 과일의 가스저장(CA 저장) 시 필수 요건이 아닌 것은?

① pH 조절　　　　② 기체의 조절

③ 냉장온도유지　　④ 습도유지

 가스 저장은 과일 저장법으로 공기 중의 이산화탄소, 산소, 온도, 습도, 기체조성을 과실의 종류, 품종에 맞게 조절하여 장기 저장할 수 있는 방법이다.

37 마이야르(maillard) 반응에 영향을 주는 인자가 아닌 것은?

① 수분　　　　　② 온도

③ 당의 종류　　　④ 효소

 마이야르 반응은 비효소적 갈변으로 단백질과 당의 결합으로 에너지의 공급 없이도 자연 발생적으로 이루어지며 열에 영향을 받는다.

38 다수인이 밀집된 장소에서 발생하며 화학적 조성이나 물리적 조성의 큰 변화를 일으켜 불쾌감, 두통, 권태, 현기증, 구토 등의 생리적 이상을 일으키는 현상은?

① 빈혈　　　　　② 일산화탄소 중독

③ 분압현상　　　④ 군집독

 군집독의 예방법은 환기이다.

39 위생 해충과 이들이 전파하는 질병과의 관계가 잘못 연결된 것은?

① 이 – 발진티푸스　　② 쥐벼룩 – 페스트

③ 모기 – 사상충증　　④ 벼룩 – 렙토스피라증

 • 이 : 발진티푸스, 재귀열
• 모기 : 말라리아, 일본뇌염, 황열, 사상충병, 뎅기열
• 파리 : 장티푸스, 파라티푸스, 콜레라, 이질
• 벼룩 : 발진열, 페스트, 재귀열
• 쥐 : 페스트, 서교증, 재귀열, 렙토스피라증(와일씨병)
• 진드기 : 쯔쯔가무시병

40 식품 등의 표시기준 상 열람표시에서 몇 kcal 미만을 "0"으로 표시할 수 있는가?

① 2kcal　　　　　② 5kcal

③ 7kcal　　　　　④ 10kcal

 100㎖당 5kcal이면 0으로 표시할 수 있다.

41 식품원재료의 분류에서 장과류에 속하는 것은?

① 사과, 배, 감

② 석류, 모과, 살구

③ 무화과, 오렌지. 시트론

④ 무화과, 포도, 딸기

 •인과류 : 사과, 배, 모과, 감
•핵과류 : 복숭아, 대추, 살구, 자두
•장과류 : 포도, 딸기, 무화과, 오디
•감귤류 : 감귤, 오렌지 자몽, 레몬, 유자

42 다음 중 연탄에서 나오는 유독 물질은?

① 이산화탄소　　　② 일산화탄소

③ 타르　　　　　　④ 벤조피렌

 연탄으로 인해 발생되는 유독물질은 일산화탄소로 산소보다 헤모글로빈과의 결합성이 더 강하기 때문에 산소공급을 차단시켜 어지러움증 등을 유발한다.

정답　35 ③　36 ①　37 ④　38 ④　39 ④　40 ②　41 ④　42 ②

43 식품위생법상 식품을 제조. 가공 또는 보존함에 있어 식품에 첨가, 혼합, 침윤 기타의 방법으로 사용되는 물질(기구 및 용기·포장의 살균 소독의 목적에 사용되어 간접적으로 식품에 이행될 수 있는 물질을 포함)이라 함은 무엇에 대한 정의인가?

① 식품　　　　　② 식품첨가물
③ 화학적 합성품　④ 기구

 식품첨가물은 식품을 제조·가공 또는 보존하는 과정에서 여러 가지 목적으로 식품에 넣거나 섞는 물질을 말한다.

44 식품의 보관방법으로 틀린 것은?

① 냉동육은 해동. 동결을 반복하지 않도록 한다.
② 건어물은 건조하고 서늘한 곳에 보관한다.
③ 달걀은 깨끗이 씻어 냉장 보관한다.
④ 두부는 찬물에 담갔다가 냉장시키거나 찬물에 담가 보관한다.

달걀을 씻어 보관하면 달걀 표면의 미세한 구멍으로 세균이 침투하여 상하게 한다.

45 알칼리성 식품에 대한 설명 중 옳은 것은?

① Na, K, Ca, Mg가 많이 함유되어 있는 식품
② S, P, Cl이 많이 함유되어 있는 식품
③ 당질, 지질, 단백질 등이 많이 함유되어 있는 식품
④ 곡류, 육류, 치즈 등의 식품

인·황·염소 등을 많이 함유하고 있는 곡류, 육류, 어류는 산성식품이며, 칼슘, 나트륨, 칼륨, 철, 구리, 망간, 마그네슘을 많이 함유하고 있는 과일, 야채는 알칼리성 식품이다.

46 다음 중 복어 부위 중에서 먹을 수 있는 부위는?

① 콩팥　　② 피
③ 지느러미　④ 부레

지느러미는 말린 후 구워서 지느러미 술을 만들어 먹는다.

47 다음 중 식품위해요소중점관리기준(HACCP)을 수행하는 단계에 있어서 가장 먼저 실시해야 하는 것은?

① 중요관리점 결정
② 식품의 유해요소를 분석
③ 기록유지 및 문서화 절차 확립
④ 한계기준 이탈 시 개선조치 절차 확립

HACCP 수행의 7원칙
- 원칙1 : 유해요소 분석
- 원칙2 : 중요관리점(CCP) 결정
- 원칙3 : 중요관리점에 대한 한계기준 설정
- 원칙4 : 중요관리점에 대한 감시 절차 확립
- 원칙5 : 한계기준 이탈 시 개선조치 절차 확립
- 원칙6 : HACCP 시스템의 검증 절차 확립
- 원칙7 : 기록유지 및 문서화 절차 확립

48 가장 심한 발열을 일으키는 식중독은?

① 포도상구균 식중독
② 살모넬라 식중독
③ 클로스트리디움 보툴리늄 식중독
④ 복어 식중독

살모넬라 식중독
- 원인균 : 살모넬라균
- 증상 : 급성위염, 급격한 발열
- 원인식품 : 식육가공품

49 다음 중 복어의 중독 증상 중 제3도에 관한 설명이 아닌 것은?

① 골격근의 완전마비로 운동이 불가능하며 호흡 곤란과 혈압 강화가 더욱 심해진다.
② 산소결핍으로 인하여 입술, 뺨, 귀 등이 파랗게 보이는 치아노제현상이 나타난다.

③ 입술과 혀끝이 가볍게 떨리면서 혀끝의 지각이 마비되며, 무게에 대한 감각이 둔화된다.

④ 가벼운 반사작용만 가능하고 의식불명의 초기 증상이 나타난다.

> 중독의 초기증상인 제1도에 대한 설명이다.

50 다음은 녹색 채소 조리 시 중조를 가하면 나타나는 결과를 설명한 것이다. 틀린 것은?

① 비타민 C가 파괴된다.
② 조직이 연하여진다.
③ 녹갈색으로 변한다.
④ 진한 녹색을 띤다.

> 녹색 채소 조리 시 중조를 넣으면 색이 선명해지지만, 조직이 연화되면서 비타민 C의 파괴를 가져오는 단점이 있다.

51 조리대를 비치할 때 동선을 줄일 수 있는 효율적인 방법이 아닌 것은?

① 조리대 배치는 오른손잡이를 기준으로 생각할 때 일의 순서에 따라 우측에서 좌측으로 배치한다.
② 조리대에는 조리에 필요한 용구나 기기 등의 설비를 가까이 배치하여야 한다.
③ 십자교체나 같은 길을 통해서 역행하는 것을 피한다.
④ 식기나 조리 용구의 세척장소와 보관장소를 가까이 두어 동선을 절약시켜야 한다.

> 조리대 배치는 오른손잡이를 기준으로 할 때 좌측에서 우측으로 배치하는 것이 동선을 줄일 수 있고 능률적이다.

52 다음 중 시장 조사원칙에 해당하지 않는 것은?

① 조사 탄력성의 원칙　② 조사 정확성의 원칙
③ 조사 고정성의 원칙　④ 조사 계획성의 원칙

> 시장조사의 원칙에는 적시성, 탄력성, 정확성, 계획성의 원칙이 있음

53 다음 중 복어의 부재료 손질에서 일본의 불교 사찰의 정진요리(精進料理)에 중요한 재료로 암을 억제하는 레티넨이 함유된 채소는?

① 배추　　　　② 팽이버섯
③ 표고버섯　　④ 대파

> 표고버섯은 일본의 불교 사찰의 정진요리(精進料理)에 중요한 재료인 표고버섯은 암을 억제하는 레티넨을 비롯해 식이섬유가 풍부하고 저칼로리로 향미와 영양이 좋아서 식물성 국물을 뽑을 때도 많이 사용한다. 특히 말린 표고버섯은 향과 맛을 더욱 좋게 하며 감칠맛(우마미)을 만들어 낸다.

54 식품 미생물을 이용하여 만든 식품은?

① 치즈　　　　② 두부
③ 잼　　　　　④ 겨자

> **치즈**
> 우유에 레닌을 가하면 유단백질인 카제인이 분리되는데 이를 칼슘이온과 결합시킨 응고물에 염분을 가하여 숙성시킨 것이다.

55 원가계산의 첫 단계로서 재료비·노무비·경비를 요소별로 계산하는 방법을 무엇이라고 하는가?

① 부문별 원가계산　② 요소별 원가계산
③ 제품별 원가계산　④ 종합 원가계산

> **원가계산의 구조**
> • 요소별 원가계산 : 재료비, 노무비, 경비의 3가지 원가요소를 몇 가지 분류방법에 따라 세분하여 원가계산별로 계산함.
> • 부문별 원가계산 : 전 단계에서 파악된 원가요소를 분류 집계하는 계산절차
> • 제품별 원가계산 : 요소별 원가계산에서 부문별 원가계산에서 파악된 부문비는 일정한 기준에 따라 제품별로 최종적으로 각 제품의 제조원가를 계산하는 절차

56 철과 마그네슘을 함유하는 색소를 순서대로 나열한 것은?

① 카로티노이드, 미오글로빈

② 미오글로빈, 클로로필

③ 안토시아닌, 플라보노이드

④ 카로티노이드, 미오글로빈

> 동물성 색소인 미오글로빈은 철분을 함유하고 있고 식물의 잎이나 줄기의 초록색인 클로로필은 마그네슘을 함유하고 있다.

57 냉동생선을 해동시키는 방법으로 영양 손실이 가장 적은 것은?

① 18~22℃의 실온에 방치한다.

② 40℃의 미지근한 물에 담근다.

③ 5~6℃ 냉장고 속에서 해동한다.

④ 비닐봉지에 넣어서 물속에 담가둔다.

> 냉장고에서 서서히 해동하는 것이 영양 손실이 가장 적다.

58 다음 중 꼬챙이 구이 방법의 종류 중에서 노시쿠시(のし串)에 대한 설명으로 옳은 것은?

① 새우 등을 삶을 때 바 부분에 머리 쪽에서 꼬리 쪽으로 꿰는 것을 말하는데, 휘는 것을 방지하기 위해 똑바로 굽거나 삶기 위해서 꿰는 방법이다.

② 오징어나 가자미 등 구우면 생선살이 휘어지는 것을 방지하기 위해서 몇 개의 꼬챙이로 옷을 꿰매듯이 살을 꿰는 방법이다.

③ 꽁치 등 토막생선이 긴 경우 몇 개의 꼬챙이를 꿴 모양이 손에 잡기 쉽게 부채꼴 모양으로 꿴 것을 말한다.

④ 생선살이 얇고 긴 경우 아름답고 깨끗하게 하기 위해서 한쪽 끝 말이꿰기(가타하시:かたはし 또

는 가타즈마오리:かたづまおり)를 하고, 양쪽 끝말이(료하시:りょうはし 또는 료즈마오리:りょうづまおり)를 말아서 꿰는 방법이다.

> ② '꿰메기 꼬챙이'에 대한 설명이다.
> ③ '부채꼴 꼬챙이꿰기'에 대한 설명이다.
> ④ '말아올린 꼬챙이 꿰기'에 대한 설명이다.

59 유지의 산패 정도를 측정하는 방법에 속하지 않는 것은?

① 과산화물값   ② 오븐 시험

③ 아세틸값   ④ TBA 시험

> **유지의 산패 측정법**
> - 과산화물 값 : 자동산화의 초기산물인 과산화물을 측정
> - 오븐시험 : 유지를 65℃의 오븐에서 저장하면서 산패도를 측정
> - TBA 시험 : 유지의 산패가 진행됨에 따라 생성되는 Carbonyl 화합물 중 Malonadehyde의 생성에 근거를 둠
> ※ 아세틸값 : 유지 1g을 비누화하여 유리되는 아세트산을 중화하는 데 필요한 수산화칼륨의 mg수로 유지의 신선도를 측정하는 수치이다.

60 다음 중 초간장을 만들 때 사용하는 재료로 옳지 않은 것은?

① 가다랑어포   ② 레몬

③ 오렌지   ④ 양파

> 초간장(폰즈)는 여러 가지 감귤류인 유자, 라임, 레몬, 카보스, 영귤(스타치), 오렌지 등의 과즙을 이용한 일식조리의 조미료로서 여기에 초산을 첨가해서 보존성을 높인 것이다.

복어조리사 CBT 문제풀이

수험번호:

수험자명:

 제한시간 : 60분

---

01 식품위생행정을 담당하는 기관 중에서 중앙기구에 속하지 않는 것은?

① 국립보건원

② 시, 군, 구청 위생과

③ 식품의약품안전처

④ 식품위생심의 위원회

> 시, 군, 구청의 위생과는 지방기구에 속한다.

02 미생물의 발육에 필요한 조건 중 가장 거리가 먼 것은?

① 수분　　　② 온도

③ 산　　　　④ 산소

> 산은 식품 속 각종 균의 번식을 억제하는 역할을 하므로 부패를 방지해주며 이런 성질을 이용한 식품 가공법 중 산 저장법이 있다.

03 병원 미생물을 큰 것부터 나열한 순서가 옳은 것은?

① 세균 – 바이러스 – 스피로헤타 – 리케차

② 바이러스 – 리케차 – 세균 – 스피로헤타

③ 리케차 – 스피로헤타 – 바이러스 – 세균

④ 스피로헤타 – 세균 – 리케차 – 바이러스

> **크기 순서**
> 진균류 – 스피로헤타 – 세균 – 리케차 – 바이러스

04 여름철에 음식물을 실온에 방치했다가 먹었더니 4시간 후에 발병했다. 어느 균에 의한 것인가?

① 포도상구균

② 살모넬라균

③ 비브리오균

④ 클로스트리디움 보툴리늄균

> 식중독 중 잠복기가 가장 짧은 식중독은 포도상구균 식중독으로 3~4시간 후에 발병한다.

05 다음 중 화농성 질환을 가진 조리사로 인해 발생하기 쉬운 식중독은?

① 살모넬라 식중독

② 웰치균 식중독

③ 포도상구균 식중독

④ 클로스트리디움 보툴리늄 식중독

> 조리사의 손을 통해 포도상구균 식중독이 발생된다.

06 다음 미생물 중 알레르기성 식중독의 원인이 되는 히스타민과 관계 깊은 것은?

① 포도상 구균

② 바실러스균

③ 프로테우스 모르가니균

④ 장염비브리오균

정답　**01** ②　**02** ③　**03** ④　**04** ①　**05** ③　**06** ③

Part 09 CBT 상시시험 적중문제

07 사람과 동물이 같은 병원체에 의하여 발생하는 질병을 무엇이라 하는가?

① 인축공통전염병　② 법정 전염병

③ 세균성 식중독　　④ 기생충성 질병

인축공통전염병이란 사람과 동물이 같은 병원체에 의해 감염되는 병으로 인수공통전염병이라고도 한다.

08 다음 기생충 중 경피감염되는 기생충은?

① 회충　　　　　② 요충

③ 편충　　　　　④ 십이지장충

십이지장충은 피낭유충으로 오염된 식품 및 물을 섭취했을 때 피부를 뚫고 경피감염이 된다.

09 사시, 동공확대, 언어장애 등 특유의 신경마비증상을 나타내며 비교적 높은 치사율을 보이는 식중독 원인균은?

① 포도상구균

② 병원성 대장균

③ 세레우스균

④ 클로스트리디움 보튤리늄

클로스트리디움 보튤리늄균은 소시지나 햄, 통조림에 증식하여 독소를 형성하며 섭취 시 호흡곤란, 언어장애 등을 수반하며 치사율은 70%이다.

10 화학성 식중독의 가장 현저한 증상 중 맞지 않는 것은?

① 설사　　　　　② 복통

③ 구토　　　　　④ 고열

화학성 식중독의 일반적인 증상은 복통, 설사, 구토, 두통이다.

11 황변미 중독이란 쌀에 무엇이 기생하여 문제를 일으키는가?

① 세균　　　　　② 곰팡이

③ 리케차　　　　④ 바이러스

황변미 중독
쌀에 푸른곰팡이가 번식하여 시트리닌, 시크리오비리딘과 같은 독소를 생성한다.

12 유지나 버터가 공기 중의 산소와 작용하면 산패가 일어나는데 이를 방지하기 위한 산화방지제는?

① 데히드로초산

② 아질산나트륨

③ 부틸히드록시아니졸

④ 안식향산

• 아질산나트륨 : 육류발색제
• 데히드로초산 : 치즈, 버터, 마가린
• 안식향산 : 청량음료 및 간장
• 부틸히드록시아니졸(BHA) : 지용성 항산화제

13 산업체에 재해관리를 전담하는 자로 옳은 것은?

① 공장장　　　　② 업체 대표

③ 생산관리자　　④ 안전관리자

산업체 재해 발생 책임자 : 안전관리자

14 작업환경의 개념에 속하지 않는 것은?

① 환경   ② 기구, 제품

③ 교육훈련   ④ 작업방법

 작업환경이란 환경, 제품, 기구, 작업방법 등

15 기계 및 설비 위생관리 방법으로 적절하지 않은 것은?

① 기계·설비는 깨지거나 금이 가거나 하는 등 파손된 상태가 없어야 한다.

② 도구·용기는 바닥에서 30cm만 떨어뜨려 사용한다.

③ 세척·소독한 기계, 설비에 남아 있는 물기를 완전히 제거한다.

④ 수분이나 미생물이 내부로 침투하기 쉬운 목재는 가급적 사용하지 않는다.

 도구 및 용기는 바닥에서 60cm 이상 떨어뜨려야 한다.

16 조명이 불충분할 때는 시력저하, 눈의 피로를 일으키고 지나치게 강렬할 때는 어두운 곳에서 암순응능력을 저하시키는 태양광선은?

① 전자파   ② 자외선

③ 적외선   ④ 가시광선

 대기를 통해 지상에 가장 많이 도달하는 태양 복사에너지로 눈의 망막을 자극하여 색채와 명암을 구분하게 함

17 규폐증과 관계가 먼 것은?

① 유리규산   ② 암석가공업

③ 골연화증   ④ 폐조직의 섬유화

 골연화증은 비타민 D의 결핍으로 인해 생기는 질병임

18 다음의 장소에서 조도가 가장 높아야 할 곳은?

① 조리장   ② 거실

③ 화장실   ④ 객실

 조리장은 항상 청결과 작업의 능률성, 종업원의 피로예방을 위해 50Lux를 유지해야 한다.

19 수분이 체내에서 하는 일이 아닌 것은?

① 인체에 열량을 공급한다.

② 영양소와 노폐물을 운반하는 작용을 한다.

③ 체온을 조절한다.

④ 내장의 장기를 보존하는 역할을 한다.

 수분의 역할
- 영양소와 노폐물을 운반한다.
- 체온을 조절한다.
- 여러 생리반응에 필수적이다.
- 내장의 장기를 보존한다.

20 식품이 나타내는 수증기압이 0.9기압이고, 그 온도에서 순수한 물의 수증기압이 1.5기압일 때 식품의 수분활성도는?

① 0.6   ② 0.65

③ 0.7   ④ 0.8

 $\dfrac{\text{식품이 나타내는 수증기압}}{\text{순수한 물의 최대 수증기압}} = 0.6$

21 육류, 생선류, 알류 및 콩류에 함유된 주된 영양소는?

① 단백질   ② 무기질

③ 탄수화물   ④ 지방

 단백질 급원식품
육류, 생선류, 어패류, 알류, 콩류

22 탄수화물의 가장 이상적인 섭취비율은 몇 %인가?

① 50% ② 20%

③ 35% ④ 65%

 열량원의 섭취비율은 탄수화물이 65%, 단백질이 15%, 지방이 20%로 섭취할 때가 가장 이상적이다.

23 유지의 경화유에 대해 바르게 설명한 것은?

① 불포화지방산에 수소를 첨가하여 고체화한 가공유이다.

② 포화지방산에 니켈과 백금을 넣어 가공한 것이다.

③ 유지에서 수분을 제거한 것이다.

④ 포화지방산의 수증기 증류를 말한다.

경화유란 불포화지방산에 수소를 첨가하고 니켈과 백금을 촉매제로 하여 고체화시킨 가공유이다.

24 기초대사량에 대한 설명으로 옳은 것은?

① 단위 체표면적에 비례한다.

② 정상 시보다 영양 상태가 불량할 때 더 크다.

③ 근육조직의 비율이 낮을수록 더 크다.

④ 여자가 남자보다 대사량이 더 크다.

기초대사량은 단위 체표면적이 클수록, 남자가 여자보다 크고, 근육질인 사람이 지방질인 사람보다 크며, 발열이 있는 사람이나 기온이 낮으면 소요 열량이 커진다.

25 다음 중 무기질만으로 짝지어진 것은?

① 칼슘, 인, 철

② 지방, 나트륨, 비타민 B

③ 단백질, 염소, 비타민 A

④ 단백질, 지방, 나트륨

무기질은 회분이라고도 하며 인체의 약 4%를 차지하는데 영양상 필수적인 것으로 칼슘, 인, 칼륨, 황, 나트륨, 염소, 마그네슘, 철, 아연, 요오드, 불소 등이 있다.

26 혈액의 응고성과 관계되는 비타민은?

① 비타민 A ② 비타민 C

③ 비타민 D ④ 비타민 K

 • 혈액 응고에 관여하는 영양소 : Ca, 비타민 K
• 뼈 성장에 관여하는 영양소 : Ca, 비타민 D

27 오이의 꼭지 부분에 함유된 쓴맛의 성분은?

① 카페인(caffeine)

② 홉(hop)

③ 테오브로민(theobromine)

④ 쿠쿠르비타신(cucubitacin)

오이꼭지의 쓴맛 성분은 쿠쿠르비타신이다.

28 폐기율이 20%인 식품의 출고계수는 얼마인가?

① 0.5 ② 1.0

③ 1.25 ④ 2.0

 식품의 출고계수 = $\dfrac{\text{필요량 1개}}{\text{가식부율}}$

폐기율이 20%이면 가식부율은 80%이므로

$\dfrac{1}{0.8}$ = 1.25

29 다음 복어 중에서 먹을 수 있는 복어가 아닌 것은?

① 매리복 ② 가시복

③ 배복 ④ 거북복

식품의약품안전처의 식품공전에의 한 식용 가능한 복어의 21종류는 다음과 같다.

① 복섬 ② 흰점복 ③ 졸복 ④ 매리복 ⑤ 검복 ⑥ 황복 ⑦ 눈불개복 ⑧ 자주복 ⑨ 참복 ⑩ 까치복 ⑪ 민밀복 ⑫ 은밀복 ⑬ 흑밀복 ⑭ 불룩복 ⑮ 황점복 ⑯ 강담복 ⑰ 가시복 ⑱ 리투로가시복 (브리커가시복) ⑲ 잔점박이가시복(쥐복) ⑳ 거북복 ㉑ 까칠복

30 급식시설별 1인 1식 사용수 양이 가장 많은 곳은?

① 학교 급식
② 기숙사 급식
③ 병원 급식
④ 사업체 급식

 1인 1식당 필요 급수량
- 병원 급식 : 10~20L
- 학교 급식 : 4~6L
- 기숙사 급식 : 7~15L
- 사업체 급식 : 5~10L

31 식품원가율을 40%로 정하고 햄버거의 1인당 식품 단가를 1,000원으로 할 때 햄버거의 판매가격은?

① 4,000원
② 2,500원
③ 2,250원
④ 1,250원

 식품원가율 = $\dfrac{\text{식품단가}}{\text{식단가격}} \times 100$

식단가격 = $\dfrac{\text{식품단가}}{\text{식품원가율}} \times 1,000$

= $\dfrac{1,000}{40} \times 100 = 2,500$원

32 재료의 소비액을 산출하는 계산식은?

① 재료 구입량 ×재료 소비단가
② 재료 소비량 ×재료 구입단가
③ 재료 소비량 ×재료 소비단가
④ 재료 구입량 ×재료 구입단가

 재료비 = 재료소비량×재료 소비단가

33 가식부율이 80%인 식품의 출고계수는?

① 1.25
② 2.5
③ 4
④ 5

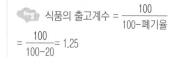 식품의 출고계수 = $\dfrac{100}{100-\text{폐기율}}$

= $\dfrac{100}{100-20} = 1.25$

34 다음 중 이익이 포함된 것은?

① 직접원가
② 제조원가
③ 총원가
④ 판매가격

- 직접원가 : 직접재료비+직접노무비+직접경비
- 제조원가 : 직접원가+제조간접비
- 총원가 : 제조원가+판매관리비
- 판매가격 : 총원가+이익

35 밀가루를 계량하는 방법으로 옳은 것은?

① 계량컵에 담고 살짝 흔들어 수평이 되게 한 다음 계량한다.
② 체에 친 후 계량컵을 평평하게 되도록 흔들어 준 다음 계량한다.
③ 체에 친 후 계량컵에 스푼으로 수북이 담은 뒤 주걱으로 깎아서 계량한다.
④ 계량컵에 담고 눌러주어 쏟았을 때 컵의 형태가 유지되도록 계량한다.

밀가루의 계량방법은 체에 친 후 계량컵에 수북이 담아 편편한 기구를 이용하여 수평으로 깎아 계량한다.

36 밀가루로 빵을 만들 때 첨가하는 다음 물질 중 글루텐형성을 도와주는 물질은?

① 설탕
② 지방
③ 중조
④ 달걀

달걀은 글루텐 형성을 돕지만, 너무 많이 넣으면 조직이 지나치게 질겨진다.

 참깨의 품종은 자실의 빛깔에 따라 흰깨, 검정깨, 누런 깨 등으로 구분한다.

37 유자(유즈:ゆず:柚子)에 대한 설명으로 옳지 않은 것은?

① 유자는 향이 좋고 노란 색깔이 식욕을 촉진시키는 역할을 한다.

② 피로를 방지하는 유기산도 많이 들어있다.

③ 유자 속의 리모넨과 펙틴은 모세혈관을 튼튼하게 하고 혈액순환을 촉진 시켜 고혈압 예방과 치료에도 좋다.

④ 레몬보다 비타민C가 5배 많이 함유해서 피부미용과 감기 예방에 좋다.

 레몬보다 비타민은 3배 많이 함유함

38 두부 제조 시 응고제로 가장 많이 사용하는 것은?

① 초산칼슘　　② 황산칼슘

③ 염화칼슘　　④ 실리콘칼슘

 염화마그네슘, 염화칼슘, 황산칼슘 중 두부 제조 시 응고제로 황산칼슘을 많이 사용하는데 이유는 보수성과 탄력성이 높기 때문이다.

39 다음 중 참깨에 대한 설명으로 옳지 않은 것은?

① 참깨는 콩에 버금가는 단백질을 함유하고 있어서 예부터 구황식품으로 알려져 있다.

② 참깨의 품종은 자실의 빛깔에 따라 흰깨, 검정깨 등으로 구분한다.

③ 깨의 단백질은 주로 글로블린인데, 참깨를 볶을 때 나오는 고소한 향기는 아미노산의 한 가지인 시스틴이다.

④ 리놀레산, 세사민과 세사모린의 항산화물질을 다량 함유하고 있다.

40 다음 식품 중 산성식품에 속하는 것은?

① 곡류식품　　② 우유

③ 포도주　　　④ 해초

 산성식품
cl, p, s 등의 무기질을 많이 함유한 식품으로 고기, 생선, 알, 콩, 곡류 등이 속한다.

41 어패류의 신선도 감별법이 아닌 것은?

① 관능적 방법　　② 물리적 방법

③ 화학적 방법　　④ 생물학적 방법

 어류의 신선도 판별법
• 색은 선명하고 광택이 있을 것.
• 안구가 돌출되어 있고 아가미가 붉고 악취가 없는 것
• 생선살이 뼈에 밀착되어 있는 것
• 탄력성이 있고 비늘이 껍질에 붙어 있는 것

42 다음 중 건다시마에 대한 설명으로 옳지 않은 것은?

① 다시마의 주요 성분은 요오드와 다당류이다.

② 다시마의 표면에 하얀 부분은 단맛을 내는 만니톨(mannitol)이다.

③ 고열량, 고지방으로 식이섬유가 풍부해 변비 예방에 좋다.

④ 식이섬유가 풍부해 변비 예방은 물론 포만감을 주어 다이어트에 효과적이다.

 저열량, 저지방으로 식이섬유가 풍부해 변비 예방에 좋다.

정답　**37** ④　**38** ②　**39** ②　**40** ①　**41** ④　**42** ③

43 다음 통조림의 변질 중 외관상 변질이 아닌 것은?

① 팽창　　　　　② 스프링거

③ 플리퍼　　　　④ 플랫사우어

 플랫사우어 : 미생물이 작용하여 신맛을 내는 현상으로 통조림을 개봉했을 때 알 수 있는 현상이다.

44 다음 중 인공건조법에 해당되지 않는 것은?

① 냉동건조법　　② 열풍건조법

③ 방사선조사　　④ 감압건조법

 방사선조사는 코발트 60을 식품에 조사시켜 곡류, 청과물, 축산물의 살균처리 시 이용하는 방법이다.

45 육류를 저온숙성(aging)할 때 적합한 습도와 온도는?

① 습도 85~90%, 온도 1~3℃

② 습도 75~85%, 온도 10~15℃

③ 습도 65~70%, 온도 5~10℃

④ 습도 55~60%, 온도 15~20℃

 육류의 저온숙성에 적합한 습도는 85~90%, 온도는 1~3℃이다.

46 재료를 계량할 때의 방법으로 틀린 것은?

① 고체재료 및 가루 종류는 저울을 이용하여 무게로 측정한다.

② 식재료 부피를 측정하기 위해서는 계량컵과 숟가락을 사용한다.

③ 고추장은 계량용기에 눌러 담아 수평이 되도록 깎아서 계량한다.

④ 계량컵은 눈금과 액체 표면의 윗부분을 눈과 같은 높이로 맞추어 읽는다.

 컵을 수평 상태로 놓고 눈높이를 액체의 밑면에 일치되어 하여 읽는다.

47 쌀의 종류와 특성으로 옳은 설명이 아닌 것은?

① 자포니카형은 인도형으로 쌀알의 길이가 길다.

② 인디카형은 인도형으로 쌀알의 길이가 길고 찰기가 적다.

③ 자바니카형은 자바형으로 인디카형과 자포니카형의 중간 정도이다.

④ 자포니카형은 일본형으로 날 알의 길이가 짧고 둥글다.

자포니카형은 일본형으로 쌀알의 길이가 길며 찰기가 적다.

48 다음 중 염도가 다른 간장보다 강하여 소금 맛이 강하고, 색이 엷고 독특한 냄새가 없으며 재료가 가지고 있는 색, 맛, 향을 잘 살리는 요리에 이용하는 간장은 무엇인가?

① 고이구치조유(濃い口醬油) 진간장

② 우스구치조유(うすくちじょうゆ) 연간장

③ 타마리조유(타마리조유:たまりじょうゆ) 조림간장

④ 시로조유(しろじょうゆ) 흰 간장

① 진간장은 일본 요리에 가장 많이 쓰이는 간장으로 밝은 적갈색으로서 특유의 향이 있다. 좋은 향기 때문에 그대로 찍어 먹거나 뿌리거나 곁들여 먹는다. 용도는 색깔을 내거나 냄새를 제거 및 재료를 단단하게 조이는 작용을 하기 때문에 끓임 요리에 간장을 사용한다.
③ 타마리간장은 검정색으로서 단맛을 띠고 특유의 향이 있으면서 부드럽고 진하다. 용도는 조림, 구이 조리 등에 사용하며 깊은 맛과 윤기를 내기도 한다.
④ 시로쇼유는 킨자지미소(金山味噌)의 액즙에서 채취한 것으로서, 투명하고 황금에 가까운 색을 띠며 향이 매우 우수하지만 색이 변하기 쉬우므로 오래 보관하는 것은 피하는 것이 좋다. 용도는 식재료의 색을 살리는 데는 훌륭한 역할을 한다.

Part 09 CBT 상시시험 적중문제

49 손질한 복어 껍질을 삶을 때의 방법으로 옳지 않은 것은?

① 삶아서 체로 껍질을 건져서 바로 얼음물에 담가 식힌다.
② 겉껍질과 속껍질을 넣고 한번 끓어오르면 청주를 넣고 물렁물렁하게 할 때까지 익힌다.
③ 복어 껍질은 찬물에서부터 서서히 익힌다.
④ 물기를 제거 한 다음 쇠꼬챙이 등에 서로 달라붙지 않게 꼽아서 냉장고 안에서 말린다.

 복어 껍질은 물이 끓을 때 넣고 익힌다.

50 다음 중 전분의 호화과정의 순서로 맞는 것은?

① 수화 – 미셀의 붕괴 – 겔의 형성- 팽윤
② 팽윤 – 겔의 형성 – 수화 – 미셀의 붕괴
③ 미셀의 붕괴 – 팽윤 – 겔의 형성 -수화
④ 수화 – 팽윤 – 미셀의 붕괴 – 겔의 형성

 수화 – 팽윤 – 미셀의 붕괴 – 겔의 형성

51 β–전분이 가열에 의해 α–전분으로 되는 현상을 무엇이라 부르는가?

① 노화현상 ② 호화현상
③ 호정화현상 ④ 산화현상

• 호화 : 전분에 물을 넣고 고온으로 가열하여 익히는 것
• 노화 : 호화 된 전분을 실온에 방치하면 딱딱하게 굳는 현상
• 호정화 : 전분에 물을 가하지 않고 160℃ 이상으로 가열하는 것

52 일반적으로 곡류에 있어 전분의 아밀로오스와 아밀로펙틴의 비는?

① 100:0 ② 20:80
③ 80:20 ④ 0:100

 일반적인 곡류에는 아밀로오스와 아밀로펙틴의 함량비는 20:80이다.

53 다음 중 쌀의 가공품이 아닌 것은?

① 현미 ② 강화미
③ 팽화미 ④ α화미

 현미는 왕겨를 제거한 쌀이다.

54 다음 중 쌀 씻기와 죽에 대한 설명 중 틀린 것은?

① 물은 일반적으로 쌀 용량에 대해서 1.2배이다.
② 밥을 씻어서 하는 것을 죠스이라고 한다.
③ 쌀을 씻어서 하는 것을 오카유라고 한다.
④ 물은 쌀의 중량에 대해서 30%이다.

 물은 쌀의 중량에 대해서 40%이다.

55 도마의 사용 방법에 대한 설명 중 잘못된 것은?

① 합성세제를 사용하여 43~45℃의 물로 씻는다.
② 염소소독, 열탕살균, 자외선 살균 등을 실시한다.
③ 세척, 소독 후에는 건조시킬 필요가 없다.
④ 식재료 종류별로 전용의 도마를 사용한다.

 도마는 세척이나 소독 후 반드시 건조시켜 세균의 번식이 쉬운 온도 혹은 습도에 노출되지 않도록 해야 한다.

56 생선의 자가소화 원인은?

① 세균의 작용 ② 단백질 분해효소
③ 염류 ④ 질소

 단백질 분해효소에 의해 아미노산 및 펩타이드로 가수분해되는 것을 자기소화라 한다.

57 다음 중 다시마에 대한 설명이 아닌 것은?

① 건다시마는 두꺼울수록 좋다.
② 건다시마는 찬물에 넣고 서서히 끓인다.
③ 흑색에 약간 녹갈색을 띤 것이 우량품이다.
④ 표면에 하얀 성분이 없는 것이 좋은 다시마이다.

 다시마는 빛깔이 검고 한 장씩 반듯반듯하게 겹쳐서 말린 것으로 두꺼울수록 좋다. 또 시설(柿雪)이 하얗게(Mannitol) 가라앉은 것이 질이 좋은 것이다.

58 다음 중 식초에 대한 설명으로 옳지 않은 것은?

① 식초의 효능은 식욕촉진과 소화흡수를 증진, 동맥경화 예방, 피로회복 및 방부 살균작용 등을 한다.
② 양조식초는 전분, 당류, 에틸알코올을 원료로 미생물 작용으로 생성한 발효아세트산을 주성분으로 하는 산성조미료이다.
③ 합성식초는 빙초산 또는 초산을 음용수에 희석해서 만든 액을 말하는 데 만드는 시간이 30일로 오래 걸리는 단점이 있다.
④ 천연식초는 과실이나 곡류, 술 따위를 자연 발효시켜서 만든 식초이다.

 합성식초는 시간이 7~10일로 짧아서 많이 시판되고 있다.

59 다음 중 테트로도톡신(TTX = Tetrodotoxin)에 대한 설명으로 옳지 않은 것은?

① 복어의 독은 1909년 일본의 다하라(田原) 박사에 의하여 테드로도톡신(TTX = Tetrodotoxin)으로 명명되었다.
② 부위별 독력은 난소, 간장, 내장, 피부 순으로 많다.
③ 계절에 따라 독력이 변하는데 겨울부터 여름에 걸쳐 간의 독력이 증가한다.
④ 1980년대에 복어의 독은 체내에서 만들어지지 않음이 밝혀졌다.

 계절에 따라 독력이 변하는데 여름부터 겨울에 걸쳐 간의 독력이 증가한다.

60 조미의 기본순서로 가장 옳은 것은?

① 설탕 → 소금 → 식초 → 간장
② 소금 → 식초 → 간장 → 설탕
③ 간장 → 설탕 → 식초 → 소금
④ 설탕 → 식초 → 간장 → 소금

조미료는 분자량이 적을수록 빨리 침투하므로 분자량이 큰 순으로 첨가하는 것이 좋다. 보통 설탕 → 술 → 소금 → 식초 → 간장 → 된장 → 고추장 → 화학조미료의 순서로 첨가하며, 이때 중요한 것은 가장 처음에 설탕, 그 다음 소금을 첨가하는 것이다.

Part **10**

CBT 실전 모의고사

일식·복어 조리기능사 필기시험 끝장내기

일식 조리기능사 CBT 문제풀이

수험번호:

수험자명:

 제한시간 : 60분

01 식품위생법상 식품위생의 대상이 되지 않는 것은?

① 식품 및 식품첨가물 ② 식품, 용기 및 포장

③ 식품 및 기구 ④ 의약품

02 식품의 변질현상에 대한 설명 중 틀린 것은?

① 산패 : 지방질 식품이 산소에 의해 산화되는 것

② 발효 : 당질 식품이 미생물에 의해 유해한 물질로 변화되는 것

③ 변패 : 탄수화물 식품의 고유 성분이 변화되는 것

④ 부패 : 단백질 식품이 미생물에 의해 변화되는 것

03 화재 예방 조치방법으로 틀린 것은?

① 소화기구의 화재안전기준에 따른 소화전함, 소화기 비치 및 관리, 소화전함 관리상태를 점검하지 않는다.

② 인화성 물질 적정보관 여부를 점검한다.

③ 출입구 및 복도, 통로 등에 적재물 비치 여부를 점검한다.

④ 자동 확산 소화 용구 설치의 적합성 등에 대해 점검한다.

04 간디스토마와 폐디스토마의 제1중간숙주를 순서대로 옳게 짝지어 놓은 것은?

① 붕어 – 참게 ② 잉어 – 가재

③ 사람 – 가재 ④ 우렁이 – 다슬기

05 공기의 자정작용에 속하지 않는 것은?

① 산소, 오존 및 과산화수소에 의한 산화작용

② 여과작용

③ 세정작용

④ 공기 자체의 희석작용

06 식품 등의 위생적 취급에 관한 기준으로 틀린 것은?

① 식품 등을 취급하는 원료보관실, 제조가공실, 포장실 등의 내부는 항상 청결하게 관리하여야 한다.

② 식품 등의 원료 및 제품 중 부패, 변질이 되기 쉬운 것은 냉동, 냉장시설에 보관 및 관리하여야 한다.

③ 식품 등의 제조, 가공, 조리 또는 포장에 직접 종사하는 자는 위생모를 착용하는 등 개인위생관리를 철저히 하여야 한다.

④ 유통기한이 경과 된 식품 등은 판매의 목적으로 전시하여 진열·보관하여도 된다.

07 상수를 정수하는 일반적인 순서는?

① 예비처리 → 여과처리 → 소독

② 예비처리 → 본처리 → 오니처리

③ 침전 → 여과 → 소독

③ 예비처리 → 침전 → 여과 → 소독

08 일반적으로 생물학적 산소요구량(BOD)과 용존 산소량(DO)은 어떤 관계가 있는가?

① BOD가 높으면 DO는 낮다.
② BOD가 높으면 DO는 높다.
③ BOD와 DO는 항상 같다.
④ BOD와 DO는 무관하다.

09 기온역전현상의 발생 조건은?

① 상부기온이 하부기온보다 낮을 때
② 상부기온이 하부기온보다 높을 때
③ 상부기온과 하부기온이 같을 때
④ 안개와 매연이 심할 때

10 자극성 피부염의 원인이 되는 금속은?

① 수은   ② 비소
③ 크롬   ④ 구리

11 쌀의 종류와 특성으로 옳은 설명이 아닌 것은?

① 자포니카형은 인도형으로 쌀알의 길이가 길다.
② 인디카형은 인도형으로 쌀알의 길이가 길고 찰기가 적다.
③ 자바니카형은 자바형으로 인디카형과 자포니카형의 중간 정도이다.
④ 자포니카형은 일본형으로 낟 알의 길이가 짧고 둥글다.

12 개인 안전관리 예방 방법으로 적절하지 않은 것은?

① 원·부재료의 이동 시 바닥의 물기나 기름기를 제거하여 미끄럼을 방지한다.
② 원·부재료의 전처리 시 작업할 분량만큼 나누어서 작업한다.
③ 기계의 이상 작동 시 기계의 전원을 차단하지 않고 정지된 상태만 확인한 후 작업해도 된다.
④ 재료의 가열 시 가스 누출 검지기 및 경보기를 설치한다.

13 다음 중 문어초회에 사용하는 초는 무엇인가?

① 폰즈   ② 이배초
③ 배합초   ④ 삼배초

14 다음 중 초생강 만드는 방법에 대한 설명으로 옳지 않은 것은?

① 생강은 껍질을 벗긴 후 얇게 편으로 자른다.
② 편으로 자른 생강을 생 것 그대로 식초, 설탕, 소금에 절인다.
③ 편으로 자른 생강을 소금에 약간 절인다.
④ 생강을 잘라서 변색방지를 위해서 물에 담가둔다.

15 다음 중 독소형 식중독은?

① 장염비브리오균 식중독
② 아리조나균 식중독
③ 살모넬라균 식중독
④ 포도상구균 식중독

16 노로바이러스에 대한 설명으로 틀린 것은?

① 발병 후 자연 치유되지 않는다.
② 크기가 매우 작고 구형이다.
③ 급성 위장관염을 일으키는 식중독 원인체이다.
④ 감염되면 설사, 복통, 구토 등의 증상이 나타난다.

17 쌀의 품종 중에서 찰기가 가장 높은 종류는 무엇인가?

① 단립종   ② 중립종
③ 장립종   ④ 미립종

18 밀가루 반죽에 첨가하는 재료 중 반죽의 점탄성을 약화시키는 것은?

① 설탕 　　　　② 우유
③ 소금 　　　　④ 달걀

19 다음 중 두부를 만들 때 두부의 단단함과 수분 함량에 영향을 주는 요인이 아닌 것은?

① 온도 　　　　② 시간
③ 습도 　　　　④ 응고제의 양

20 다음 중 시치미에 대한 설명으로 옳지 않은 것은?

① 시치미토가라시의 준말이다.
② 보통 7가지 재료로 만든 조미료이다.
③ 우동, 규동 등에 넣고 먹는다.
④ 생산자에 따라서 재료의 종류나 가짓수가 동일하다.

21 소화효소의 주요 구성성분은?

① 알칼로이드 　　② 단백질
③ 복합지방 　　　④ 당질

22 영양소의 소화효소가 바르게 연결된 것은?

① 탄수화물 – 아밀라아제
② 단백질 – 리파아제
③ 지방 – 펩신
④ 당질 – 트립신

23 각 식품에 대한 대치 식품의 연결이 적합하지 않은 것은?

① 돼지고기 – 두부, 소고기, 닭고기
② 고등어 – 삼치, 꽁치, 동태
③ 닭고기 – 우유 및 유제품
④ 시금치 – 깻잎, 상추, 배추

24 다음 중 먹는 물 소독에 가장 적합한 것은?

① 염소제 　　　　② 알코올
③ 생석회 　　　　④ 과산화수소

25 맛국물을 뽑을 때 건다시마에 대한 설명으로 옳지 않은 것은?

① 건다시마는 찬물로 씻은 다음에 해야 국물이 잘 우러나온다.
② 건다시마의 하얀 부분의 성분은 만니톨 성분이다.
③ 건다시마는 위생행주로 먼지 등을 닦은 다음 사용한다.
④ 건다시마는 끓기 직전에 건져낸다.

26 주로 부패한 감자에 생성되어 중독을 일으키는 물질은?

① 셉신(Sepsine)
② 아미그달린(Amygdalin)
③ 시큐톡신(Cicutoxin)
④ 마이코톡신(Mycotoxin)

27 잼 가공 시 펙틴은 주로 어떤 역할을 하는가?

① 신맛 증가
② 구조 형성
③ 향보존
④ 색소 보존

28 다음 중 원가의 구성으로 틀린 것은?

① 직접원가 = 직접재료비 + 직접노무비 + 직접경비
② 제조원가 = 직접원가 + 제조간접비
③ 총 원가 = 제조원가 + 판매경비 + 일반관리비
④ 판매가격 = 총원가 + 판매경비

29 다음 중 자외선을 이용한 살균 시 가장 유효한 파장은?

① 250~260nm ② 350~360nm

③ 450~460nm ④ 550~560nm

30 다음 중 일식 조리의 기본 조리법이 아닌 것은?

① 오법 ② 오색

③ 오절 ④ 오미

31 다음 중 이타이이타이병의 원인 물질은?

① 수은(Hg) ② 납(Pb)

③ 칼슘(Ca) ④ 카드뮴(Cd)

32 다음 중 눈을 보호하기 위한 가장 좋은 인공조명 방식은?

① 직접조명 ② 간접조명

③ 반간접조명 ④ 전반확산 조명

33 다음 중 예방접종으로 획득되는 면역은?

① 인공수동 ② 인공능동

③ 자연수동 ④ 자연능동

34 조리를 할 때 단백질의 변화에 대한 설명으로 옳지 않은 것은?

① 근섬유 단백질의 변화

② 지방 속의 단백질의 변화

③ 결합조직 단백질의 변화

④ 수용성 단백질의 용출

35 다음 중 조리사 면허를 받을 수 없는 사람은?

① 미성년자

② 마약중독자

③ 비감염성 간염 환자

④ 조리사 면허의 취소 처분을 받고 그 취소된 날부터 1년이 지난 자

36 살모넬라 식중독 원인균의 주요 감염원은?

① 채소

② 바다생선

③ 식육

④ 과일

37 유동파라핀의 사용용도로 옳은 것은?

① 껌기초제 ② 이형제

③ 소포제 ④ 추출제

38 다음 중 국내에서 허가된 인공감미료는?

① 둘신(Dulcin)

② 사카린나트륨(Sodium Saccharin)

③ 사이클라민산나트륨(Sodium Cyclamate)

④ 에틸렌글리콜(Ethylene Glycol)

39 일반적으로 식품 1g당 생균수가 약 얼마 이상일 때 초기부패로 판정하는가?

① 10^2개 ② 10^4개

③ 10^7개 ④ 10^{13}개

40 아밀로펙틴에 대한 설명으로 틀린 것은?

① 찹쌀은 아밀로펙틴으로만 구성되어 있다.

② 기본 단위는 포도당이다.

③ α-1.4 결합과 α-1.6 결합으로 되어 있다.

④ 요오드와 반응하면 갈색을 띤다.

41 동물성 식품의 시간에 따른 변화 경로는?

① 사후강직 – 자가소화 – 부패

② 자가소화 – 사후강직 – 부패

③ 사후강직 – 부패 – 자가소화

④ 자가소화 – 부패 – 사후강직

42 박력분에 대한 설명으로 맞는 것은?

① 경질의 밀로 만든다.

② 다목적으로 사용된다.

③ 탄성과 점성이 약하다.

④ 마카로니, 식빵 제조에 알맞다.

43 하루 동안 섭취한 음식 중에 단백질 70g, 지질 35g, 당질 400g이었다면 이때 얻을 수 있는 열량은?

① 1,995kcal   ② 2,095kcal

③ 2,195kcal   ④ 2,295kcal

44 유화(Emulsion)와 관련이 적은 식품은?

① 버터   ② 마요네즈

③ 두부   ④ 우유

45 흰살생선을 이용하여 메밀국수를 삶아 재료 속에 넣거나 감싸서 찌는 찜 조리법은 무엇인가?

① 술찜   ② 신주찜

③ 된장찜   ④ 무청찜

46 식품 조리의 목적으로 부적합한 것은?

① 영양소의 함량증가

② 풍미 향상

③ 식욕 증진

④ 소화되기 쉬운 형태로 변화

47 안토시아닌 색소가 함유된 채소를 알칼리 용액에서 가열하면 어떻게 변색하는가?

① 붉은색   ② 황갈색

③ 흰색   ④ 청색

48 전분의 호정화(Dextrinization)가 일어난 예로 적합하지 않은 것은?

① 누룽지   ② 토스트

③ 미숫가루   ④ 묵

49 다음 중 아래에서 설명하는 소독법은?

> 드라이 오븐을 이용하여 유리기구, 주사침, 유지, 글리세린, 분말 등에 주로 사용하며 보통 170℃에서 1~2시간 처리한다.

① 자비소독법

② 고압증기멸균법

③ 건열멸균법

④ 유통증기멸균법

50 어패류 매개 기생충 질환의 가장 확실한 예방법은?

① 환경위생관리

② 생식금지

③ 보건교육

④ 개인위생 철저

51 소독약과 유효한 농도의 연결이 적합하지 않은 것은?

① 알코올 – 5%

② 과산화수소 – 3%

③ 석탄산 – 3%

④ 승홍수 – 0.1%

52 다음 중 중간숙주가 제1중간숙주와 제2중간숙주로 두 가지인 기생충은?

① 요충   ② 간디스토마

③ 회충   ④ 아메바성 이질

53 대합 맑은국을 만들 때의 설명으로 옳지 않은 것은?

① 대합은 여름철에 산란을 하고 3~5월에 맛이 가장 좋다.

② 대합을 냉장고에 보관할 때는 연한 소금물 속에 껍질 채 보관한다.

③ 대합 맑은국을 끓일 때 대합의 눈을 따고 끓인다.

④ 대합을 끓인 것은 대합을 국물 속에 보관한다.

54 다음 중 신선한 달걀의 특징에 해당하는 것은?

① 껍질이 매끈하고 윤기가 흐른다.

② 식염수에 넣었더니 가라앉는다.

③ 깨뜨렸더니 난백이 넓게 퍼진다.

④ 노른자의 점도가 낮고 묽다.

55 다음 중 생선의 신선도가 저하되었을 때의 변화로 틀린 것은?

① 살이 물러지고 뼈와 쉽게 분리된다.

② 표피의 비늘이 떨어지거나 잘 벗겨진다.

③ 아가미의 빛깔이 선홍색으로 단단하며 꽉 닫혀 있다.

④ 휘발성 염기 물질이 생성된다.

56 다음 중 찜통 사용방법에 대한 설명으로 옳은 것은?

① 찜할 재료를 넣을 때는 찜통의 물이 끓을 때 넣는다.

② 찜을 하고 있는 도중 두껑을 열 때는 자기 몸의 방향으로 연다.

③ 찜통속에 들어가는 찜 그릇은 두껑을 덮지 않아도 된다.

④ 찜할 재료를 찜통의 물이 끓지 않은 상태에서 넣고 서서히 익힌다.

57 칼슘(Ca)과 인(P)의 대사이상을 초래하여 골연화증을 유발하는 유해 금속은?

① 철(Fe) ② 카드뮴(Cd)

③ 은(Ag) ④ 주석(Sn)

58 신선도가 저하된 꽁치, 고등어 등의 섭취로 인한 알레르기성 식중독의 원인 성분은?

① 트라이메틸아민(Trimethylamine)

② 히스타민(Histamine)

③ 엔테로톡신(Enterotoxin)

④ 시큐톡신(Cicutoxin)

59 음식물과 함께 섭취된 미생물이 식품이나 체내에서 다량 증식하여 장관 점막에 위해를 끼침으로써 일어나는 식중독은?

① 독소형 세균성 식중독

② 감염형 세균성 식중독

③ 식물성 자연독 식중독

④ 동물성 자연독 식중독

60 다음 중 밀가루에 대한 설명으로 옳지 않은 것은?

① 강력분은 식빵, 수제비 등을 만들 때 사용한다.

② 준 강력분은 과자 등을 만들 때 사용한다.

③ 중력분은 우동 등을 만들 때 사용한다.

④ 박력분은 튀김 등을 튀길 때 사용한다.

제1회 CBT 실전 모의고사

01	02	03	04	05	06	07	08	09	10
④	②	①	④	②	④	③	①	②	③
11	12	13	14	15	16	17	18	19	20
①	③	④	②	④	①	①	①	③	④
21	22	23	24	25	26	27	28	29	30
②	①	③	①	①	①	②	④	①	③
31	32	33	34	35	36	37	38	39	40
④	②	②	③	②	③	②	②	③	④
41	42	43	44	45	46	47	48	49	50
①	③	③	②	②	①	④	④	③	②
51	52	53	54	55	56	57	58	59	60
①	②	③	①	③	①	②	②	②	②

01 식품위생의 정의
식품, 식품첨가물, 기구, 용기, 포장을 대상으로 하는 음식에 관한 위생을 말한다.

02 발효는 미생물에 의해 유기산 등 유용한 물질을 나타내는 현상이다.

03 소화기구의 화재안전기준에 따른 소화전함, 소화기 비치 및 관리, 소화전함 관리상태를 점검한다.

04 • 간흡충 : 왜우렁이(제1중간숙주) → 붕어, 잉어 (제2중간숙주)
• 폐흡충 : 다슬기(제1중간숙주) → 가재, 게(제2중간숙주)

05 공기는 산소, 오존, 과산화수소에 의한 산화작용, 공기 자체의 희석작용, 세정작용, 자외선에 의한 살균작용, CO_2와 O_2의 교환작용 등에 의하여 자체 정화한다.

06 유통기한이 경과된 식품은 판매를 목적으로 전시, 진열, 보관해서는 안 되며 폐기 처분해야 한다.

07 상수정수의 순서는 침전 – 여과 – 소독의 순서로 진행되며 예비처리 – 본처리 – 오니처리는 하수도의 정수법이다.

08 하수의 위생검사지표로 BOD는 20ppm 이하여야 하고 DO는 5ppm 이상이어야 한다. BOD의 수치가 클수록 물이 많이 오염된 것이므로 DO는 낮아지게 된다.

09 대기층 온도는 100m 상승할 때마다 1℃씩 낮아진다. 기온역전현상은 고도가 상승함에 따라 기온도 상승하여 하부기온보다 높을 때를 말하며 대기오염의 심각을 일으킨다.

10 크롬(자극성 피부염, 폐암), 수은(미나마타병), 납(빈혈, 신장장애)

11 자포니카형은 일본형으로 쌀알의 길이가 길며 찰기가 적다.

12 안전을 위해 전원을 차단하고 실시한다.

13 삼배초 : 삼배초는 식초에 간장, 맛술, 설탕 등을 넣어서 만든 새콤달콤한 혼합초이다.

14 편으로 자른 생강은 뜨거운 물에 살짝 데친 후 초에 담근다.

15 독소형 식중독
포도상구균, 보튤리누스, 바실러스세레우스 식중독이 있다.

16 노로바이러스는 장염을 수반하며 대개의 사람은 1~2일이면 치유된다.

17 쌀은 단립종, 중립종, 장립종으로 구분되며 그중에서 가장 찰기가 높은 품종은 단립종이다.

18 설탕은 밀가루의 점탄성을 약화시킨다.

19 두부를 만들 때에 가열하는 온도와 시간, 사용하는 응고제의 양 압착하는 정도에 따라서 두부의 단단함과 수분함량이 달라지며 단백질과 지방함량도 달라진다.

20 생산자에 따라서 재료의 종류나 가짓수가 다르다.

21 소화효소는 단백질로 구성되어진다.

22 지방(리파아제), 단백질(트립신, 펩신)

23 대치 식품이란 식단구성에 있어 같은 영양소를 함유한 식품끼리 대치하는 것으로, 단백질 – 닭고기, 칼슘 – 우유 및 유제품이므로 연결이 바르지 않다.

24 먹는 물 소독 – 염소소독

25 건다시마는 찬물로 씻으면 맛있는 성분이 다 빠져 버리기 때문에 위생행주로 닦은 다음 사용한다.

26 감자의 썩은 부위의 독성분은 셉신(Sepsine)이다.

27 펙틴은 채소나 과일에 포함된 다당류로 겔을 형성하는 데 도움을 준다.

28 판매가격은 총원가에 이익을 합한 것이다.

29 자외선은 2,60㎚(2,600 Å)일 때 살균력이 가장 크다.

30 일식조리의 기본은 오법(생 것, 구이, 튀김, 조림, 찜) 오색(빨강색, 청색, 흰색, 검정색, 노란색), 오미(단맛, 짠맛, 신맛, 쓴맛, 매운맛)이다.

31 수은(미나마타병), 납(빈혈, 신장장애), 크롬(자극성 피부염, 폐암)

32 눈의 피로도에 가장 적게 영향을 미치는 조명은 간접 조명이다.

33 인공능동면역이란 예방접종으로 획득되는 면역으로 생균백신의 접종을 통해 장기간 면역이 지속된다.

34 조리할 때 단백질의 변화는 근섬유단백질의 변화, 결합조직 단백질의 변화. 수용성 단백질의 용출의 3가지로 요약한다.

35 마약중독자는 조리사 면허를 받을 수 없다.

36 살모넬라 식중독의 원인식품으로 육류 및 그 가공품, 샐러드, 우유 및 유제품, 달걀 등이다.

37 유동파라핀은 이형제로 빵틀로부터 빵이 잘 분리되도록 쓰인다.

38 국내 허가된 인공감미료는 사카린나트륨, 스테비오사이드, 아스파탐, D-솔비톨 등이다.

39 부패를 판정하는 기준의 생균수는 1g당 $10^7 \sim 10^8$ 개다.

40 아밀로펙틴은 요오드와 반응하면 자색을 나타낸다.

41 동물은 도살 후 근육수축이 발생하여 경직이 일어나고 시간이 지남에 따라 자가소화와 부패의 순으로 이어진다.

42 박력분은 글루텐함량이 10% 정도로 탄성과 점성이 약하며, 케이크, 튀김, 비스킷 제조에 사용한다.

43 탄수화물, 단백질 1g당 4kal, 지방은 1g당 9kcal이므로 $70 \times 4 + 35 \times 9 + 400 \times 2 = 2,195$kcal이다.

44 유화식품은 마요네즈, 크림, 아이스크림, 버터, 우유 등이 있다.

45 ① 술찜(사카무시): 도미, 전복, 대합 등에 소금을 뿌린 후 술을 부어서 찜을 하는 방법 ③ 된장찜(미소무시): 된장을 사용해서 냄새를 제거 하고 향기를 더해 풍미를 살리는 방법 ④ 무청찜(가부라무시): 흰살 생선 위에 순무를 갈아서 달걀 흰자로 거품 낸 것을 섞어서 얹어 찌는 방법

46 조리의 목적은 식품의 외관, 향미, 식욕을 상승시키고, 소화를 용이하게 하여 식품의 영양효율을 높이는 것이며, 안전상, 위생상의 목적도 있다.

47 안토시아닌 색소변화
산성 – 적색, 중성 – 자색, 알카리성 – 청색

48 전분의 호정화란 전분에 물을 가하지 않고 160~180℃ 이상으로 가열하여 가용성 전분이 되는 현상으로 묵은 전분의 호화를 이용한 음식의 한 종류이다.

49 • 자비소독법 : 100℃ 끓는 물 속에서 10~15분간 가열하는 소독법
• 고압증기 멸균법 : 고압증기 멸균 솥을 이용하여 121℃에서 15~20분간 살균하는 방법
• 유통증기 멸균법 : 100℃ 유통증기 중에서 30~60분간 가열살균하는 방법

50 생식을 통하여 감염되므로 생식을 금하는 것이 가장 확실한 방법이다.

51 알코올은 70%일 때 가장 살균력이 뛰어나다.

52 중간숙주가 두 개인 기생충은 간흡충, 폐흡충, 횡천흡충, 광절열두조충이다.

53 대합 맑은국을 끓일 때 대합의 눈을 따지 않아야 입이 잘 벌어진다.

54 신선한 달걀은 6%의 식염수에 가라앉거나, 껍질이 거칠고, 농후 난백이 퍼지지 않아야 하며, 난황의 경우 점도가 높아야 한다.

55 신선한 생선은 눈알이 돌출되어있고, 아가미는 선홍색이며 비늘이 밀착되어 있다. 또한, 눌렀을 때 탄력이 있으며, 냄새가 나지 않아야 한다.

56 찜통에 재료를 찔 때는 찜통의 물이 끓을 때 넣는 것이 기본이다.

57 칼슘과 인의 대사이상으로 골연화증이 나타나는 이타이이타이병은 카드뮴이 원인 물질이다.

58 알레르기성 식중독은 미생물에 의해 생성된 히스타민이라는 물질이 축적되어 일어나는 식중독이며 항히스타민제를 투여하면 치료가 된다.

59 감염형 식중독은 식품 내에 세균이 증식하여 세균을 대량으로 식품과 함께 섭취함으로써 발병하는 것이다.

60 과자 등을 만들 때는 박력분을 사용한다.

CBT 실전 모의고사

수험번호:

수험자명:

제한시간 : 60분

01 다음 중 콜레라의 검역기간으로 옳은 것은?

① 144시간　　② 120시간

③ 240시간　　④ 160시간

02 다음 중 복어회용 칼의 설명으로 옳지 않은 것은?

① 생선회용 칼보다 길이가 짧다.

② 생선회용 칼보다 두께가 얇다.

③ 칼끝이 뾰족하다.

④ 가시를 제거할 때 좋다.

03 다음 중 복어회를 완성 그릇에 담는 방법으로 옳지 않은 것은?

① 복어회는 원형 그릇에 얇게 포를 떠서 국화꽃 모양으로 담는다.

② 복어회를 담을 때는 시계 방향으로 돌려 담는다.

③ 국화꽃 모양 회를 뜰 때는 두 줄 이상 돌려 담는다.

④ 복어회를 담을 때는 시계의 반대 방향으로 담는다.

04 다음 중 눈을 보호하기 위한 가장 좋은 인공조명 방식은?

① 직접조명　　② 반간접조명

③ 전반확산 조명　　④ 간접조명

05 다음 중 분변 오염균의 지표로 쓰이는 균은?

① 일반 세균　　② 곰팡이

③ 대장균　　④ 결핵균

06 복어 튀김을 할 때 간장, 청주, 생강즙 등에 밑 간을 한 후 조리하는 방법은 무엇일까?

① 가라아게　　② 모토아게

③ 고로모아게　　④ 스아게

07 다음 중 예방접종으로 획득되는 면역은?

① 인공수동면역　　② 자연수동면역

③ 인공능동면역　　④ 자연능동면역

08 다음 중 조리 시 가장 많이 손실되는 비타민은?

① 비타민 A　　② 비타민 B

③ 비타민 C　　④ 비타민 D

09 복어 튀김을 할 때 튀김옷으로 옳지 않은 것은?

① 감자전분

② 박력 밀가루

③ 강력분

④ 중력분과 감자전분을 혼합한 것

10 다음 중 비타민 C의 부족으로 발생하는 결핍증은?

① 각기병　　② 구순구각염

③ 괴혈병　　④ 구루병

11 다음 중 불포화지방산을 포화지방산으로 변화시키는 경화유에는 어떤 물질이 첨가되는가?

① 질소　　② 탄소

③ 산소　　④ 수소

12 다음 중 CA 저장에 가장 적합한 식품은?

① 과일류, 채소, 달걀류
② 육류
③ 건조식품
④ 생선류

13 다음 중 β-전분이 가열에 의해 α- 전분으로 변화되는 현상을 무엇이라 하는가?

① 노화　　　　② 호정화
③ 호화　　　　④ 산화

14 다음 중 밀가루를 사용용도에 따라 구분할 때 어느 성분을 기준으로 하는가?

① 글루아딘　　② 글루텐
③ 글루타민　　④ 글로불린

15 복어 뼈로 만든 다시마 국물에 복어살과 씻은 밥을 넣고 끓인 것은 무엇인가?

① 후구차즈케　　② 히야시모노
③ 오카유　　　　④ 조우스이

16 다음 중 브로멜린이 함유되어 고기를 연화시키는 데 이용되는 과일은?

① 파인애플　　② 사과
③ 배　　　　　④ 귤

17 다음 중 복어껍질 초회에 사용하는 재료가 아닌 것은?

① 미나리
② 실파
③ 대파
④ 빨간무즙(모미지오로시)

18 동물성 식품의 부패 경로로 알맞은 것은?

① 부패 – 사후강직 - 자가소화
② 자가소화 – 숙성 - 사후강직
③ 사후강직 – 부패 – 자가소화
④ 사후강직 - 자가소화 - 부패

19 복어 맑은탕에 사용하는 초간장(폰즈)의 재료가 아닌 것은?

① 가다랑어 국물　　② 진간장
③ 식초　　　　　　④ 청양고추

20 다음 중 복어 회 접시 위에 올라가는 재료가 아닌 것은?

① 복어살　　　　② 복어 주둥이
③ 복어 지느러미　④ 미나리

21 다음 중 복어 맑은 탕 등에 사용하는 양념(야쿠미) 만드는 과정의 설명이 옳지 않은 것은?

① 무는 껍질을 제거한 후 강판에 갈아서 사용한다.
② 실파는 송송 채 썰어서 씻어서 사용한다.
③ 무오로시에 냄새 제거를 위해서 청주를 섞어서 만든다.
④ 고춧가루는 고운 것으로 사용한다.

22 생선의 비린내 성분은?

① 트리메틸아민　　② 고시폴
③ 세사몰　　　　　④ 레시틴

23 다음 중 총비용과 총수익(판매액)이 일치하여 이익도 손실도 발생하지 않는 시점은?

① 손익분기점　　② 매상 선점
③ 한계 이익점　　④ 가격 결정점

24 다음 중에서 복어의 식용 부위가 아닌 것은?

① 복어이리(정소)　② 아가미
③ 복어 속껍질　④ 복어 배꼽

25 체내에서 흡수되면 신장의 재흡수 장애를 일으켜 칼슘 배설을 증가시키는 중금속은?

① 납　② 카드뮴
③ 비소　④ 수은

26 작업환경의 개념에 속하지 않는 것은?

① 환경　② 기구, 제품
③ 교육훈련　④ 작업방법

27 다음 중 다수가 밀집된 장소에서 발생하며 화학적 조성이나 물리적 조성의 큰 변화를 일으켜 불쾌감, 두통, 권태, 현기증, 구토 등의 생리적 이상을 일으키는 현상은?

① 군집독　② 빈혈
③ 일산화탄소 중독　④ 분압현상

28 다음 중 역성비누를 보통비누와 함께 사용할 때 가장 올바른 방법은?

① 보통비누와 역성비누를 섞어서 거품을 내며 사용
② 역성비누를 먼저 사용한 후 보통비누를 사용
③ 보통비누로 먼저 때를 씻어 낸 후 역성비누를 사용
④ 역성비누와 보통비누의 사용순서는 무관하게 사용

29 다음 중 집단감염이 잘 되며 항문주위에서 산란하는 기생충은?

① 요충　② 회충
③ 구충　④ 편충

30 다음 중 사람과 동물이 같은 병원체에 의하여 발생하는 질병은?

① 세균성식중독
② 인수공통감염병
③ 법정 감염병
④ 기생충성 질병

31 소독의 지표가 되는 소독제는?

① 석탄산　② 크레졸
③ 과산화수소　④ 포르말린

32 다음 중 국내에서 허가된 인공감미료는?

① 사카린 나트륨
② 아우라민
③ 둘신
④ 메타니트로아닐린

33 다음 중 복어중독을 일으키는 독성분은?

① 베네루핀　② 삭시톡신
③ 테트로톡신　④ 솔라닌

34 다음 중 과일 통조림으로부터 용출되어 구토, 설사, 복통의 중독증상을 유발할 가능성이 있는 물질은?

① 비소　② 카드뮴
③ 주석　④ 아연

35 다음 중 중온성균 증식의 최적 온도는?

① 10~12℃　② 55~60℃
③ 25~37℃　④ 65~75℃

36 다음 중 지역사회나 국가사회의 보건수준을 나타낼 수 있는 가장 대표적인 지표는?

① 영아사망률
② 조출생률
③ 건강보험 수혜자 수
④ 병상이용률

37 다음 중 섭조개에서 문제를 일으킬 수 있는 독소 성분은?

① 베네루핀   ② 무스카린
③ 삭시톡신   ④ 엔테로톡신

38 조리 장비, 도구 안전관리 지침에 해당하지 않는 것은?

① 요구에 따른 만족도
② 안전성과 위생
③ 장비의 성능
④ 특정한 장비의 구입

39 식품위생법상 조리사를 두어야 하는 영업장은?

① 유흥주점   ② 단란주점
③ 일반레스토랑   ④ 복어조리점

40 HACCP를 수행하는 단계에 있어서 가장 먼저 실시하는 것은?

① 중요관리점 결정
② 식품의 위해요소를 분석
③ 기록유지 및 문서화 절차 확립
④ 한계기준 이탈 시 개선조치 절차 확립

41 만성중독의 경우 반상치, 골경화증, 체중감소, 빈혈 등을 나타내는 물질은?

① 불소   ② 칼슘
③ 요오드   ④ 마그네슘

42 황변미중독은 14~15% 이상의 수분을 함유하는 저장미에서 발생하기 쉬운데 그 원인물질은?

① 세균   ② 곰팡이
③ 효모   ④ 바이러스

43 식품접객업을 하려는 자의 교육시간으로 알맞은 것은?

① 8시간   ② 6시간
③ 36시간   ④ 12시간

44 다음 중 참기름에 함유된 항산화 성분은?

① 호박산   ② 고시폴
③ 세사몰   ④ 이눌린

45 다음 중 이타이이타이병을 유발하는 물질은?

① 카드뮴   ② 구리
③ 안티몬   ④ 수은

46 다음 식중독의 종류 중 가장 심한 발열을 일으키는 식중독은?

① 살모넬라 식중독
② 포도상구균 식중독
③ 클로스트리디움 보튤리늄 식중독
④ 복어 식중독

47 다음 중 식물성 액체유를 경화처리한 고체 기름은?

① 쇼트닝   ② 라드
③ 마요네즈   ④ 버터

48 다음 중 당장법에서 설탕의 농도는 얼마 이상인가?

① 65%   ② 50%
③ 70%   ④ 40%

49 다음 중 중독될 경우 코프로포르피린이 검출될 수 있는 중금속은?

① 납 (pb) ② 크롬(cr)
③ 철(fe) ④ 시안화합물(cn)

50 두부의 응고제 중 간수의 주성분은?

① KOH ② KCl
③ NaOH ④ $MgCl_2$

51 식품 또는 식품첨가물의 완제품을 나누어 유통할 목적으로 재포장, 판매하는 영업은?

① 식품제조업
② 식품접객업
③ 즉석 판매 제조 가공업
④ 식품소분업

52 입고가 먼저 된 것부터 순차적으로 출고하여 출고단가를 결정하는 방법은?

① 개별법 ② 선입선출법
③ 후입선출법 ④ 단순평균법

53 건조방법 중 분무건조법으로 만들어지는 것은?

① 분유 ② 김
③ 한천 ④ 굴비

54 다음 중 보존식에 대해 알맞게 설명한 것은?

① 제공된 요리 1인분을 조리장에 일정 시간 보존하여 사고(식중독) 발생에 대비하는 식
② 제공된 요리 1인분을 냉장고에 일정 시간 보존하여 사고(식중독) 발생에 대비하는 식
③ 제공된 요리 1인분을 냉장고에 일정 시간 전 시용으로 보존하는 식
④ 제공된 요리 1인분을 조리장에 일정 시간 전 시용으로 보존하는 식

55 감자, 고구마 및 양파와 같은 식품에 뿌리가 나고 싹이 트는 것을 억제하는 효과가 있는 것은?

① 자외선 살균법 ② 적외선 살균법
③ 일광 소독법 ④ 방사선 살균법

56 식품위생법에서 사용하는 '표시'에 대한 용어의 정의는?

① 식품, 식품첨가물, 기구 또는 용기·포장에 적는 문자, 숫자 도형을 말한다.
② 화학적 수단으로 원소 또는 화합물에 분해 반응 외의 화학반응을 일으켜서 얻은 물질을 말한다.
③ 모든 음식물을 말한다.
④ 식품을 제조·가공·조리 또는 보존하는 과정에서 감미, 착색, 표백 또는 산화 방지 등을 목적으로 식품에 사용되는 물질을 말한다.

57 음식을 먹기 전에 가열하여도 식중독 예방이 가장 어려운 균은?

① 포도상구균 ② 살모넬라균
③ 장염비브리오균 ④ 병원성 대장균

58 일 매출액이 1,300,000원, 식재료비가 780,000원인 경우 식재료비의 비율은?

① 55% ② 60%
③ 65% ④ 70%

59 가식부율이 70%인 식품의 출고계수는?

① 1.25 ② 1.43
③ 1.64 ④ 2.00

60 미생물을 사멸시킬 수 있는 가장 위생적인 쓰레기 처리 방법은?

① 바다투기법 ② 소각법
③ 매립법 ④ 비료화법

제2회 CBT 실전 모의고사

01	02	03	04	05	06	07	08	09	10
②	④	②	④	③	①	③	③	③	③
11	12	13	14	15	16	17	18	19	20
④	①	③	②	④	①	③	④	④	②
21	22	23	24	25	26	27	28	29	30
③	①	①	②	②	③	①	③	①	②
31	32	33	34	35	36	37	38	39	40
①	①	③	③	③	①	③	④	④	②
41	42	43	44	45	46	47	48	49	50
①	②	②	④	①	②	①	②	①	①
51	52	53	54	55	56	57	58	59	60
④	②	①	④	①	①	②	②	②	②

01 콜레라

5일(120시간), 페스트 : 6일(144시간), 황열 : 6일 (144시간), 조류인플루엔자 :10일(240시간)

02 가시를 제거할 때는 생선회용 칼이 좋다.

03 복어회를 담을 때는 시계의 반대 방향으로 돌려 담는다.

04 눈의 피로도에 가장 적게 영향을 미치는 조명은 간접조명이다.

05 분변 오염의 지표균은 대장균이다.

06 가라아게를 하기 전 복어살을 간장, 청주, 생강즙 에 밑간을 한 후 튀긴다.

07 인공능동면역이란 예방접종으로 획득되는 면역 으로 생균백신의 접종을 통해 장기간 면역이 지 속된다.

08 수용성 비타민의 비타민 C는 물, 열, 공기, 광선 등에 손쉽게 파괴되는 비타민이다.

09 강력분은 글루텐 함량이 많아서 튀김을 하면 눅 눅해진다.

10 각기병 – 비타민 B_1, 구순구각염 – 비타민 B_2, 구루병 – 비타민 D, 괴혈병 – 비타민 C

11 경화유란 액체 상태의 기름에 니켈을 촉매제로 수소를 첨가하여 고체형의 기름으로 만드는 것이 다(마가린, 쇼트닝 등)

12 과일과 채소는 수확 후에도 호흡작용을 하여 성 분변화를 일으키므로 호흡을 억제하기 위하여 CA 저장을 한다. CA 즉 가스저장은 식품을 탄산 가스, 질소가스 속에 보관하여 식품을 장기간 저 장할 수 있도록 하는 것으로 온도, 습도, 기체조성 등을 조절한다.

13 생전분을 β-전분이라 하고 익힌 전분을 α- 전분이 라 하는 데, β-전분이 α-전분으로 되는 현상을 호 화라 한다.

14 밀가루의 단백질인 글루텐의 함량차이로 강력분, 중력분, 박력분으로 구분한다.

15 조우스이는 복어뼈와 다시마를 넣어 만든 다시물 에 씻은 밥과 복어살, 김, 달걀을 넣고 끓인 죽이다.

16 브로멜린은 단백질 분해효소로 파인애플에 함유 되어 있으며 고기를 연화시키는 데 사용한다.

17 대파는 복어 맑은 탕 등에 어슷썰기 한 후 잘라서 사용한다.

18 도살 후 육류의 변화는 사후강직 – 자가소화 – 부 패의 경로로 발생한다.

19 초간장은 가다랑어 국물과 진간장, 식초 등으로 만든다.

20 복어 주둥이는 냄비조리에 넣고, 복어 껍질 채나 유자 채 등을 올린다.

21 무오로시에 고운 고춧가루를 섞어서 빨간 무즙을 만든다.

22 생선의 비린내 주성분인 트리메틸아민은 수용성 이어서 물로 깨끗이 씻으면 어느 정도 냄새를 줄 일 수 있다.

23 손익분기점은 수익과 총비용이 일치하는 값으로 이익이나 손실이 발생하지 않는다.

24 복어 불가식 부위 : 눈, 아가미, 심장, 신장, 부레, 위장, 간장, 담낭(쓸개), 방광, 난소, 피, 가시 등

25 카드뮴은 법랑 제품 및 도기의 유약 성분, 오염된 어패류, 농작물 섭취로 인체에 흡수되며, 체내에서 칼슘 대사 장애를 일으키고, 골연화증, 신장 기능 장애, 단백뇨의 증상을 나타낸다.

26 작업환경 : 환경, 제품, 기구, 작업방법 등

27 군집독이란 다수가 밀집한 곳의 실내공기가 화학적인 조성이나 물리적 조성의 변화로 인하여 불쾌감, 두통, 권태, 현기증, 구토 등의 생리적 이상을 일으키는 현상을 말하며 그 원인은 산소부족, 이산화탄소 증가, 고온, 고습 기류 상태에서 유해 가스 및 취기 등에 의해 복합적으로 발생한다.

28 역성비누는 보통비누와 같이 사용하거나 유기물이 존재하면 살균 효과가 떨어지므로 세제로 씻은 후 사용한다.

29 요충은 항문주위에 산란하여 가려움증을 유발한다.

30 인수공통감염병은 사람과 동물이 같은 병원체에 의해 공히 감염되는 감염병으로 탄저(소, 양), 결핵(소), 살모넬라(소, 돼지), 광견병(개), 페스트(쥐) 등이 있다.

31 석탄산
  • 장점 : 살균력이 안정하여 소독의 지표가 됨
  • 단점 : 강한 냄새, 강한 독성, 강한 자극성, 금속 부식성

32 유해성 감미료 종류로 둘신, 사이클라메이트, 메타니트로아닐린이 있다.

33 동물성 자연독에 의한 식중독의 복어 독은 지각마비, 구토, 의식혼미, 호흡정지, 치사율 50~60%, 독성분은 테트로도톡신이다.

34 통조림 캔의 내부가 주석으로 도금 처리되어 있어서 내용물이 산성인 경우 주석이 용해되어 나올 수 있다.

35
  • 저온성균 : 최적온도 15~20℃로 식품의 부패를 일으키는 부패균
  • 중온성균 : 최적온도 25~37℃로 질병을 일으키는 병원균
  • 고온성균 : 최적온도 50~60℃로 온천물에 서식하는 온천균

36 영아사망률은 가장 대표적인 공중보건의 지표이다.

37 섭조개의 마비성 패중독인 삭시톡신은 동물성 자연독에 의한 식중독으로 입술, 혀, 말초신경마비 등의 증상을 나타내며 치사율은 10%이다.

38 조리 장비, 안전관리 지침 : 성능, 요구에 따른 만족도, 장비의 성능을 고려하여야 함

39 집단급식소 운영자와 식품접객업자 중 복어를 조리·판매하는 영업을 하는 자는 조리사를 두어야 한다.

40 HACCP 수행의 7원칙
  • 원칙1: 유해요소 분석
  • 원칙2: 중요관리점(CCP) 결정
  • 원칙3: 중요관리점에 대한 한계기준 설정
  • 원칙4: 중요관리점에 대한 감시 절차 확립
  • 원칙5: 한계기준 이탈 시 개선조치 절차 확립
  • 원칙6: HACCP 시스템의 검증 절차 확립
  • 원칙7: 기록유지 및 문서화 절차 확립

41 불소는 골격과 치아를 단단하게 하며, 불소가 적게 함유된 물을 장기간 마시면 우치가 많이 함유된 물을 마시면 반상치가 유발된다.

42 습도와 기온이 높은 환경에서 저장된 쌀에 기생하는 곰팡이에 오염되어 변질된 쌀은 외관이 황색으로 변하는데 이를 황변미라하고 이에 의한 중독을 황변미 중독이라 한다.

43 영업을 하려는 자가 받아야 하는 식품위생교육 시간
  • 8시간 : 식품제조. 가공업, 즉석판매제조. 가공업, 식품첨가물 제조업
  • 4시간 : 식품운반업, 식품소분. 판매업, 식품보존업, 용기 포장류 제조업

- 6시간 : 식품접객업, 집단급식소를 설치, 운영하려는 자

44 세사몰은 참기름에 함유된 천연 산화방지제이다.

45 카드뮴은 법랑제품 및 도기의 유약성분, 오염된 어패류, 농작물 섭취로 인체에 흡수되며 체내에서 칼슘 대사장애를 일으키고 골연화증, 신장기능장애, 단백뇨의 증상을 나타낸다.

46 **살모넬라 식중독**
- 원인균 : 살모넬라균
- 증상 : 급성위염, 급격한 발열
- 원인식품 : 식육가공품

47 경화유란 액체상태의 기름에 니켈을 촉매제로 수소를 첨가하여 고체형의 기름으로 만드는 것이다.

48 당장법은 50% 이상의 설탕에 절여서 미생물의 발육을 억제하는 저장법으로 당장법에 의한 저장식품으로는 젤리, 잼 등이 있다.

49 납중독은 소변 중에 코프로포르피린 검출, 권태, 체중감소, 염기성 과립 적혈구 수의 증가, 요독증 등의 증세가 나타난다.

50 두부의 응고제 중 간수의 주성분으로는 염화마그네슘, 황산칼슘, 염화칼슘, 황산마그네슘이 있다.

52 재료 구입 순서에 따라 구입 일자가 빠른 재료의 구입 단가를 소비가격으로 정한다.

53 **분무건조**
액상의 식품을 안개처럼 뿜어서 열풍으로 건조시키는 방법으로 분유, 녹말가루의 조제, 커피, 달걀 등의 분말건조식품을 만드는 데 이용된다.

54 보존식이란 급식으로 제공된 요리 1인분을 식중독 발생에 대비하여 냉장고에 72시간 이상 보존하는 것을 말한다.

55 방사선 조사는 식품의 숙도 지연, 살균, 살충, 발아 억제 등의 목적으로 이용된다.

57 황색포도상구균은 엔테로톡신의 원인균으로 열에 강하여 끓여도 파괴되지 않으며 균이 사멸하여 도독소가 남는 경우가 많다.

58 식재료비의 비율 = $\dfrac{1,300,000}{780,000} \times 100 = 60\%$

59 식품의 출고계수

= 필요량 1개 / 가식부율 = $\dfrac{1}{0.7}$ = 1.43

60 소각법은 쓰레기 처리 방법 중 가장 위생적이나 대기 오염을 유발한다.

참고문헌

한삭명, 최신주방시설관리론, 석학당 2008. 8.
양일선 외 4, 식품구매, (주)교문사, 2012. 2.
김금란 외 2, 실무 식품구매론, 형설출판사, 2010. 3.
김숙희 외 5, 식품학 및 조리원리, ㈜지구문화, 2018. 2.
안미령 외, 메뉴개발을 위한 조리원리, ㈜ 지구문화, 2019. 3.
김정숙 외 7, NEW 식품학, ㈜지구문화, 2019. 3.
염진철 외 3, 사진으로 보는 전문 조리용어 해설, 백산출판사, 2008. 8.
한복진, 우리 음식 백 가지, 현암사, 2009. 7.
양일선 외 4, 식품구매, ㈜교문사, 2012. 2.
학습모듈 LM1301010115_한식위생관리
학습모듈 LM1301010116_한식안전관리
학습모듈 LM1301010117_한식메뉴관리
학습모듈 LM1301010118_한식구매관리
학습모듈 LM1301010119_한식재료관리
학습모듈 LM1301010120_한식기초조리실무
학습모듈 LM1301010121_한식밥조리
학습모듈 LM1301010122_한식죽조리
학습모듈 LM1301010123_한식찌개조리
학습모듈 LM1301010125_한식조림.초조리
학습모듈 LM1301010126_한식볶음조리
학습모듈 LM1301010127_한식전적조리
학습모듈 LM1301010129_한식생채.회조리
학습모듈 LM1301010130_한식숙채조리
박원기, 생선을 먹으면 머리가 좋아진다. 동아 출판사, 1991
김원일, 정통 일본요리, 형설 출판사, 1993
김원일, 정통 복어요리, 형설 출판사, 1994
하숙정, 일식, 중식, 복어 조리기능사, 도서출판 문화사, 1994
유태종, 식품보감, 도서출판 서우, 1995
김원일, 정통 초밥요리, 형설 출판사, 1995
한정혜, 일식, 중식, 복어요리, 성안당, 1995
남춘화, 일본요리[기술에서 예술까지], 계몽사, 1997
박병학, 기본 일본요리, 형설 출판사, 1997
한국사전, 식품재료사전, 한국사전 연구사, 1997
안효주, 이것이 일본요리다, 샘터, 1998
한국외식정보, 우동백과, 한국외식정보, 1998
유태종, 음식궁합, 아카데미 북, 1998
설성수, 일본요리 용어사전, 다형 출판사, 1999
정청송 외, 조리과학 기술, 도서출판 G.C.S, 1999
김종금, 현대 일본요리, 홍익제, 2000
남춘화, 초밥왕의 맛을 보여드려요, 여성자신, 2000
정영도 외, 식품조리 재료학, 지구문화사, 2000
김용억 외, 한국해산어류도감, 도서출판 한글, 2001
일본요리 기술대계 총6권, JAPAN ART, 2001
조영제, 생선회 100즐기기, 한글, 2001
김소미 외, 우리생선 이야기, 효일, 2002

오혁수, 일본요리, 백산 출판사, 2002
임홍식 외, 일식,복어,중식조리 기능사, ㈜ 텔리 쿡, 2002
정재홍, 양식,중식,일식,복어 조리기능사. 형설 출판사, 2002
박종희 외, 일본요리 입문, 서울외국서적, 2005
유택용, 일본요리, 도서출판 효일, 2006
박병학, 일본음식의 산책,형설출판사, 2006
모수미 외, 조리학, 교문사, 2007
손정우 외, 조리과학, 교문사, 2008
구본호, 기초일본요리, 백산출판사, 2008
서재실 외, 최신일식 복어요리, 백산출판사, 2010
박병학 외, 일본 식문화의 이해, 형설출판사, 2012
성기협 외, 최신일본요리,백산출판사, 2013
나카무라, 정통일본요리, ㈜비앤씨월드, 2012
박병학 외, 최신일본요리, 형설출판사, 2013
전경철, 일식, 복어 조리산업기사 실기시험, 크라운출판사, 2017
정대철 외, Chef,s 일식 복어요리, 백산출판사, 2018
한은주, 조리기능사 필기에 미치다, 성안당, 2019
阿部孤柳, 日本料理技術大系 技術資料Ⅰ~Ⅲ, ジャパンアート株式會社社, 2001
阿部孤柳, 日本料理技術大系 定番料理Ⅰ~Ⅱ, ジャパンアート株式會社社, 2001
阿部孤柳, 日本料理技術大系 獻立料理集, ジャパンアート株式會社社, 2001
阿部川村梅料理硏究會,梅料理, 南部川村役場うめ課, 2001
국가직무능력 표준 www. ncs.co.kr 교육부 2018
NAVER 지식백과
– 쿠쿠 TV 음식백과 – 한국민족문화대백과 – 식품과학기술대사전
– 두산백과 – 한국언어지도 – 한의학대사전 등
학습모듈 LM1301010402_16v3 일식 초회 조리
학습모듈 LM1301010403_16v3 일식 무침 조리
학습모듈 LM1301010406_16v3 일식 조림 조리
학습모듈 LM1301010410_16v3 일식 구이 조리
학습모듈 LM1301010411_16v3 일식 면류 조리
학습모듈 LM1301010412_16v3 일식 밥류 조리
학습모듈 LM1301010439_16v3 일식 롤 초밥 조리
학습모듈 LM1301010407_16v3 일식 찜 조리
학습모듈 LM1301010435_16v3 일식 기초조리 실무
학습모듈 LM1301010447_16v1 복어 기초조리 실무
학습모듈 LM1301010418_16v2 복어 부재료 손질
학습모듈 LM1301010419_16v2 복어 양념장 준비
학습모듈 LM1301010421_16v2 복어 껍질초회 조리
학습모듈 LM1301010428_16v2 복어 죽 조리
학습모듈 LM1301010424_16v2 복어 튀김 조리
학습모듈 LM1301010450_16v2 복어 회 국화 모양 조리

최신 출제기준(NCS)을 완벽 반영한

제과제빵기능사
필기시험에 미치다

전경희 지음 ㅣ 424쪽 ㅣ 24,000원

합격
보장

✓ 정확하고 자세한 해설이 있는 기출문제 수록
✓ 실전 모의고사 20회분/마무리 점검 200제 수록
✓ 핵심 이론의 이해를 돕는 동영상(QR코드) 수록

㈜성안당과 최고의 집필진이 모여 수험자가 반드시 합격할 수 있도록
『제과제빵기능사 필기시험에 미치다』를 출간하였다. 이 수험서는 출제
문제를 철저하게 분석한 핵심이론정리, 출제빈도가 높은 기출문제와
정확한 해설, 10회분의 실전 모의고사, CBT 상시시험 복원 · 적중문제,
최종모의고사가 수록되어 제과제빵기능사 CBT 상시시험을 준비하는
모든 수험자에게 '합격'이라는 만족할 만한 결과를 만들어 줄 것이다.

최신 출제기준 · 공개 과제 완벽 반영

제과제빵기능사
실기시험에 미치다

김현숙 · 임선희 지음 ㅣ 168쪽 ㅣ 22,000원

합격
보장

✓ 각 공정별 정확한 사진과 자세한 설명 수록
✓ 스스로 평가가 가능한 과제별 제품평가 수록
✓ 동영상 강의로 쉽게 따라 할 수 있도록 구성

제과 · 제빵기능사 실기시험 과제를 정확한 공정별 사진과 자세한 설
명을 통해 쉽게 학습할 수 있도록 구성하였으며 과제별 제품평가 항목
을 실어 수험생이 직접 완제품에 대한 핵심 포인트를 직접 체크할 수
있도록 구성하였다. 또한, 실기시험 준비에 꼭 필요한 핵심 이론까지
완벽하게 수록하였고, 저자 직강 동영상을 통해 누구나 쉽게 각 과제를
따라 할 수 있도록 하였다.

최신 출제기준을 완벽 반영한

2021 최강합격
양식조리기능사 실기

고영숙·김현주 지음 ┃ 152쪽 ┃ 19,000원

합격 보장
☑ 국가공인 조리기능장이 알려주는 상세한 과정 설명!
☑ 감독자 시선에서 바라본 감독자의 체크 Point!
☑ 30가지 실기과제를 모두 수록한 요약집 증정!

실무 및 대학 강의 경험과 실기감독위원을 지낸 국가공인 조리기능장 저자가 2020년부터 변경된 양식조리기능사 실기 과제 30가지 요리에 대해 모든 수험자가 합격할 수 있도록 상세한 과정 설명과 사진, 누구도 알려주지 않는 한 꿋 Tip, 감독자 시선에서 바라본 체크 포인트, 한눈에 볼 수 있는 별책부록 핵심 레시피까지 완벽하게 대비할 수 있도록 구성하였다.

최신 출제기준을 완벽 반영한

2021 최강합격
한식조리기능사 실기

고영숙·김현주 지음 ┃ 168쪽 ┃ 19,000원

합격 보장
☑ 국가공인 조리기능장이 알려주는 상세한 과정 설명!
☑ 감독자 시선에서 바라본 감독자의 체크 Point!
☑ 31가지 실기과제를 모두 수록한 요약집 증정!

이 책은 한식조리기능사 실기 과제 31가지 요리의 지급 재료와 요구사항, 수험자 유의사항을 100% 반영하였다. 실무 및 대학 강의 경험과 실기감독위원을 지낸 국가공인 조리기능장 저자가 알기 쉽게 가르쳐주는 상세한 과정 설명과 사진, 누구도 알려주지 않는 한 꿋 Tip, 감독자 시선에서 바라본 체크 포인트는 한식조리기능사를 준비하는 수험자의 합격에 큰 도움이 될 것이다.

최신 출제기준 · NCS 교육 과정 완벽 반영

한식조리기능사
필기시험 끝장내기

한은주 지음 I 조리교육과정연구회 감수 I 456쪽 I 23,000원

**합격
보장**

✓ 기출문제를 철저히 분석 · 반영한 핵심이론 수록
✓ 정확한 해설과 함께하는 예상적중문제 수록
✓ CBT 상시시험 대비 복원문제 및 실전모의고사 수록

이 책은 새로운 출제기준을 완벽 반영한 핵심이론과 예상적중문제, 실전모의고사를 수록하여 수험자가 문제 풀이를 통해 한식조리기능사 필기시험에 완벽하게 대비할 수 있도록 구성하였다. ㈜성안당의 『한식조리기능사 필기시험 끝장내기』로 기초부터 마무리까지 완벽한 학습을 통해 합격의 꿈을 이룬다.

최신 출제기준 · NCS 교육 과정 완벽 반영

한식조리기능사
실기시험 끝장내기

한은주 지음 I 조리교육과정연구회 감수 I 160쪽 I 18,000원

**합격
보장**

✓ 新 출제기준 완벽 반영 지급재료, 요구사항, 유의사항 모두 100% 반영
✓ 감독자의 시선에서 본 체크 POINT + 누구도 알려주지 않는 한끗 Tip 수록
✓ 31가지 모든 메뉴에 대한 상세하고 자세한 과정 설명

한식은 흔하고 친근해서 쉽게 생각하지만 알고 보면 재료 손질부터 마지막 고명 얹기까지 과정마다 정성이 듬뿍 들어가는 쉽지 않은 요리이다. 한식조리기능사 실기시험 합격률이 30%에 머무르고 있는 이유가 바로 여기에 있다. 이에 이 책은 2020년 출제기준에 맞춰 31가지 모든 실기시험 과제의 조리과정을 자세하게 설명하였고, 상세한 과정 사진을 제공하여 한식조리기능사 실기시험을 완벽하게 대비할 수 있도록 구성하였다.

최신 출제기준·NCS 교육 과정 완벽 반영

중식조리기능사 필기시험 합격하기

김호석·한은주 지음 I 조리교육과정연구회 감수 I 472쪽 I 23,000원

합격 보장
- ☑ 기출문제를 철저히 분석 · 반영한 핵심이론 수록
- ☑ 정확한 해설과 함께하는 기출문제 수록
- ☑ CBT 상시시험 대비 복원문제 및 실전 모의고사 수록

『중식조리기능사 필기시험 합격하기』는 NCS 교육과정을 100% 반영하고, 각 단원마다 이론 학습 후 예상문제를 풀어볼 수 있도록 구성하여 학습 효율을 높였다. 또한 CBT 상시시험에 대비할 수 있도록 실전모의고사를 3회분 수록하였다. 『중식조리기능사 필기시험 합격하기』로 기초부터 마무리까지 중식조리기능사 필기시험을 완벽하게 대비하자.

최신 출제기준·NCS 교육 과정 완벽 반영

중식조리기능사 실기시험 합격하기

김호석·정승준 지음 I 조리교육과정연구회 감수 I 128쪽 I 19,000원

합격 보장
- ☑ 新 출제기준 완벽 반영 지급재료, 요구사항, 유의사항 모두 100% 반영
- ☑ 감독자의 시선에서 본 체크 Point + 누구도 알려주지 않는 한 끗 Tip 수록
- ☑ 20가지 모든 메뉴에 대한 상세하고 자세한 과정 설명

중식조리기능사 출제기준을 100% 반영하여 20가지 실기과제에 대한 지급 재료와 요구사항, 수험자 유의사항을 모두 수록하였고, 자세한 과정 설명과 상세한 과정 사진을 통해 수험생이 혼자서도 실습할 수 있도록 구성하였다. ㈜성안당의 『중식조리기능사 실기시험 합격하기』 한 권으로 중식조리기능사 합격의 꿈을 이룬다.